非売品

▶ミシン目から切り取ってご利用ください。

テレワーク必須のビジネス・コミュ　　を解説した

限定小冊子付き

Microsoft Teams スタート&活用ガイド

特別編集版

▶アカウントの作成 ▶チャネルへの参加
▶ビデオ会議への参加 ▶メッセージの送信

Teamsを始めるための基本をコンパクトにまとめた、特別編集小冊子です。

今すぐ使えるかんたん
Microsoft 特別編集版
マイクロソフト チームズ
Teams
スタート&活用ガイド
特典
アカウント チャネル ビデオ会議 メッセージ
テレワーク必須のビジネス・コミュニケーションツールを今すぐ始めよう!
非売品

今すぐ使える
かんたん
ウインドウズ
Windows
完全
コンプリート
ガイドブック
困った解決
&
便利技
10
リブロワークス 著
2021-2022年
最新版

技術評論社

本書の使い方

- 本書は、パソコンの操作に関する質問に、Q&A 方式で回答しています。
- 目次やインデックスの分類を参考にして、知りたい操作のページに進んでください。
- 画面を使った操作の手順を追うだけで、パソコンの操作がわかるようになっています。

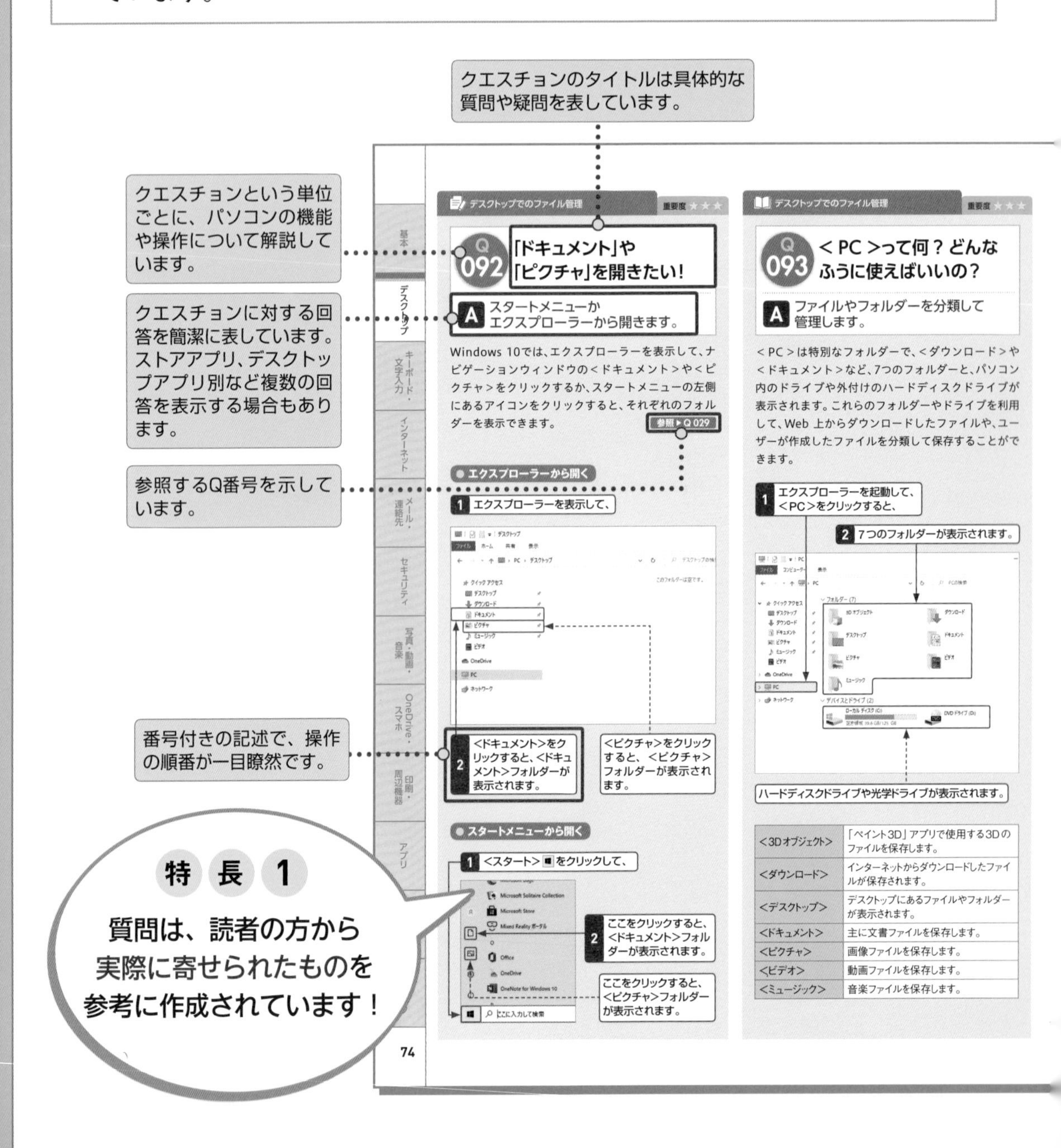

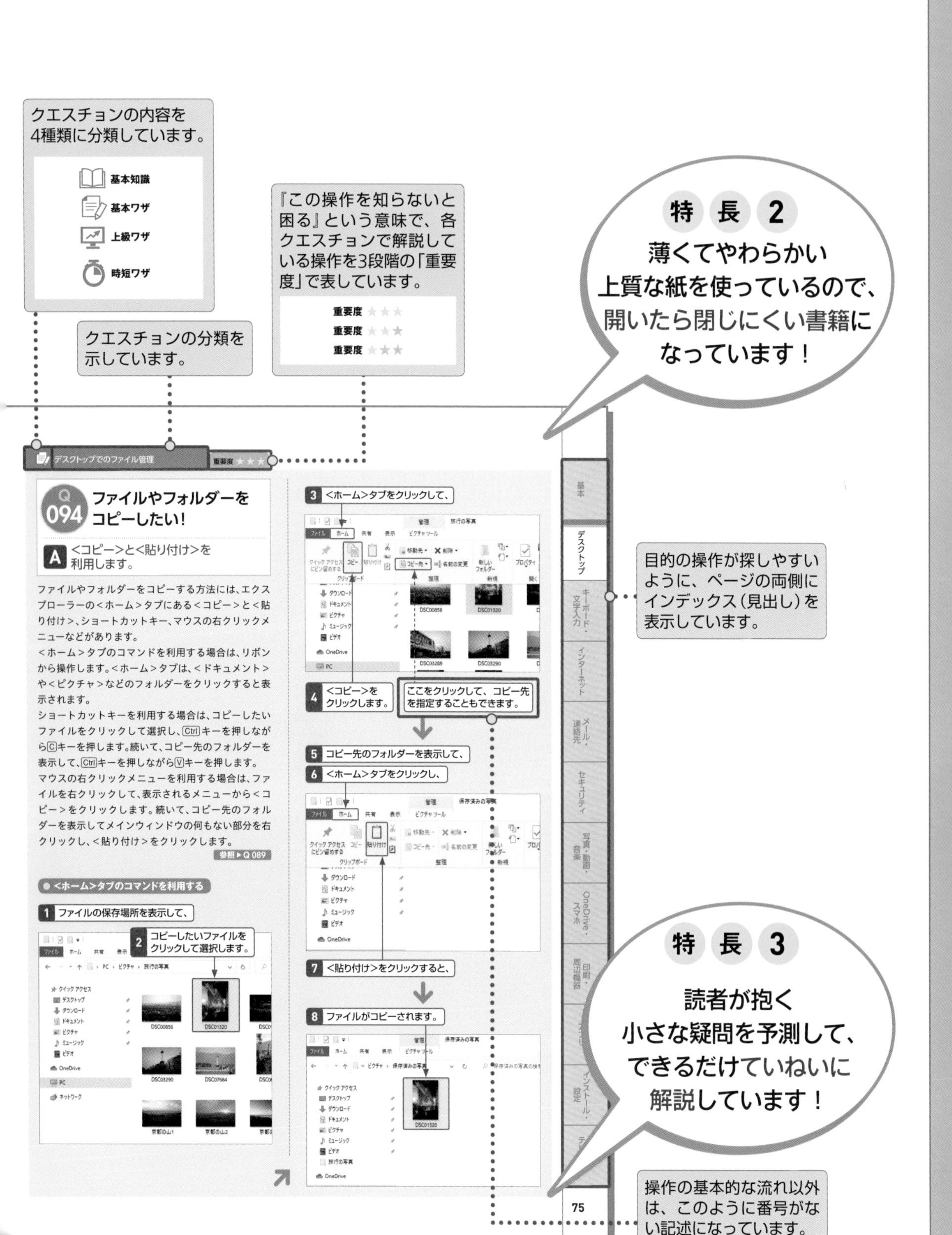

クエスチョンの内容を4種類に分類しています。
基本知識
基本ワザ
上級ワザ
時短ワザ
クエスチョンの分類を示しています。
『この操作を知らないと困る』という意味で、各クエスチョンで解説している操作を3段階の「重要度」で表しています。
重要度
重要度
重要度
特長 2
薄くてやわらかい上質な紙を使っているので、開いたら閉じにくい書籍になっています！
デスクトップでのファイル管理
重要度
Q 094 ファイルやフォルダーをコピーしたい！
A <コピー>と<貼り付け>を利用します。
ファイルやフォルダーをコピーする方法には、エクスプローラーの<ホーム>タブにある<コピー>と<貼り付け>、ショートカットキー、マウスの右クリックメニューなどがあります。
<ホーム>タブのコマンドを利用する場合は、リボンから操作します。<ホーム>タブは、<ドキュメント>や<ピクチャ>などのフォルダーをクリックすると表示されます。
ショートカットキーを利用する場合は、コピーしたいファイルをクリックして選択し、Ctrlキーを押しながらCキーを押します。続いて、コピー先のフォルダーを表示して、Ctrlキーを押しながらVキーを押します。
マウスの右クリックメニューを利用する場合は、ファイルを右クリックして、表示されるメニューから<コピー>をクリックします。続いて、コピー先のフォルダーを表示してメインウィンドウの何もない部分を右クリックし、<貼り付け>をクリックします。
参照▶Q 089
● <ホーム>タブのコマンドを利用する
1 ファイルの保存場所を表示して、
2 コピーしたいファイルをクリックして選択します。
3 <ホーム>タブをクリックして、
4 <コピー>をクリックします。
ここをクリックして、コピー先を指定することもできます。
5 コピー先のフォルダーを表示して、
6 <ホーム>タブをクリックし、
7 <貼り付け>をクリックすると、
8 ファイルがコピーされます。
75
基本
デスクトップ
キーボード・文字入力
インターネット
メール・連絡先
セキュリティ
写真・動画・音楽
OneDrive・スマホ
印刷・周辺機器
インストール・設定
目的の操作が探しやすいように、ページの両側にインデックス（見出し）を表示しています。
特長 3
読者が抱く小さな疑問を予測して、できるだけていねいに解説しています！
操作の基本的な流れ以外は、このように番号がない記述になっています。

パソコンの基本操作

- 本書の解説は、基本的にマウスを使って操作することを前提としています。
- お使いのパソコンのタッチパッド、タッチ対応モニターを使って操作する場合は、各操作を次のように読み替えてください。

1 マウス操作

▼クリック（左クリック）

クリック（左クリック）の操作は、画面上にある要素やメニューの項目を選択したり、ボタンを押したりする際に使います。

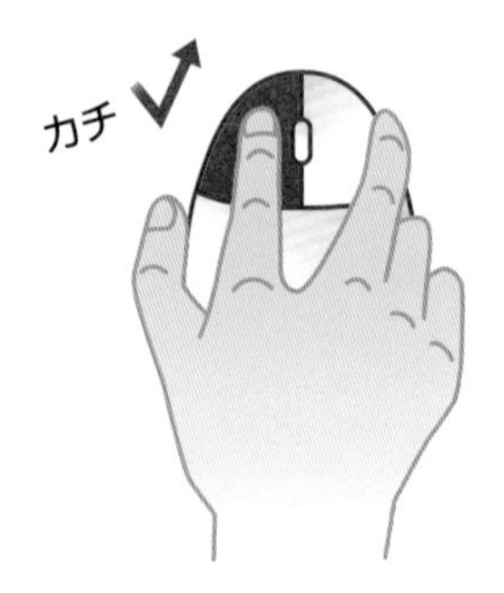

マウスの左ボタンを1回押します。

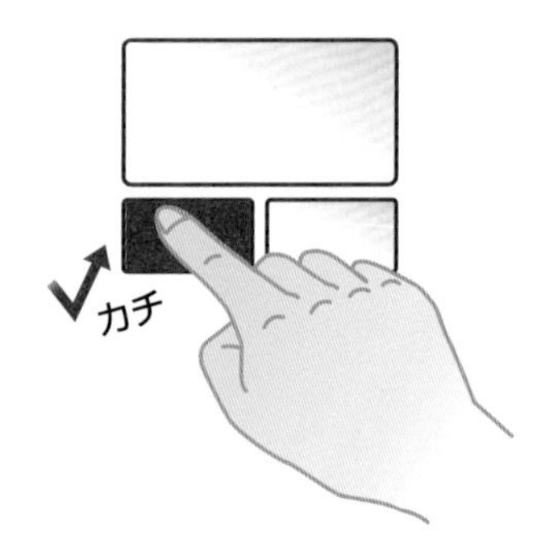

タッチパッドの左ボタン（機種によっては左下の領域）を1回押します。

▼右クリック

右クリックの操作は、操作対象に関する特別なメニューを表示する場合などに使います。

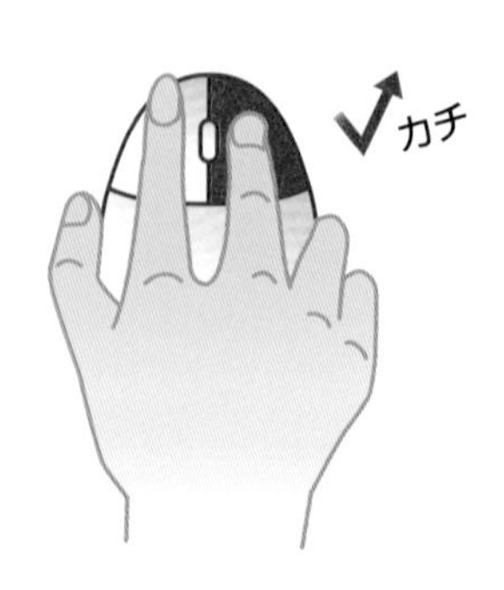

マウスの右ボタンを1回押します。

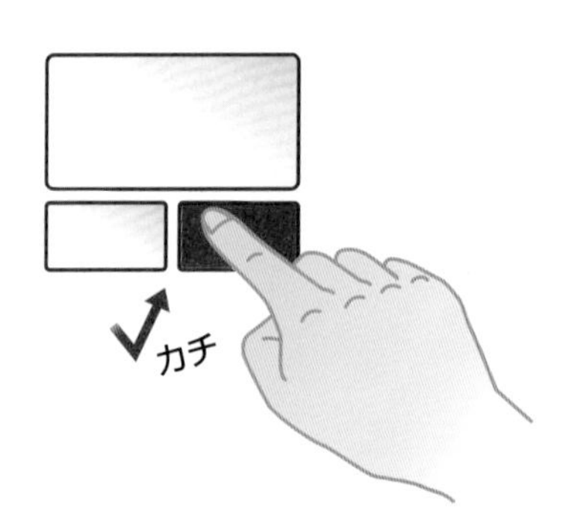

タッチパッドの右ボタン（機種によっては右下の領域）を1回押します。

▼ダブルクリック

ダブルクリックの操作は、各種アプリを起動したり、ファイルやフォルダーなどを開く際に使います。

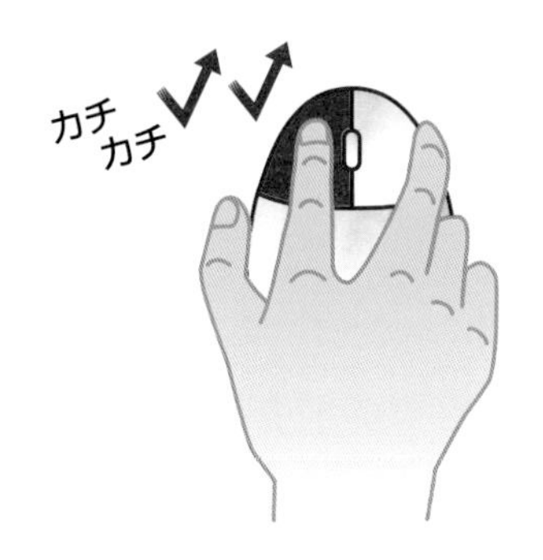

マウスの左ボタンを素早く2回押します。

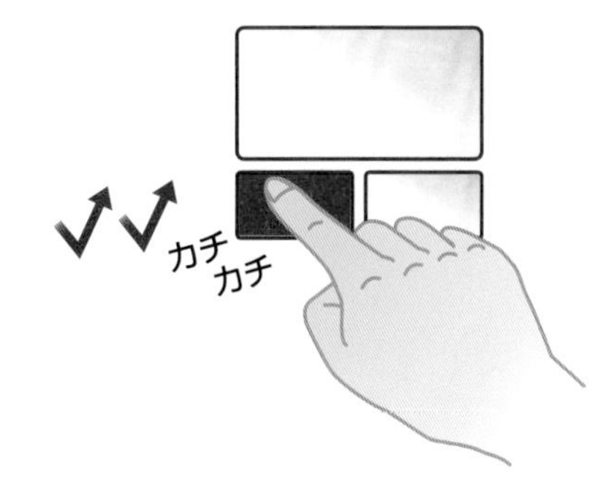

タッチパッドの左ボタン（機種によっては左下の領域）を素早く2回押します。

▼ドラッグ

ドラッグの操作は、画面上の操作対象を別の場所に移動したり、操作対象のサイズを変更する際などに使います。

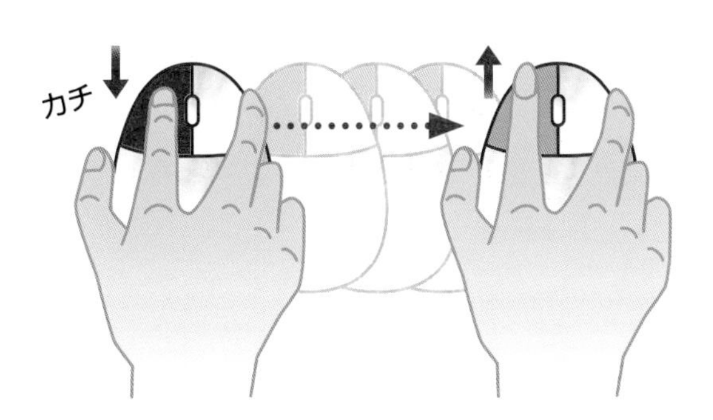

マウスの左ボタンを押したまま、マウスを動かします。目的の操作が完了したら、左ボタンから指を離します。

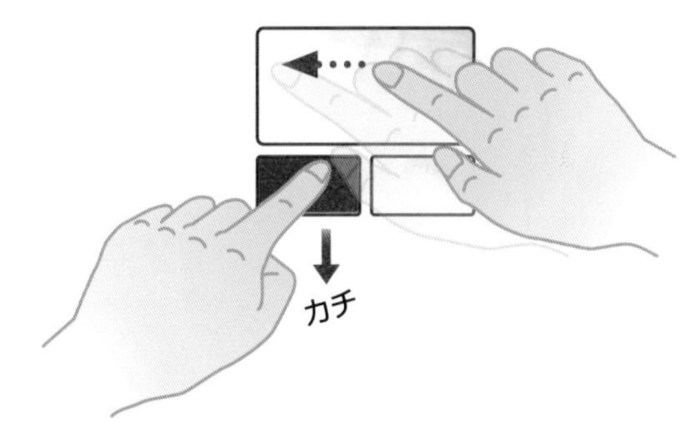

タッチパッドの左ボタン（機種によっては左下の領域）を押したまま、タッチパッドを指でなぞります。目的の操作が完了したら、左ボタンから指を離します。

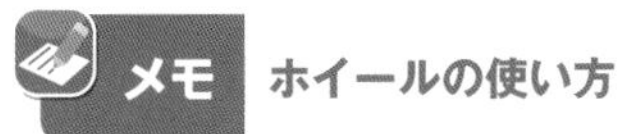

メモ　ホイールの使い方

ほとんどのマウスには、左ボタンと右ボタンの間にホイールが付いています。ホイールを上下に回転させると、Webページなどの画面を上下にスクロールすることができます。そのほかにも、Ctrl を押しながらホイールを回転させると、画面を拡大／縮小したり、フォルダーのアイコンの大きさを変えることができます。

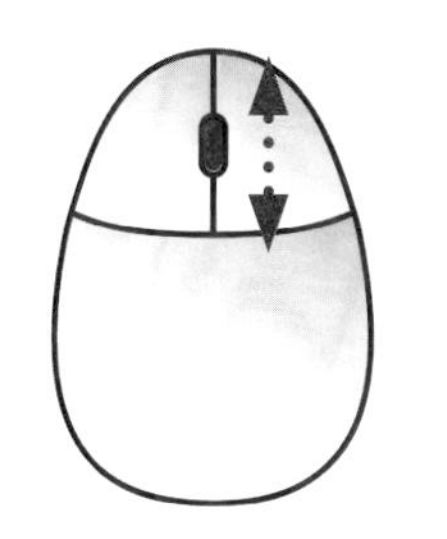

2 利用する主なキー

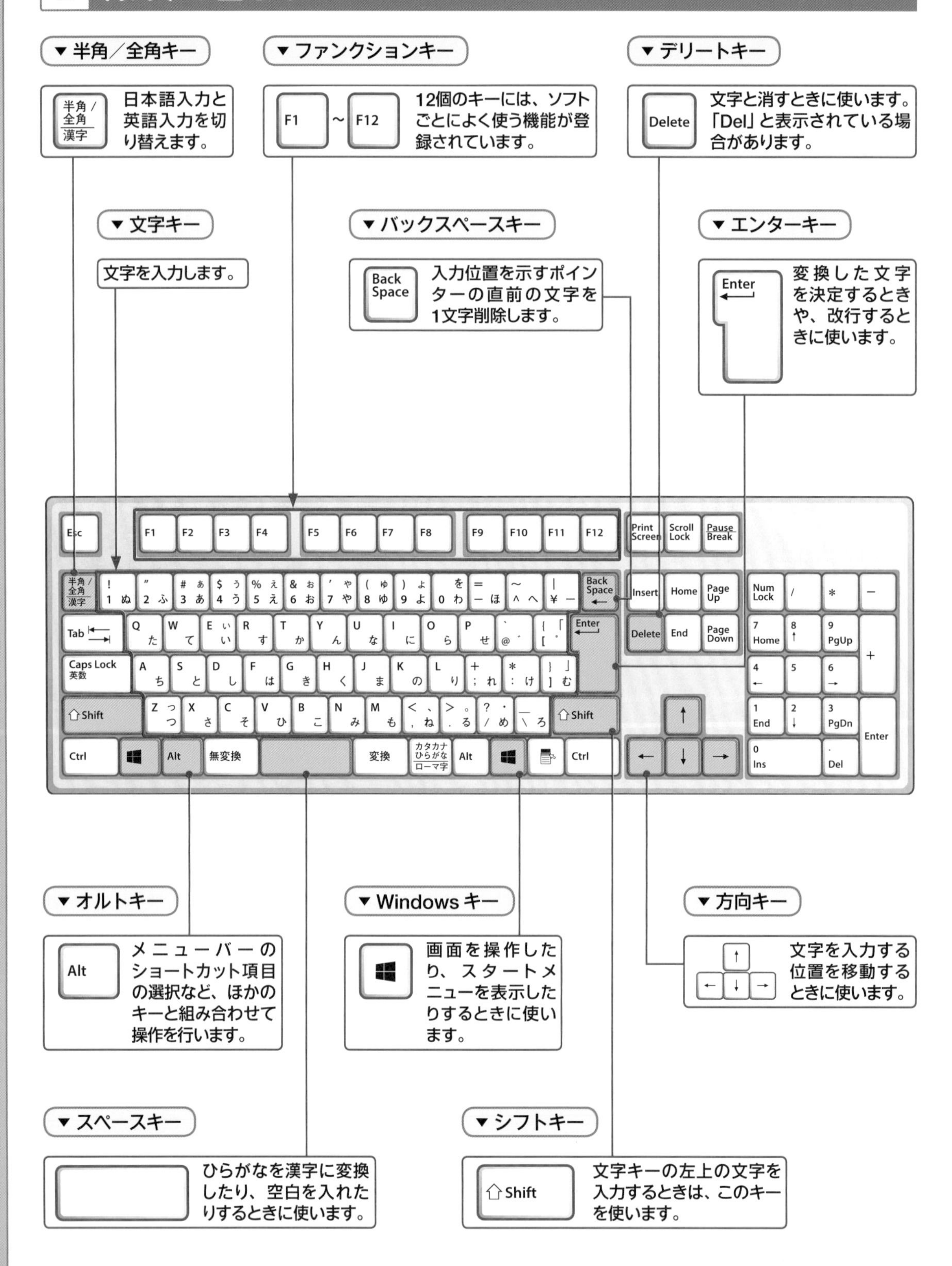

▼半角／全角キー
半角/全角 漢字
日本語入力と英語入力を切り替えます。
▼ファンクションキー
F1 ～ F12
12個のキーには、ソフトごとによく使う機能が登録されています。
▼デリートキー
Delete
文字と消すときに使います。「Del」と表示されている場合があります。
▼文字キー
文字を入力します。
▼バックスペースキー
Back Space
入力位置を示すポインターの直前の文字を1文字削除します。
▼エンターキー
Enter
変換した文字を決定するときや、改行するときに使います。
▼オルトキー
Alt
メニューバーのショートカット項目の選択など、ほかのキーと組み合わせて操作を行います。
▼Windowsキー
画面を操作したり、スタートメニューを表示したりするときに使います。
▼方向キー
文字を入力する位置を移動するときに使います。
▼スペースキー
ひらがなを漢字に変換したり、空白を入れたりするときに使います。
▼シフトキー
Shift
文字キーの左上の文字を入力するときは、このキーを使います。

3 タッチ操作

▼タップ

画面に触れてすぐ離す操作です。ファイルなど何かを選択するときや、決定を行う場合に使用します。マウスでのクリックに当たります。

▼ダブルタップ

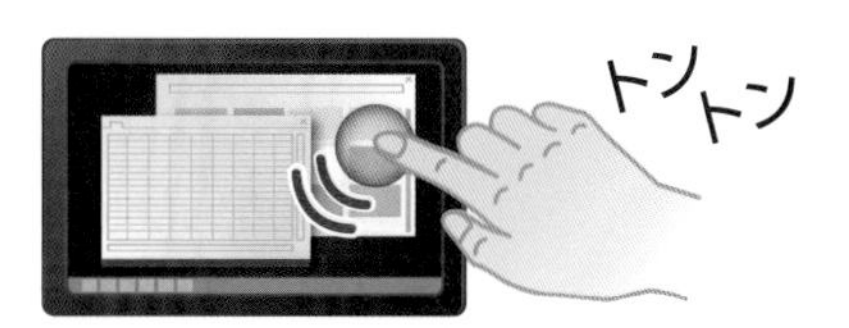

タップを2回繰り返す操作です。各種アプリを起動したり、ファイルやフォルダーなどを開く際に使用します。マウスでのダブルクリックに当たります。

▼ホールド

画面に触れたまま長押しする操作です。詳細情報を表示するほか、状況に応じたメニューが開きます。マウスでの右クリックに当たります。

▼ドラッグ

操作対象をホールドしたまま、画面の上を指でなぞり上下左右に移動します。目的の操作が完了したら、画面から指を離します。

▼スワイプ／スライド

画面の上を指でなぞる操作です。ページのスクロールなどで使用します。

▼フリック

画面を指で軽く払う操作です。スワイプと混同しやすいので注意しましょう。

▼ピンチ／ストレッチ

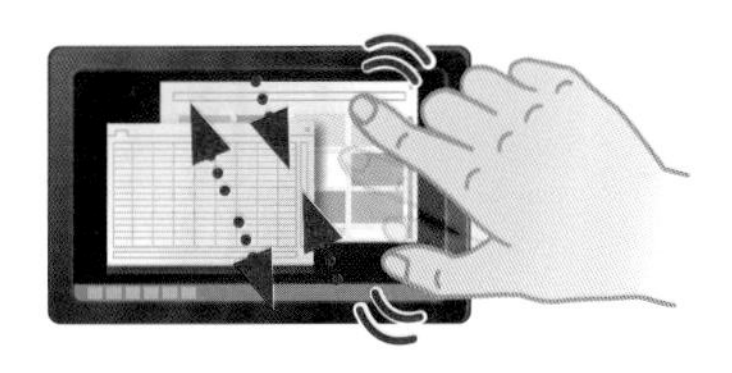

2本の指で対象に触れたまま指を広げたり狭めたりする操作です。拡大（ストレッチ）／縮小（ピンチ）が行えます。

▼回転

2本の指先を対象の上に置き、そのまま両方の指で同時に右または左方向に回転させる操作です。

Contents

CHAPTER

1 Windows 10の基本を知ろう！

★ Windows 10 の特徴

★ マウス・タッチパッド・タッチディスプレイでの操作

★ Windows 10 の起動と終了

★ 起動・終了や動作のトラブル

★ スタートメニュー・アプリの基本操作

CHAPTER

2 Windows 10のデスクトップ便利技！

★ デスクトップの基本

★ ウィンドウ操作・タスクバー

★ 仮想デスクトップ

★ タイムライン

★ デスクトップでのファイル管理

Contents

CHAPTER

3 キーボードと文字入力の快適技！

★ キーボード入力の基本

★ 日本語入力

★ 英数字入力

記号入力

キーボードのトラブル

CHAPTER 4 Windows 10のインターネット活用技！

インターネットへの接続

ブラウザーの基本

ブラウザーの操作

★ ブラウザーの便利な機能

★ Webページの検索と利用

CHAPTER

5 Windows 10のメールと連絡先活用技！

★ 電子メールの基本

★「メール」アプリの基本

★ メールの管理と検索

★「People」アプリの利用

CHAPTER

6 セキュリティの疑問解決&便利技！

★ インターネットと個人情報

ウイルス・スパイウェア

Windows 10 のセキュリティ設定

迷惑メール

CHAPTER

7 写真・動画・音楽の活用技！

★ カメラでの撮影と取り込み

★「フォト」アプリの利用

★ 動画の利用

★ Windows Media Player の利用

★「Groove ミュージック」アプリの利用

CHAPTER

8 OneDriveとスマートフォンの便利技！

★ OneDrive の基本

★ データの共有

★ OneDrive の活用

★ スマートフォンとのファイルのやり取り

★ インターネットの連携

9 印刷と周辺機器の活用技！

印刷

周辺機器の接続

★ CD ／ DVD の基本

★ CD ／ DVD への書き込み

CHAPTER

⑩ おすすめアプリの便利技！

★ 便利なプリインストールアプリ

★ アプリのインストールと削除

CHAPTER

11 インストールと設定の便利技！

★ Windows 10 のインストールと復元

★ Microsoft アカウント

★ Windows 10 の設定

その他の設定

Contents

Skype

Microsoft Teams

TeamsでのWeb会議

Contents

リモートデスクトップ

ご注意：ご購入・ご利用の前に必ずお読みください

- 本書に記載された内容は、情報提供のみを目的としています。したがって、本書を用いた運用は、必ずお客様自身の責任と判断によって行ってください。これらの情報の運用の結果について、技術評論社および著者はいかなる責任も負いません。

- ソフトウェアに関する記述は、特に断りのないかぎり、2021年6月末時点での最新情報をもとにしています。これらの情報は更新される場合があり、本書の説明とは機能内容や画面図などが異なってしまうことがあり得ます。あらかじめご了承ください。

- 本書の内容については以下のOSおよびブラウザー上で動作確認を行っています。ご利用のOSおよびブラウザーによっては手順や画面が異なることがあります。あらかじめご了承ください。
  Windows 10 Home、Pro
  Microsoft Edge
  iOS 14.6、Android 11

- インターネットの情報については、URLや画面などが変更されている可能性があります。ご注意ください。

以上の注意事項をご承諾いただいた上で、本書をご利用願います。これらの注意事項をお読みいただかずに、お問い合わせいただいても、技術評論社および著者は対処しかねます。あらかじめご承知おきください。

1

Windows 10の基本を知ろう!

Windows 10の特徴　重要度★★★

Q 001 Windows 10って何？

A マイクロソフトが開発したパソコン用OSの最新版です。

「Windows」(ウィンドウズ)は、マイクロソフト(Microsoft)社が開発したパソコン用のOSです。
「OS」(オーエス)はOperating System(オペレーティングシステム)の略で、ユーザーの命令をコンピューターに伝えたり、周辺機器を管理したりと、システム全体を管理する役割を担うものです。パソコンを利用するうえで最も基本的な機能を提供するソフトウェアなので、「基本ソフト」とも呼ばれています。
一般的なパソコンは、最初からOSがインストールされた状態で販売されています(インストールとは、OSやアプリといったソフトを利用可能な状態にすることです)。Windows 10を使いたい場合は、Windows 10がインストールされたパソコンを買えばよいのです。

参照 ▶ Q 002,Q 003,Q 004

Windows 10の特徴　重要度★★★

Q 002 10以外のWindowsもあるの？

A 多数のバージョンがあります。

Windows 10は、2015年7月に公開された最も新しいバージョンのWindowsです。1つ前のバージョンであるWindows 8.1の後継となります。
初期のWindowsは家庭向けと企業向けでバージョンが分かれていましたが、現在では同じバージョンが使用されています。

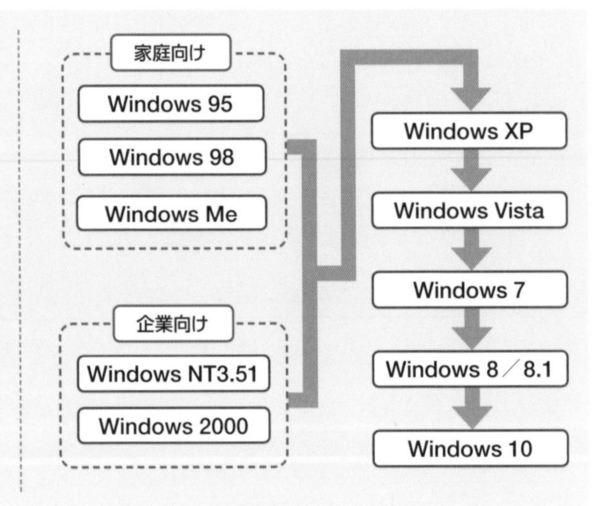

Windows 10の特徴　重要度★★★

Q 003 Windows 10の「エディション」って何？

A 利用できる機能が異なる製品です。

Windows 10には、利用できる機能が異なる「エディション」が用意されています。企業向けのエディションではビジネス向け機能を利用できますが、家庭向けのエディションには含まれません。
Windows 10のエディションは、大きく分けると7つあります。主なエディションは個人や一般家庭、SOHO向けの「Home」と「Pro」、大企業や研究機関など法人向けの「Enterprise」です。

エディション	特　徴
Home	個人向けのパソコンやタブレットでの使用を想定したエディション。
Pro	SOHO向け。Homeの機能に加え、データ保護機能やリモート接続機能を搭載。
Enterprise	Proの強化版。企業向けに詳細なセキュリティ機能などを搭載している。
Education	Enterpriseをベースに、教育機関に提供される。
Pro Education	Proをベースに、教育機関に提供される。
IoT Core	IoTデバイス向けのエディション。
IoT Enterprise	パソコンを業務用端末として利用できる。

Windows 10の特徴　重要度 ★★★

Windows 10の「バージョン」って何？

A Windows 10のアップデートに対応したものです。

マイクロソフトは、従来のように数年ごとに新しいOSをリリースするのではなく、Windows 10をベースに、新しい機能を追加する方針に変更しています。つまり、Windows 10搭載機器を使っていれば、アップデートを通して、常に最新版のWindowsが使えるということです。ただし、バージョンによっては、パソコンに求められる性能に関する要件が変更されるため、同じパソコンでずっと最新バージョンを利用し続けられるわけではありません。アップデートは、Windows Updateを通して行われ、大型アップデートが毎年春と秋に配信されます。これまでのバージョンとアップデートの名称は下表のとおりです。 参照▶Q 005

バージョン	アップデートの名称
1607	Anniversary Update
1703	Creators Update
1709	Fall Creators Update
1803	April 2018 Update
1809	October 2018 Update
1903	May 2019 Update
1909	November 2019 Update
2004	May 2020 Update
20H2	October 2020 Update
21H1	May 2021 Update

Windows 10の特徴　重要度 ★★★

自分のパソコンのエディションとバージョンを知りたい！

A <システム>の<詳細情報>から確認できます。

自分のパソコンで動作しているWindowsのエディションとバージョンは、スタートメニューの<設定> ⚙ →<システム>→<詳細情報>とクリックしていくと確認できます。

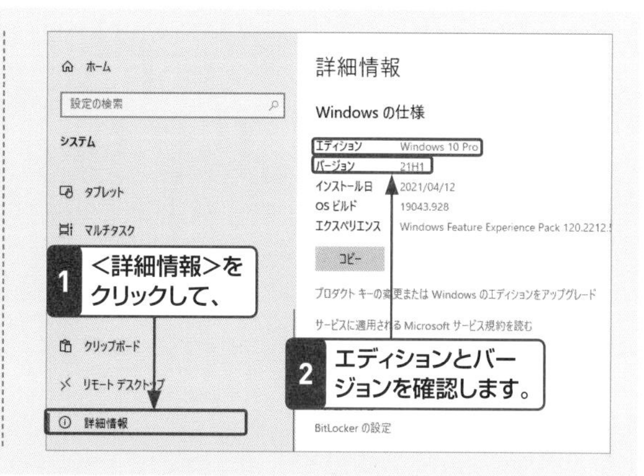

Windows 10の特徴　重要度 ★★★

パソコンにはWindows以外もあるの？

A MacやChromebookなどがあります。

ほとんどのパソコンにはWindows 10が搭載されていますが、それ以外のOSを搭載したパソコンもあります。Window以外では、Appleの「macOS」を搭載した「Mac」が、クリエイティブな作業を行うためのパソコンとしてよく利用されています。

また、Googleが独自に開発した「Chrome OS」を搭載した「Chromebook」というパソコンも発売されています。

● Mac

Q 007 マウス・タッチパッド・タッチディスプレイはどう違うの？

A それぞれ操作感は違いますが、基本的な役割は同じです。

マウスは、左右のボタンや中央のホイールを使ってアプリを起動したり、ウィンドウやメニュー、アイコンなどを操作したりする機器です。

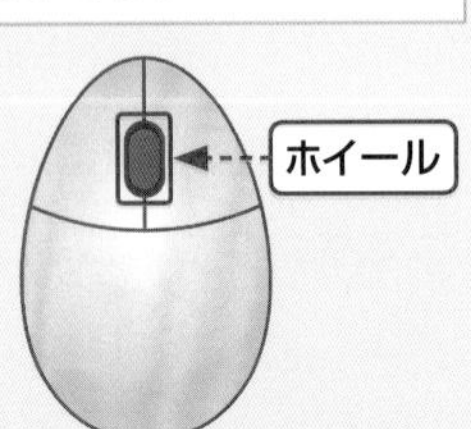

タッチパッドは、ノートパソコンなどに搭載されている、マウスと同様の操作を行うための機器です。タッチパッドの上を押したり、なぞったり、ボタンを押したりして操作を行います。製品によっては、「トラックパッド」などと呼ぶこともあります。

タッチディスプレイ（タッチパネル）はディスプレイの上を直接指で触ったり（タップしたり）、なぞったりすることで、マウスと同様の操作を行えます。

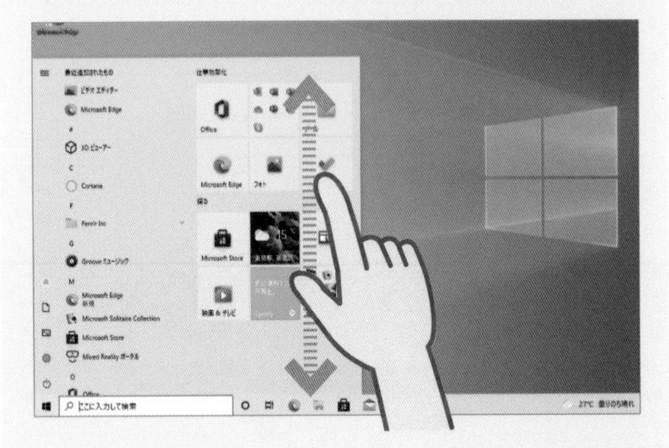

Q 008 マウスを使うにはどうすればいいの？

A パソコンの接続端子とマウスをケーブルで接続します。

マウスのUSBケーブルをパソコンのUSBポートに差し込むと、マウスが外部デバイスとして自動的に認識されて利用できるようになります。ケーブルは、パソコンの電源が入っている状態での抜き差しが可能です。
最近では、ケーブルの代わりに赤外線や電波を利用したワイヤレス（無線）マウスも利用されています。マウスを操作する際にケーブルが邪魔になったりすることがなく、またコンピューターから離れた場所でも使用することができます。ワイヤレスマウスは、裏面の電源をオンにすると外部デバイスとして認識され、利用できるようになります。ただし、ワイヤレスマウスは電池やバッテリーが切れると操作不能になってしまいます。

参照▶Q 436

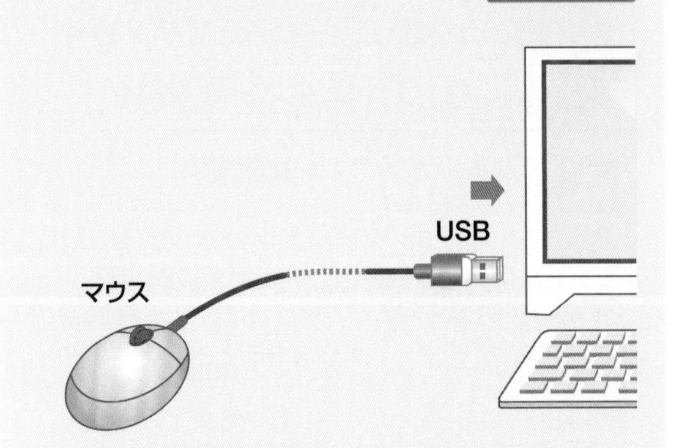

マウスのケーブルをUSBポートに差し込むと、自動的にマウスが認識され、利用できるようになります。

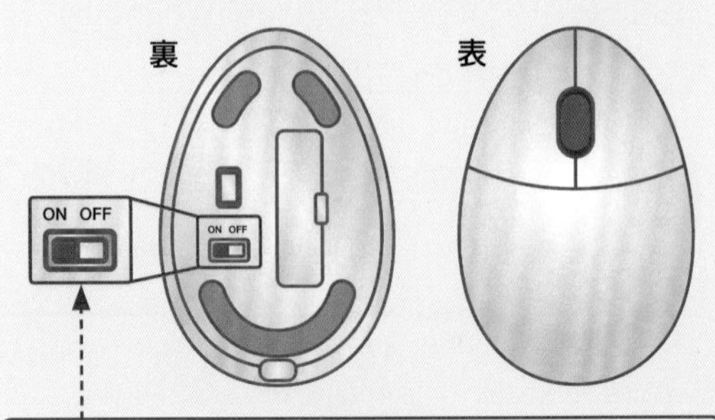

ワイヤレスマウスは、裏面の電源をオンにすると認識され、利用できるようになります。

Q 009 マウスやタッチパッドの操作の基本を知りたい！

A クリック、ダブルクリック、ドラッグなどの操作があります。

マウスとタッチパッドの基本操作には、次のようなものがあります。これらはパソコンを操作するうえでの基本になる動作です。しっかり覚えておきましょう。

参照▶Q 007

● ポイント

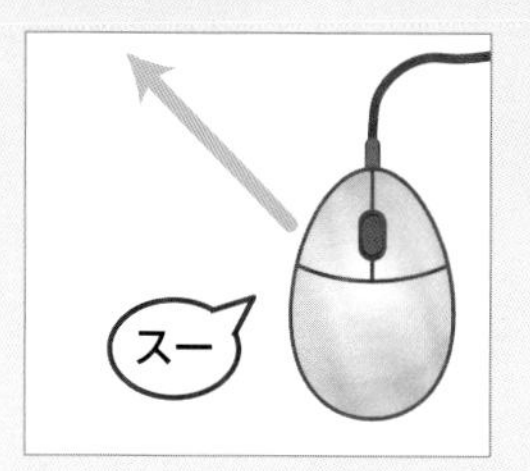

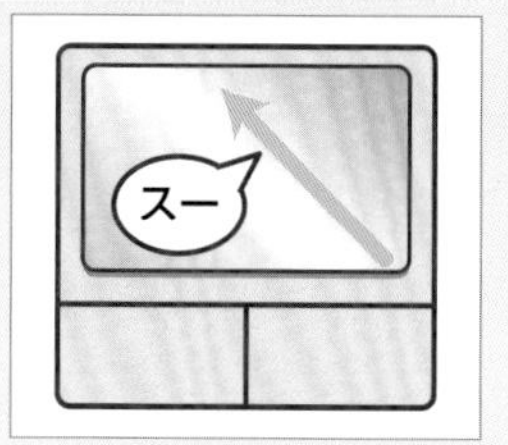

ボタンを押さずに、操作対象にマウスポインターを合わせます。

● クリック（左クリック）

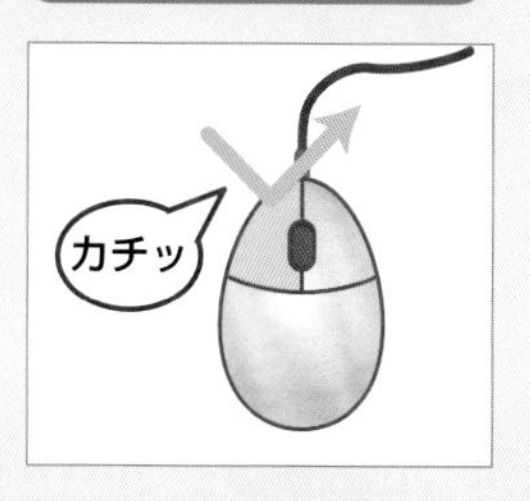

操作対象にマウスポインターを合わせて、左ボタンを1回押します。

● ダブルクリック

操作対象にマウスポインターを合わせて、左ボタンを素早く2回押します。

● 右クリック

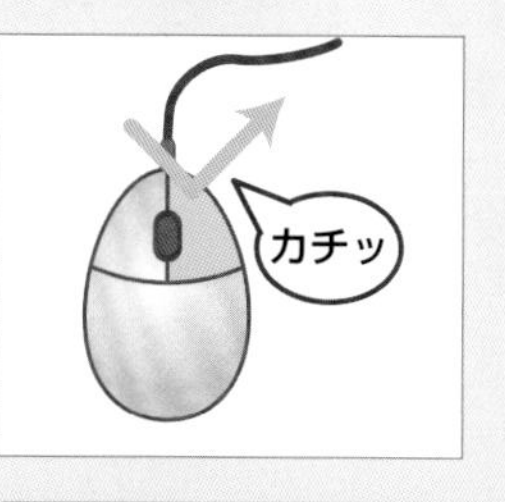

操作対象にマウスポインターを合わせて、右ボタンを1回押します。

● ドラッグ＆ドロップ

1 マウスの左ボタンを押して、

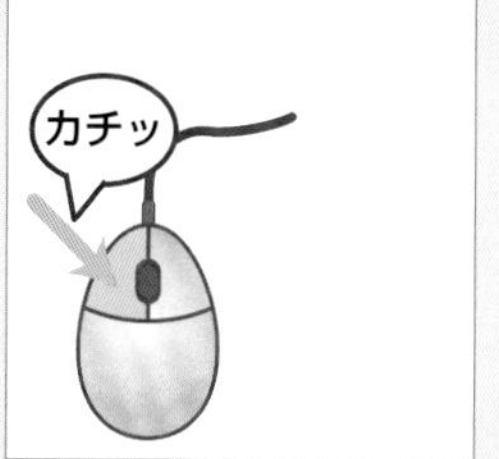

1 タッチパッドの左ボタンを押して、

2 ボタンを押したまま、マウスを動かします。

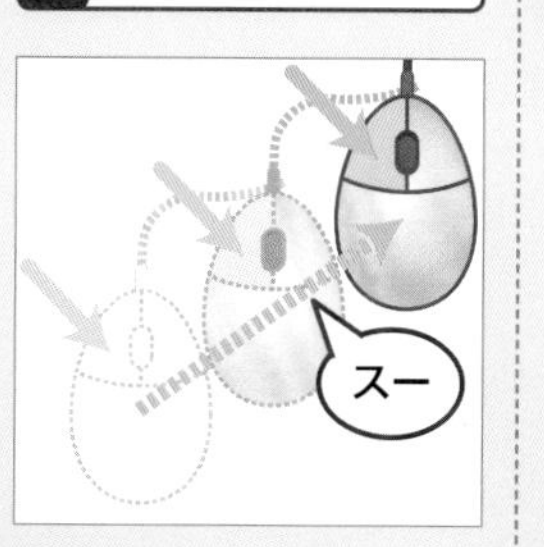

2 ボタンを押したまま、指を動かします。

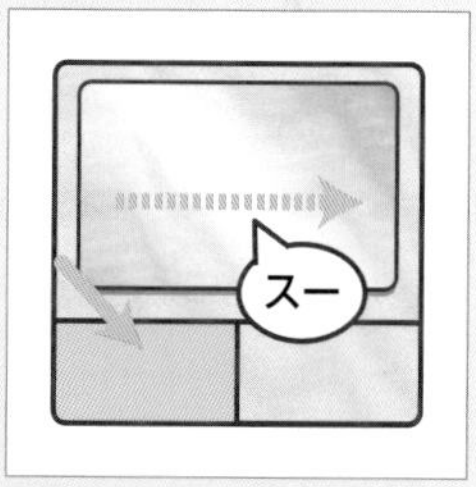

3 目的の位置で、ボタンから指を離します。

3 目的の位置で、ボタンから指を離します。

Q 010 タッチディスプレイの操作の基本を知りたい!

A タップやダブルタップ、長押しなどがあります。

タッチディスプレイの基本操作には、次のようなものがあります。これらは、タッチ操作に対応したパソコンを操作するうえでの基本になる動作です。しっかり覚えておきましょう。なお、タッチディスプレイは、タッチパネル、タッチスクリーンなどとも呼ばれます。

● タップ

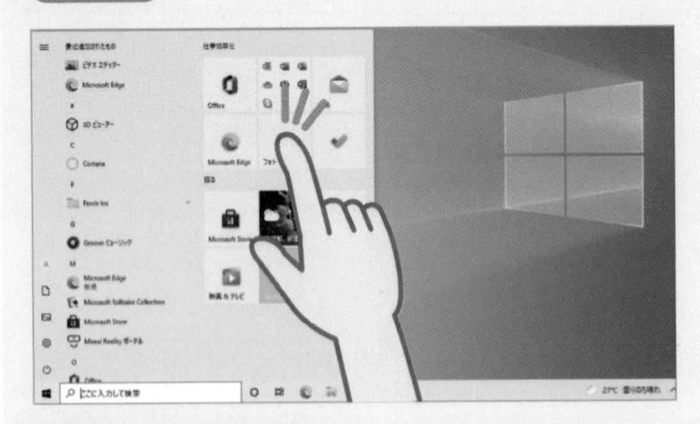

画面を1回軽く叩きます（マウスの左クリックに相当します）。

● ダブルタップ

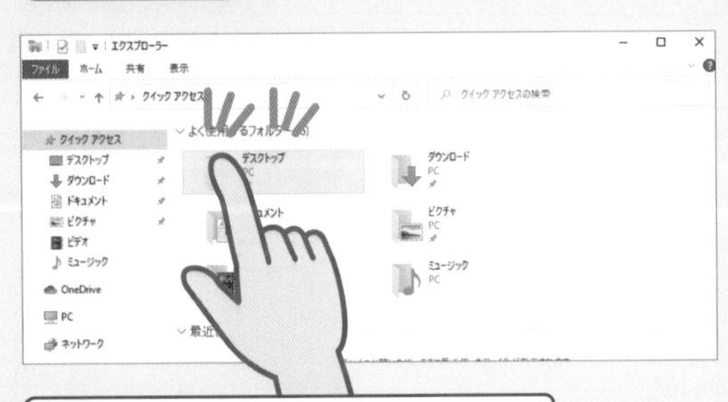

画面を素早く2回叩きます（マウスのダブルクリックに相当します）。

● 長押し

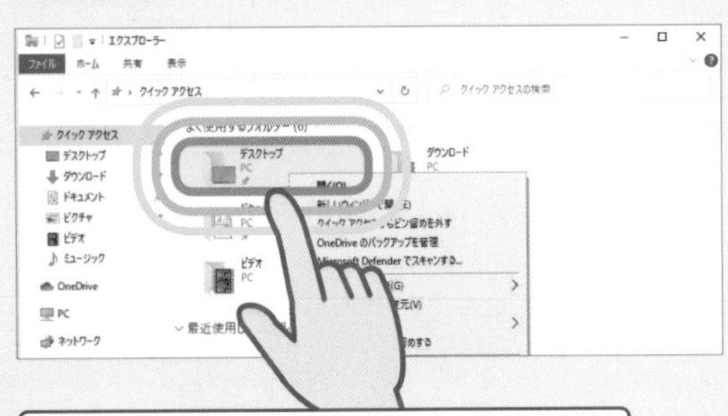

アイコンやコマンドをタッチしたまま押さえ続けます（マウスの右クリックに相当します）。

● スライド

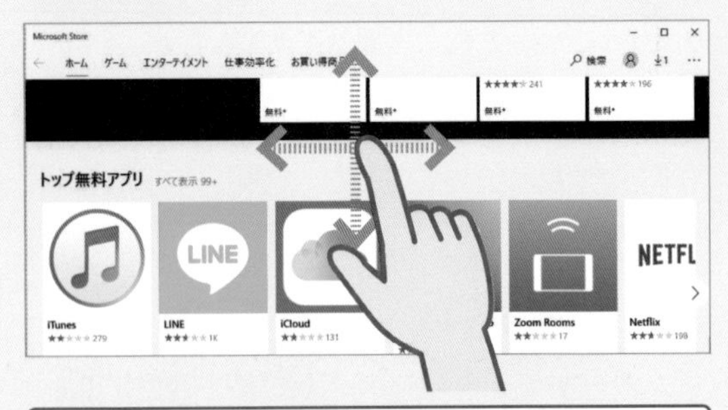

操作対象をタッチしたまま、指を上下左右に動かします（マウスのドラッグに相当します）。

● スワイプ

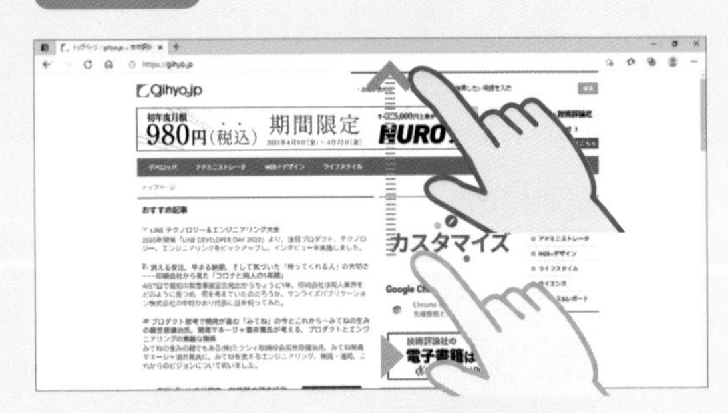

画面のどこかをタッチしたまま、指を動かします。

● ストレッチ

2本の指で画面をタッチし、指の間隔を遠ざけるように動かします。

● ピンチ

2本の指で画面をタッチし、つまむように指を近づけます。

Q 011 パソコンを起動して使い始めるまでの手順を知りたい!

A パソコンの電源を入れてサインインします。

パソコンの電源を入れると自動的にWindowsが起動し、ロック画面が表示されます。ロック画面をクリックするとパスワードを入力する画面が表示されるので、パスワード、あるいはPIN（295ページ参照）を入力し、パソコンにサインインしましょう。サインインが完了すると、デスクトップ画面が表示され、パソコンを使えるようになります。

なお、ローカルアカウント（286ページ参照）を利用していて、パスワードの設定を行っていない場合、手順2と3の画面は表示されません。

また、複数のユーザーのアカウントを設定している場合、手順3の画面の左下にユーザー名が表示されるので、パソコンを使用するユーザー名をクリックして選択し、パスワードを入力します。

参照 ▶ Q 499

1 電源ボタンを押してパソコンの電源を入れると、

デスクトップパソコンの場合は、先にディスプレイの電源を入れます。

2 Windowsが起動してロック画面が表示されるので、画面をクリックするか、何かキーを押します。

タッチ操作の場合は、画面の下端から中央へスワイプします。

3 パスワードまたはPINを入力します。

パスワードを入力した場合はここをクリックするか Enter を押します。

4 デスクトップ画面が表示されます。

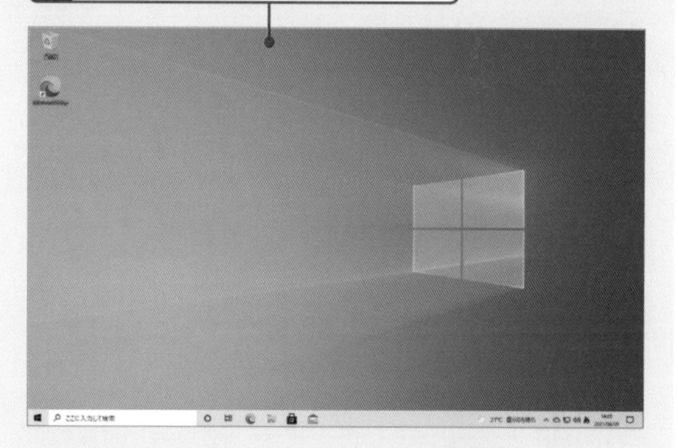

● 複数のアカウントを設定している場合

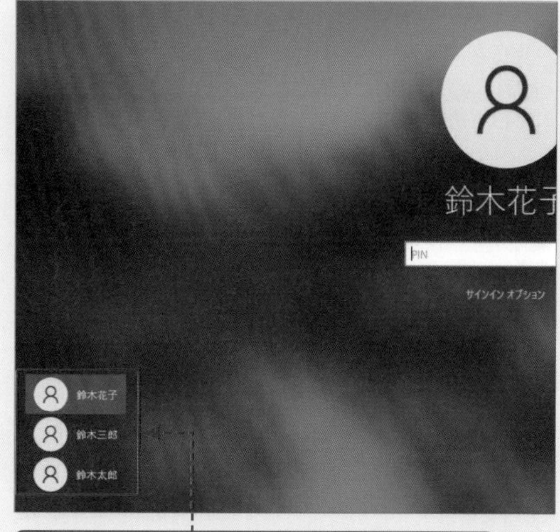

複数のアカウントを設定している場合は、ここをクリックして、ユーザーを選択します。

Windows 10の起動と終了　重要度 ★★★

Q 012 パソコンの電源を切るにはどうしたらいいの？

A シャットダウンします。

Windows 10が動作するパソコンでの作業が終わった場合や、しばらくパソコンを使わない場合は、パソコンをシャットダウンします。シャットダウンとは、パソコンのすべての機能を停止して電源を切るためのコマンドです。
また、物理的な電源ボタンが備わるパソコンの場合は、電源ボタンを押してシャットダウンを実行するように設定することもできます。

● スタートメニューからシャットダウンする

● 電源ボタンからシャットダウンする設定に変える

1 コントロールパネルで<ハードウェアとサウンド>→<電源ボタンの動作の変更>をクリックします。

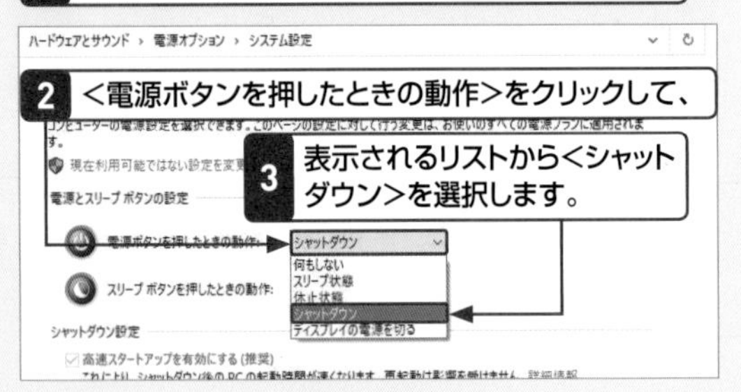

Windows 10の起動と終了　重要度 ★★★

Q 013 「シャットダウン」と「スリープ」の違いは？

A パソコンの電源を切るか、作業を一時停止にするかで決めます。

「シャットダウン」は、起動していたアプリをすべて終了させ、パソコンの電源を完全に切るときに使います。「スリープ」は、パソコンの利用を一時的に中断したいときに使います。

1 スタートメニューを表示して、<電源>をクリックします。

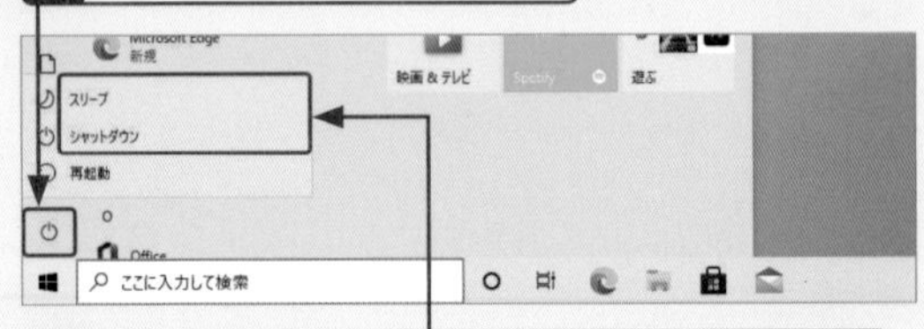

2 <スリープ>か<シャットダウン>を選択できます。

Windows 10の起動と終了　重要度 ★★★

Q 014 「スリープ」と「ロック」の違いは？

A スリープでは画面が消えますが、ロックはロック画面を表示します。

「スリープ」を実行すると画面が消えてパソコンの消費電力が大きく下がりますが、再び画面を表示するまでに少し時間がかかります。「ロック」を実行するとロック画面が表示されるだけなのであまり省電力にはなりませんが、すぐにパスワードやPINを入力して作業を再開できます。

● ロックを実行する

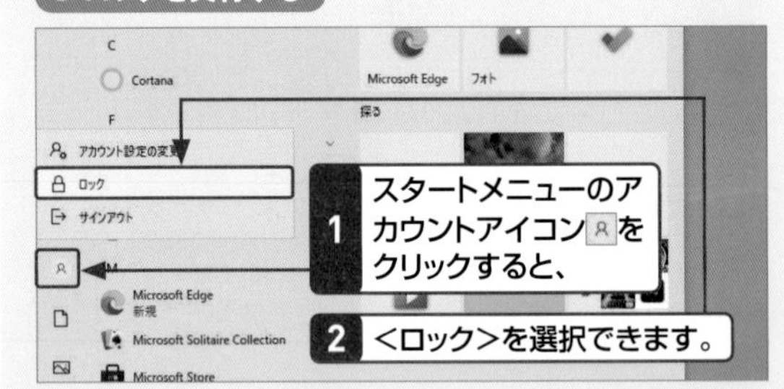

Q 015 「サインアウト」って何？

A アカウントの終了のみを行う操作です。

「サインアウト」は、起動しているアプリやウィンドウを閉じて、現在のアカウントでのWindowsの作業を終了する操作のことをいいます。Windows自体を終了せずに、別のユーザーがパソコンを利用したいときに使います。
サインアウトを実行してアカウントの終了が完了すると、ロック画面が表示されます。

1 スタートメニューのアカウントアイコンをクリックして、

2 <サインアウト>をクリックすると、

3 ロック画面が表示されます。

Q 016 パソコンの再起動ってどんなときに使うの？

A 不具合が生じたときや設定を変更したいときに使用します。

再起動とは、Windowsをいったん終了し、パソコンの電源を入れたときのように最初から起動し直す動作のことで、リブートやリスタートとも呼ばれます。
再起動は、システムに不具合が生じて作業が行えなくなったときや、各種設定の変更、システムのインストールやアップデートを実行した際に使用します。

● パソコンを再起動する

1 スタートメニューを表示して、

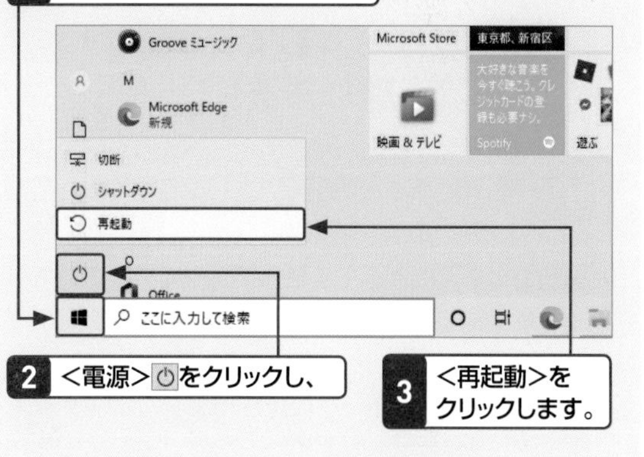

2 <電源>⏻をクリックし、

3 <再起動>をクリックします。

Q 017 いきなり電源ボタンを押したりコンセントを抜いたりしてもいいの？

A コンセントを抜くのはやめましょう。電源ボタンは押しても問題ありません。

Windows 10では、電源ボタンを押すと、自動的にWindowsがシャットダウンしたり、スリープ状態になるため、特に問題ありません。
ただしスリープ状態のときや、デスクトップパソコンの使用中に、いきなりコンセントを抜いてはいけません。作業中のファイルが保存されなかったり、システムファイルやハードディスクに不具合が生じてパソコン自体が使用できなくなる可能性があります。 参照▶Q 012

起動・終了や動作のトラブル　重要度 ★★★

Q 018 起動時に変な画面が表示された!

A 暗証番号(PIN)の設定画面です。

マイクロソフトは、パスワードではなく、PIN(暗証番号)によるサインインを推奨しています。PINを設定していない状態でログインする際は、設定を促す画面が表示されます。

参照▶Q 507

起動・終了や動作のトラブル　重要度 ★★★

Q 019 電源を入れても画面が真っ暗なまま!

A 原因に応じて対処しましょう。

パソコンの電源を入れても画面が真っ黒のままで何も表示されない場合、以下のようにいくつかの原因が考えられます。それぞれに応じて対処してください。

- パソコン本体に電源コードやACアダプターが正しく接続されていないことが考えられます。正しく接続されているかを確認します。
- ディスプレイの電源がオフになっていないかどうかを確認します。
- ノートパソコンの場合は、バッテリーの残量が少ないか、バッテリーパックが正しく取り付けられていないことが考えられます。ACアダプターを接続してから電源を入れるか、あらかじめバッテリーを充電しておきます。また、バッテリーパックが正しく取り付けられているかどうかも確認します。なお、ノートパソコンの中には、バッテリーを取り外せないものもあります。
- 周辺機器やUSBメモリーが接続されている場合は、パソコンの電源を切って、周辺機器やUSBメモリーなどを取り外してから、電源を入れ直します。
- CDやDVDなどの光学ディスクが光学ドライブにセットされている場合は、ディスクを取り出してから、電源を入れ直します。

起動・終了や動作のトラブル　重要度 ★★★

Q 020 パソコンの音が鳴らなくなった!

A 音量の設定を確認します。

警告音が鳴らなかったり、音楽を再生しても音が聞こえなかったりする場合は、スピーカーアイコンをクリックして、音量の設定を確認します。消音(ミュート)になっていたり、音量がゼロや小さい数字になっている場合は、消音を解除したり、音量を上げたりします。

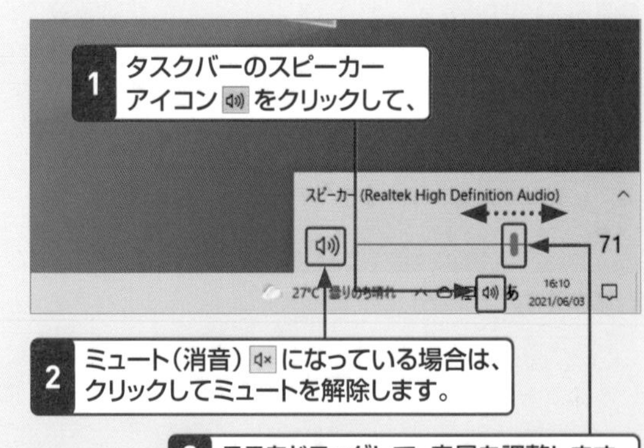

Q 021 起動時のパスワードを忘れてしまった!

A Microsoftアカウントのパスワードはリセットできます。

Microsoftアカウントのパスワードを忘れてしまった場合は、パスワードをリセットできます。パスワードをリセットするには、ロック画面の「パスワードを忘れた場合」をクリックして、下の手順に従います。

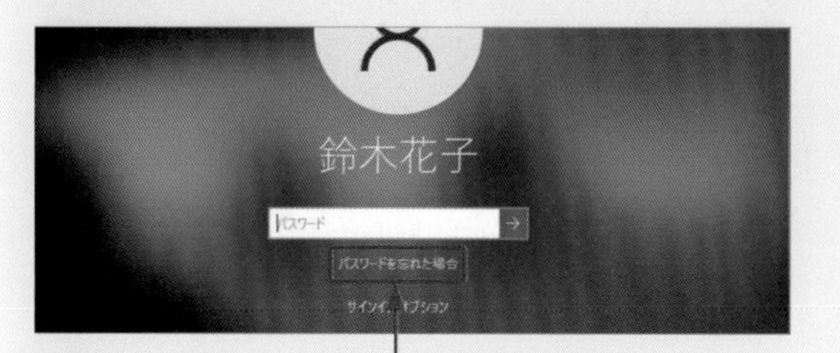

1 ロック画面で＜パスワードを忘れた場合＞をクリックして、

2 セキュリティコードの受け取り方法を選択します。

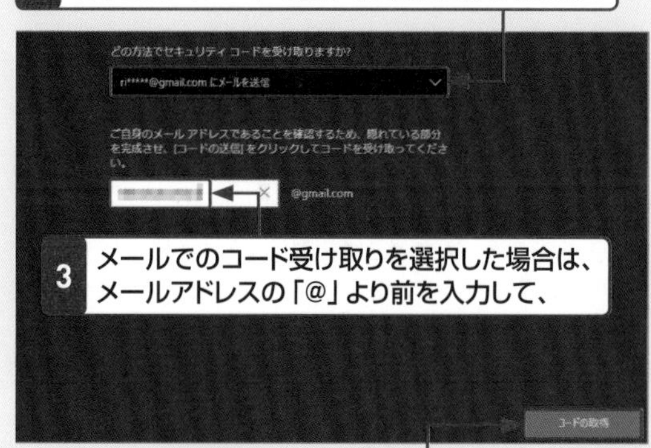

3 メールでのコード受け取りを選択した場合は、メールアドレスの「@」より前を入力して、

4 ＜コードの取得＞をクリックします。

5 別のパソコンやスマートフォンなどでメールボックスを表示し、

Microsoft アカウント

パスワード リセット コード

このコードを使って、Microsoft アカウント lw*****@outlook.jp のパスワードをリセットしてください。

お客様のコード: 7291198

6 届いたメールに記載されたコードを確認します。

7 手順4の画面に戻り、メールで受け取ったセキュリティコードを入力します。

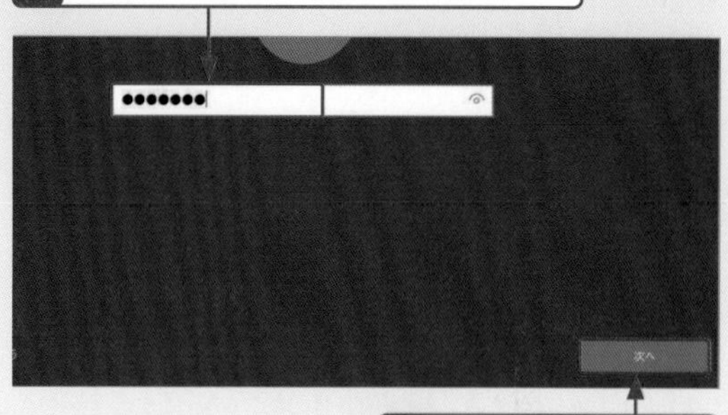

8 ＜次へ＞をクリックし、

9 新しいパスワードを入力して、

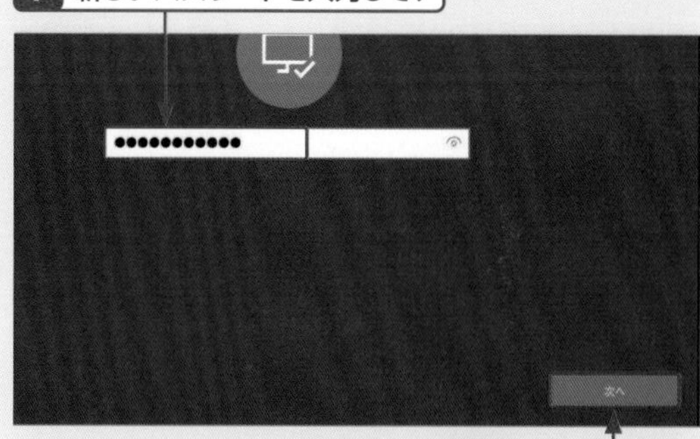

10 ＜次へ＞をクリックします。

11 パスワードの変更が完了します。

起動・終了や動作のトラブル　重要度 ★★★

Q 022 パソコンの画面が真っ暗になった!

A 原因に応じて対処しましょう。

パソコンを操作中に突然パソコンの画面が真っ黒になった場合は、パソコンかディスプレイがスリープ(省電力)状態になったことが考えられます。キーボードのいずれかのキーを押すか、マウスを動かすか、パソコン本体の電源ボタンを押してください。
なお、ディスプレイやパソコンが省電力状態になるまでの時間は、「設定」アプリの<システム>→<電源とスリープ>から設定できます。
また、パソコン本体やディスプレイのケーブルが抜けてしまったことも考えられます。ケーブルが正しく接続されているか確認します。それでも問題が解決しない場合は、ディスプレイやパソコンが故障している可能性があります。パソコンのサポートセンターに問い合わせてみましょう。

参照▶Q 436, Q 510

起動・終了や動作のトラブル　重要度 ★★★

Q 023 電源を入れてもパソコンが起動しない!

A 電源やディスプレイの接続を確認しましょう。

パソコン本体の電源ボタンを押しても起動しない場合は、まず、ディスプレイの電源が入っているかどうかを確認します。また、パソコン本体に電源コードが正しく接続されているかどうかも確認します。最後に、ディスプレイとパソコンが正しく接続されているかどうかを確認しましょう。
それでも問題が解決しない場合は、パソコンが故障している可能性があります。パソコンのサポートセンターに問い合わせてみましょう。

ディスプレイの電源が入っているかなども確認しましょう。

起動・終了や動作のトラブル　重要度 ★★★

Q 024 Windows終了時の画面がいつもと違う!

A Windows Update機能が働いています。

Windowsには、機能に不具合があった場合や機能が更新された場合に、自動的に更新操作をしてくれるWindows Updateという機能があります。このとき、更新を適用するために、パソコンの再起動が必要になる場合があります。この状態でWindowsを終了/再起動すると、アップデートしていることを示す右の画面が表示されます。しばらく待っていると自動的に再起動されるので、特に操作は必要ありません。

参照▶Q 526

Q 025 電源ボタンを押しても パソコンが終了しない！

A 電源が落ちるまで長押しします。

何らかの原因でいつまでもWindowsがシャットダウンされない場合や、電源ボタンを押してもパソコンが終了しない場合は、電源を入れるときのようにポンと押すのではなく、少し長く押し続けると強制的に終了できます。電源が落ちたら、電源ボタンから指を離します。

Q 026 「強制的にシャットダウン」と表示された！

A ほかのユーザーが パソコンを使っています。

シャットダウンしようとして「まだ他のユーザーがこのPC を使っています。～」という確認のメッセージが表示された場合は、ほかのユーザーがまだサインインしています。画面上をクリックしてメッセージを閉じ、スタートメニューのアカウントアイコンをクリックして、サインインしているユーザーを確認します。サインインしているユーザーの作業中のアプリなどがあれば、保存あるいは終了してからサインアウトし、Windowsをシャットダウンします。

1 シャットダウンしようとすると、メッセージが表示されます。

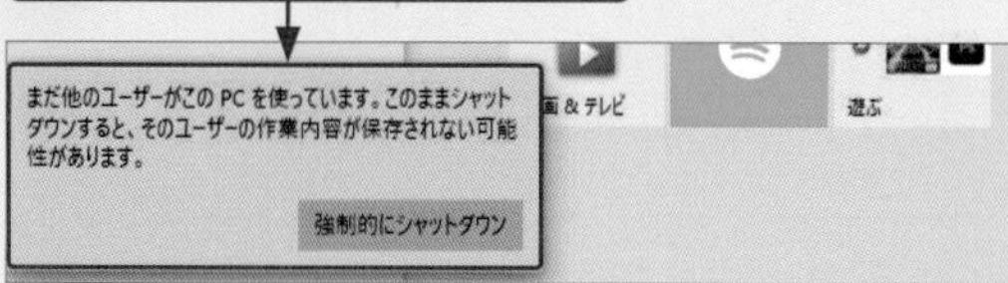

2 スタートメニューのアカウントアイコンをクリックすると、

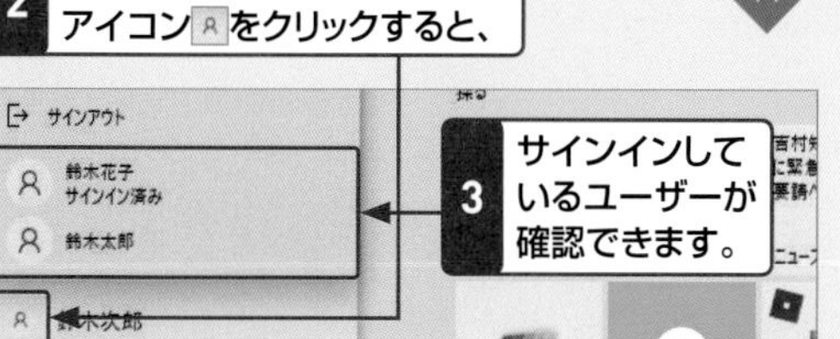

Q 027 パソコンがいきなり 操作できなくなった！

A プログラムを強制終了します。

アプリやOSが何らかの原因でユーザーの操作を受け付けなくなる状態を「フリーズ」といいます。アプリがフリーズすると、アプリのウィンドウのタイトルバーや画面下の通知バーに「応答なし」や「応答していません」などの文字が表示されます。

通常は、自動的にアプリが終了しますが、応答なしの状態が続くようであれば、キーボードのCtrlキーとAltキーとDeleteキーを同時に押して、表示される画面で<タスクマネージャー>をクリックします。タスクマネージャーが表示されたら、<応答なし>と表示されているアプリをクリックして<タスクの終了>をクリックすると、アプリが強制終了されます。

ただし、ワープロや表計算などのアプリで文書を作成中の場合、アプリを強制終了させると、最後に保存した状態以降の編集箇所が失われてしまうことがある点に注意してください。

OS自体がフリーズした場合は、アプリの強制終了すらできなくなります。その場合は電源ボタンを長めに押し続けて、パソコンの電源を落とします。 参照▶Q 025

2 <応答なし>と表示されたアプリをクリックし、

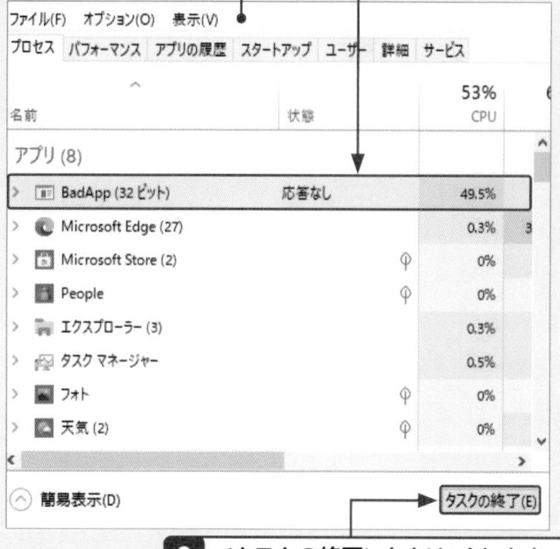

3 <タスクの終了>をクリックします。

Q 028 パソコンの動きがいきなり遅くなった！

A 遅くなる原因に応じて対処しましょう。

パソコンの動きが遅くなる原因は、以下のようにいくつか考えられます。原因に応じて対処しましょう。

・作業をしている場合は、アプリの起動しすぎによるメモリ不足が考えられます。この場合は、使用していないアプリを終了させます。パソコンの動きが遅い場合は、<タスクマネージャー>を使うと、アプリを素早く終了させられます。

・パソコンのスペック（性能や機能）が低いことが考えられます。メモリが不足している場合は、メモリを増設します。

・常駐ソフトが多いと、動きが遅くなります。スタートアップの不要な常駐ソフトを解除しましょう。ただし、必要なソフトを解除すると、パソコンの一部の機能が動作しなくなることがあるので、注意が必要です。

・Windowsのシステムに不具合がある可能性があります。その場合は、パソコンのリフレッシュ、再インストールなどを行います。

・パソコンがウイルスに感染している可能性があります。セキュリティ対策ソフトでウイルスチェックを行いましょう。

参照▶Q 489

● 動作中のアプリを終了させる

1 Ctrl + Alt + Delete を押すと表示される画面で<タスクマネージャー>をクリックして、

2 終了させるアプリを選択し、

タスク マネージャー
BadApp (32 ビット)
Microsoft Edge
Microsoft Store
People
フォト
天気

3 <タスクの終了>をクリックします。

詳細(D)　タスクの終了(E)

● 常駐ソフトを解除する

1 <スタート> →<設定> →<アプリ>をクリックして、

2 <スタートアップ>をクリックすると、

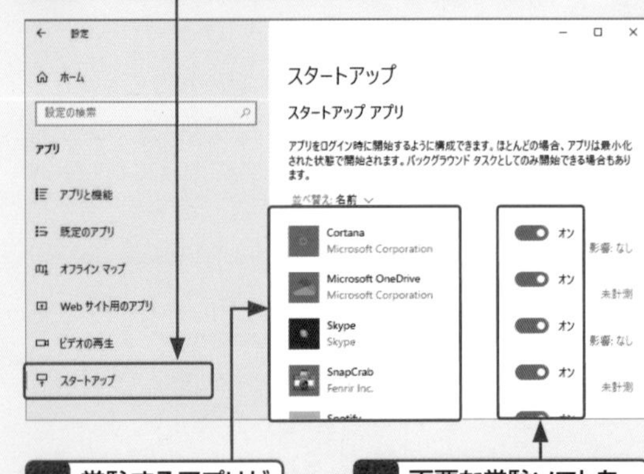

3 常駐するアプリが表示されます。

4 不要な常駐ソフトをオフに切り替えます。

● ウイルスチェックをする

1 付属アプリの「Windows セキュリティ」（189ページ参照）を起動して、

2 <ウイルスと脅威の防止>をクリックし、

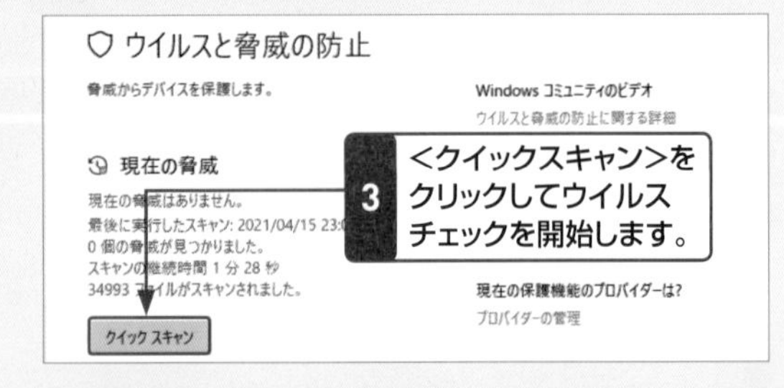

3 <クイックスキャン>をクリックしてウイルスチェックを開始します。

● パソコンをリフレッシュする

1 <スタート> →<設定> →<更新とセキュリティ>をクリックして、

2 <回復>をクリックし、

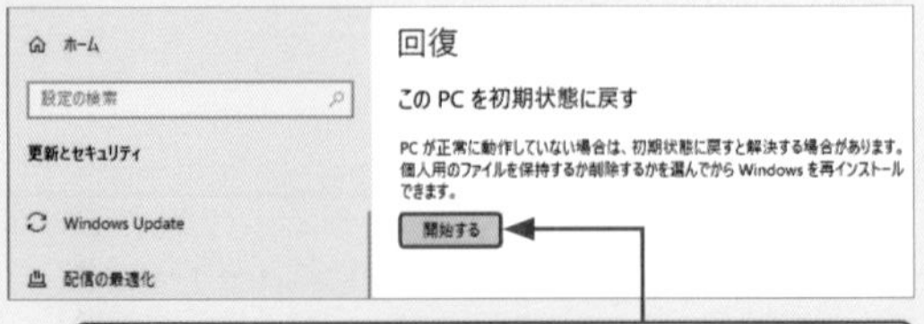

3 <開始する>をクリックすると、PC（パソコン）がリフレッシュ（初期状態に戻す）されます。

Q 029 スタートメニューの見方を知りたい!

A 下図を見て、名称や機能を確認しましょう。

「スタートメニュー」は、デスクトップの画面左下にある<スタート>ボタン をクリックするか、キーボードの Windows キーを押すと表示されるメニューです。Windows 10のさまざまな機能やアプリを実行するために欠かせないものです。

Windows 10では、Windows 7までのアプリや機能が一覧で並ぶスタートメニューと、Windows 8シリーズのタイル型のスタート画面を融合したスタートメニューになっており、アプリ一覧は左側に、タイルは右側に表示されます。

アプリや機能をWindows 10に追加すると、アプリ一覧やタイルに新しい項目が追加されます。右側のタイルは、メニュー内に表示可能な個数以上になると、上下にスクロールできるようになります。また、スタートメニューそのものの大きさを変更することもできます。

参照 ▶ Q 032, Q 548

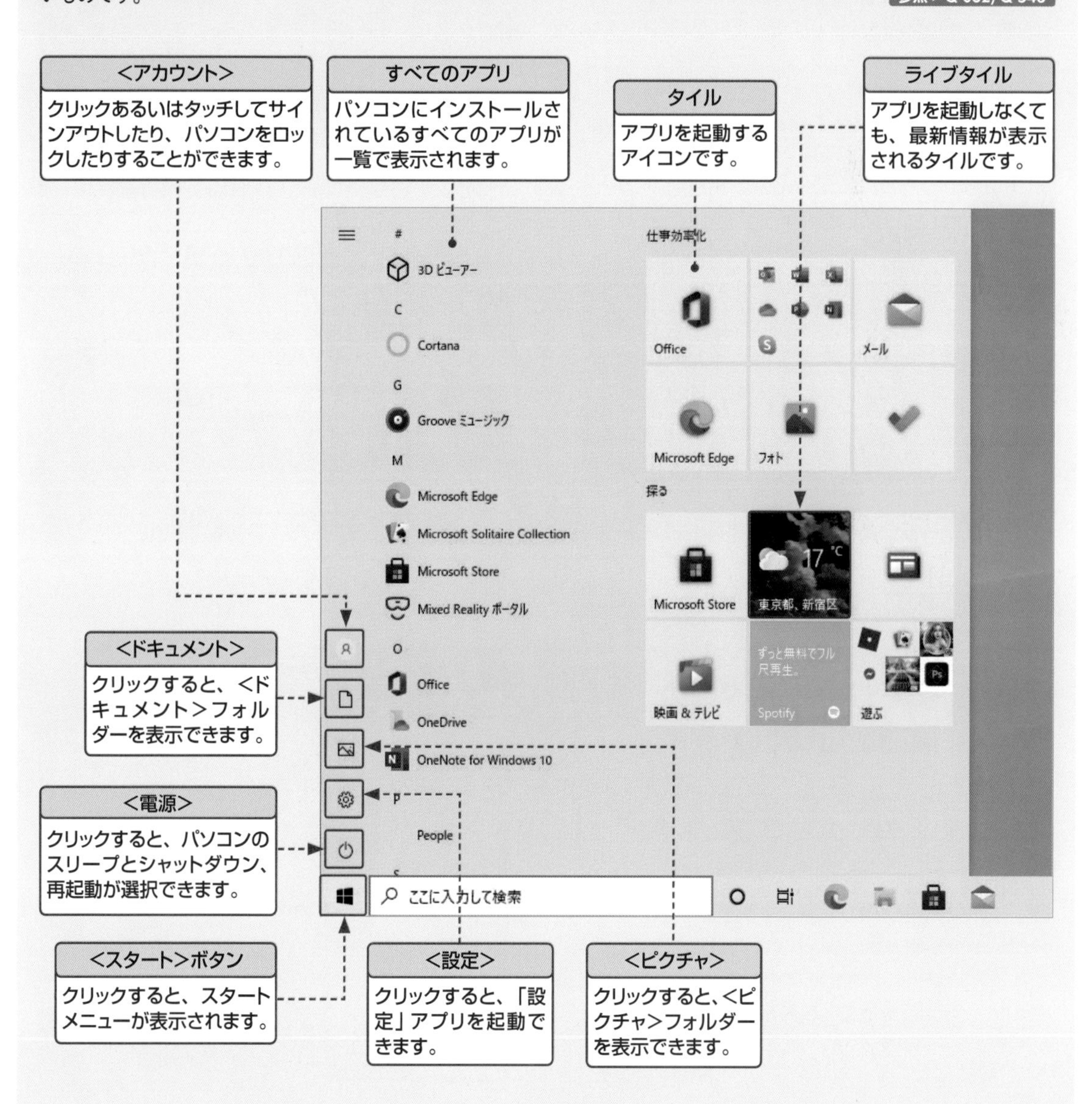

Q 030 スタートメニューでの操作の基本を知りたい!

A 目的の項目をクリックしましょう。

<スタート>ボタン をクリックすると、スタートメニューが表示されます。スタートメニューからは、アプリの起動やパソコンのシャットダウン、パソコンの設定などが行えます。
アプリを起動するには、それぞれのタイルをクリックします。タイルを右クリックすると、アプリをアンインストールしたり、スタートメニューからタイルを外したりできます。

● アプリの一覧をスクロールさせる

1 ここを上下にドラッグするかマウスのホイールを回すと、

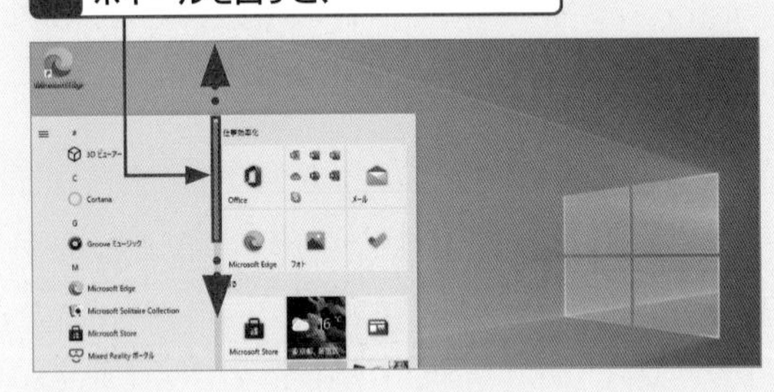

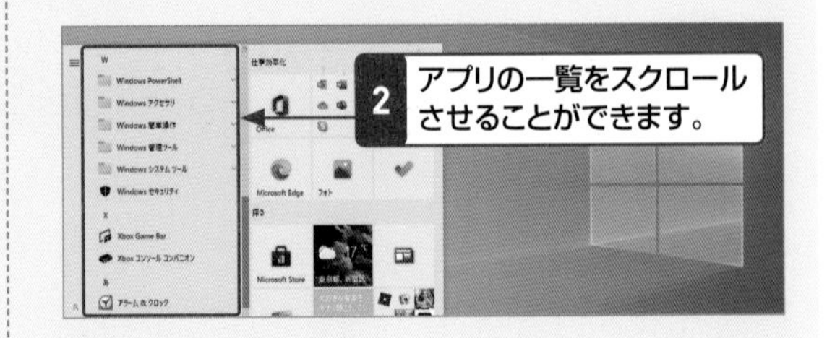

2 アプリの一覧をスクロールさせることができます。

● アプリを起動する

1 <スタート> をクリックして、

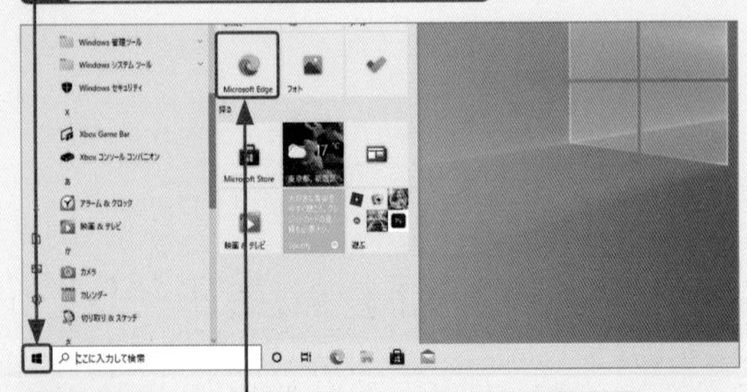

2 起動したいアプリのタイルをクリックすると、

3 アプリが起動します。

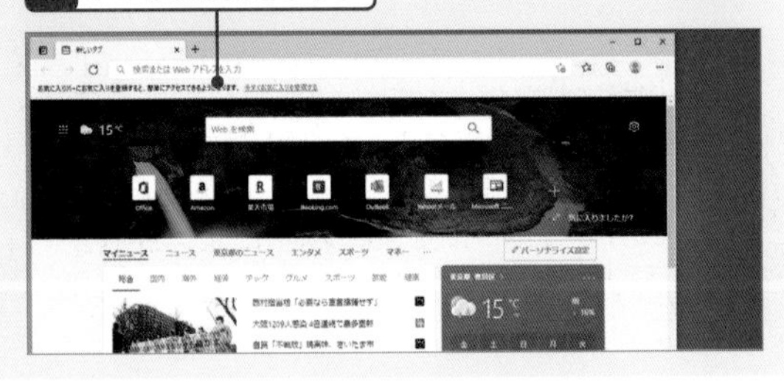

Q 031 <スタート>ボタンの機能を知りたい!

A アプリの起動やパソコンのシャットダウンなどに利用します。

<スタート>ボタン をクリックすると、スタートメニューが表示されます。右クリックすると表示されるメニューには、電源オプションやシステムの設定、デバイスマネージャー、ネットワーク接続の設定など、Windowsの設定や高度な機能を呼び出すための項目が用意されています。

1 <スタート> を右クリックすると、

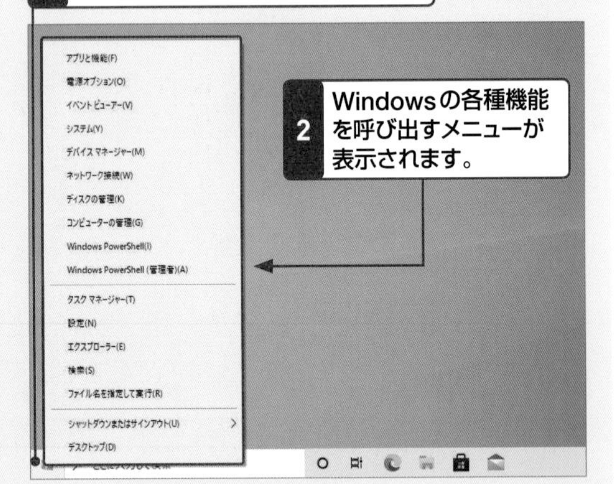

2 Windowsの各種機能を呼び出すメニューが表示されます。

スタートメニュー・アプリの基本操作　重要度 ★★★

Q 032 スタートメニューのサイズを変更したい！

A 右辺または上辺をドラッグします。

スタートメニューは、右辺や上辺をドラッグするとサイズを変更できます。表示中のウィンドウが隠れないサイズや、使いたいタイルがすべて表示されるサイズなど、自分で使いやすい大きさに調整しましょう。

スタートメニューの右辺や上辺をドラッグすると、スタートメニューのサイズを変更できます。

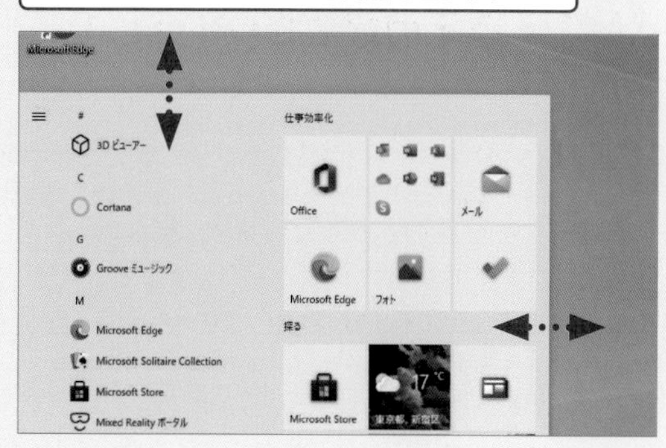

スタートメニュー・アプリの基本操作　重要度 ★★★

Q 033 スタートメニューにアプリを追加したい！

A スタートメニューにピン留めします。

パソコンにインストールされたアプリは、スタートメニュー左側の一覧に自動追加されますが、アプリはアルファベット順→五十音順に並ぶため、アプリによってはスタートメニューに表示させるのに大きくスクロールする必要があり手間がかかります。よく使うアプリをタイル表示すれば、スクロールは最小限で済むので便利です。アプリをタイル表示するには、以下のように操作します。

なお、タイル表示を解除したい場合については、46ページを参照してください。

1 スタートメニューで左側の一覧から追加したいアプリを表示して、右クリックし、

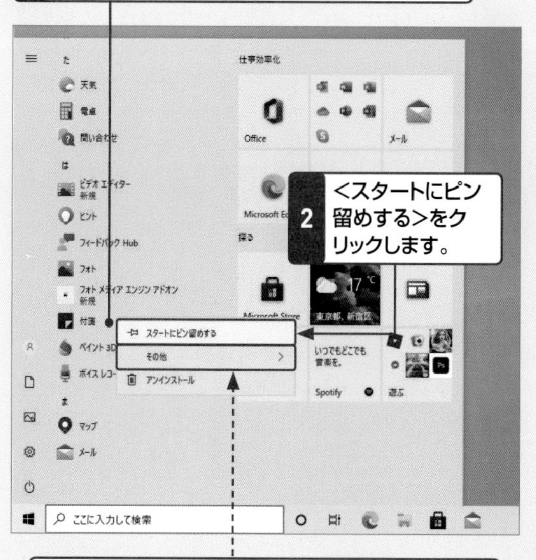

2 ＜スタートにピン留めする＞をクリックします。

＜その他＞→＜タスクバーにピン留めする＞から、タスクバーにピン留めすることもできます。

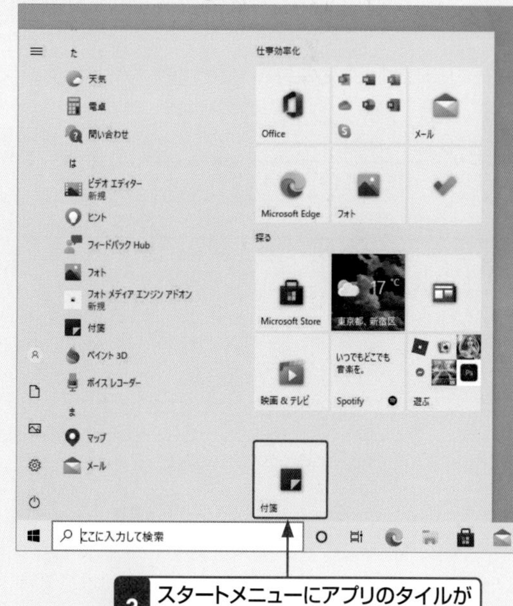

3 スタートメニューにアプリのタイルが追加されます。

Q 034 スタートメニューからタイルを削除したい!

A スタートメニューからピン留めを外します。

スタートメニューには、アプリのタイルをいくつでも追加することができますが、タイルが多すぎると、目的のタイルを見つけにくくなります。この場合は、不要なタイルをスタートメニューから削除してタイルを減らすとよいでしょう。
スタートメニューからタイルを削除するには、削除したいタイルを右クリックして、<スタートからピン留めを外す>をクリックします。なお、タイルを削除しても、アプリ自体が削除されるわけではありません。

1 削除したいタイルを右クリックして、

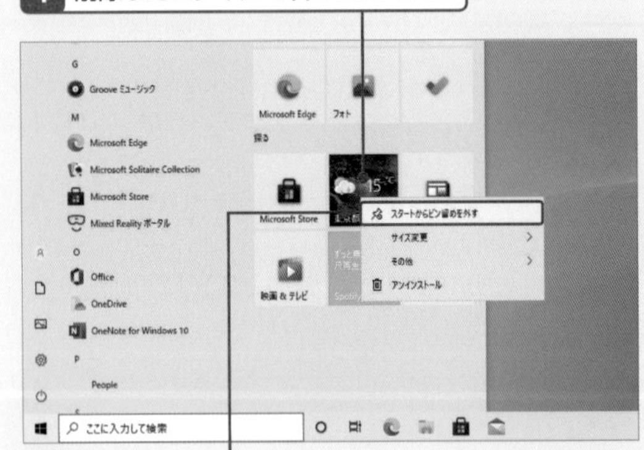

2 <スタートからピン留めを外す>をクリックすると、

3 スタートメニューからタイルを外すことができます。

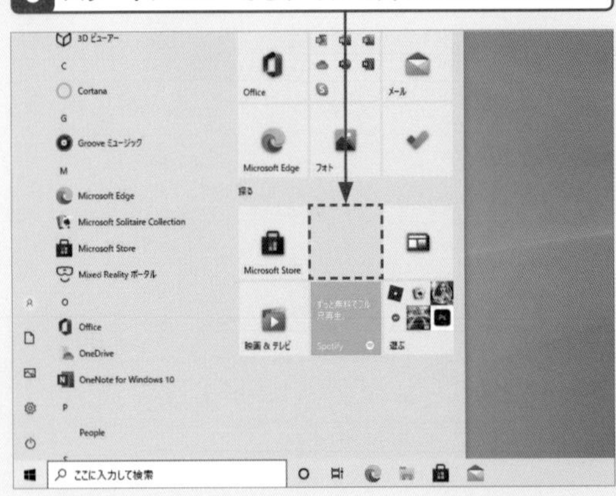

Q 035 タイルの位置を変えたい!

A ドラッグで移動できます。

スタートメニューのタイルの位置を変更するには、スタートメニューを表示して、タイルを目的の位置へドラッグします。
よく使うタイルは、すぐにクリックできる位置に変更しておくとよいでしょう。

参照 ▶ Q 039

1 スタートメニューを表示して、

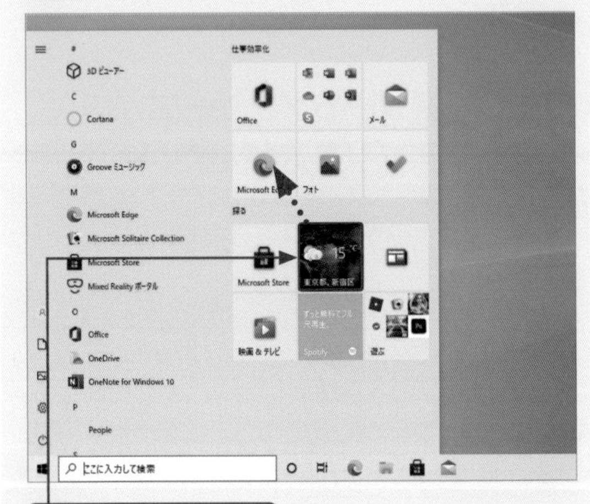

2 タイルをドラッグし、

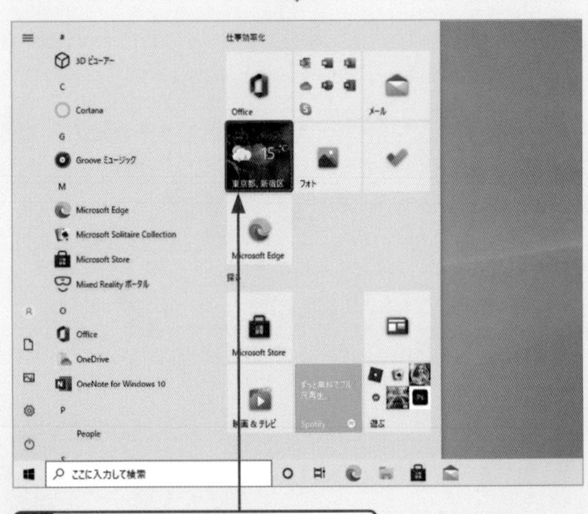

3 目的の位置で指を離すと、タイルの位置が変更されます。

Q 036 タイルの大きさを変えたい!

A 右クリックでサイズ変更ができます。

スタートメニューのタイルのサイズを変更するには、目的のタイルを右クリックして、<サイズ変更>から新しいサイズを選択します。

よく使うタイルやライブタイルは大きく、あまり使わないタイルは小さく設定すると、タイルのスペースを効率よく利用できるでしょう。

1 スタートメニューを表示して、

2 タイルを右クリックし、

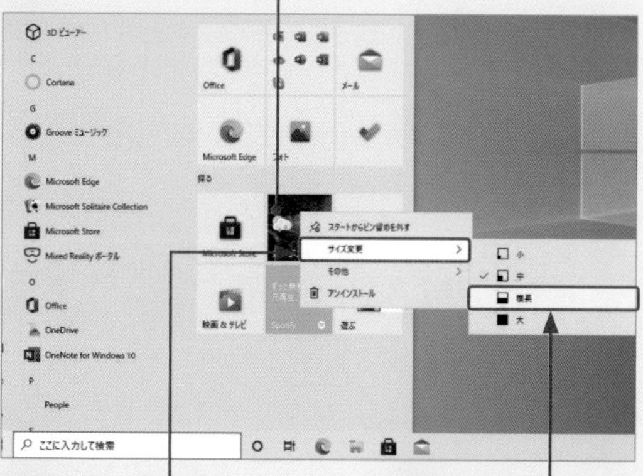

3 <サイズ変更>にマウスポインターを合わせ、

4 目的の大きさをクリックすると、

5 タイルの大きさが変わります。

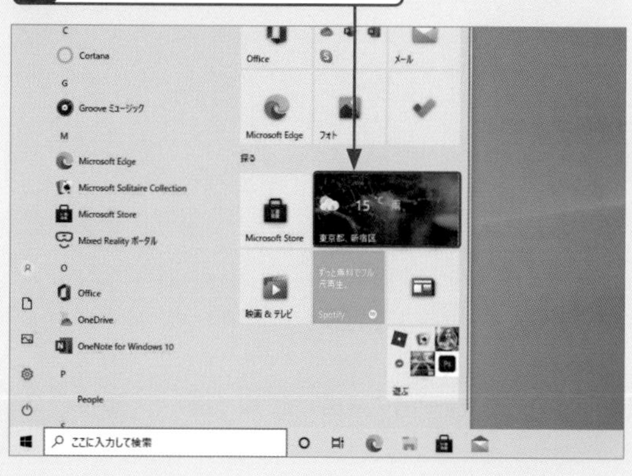

Q 037 「ライブタイル」って何?

A 情報がリアルタイムで表示されるタイルです。

ライブタイルとは、天気やニュースなどのアプリの情報が、リアルタイムでタイルに表示される機能です。オンにしておくと、アプリを起動しなくてもスタートメニューを表示するだけで簡単な情報を確認できます。Windows 10のプリインストールアプリでは、「天気」アプリや「カレンダー」アプリ、「メール」アプリなどがライブタイルに対応しています。

●「天気」アプリ

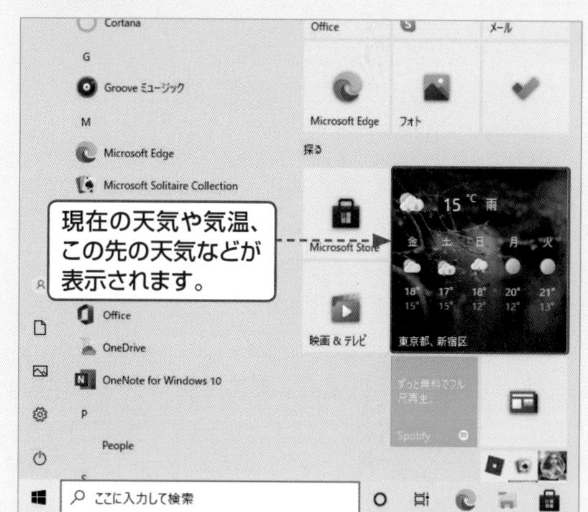

●「カレンダー」アプリ

Q 038 ライブタイルの設定を変えたい！

A タイルを右クリックすると設定を変更できます。

ライブタイルのオン／オフを切り替えるには、タイルを右クリックして<その他>から設定します。
アプリがライブタイルに対応している場合のみ、通常のタイルからライブタイルに切り替えることもできます。ライブタイルは、どのアプリでも通常のタイルに切り替えられます。

1 スタートメニューを表示して、

2 設定を変更するタイルを右クリックします。

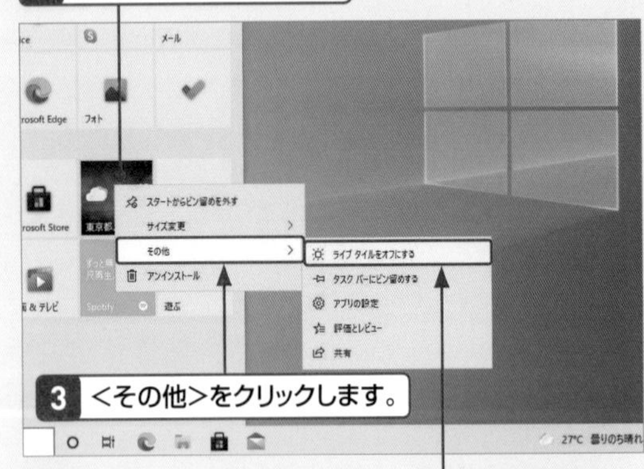

3 <その他>をクリックします。

4 <ライブタイルをオフにする>をクリックすると、

5 ライブタイル機能がオフになります。

Q 039 タイルを整理してすっきりさせたい！

A タイルをフォルダー化して整理できます。

タイルを整理するには、タイル同士をドラッグして重ねて、1つのフォルダーにまとめます。フォルダーにはさらにタイルを追加することもできます。フォルダーをクリックすると、中に入っているタイルが表示されるので、起動したいアプリのタイルをクリックします。フォルダー化を解除したい場合は、フォルダーの中にあるタイルをドラッグしてフォルダーの外に出します。フォルダー内のタイルがすべてなくなると、フォルダーは自動的に削除されます。 参照▶Q 035

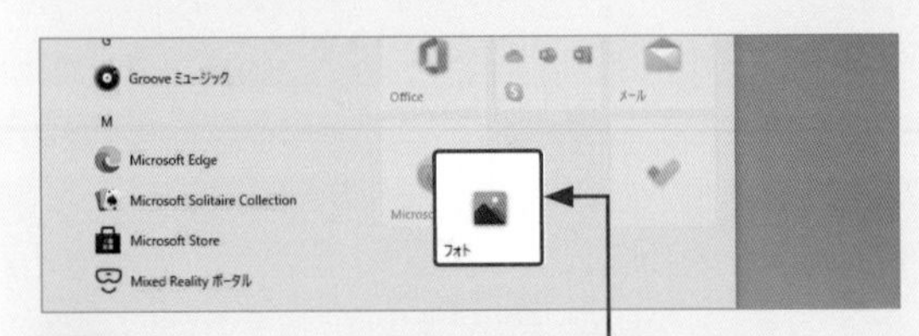

1 タイルの上に、フォルダー化したい別のタイルをドラッグして重ねると、

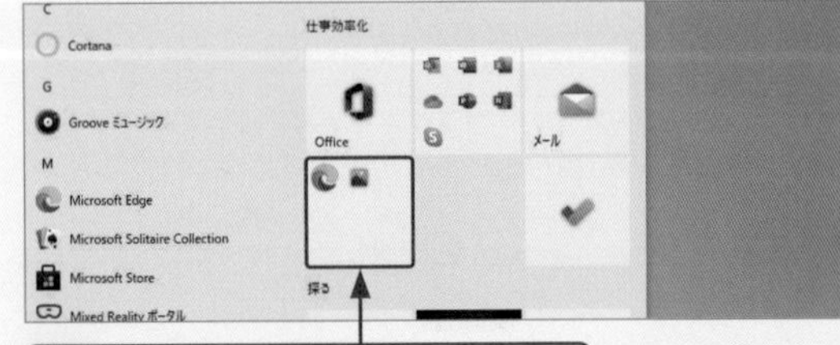

2 フォルダーが作成され、その中にタイルがまとめられます。

3 フォルダーをクリックすると、中のタイルが展開されます。

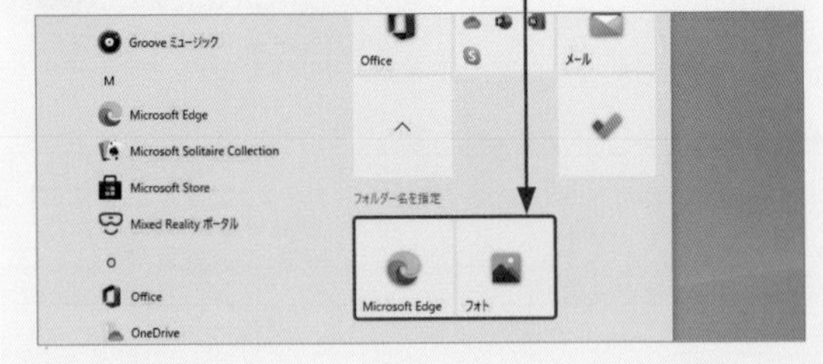

スタートメニュー・アプリの基本操作　重要度★★★

Q 040 「よく使うアプリ」を非表示にしたい！

A 「設定」アプリから非表示にできます。

スタートメニューの上部に表示される「よく使うアプリ」が不要な場合は、これを非表示にできます。
<スタート>ボタン をクリックし、<設定> →<個人用設定>→<スタート>をクリックします。「よく使うアプリを表示する」をオフにすると、表示されなくなります。

1 <スタート> をクリックして、<設定> →<個人用設定>をクリックし、

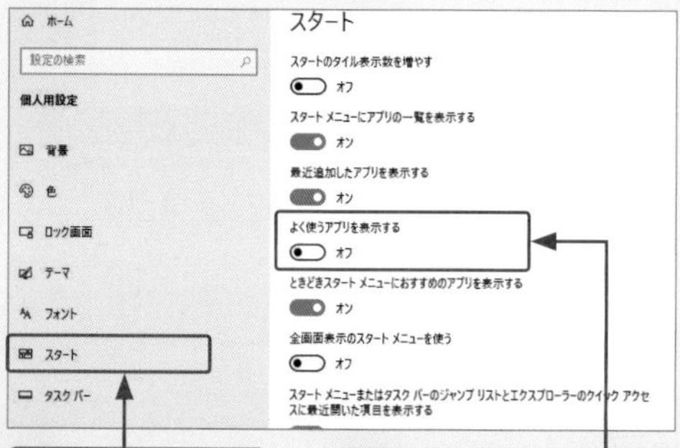

2 <スタート>をクリックして、

3 「よく使うアプリを表示する」をオフにします。

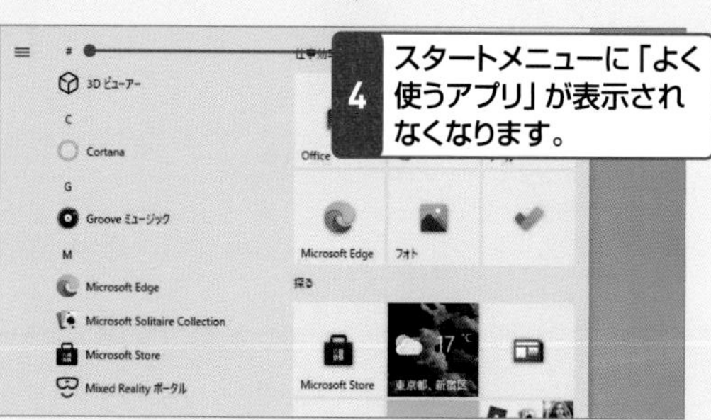

スタートメニュー・アプリの基本操作　重要度★★★

Q 041 アプリを「頭文字」から探したい！

A アプリの一覧で頭文字をクリックします。

パソコンにはたくさんのアプリをインストールして利用できますが、すべてのアプリがタイルで表示されているわけではありません。タイルに表示されていないアプリはアプリの一覧から探しますが、アプリの数が増えると、アプリの一覧から目的のアプリを探すのが大変になります。そんなときは、アプリの頭文字から探しましょう。

1 スタートメニューを表示して、

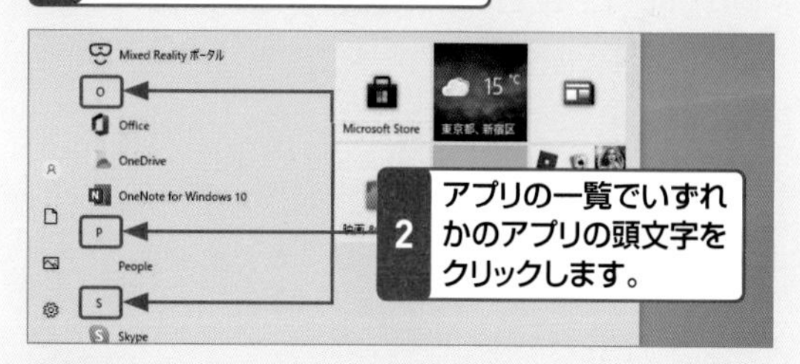

4 その頭文字のアプリが表示されます。

スタートメニュー・アプリの基本操作　重要度 ★★★

Q 042 インストールしたはずのアプリが見つからない!

A 検索してアプリを探します。

インストールしたはずのアプリが見つからない場合は、タスクバーにある検索ボックスを利用しましょう。検索ボックスにアプリ名を入力すると、該当するアプリが一覧に表示されます。一覧から候補をクリックすると、アプリが起動します。

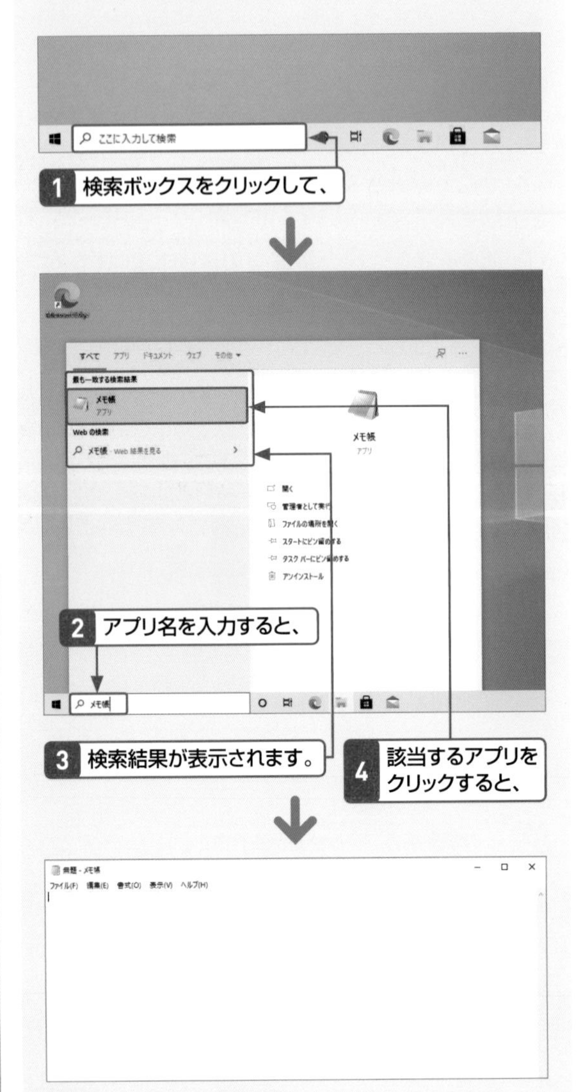

スタートメニュー・アプリの基本操作　重要度 ★★★

Q 043 アプリを画面いっぱいに表示したい!

A タイトルバーの<最大化>をクリックします。

画面全体を使ってアプリを表示するには、アプリのウィンドウのタイトルバーの右側にある<最大化>□をクリックします。ウィンドウが最大化し、画面いっぱいに表示されます。
なお、ウィンドウを最大化すると、<最大化>□が<元に戻す(縮小)>🗗に変わります。<元に戻す(縮小)>🗗をクリックすると元のサイズに戻ります。

1 <最大化>□をクリックすると、

2 アプリが画面いっぱいに表示されます。

<元に戻す(縮小)>🗗をクリックすると、元のサイズに戻ります。

Q 044 アプリを終了するにはどうすればいいの？

A タイトルバーの<閉じる>をクリックします。

起動中のアプリを終了するには、タイトルバーの<閉じる>×をクリックします。またタブレットモードの場合は、タイトルバーを画面の下部までドラッグすることでもアプリを終了できます。タッチ操作で利用しているときに便利な機能です。

<閉じる>×をクリックすると、アプリが終了します。

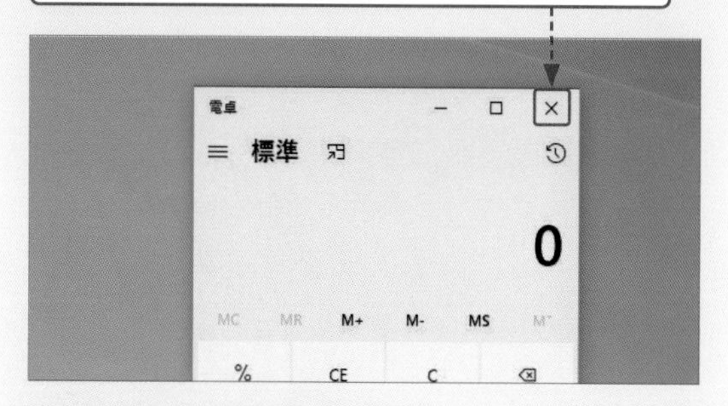

● タブレットモードの場合

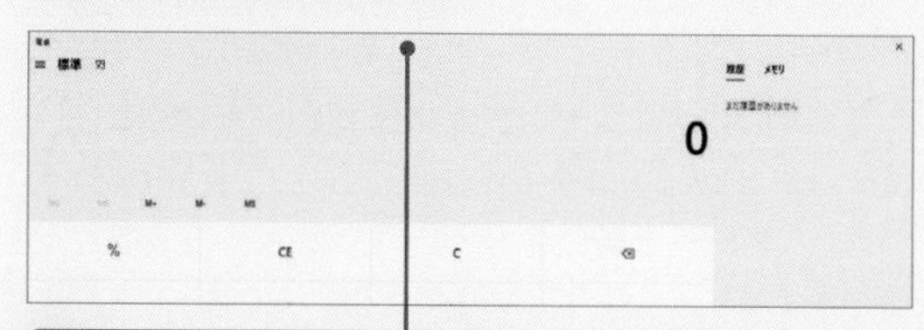

1 タイトルバーをクリックして マウスのボタンから指を離さないでいると、

2 ウィンドウが縮小表示されるので、画面の下部までドラッグします。

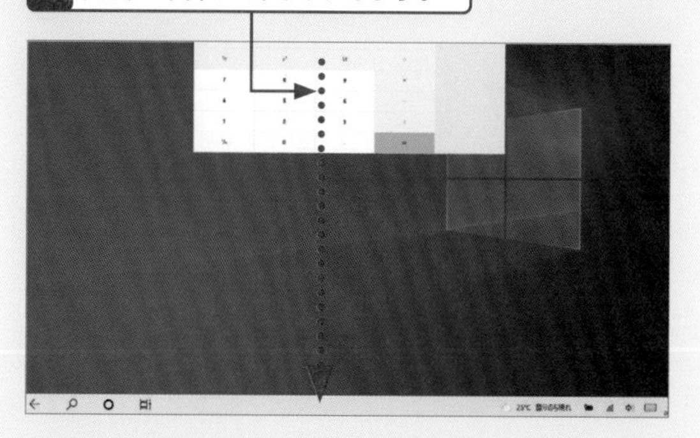

Q 045 「コントロールパネル」を開きたい！

A <スタート>ボタンから開きます。

Windows 10では、スタートメニューの<Windowsシステムツール>→<コントロールパネル>を順にクリックすると、コントロールパネルを起動できます。<コントロールパネル>をよく使用する場合は、タイルに追加しておくとよいでしょう。 参照▶Q 033

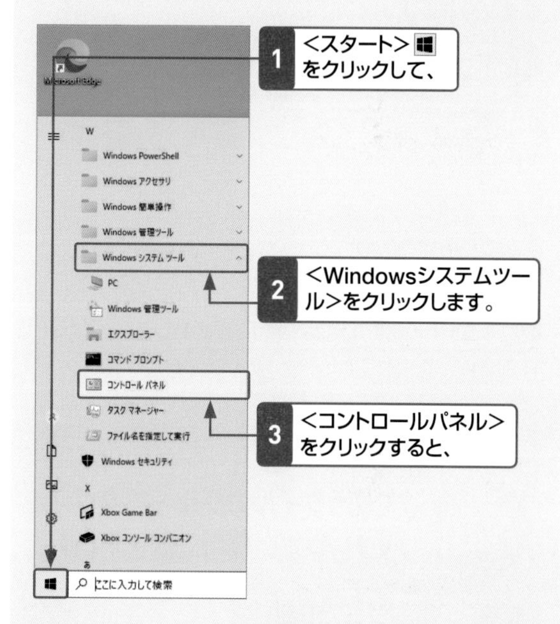

4 コントロールパネルが表示されます。

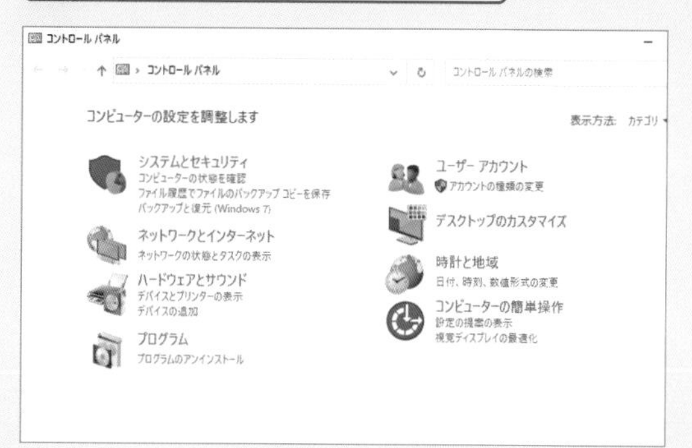

基本 / デスクトップ / キーボード・文字入力 / インターネット / メール・連絡先 / セキュリティ / 写真・動画・音楽 / OneDrive・スマホ / 印刷・周辺機器 / アプリ / インストール・設定 / テレワーク

スタートメニュー・アプリの基本操作　重要度★★★

Q 046 「ファイル名を指定して実行」を開きたい！

A ショートカットキーを利用します。

「ファイル名を指定して実行」は、指定したコマンドを入力して素早くアプリを起動したり、パスを入力してフォルダーを開いたりする機能です。
Windows 10では、キーボードの⊞キーとRキーを同時に押すと表示できます。もしくは<スタート>ボタン⊞を右クリックし、<ファイル名を指定して実行>をクリックします。

1 キーボードの⊞とRを押すと、

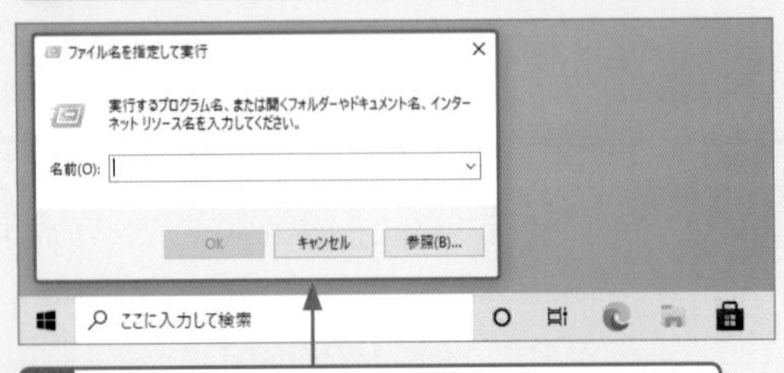

2 <ファイル名を指定して実行>が起動します。

スタートメニュー・アプリの基本操作　重要度★★★

Q 047 スタートメニューやタイルから素早くファイルを開きたい！

A スタートメニューやタイルの右クリックメニューから開きます。

ファイルを開いて作業したい場合、いちいちアプリを起動しそれから目的のファイルを選んで開いていては、手間がかかってしまいます。
最近使ったファイルを素早く開きたいときは、スタートメニューのアプリやタイルを右クリックして、ファイルを選択しましょう。アプリが起動し、自動的にファイルも開かれます。

1 スタートメニューを表示して、

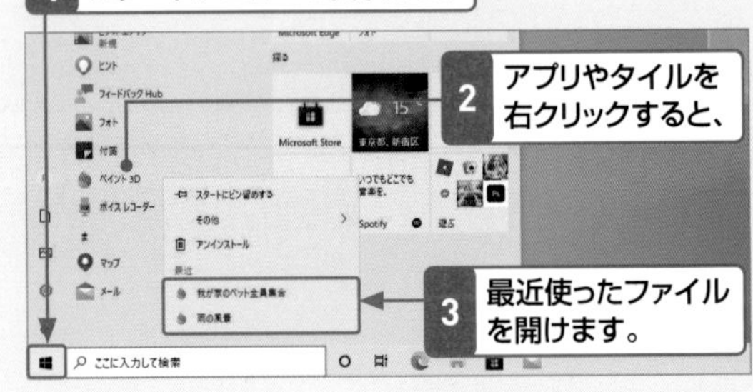

スタートメニュー・アプリの基本操作　重要度★★★

Q 048 よく使うタイルのグループをクリックしやすい場所に置きたい！

A グループごとドラッグして入れ替えます。

スタートメニューのタイルはグループごとに表示されており、グループ単位でドラッグして入れ替えることができます。よく使うアプリが含まれるグループは、クリックしやすい位置に入れ替えておくとよいでしょう。

1 スタートメニューを表示して、

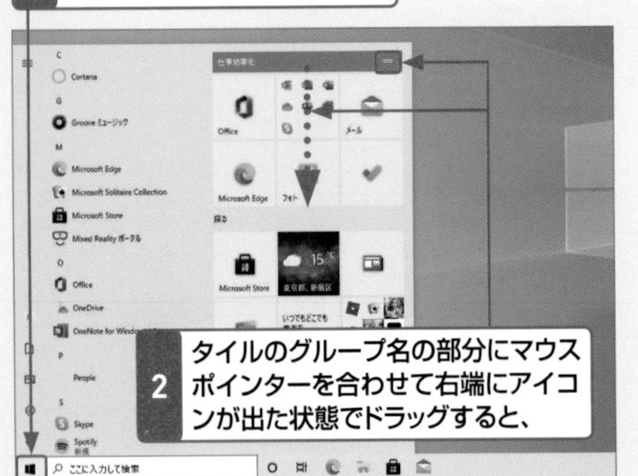

3 グループの場所を入れ替えることができます。

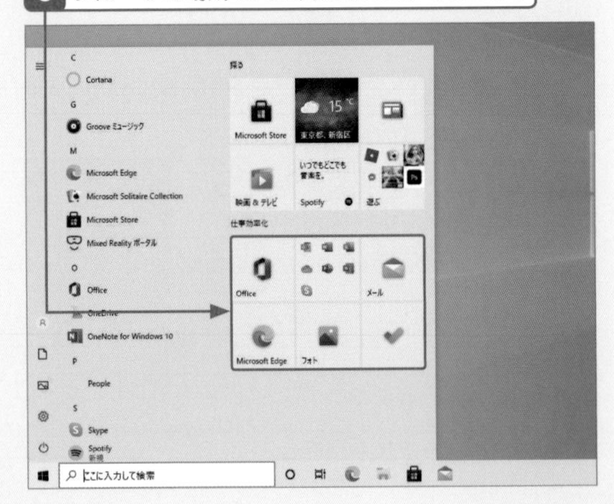

2

Windows 10 のデスクトップ便利技!

デスクトップの基本　重要度 ★★★

Q 049 デスクトップって何？

A パソコン起動後、最初に表示される画面のことです。

「デスクトップ」とは、パソコンを起動するとディスプレイ全体に表示される画面のことです。もともとは「机の上（desktop）」を意味する英単語ですが、Windowsでは、机の上に道具や書類を置いて作業するように、画面上にアイコンやウィンドウを置いて作業できます。
Windows 10のデスクトップは、従来のWindowsで採用されていた画面を継承しているので、画面構成や操作方法に大きな違いはありません。これまでのWindowsと同じように、画面上に複数のアプリを配置して、切り替えながら作業できます。
なお、Windows 8／8.1では、デスクトップとスタート画面を切り替えて使用する形式でしたが、Windows 10ではデスクトップに一元化されています。

パソコンを起動するとデスクトップ画面が表示されます。

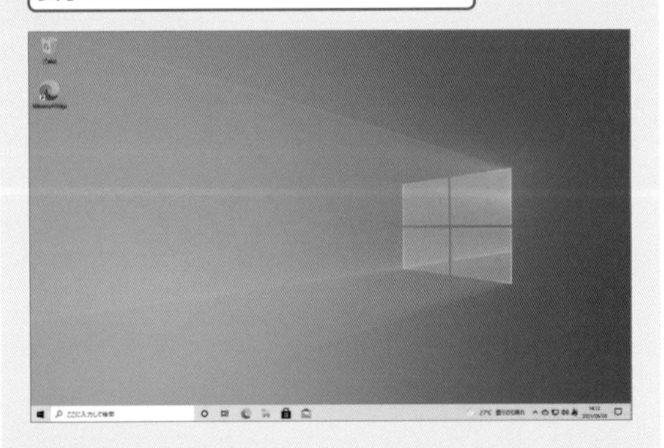

複数のウィンドウを配置して作業できます。

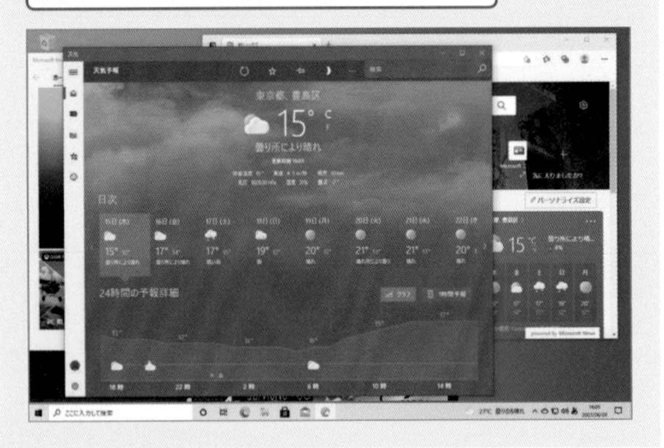

デスクトップの基本　重要度 ★★★

Q 050 これまでのデスクトップと違うところはどこ？

A タスクバーに「検索ボックス」や「タスクビュー」が追加されました。

Windows 10のデスクトップは、Windows 8／8.1までのデスクトップからデザインや機能が変更されています。主な変更点は、下表のとおりです。

変更点	解説
スタートメニューの復活	Windows 8／8.1で廃止されていたスタートメニューが復活しました。
検索ボックスの追加	<スタート>ボタンの右隣に検索ボックスが追加されています。
タスクビューの追加	起動しているアプリや過去の作業履歴を確認したり、仮想デスクトップを追加したりできます。
アクションセンターの追加	通知の確認や設定を行うアクションセンター（66ページ参照）が追加されました。

スタートメニュー

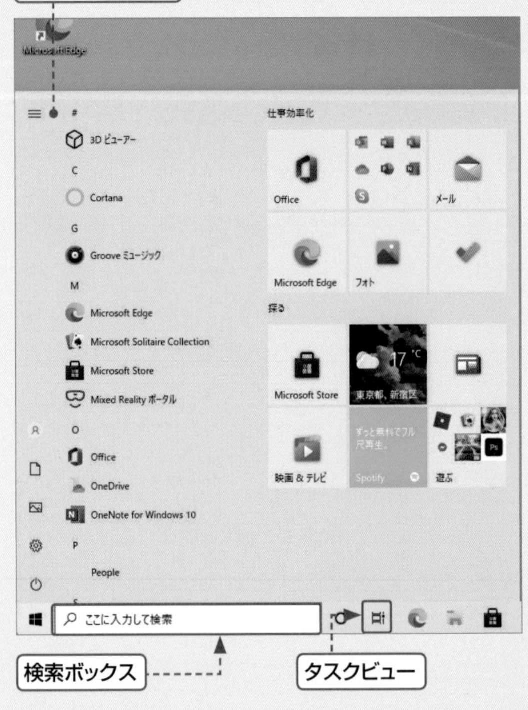

検索ボックス　タスクビュー

Q 051 デスクトップの見方を知りたい!

A 下図を見て、各部の名称を覚えておきましょう。

デスクトップの各部には、それぞれ名称があります。下図を参照して、各部の名称を覚えておきましょう。なお、デスクトップの背景に表示される画像は、好きなものに変更できます。 参照▶Q 546,Q 547,Q 548

ごみ箱
不要なファイルやフォルダーはここに移動して削除します。

デスクトップ
ウィンドウなどを表示して、さまざまな操作を行う場所です。

マウスポインター
アイコンやコマンドなどを操作するための目印です。操作の内容によって形状が変わります。

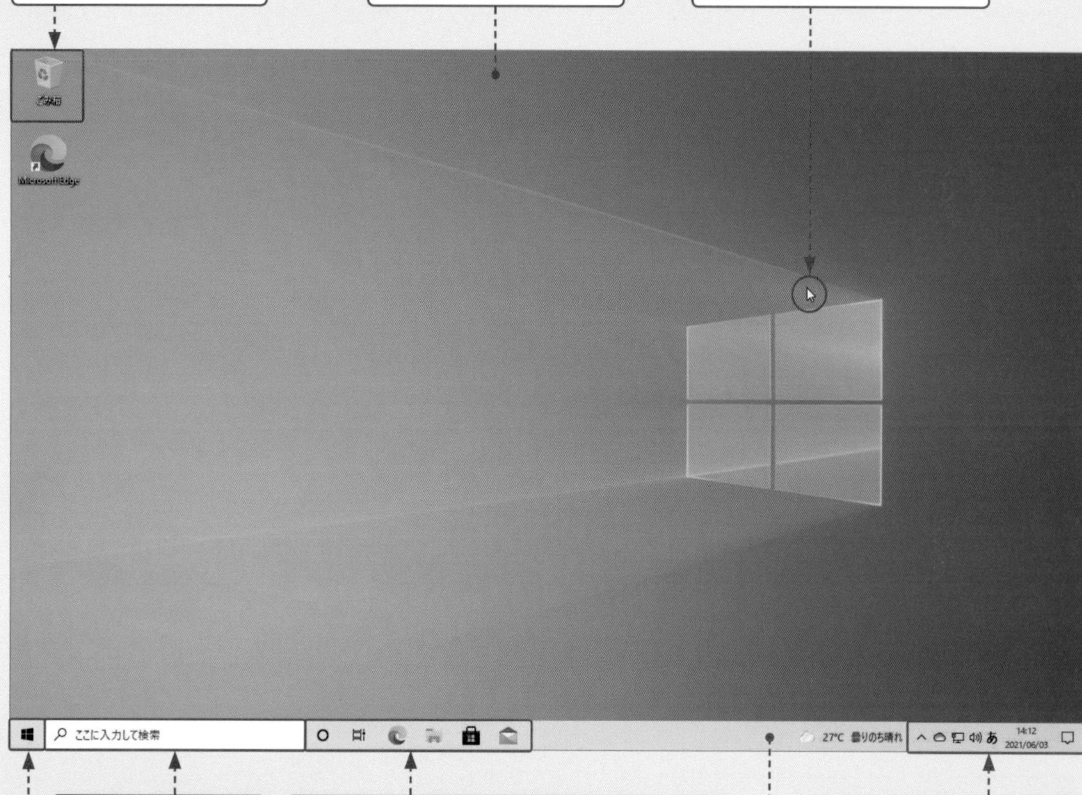

検索ボックス
ファイルやアプリなどを検索することができます。

タスクバーアイコン
標準の状態では、＜Cortana＞＜タスクビュー＞＜Microsoft Edge＞＜エクスプローラー＞＜Microsoft Store＞＜メール＞が表示されています。ここに表示されるアイコンは、あとから自由に編集できます。

通知領域
現在の日時やシステムの状態、日本語入力システムの状態を示すアイコンが表示されます。アイコンをクリックすることで、各種設定が行えます。

＜スタート＞ボタン
クリックすると、スタートメニューを表示します。Windowsの各種機能を呼び出したり、パソコンをシャットダウンしたりすることができます。

タスクバー
タスクバーアイコンのほか、起動しているアプリがアイコンとして表示されます。クリックするだけで、操作するウィンドウを切り替えることができます。

基本
デスクトップ
キーボード・文字入力
インターネット
メール・連絡先
セキュリティ
写真・動画・音楽
OneDrive・スマホ
印刷・周辺機器
アプリ
インストール・設定
テレワーク

デスクトップの基本　重要度 ★★★

Q 052 デスクトップアイコンの大きさを変えたい！

A 右クリックメニューから変更できます。

デスクトップアイコンの大きさは、3種類から選択することができます。デスクトップの広さやディスプレイのサイズに合わせて、見やすい大きさに変更しておくとよいでしょう。

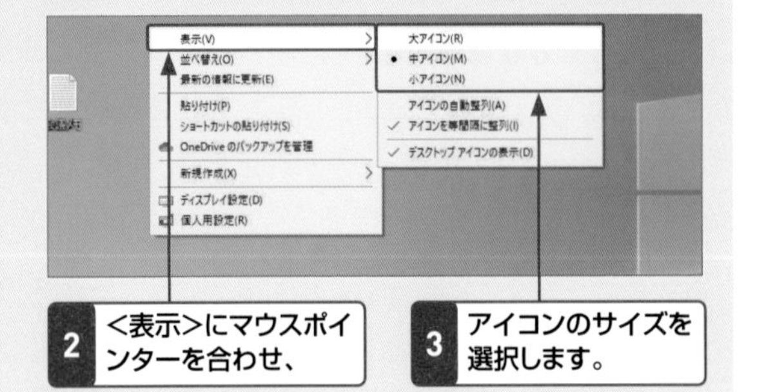

デスクトップの基本　重要度 ★★★

Q 053 デスクトップアイコンを移動させたい！

A アイコンをドラッグします。

デスクトップに表示されているアイコンは、ドラッグして好きな場所に移動させることができます。ただし、デスクトップアイコンの自動整列機能が有効になっていると元の場所に戻ってしまうので、あらかじめ無効にしておきましょう。

参照▶Q 054

デスクトップの基本　重要度 ★★★

Q 054 デスクトップアイコンを整理したい！

A <アイコンの自動整列>を上手に利用しましょう。

アイコンの並びを整理するには、右の手順に従って、[「アイコンの自動整列」機能を利用します。自動整列機能を有効にしたあとは、既存のアイコンが等間隔に並び、新たに追加したアイコンも自動的に整列するようになるので、いちいち手動でアイコンを並べなくても、デスクトップが常に整理された状態に保たれます。なお、<アイコンの自動整列>が有効になっている間は、アイコンの並べ替えのみが可能になる点に注意しましょう。

1 デスクトップ上で右クリックして、

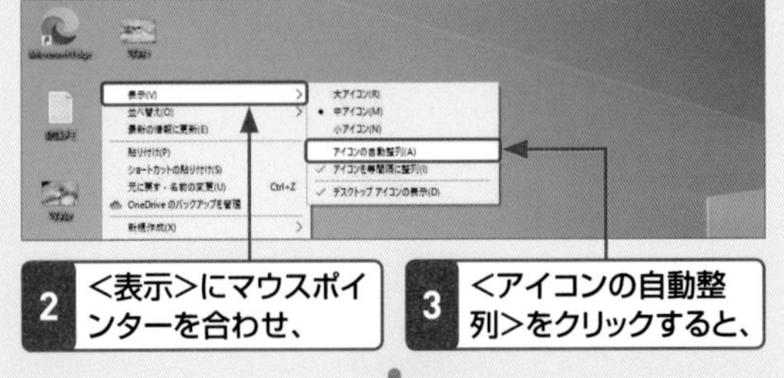

Q 055 画面を画像にして保存したい！

A ⊞+PrintScreenや「Snipping Tool」を使います。

● ⊞+PrintScreenで保存する

パソコンの画面を画像として保存するには、キーボードの⊞キーを押しながらPrintScreen（PrtSc）キーを押せば、自動的に画面全体が保存されます。このとき、保存先は＜ピクチャ＞フォルダー内の＜スクリーンショット＞フォルダー、ファイル形式はPNG、ファイル名は「スクリーンショット（＊）」になります。このとき、（＊）には連番の数が入ります。 参照▶Q 092

1 保存したい画面を表示して、

2 ⊞を押しながらPrintScreen（PrtSc）を押します。

3 ＜ピクチャ＞フォルダー内の＜スクリーンショット＞フォルダーに、画面が画像として保存されます。

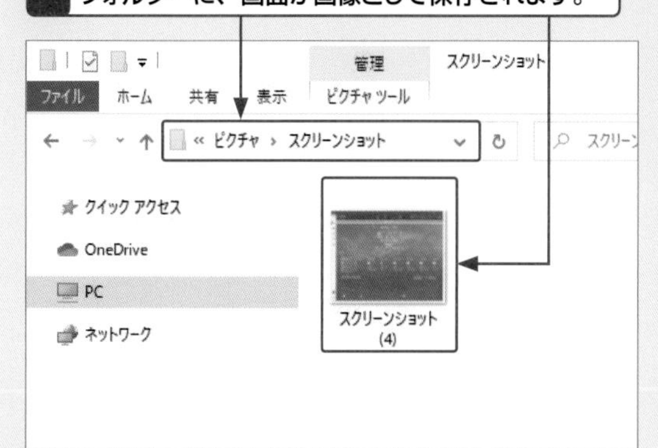

●「Snipping Tool」で保存する

Windows 10に標準で付属する「Snipping Tool」アプリを利用すると、自由形式、四角形、ウィンドウの領域など、切り取る範囲を指定して保存することができます。

1 保存したい画面を表示して、スタートメニューで＜Windowsアクセサリ＞→＜Snipping Tool＞をクリックしてツールを起動し、

2 ＜モード＞のここをクリックして、

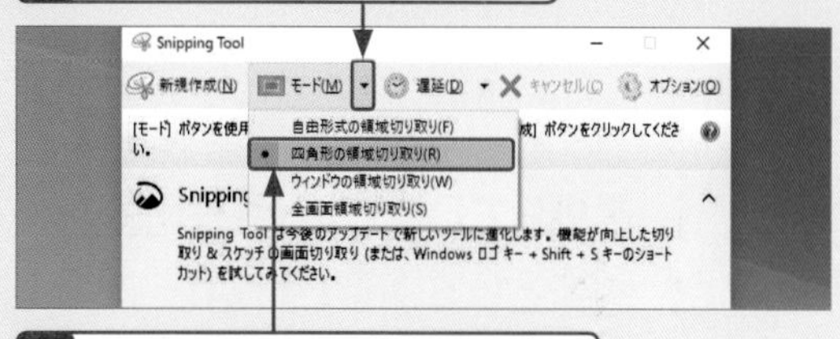

3 切り取る範囲（ここでは＜四角形の領域切り取り＞）をクリックします。

4 保存したい領域をドラッグすると、

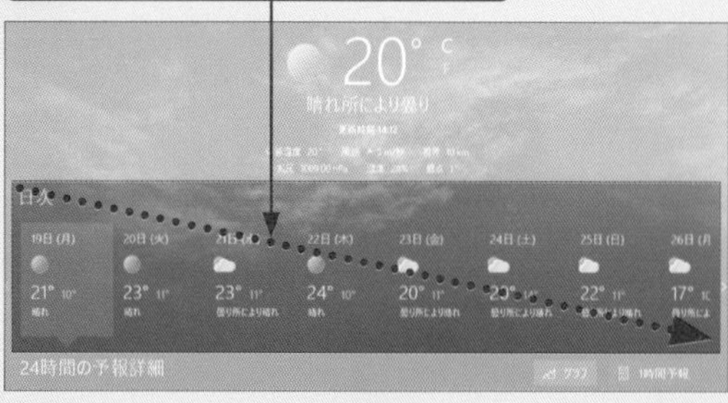

5 ＜Snipping Tool＞内に指定した画像が表示されます。

6 ＜ファイル＞をクリックして、

7 ＜名前を付けて保存＞をクリックして保存します。

デスクトップの基本　重要度★★★

Q 056 画面を画像としてコピーしたい!

A [PrintScreen]を使います。

画面を画像としてコピーするには、キーボードの[PrintScreen]([PrtSc])キーを押します。これで、その時点の画面全体が画像としてクリップボードにコピーされます。

1 コピーしたい画面を表示して、

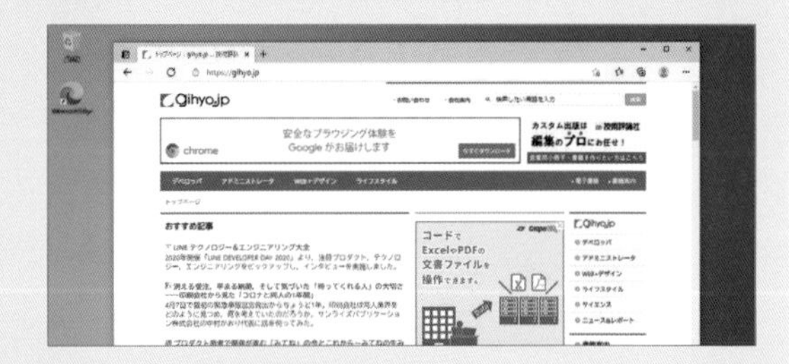

2 [PrintScreen]([PrtSc])を押します。

デスクトップの基本　重要度★★★

Q 057 選択しているウィンドウのみを画像として保存したい!

A [Alt]+[⊞]+[PrintScreen]を使います。

選択しているウィンドウのみを画像として保存するには、キーボードの[Alt]キーと[⊞]キーを押しながら[PrintScreen]([PrtSc])キーを押します。保存先は＜ビデオ＞フォルダー内の＜キャプチャ＞フォルダーです。画像の保存は「Xbox Game Bar」アプリが行っているので、保存されない場合は＜スタート＞[⊞]→＜設定＞[⚙]をクリックし、＜ゲーム＞→＜Xbox Game Bar＞をクリックして＜Xbox Game Bar＞をオンにしましょう。

1 コピーしたい画面を表示して、

2 [Alt]+[⊞]+[PrintScreen]([PrtSc])を押します。

デスクトップの基本　重要度★★★

Q 058 「ペイント」や「メモ帳」はどこにあるの?

A スタートメニューから起動します。

「ペイント」や「メモ帳」は、スタートメニューの＜Windowsアクセサリ＞フォルダーから起動できます。なお、「ペイント」はパソコンの購入時期によって、搭載されていない可能性があります。その場合は後継アプリである「ペイント3D」を使用しましょう。

参照▶Q 476

1 ＜スタート＞[⊞]をクリックして、

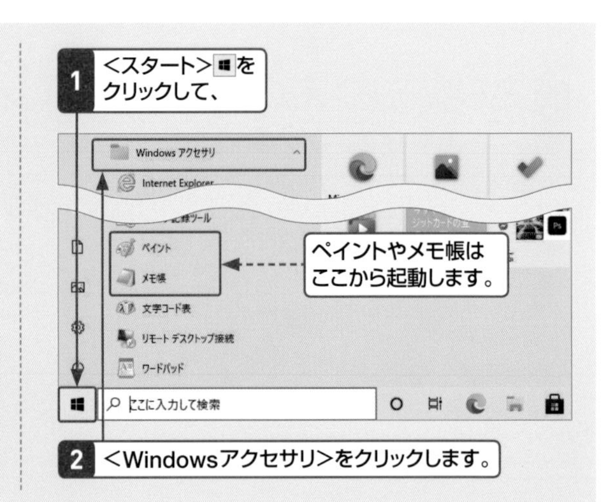

2 ＜Windowsアクセサリ＞をクリックします。

ウィンドウ操作・タスクバー 重要度★★★

Q 059 ウィンドウ操作の基本を知りたい!

A 最大化や最小化などの操作を行うことができます。

デスクトップに表示される、枠によって区切られた表示領域のことを「ウィンドウ」といいます。アプリは通常、ウィンドウの中に表示されます。文書の作成やWebページの閲覧など、アプリによってウィンドウに表示される内容は異なりますが、基本操作は同じです。ウィンドウの最上部にはアプリの名前や文書のタイトルなどを表示するタイトルバーがあります。右上端にある＜最小化＞−をクリックするとウィンドウがタスクバーに格納され、＜最大化＞□をクリックするとウィンドウが全画面で表示されます。＜閉じる＞×をクリックすると、ウィンドウが閉じます。

●ウィンドウ

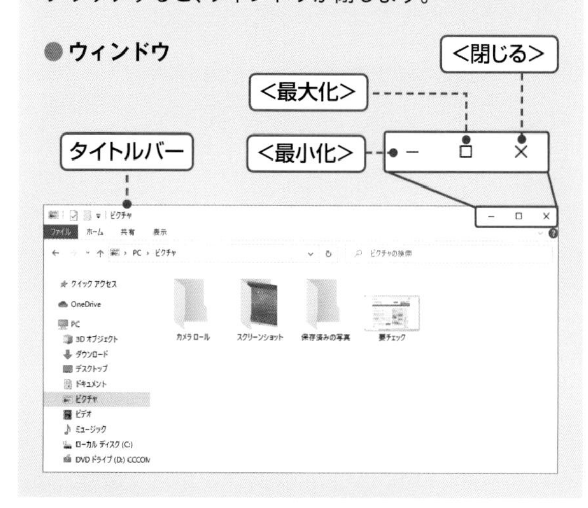

ウィンドウ操作・タスクバー 重要度★★★

Q 060 ウィンドウの大きさを変更したい!

A ウィンドウの枠をドラッグします。

ウィンドウは、左右の辺をドラッグすると幅を、上下の辺をドラッグすると高さを、四隅をドラッグすると幅と高さを同時に変更することができます。タッチ操作でも、マウスと同様に、ウィンドウの上下左右や四隅を指でドラッグします。

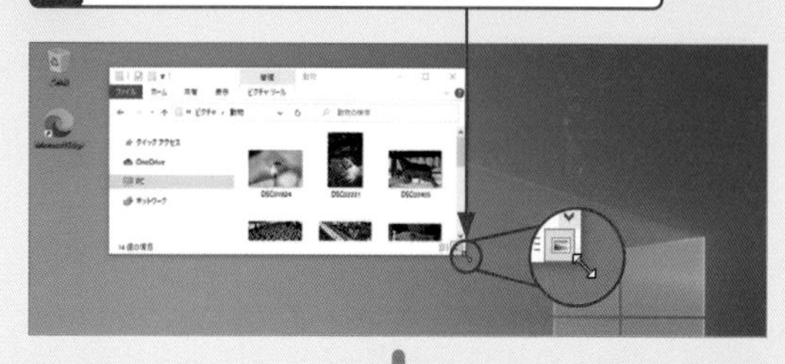

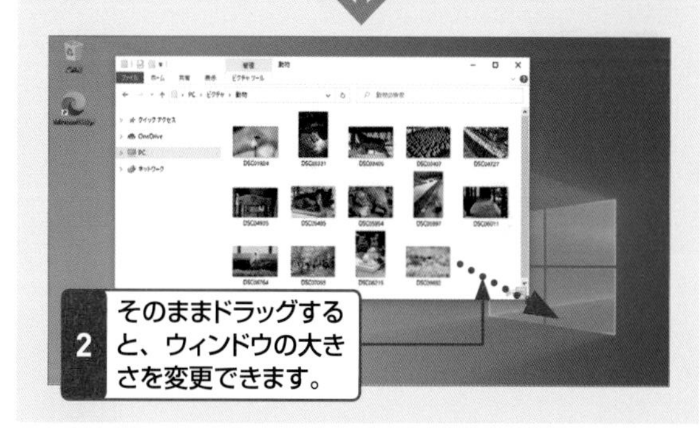

ウィンドウ操作・タスクバー 重要度★★★

Q 061 ウィンドウを移動させたい!

A タイトルバーをドラッグして移動させます。

ウィンドウを移動するには、タイトルバーの何もないところをドラッグします。タッチ操作では、タイトルバーを指で押さえ、そのまま指を目的の場所まで動かします。

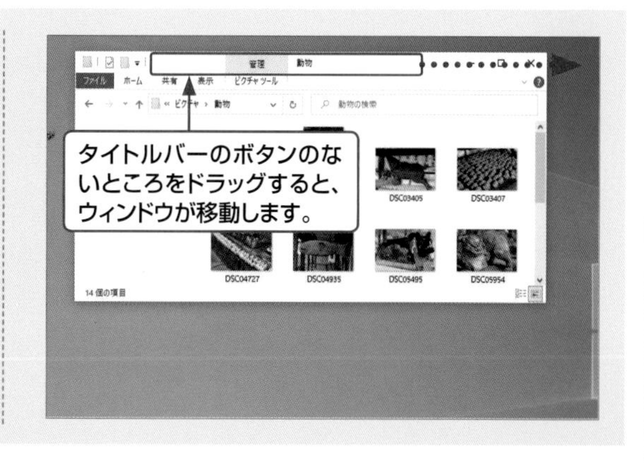

Q 062 ウィンドウを簡単に切り替えたい!

A ウィンドウやアイコンをクリックします。

アプリを切り替える方法には、次の3種類があります。
・ウィンドウをクリックする
・タスクバーのアイコンをクリックする
起動しているアプリは、タスクバーにアイコンとして表示されます。ウィンドウを最小化している場合などには、タスクバーのアイコンをクリックすると、アプリを切り替えることができます。
・タスクビューからアプリを選択する
タスクバーにある<タスクビュー>をクリックすると、起動しているアプリの縮小画像(サムネイル)が一覧で表示されます。縮小画像をクリックすると、アプリを切り替えることができます。

● ウィンドウをクリックして切り替える

1 アプリのウィンドウをクリックすると、

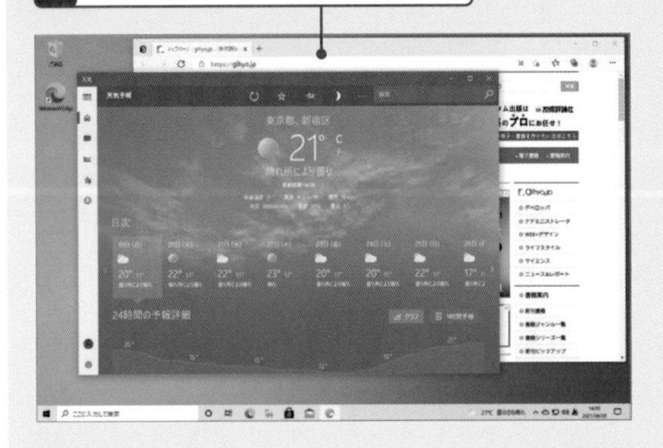

2 アプリが切り替わります。

● タスクバーから切り替える

1 タスクバーに表示されているアプリのアイコンをクリックすると、

2 アプリが切り替わります。

● アプリの一覧から切り替える

1 タスクバーに表示されている<タスクビュー>をクリックすると、

2 アプリの一覧が表示されます。

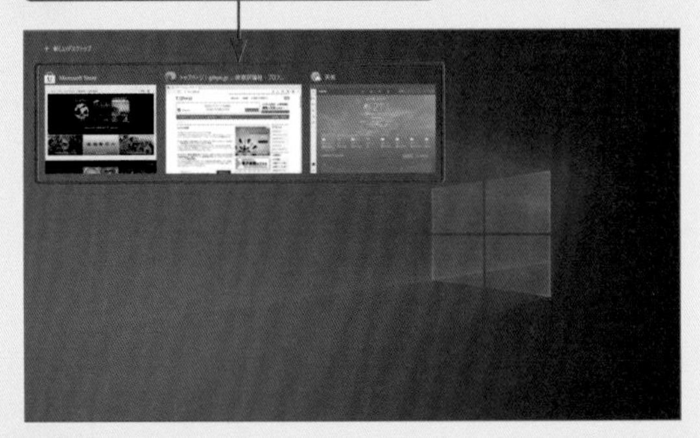

3 切り替えたいアプリをクリックすると、アプリが切り替わります。

Q 063 ウィンドウをきれいに並べたい！

A 「スナップ」機能を使います。

「スナップ」機能とは、複数のウィンドウを並べて表示する機能のことです。「スナップ」機能を利用するには、ウィンドウのタイトルバーを画面の端までドラッグします。左右へドラッグすると画面の半分のサイズにウィンドウが調整され、画面の四隅へドラッグすると画面の4分の1のサイズにウィンドウが調整されます。複数のウィンドウをきれいに並べるのに便利です。

ウィンドウを元の大きさに戻すには、タイトルバーを画面の内側へとドラッグします。

● 全画面表示にする

1 タイトルバーを画面の上端までドラッグすると、

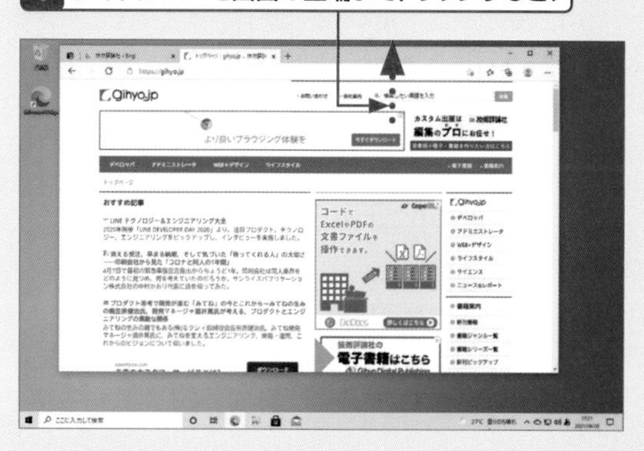

2 ウィンドウが画面全体のサイズに調整されます。

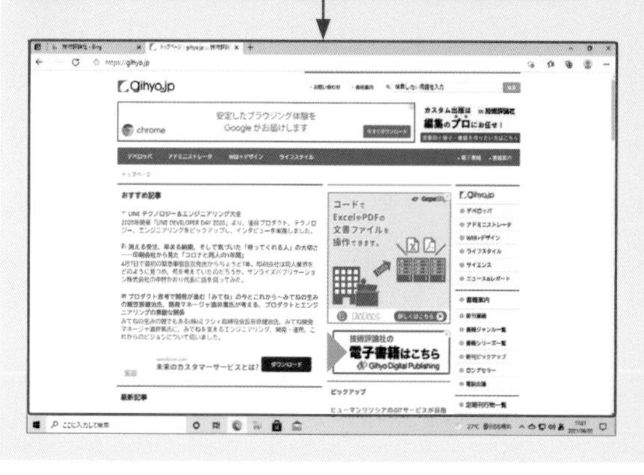

● 画面の2分の1のサイズにする

タイトルバーを画面の左右までドラッグすると、ウィンドウが画面の半分のサイズに調整されます。

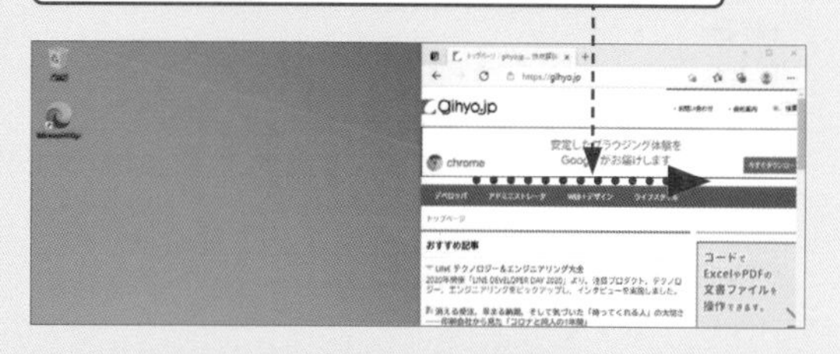

● 画面の4分の1のサイズにする

タイトルバーを画面の四隅までドラッグすると、ウィンドウが画面の4分の1のサイズに調整されます。

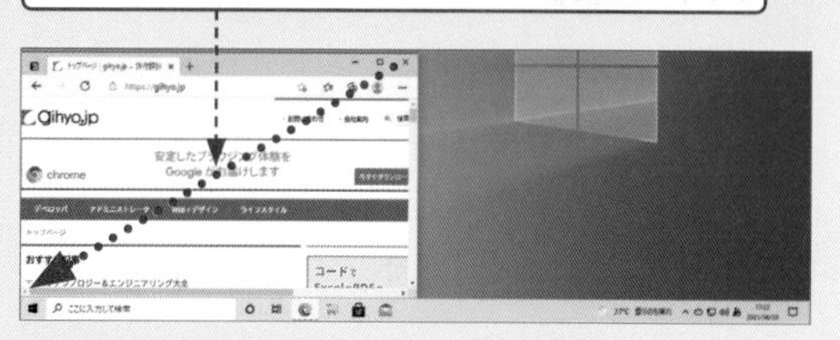

● 複数のウィンドウが開いている場合

1 タイトルバーを画面の左右までドラッグすると、

2 ウィンドウが画面の半分のサイズに調整され、もう半分にほかのウィンドウが表示されます。

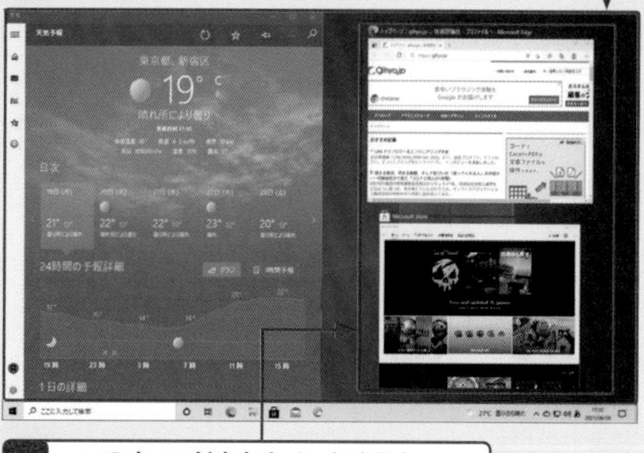

3 1つのウィンドウをクリックすると、画面の半分のサイズで表示されます。

ウィンドウ操作・タスクバー　重要度 ★★★

Q 064 ウィンドウのサイズが勝手に変わってしまった!

A 「スナップ」機能が働いています。

ウィンドウを画面の端にドラッグすると、「スナップ」機能が働き、ウィンドウのサイズが自動的に調整されます。「スナップ」機能を無効にするには、スタートメニューで<設定>をクリックして、<システム>→<マルチタスク>をクリックし、<ウィンドウのスナップ>をオフにします。 参照▶Q 063

1 <スタート>→<設定>をクリックして、

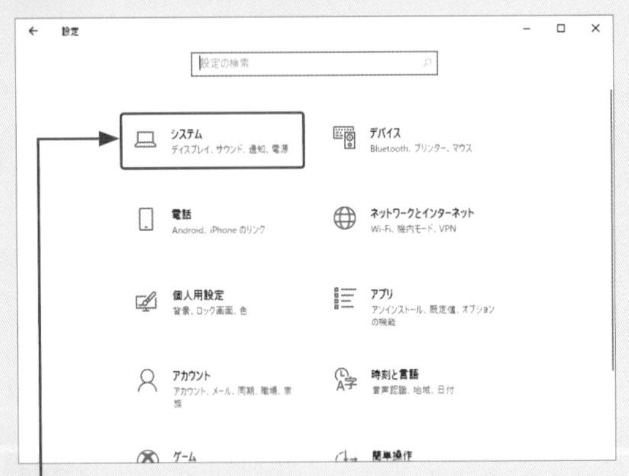

2 <システム>をクリックし、

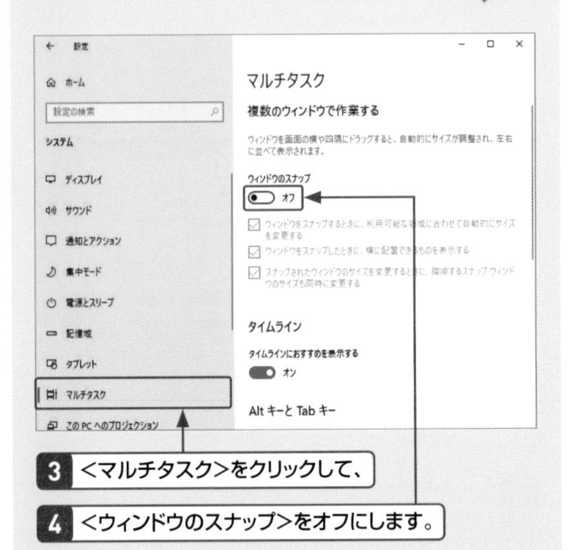

3 <マルチタスク>をクリックして、

4 <ウィンドウのスナップ>をオフにします。

ウィンドウ操作・タスクバー　重要度 ★★★

Q 065 すべてのウィンドウを一気に最小化したい!

A タスクバーから操作します。

表示しているすべてのウィンドウを最小化するには、タスクバーの右端をクリックするか、タスクバーを右クリックして、<デスクトップを表示>をクリックします。このとき、キーを押しながらMキーを押しても最小化できます。
再度表示するには、タスクバーの右端をクリックするか、タスクバーを右クリックして、<開いているウィンドウを表示>をクリックします。
なお、デスクトップを確認したいだけであれば、キーを押しながらDキーを押しても確認できます。

1 タスクバーを右クリックして、

2 <デスクトップを表示>をクリックします。

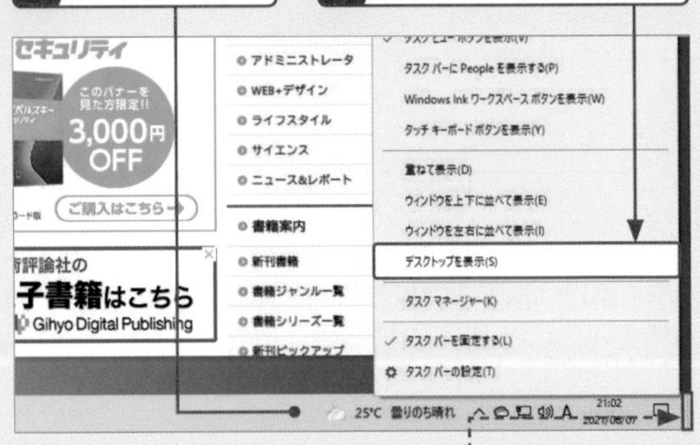

ここをクリックしても、すべてのウィンドウが最小化されます。

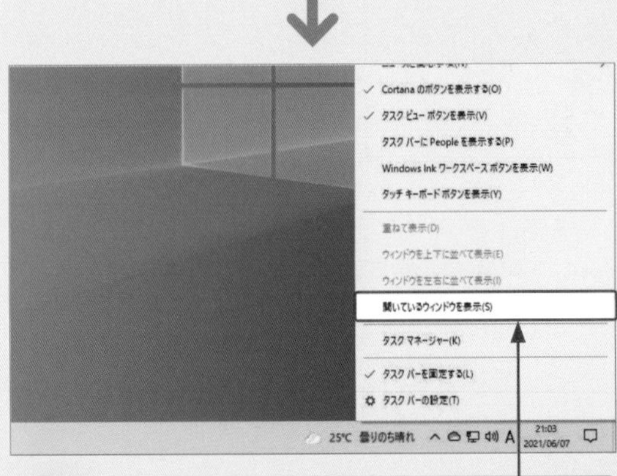

3 <開いているウィンドウを表示>をクリックすると、ウィンドウの表示が元に戻ります。

重要度 ★★★

Q 066 再起動するように表示された！

A Windowsの設定や機能の更新に必要な作業です。

Windowsの設定の中には、再起動したあとではじめて変更内容が反映されるものがあります。また、Windows Updateで機能の更新が行われた場合も、再起動が必要になることがあります。再起動を促すメッセージが表示されたら、速やかに再起動を実行しましょう。

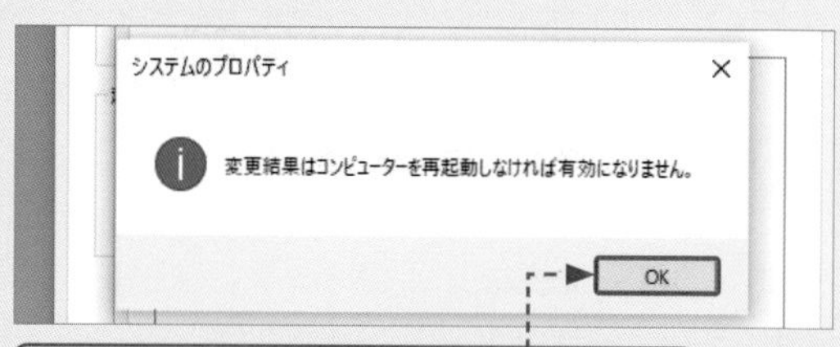

<OK>をクリックして、再起動を実行します。

ウィンドウ操作・タスクバー

重要度 ★★★

Q 067 タスクバーって何？

A アプリを起動したり、ウィンドウを切り替えたりする領域です。

タスクバーは、デスクトップ最下部に表示される横長の領域で、初期設定では7つのアイコンが表示されています（パソコンによってアイコンは異なります）。タスクバーは、ウィンドウを切り替えたり、よく使うアプリのアイコンを登録して素早く起動したりできます。

	名称	解説
❶	<スタート>ボタン	スタートメニューを表示します。
❷	検索ボックス	アプリやファイルの検索ができます。
❸	Cortana	Cortanaが起動します。
❹	タスクビュー	タスクビューを表示します。
❺	Microsoft Edge	Microsoft Edgeが起動します。
❻	エクスプローラー	エクスプローラーが開きます。
❼	Microsoft Store	Microsoft Storeが起動します。
❽	メール	メールが起動します。
❾	ニュースと関心事項	ニュースと天気予報を表示します。

ウィンドウ操作・タスクバー

重要度 ★★★

Q 068 タスクバーの使い方を知りたい！

A 作業の状態によってアイコンの表示が変化します。

よく使うアプリのアイコンをタスクバーに登録すると、クリックするだけでアプリを起動したり、フォルダーを開いたりできて便利です。また、アイコンにマウスポインターを合わせれば、現在開いているウィンドウやファイルの中身をサムネイルで確認できます。タスクバーのアイコンは、作業の状態によって右図のように表示が変わります。

参照▶Q 071

起動しているアプリは、アイコンに下線が表示されます。

よく利用するアプリのアイコンを追加登録できます。

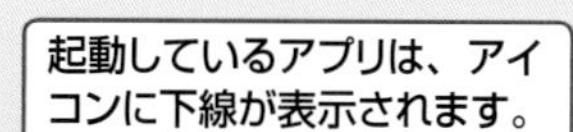

起動していないアプリはそのままアイコンの状態で表示されます。

1 アイコンをクリックすると、

2 アプリが起動します。

ウィンドウ操作・タスクバー　重要度 ★★★

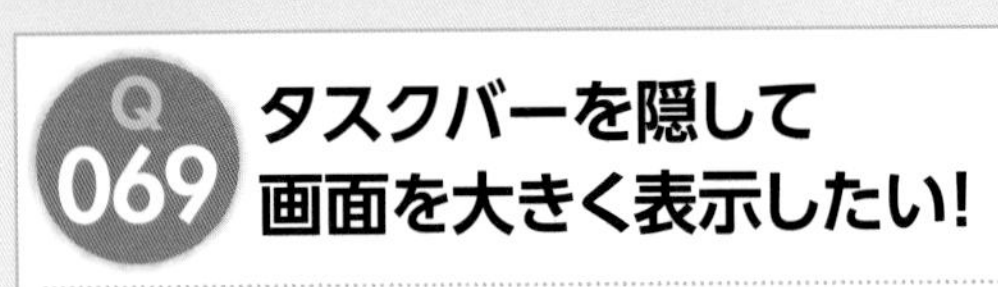

Q 069 タスクバーを隠して画面を大きく表示したい！

A 自動的に隠す設定に変更します。

タスクバーは、自動的に非表示になるように設定できます。タスクバーが非表示になっている場合は、マウスポインターを画面下端付近に移動することでタスクバーが表示されます。なお、タスクバーの非表示は、通常のデスクトップとタブレットモードとで別個に設定できます。

1 タスクバーを右クリックして、

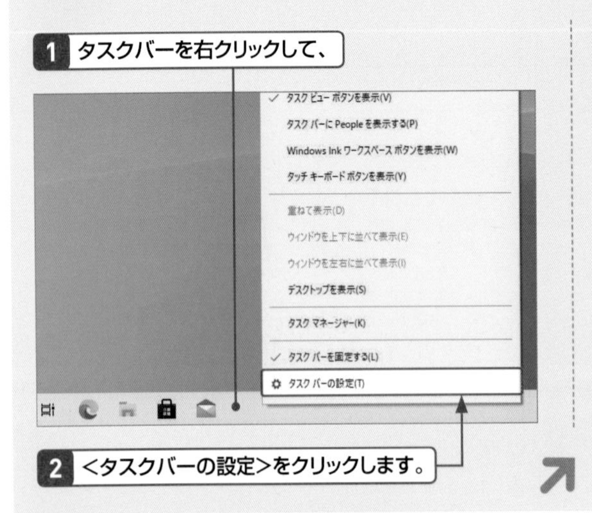

2 <タスクバーの設定>をクリックします。

3 <デスクトップモードでタスクバーを自動的に隠す>をクリックしてオンにします。

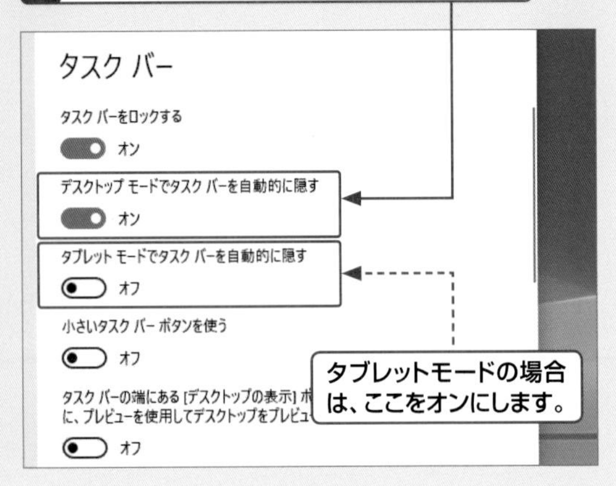

タブレットモードの場合は、ここをオンにします。

ウィンドウ操作・タスクバー　重要度 ★★★

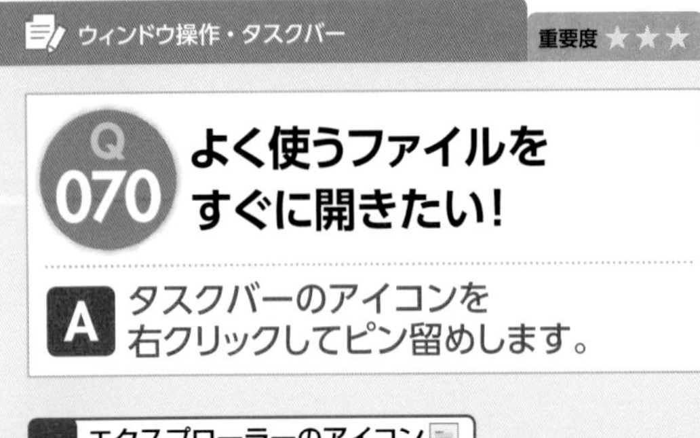

Q 070 よく使うファイルをすぐに開きたい！

A タスクバーのアイコンを右クリックしてピン留めします。

「ジャンプリスト」は、タスクバーのアイコンを右クリックすると表示されるリストです。リストには、最近使用したファイルや、よく利用するフォルダーなどが表示され、クリックすると目的のファイルやフォルダーを素早く表示できます。よく使うファイルやフォルダーは、<一覧にピン留めする>をクリックすると「ピン留め」に表示され、いつでも選択できるようになります。

1 エクスプローラーのアイコンを右クリックして、

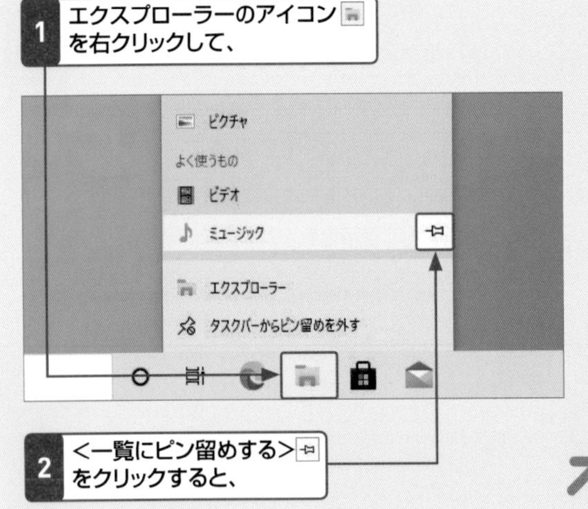

2 <一覧にピン留めする>をクリックすると、

3 「ピン留め」に表示されます。

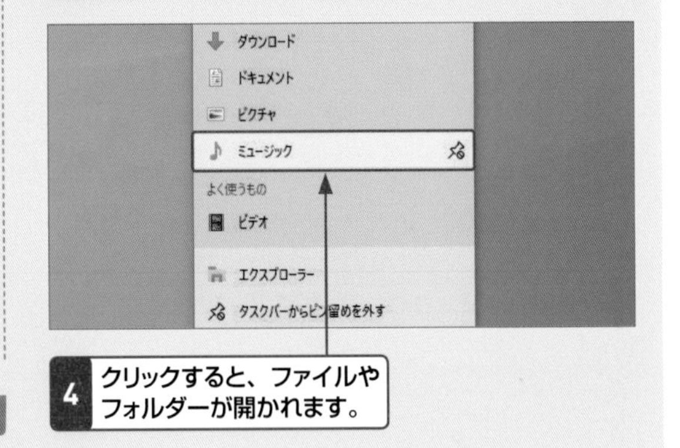

4 クリックすると、ファイルやフォルダーが開かれます。

ウィンドウ操作・タスクバー　重要度 ★★★

Q 071 アプリをタスクバーから素早く起動したい！

A タスクバーにアプリのアイコンをピン留めします。

タスクバーにアプリのアイコンをピン留めしておくと、アイコンをクリックするだけでアプリを素早く起動できます。ピン留めはスタートメニューから行う方法と、アプリ起動時にタスクバーから行う方法の2つがあります。

● スタートメニューからピン留めする

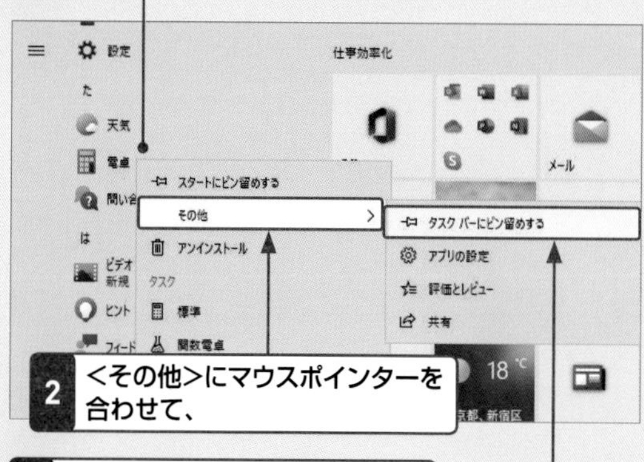

● タスクバーからピン留めする

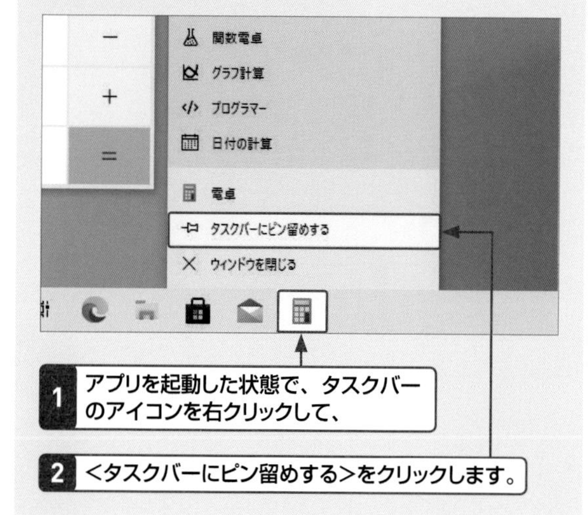

ウィンドウ操作・タスクバー　重要度 ★★★

Q 072 画面右下に表示されるメッセージは何？

A ユーザーに操作や設定を促すもので、「通知」と呼ばれます。

パソコンを操作していると、サウンドとともに画面右下にメッセージが表示されることがあります。これは「通知」と呼ばれるもので、パソコンに何らかの問題が生じた場合や、アプリからのお知らせがある場合などに表示されます。未読の通知がある場合は、タスクバー右端のアイコンで件数を確認できます。 参照▶Q 073

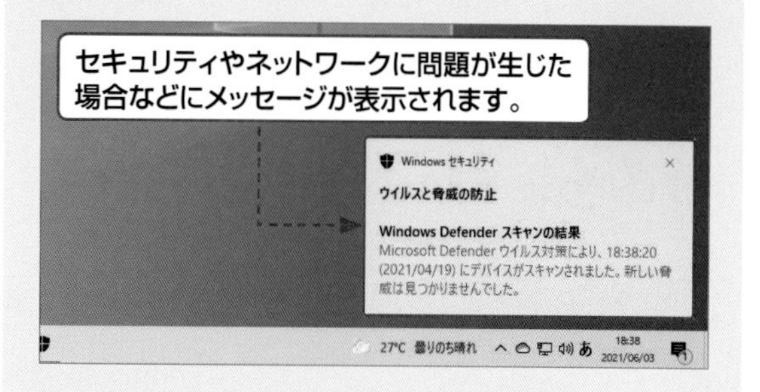

ウィンドウ操作・タスクバー　重要度 ★★★

Q 073 通知を詳しく確認したい！

A 通知をクリックするか、アクションセンターを表示します。

アプリの通知をクリックすると、そのアプリが起動します。システムからの通知の場合は、通知をクリックすれば必要な設定項目のある画面が表示されます。通知を見逃した場合でも、アクションセンターに通知が残っているので、ここから確認できます。 参照▶Q 074

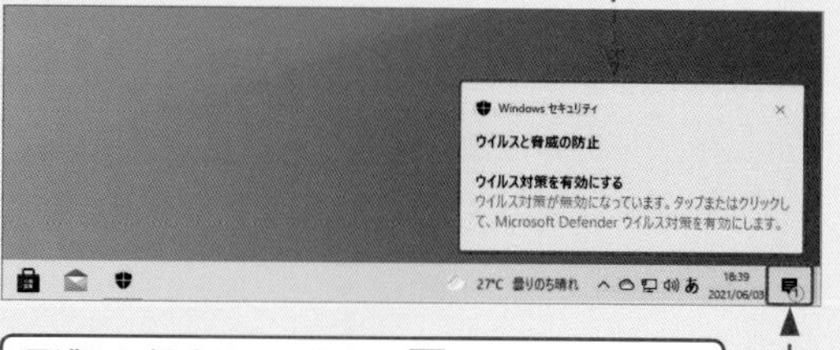

ウィンドウ操作・タスクバー　重要度 ★★★

Q 074 アクションセンターって何？

A 通知の確認や各種設定の切り替えができる画面です。

「アクションセンター」は、<通知> をクリックすると画面右に表示されます。ここから通知を確認したり、タブレットモードやWi-Fiなどの各種設定を切り替えたりできます。

● アクションセンターを表示する

2 アクションセンターが表示されます。

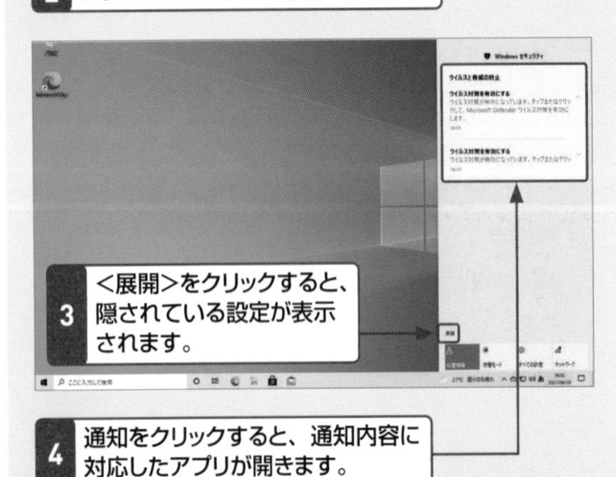

● 各種設定を切り替える

1 アクションセンターに表示されるアイコンをクリックすると、

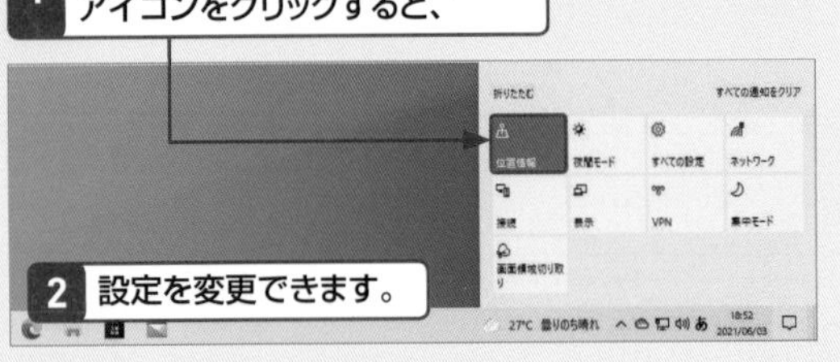

仮想デスクトップ　重要度 ★★★

Q 075 仮想デスクトップって何？

A 1つのディスプレイで複数のデスクトップを使い分ける機能です。

「仮想デスクトップ」とは、1つのディスプレイで複数のデスクトップを使い分けるための機能です。
たとえば、メインのデスクトップではワープロソフトを使って文書を作成し、ほかのデスクトップではWebブラウザーや「メール」アプリで資料を検索するといった使い方ができます。Windows 10では、仮想デスクトップの追加や削除が手軽にできるようになりました。

● 複数のデスクトップを使い分ける

複数のデスクトップが同時に起動しており、1つのディスプレイで切り替えながら使えます。

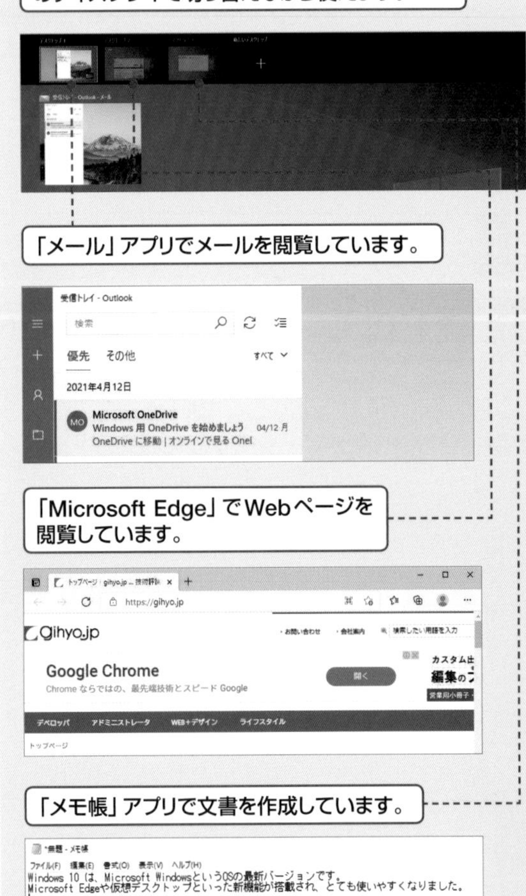

Q076 新しいデスクトップを作成したい！

A <新しいデスクトップ>をクリックします。

新しいデスクトップ（仮想デスクトップ）を作成するには、まずタスクバーの<タスクビュー> をクリックします。デスクトップが暗転し、タスクビューが表示されるので、左上に表示される<新しいデスクトップ>をクリックします。

1 <タスクビュー> をクリックして、

2 <新しいデスクトップ>をクリックすると、

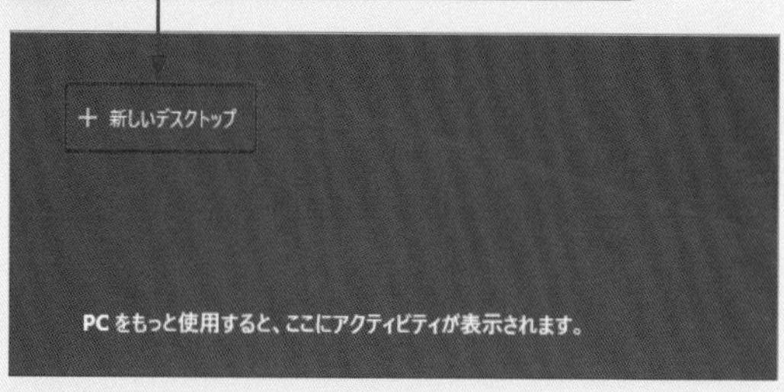

3 仮想デスクトップが作成されます。

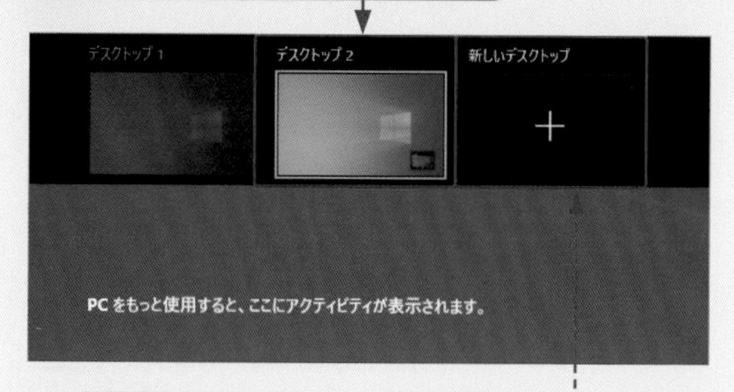

ここをクリックすると、さらに仮想デスクトップを作成できます。

Q077 デスクトップに名前を付けたい！

A デスクトップの標準の名前をクリックして変更します。

デスクトップにはそれぞれ、「デスクトップ1」「デスクトップ2」といった名前が付けられています。この名前をクリックすると、好きな名前に変更できます。通常の作業に使うデスクトップは「メイン」、Webページ閲覧用は「Web」など一覧したときわかりやすい名前を付けておくとよいでしょう。

1 デスクトップの名前をクリックして、

2 変更したい名前を入力して Enter を押すと、

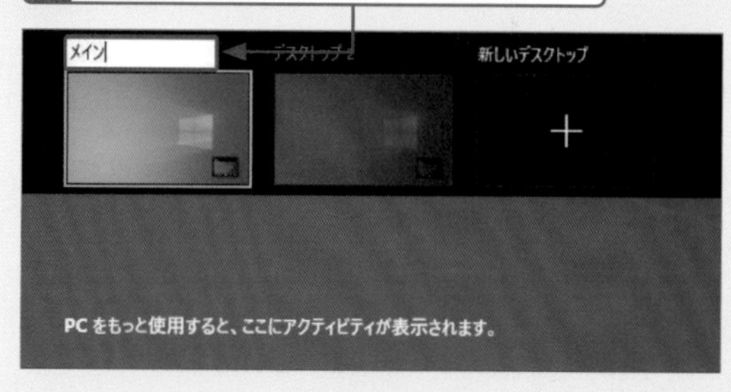

3 デスクトップの名前が変更されます。

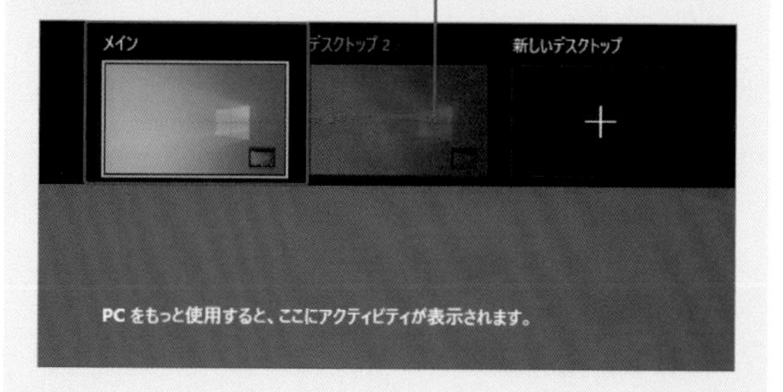

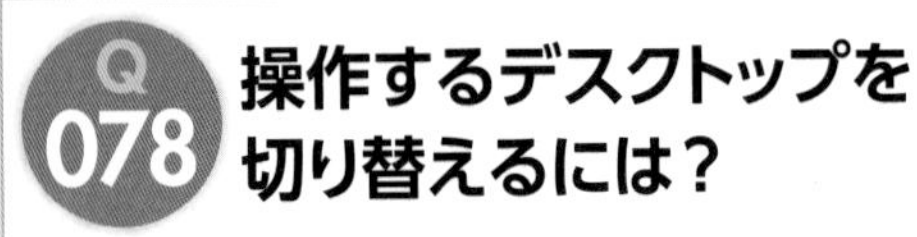

仮想デスクトップ　重要度 ★★★

Q 078 操作するデスクトップを切り替えるには？

A デスクトップのサムネイルをクリックします。

仮想デスクトップを追加したら、それぞれを切り替えて使うことができます。仮想デスクトップは以下のように操作して切り替えられるほか、Ctrl キーと ⊞ キーを同時に押しながら、← キーあるいは → キーを押しても切り替えることができます。

1 <タスクビュー> をクリックして、

2 作業するデスクトップをクリックすると、

3 デスクトップが切り替わります。

仮想デスクトップ　重要度 ★★★

Q 079 デスクトップを切り替えたらアプリが消えた！

A アプリはデスクトップごとに起動しています。

起動しているアプリや開いているウィンドウなどの状態は、仮想デスクトップごとに保存されます。そのため、仮想デスクトップを切り替えると、表示されていたウィンドウがないのでアプリが消えたと思うかもしれません。しかし、元の仮想デスクトップに戻ると、開いていたウィンドウなどが元のまま表示されます。

仮想デスクトップ　重要度 ★★★

Q 080 アプリを別のデスクトップに移動するには？

A 仮想デスクトップ上のサムネイルをドラッグします。

アプリは仮想デスクトップごとに起動していますが、別のデスクトップへ移動させることもできます。移動させるときは、まず<タスクビュー>をクリックしてデスクトップのサムネイルを表示します。アプリのサムネイルを別のデスクトップのサムネイルにドラッグすると、アプリがそのデスクトップで起動した状態になります。

仮想デスクトップ　重要度★★★

Q 081 使わないデスクトップを削除したい！

A <閉じる>をクリックします。

デスクトップを削除するには、タスクビューを表示し、削除したいデスクトップにマウスポインターを合わせます。右上に<閉じる>☒が表示されるので、クリックします。デスクトップを削除すると、そのデスクトップに表示されていたウィンドウは、左隣のデスクトップに移動します。

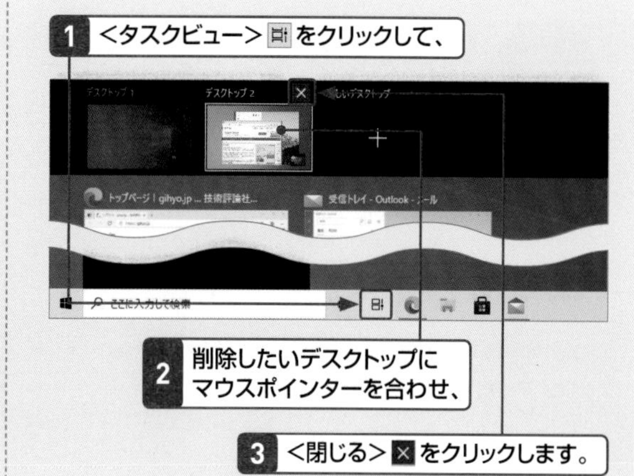

タイムライン　重要度★★★

Q 082 タイムラインって何？

A 過去の作業をたどることができる機能です。

「タイムライン」は、タスクビューの現在実行中のアプリのサムネイルの下に、過去に開いたファイルやアプリ、Webページなどの履歴（アクティビティ）を時系列で表示する機能です。
表示されているアクティビティをクリックすると、そのとき利用していたWeb ページやアプリが開かれるため、すぐに作業を再開できます。

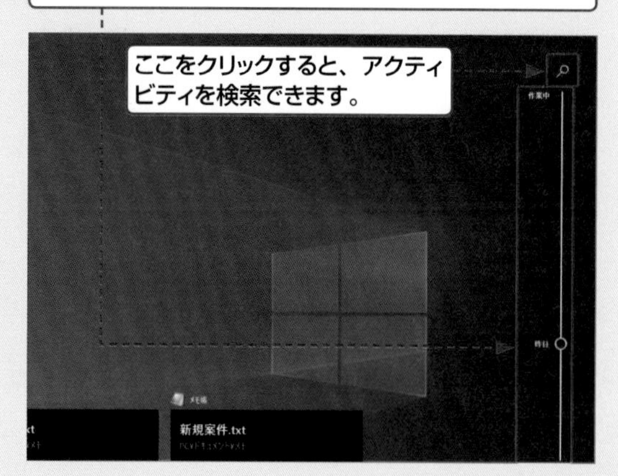

タイムライン　重要度★★★

Q 083 パソコンで昨日使っていたアプリを開くには？

A 「タイムライン」から開きます。

「タイムライン」を使えば、過去と同じパソコンの作業状態を再現できます。タイムラインはアプリ単位での記録ではなく、そのとき開いていたWebページやファイルなどを個別に記録しているので、同じページを表示したり、ファイルを開いたりできます。

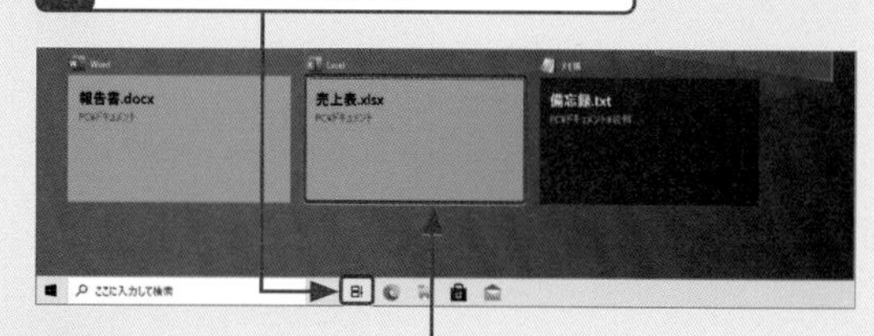

タイムライン　重要度 ★★★

Q 084 いらないアクティビティを削除するには？

A <削除>をクリックします。

タイムライン上に表示されている特定のアクティビティを削除したい場合、アクティビティを右クリックして、<削除>をクリックします。このとき、<○○からすべてクリア>をクリックすると、その日のアクティビティをすべて削除できます。

1 <タスクビュー> をクリックして、タイムラインを表示し、

2 削除したいアクティビティを右クリックして、

3 <削除>をクリックすると、アクティビティが削除されます。

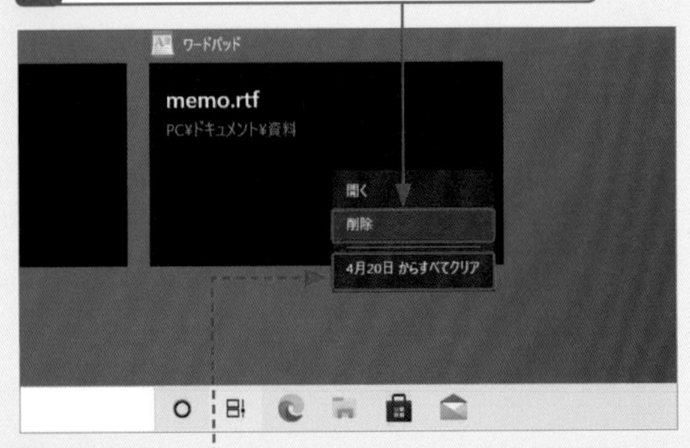

<○○からすべてクリア>をクリックし、<はい>をクリックすると、その1日のすべてのアクティビティが削除されます。

タイムライン　重要度 ★★★

Q 085 タイムラインの機能をオフにしたい！

A アクティビティの収集とクラウドへの同期を停止しましょう。

タイムラインは、パソコン内のアクティビティの収集とクラウドへの同期を行うことで、過去の作業状態を再現したり、同一のMicrosoftアカウントでログインしたほかのパソコンでも同じタイムラインを表示したりしています。タイムラインをオフにするには、<アクティビティの履歴>から設定を行います。

1 <スタート> →<設定> をクリックして、<プライバシー>→<アクティビティの履歴>をクリックし、

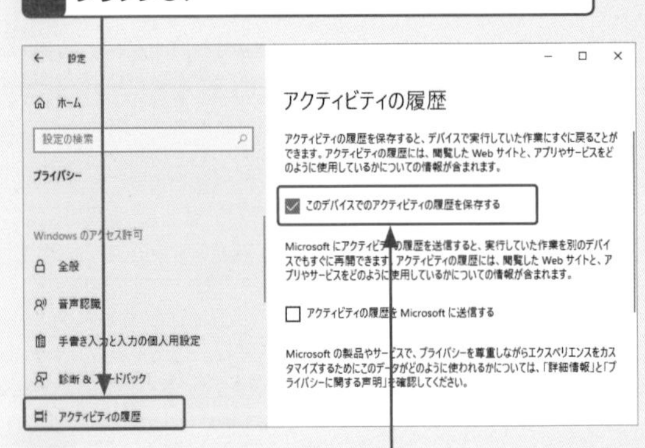

2 ここのチェックを外すと、タイムラインの機能がオフになり、アクティビティの収集や同期が停止されます。

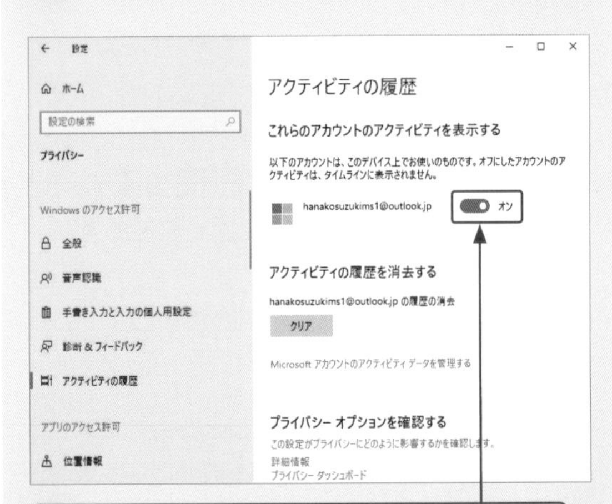

3 ここをクリックしてオフにすると、アクティビティが非表示になります。

Q 086 Windowsの「ファイル」って何？

A データを管理する単位です。

パソコンでは、さまざまなデータを「ファイル」という単位で管理しています。ファイルの種類によってアイコンの絵柄が異なるので、アイコンを見ると、何のファイルかすぐに判断できます。

● ファイルとは

パソコンで作成した文書やデジカメから取り込んだ写真など、パソコンで扱うデータの単位のことを「ファイル」といいます。

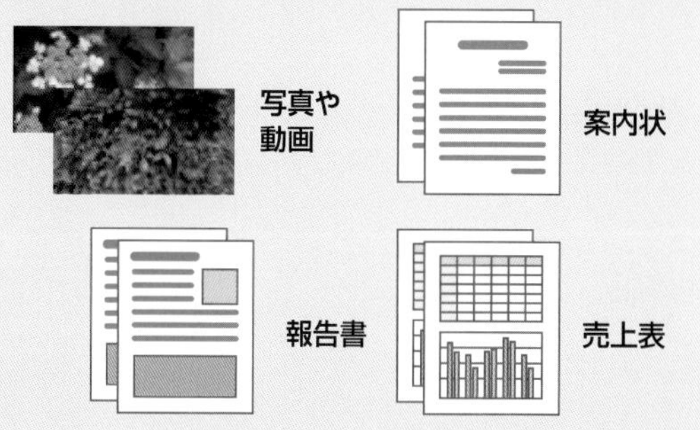

すべて「ファイル」です。

● ファイルのアイコン

ファイルは、アイコンとファイル名で表示されます。ファイルの種類によって、アイコンの絵柄が異なります。

メモ帳で作成したテキストファイル

Wordで作成した文書ファイル

Excelで作成した表計算ファイル

画像ファイル

動画ファイル

デスクトップでのファイル管理 重要度 ★★★

Q 087 ファイルとフォルダーの違いは？

A ファイルをまとめて管理する場所がフォルダーです。

「フォルダー」は、ファイルをまとめて管理するための場所です。フォルダーの中にフォルダーを作り、階層構造にして管理することもできます。

● フォルダーとは

「フォルダー」は、複数のファイルをまとめて管理するための場所です。自分で作成したフォルダーには、自由に名前を付けることができます。

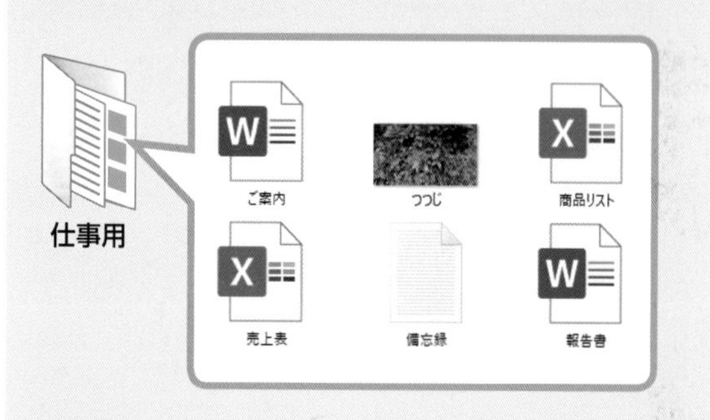

フォルダーの中には、いろいろなファイルを入れることができます。

● フォルダーを階層構造で管理する

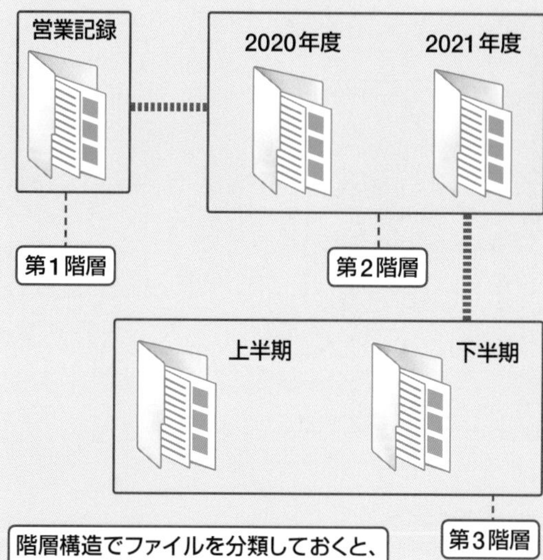

階層構造でファイルを分類しておくと、ファイルが管理しやすくなります。

デスクトップでのファイル管理　重要度 ★★★

Q 088 エクスプローラーって何？

A ファイルやフォルダーを管理するためのアプリです。

「エクスプローラー」は、パソコン内のファイルやフォルダーを操作・管理するために用意されたアプリで、Windowsに標準で搭載されています。

エクスプローラーを表示するには、タスクバーにある＜エクスプローラー＞か、スタートメニューの＜エクスプローラー＞をクリックします。

1 タスクバーの＜エクスプローラー＞をクリックすると、

2 エクスプローラーが起動します。

ここに入力して検索

デスクトップでのファイル管理　重要度 ★★★

Q 089 エクスプローラーの操作方法が知りたい!

A タブを選択してコピーや移動などの操作を行います。

エクスプローラーでは、ファイルやフォルダーのコピーや移動、削除、名前の変更など、さまざまな操作を行えます。エクスプローラーを使いこなすために、まずは各部の名称と機能を確認しておきましょう。

Windows 10のエクスプローラーでは、＜ファイル＞＜ホーム＞＜共有＞＜表示＞の4つのタブが表示されます。このほかに、特定のフォルダーやファイルを選択した際に表示されるタブもあります。これらのタブをクリックして、目的のコマンドを実行します。

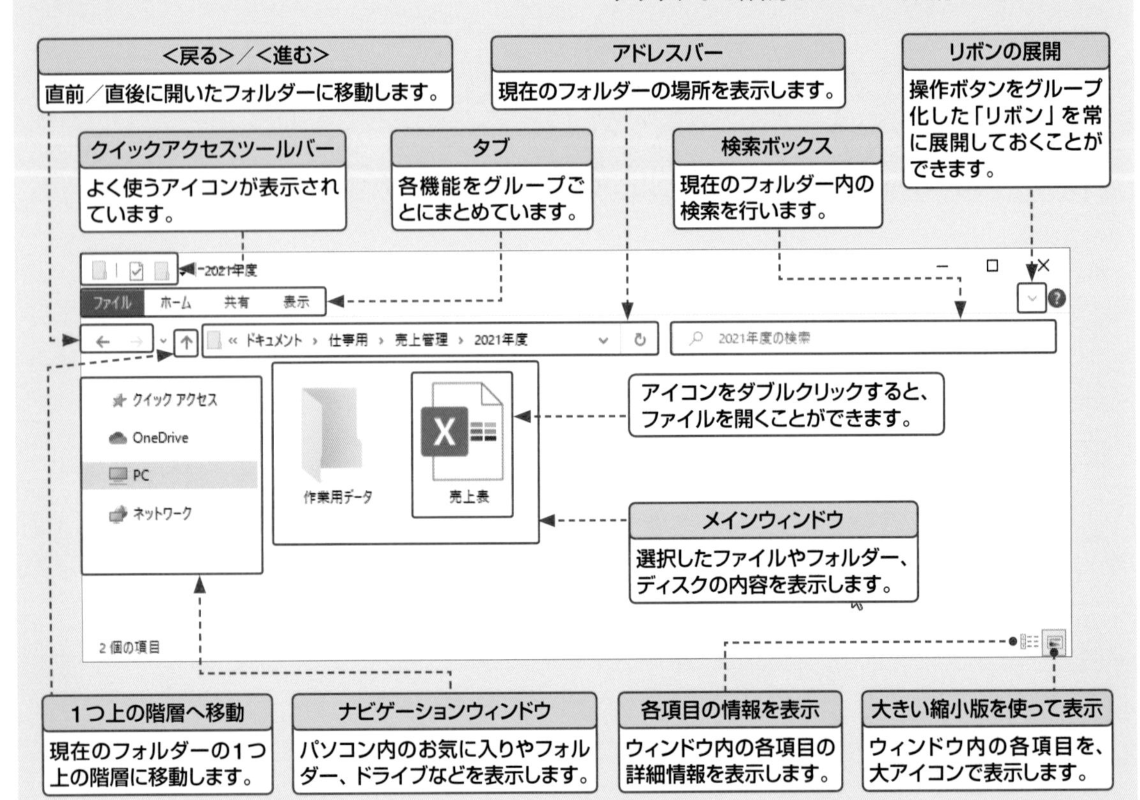

Q 090 ナビゲーションウィンドウの操作方法が知りたい!

A クリックして表示するフォルダーを選べます。

エクスプローラーのナビゲーションウィンドウには、<クイックアクセス>や<OneDrive>、<PC>、<ネットワーク>などが表示されています。各項目は階層構造になっており、[>]が折りたたまれた状態、[v]が展開した状態を表しています。<クイックアクセス>や<PC>からフォルダーを選択すると、そのフォルダーの内容を表示できます。

1 エクスプローラーを表示して、

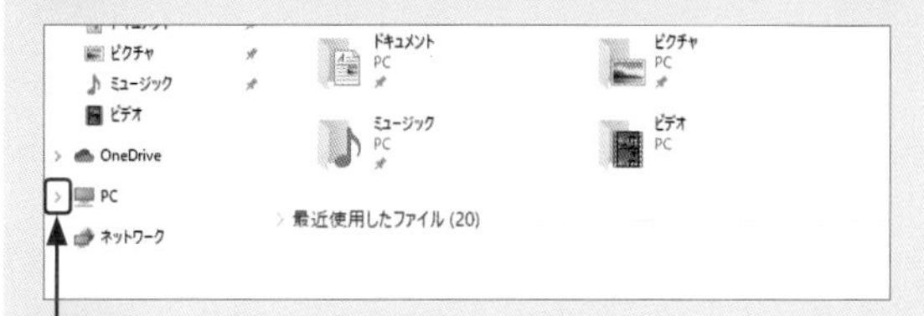

2 <PC>の[>]をクリックすると、

3 <PC>の項目が展開されます。

[v]をクリックすると、項目が折りたたまれます。

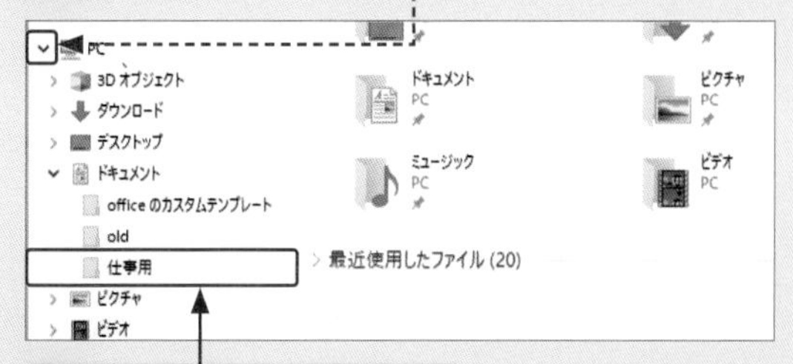

4 さらに展開してフォルダーをクリックすると、

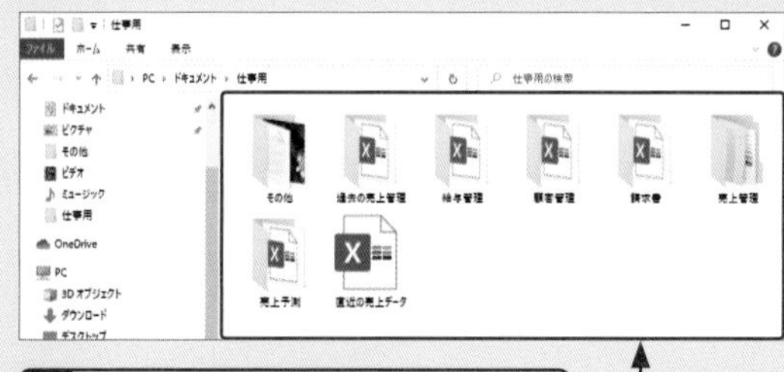

5 フォルダーの内容が表示されます。

Q 091 アイコンの大きさを変えたい!

A エクスプローラーのレイアウトを変更します。

エクスプローラーに表示されるファイルやフォルダーは、アイコンの大きさなどの表示方法を変えることができます。たくさんのファイルやフォルダーを保存している場合は、アイコンを大きくしすぎると探しにくくなるので、小さいアイコンで表示するとよいでしょう。また、ファイルの詳しい情報を知りたいときは、更新日時や種類、サイズなどが表示される詳細表示が便利です。

ここでは、大アイコン表示になっています。

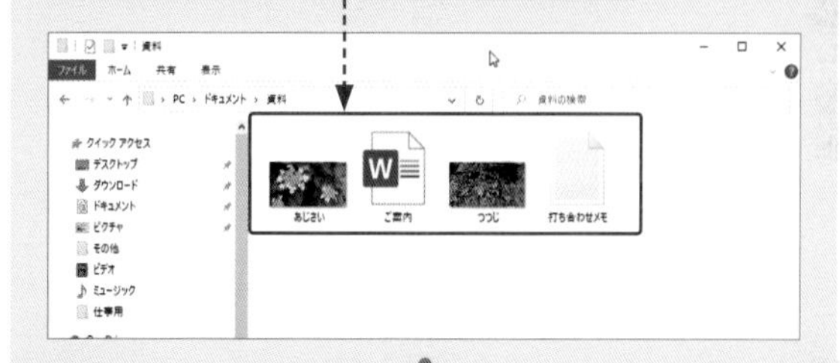

1 <表示>タブをクリックして、

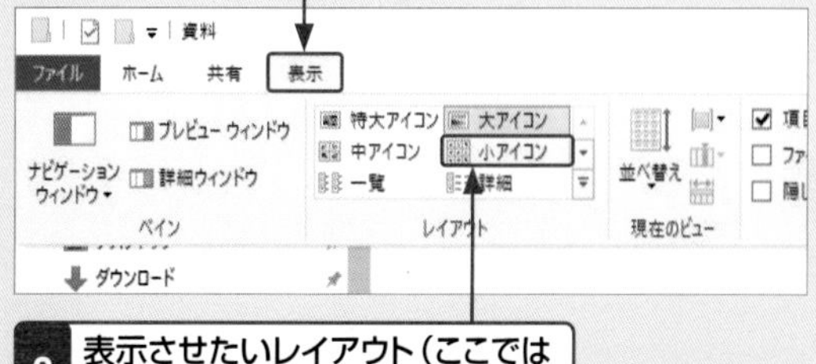

2 表示させたいレイアウト(ここでは<小アイコン>)をクリックすると、

3 アイコンが小さく表示されます。

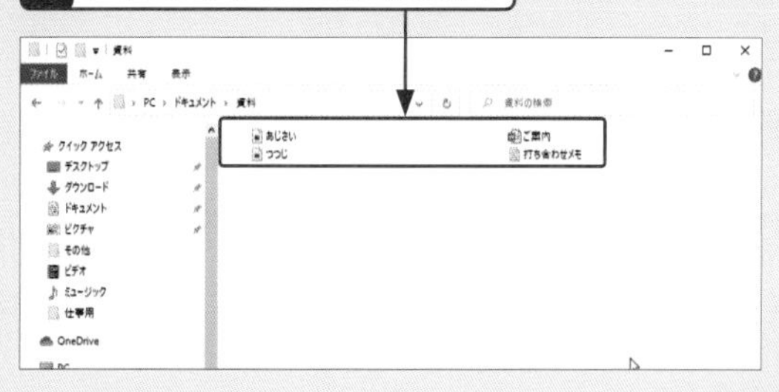

デスクトップでのファイル管理　重要度 ★★★

Q 092 「ドキュメント」や「ピクチャ」を開きたい！

A スタートメニューかエクスプローラーから開きます。

Windows 10では、エクスプローラーを表示して、ナビゲーションウィンドウの< ドキュメント >や< ピクチャ >をクリックするか、スタートメニューの左側にあるアイコンをクリックすると、それぞれのフォルダーを表示できます。 参照 ▶ Q 029

● エクスプローラーから開く

1 エクスプローラーを表示して、

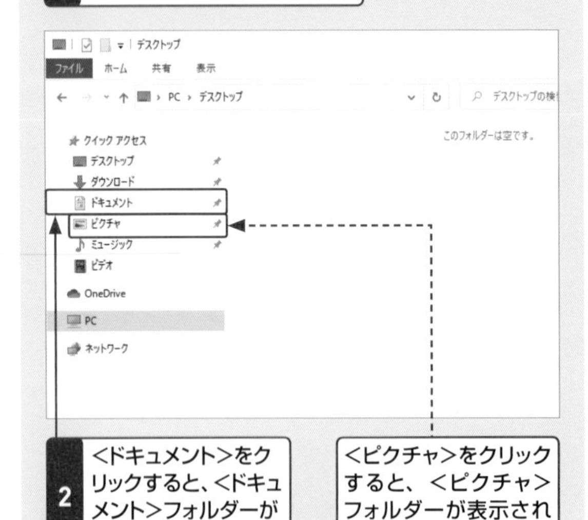

2 <ドキュメント>をクリックすると、<ドキュメント>フォルダーが表示されます。

<ピクチャ>をクリックすると、<ピクチャ>フォルダーが表示されます。

● スタートメニューから開く

1 <スタート> をクリックして、

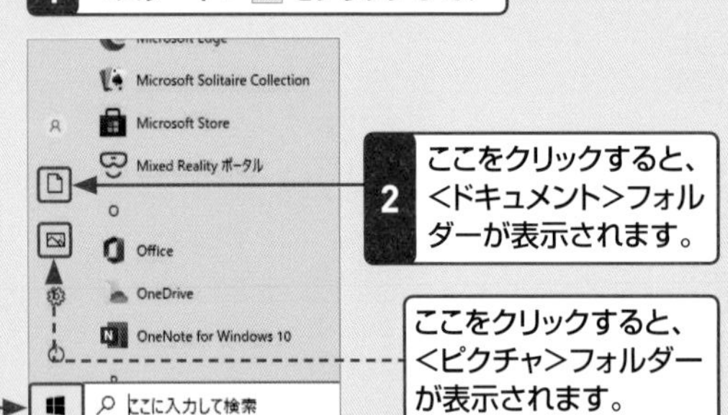

2 ここをクリックすると、<ドキュメント>フォルダーが表示されます。

ここをクリックすると、<ピクチャ>フォルダーが表示されます。

デスクトップでのファイル管理　重要度 ★★★

Q 093 < PC >って何？どんなふうに使えばいいの？

A ファイルやフォルダーを分類して管理します。

< PC >は特別なフォルダーで、< ダウンロード >や< ドキュメント >など、7つのフォルダーと、パソコン内のドライブや外付けのハードディスクドライブが表示されます。これらのフォルダーやドライブを利用して、Web 上からダウンロードしたファイルや、ユーザーが作成したファイルを分類して保存することができます。

1 エクスプローラーを起動して、<PC>をクリックすると、

2 7つのフォルダーが表示されます。

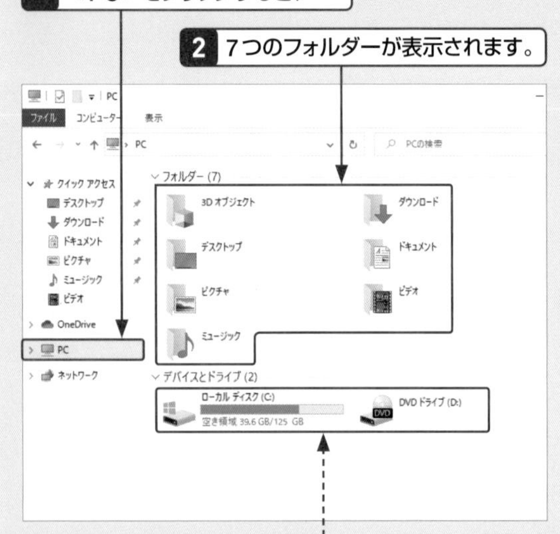

ハードディスクドライブや光学ドライブが表示されます。

<3Dオブジェクト>	「ペイント3D」アプリで使用する3Dのファイルを保存します。
<ダウンロード>	インターネットからダウンロードしたファイルが保存されます。
<デスクトップ>	デスクトップにあるファイルやフォルダーが表示されます。
<ドキュメント>	主に文書ファイルを保存します。
<ピクチャ>	画像ファイルを保存します。
<ビデオ>	動画ファイルを保存します。
<ミュージック>	音楽ファイルを保存します。

Q 094 ファイルやフォルダーをコピーしたい！

A <コピー>と<貼り付け>を利用します。

ファイルやフォルダーをコピーする方法には、エクスプローラーの<ホーム>タブにある<コピー>と<貼り付け>、ショートカットキー、マウスの右クリックメニューなどがあります。

<ホーム>タブのコマンドを利用する場合は、リボンから操作します。<ホーム>タブは、<ドキュメント>や<ピクチャ>などのフォルダーをクリックすると表示されます。

ショートカットキーを利用する場合は、コピーしたいファイルをクリックして選択し、Ctrlキーを押しながらCキーを押します。続いて、コピー先のフォルダーを表示して、Ctrlキーを押しながらVキーを押します。

マウスの右クリックメニューを利用する場合は、ファイルを右クリックして、表示されるメニューから<コピー>をクリックします。続いて、コピー先のフォルダーを表示してメインウィンドウの何もない部分を右クリックし、<貼り付け>をクリックします。

参照▶Q 089

● <ホーム>タブのコマンドを利用する

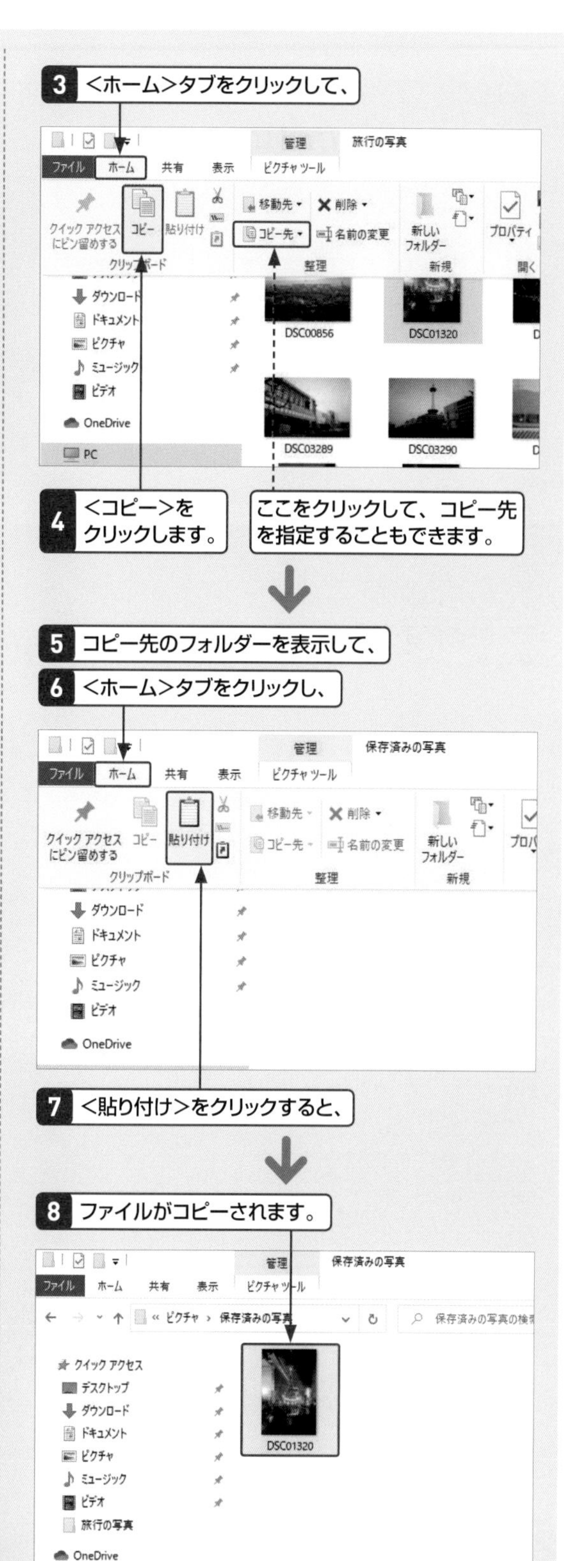

Q 095 ファイルやフォルダーを移動したい!

A <切り取り>と<貼り付け>を利用します。

ファイルを移動するには、エクスプローラーの<ホーム>タブの<切り取り>✂と<貼り付け>を利用する方法、ショートカットキーを利用する方法、マウスのドラッグ操作を利用する方法などがあります。

<ホーム>タブのコマンドを利用する場合は、リボンから操作します。

ショートカットキーを利用する場合は、移動したいファイルをクリックして選択し、Ctrl キーを押しながらX キーを押し、移動先のフォルダーを表示して、Ctrl キーを押しながらV キーを押します。

マウスの右クリックメニューを利用する場合は、ファイルを右クリックして、表示されるメニューから<切り取り>をクリックします。続いて、移動先のフォルダーを表示してメインウィンドウの何もない部分を右クリックし、<貼り付け>をクリックします。

なお、コピーするとファイルやフォルダーは複製されますが、移動を行うと元のフォルダーにあったファイルやフォルダーは削除されます。

●ドラッグ操作で移動する

1 ファイルをクリックして、

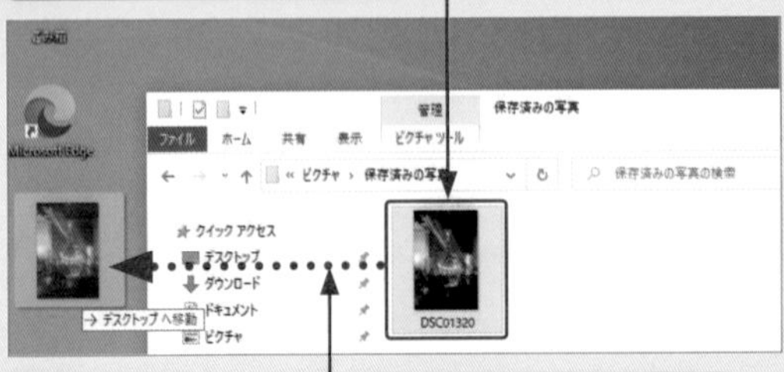

2 移動先(ここではデスクトップ)にドラッグすると、

3 ファイルが移動します。

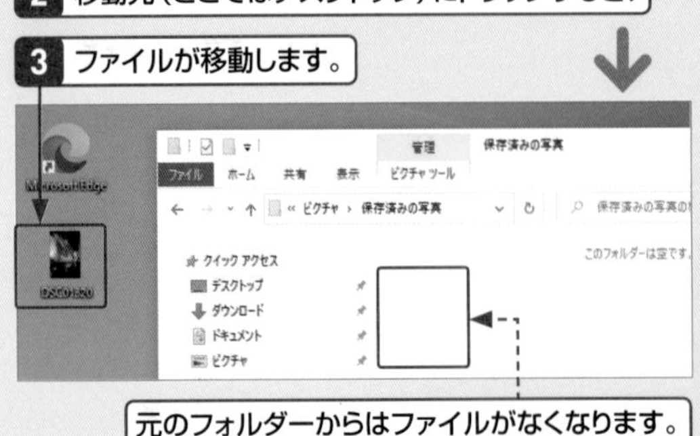

元のフォルダーからはファイルがなくなります。

● <ホーム>タブのコマンドを利用する

1 移動したいファイルをクリックして、

2 <ホーム>タブをクリックし、

3 <切り取り>✂をクリックします。

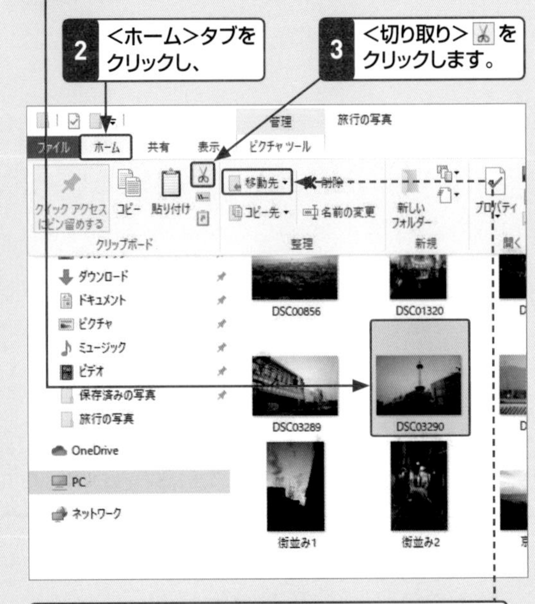

ここをクリックして、移動先を指定することもできます。

4 移動先のフォルダーを表示して、

5 <ホーム>タブをクリックし、

6 <貼り付け>をクリックすると、

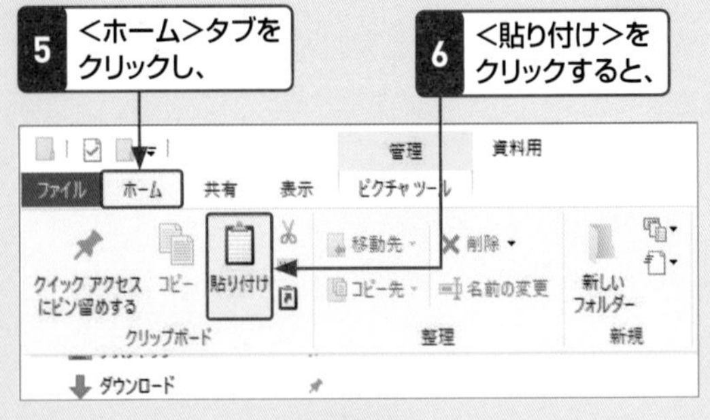

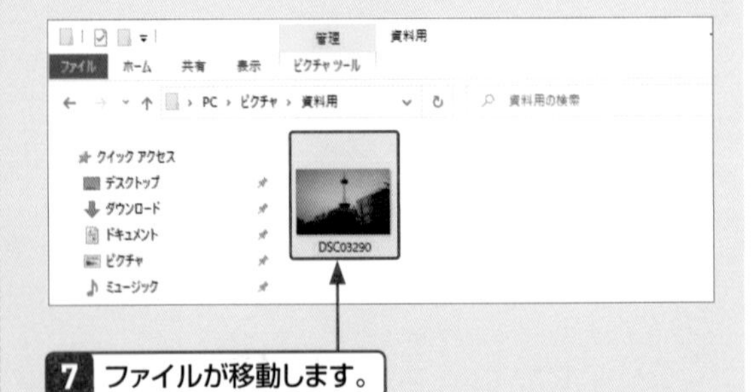

7 ファイルが移動します。

デスクトップでのファイル管理　重要度★★★

Q 096 複数のファイルやフォルダーを一度に選択したい！

A Ctrlや Shiftを押しながらファイルをクリックします。

複数のファイルやフォルダーをコピーしたり、移動したりしたい場合は、ファイルをまとめて選択すると効率的です。ファイルが離れている場合は、Ctrlキーを押しながら必要なファイルをクリックします。連続している場合は先頭のファイルをクリックし、Shiftキーを押しながら最後のファイルをクリックすると、その間のファイルをすべて選択することができます。

● 離れているファイルやフォルダーを選択する

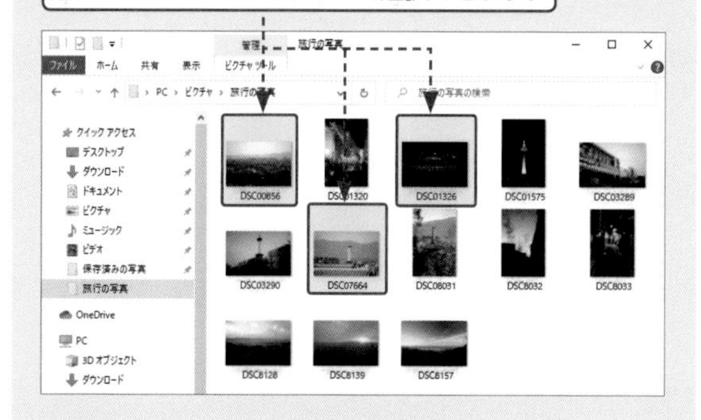

● 連続したファイルやフォルダーを選択する

デスクトップでのファイル管理　重要度★★★

Q 097 <ファイルの置換またはスキップ>画面が表示された！

A どちらのファイルを保持するかを選択します。

ファイルを別のフォルダーにコピーや移動する際に、そのフォルダーに同じ名前のファイルがあると、＜ファイルの置換またはスキップ＞というウィンドウが表示されます。

表示されたウィンドウで、重複したファイルを削除して置き換えるか、スキップするか、ファイルの変更日時や容量を比較してから判断するかをそれぞれ選択します。

名前が重複するファイルをコピーまたは移動しようとすると、＜ファイルの置換またはスキップ＞ウィンドウが表示されます。

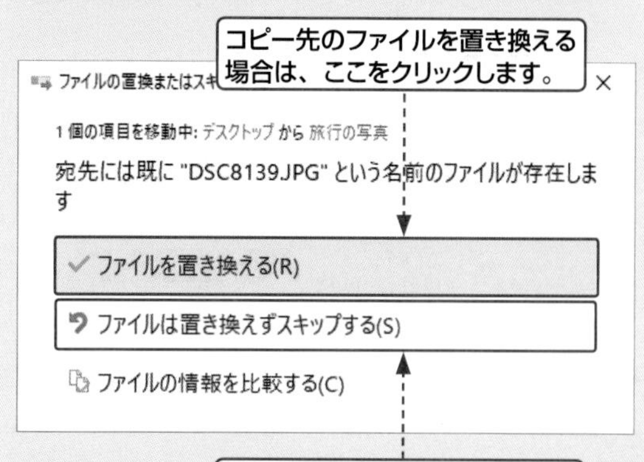

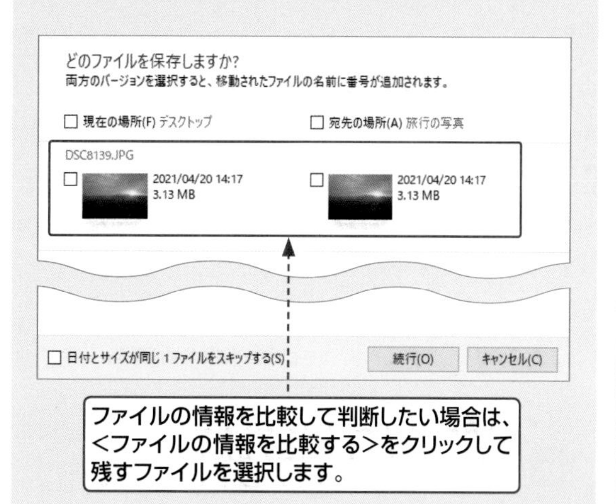

デスクトップでのファイル管理　重要度 ★★★

Q 098 ファイルやフォルダーの名前を変えたい！

A ＜ホーム＞タブの＜名前の変更＞を利用します。

ファイルやフォルダーの名前は、自由に変更することができます。ただし、同じフォルダー内に同じ名前のファイルやフォルダーがある場合は、重複した名前を付けることはできません。なお、下の手順のほかに、名前を変更したいフォルダーやファイルを右クリックして、＜名前の変更＞をクリックしても名前を入力できる状態になります。
ここでは、ファイル名を変更する手順を紹介しますが、フォルダーの名前も同じ手順で変更できます。

1 名前を変更したいファイルをクリックして、

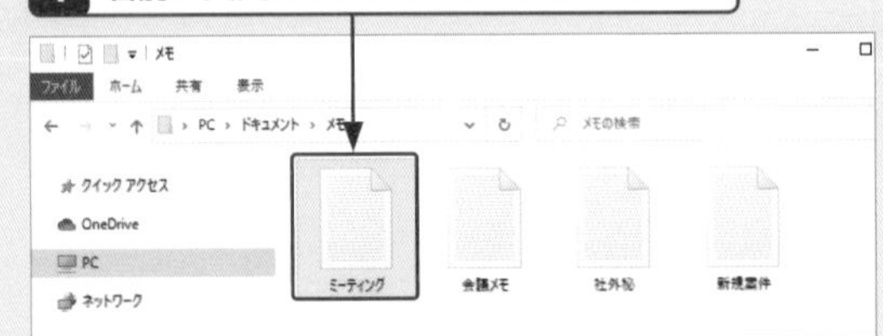

2 ＜ホーム＞タブをクリックし、

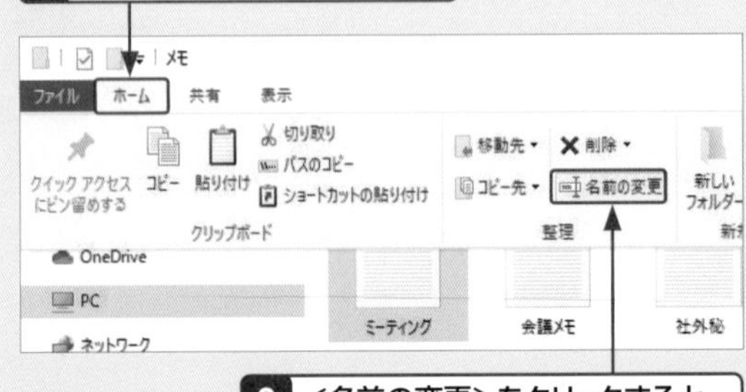

3 ＜名前の変更＞をクリックすると、

4 名前が入力できる状態になるので、新しい名前を入力します。

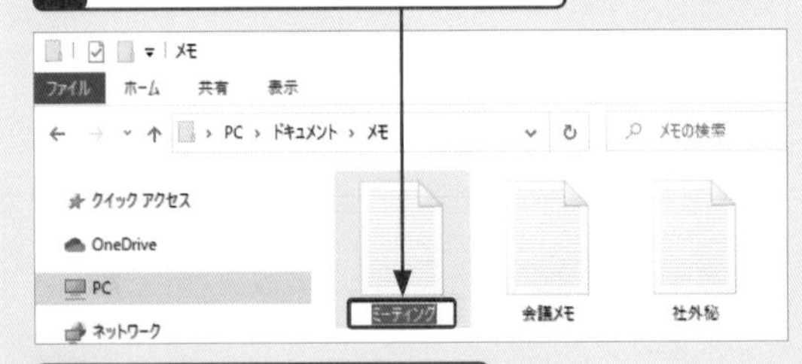

5 Enter を押すと、確定します。

デスクトップでのファイル管理　重要度 ★★★

Q 099 フォルダーを作ってファイルを整理したい！

A ＜新しいフォルダー＞をクリックします。

ファイルが増えてくると、目的のファイルを見つけにくくなります。フォルダーを作成して関連するファイルを分類しておくと、目的のファイルを見つけやすくなり、管理もしやすくなります。なお、デスクトップにフォルダーを作るには、デスクトップの何もないところを右クリックすると表示されるメニューから、＜新規作成＞→＜フォルダー＞をクリックします。

1 エクスプローラーでフォルダーを作成したい場所を表示して、

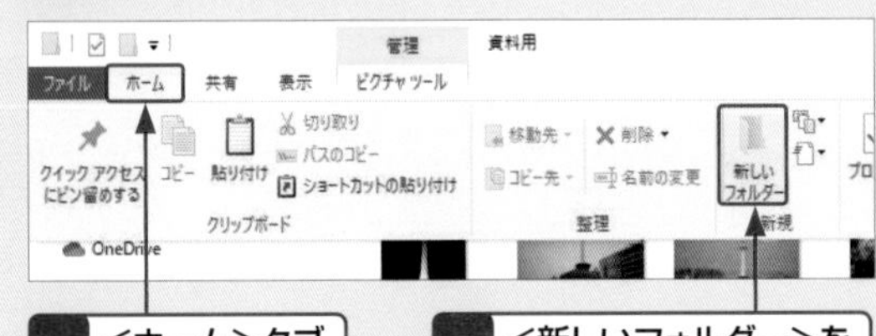

2 ＜ホーム＞タブをクリックし、

3 ＜新しいフォルダー＞をクリックします。

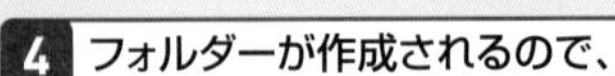

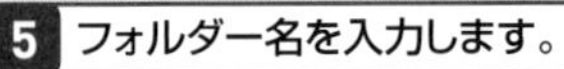

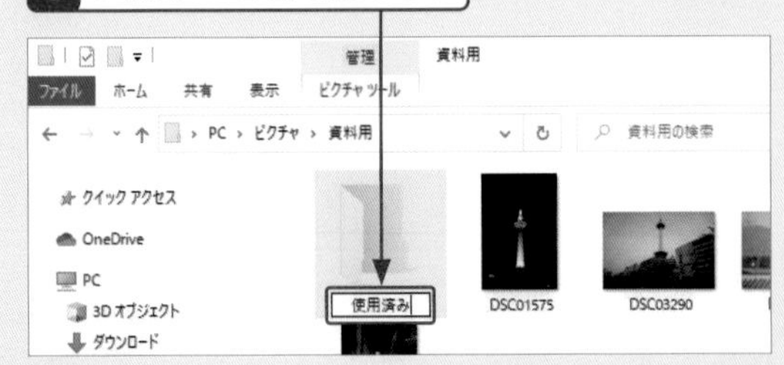

6 Enter を押すと、名前が確定されます。

Q 100 ファイルやフォルダーを並べ替えたい!

A <表示>タブの<並べ替え>を利用します。

エクスプローラーでは、ファイルやフォルダーを名前やサイズ、種類、作成／更新／撮影日時などのファイル情報をもとにして並べ替えることができます。並べ替えに利用できる条件は、表示しているフォルダーによって異なります。また、標準では昇順で並べられますが、降順で並べることもできます。

1 並べ替えを行いたいフォルダーを表示して、

2 <表示>タブをクリックします。

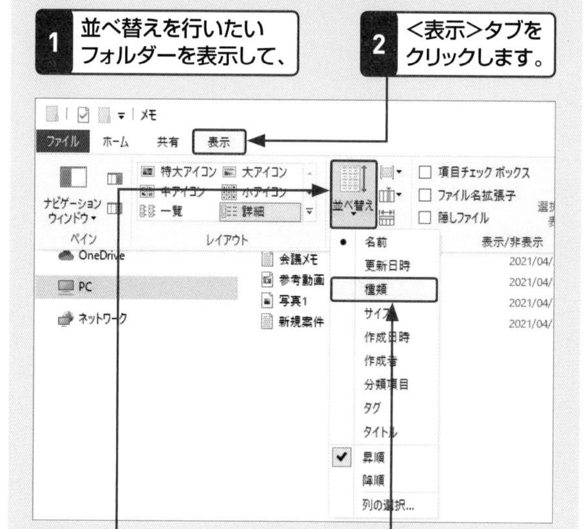

3 <並べ替え>をクリックして、

4 <種類>をクリックすると、

5 ファイルの種類で並べ替えられます。

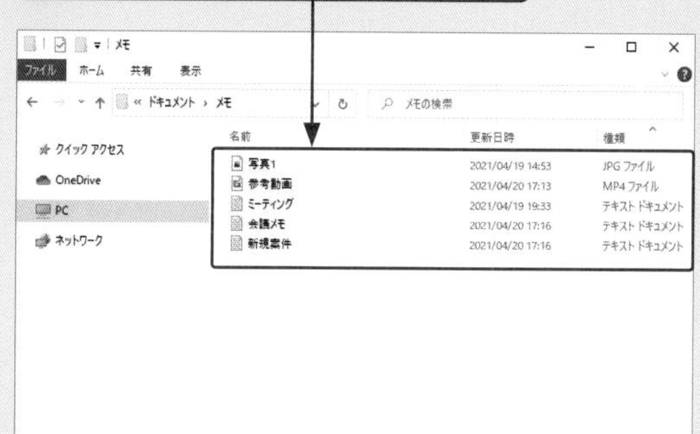

Q 101 ファイルやフォルダーを削除したい!

A <ホーム>タブの<削除>をクリックします。

不要になったファイルやフォルダーを削除するには、削除したいファイルやフォルダーをクリックし、<ホーム>タブの<削除>をクリックします。また、ファイルやフォルダーをデスクトップの<ごみ箱>に直接ドラッグするか、右クリックして<削除>をクリックすることでも削除できます。

1 削除したいファイルをクリックして、

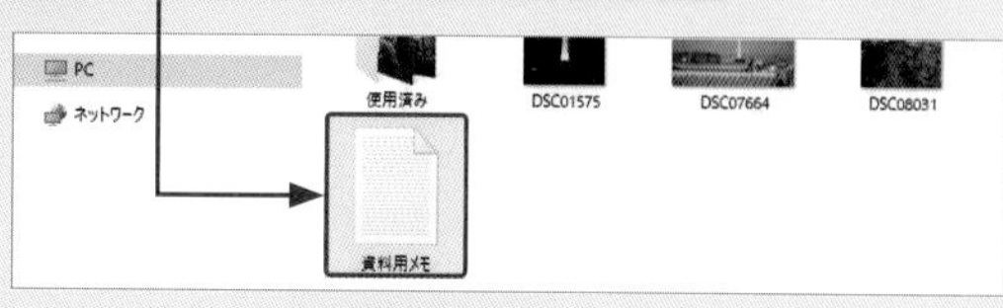

2 <ホーム>タブをクリックし、

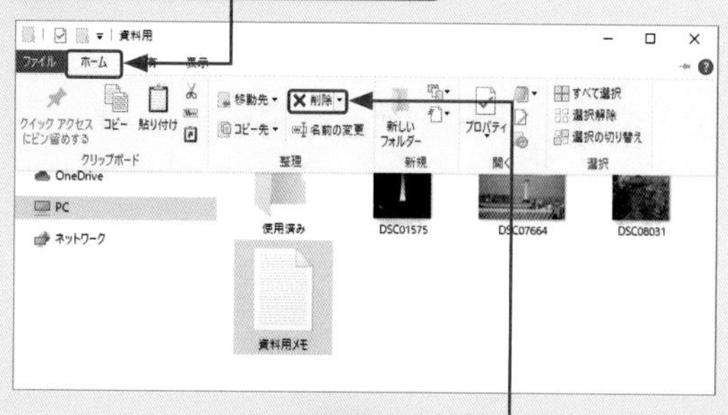

3 <削除>をクリックすると、

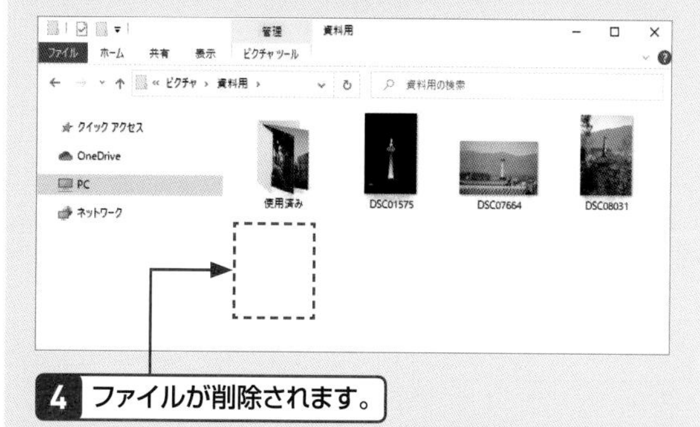

4 ファイルが削除されます。

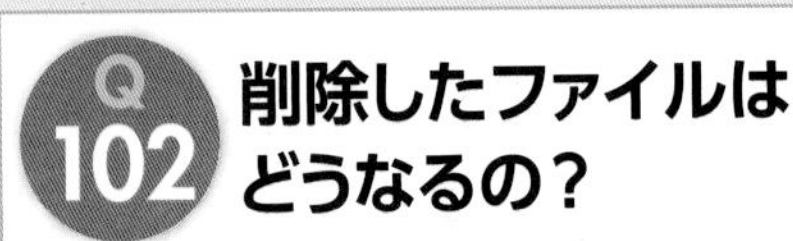

Q 102 削除したファイルはどうなるの？

A ＜ごみ箱＞に格納されます。

削除したファイルやフォルダーは、＜ごみ箱＞に格納されます。＜ごみ箱＞に格納されたファイルやフォルダーは、ごみ箱を空にするまでは、完全には削除されません。デスクトップの＜ごみ箱＞をダブルクリックするか、右クリックして＜開く＞をクリックすると、＜ごみ箱＞が開きます。
なお、＜ストレージセンサー＞をオンにすると、＜ごみ箱＞に格納されたファイルを一定期間後に自動的に削除することができます。

参照▶Q 104,Q 529

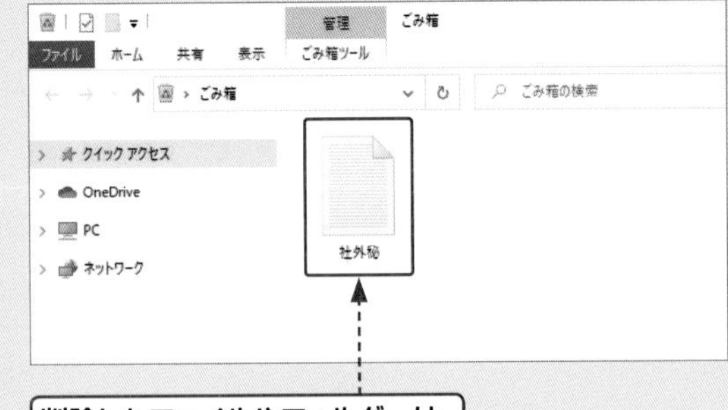

削除したファイルやフォルダーは、＜ごみ箱＞に移動します。

Q 103 ごみ箱に入っているファイルを元に戻したい！

A ＜管理＞タブから元に戻します。

＜ごみ箱＞に格納されているファイルやフォルダーは、ごみ箱を空にするまでであれば、元に戻すことができます。＜ごみ箱＞をダブルクリックして開き、元に戻したいファイルやフォルダーをクリックして、＜管理＞タブをクリックし、＜選択した項目を元に戻す＞をクリックします。また、ファイルやフォルダーを右クリックして、＜元に戻す＞をクリックしても、元の場所に戻ります。
なお、すべてのファイルやフォルダーを元に戻したい場合は、＜管理＞タブをクリックして、＜すべての項目を元に戻す＞をクリックします。

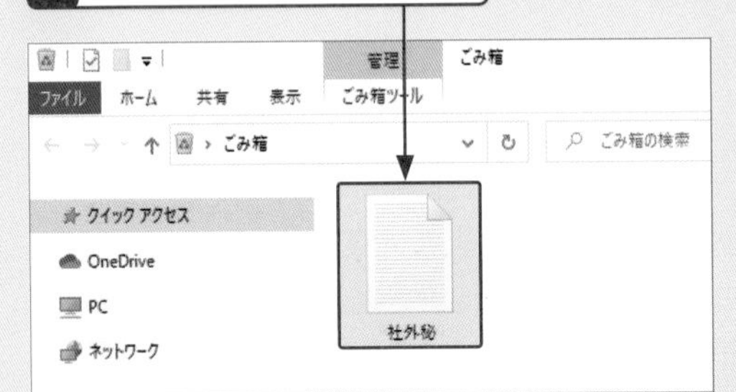

2 ＜管理＞タブをクリックして、

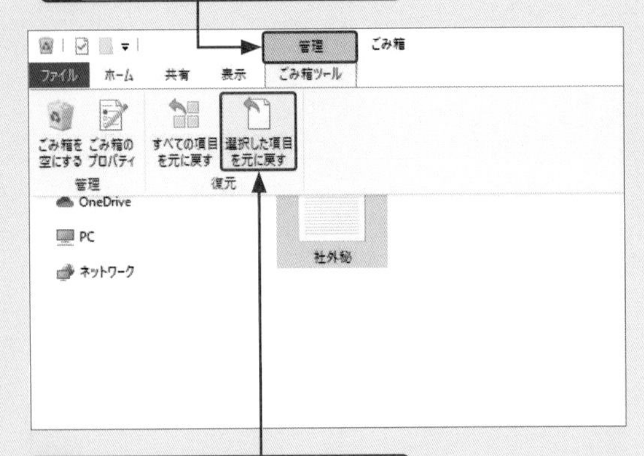

3 ＜選択した項目を元に戻す＞をクリックすると、

4 ファイルが元の場所に戻ります。

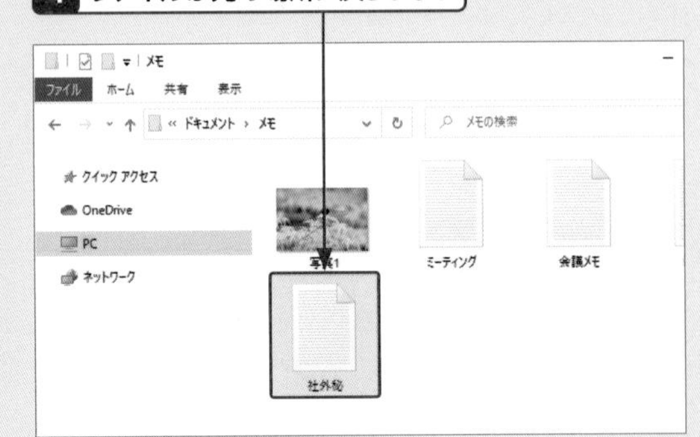

基本
デスクトップ
キーボード・文字入力
インターネット
メール・連絡先
セキュリティ
写真・動画・音楽
OneDrive・スマホ
印刷・周辺機器
アプリ
インストール・設定
テレワーク

Q 104 ごみ箱の中のファイルをまとめて消したい！

A ＜ごみ箱を空にする＞をクリックします。

不要なファイルを＜ごみ箱＞に捨てても、＜ごみ箱＞に格納されるだけで、完全に削除されているわけではありません。ファイルを完全に削除するには、＜ごみ箱＞を開いて＜管理＞タブをクリックし、＜ごみ箱を空にする＞をクリックします。
あるいは、デスクトップの＜ごみ箱＞を右クリックして＜ごみ箱を空にする＞をクリックします。

● ごみ箱からの操作

1 ＜ごみ箱＞を開いて＜管理＞タブをクリックして、

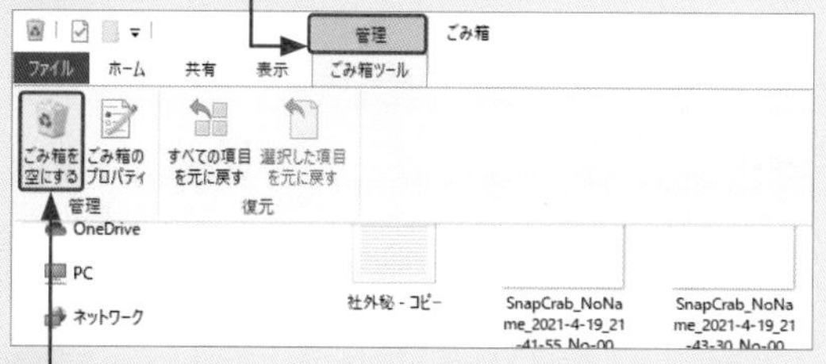

2 ＜ごみ箱を空にする＞をクリックします。

3 ＜はい＞をクリックすると、＜ごみ箱＞が空になり、完全にファイルが削除されます。

● デスクトップからの削除

1 ＜ごみ箱＞を右クリックして、

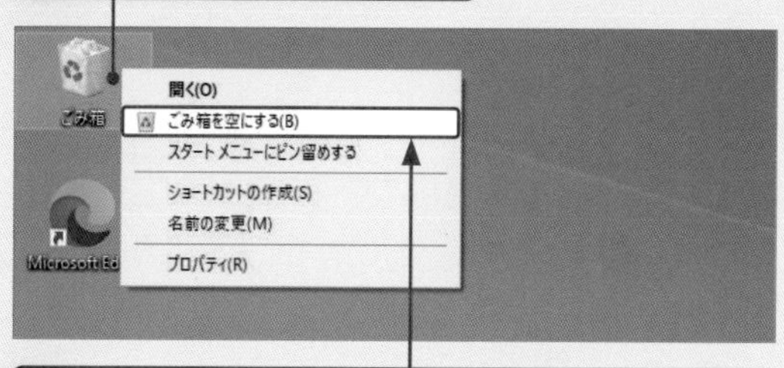

2 ＜ごみ箱を空にする＞をクリックすると、＜ごみ箱＞が空になり、完全にファイルが削除されます。

Q 105 ごみ箱の中のファイルを個別に削除したい！

A ファイルをクリックして、＜削除＞をクリックします。

＜ごみ箱＞に格納されているファイルやフォルダーを個別に削除したい場合は、以下のように操作します。なお、この操作を実行すると、ファイルやフォルダーは完全に削除され、元のフォルダーに戻すことはできないので注意してください。

1 ＜ごみ箱＞を開いて、ファイルをクリックし、

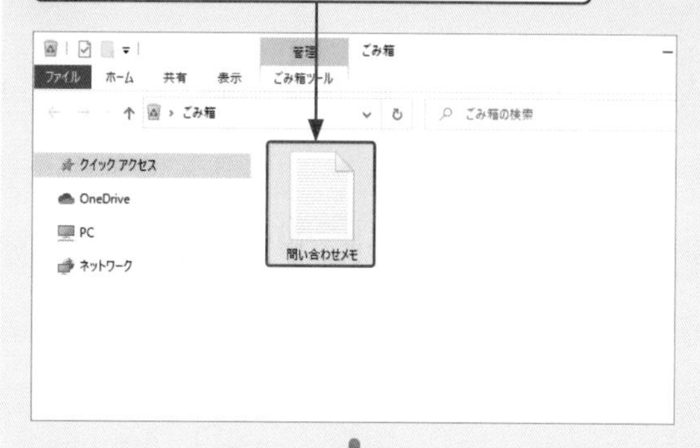

2 ＜ホーム＞タブをクリックして、

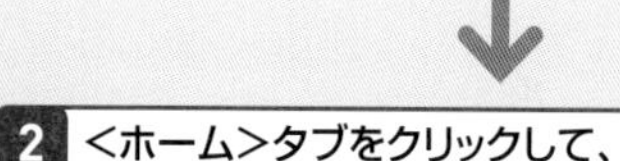

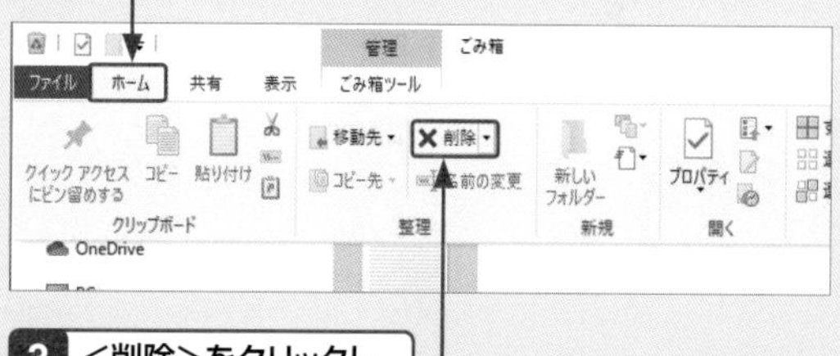

3 ＜削除＞をクリックし、

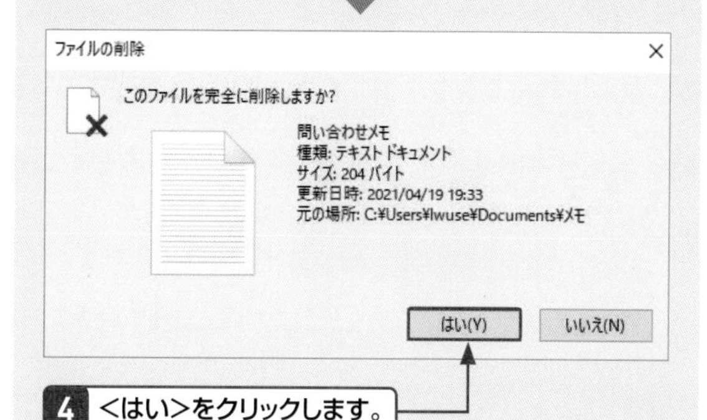

4 ＜はい＞をクリックします。

Q 106 ファイルの圧縮って何？

A ファイルのサイズを小さくすることです。

ファイルを元のファイルよりも小さな容量にしたり、複数のファイルを1つにまとめたりすることを、「ファイルの圧縮」といいます。ファイルの圧縮は、電子メールに添付するファイルのサイズを小さくしたい場合などに利用します。
Windows 10には、ファイルやフォルダーをまとめて「ZIP形式」で圧縮する機能が標準で組み込まれています。圧縮ファイルのアイコンはパソコンにインストールされている圧縮ソフトによって異なりますが、Windowsの標準では、下図のアイコンで表示されるので、ほかのファイルやフォルダーと区別が付きます。また、拡張子を表示する設定にしている場合は、拡張子によっても区別することができます。 参照▶Q 112

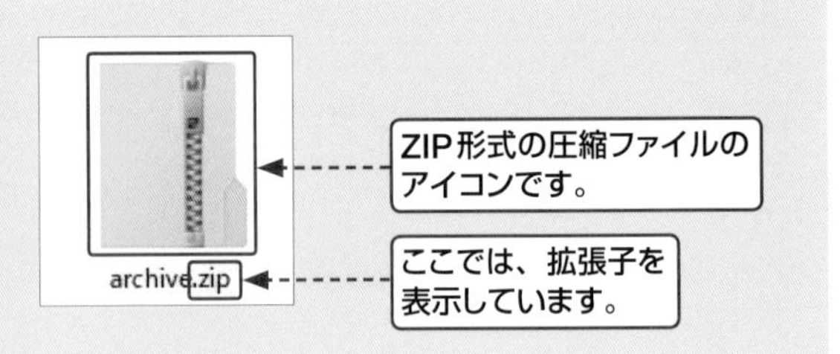

Q 107 ファイルやフォルダーを圧縮したい！

A <共有>タブの<Zip>を利用します。

Windows 10には、ファイルやフォルダーを「ZIP形式」で圧縮する機能が標準で組み込まれているので、以下の手順で簡単に圧縮ファイルを作成することができます。ここでは、複数のファイルを1つの圧縮ファイルにまとめてみます。複数のファイルを圧縮した場合は、最初のファイル名が圧縮ファイルの名前になるので適宜変更しましょう。
なお、圧縮したいファイルやフォルダーを右クリックして、<送る>から<圧縮(zip形式)フォルダー>をクリックしても、ファイルを圧縮することができます。

● <共有>タブの< Zip >を利用する

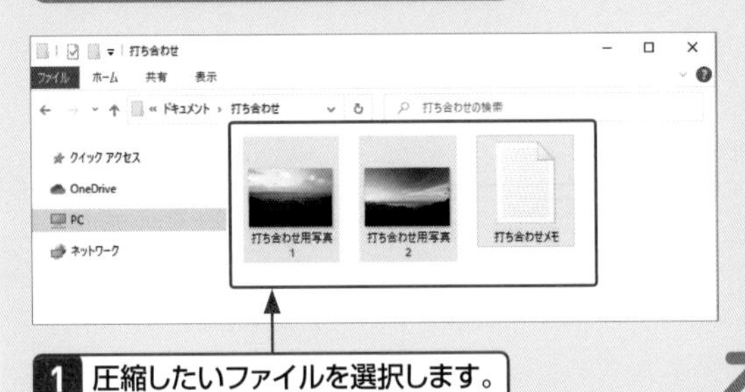

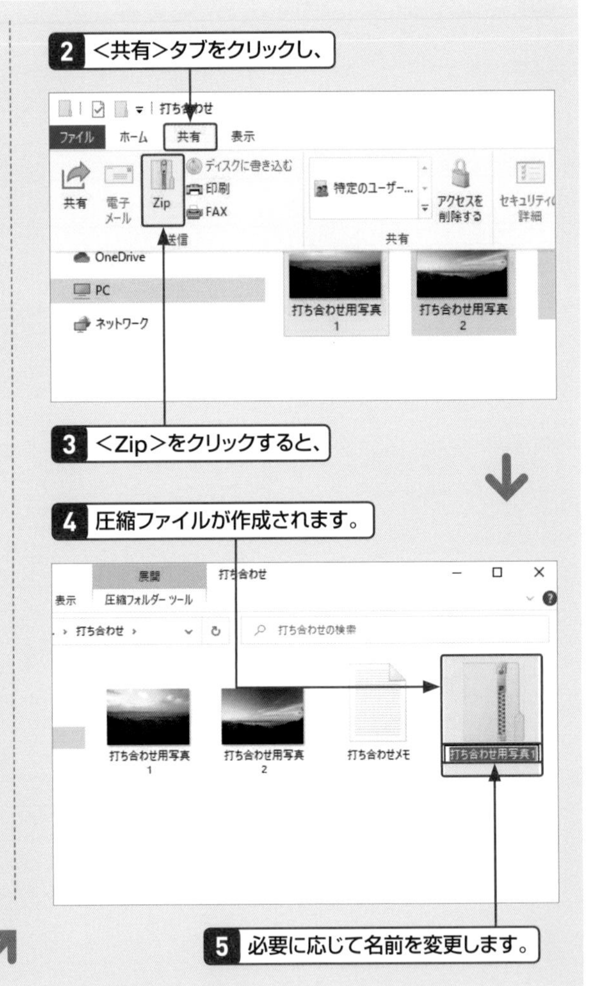

Q 108 圧縮されたファイルを展開したい!

A <展開>タブから<すべて展開>をクリックします。

圧縮ファイルは、複数のファイルをコンパクトにまとめられて便利ですが、そのままでは中のファイルを利用できないので、元のファイルやフォルダーに戻す必要があります。圧縮ファイルを元のファイルやフォルダーに戻すことを、「展開」(または「解凍」)といいます。ファイルを展開するには、エクスプローラーで圧縮ファイルをクリックして<展開>タブをクリックし、以下の手順に従います。

なお、展開する場所は、既定では同じフォルダー内になっていますが、ほかの場所を指定することもできます。さらに、新しいフォルダーを作成し、その中に展開することも可能です。

1 圧縮フォルダーをクリックして、

2 <展開>タブをクリックし、

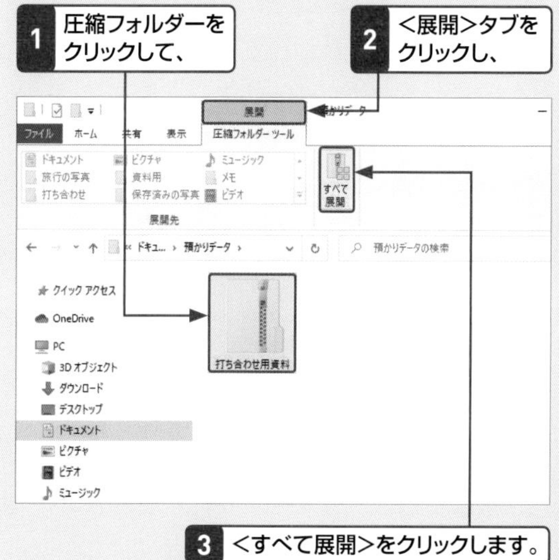

3 <すべて展開>をクリックします。

4 <参照>をクリックします。

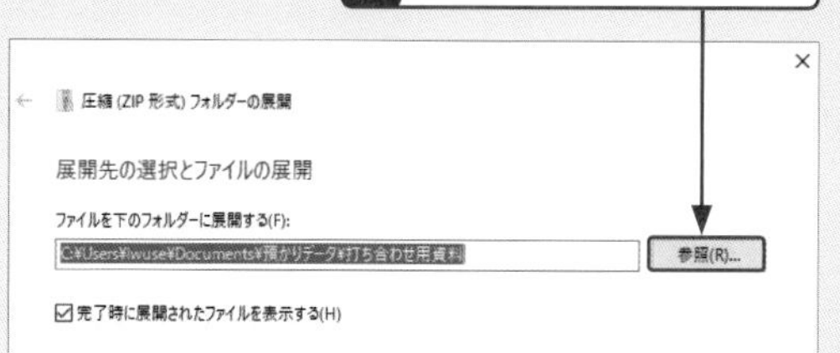

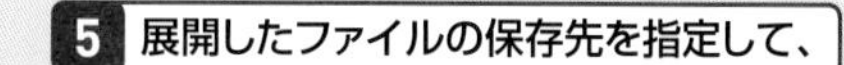

5 展開したファイルの保存先を指定して、

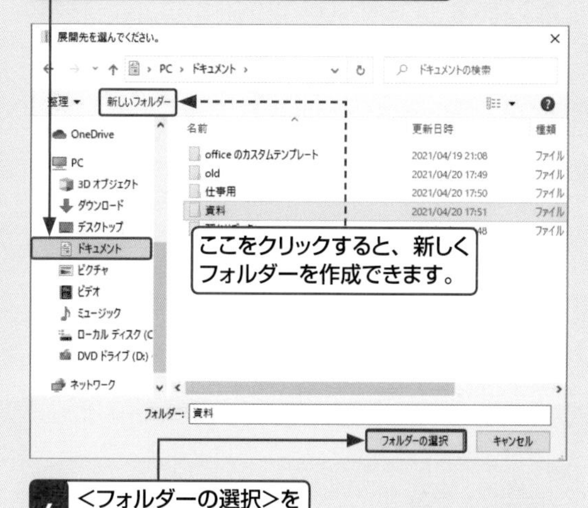

ここをクリックすると、新しくフォルダーを作成できます。

6 <フォルダーの選択>をクリックすると、

7 ここに保存先が表示されます。

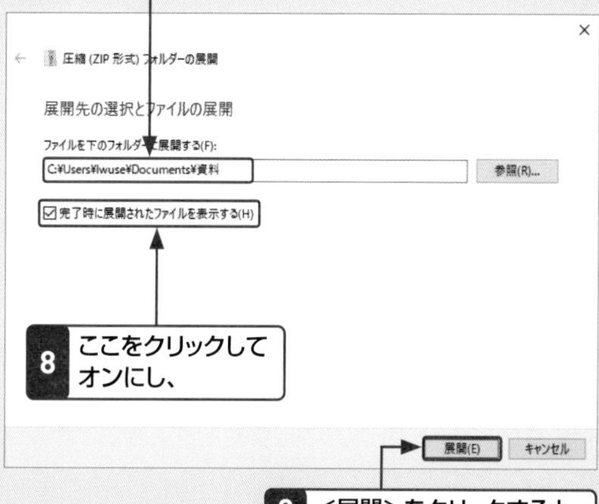

8 ここをクリックしてオンにし、

9 <展開>をクリックすると、

10 展開されたファイルが表示されます。

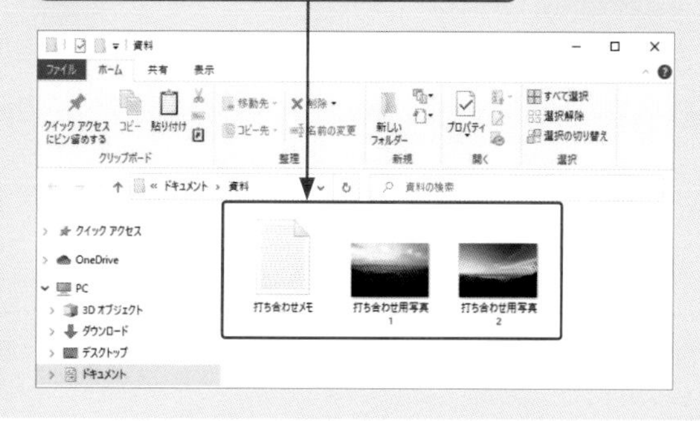

デスクトップでのファイル管理　重要度 ★★★

Q 109 他人に見せたくないファイルを隠したい!

A 隠しファイルに変更して見えなくします。

Windwosには、システムで使用する重要なファイルなどを誤って削除したり移動したりしないように、隠しファイルにする機能があります。この機能は、他人に見せたくないファイルを隠すときにも利用できます。
通常のファイルを隠しファイルに変更するには、ファイルの右クリックメニューからプロパティを表示し、<隠しファイル>をチェックします。または、エクスプローラーでファイルを選択して<表示>タブの<選択した項目を表示しない>をクリックします。

● 右クリックメニューで隠す

1 隠したいファイルを右クリックして、

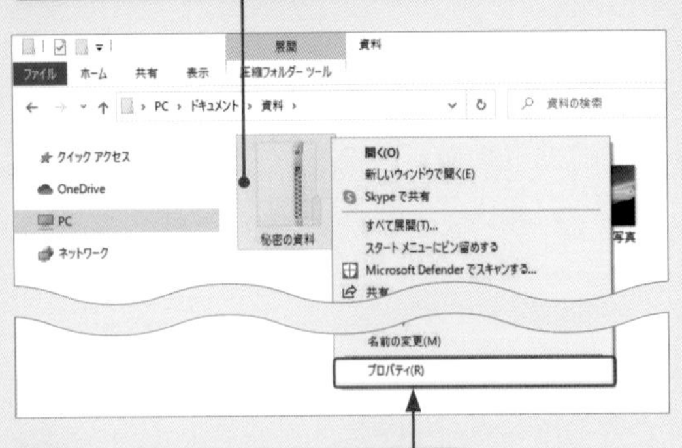

2 <プロパティ>をクリックします。

3 <隠しファイル>をクリックしてオンにし、

秘密の資料のプロパティ
属性:　□読み取り専用(R)　☑隠しファイル(H)　詳細設定(D)...

4 <OK>をクリックすると、

OK　キャンセル　適用(A)

5 ファイルが隠れて見えなくなります。

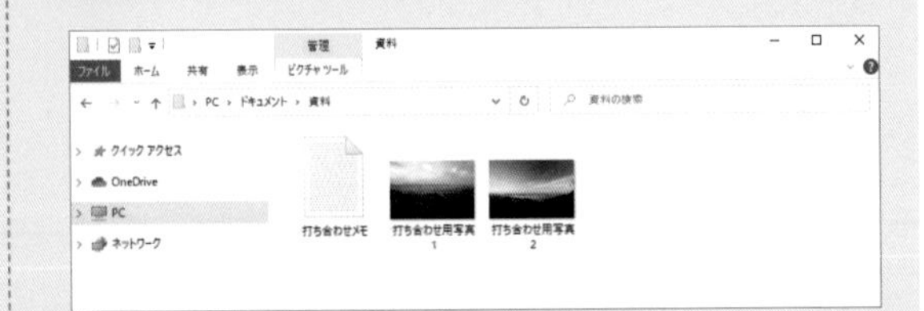

● <表示>タブで隠す

1 隠したいファイルをクリックして、

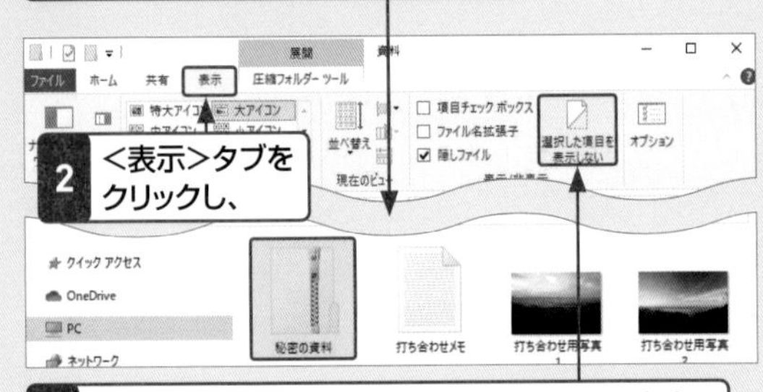

2 <表示>タブをクリックし、

3 <選択した項目を表示しない>をクリックします。

デスクトップでのファイル管理　重要度 ★★★

Q 110 隠しファイルを表示させたい!

A エクスプローラーで<隠しファイル>をオンにします。

隠しファイルを表示するには、エクスプローラーの<表示>タブで<隠しファイル>をクリックしてオンにします。この状態では、隠しファイルが半透明のアイコンで表示されます。

1 <表示>タブをクリックして、

2 <隠しファイル>をクリックしてオンにすると、

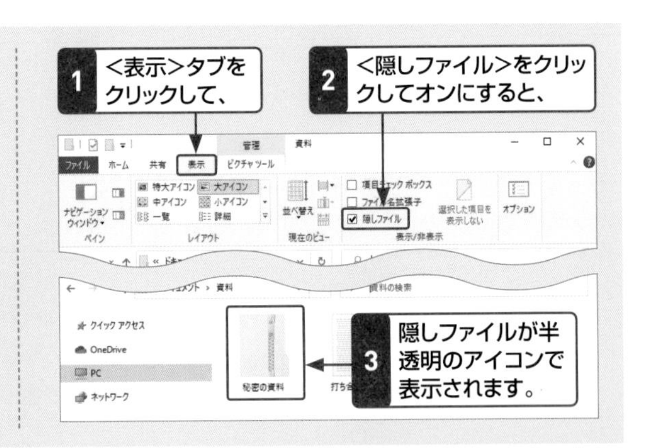

3 隠しファイルが半透明のアイコンで表示されます。

デスクトップでのファイル管理　重要度 ★★★

Q111 ファイルの拡張子って何？

A ファイルの種類を識別するための文字列です。

拡張子とは、ファイル名の後半部分にあるピリオド「.」のあとに続く「txt」や「jpg」などの文字列のことで、ファイルの種類を表します。拡張子は、ファイルを保存する際に自動的に付けられます。
Windowsでは、この拡張子によってファイルを開くアプリが関連付けられています。拡張子を変更したり削除したりすると、アプリとの関連付けが失われ、ファイルが正常に開かなくなることがあるので注意が必要です。なお、Windows 10の初期設定では、拡張子が表示されないようになっています。

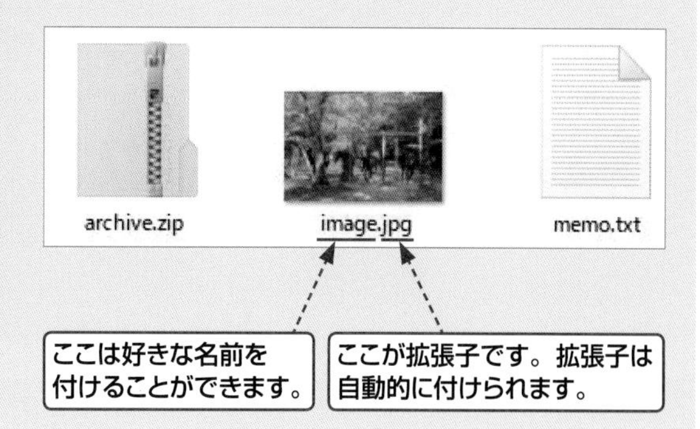

デスクトップでのファイル管理　重要度 ★★★

Q112 ファイルの拡張子を表示したい！

A エクスプローラーで<ファイル名拡張子>をオンにします。

通常は拡張子を意識しなくてもファイルの操作は行えるので、Windows 10の初期設定では拡張子は表示しないようになっています。
拡張子を表示したい場合は、エクスプローラーの<表示>タブをクリックして、<ファイル名拡張子>をクリックし、オンにします。

1 エクスプローラーを表示して、

初期設定では拡張子は表示されていません。

2 <表示>タブをクリックし、

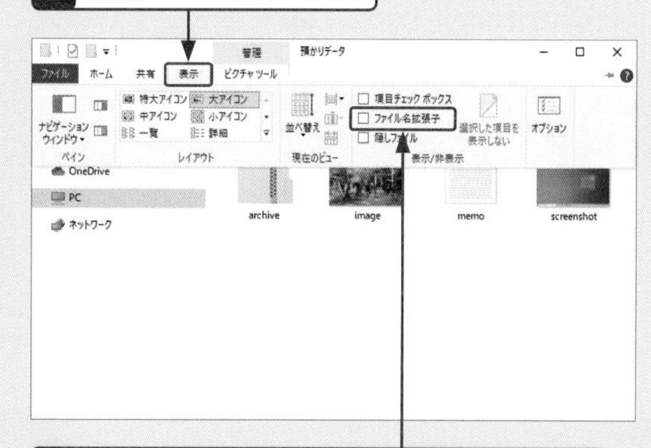

3 <ファイル名拡張子>をクリックしてオンにすると、

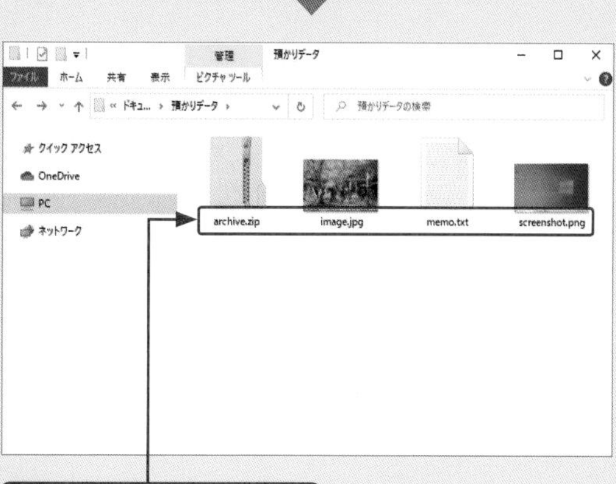

4 拡張子が表示されます。

デスクトップでのファイル管理　重要度 ★★★

Q 113 「このファイルを開く方法を選んでください」って何？

A ファイルを開くためのアプリが決まっていないときに表示されます。

ファイルをダブルクリックしたときにアプリが起動せず、「このファイルを開く方法を選んでください」という画面が表示されることがあります。これは、そのファイルを開くためのアプリがパソコンにインストールされていないとき、または決まっていないときに表示されます。
この画面が表示された場合は、以下の設定を行います。

1 拡張子とアプリが関連付けられていない場合は、以下のポップアップが表示されるので、

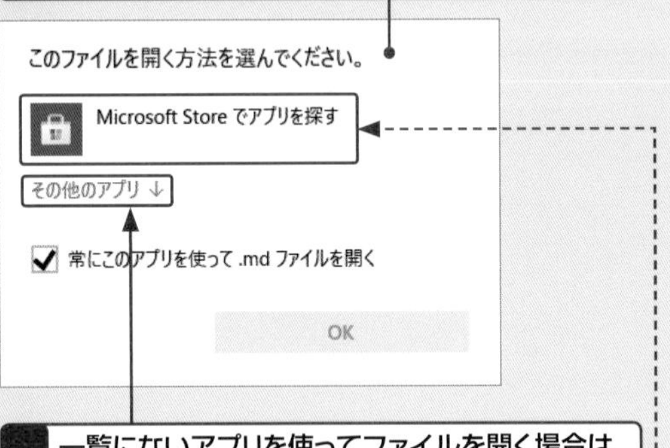

2 一覧にないアプリを使ってファイルを開く場合は、<その他のアプリ>をクリックします。

ここをクリックすると、開きたいファイルに対応するアプリをMicrosoft Storeで検索できます。

3 アプリの一覧が表示されるので、ファイルを開くアプリを選択します。

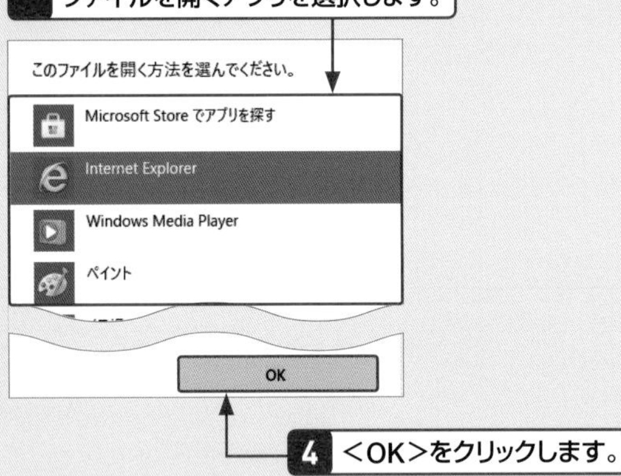

4 <OK>をクリックします。

デスクトップでのファイル管理　重要度 ★★★

Q 114 タッチ操作でもエクスプローラーを使いやすくしたい！

A 項目チェックボックスを表示します。

タッチ操作では、「ファイルを選択しようとしたらアプリが起動してしまった」「複数のファイルが選択しづらい」といったことがあります。
ファイルやフォルダーのアイコンに項目チェックボックスを表示すると、チェックボックスをタップして選択できるので、選択している項目がわかりやすくなり、誤操作を防ぐことができます。
項目チェックボックスのオン／オフは、エクスプローラーの<表示>タブで切り替えられます。

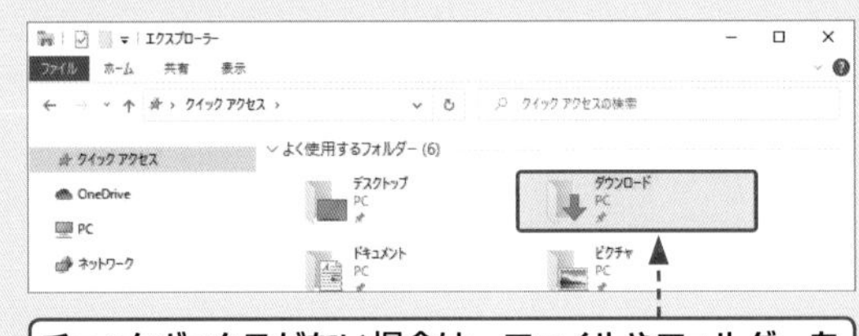

チェックボックスがない場合は、ファイルやフォルダーをタップする必要があります。

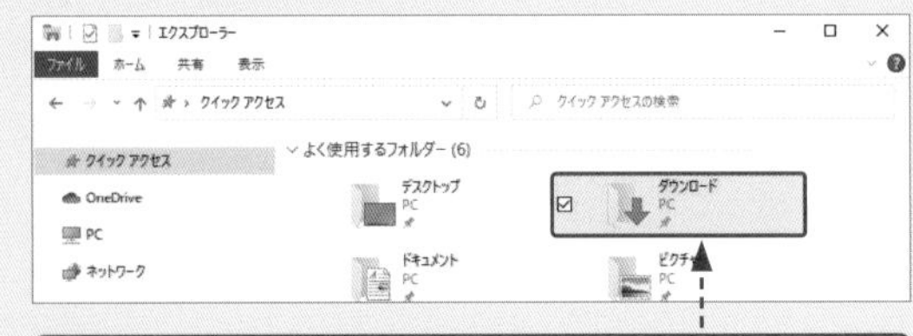

チェックボックスがあれば選択しやすいだけでなく、誤ってファイルを開かずに済みます。

1 <表示>タブをクリックして、

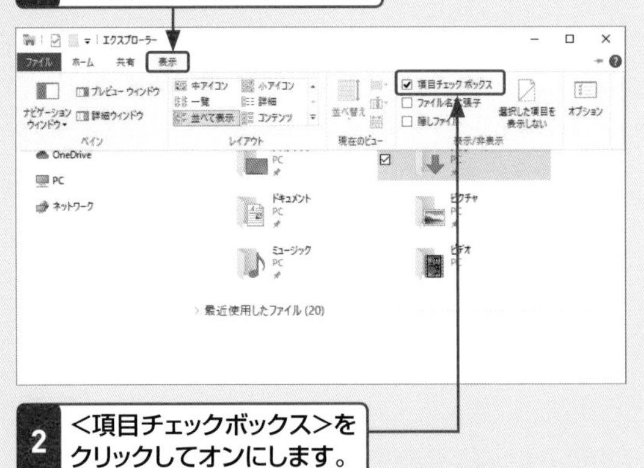

2 <項目チェックボックス>をクリックしてオンにします。

Q 115 ファイルやフォルダーを検索したい！

A エクスプローラーやタスクバーの検索機能を利用します。

● エクスプローラーで検索する

エクスプローラーの検索ボックスを利用すると、フォルダー内に保存されているファイルやフォルダーを検索することができます。検索ボックスにファイル名やフォルダー名の一部を入力すると、検索結果が瞬時に表示されます。

検索結果にはファイルの保存場所が表示されるので、どこに保存されているのかがわかります。また、検索結果をダブルクリックすると、そのファイルを開くことができます。

参照▶Q 116

1 検索したいフォルダーを表示して、

2 検索ボックスにキーワードを入力し、

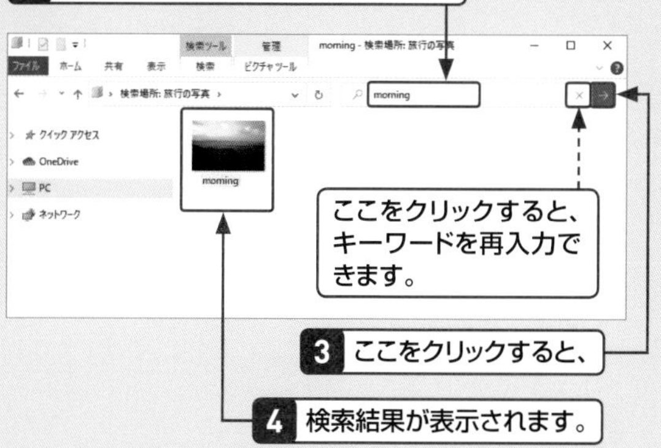

● タスクバーで検索する

タスクバーの検索ボックスを利用すると、パソコン内に保存されているすべてのファイルを検索することができます。

1 検索ボックスをクリックして、

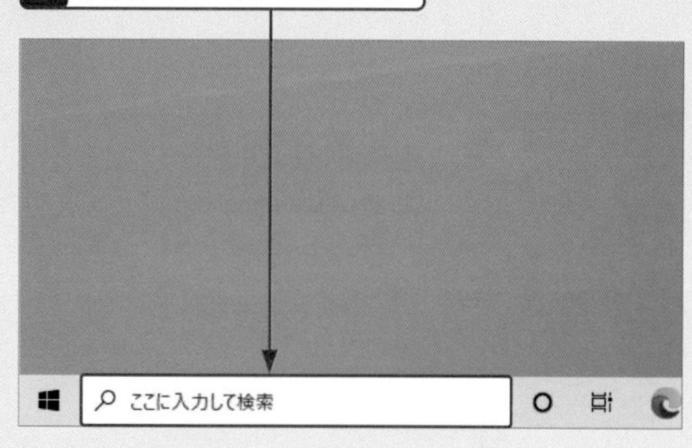

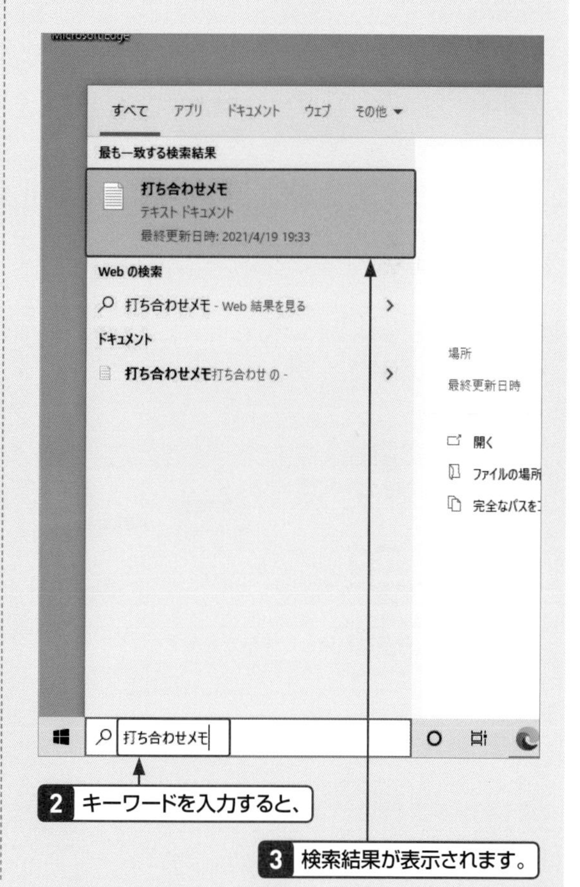

デスクトップでのファイル管理　重要度★★★

Q116 条件を指定してファイルを検索したい！

A エクスプローラーの<検索ツール>タブを利用します。

ファイルを検索した際に、検索結果が多すぎて目的のファイルやフォルダーを見つけにくい場合は、検索の条件を絞り込むことができます。
検索結果画面に表示されている＜検索ツール＞タブをクリックして、ファイルの更新日やファイルの分類、サイズなどから検索条件を絞り込みます。

1 ファイルを検索した状態で<検索ツール>タブをクリックすると、

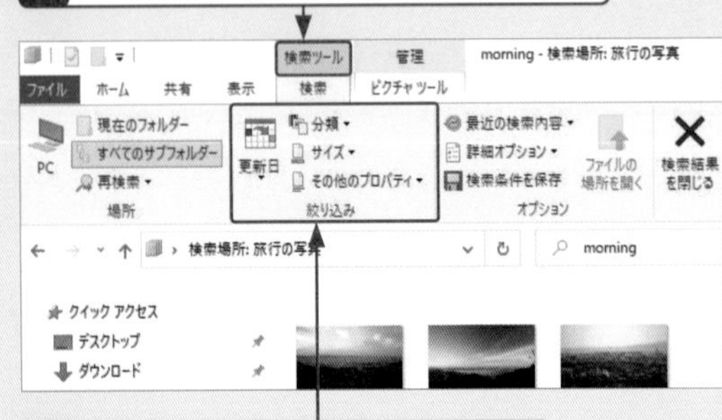

2 検索条件を絞り込むことができます。

3 <その他のプロパティ>をクリックして、

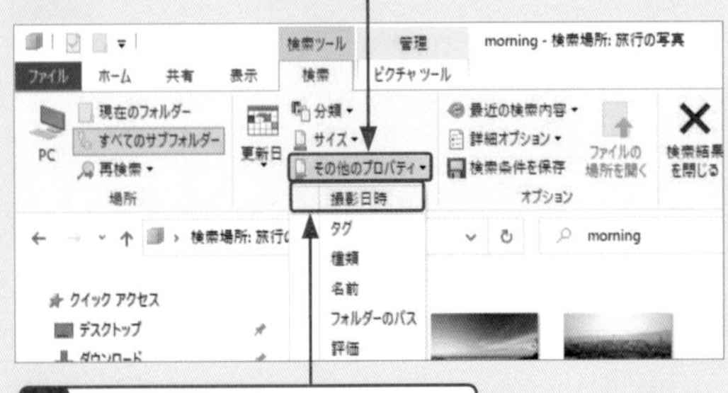

4 <撮影日時>をクリックすると、

5 写真の撮影日を指定して検索できます。

デスクトップでのファイル管理　重要度★★★

Q117 ファイルを開かずに内容を確認したい！

A プレビューウィンドウを表示します。

エクスプローラーでは、アプリを起動しなくても、保存されている文書などの内容を確認することができます。＜表示＞タブをクリックして、＜プレビューウィンドウ＞をクリックすると、ウィンドウの右側にファイルの内容をプレビューする領域が表示されます。ファイルをクリックすると、ファイルの内容をプレビューで確認できます。

1 <表示>タブをクリックして、

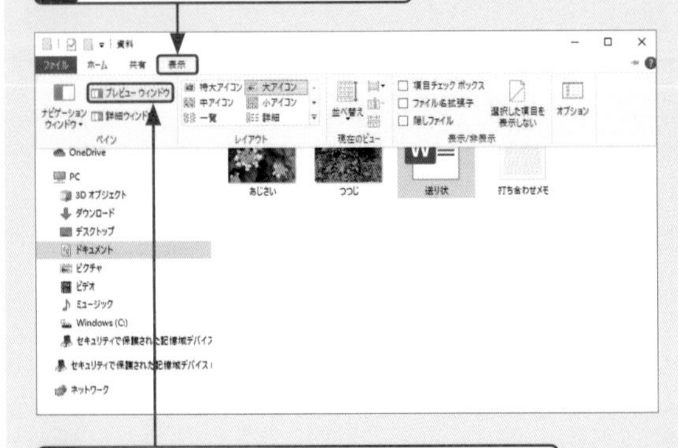

2 <プレビューウィンドウ>をクリックします。

3 ファイルをクリックすると、

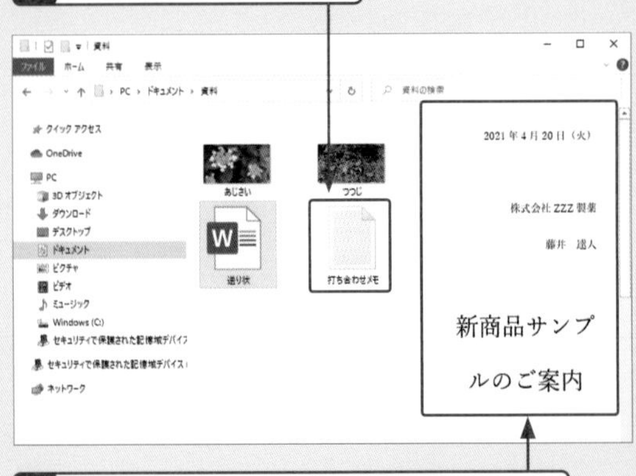

4 ファイルの内容をプレビューで確認できます。

基本
デスクトップ
キーボード・文字入力
インターネット
メール・連絡先
セキュリティ
写真・動画・音楽
OneDrive・スマホ
印刷・周辺機器
アプリ
インストール・設定
テレワーク

デスクトップでのファイル管理　重要度 ★★★

Q118 「クイックアクセス」って何？

A よく使うフォルダーなどが表示される特殊なフォルダーです。

「クイックアクセス」は、「よく使用するフォルダー」と「最近使用したファイル」が表示される特殊なフォルダーです。タスクバーやスタートメニューからエクスプローラーを開くと、最初に表示されます。

エクスプローラーを開くと、クイックアクセスが最初に表示されます。

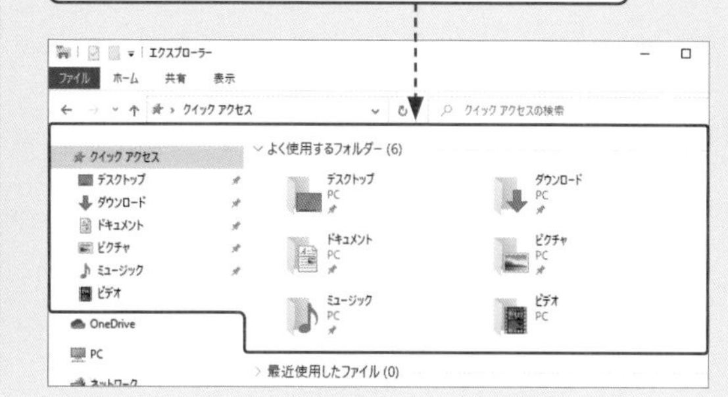

デスクトップでのファイル管理　重要度 ★★★

Q119 クイックアクセスに新しいフォルダーを追加したい！

A フォルダーをクイックアクセスにピン留めします。

クイックアクセスに任意のフォルダーを追加するには、フォルダーを右クリックして、<クイックアクセスにピン留めする>をクリックします。
追加したフォルダーはクイックアクセスのリストの一番下に表示されますが、ドラッグして好きな位置に移動させることもできます。
なお、クイックアクセスには右のように手動でよく使うフォルダーを登録できるほか、頻繁に操作するフォルダーも自動的に登録されます。

1 フォルダーを右クリックして、

2 <クイックアクセスにピン留めする>をクリックすると、

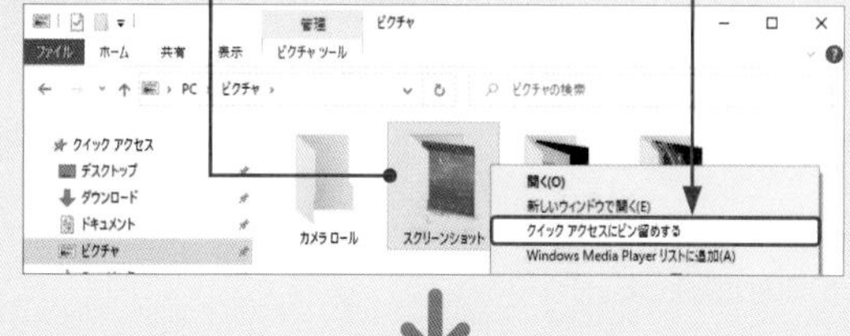

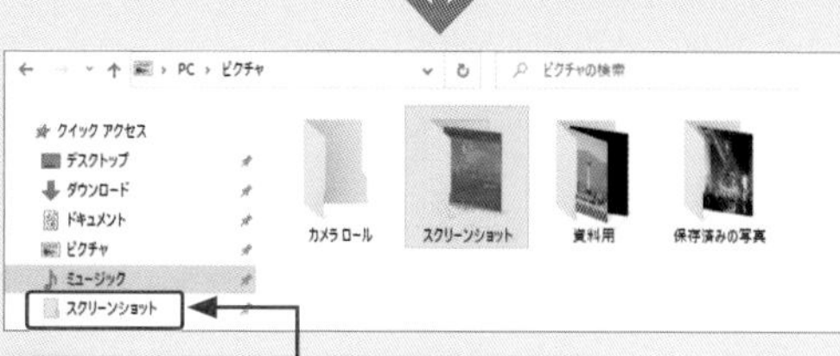

3 クイックアクセスに登録されます。

デスクトップでのファイル管理　重要度 ★★★

Q120 クイックアクセスからフォルダーを削除したい！

A フォルダーのクイックアクセスへのピン留めを外します。

フォルダーをクイックアクセスから削除したい場合は、右のように操作します。なお、この操作でフォルダー自体がパソコンから削除されることはありません。また、手動で登録した場合でも、自動登録でも操作は共通です。

1 クイックアクセスから削除するフォルダーを右クリックして、

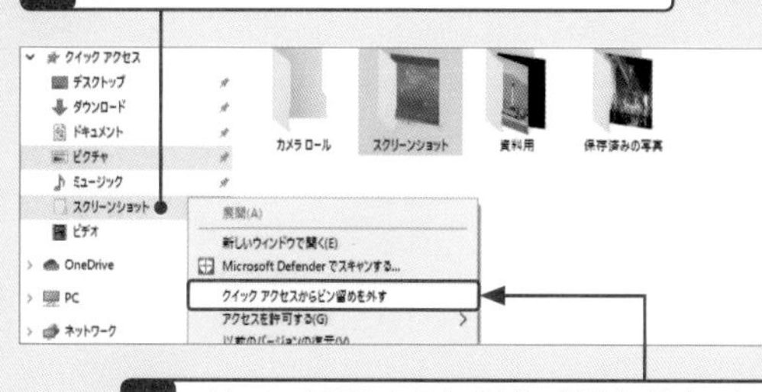

2 <クイックアクセスからピン留めを外す>をクリックすると、フォルダーが削除されます。

デスクトップでのファイル管理　重要度 ★★★

Q 121 クイックアクセスの機能をオフにしたい！

A フォルダーオプションで自動登録をオフにします。

クイックアクセスには、よく使うフォルダーや最近使ったファイルが自動登録されますが、他人にクイックアクセスを見られるとパソコンの使用履歴を知られてしまうおそれがあります。複数人で1台のパソコンを使っているような場合は、以下のように操作してフォルダーやファイルの自動登録をオフにしましょう。なお、自動登録をオフにしても、フォルダーを手動で登録することはできます。

1 クイックアクセスを右クリックして、

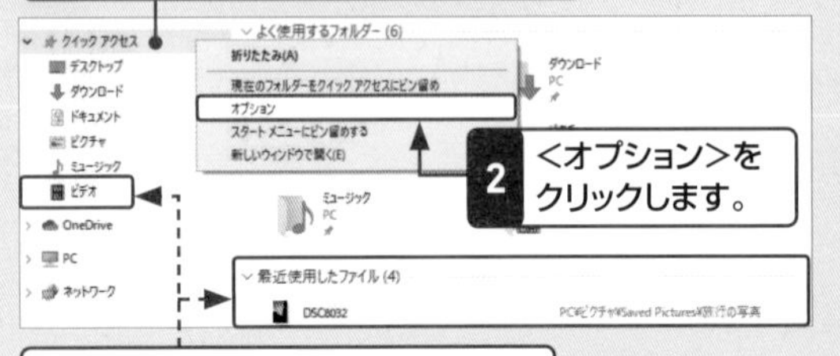

2 <オプション>をクリックします。

よく使用するフォルダーやファイルの使用履歴が表示されます。

3 <全般>タブをクリックして、

4 ここをクリックしてオフにすると、ファイルの使用履歴が非表示になります。

5 ここをクリックしてオフにすると、よく使うフォルダーが自動登録されなくなります。

6 <OK>をクリックすると、

7 自動登録されたフォルダーとファイルの履歴がクイックアクセスから消えます。

デスクトップでのファイル管理　重要度 ★★★

Q 122 よく使うフォルダーをデスクトップに表示させたい!

A ショートカットを作成します。

よく使うフォルダーやファイルのショートカットをデスクトップに作成すれば、ショートカットをダブルクリックするだけでその内容を表示できるため、フォルダーを深い階層までたどらなくても済みます。なお、作成したショートカットは、通常のファイルやフォルダーと同様の操作で削除できます。

1 フォルダーを右クリックして、

2 <送る>にマウスポインターを合わせ、

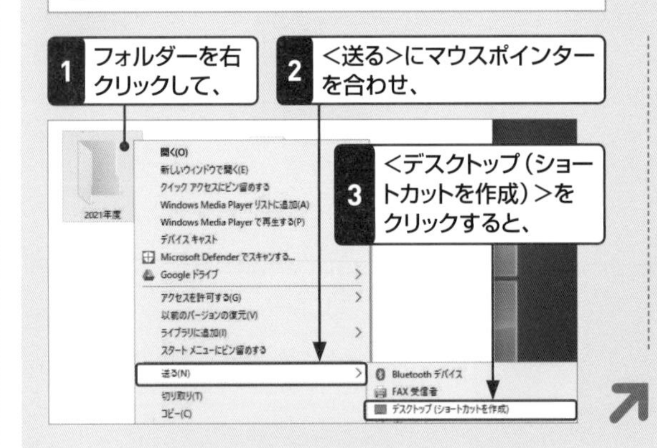

3 <デスクトップ(ショートカットを作成)>をクリックすると、

4 デスクトップにショートカットが作成されます。

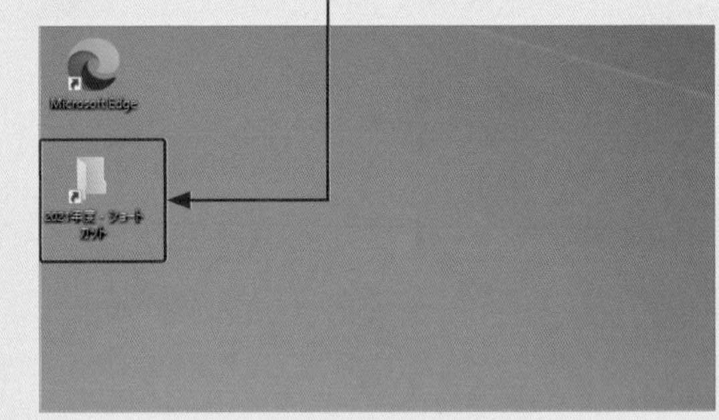

3

キーボードと文字入力の快適技!

Q 123 キーボード入力の基本を知りたい!

A キーボードの配列を覚えましょう。

文字や数字、記号などの入力に使うのがキーボードです。キーを押すと、キーに印字されている文字を入力することができます。また、複数のキーを組み合わせることで、さまざまなコマンドを実行することもできます。ここでは、文字キーとそれ以外の特殊機能を持つキーについて解説します。なお、キーの数や配列は、パソコンによって異なることがあります。

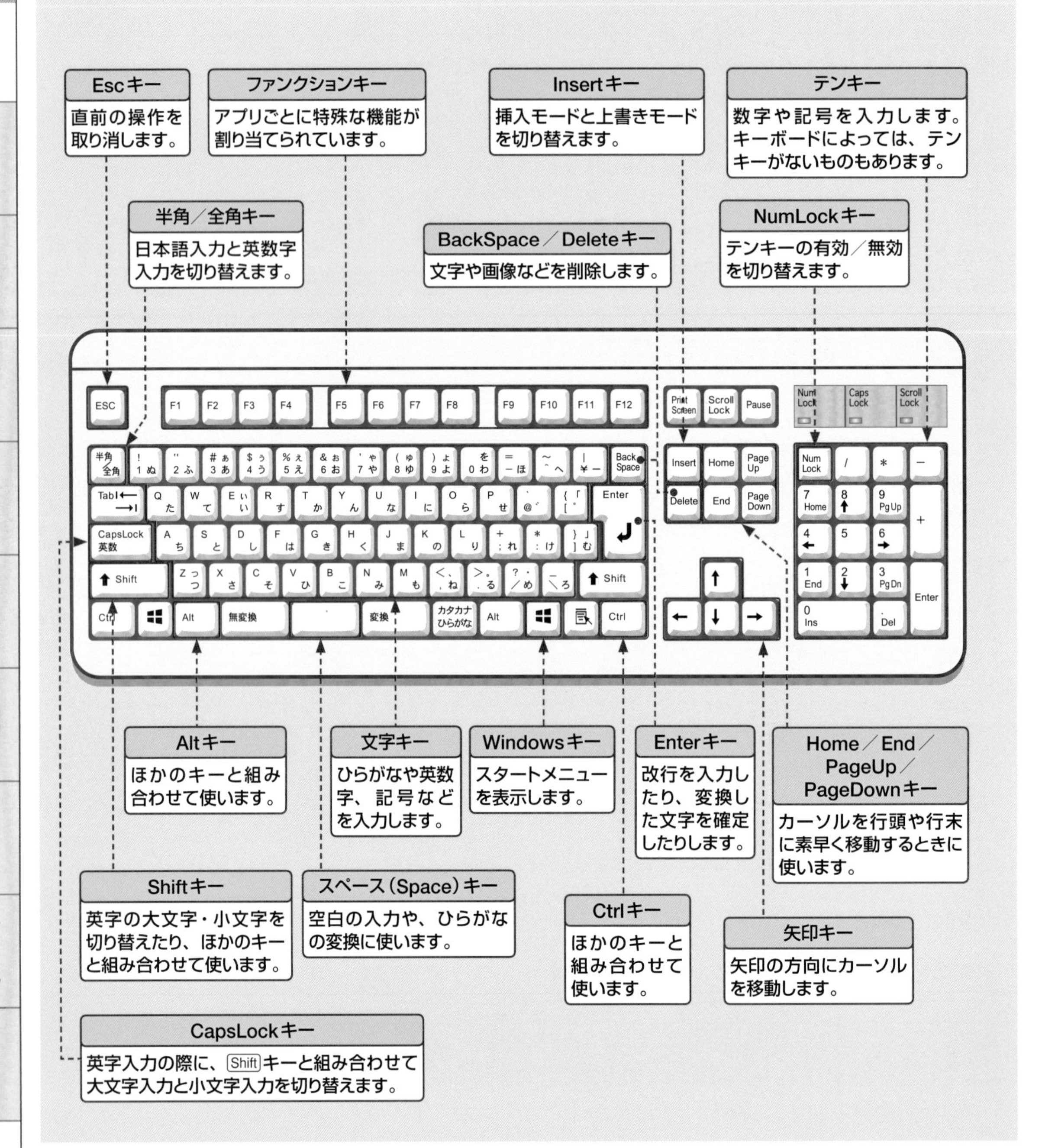

キーボード入力の基本　重要度★★★

Q 124 キーに書かれた文字の読み方がわからない！

A キーボードの文字は、単語が省略されたものです。

ほかのキーを組み合わせて利用する[Alt]や[Ctrl]などと書かれたキーや、単独で利用することの多い[Esc]や[Delete]などのキーは、単語が省略された形で表記される場合があります。
表記はキーボードの機種によっても多少異なりますが、読み方は右表のとおりです。

キー	読み方
[Alt]	オルト、アルト
[BackSpace]／[BKsp]／[BS]	バックスペース、ビーエス
[CapsLock]	キャプスロック、キャップスロック
[Ctrl]	コントロール
[Delete]／[Del]	デリート、デル
[Enter]	エンター
[Esc]	エスケープ、エスク
[F1]～[F12]	エフいち～エフじゅうに
[Insert]／[Ins]	インサート
[NumLock]／[NumLk]	ナムロック
[Shift]	シフト
[Tab]	タブ

キーボード入力の基本　重要度★★★

Q 125 カーソルって何？

A 文字の入力位置を示すマークです。

「カーソル」は、文字の入力や削除、範囲選択といった文字操作全般の起点となる位置を示すための、点滅する縦棒です。なお、マウスポインターのことをカーソルと呼ぶこともあり、その場合は図のように呼び方を区別します。

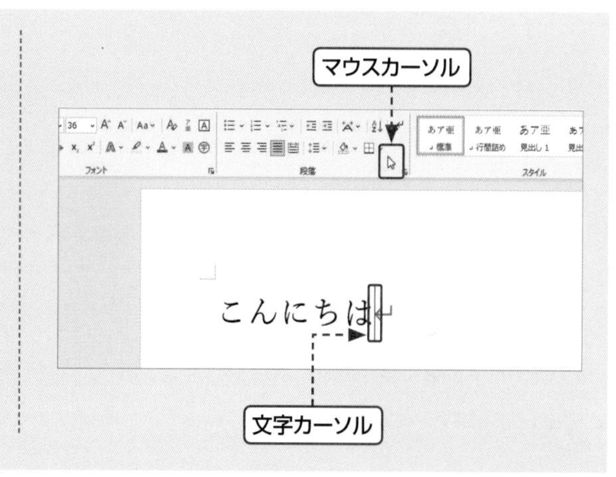

キーボード入力の基本　重要度★★★

Q 126 日本語入力と半角英数字入力どちらになっているかわからない！

A 通知領域のアイコンで確認できます。

Windowsでは、日本語と英語（半角英数字）を入力するために、それぞれ専用の入力モードが用意されており、随時切り替えて使用します。入力モードは操作している場面やアプリに合わせて自動的に切り替わるため、場合によっては今現在どの入力モードが選択されているのかわからなくなることがあります。現在選択されている入力モードは、以下のように通知領域のアイコンで確認できます。

参照▶Q 127

日本語の入力モード選択中は「あ」と表示されます。

27°C 曇りのち晴れ　あ　14:03 2021/06/03

英語の入力モード選択中は「A」と表示されます。

27°C 曇りのち晴れ　A　14:03 2021/06/03

Q 127 日本語入力と半角英数字入力を切り替えるには？

A キーボードの 半角/全角 を押します。

日本語と英語（半角英数字）の入力モードを手動で切り替えるには、キーボードの 半角/全角 キーを押します。また、通知領域の<あ>、あるいは<A>アイコンをクリックすることでも同様に切り替えられます。

<あ>または<A>アイコンを右クリックすると表示されるメニューから、<全角カタカナ>、<半角カタカナ>、<全角英数字>などの入力モードに切り替えることもできます。

参照▶Q 164

●アイコンを右クリックして切り替える

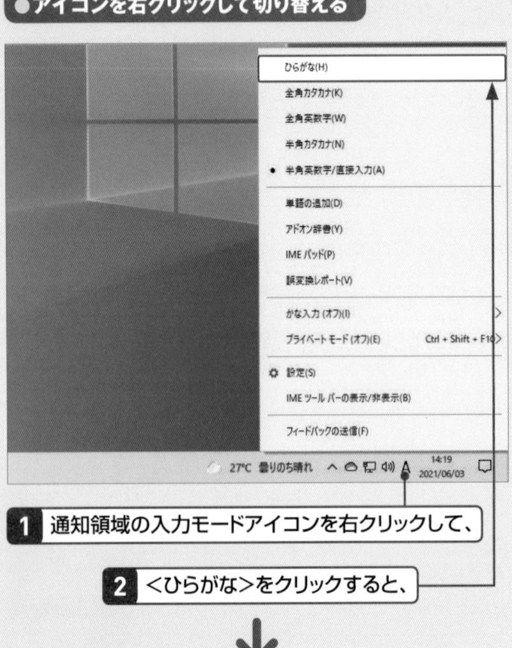

1 通知領域の入力モードアイコンを右クリックして、

2 <ひらがな>をクリックすると、

3 日本語入力モード（ひらがな）に変わります。

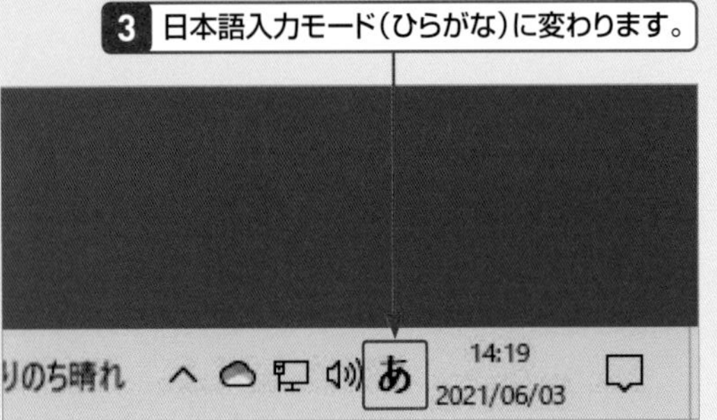

●キー操作で切り替える

通知領域にあるアイコンが「A」と表示されているときは、半角英数字入力モードが選択されています。

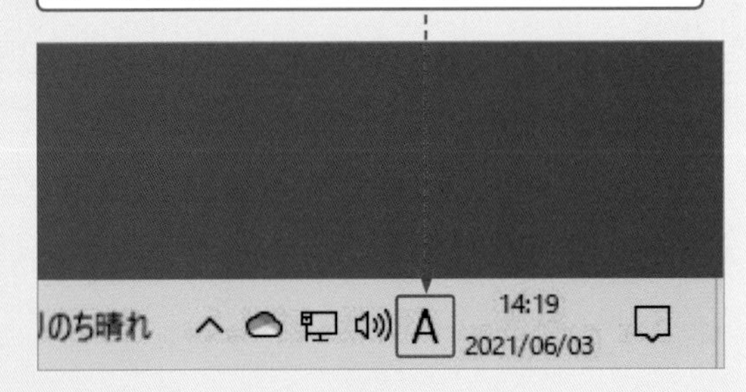

1 キーボードの 半角/全角 を押すと、

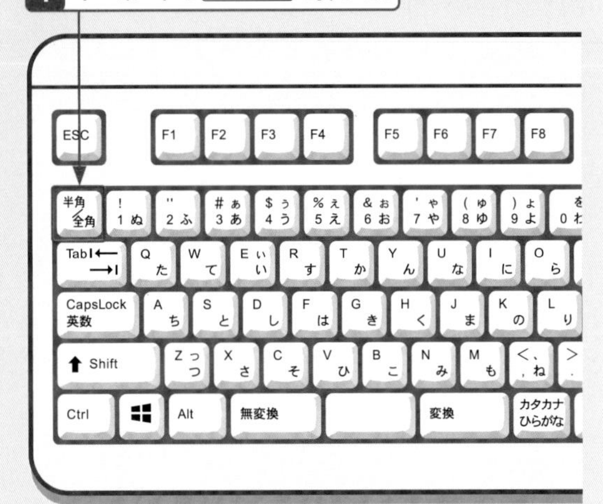

2 日本語入力モード（ひらがな）に変わります。

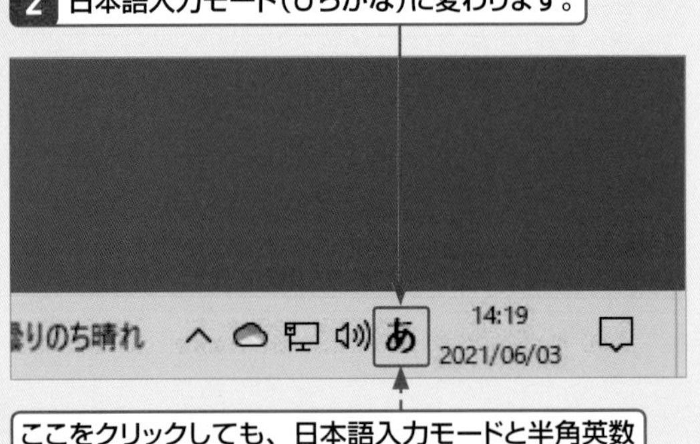

ここをクリックしても、日本語入力モードと半角英数入力モードを切り替えることができます。

Q 128 タッチディスプレイではどうやって文字を入力するの？

A タッチキーボードを利用します。

「タッチキーボード」は画面内に表示されるキーボードのことで、通常のキーボードと同様に、キーをクリック（タップ）して文字を入力できます。タッチ操作対応のタブレット型パソコンなどで、別途外付けキーボードを用意しなくても日本語や英数字の入力ができるので、モバイルで利用したい場合などに役立ちます。

タッチキーボードを表示するには、タスクバーにある ▭ をタップします。閉じるときは、タッチキーボードの右上隅にある<閉じる> ☒ をタップします。

なお、タスクバーに ▭ が表示されていない場合は、タスクバーを長押し（右クリック）して、<タッチキーボードボタンを表示>をタップしてオンにします。ここでは、タッチキーボードに用意されているもののうち、文字キー以外の各キーの機能について解説します。

参照▶Q 129

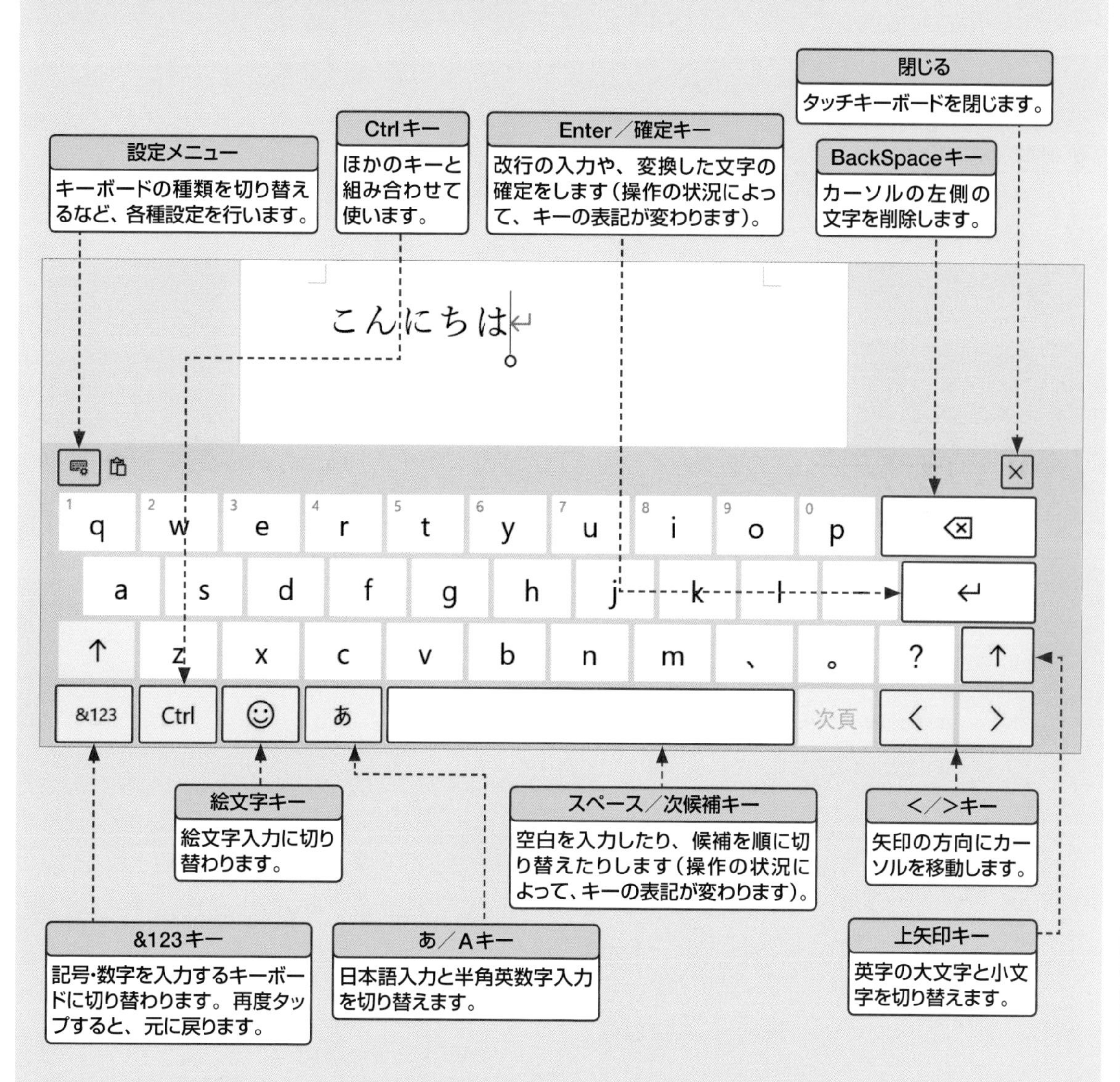

Q 129 タッチディスプレイでのキーボードの種類を知りたい!

A 6種類のキーボードがあります。

タッチキーボード には、「フルサイズキーボード」のほか、タブレットを両手で持ったとき親指で入力しやすい「分割キーボード」、スマートフォンのような配列の「かな10キー入力キーボード」、画面を有効活用できる「片手用QWERTYキーボード」、手書きの文字を認識する「手書き入力キーボード」、ノートパソコンのキーボードとほぼ同じキーの数と配列を備える「ハードウェアキーボード準拠のキーボード」の6種類が標準で用意されています。
それぞれのキーボードは、タッチキーボードの左上にある をタップして、表示されるメニューから切り替えることができます。
なお、通常キーボードは画面の下半分に固定されますが、 をタップして移動させることもできます。

● タッチキーボードを切り替える

1 をタップして、

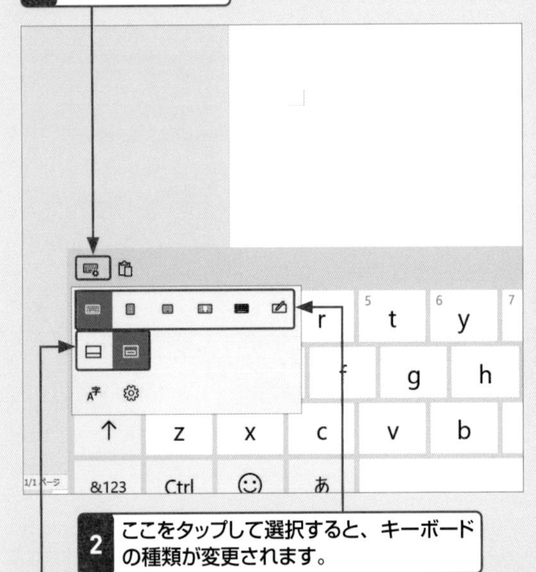

2 ここをタップして選択すると、キーボードの種類が変更されます。

3 ここをタップして選択すると、キーボードを動かしたり固定したりすることができます。

● フルサイズキーボード

q w e r t y u i o p
a s d f g h j k l −
↑ z x c v b n m 、 。 ? ↑
&123 Ctrl あ 次頁 < >

● 分割キーボード

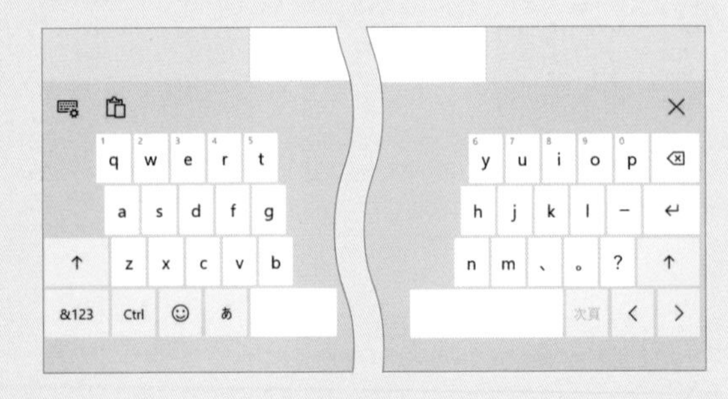

● かな10キー入力キーボード

&123 あ か さ
< た な は >
ま や ら abc
日本 小゛゜ わー 、。?!

● 片手用QWERTY キーボード

q w e r t y u i o p
a s d f g h j k l −
↑ z x c v b n m
&123 、 。

● 手書き入力キーボード

● ハードウェアキーボード準拠のキーボード

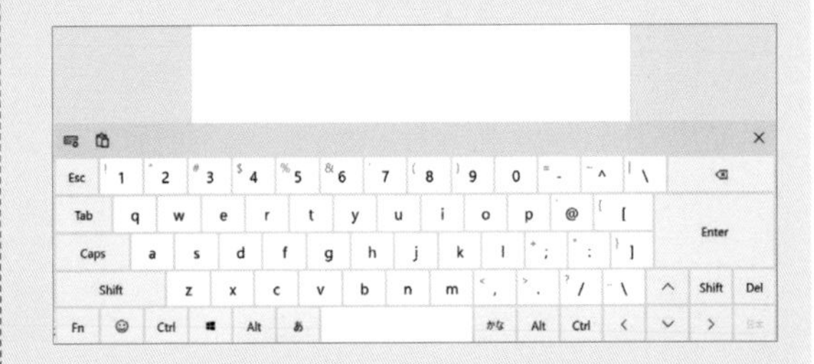

Q130 言語バーはなくなったの？

A 初期設定では表示されません。

言語バーは、初期設定では表示されません。従来の言語バーに用意されていた「入力モードの切り替え」「IMEパッド」「単語の登録」などの機能は、タスクバーに表示されている入力モードのアイコンを右クリック（タッチ操作では長押し）すると表示されるメニューから利用できます。

また、以前の言語バーと同様の機能を持つIMEツールバーも用意されています。

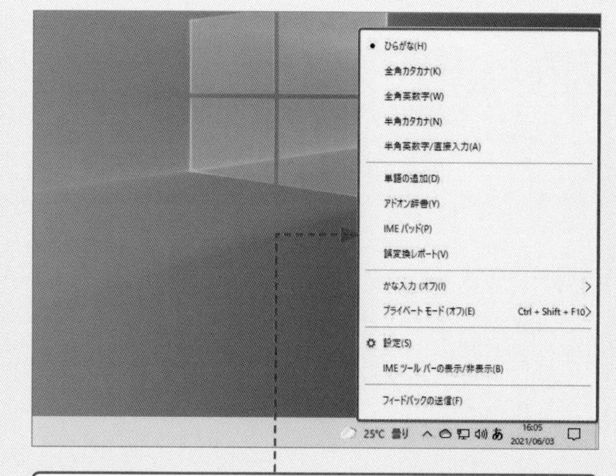

従来の言語バーの機能がメニューに搭載されています。

Q131 デスクトップ画面に言語バーを表示させたい！

A 代わりにIMEツールバーを表示させましょう。

2020年にMicrosoft IMEはアップグレードされ、新しいバージョンに表示が切り替わりました。新しいバージョンでは、言語バーは標準では表示されません。古いバージョンと同じ操作方法でIMEパッドの表示や辞書機能を使いたい場合は、以前の言語バーと同様の機能を持つIMEツールバーを表示させるとよいでしょう。

IMEツールバーは、通知領域の入力モードアイコンの右クリックメニューから、表示と非表示を簡単に切り替えられます。

● 言語バーの変更

● 以前の言語バー

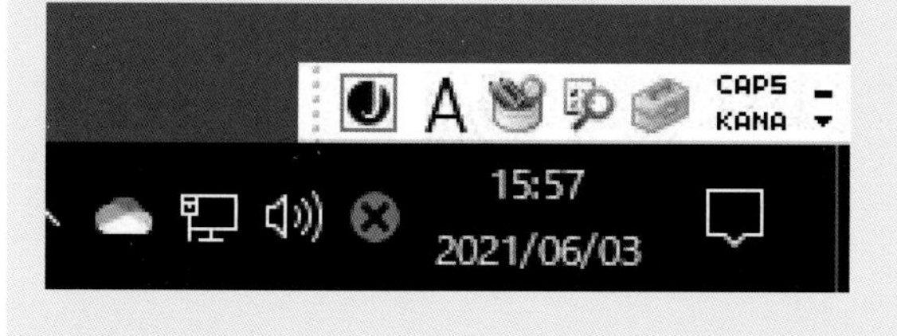

● IMEツールバー

IMEパッドの表示、単語登録などのツールが言語バーと同様に表示されます。

● IME ツールバーを表示する

1 入力モードアイコンを右クリックして、

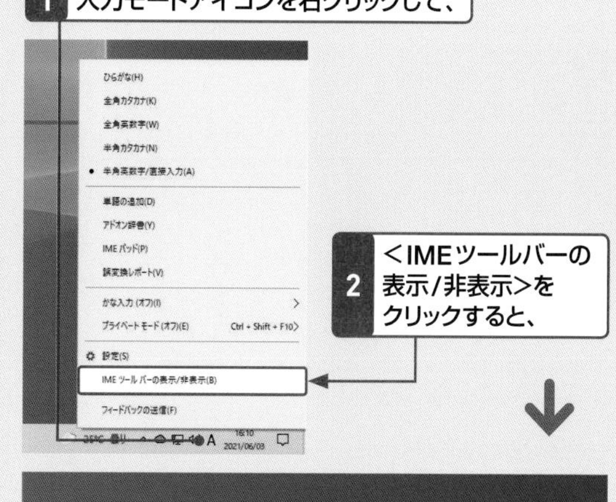

2 <IMEツールバーの表示/非表示>をクリックすると、

3 IMEツールバーが表示されます。

Q 132 文字カーソルの移動や改行のしかたを知りたい！

A キーボードの↑↓←→とEnterを使います。

文書内で文字カーソルを移動するには、キーボードの↑↓←→キーを押します。改行するには、文末でEnterキーを押します。「改行」とは、次の行にカーソルを移動することです。
なお、タッチキーボードで文字カーソルを移動するには＜または＞を、改行するには ↵ をタップします。

1 クリックして、ここにカーソルを移動し、

2 →を数回押して、カーソルを文末に移動します。

3 ここでEnterを押すと、

4 改行され、次の行にカーソルが移動します。

● タッチキーボードでカーソルを移動する

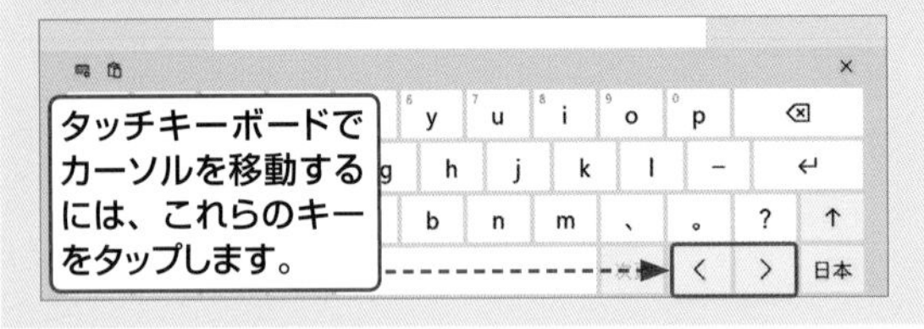

Q 133 日本語入力の基本を知りたい！

A 読みを入力して、Enterを押します。

日本語を入力するには、まず、入力モードを＜ひらがな＞に切り替えます。続いて、文字を入力する位置にカーソルを移動して、キーボードから目的の文字を入力します。ひらがなを入力する場合は、そのままEnterキーを押して確定します。
漢字やカタカナなどを入力したい場合は、確定する前に「変換」という操作が必要になります。ここでは、ローマ字入力で「ゆめ」と入力する例を紹介します。

参照▶Q 145,Q 146

1 入力モードを＜ひらがな＞に切り替えて、

2 入力する位置にカーソルを移動し、

3 YUMEとキーを押すと、

4 「ゆめ」と表示されます。

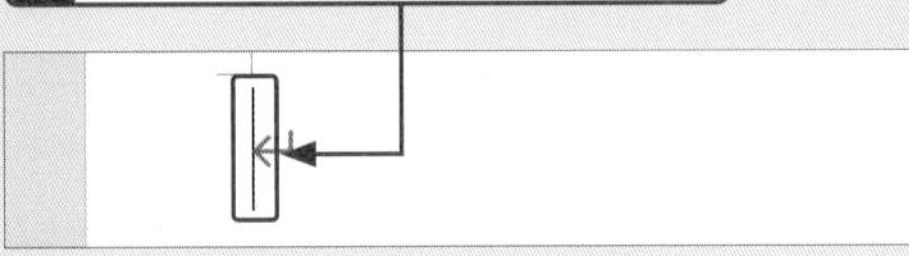

下の点線は入力が完了していないことを示します。

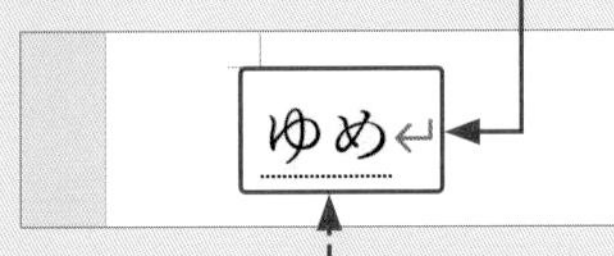

5 Enterを押すと、

6 「ゆめ」と入力できます。

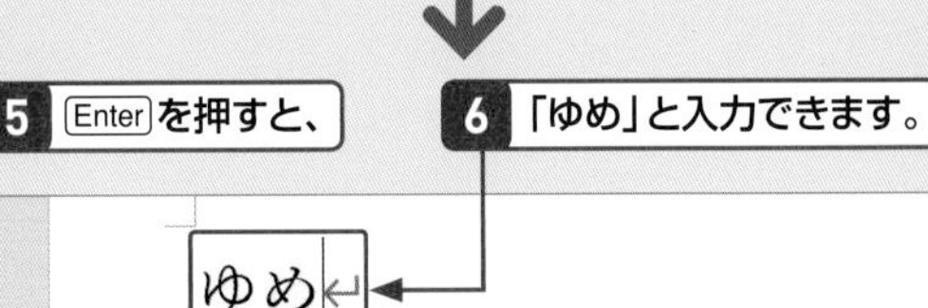

確定すると、点線が消えます。

日本語入力　重要度 ★★★

Q134 日本語が入力できない！

A 入力モードを＜ひらがな＞に切り替えます。

入力モードが＜半角英数字＞になっていると、日本語が入力できません。日本語を入力するには、入力モードを＜ひらがな＞に切り替える必要があります。

参照▶Q 127

1 日本語が入力できないときは、

yume↵

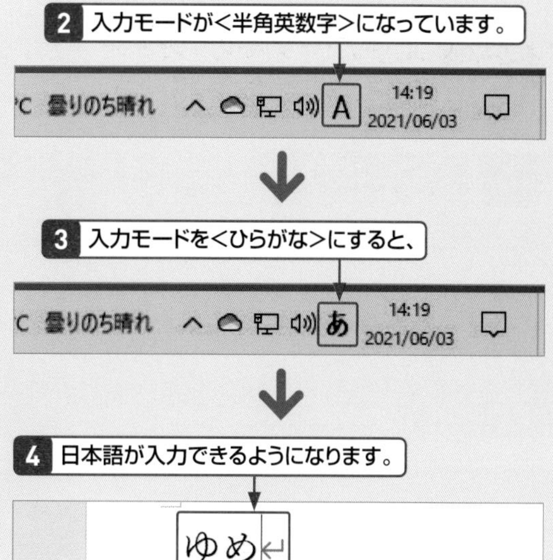

日本語入力　重要度 ★★★

Q135 文字を削除したい！

A Backspace や Delete を使います。

入力した文字を削除したいときは、Backspace キーや Delete キーを使います。直前に入力した文字を削除したいときは、Backspace キーを削除したい文字の個数分押します。

文の途中の文字を削除したいときは、削除したい文字の右にカーソルを移動させて Backspace キーを押すか、削除したい文字の左にカーソルを移動させて Delete キーを押しましょう。

参照▶Q 123

● 直前に入力した文字を削除する

1 Backspace を4回押すと、

絶対上手くいくわけない↵

2 直前の4文字が削除されます。

絶対上手くいく↵

● 文の途中の文字を削除する

1 削除したい文字の右にカーソルを移動させて、

絶対上手くいく↵

2 Backspace を押すと、

3 左側の文字が削除されます。

柔らかな風が吹く↵

Q 136 漢字を入力したい！

A 読みを入力して、変換候補から選択します。

漢字を入力するには、まず文字の「読み」を入力します。Spaceキー（または変換キー）を押すと、第1候補の漢字に変換されます。目的の漢字でない場合は、再度Spaceキーを押すと、変換候補の一覧が表示されるので、目的の漢字をクリックや↑↓キーで選択してからEnterキーを押すことで変換を確定できます。
なお、読みを入力中に表示される入力予測の候補から指定して変換することも可能です。

1 KOUTAIとキーを押すと、

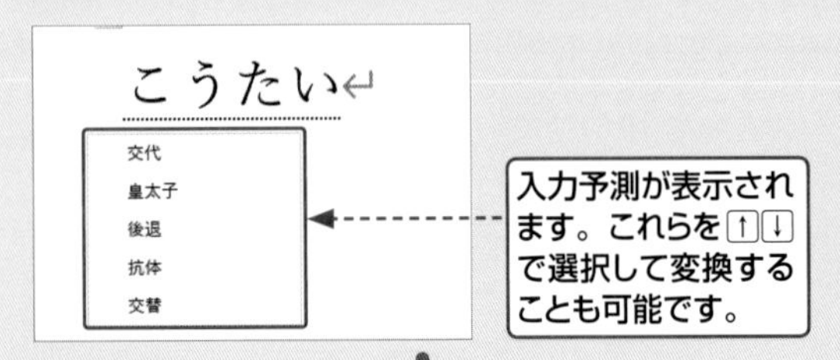

2 Spaceを押すと変換が行われます。再度Spaceを押すと、

3 変換候補が表示されます。

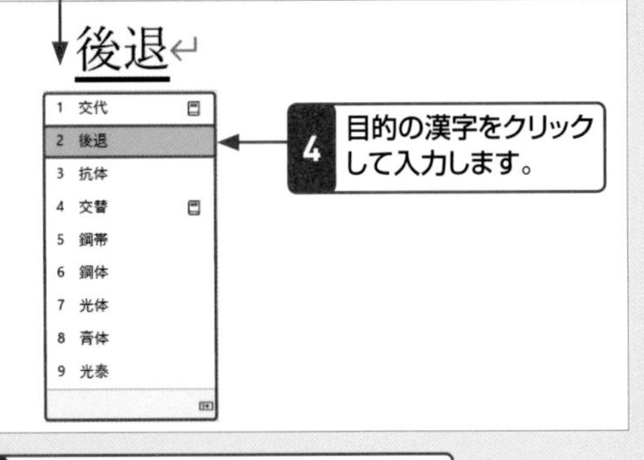

5 Enterを押すと、文字が確定します。

● タッチキーボードの場合

タッチキーボードの場合は、読みを入力すると、自動的に変換候補が表示されます。目的の候補が選択されるまでSpaceキーをタップしてEnterキーをタップするか、直接候補をタップすると、文字が確定します。
候補が複数ある場合は、候補をスライドすると隠れている候補が表示されます。タッチキーボードの<次頁>をタップすると、候補のグループを切り替えられます。また、目的の候補が表示されたら、直接タップして確定させることも可能です。

1 KOUTAIとキーをタップすると、

2 変換候補が表示されます。

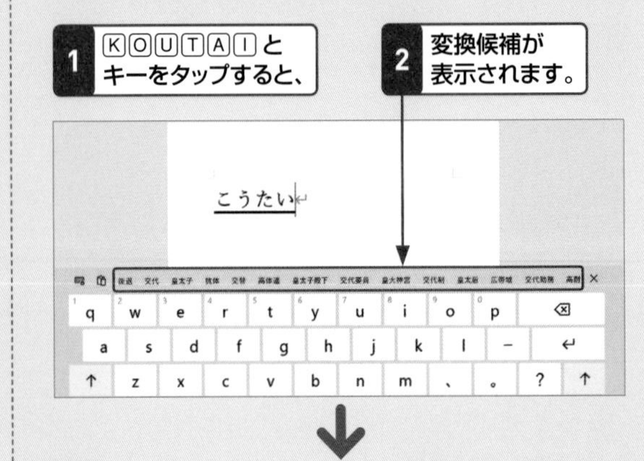

3 ここをタップして目的の漢字を選択し、

4 Enterをタップすると、

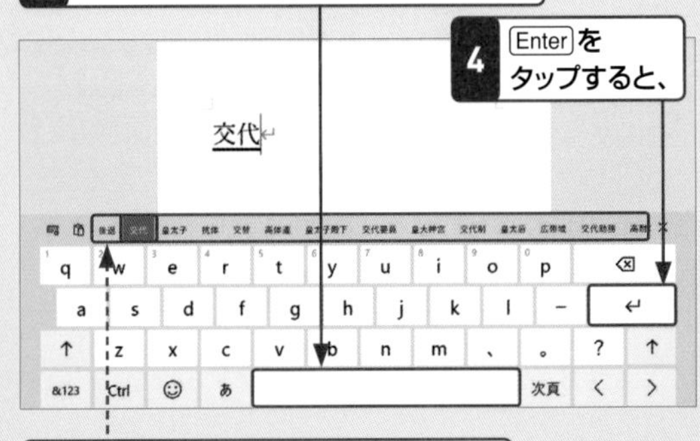

変換候補をスライドすると、隠れている候補が表示されます。

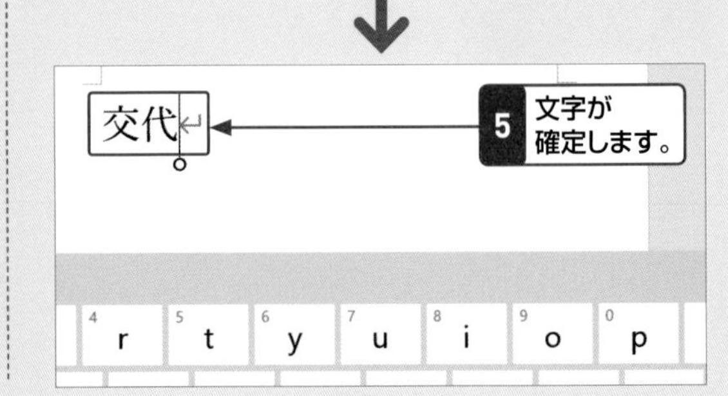

基本 デスクトップ キーボード・文字入力 インターネット メール・連絡先 セキュリティ 写真・動画・音楽 OneDrive・スマホ 印刷・周辺機器 アプリ インストール・設定 テレワーク

Q 137 カタカナを入力したい!

A 読みを入力して、変換候補から選択します。

カタカナの入力は、漢字を入力するのと同じ方法でも行えます。この場合は、Spaceキーを押すと、第一候補が表示されます。目的のカタカナでなければ、再度Spaceキーを押すと変換候補が表示されるので、目的のカタカナをクリックするか、↑↓キーで選択してEnterキーを押すと、カタカナが入力されます。また、文字の「読み」を入力し、F7キーを押すことでもカタカナに変換できます。 参照▶Q 136

1 GIJYUTUとキーを押して、

入力予測が表示されます。

2 Spaceを押すと、変換が行われます。再度Spaceを押すと、

3 変換候補が表示されます。

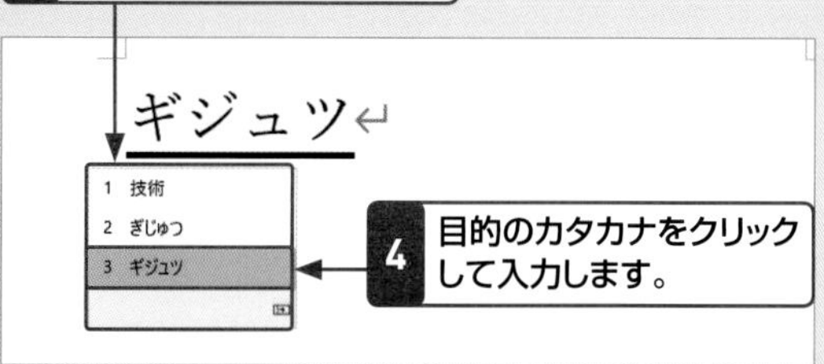

4 目的のカタカナをクリックして入力します。

5 Enterを押すと、文字が確定します。

● タッチキーボードの場合

タッチキーボードの場合は、漢字の入力と同様に、読みを入力すると、自動的に変換候補が表示されます。目的の候補が選択されるまでSpaceキーをタップしてEnterキーをタップするか、直接候補をタップすると、文字が確定します。

候補が複数ある場合は、候補をスライドすると隠れている候補が表示されます。タッチキーボードの＜次頁＞をタップすると、候補のグループを切り替えられます。また、目的の候補が表示されたら、直接タップして確定させることも可能です。

1 GIJYUTUとキーをタップすると、

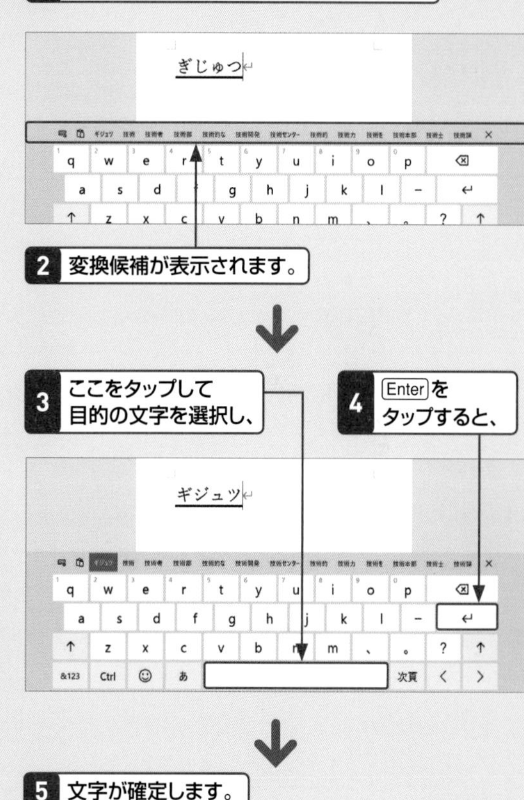

2 変換候補が表示されます。

3 ここをタップして目的の文字を選択し、

4 Enterをタップすると、

5 文字が確定します。

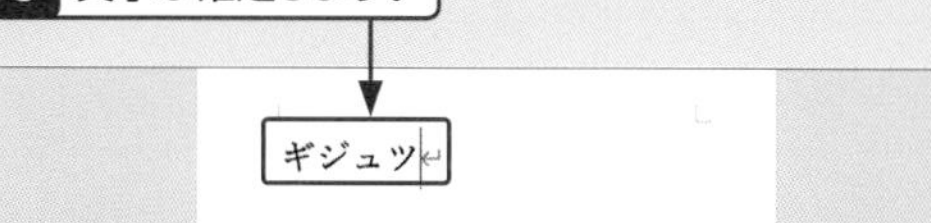

日本語入力　重要度 ★★★

Q 138 文字が目的の位置に表示されない！

A 入力したい場所にカーソルを移動しましょう。

文字を入力できる場所にカーソルを移動してから入力しないと、入力中の文字がデスクトップの左上など思いがけない場所に表示されることがあります。

意図しない場所に文字が表示された場合は、それを BackSpace キーで消去してから、目的の場所をクリックしてカーソルを移動しましょう。

●デスクトップの例

わか

分かりました。

若い

文字を入力できる場所にカーソルがないと、思いがけない場所に表示されてしまいます。

日本語入力　重要度 ★★★

Q 139 「文節」って何？

A 文を複数の部分に分割する単位のことです。

「文節」とは、意味が通じる最小単位で文を分割したものです。一般的に、文を区切る際に「～ね」や「～よ」を付けて意味が通じる単位が文節とされています。

たとえば、「私は海へ行った」は、「私は（ね）」「海へ（ね）」「行った（よ）」という3つの文節に区切ることができます。多くの日本語入力アプリでは、文節ごとに漢字に変換されます。なお、複数の文節で構成された文字列のことを複文節といいます。

私は海へ行った↵

漢字変換は、文節ごとに行われます。

日本語入力　重要度 ★★★

Q 140 文節の区切りを変えてから変換したい！

A Shift ＋ ← ／ → で区切りを変更します。

日本語の入力では、文節単位で漢字の変換が行われます。そのため、入力アプリが文節の区切りを間違って認識してしまうと、意図したとおりの変換ができません。このような場合は、Shift キーを押しながら ← キーまたは → キーを押して文節の区切りを変更し、正しい変換ができるようにします。

「今日は医者に行った」と入力しようとしたら、異なる文節で変換されてしまいました。

今日歯医者に行った↵

文節単位で下線が引かれています。

1 Shift を押しながら、→ を押して文節の区切りを変更し、

きょうはいしゃに行った↵

2 Space を押すと、

3 正しい文節で変換されます。

今日は医者に行った↵

Q141 変換する文節を移動したい!

A ←／→で変換する文節を移動します。

変換する文節を移動するには、変換中に←か→を押します。日本語の入力中、複数の文節をまとめて変換して、一部の文節のみ意図と異なる漢字に変換された場合は、この方法で素早く正しい漢字に変換できます。

1 読みをまとめて入力して変換し、

おいしい買い料理が出来上がりました↵

変換対象となる最初の文節に下線が引かれています。

2 →を押します。

おいしい買い料理が出来上がりました↵

2番目の文節に下線が移動します。

3 Spaceを2回押すと、

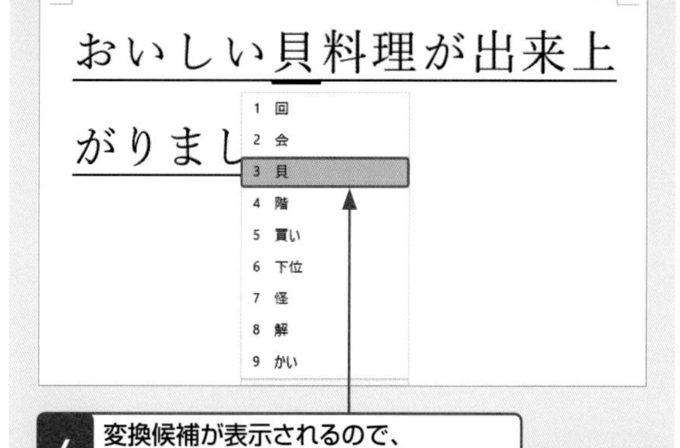

4 変換候補が表示されるので、目的の漢字をクリックして入力します。

Q142 文字を変換し直したい!

A 文字を選択して変換を実行します。

Windows 10の日本語入力には、確定した文字を再び変換する機能があります。文字を再び変換するには、文字をドラッグするなどして選択しておき、Spaceキー(または変換キー)を押すか、右クリックしてメニューから＜再変換＞を実行します。
また、アプリによっては独自の再変換機能が用意されていることがあるので、アプリのマニュアルなどで確認しておくとよいでしょう。

● Spaceで変換し直す

一部を誤った漢字で確定しています。

走行会を開催しました↵

1 変換し直したい文字を選択して、

2 Spaceを押すと、

壮行会を開催しました↵

1 走行
2 奏功
3 草稿
4 装甲
5 そうこう
6 壮行

3 再び変換して正しい漢字を選べます。

● 右クリックメニューから変換し直す

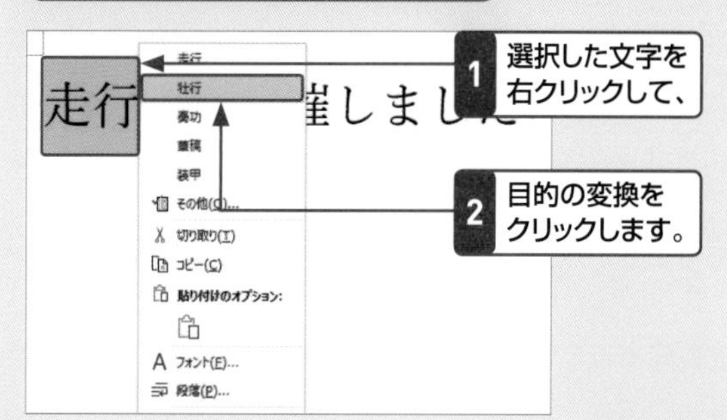

1 選択した文字を右クリックして、

2 目的の変換をクリックします。

日本語入力　重要度★★★

Q 143 変換しにくい単語を入力したい!

A 1文字ずつ漢字に変換するか、<単漢字>から選択します。

● 1 文字ずつ変換する

固有名詞や地名など、特殊な読み方をする単語は、変換候補一覧に表示されないものがあります。このような場合は、漢字を1文字ずつ変換するとよいでしょう。ここでは、「蒼苔」(そうたい)と入力します。

1 「そう」と入力して、Spaceを2回押し候補一覧を表示して、

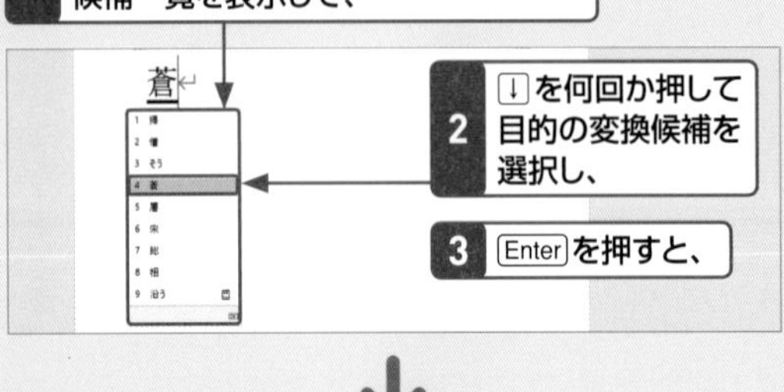

2 ↓を何回か押して目的の変換候補を選択し、

3 Enterを押すと、

4 「蒼」が入力されます。

5 同様に、KOKEと押して「苔」を入力します。

● <単漢字>から選択する

Microsoft IMEには、「単漢字変換」機能が装備されています。この機能を使うと、通常の変換候補一覧に表示されないような特殊な漢字を、一覧に追加表示して選択できるようになります。

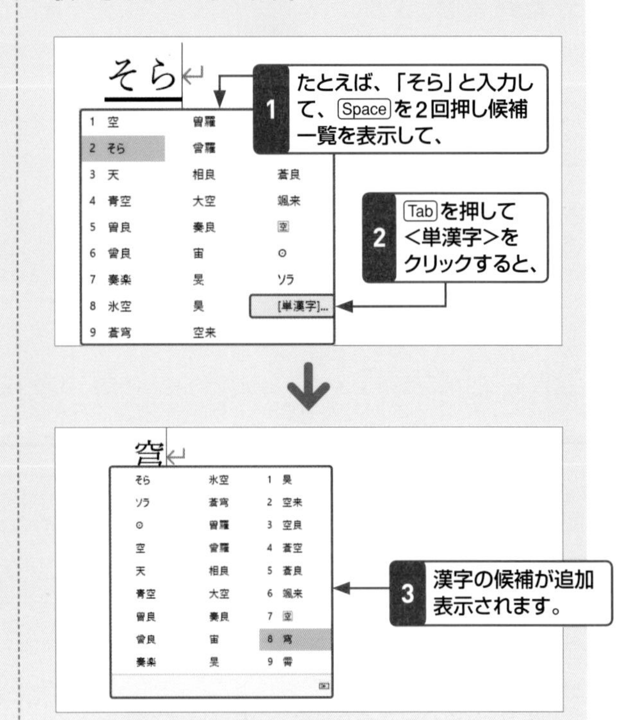

1 たとえば、「そら」と入力して、Spaceを2回押し候補一覧を表示して、

2 Tabを押して<単漢字>をクリックすると、

3 漢字の候補が追加表示されます。

日本語入力　重要度★★★

Q 144 読み方がわからない漢字を入力したい!

A IMEパッドを使って検索できます。

1 入力モードアイコンを右クリックして、

2 <IMEパッド>をクリックします。

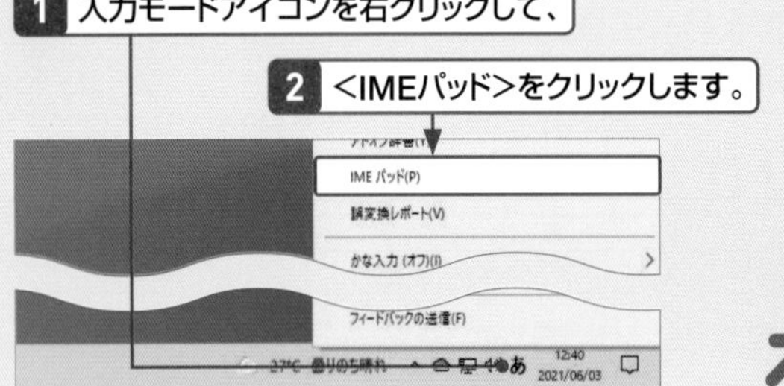

読み方がわからない漢字を入力するには、IMEパッドを利用するとよいでしょう。IMEパッドでは、総画数や部首などで漢字を検索して入力できます。また、手書きを利用すれば、マウスのドラッグで文字を書いて漢字を検索することもできます。

ここをクリックすると、手書きで検索できます。

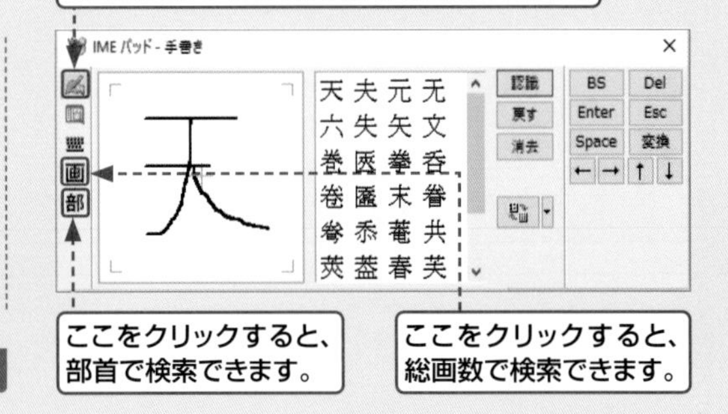

ここをクリックすると、部首で検索できます。

ここをクリックすると、総画数で検索できます。

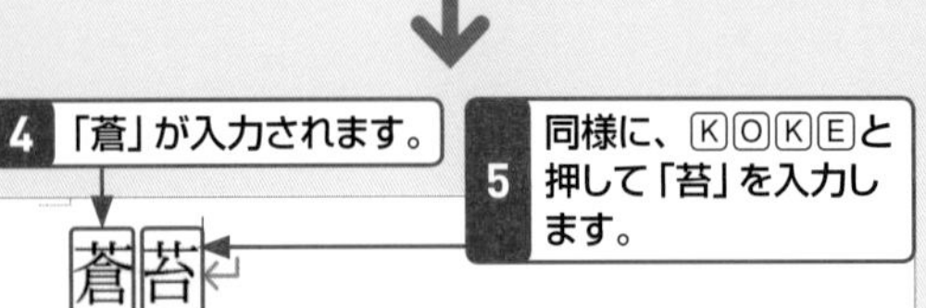

Q 145 ローマ字入力からかな入力に切り替えたい!

A キーを押すか、入力モードアイコンで切り替えます。

ローマ字入力とかな入力を切り替えるには、キーボードのキーを利用する方法と、入力モードのアイコンを利用する方法があります。

- **キーボードのキーを利用する**
  Altキーを押しながらカタカナひらがなキーを押します。確認のメッセージが表示されるので、<はい>をクリックします。
- **入力モードアイコンを利用する**
  入力モードアイコンを右クリック（タッチ操作では長押し）して、<かな入力>にマウスポインターを合わせ、<有効>をクリックします。

なお、タッチキーボードでかな入力する場合は、タッチキーボードをハードウェアキーボード準拠のキーボードに切り替えてから、<かな>をタップします。なお、キーボードのキーによる切り替えが行えない場合は、以下を参考に設定を変更します。 参照▶Q 129

● キーボードのキーによる切り替えを有効にする

1 入力モードアイコンを右クリックして、

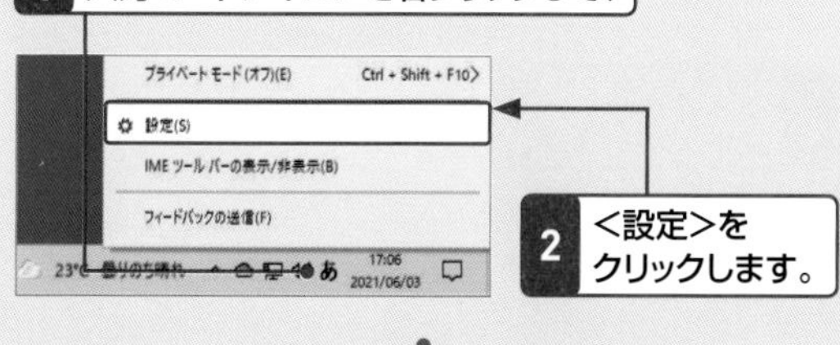

2 <設定>をクリックします。

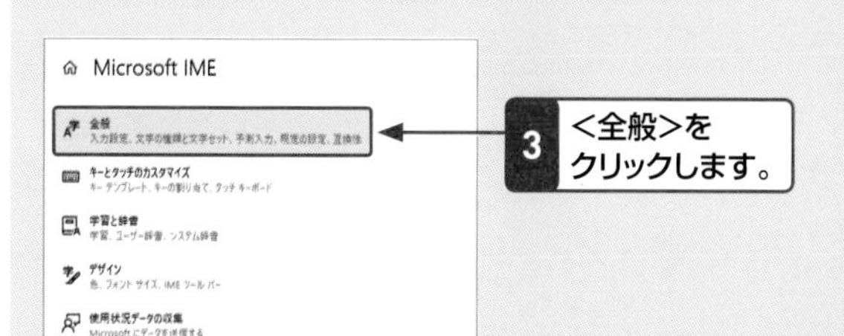

3 <全般>をクリックします。

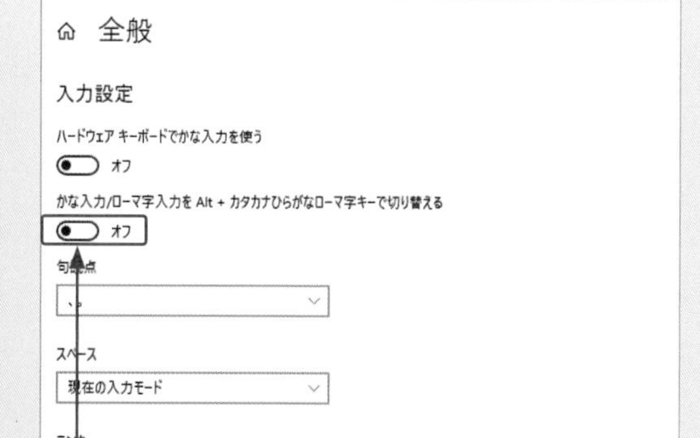

4 ここをクリックしてオンにすると、キーボードのキーでの切り替えが有効になります。

● 入力モードアイコンを利用する

1 入力モードアイコンを右クリックして、

2 <かな入力>にマウスポインターを合わせ、

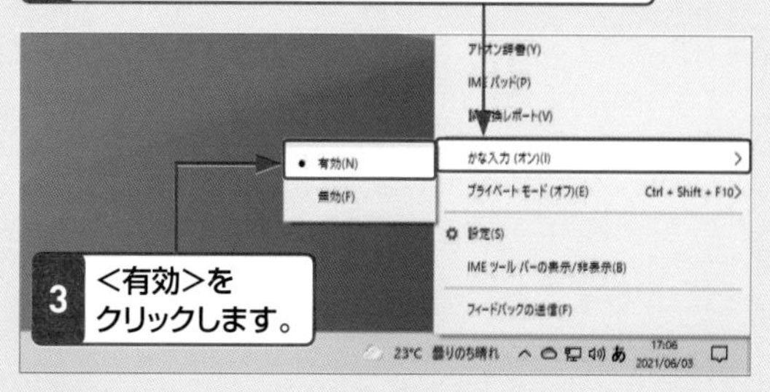

3 <有効>をクリックします。

● タッチキーボードでかな入力を行う

1 ハードウェアキーボード準拠のキーボードに切り替えて、

2 <かな>をタップします。

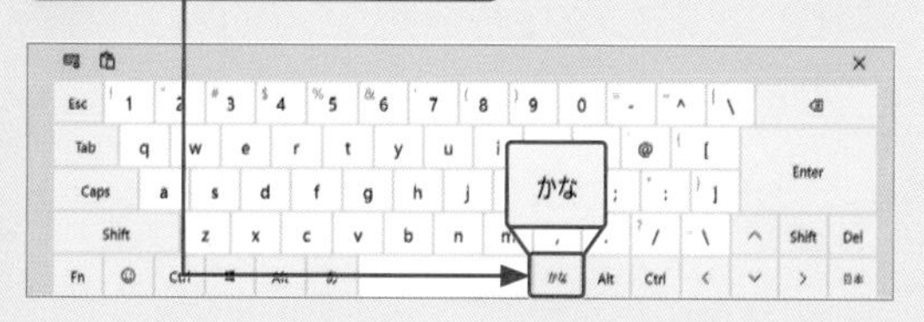

日本語入力　重要度 ★★★

Q 146 ローマ字入力とかな入力、どちらを覚えればいいの？

A ローマ字入力が一般的です。

日本語の入力は、ローマ字入力が一般的です。8割以上の人がローマ字入力を使っており、かな入力を使用する人は多くありません。

ローマ字入力では、アルファベット26文字のキーボードの場所を覚えればよいので、マスターしやすいという利点があります。また、英語まじりの文章を入力する場合も同じ配置で入力できます。

かな入力の場合は、50音の46文字の場所を覚える必要があり、慣れるまでに時間がかかります。ただし、かな入力は、キーを一度押すだけでひらがな1文字を入力できるので、慣れればローマ字入力より速く入力できるようになります。

なお、本書では、ローマ字入力で解説を行います。

日本語入力　重要度 ★★★

Q 147 単語を辞書に登録したい！

A 単語と読みを辞書に登録して、変換候補に加えます。

人名などの変換しづらい単語は、その単語と読みをセットで辞書に登録しておきましょう。登録した読みを入力すると、次回からは変換候補の一覧にセットで登録した単語が表示されるようになります。同様に略称と正式名称をセットで登録すれば、入力の省略にもなり便利です。

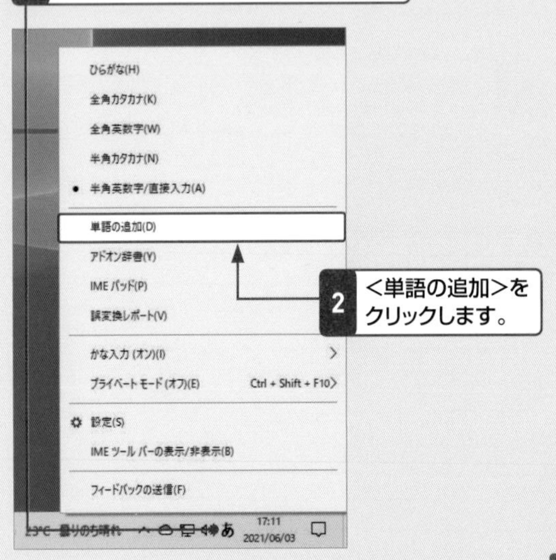

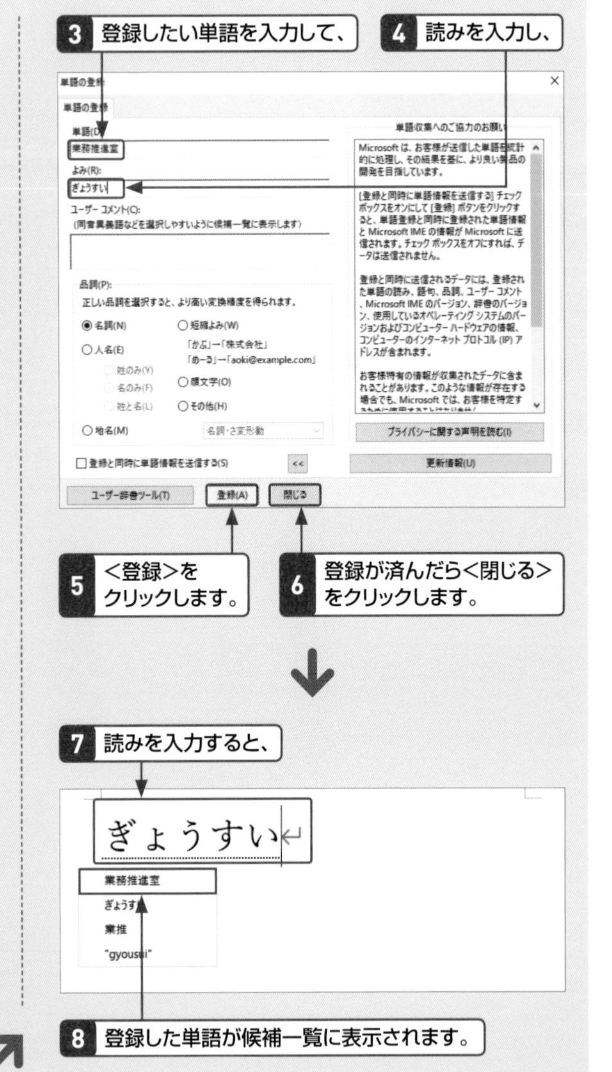

日本語入力　重要度 ★★★

Q 148 郵便番号を住所に変換したい！

A 日本語入力で郵便番号を入力して変換します。

Windows 10の日本語入力では、郵便番号を入力して住所に変換できる「郵便番号辞書」が利用できます。郵便番号がわかっている場所の住所は、郵便番号を入力して変換すれば、素早く正確に入力できます。
なお、入力は＜半角英数字＞と＜全角英数字＞以外のモードで行う必要があります。

1 郵便番号を入力して、

１００－００１４

2 Space を何回か押すと、

3 住所に変換されます。

東京都千代田区永田町

1 100-0014
2 １００－００１４
3 東京都千代田区永田町

4 Enter を押すと、確定されます。

東京都千代田区永田町

英数字入力　重要度 ★★★

Q 149 英字を小文字で入力したい！

A ＜半角英数字＞に切り替えます。

英字を小文字で入力するには、入力モードを＜半角英数字＞に切り替えます。この状態で文字を入力すると、キーを押した直後に文字が確定します。半角の数字も同じ方法で入力することができます。
また、入力モードが＜ひらがな＞の場合でも、キーを押したあとに F10 キーを押すと英字の小文字に変換されます。なお、F10 キーは、押すたびに小文字→大文字→先頭のみ大文字…の順に変換されます。 参照▶Q 127

● 入力モードが＜半角英数字＞の場合

1 入力モードを＜半角英数字＞に切り替えて、

°C 曇りのち晴れ A 14:19 2021/06/03

2 O F F I C E とキーを押すと、「office」と入力されます。

office

● 入力モードが＜ひらがな＞の場合

1 入力モードを＜ひらがな＞に切り替えて、

°C 曇りのち晴れ あ 14:19 2021/06/03

2 O F F I C E とキーを押すと、「おっふぃせ」と入力されます。

おっふぃせ

3 F10 を押すと、

4 「office」と変換されます。

office

5 Enter を押して確定します。

英数字入力　重要度★★★

Q150 英字を大文字で入力したい！

A Shiftや Shift＋CapsLockを使います。

大文字と小文字を組み合わせて入力するには、入力モードを<半角英数字>に切り替えます。Shiftキーを押しながら目的のキーを押すと、大文字を入力できます。

● Shiftを押しながらキーを押す

1 Shift＋Wを押して、大文字の「W」を入力し、

2 Shiftを押さずにI N D O W Sを押して、小文字の「indows」を入力します。

Windows

● Shift＋CapsLockを押す

大文字だけで単語を入力したい場合は、入力モードを<半角英数字>に切り替え、Shiftキーを押しながらCapsLockキーを押すと、「Capsキーロック状態」になります。Capsキーロック状態では、入力するアルファベットがすべて大文字になります。もう一度押すと解除されます。
また、入力モードが<ひらがな>の場合でも、文字のキーを押したあとにF10キーを2回押すと大文字に変換できます。

1 入力モードを<半角英数字>に切り替えて、Shift＋CapsLockを押し、

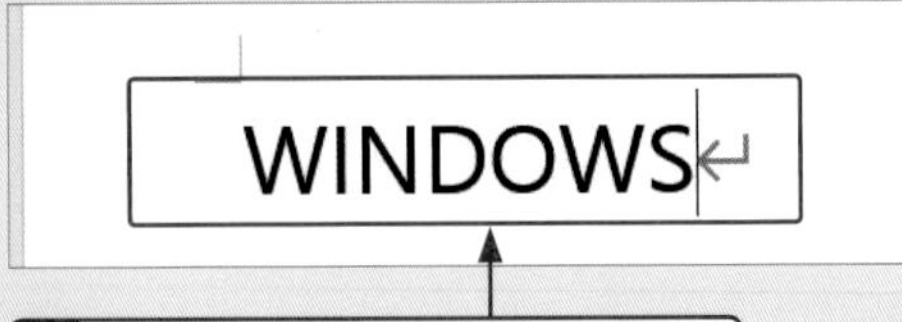

2 W I N D O W Sとキーを押すと、「WINDOWS」と入力されます。

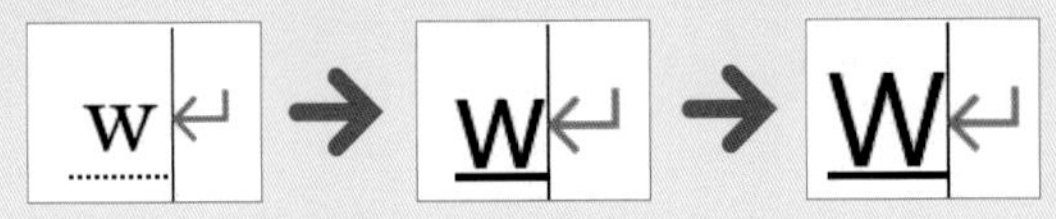

日本語入力モードでも、F10を押すと小文字、再度F10を押すと大文字になります。

英数字入力　重要度★★★

Q151 半角と全角は何が違うの？

A 文字の縦と横のサイズの比率が違います。

一般的に、全角文字は1文字の高さと幅の比率が1：1（縦と横のサイズが同じ）になる文字のことを、半角文字は1文字の高さと幅の比率が2：1（文字の幅が全角文字の半分）になる文字のことを指します。ただし、文字の形や種類（フォント）によってはあてはまらないこともあるので、あくまでも目安です。

ひらがなや漢字は基本的に全角文字で入力されます。カタカナや英数字は全角のほかに半角でも入力できるので、状況によって使い分けができます。
ただし、電子メールのアドレスやWebページのURLは、半角英数字で入力する必要があるので、注意してください。

● 全角と半角の違い

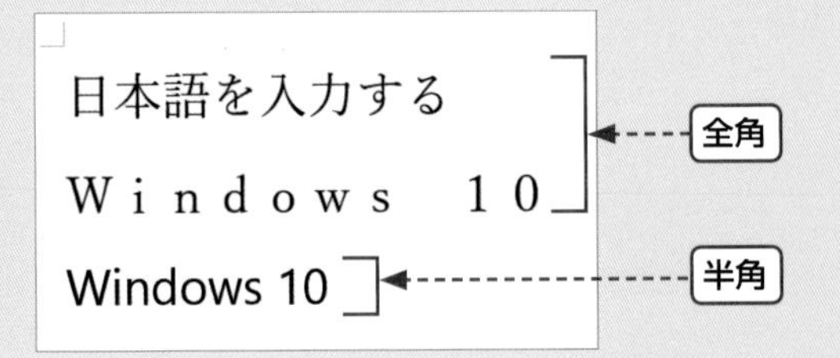

英数字入力　重要度★★★

Q152 全角英数字を入力したい！

A 入力モードを<全角英数字>に切り替えます。

全角のアルファベットを入力するには、入力モードを＜全角英数字＞に切り替えます。この状態で文字を入力すると、ひらがなを入力する場合と同様に、文字列の下に波線が引かれますが、Spaceキーを押しても変換されません（空白が入力されます）。最後にEnterキーを押して確定させる必要があります。

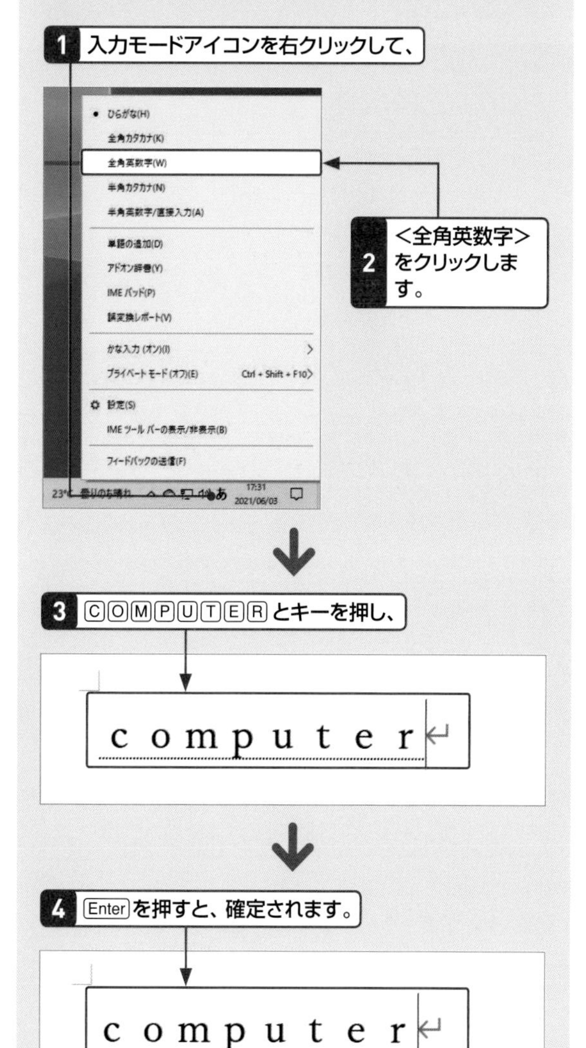

記号入力　重要度★★★

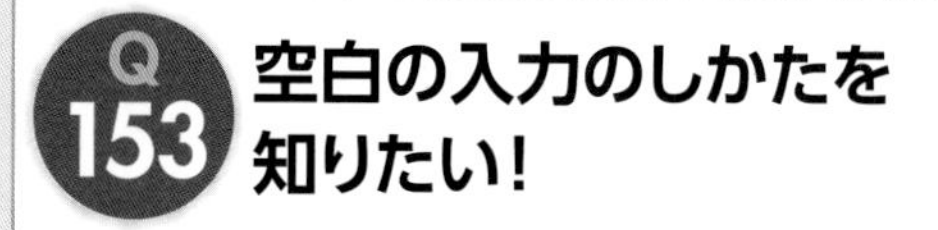

Q153 空白の入力のしかたを知りたい！

A Spaceを押します。

文章に空白を入力したい場合は、Spaceキーを押します。文章の入力を確定していない状態でSpaceキーを押すと文字の変換になってしまうため、Enterキーを押して入力を確定したあとに押しましょう。
入力モードが＜ひらがな＞になっている場合は、全角1文字分の空白が入力されます。＜半角英数字＞になっている場合は、半角1文字分の空白が入力されます。複数の空白を入力したい場合は、空白を入れたい数だけSpaceキーを押します。全角入力中にSift＋Spaceキーを押すと、半角1文字分の空白を入力できます。
なお、空行を入れたい場合は、文末でEnterキーを押して改行し、もう一度Enterキーを押します。

● 空白を入力する

1 空白を入れたい場所にカーソルを移動して、

場所駅前公園↵

2 Spaceを押すと、

3 空白が入力されます。

場所　駅前公園↵

4 さらにSpaceを押すと、

5 空白が2文字分になります。

場所　　駅前公園↵

記号入力　重要度 ★★★

Q 154 キーボードにない記号を入力したい!

A 記号の名前を入力して変換します。

キーボードのキーで入力できない記号は、記号の読みを入力して変換することができます。たとえば、◎や▲などは、入力モードを<ひらがな>にして、「まる」「さんかく」などと入力し、Space キーを2回押すと、変換候補として表示されます。その候補の中から目的の記号を選択すれば、変換できます。

1 記号の読みを入力して、

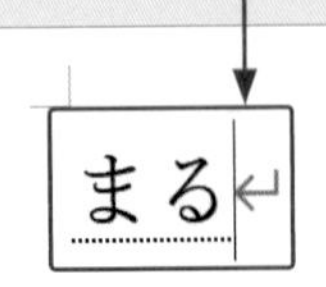

2 Space を2回押すと、

3 変換候補に記号が表示されます。

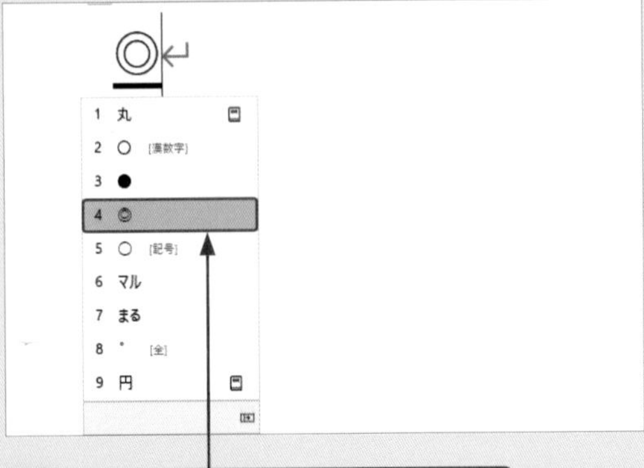

4 目的の記号をクリックして選択します。

5 Enter を押すと、確定されます。

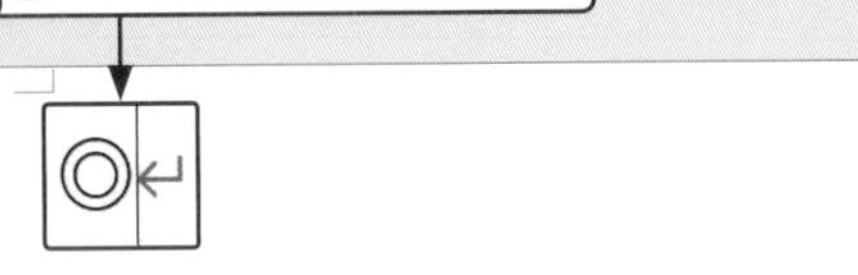

記号入力　重要度 ★★★

Q 155 記号の読みが知りたい!

A 読みで入力できる記号は以下の表のとおりです。

Windows 10で、読みから入力できる主な記号を紹介します。ここにない記号で読み方がわからなかったり、どのような形の記号を入力するのか迷ったときは、「きごう」と入力して変換すると、多くの記号が変換候補一覧に表示されます。

ただし、記号の中には、特定のOSやシステムでしか正しく表示されないものがあるので、使用するときは注意が必要です。これを「環境依存文字」といいます。

● 読み方がわからない記号を変換する

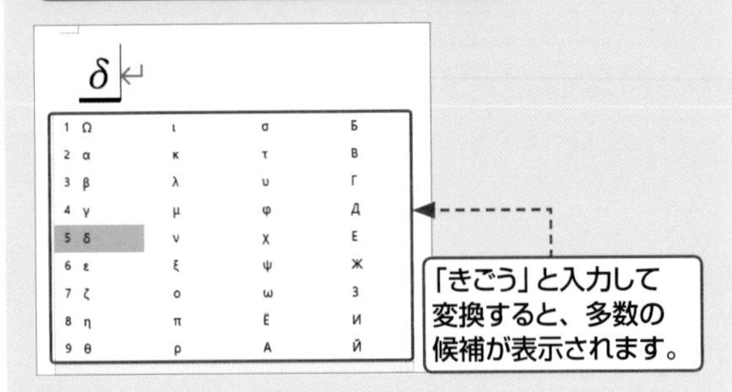

● 読みで入力できる記号の例

読　み	記　号
かっこ	( ) 「 」 { } “ ” [ ] 【 】 『 』 《 》 ‘ ’ < > 〔 〕
さんかく	△ ▲ ▽ ▼
しかく	□ ■ ◆ ◇
まる	○ ● ◎ °
ほし	☆ ★ ※ ＊
やじるし	↑ ↓ ← → ⇒ ⇔
けいさん	± × ÷ √ ∝ ∞ ∫ ∬ ≠ ≦
てん	・ 。 … ‥ ∴ ∵ ゜ ゛ `
おなじ	ゞ 〃 ゝ
しめ	〆
おんぷ	♪
せくしょん	§
ゆうびん	〒
あるふぁ(べーた、がんま…)	α(β、γ…)
けいせん	┌ ┐ ├ ─ ┃ ┏ ┓ ┣
たんい	㎜ % ‰ $ ¥ ℃ ° Å ¢ £

記号入力 重要度★★★

Q156 平方メートルなどの記号を入力したい!

A IMEパッドの<文字一覧>や読みから入力できます。

単位や通貨などの特殊記号は、IMEパッドの<文字一覧>から入力することができます。なお、この方法で入力できる単位記号のほとんどは、Windows以外のパソコンでは表示できない場合があります。電子メールなどで使用するのは避けましょう。

「㎡」などのよく使われる単位は、読みを入力して変換することもできます。 参照▶Q 144

● IME パッドの<文字一覧>から入力する

1 IMEパッドを表示して、<文字一覧>をクリックし、

2 <Unicode(基本多言語面)>を開きます。

3 <CJK互換文字>をクリックすると、記号が一覧表示されるので、

4 目的の記号をクリックします。

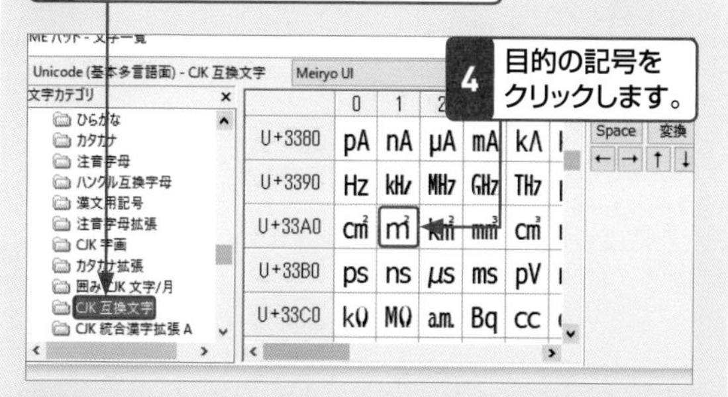

5 記号が入力されるので、Enterを押して確定します。

● 読みから入力する

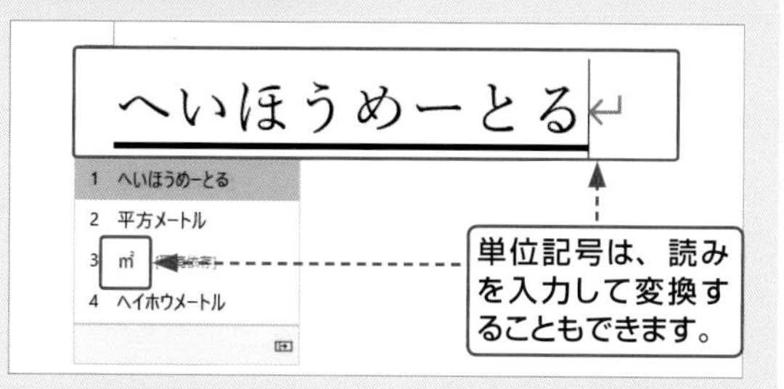

単位記号は、読みを入力して変換することもできます。

記号入力 重要度★★★

Q157 丸数字を入力したい!

A 数字を入力して変換します。

Windows 10では、①から㊿までの丸数字は、<ひらがな>入力モードで数字を入力し、Spaceキーを押すと表示される変換候補の一覧から選んで入力することができます。

ただし、これらの丸数字は「環境依存文字」です。別のOSでは違う文字で表示されたり、まったく表示されなかったりする場合があるので、使用するときは注意しましょう。

1 「50」と入力して、

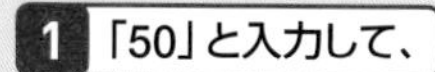

2 Spaceを2回押すと変換候補が表示されるので、

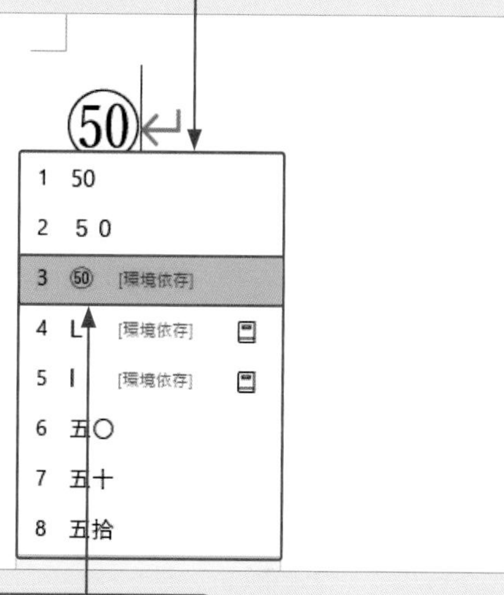

3 「㊿」をクリックして、

4 Enterを押すと、目的の丸数字が入力できます。

記号入力　重要度 ★★★

Q158 さまざまな「」(カッコ)を入力したい!

A [ ] を押して変換します。

「」(カッコ)には『』や〈〉、【】などさまざまな種類がありますが、これらはどれも同じキーを使って入力できます。入力モードを＜ひらがな＞にして[キーか]キーを押し、Spaceキーを2回押すと、変換候補に表示されます。

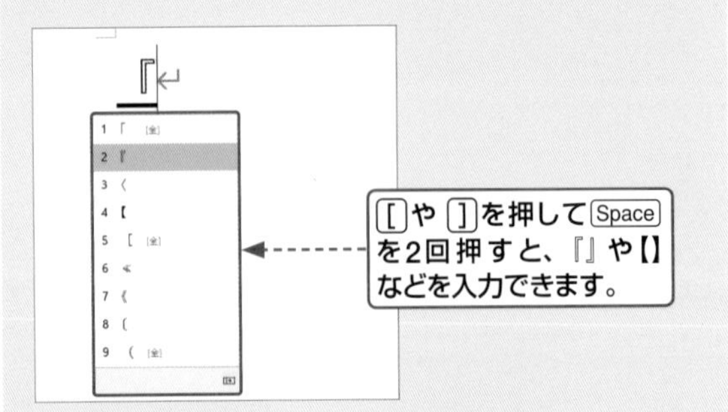

記号入力　重要度 ★★★

Q159 「ー」(長音)や「―」(ダッシュ)を入力したい!

A 「-(マイナス)」や「だっしゅ」で変換します。

「ー」(長音)を入力するには、入力モードを＜ひらがな＞にして、-(マイナス)キーを押してからEnterキーを押して確定します。また、「ー」(長音)ではなく、「―」(ダッシュ)を入力する場合は、「だっしゅ」と入力して変換します。長音とダッシュは間違えやすいので注意しましょう。

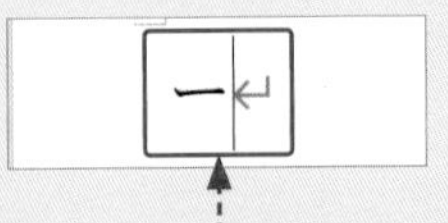

「ー」(長音)を入力するには、-を押してからEnterを押して確定します。

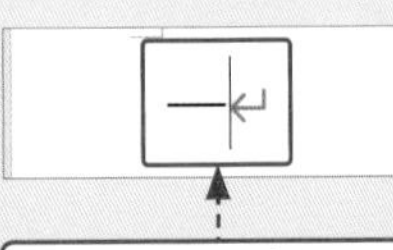

「―」(ダッシュ)を入力するには、「だっしゅ」と入力して変換します。

記号入力　重要度 ★★★

Q160 顔文字を入力したい!

A 「かお」や「かおもじ」で変換します。

顔文字は、入力モードを＜ひらがな＞にして、「かお」あるいは「かおもじ」と入力してSpaceキーを2回押すと、変換候補に表示されます。また、顔の表情などを表す言葉を変換して顔文字入力もできます。
なお、タッチキーボードでは同様の方法で顔文字を入力できるほか、絵文字のキーを押せば、絵文字入力用キーボードを利用できます。

「かお」と読みを入力してSpaceを2回押すと、変換候補に表示されます。

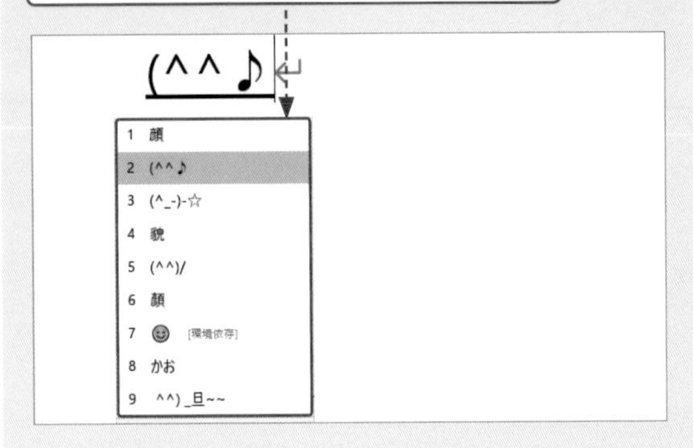

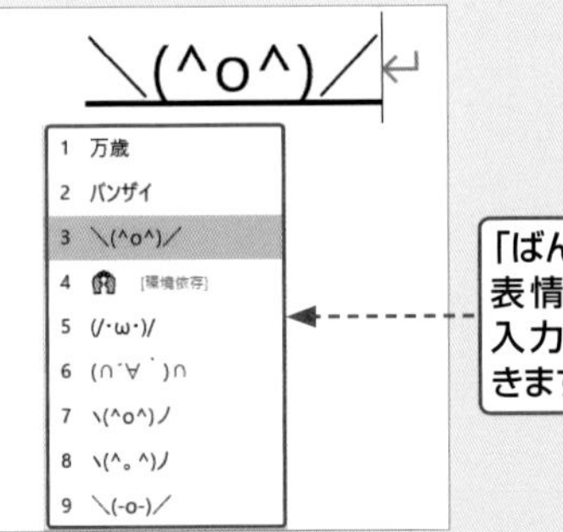

「ばんざい」などと、表情を読みとして入力しても変換できます。

タッチキーボードでは、絵文字のキー☺を押すと、キーボードが絵文字入力用に変わります。

キーボードのトラブル 重要度 ★★★

Q161 キーの数が少ないキーボードはどうやって使うの？

A Fnを使って、少ないキーを補います。

キーボードにはさまざまなキー配列のものがありますが、コンパクトさを重視するタイプのキーボード、あるいはノートパソコンなどでは、デスクトップ用に比べてキーの総数が少なくなっています。その代わり、そうしたタイプのキーボードの多くにはFnキー（ファンクションキー）が備わっています。これは、ほかのキーと組み合わせて押すことで、そのキーのもう1つの機能を実行するためのものです。たとえば、F1キーに画面の輝度調整機能が割り当てられている場合、Fnキーを押しながらF1キーを押すことで、画面の明るさを変更できます。
なお、キーボードによってはFnキーと組み合わせて押すキーの文字や記号が、同じ色で印字されていることがあります。

1 fnを押しながら、

2 ←を押すと、Homeを押したときの機能になります。

キーボードのトラブル 重要度 ★★★

Q162 文字を入力したら前にあった文字が消えた！

A 挿入モードに切り替えましょう。

文字の入力には、「挿入モード」と「上書きモード」の2種類があります。挿入モードで文字を入力すると、文字は今まであった文字列の間に割り込んで入力され、上書きモードで文字を入力すると、入力した文字数分、既存の文字が置き換えられます。
挿入モードと上書きモードを切り替えるには、Insert（またはIns）キーを押します。ただし、上書きモードの有無は、アプリによって異なります。たとえば、ワードパッドの＜ひらがな＞モードでは、Insertキーを押しても上書きモードにはなりませんが、＜半角英数字＞モードでは上書きモードになります。なお、上書きモードと挿入モードの区別は、画面上では確認できないアプリがほとんどなので、入力の際には注意しましょう。

文字と文字の間にカーソルを移動して、文字を入力します。

To live ever

● 挿入モードの場合

To live forever

追加した文字が挿入されます。

● 上書きモードの場合

To live forr

今まであった文字が、追加した文字に置き換わります。

キーボードのトラブル　重要度★★★

Q 163 キーボードで文字がまったく入力できない！

A 応急処置としてスクリーンキーボードを使いましょう。

キーボードは消耗品の一種でもあるため、長い期間使っていると壊れてしまうことがあります。また、飲み物をこぼしてしまったような場合も同様で、キーボードが壊れると一部、あるいはすべてのキーを押しても反応しなくなり、パソコンでの文字入力やショートカットを使った操作が一切できなくなってしまいます。このような場合は、キーボードを交換、修理するしかありません。

交換、修理に申し込むまでの間、どうしても文字入力しなければいけない場合は、タッチキーボード、あるいはスクリーンキーボードを使いましょう。スクリーンキーボードは、タッチキーボードと同じ、画面内に表示される仮想的なキーボードで、表示されるキーをクリックすればその文字を入力できます。タッチキーボードとの違いは、常時表示させておけることと、ログイン画面でも使用できることです。そのため、キーボードが破損していても、クリック操作でパスワードやPINの入力が可能です。 参照▶Q 128

● スクリーンキーボードを表示する

1 ＜スタート＞ →＜設定＞ をクリックして、＜Windows 簡単操作＞→＜キーボード＞をクリックし、

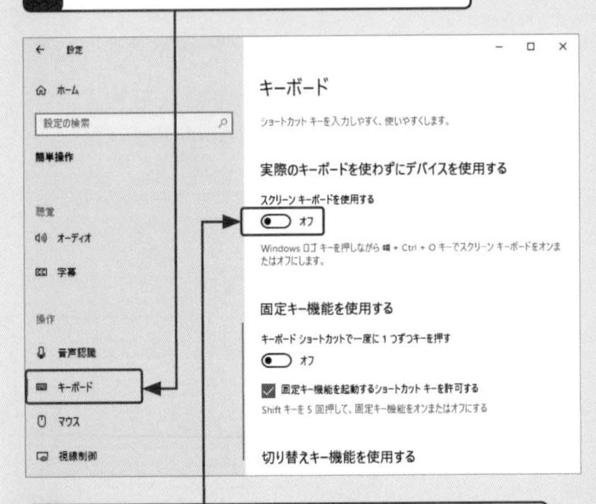

2 ＜スクリーンキーボードを使用する＞のスイッチをクリックして＜オン＞にします。

3 スクリーンキーボードが表示されます。

4 キーをクリックして文字入力します。

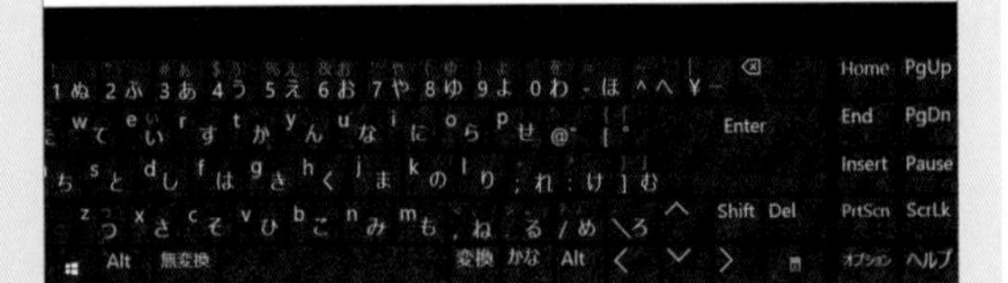

5 入力した読みに応じた変換候補が自動的に表示されます。

● ログイン画面でスクリーンキーボードを使用する

1 ＜コンピューターの簡単操作＞  をクリックして、

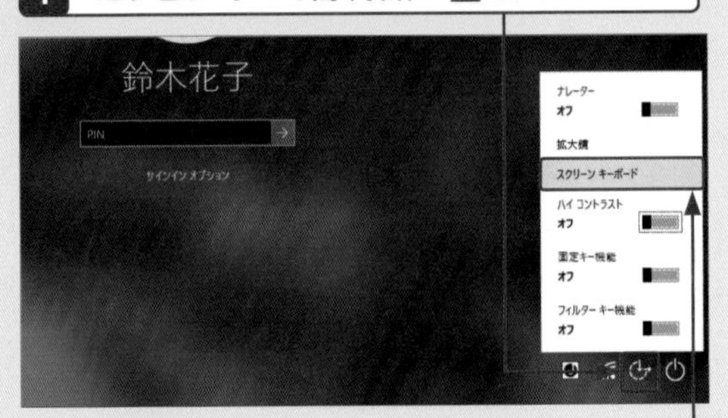

2 ＜スクリーンキーボード＞をクリックすると、

3 スクリーンキーボードが表示されます。

4 スクリーンキーボードを使ってパスワードやPINを入力できます。

キーボードのトラブル　重要度★★★

Q164 画面に一瞬表示される「あ」や「A」は何？

A 入力モードの切り替わりを教えてくれるIMEの機能です。

Microsoft IMEには、入力モードの切り替え時にそのモードを画面中央に表示する機能があり、ひらがななら「あ」、半角英数字なら「A」と表示されます。いちいち表示されるのが煩わしい場合は、表示しない設定に変更することもできます。

なお、このメッセージは以前のバージョンのMicrosoft IMEを使用している場合に表示されます。

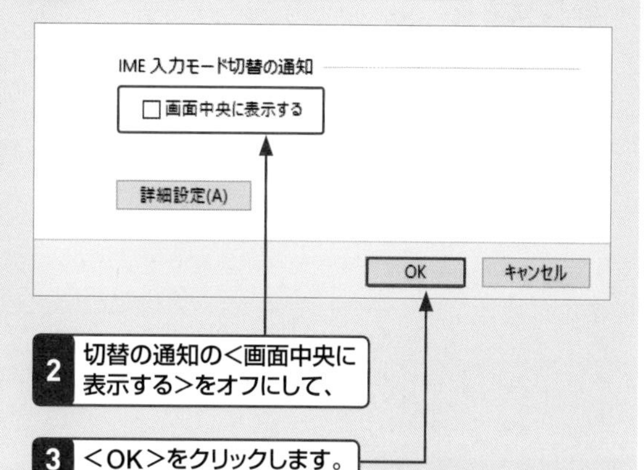

キーボードのトラブル　重要度★★★

Q165 小文字を入力したいのに大文字になってしまう！

A Shift+CapsLockを押します。

CapsLockが有効になっていると、英字はすべて大文字で入力されます。この状態を「Capsキーロック状態」といいます。元に戻したい場合は、Shiftキーを押しながらCapsLockキーを押して、CapsLockを無効にします。

なお、キーボードの中には、キーロックの状態をインジケータで表示するものがあるので、文字入力前に確認しておくと誤入力を防ぐことができます。

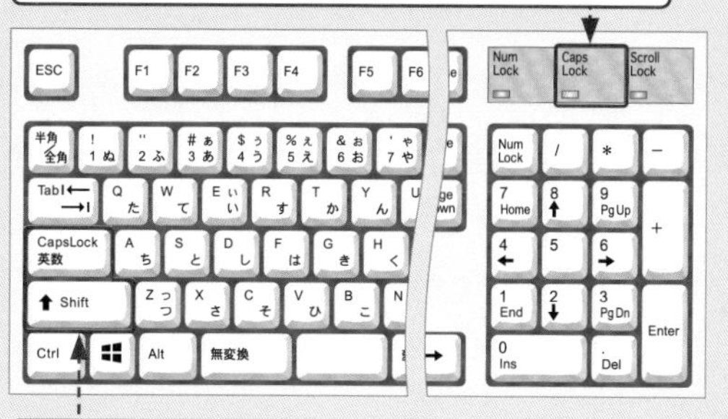

キーボードのトラブル　重要度★★★

Q166 数字キーを押しても数字が入力できない！

A NumLockを押します。

テンキーで数字を入力する際には、NumLockが有効になっていることを確認します。

NumLockが無効の場合は、テンキーでの数字入力を受け付けません。NumLockキーを押すと、有効／無効を切り替えることができます。

なお、テンキーの付いたパソコンでNumLockを有効にすると、「NumLock」のインジケータが点灯します。入力の前に確認しましょう。

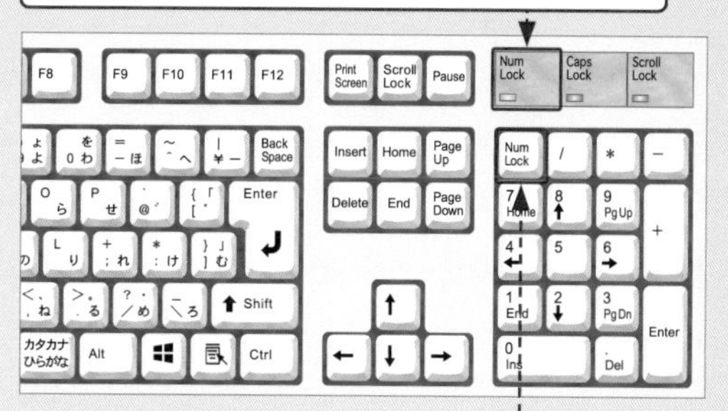

キーボードのトラブル　重要度 ★★★

Q 167 キーに書いてある文字がうまく出せない!

A Shiftを押しながらキーを押します。

キーには、2～4つの文字や記号が書いてあります。文字キーの場合は、左上の文字がローマ字入力用、右下の文字がかな入力用です。
ローマ字入力のときは、アルファベットや数字、左下の記号を入力する場合はそのままキーを押し、左上の記号を入力する場合はShiftキーを押しながらキーを押します。
かな入力では、右下の文字や記号を入力する場合はそのままキーを押し、右上の文字や記号を入力する場合はShiftキーを押しながらキーを押します。 参照▶Q 145

● ローマ字入力の場合

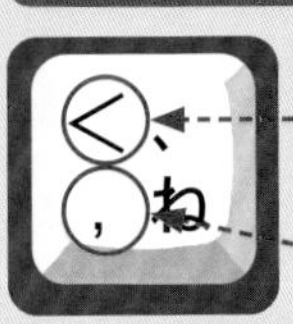

左上にある記号を入力するときは、Shiftを押しながらキーを押します。

左下にある記号を入力するときは、そのままキーを押します。

● かな入力の場合

右上にある記号を入力するときは、Shiftを押しながらキーを押します。

右下にある文字や記号を入力するときは、そのままキーを押します。

キーボードのトラブル　重要度 ★★★

Q 168 AltやCtrlはどんなときに使うの?

A ショートカットキーなどに使います。

Alt（オルト）キーやCtrl（コントロール）キーの使い道として一般的なのは、マウスでの操作をキーボードによって代用する「ショートカットキー（キーボードショートカット）」です。たとえば、文字列のコピーはCtrlキーを押しながらCキーを、貼り付けはCtrlキーを押しながらVキーを押すことで行えます。また、Altキーを押しながらTabキーを押すと、起動中のアプリが一覧で表示され、アプリを切り替えることができます。

Ctrlを押しながらCを押すとコピー、Ctrlを押しながらVを押すと貼り付けができます。

Altを押しながらTabを押すと、起動中のアプリの一覧表示と切り替えができます。

キーボードのトラブル　重要度 ★★★

Q 169 Escはどんなときに使うの?

A 実行中の操作などを取り消すときに使います。

Esc（エスケープ）キーは、実行している操作を中止（キャンセル）したり、操作途中の状態を解除するときに使います。たとえば、文字の読みを入力して変換した状態でEscキーを押すと、変換を中止して元の読みの状態に戻ります。
また、右クリックで表示したメニューや、画面上に表示されたウィンドウをEscキーで閉じたりすることもできます。

Escを押すと、実行中の操作を中止したり、操作途中の状態を解除したりできます。

4

Windows 10 の インターネット活用技!

Q 170 インターネットの基本的なしくみを知りたい!

A コンピューター同士を世界規模でつないだものです。

コンピューター同士を接続してできた通信網を「ネットワーク」と呼びます。接続サービスを提供するプロバイダーや企業、大学などのネットワーク同士がそれぞれつながり、世界規模のネットワークとして実現したのが「インターネット」です。

また、インターネット上で公開されている文書の1つが「Webページ」です。それぞれのWebページにはURL(インターネット上の住所)が割り振られており、これを指定することで閲覧できます。

インターネットを利用すれば、日本国内はもとより、海外の人と通信したり、世界中に情報を発信したり、情報を収集したりといったことが簡単に行えます。

なお、家庭や職場、学校など、同じ建物の中にあるコンピューター同士をつないだネットワークをLAN(ラン)といいます。

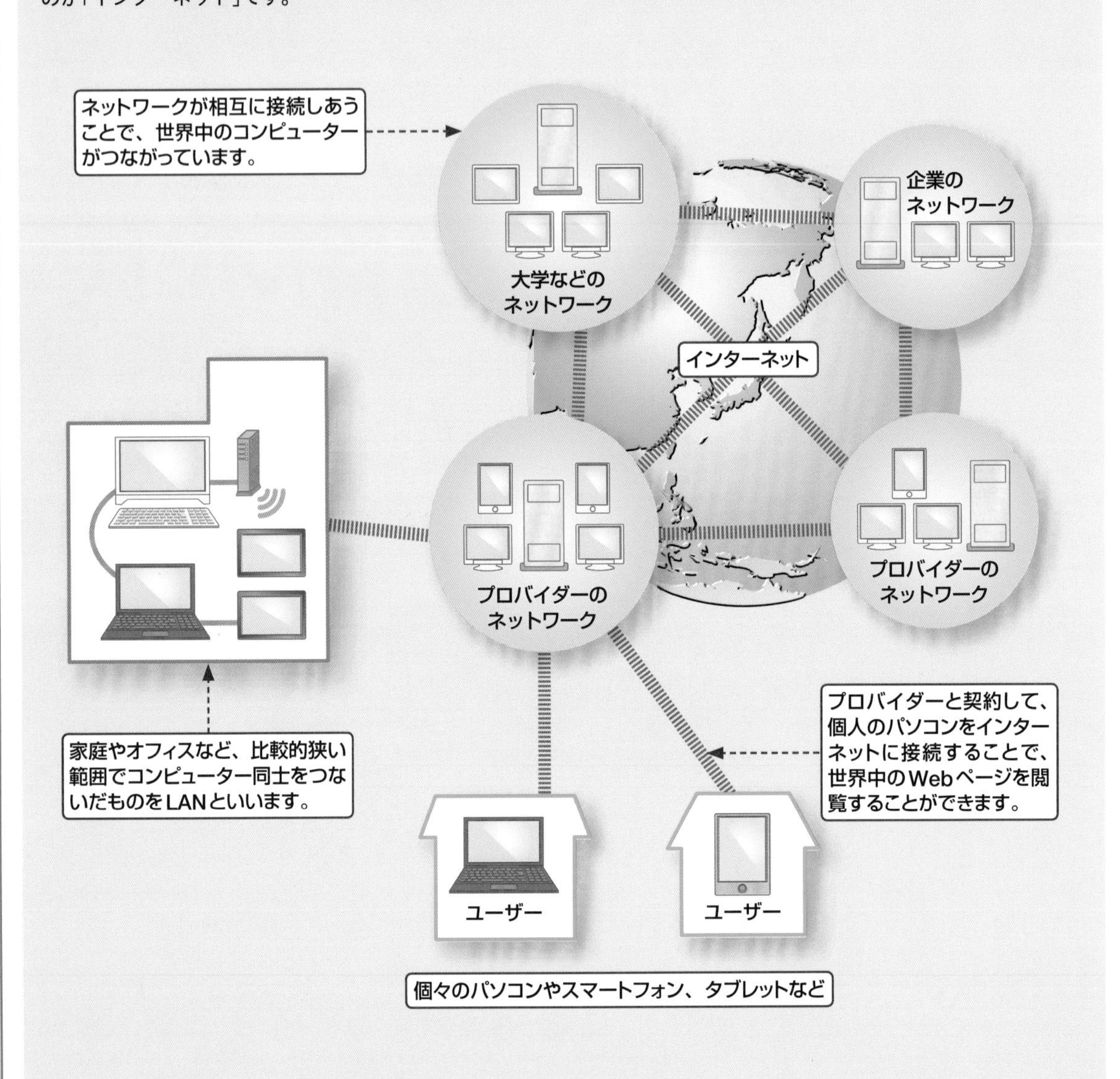

Q171 インターネットを始めるにはどうすればいいの？

A 回線事業者・プロバイダーと契約し、機器を接続・設定します。

インターネットを始めるには、インターネットに接続するための回線と、インターネットへの接続サービスを提供しているプロバイダーとの契約が必要です。契約・工事が終わると接続に必要な機器が送られてくるので、機器とパソコンを接続して、インターネットを利用できるようにパソコンを設定します。

● インターネット利用までの流れ

接続する回線とプロバイダーの選択

利用目的や利用時間、料金などを検討し、自分に合った回線とプロバイダーを選びます。

↓

回線の契約とプロバイダーとの契約

回線の契約とプロバイダーへの申し込みは、同時に行う場合と別々に行う場合があります。

↓

必要に応じて通信事業者に申し込み

接続する回線によっては、NTTなどの通信事業者への申し込みが必要になります。

↓

工事・開通

接続する回線によっては、自宅内で工事が必要な場合があります。

↓

機器の接続とパソコンの設定を行う

パソコンと機器を接続し、インターネットを利用するための設定を行います。

↓

インターネットを利用する

Webブラウザーなどを使って、インターネットを利用します。

Q172 インターネット接続に必要な機器は？

A 接続回線によって異なります。

インターネットに接続するために必要な機器は、接続回線によって異なります。また、有線、無線接続によっても変わります。

FTTH（光回線）の場合は、光回線終端装置やVDSLモデムが、CATV（ケーブルテレビ）の場合はケーブルモデムと分配器が必要です。また、回線終端装置やモデムとパソコンを接続するためのLANケーブルも必要です。

参照▶Q 175

● 接続例（有線でパソコンを接続する場合）

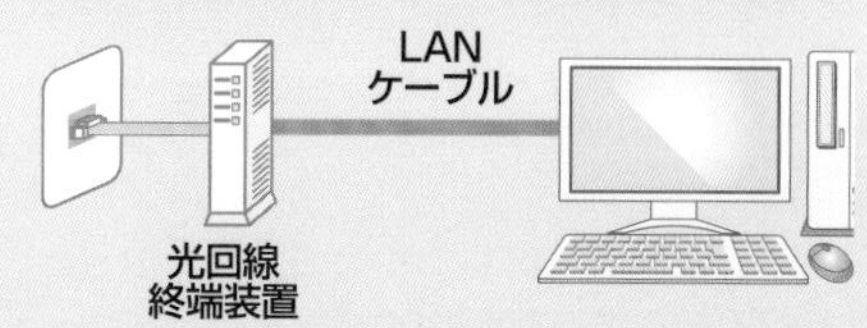

Q173 無線と有線って何？

A ケーブルで接続するのが有線、ケーブルを使わないのが無線です。

「有線」とは、インターネットに接続するための機器とパソコンとの間のデータのやり取りに、物理的に接続したケーブルを使う方法です。それに対して「無線」とは、インターネットに接続するための機器とパソコンとの間のデータのやり取りに、ケーブルではなく電波を使う方法です。

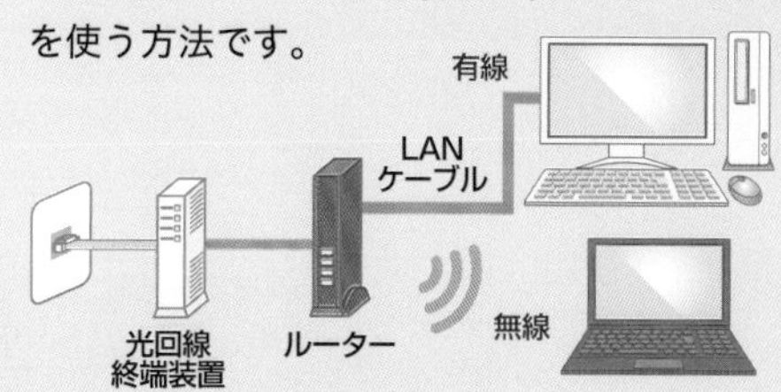

インターネットへの接続　重要度★★★

Q 174 無線と有線どちらを選べばいいの？

A ケーブルで接続できれば有線、できなければ無線を選びます。

現在発売されているパソコンの多くは、有線での接続と無線での接続どちらにも対応しており、使い方によってどちらかを選ぶのが一般的です。

有線で接続できるのは、インターネットに接続するための機器とパソコンをケーブルで直接つなげる場合です。たとえば、インターネットに接続するための機器の近くにパソコンがあれば、常時ケーブルで接続して使えます。

それに対して、自宅の1階のリビングにインターネットに接続するための機器を設置しており、1階の離れた部屋や2階の部屋でインターネットに接続したい場合は、無線で接続することになります。

また、ノートパソコンを宅内のいくつかの場所で使う場合、リビングで使うときはケーブルで有線接続し、2階の部屋で使うときは無線で接続するといった使い分けも可能です。

一般に、有線は場所が限定されますが無線より高速で、無線は場所を選ばず接続できますが有線よりも速度が遅いという傾向があります。

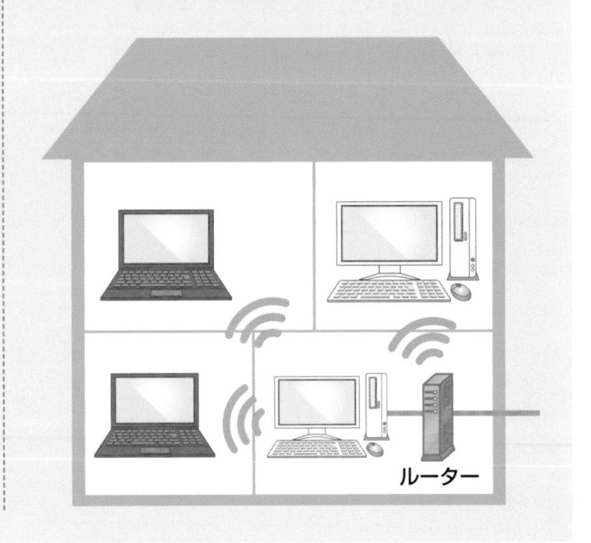

インターネットへの接続　重要度★★★

Q 175 インターネット接続の種類とその特徴は？

A FTTHやCATVなどが一般的です。

インターネットの接続にはいくつかの方法があり、接続方法によって通信速度や料金などが異なります。接続方法には下表のようなものがありますが、現在主流となっているのはFTTHやCATVなどのブロードバンド接続です。

なお、下表の最大通信速度とは、インターネットへ接続してデータ通信を行う際の理論上の最大値で、実際の通信速度はそれよりも遅くなります。また、契約内容によっても変わってきます。単位の「bps」はbits per secondの略で、1秒間にどれだけのデータ通信ができるかを表しています。通信速度が速いと、Webページの表示や電子メールの送受信などが短時間で済むというメリットがあります。

また、ノートパソコンやタブレットPC、モバイルノートなど、持ち運びができる端末を使い外出先でインターネットを利用するには、モバイルデータ通信サービスを利用する必要があります。 参照▶Q 182

●インターネットへの接続方法と特徴

接続方法	最大通信速度	料金形態	特　徴
FTTH	20Gbps	定額制	光ファイバーケーブルを利用した高速データ通信サービスです。動画配信など、大容量のデータ通信が利用できます。
CATV	10Gbps	定額制	ケーブルテレビの回線を利用したインターネット接続です。ケーブルテレビも同時に利用できます。
モバイルデータ通信	4.1Gbps	定額制	外での利用に強く、主に携帯電話やスマートフォンに用いられる無線通信規格です。3G、4G、LTE、5G、WiMAXなどが挙げられます。

Q176 プロバイダーはどうやって選べばいいの？

A 料金体系やサービスの内容を考慮しましょう。

プロバイダーを選ぶときには、接続方法（FTTHやCATVなど）や利用料金、提供しているサービスなどを検討して自分の目的に合ったものを選びます。利用料金については月額料金を検討するのはもちろんですが、プロバイダーによって初期費用無料、月額料金○カ月無料、回線の工事費用負担といったキャンペーンを実施している場合があるので、これらをうまく活用するとよいでしょう。
また、ホームページスペース、IP電話（電話回線の代わりにインターネットを利用して通話を行うサービス）、映像や音楽の配信サービスなど、提供しているサービスはプロバイダーによって異なります。IP電話は同じプロバイダー同士なら無料で通話ができるので、よく通話する相手がいる場合は、その相手と同じプロバイダーを選ぶとよいでしょう。
これらの要素を検討し、どのプロバイダーにするかを決めたら、プロバイダーへの入会手続きに進みます。

● 価格.comのプロバイダー比較サイト

https://kakaku.com/bb/

Q177 外出先でインターネットを使いたい！

A モバイルデータ通信サービスを利用します。

外出先でインターネットを利用する場合は、ノートパソコンやタブレットPC、モバイルノートなど、Wi-Fi（無線LAN）に対応している端末を使って、モバイルデータ通信サービスを利用します。
モバイルデータ通信とは、テザリング機能付きのスマートフォンや、モバイルルーター（モバイルWi-Fiルーター）などを使用して、無線でインターネットに接続することです。通信速度は、自宅などで利用する光回線ほど高速ではありませんが、一般に数十Mbpsの速度で通信が可能です。
モバイルデータ通信を利用するには、自宅などで利用する回線とは別に接続機器を購入したり、通信事業者に申し込みをする必要があります。

● 主なモバイル接続の種類

接続の種類	特　徴
テザリング	スマートフォンをモバイルルーターの代わりに利用して、端末をインターネットに接続するしくみです。専用の機器を購入する必要がなく、外出先で簡単にインターネットを利用できます。
モバイルルーター（モバイルWi-Fiルーター）	契約回線の電波が届く範囲であれば、どこからでもインターネットに接続できます。スマートフォンでのデザリングと比べると、通信制限が緩く、高速である場合が多いです。

● モバイルルーターの主なプロバイダー

企　業	URL
BIGLOBE	https://join.biglobe.ne.jp/mobile/wimax/
So-net	https://www.so-net.ne.jp/access/mobile/wimax2/
GMOインターネット	https://gmobb.jp/wimax/

インターネットへの接続　重要度★★★

Q 178 複数台のパソコンをインターネットにつなげるには？

A Wi-Fiルーター（無線LANルーター）を使いましょう。

家庭や職場などの比較的狭い範囲でパソコン同士をつないだものをLANといいますが、LANを構築するには「ルーター」が必要です。ルーターには、LANケーブルを利用する有線LANルーターと、電波を利用するWi-Fiルーター（無線LANルーター）があります。Wi-Fiルーターを利用すると、スマートフォンやタブレットなどの携帯端末やデジタル家電、ゲーム機などのさまざまな機器を電波の届く範囲で自由につなげることができて便利です。
現在は無線LANが主流なので、基本的にはWi-Fiルーターを導入すればよいでしょう。

●Wi-Fiルーターの利用

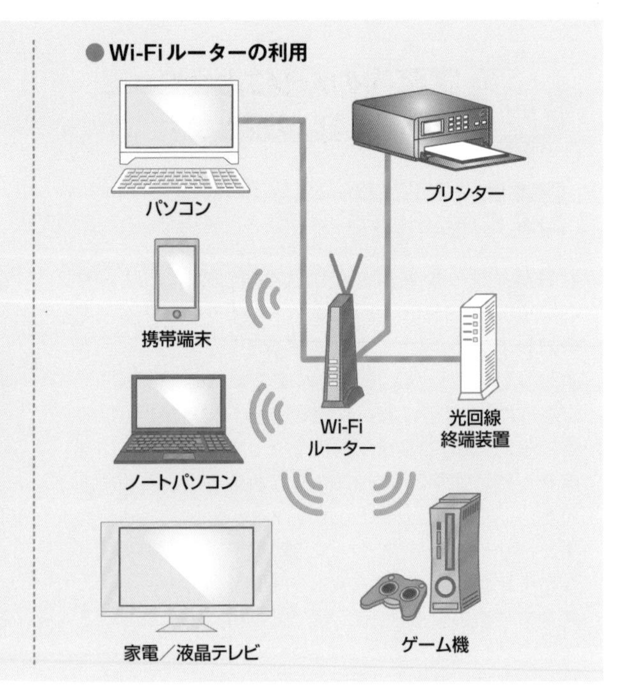

インターネットへの接続　重要度★★★

Q 179 Wi-Fiって何？

A 無線LANのことで、最新の規格のほうが高速です。

Wi-Fiは、無線LANの別の呼び方です。Wi-Fiは規格によって周波数と通信速度が異なり、現在「IEEE802.11a／b／g／n／ac／ad／ax」の7種類があります。末尾のアルファベットが右のものほど新しい規格で、「11ax」が最新の規格ですが、対応製品はまだ少数です。現在の主流は「ac」で、対応製品も豊富です。
なお、IEEE 802.11nは「Wi-Fi 4」、IEEE 802.11acは「Wi-Fi 5」、IEEE 802.11axは「Wi-Fi 6」とも呼ばれています。なお、「自宅」で「自分がプロバイダーと契約した回線」に「自分が購入したWi-Fiルーター」を接続してWi-Fiを利用する場合は、料金は発生しません。

参照▶Q 185

インターネットへの接続　重要度★★★

Q 180 Wi-Fiルーターの選び方を知りたい！

A 部屋の広さや規格で選びましょう。

Wi-Fiルーターを選ぶポイントは、部屋の広さと対応する規格です。
メーカーのWeb ページや、販売されているルーターの外箱を見ると、推奨する部屋の広さが記載されているので、参考にしましょう。現在の主流は「Wi-Fi 5」で、対応製品も豊富です。Wi-Fiの各規格には下位互換性があるので、より新しい規格の製品を選んでおけば、古い規格にしか対応していない機器からでも接続できることを覚えておいてください。
忘れがちなのが、光回線終端装置とWi-Fiルーターをつなぐ LAN ケーブルの存在です。いくらWi-Fiルーターの通信速度が速くても、古い規格のLANケーブルをつなぐと、想定した速度が出ない可能性があります。通常は、カテゴリ5e（1Gbps）以上を選べば問題ありません。

Q 181 家庭内のパソコンをWi-Fiに接続したい！

A Wi-Fiのアクセスポイントに合わせて設定します。

家庭内のパソコンをWi-Fiに接続するには、ブロードバンドモデム（光回線終端装置、ADSLモデム）とWi-Fiのアクセスポイント（無線LANルーター）が必要です。また、パソコンにもWi-Fi機能が内蔵されている必要があります。内蔵されていない場合は、無線LANアダプターを別途用意しましょう。

機器を接続して、それぞれの電源をONにしたら、利用するパソコンでWi-Fiのアクセスポイントに合わせた設定を行います。設定の前に、無線LANアクセスポイント名とネットワークセキュリティキー（暗号化キー）を確認しておきましょう。

● Wi-Fi に接続する

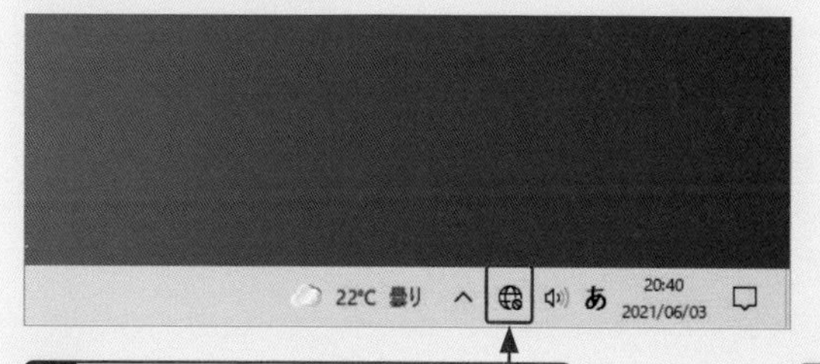

1 <ネットワーク>🌐をクリックして、

2 接続するアクセスポイントをクリックし、

3 <接続>をクリックします。

4 PINまたはネットワークセキュリティキーを入力して、

5 <次へ>をクリックすると、

6 Wi-Fiに接続されます。

接続しているアクセスポイントには、「接続済み」が表示されます。

Q 182 外出先でWi-Fiを利用するには？

A 公衆無線LANを利用します。

公衆無線LANは、駅や空港、ホテルやカフェ、ファーストフード店などに設置されたWi-Fiルーターに接続して、インターネットを利用できるサービスです。接続できるスポットが限られますが、料金が安く、簡単に始められるのが特徴です。無料で利用できるアクセスポイントもあります。

参照 ▶ Q 177

● 主な公衆無線LANサービス

サービス名	提供企業	有料／無料
d Wi-Fi	NTTドコモ	無料
au Wi-Fi SPOT	KDDI	有料
ソフトバンクWi-Fiスポット	ソフトバンク	有料
BBモバイルポイント	ソフトバンク	有料
OCN ホットスポット	NTTコミュニケーションズ	有料
Wi2 300	ワイヤ・アンド・ワイヤレス	有料
Famima_Wi-Fi	ファミリーマート	無料
セブンスポット	セブン&アイ	無料
LAWSON Free Wi-Fi	ローソン	無料
FREESPOT	FREESPOT協議会	無料

Q 183 インターネットに接続できない！

A トラブルシューティングツールを実行してみましょう。

インターネットに接続できない場合には、まずはパソコンとケーブルモデムや光回線終端装置、ルーターなどがネットワークケーブルで正しく接続されているかを確認します。
正しく接続されている場合は、何が原因かを調べましょう。<設定>⚙の<ネットワークとインターネット>→<ネットワークのトラブルシューティングツール>をクリックして、インターネット接続のトラブルシューティングを実行すると、トラブルの原因と解決方法を調べることができます。

● トラブルシューティングツールを実行する

1 <スタート>⊞→<設定>⚙をクリックして、<ネットワークとインターネット>をクリックし、

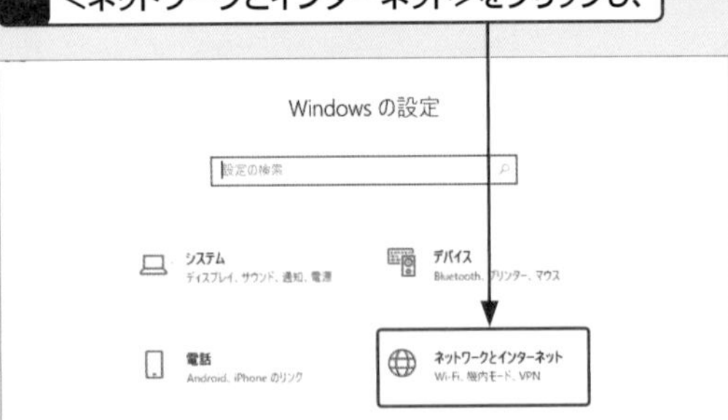

2 <トラブルシューティング>をクリックすると、

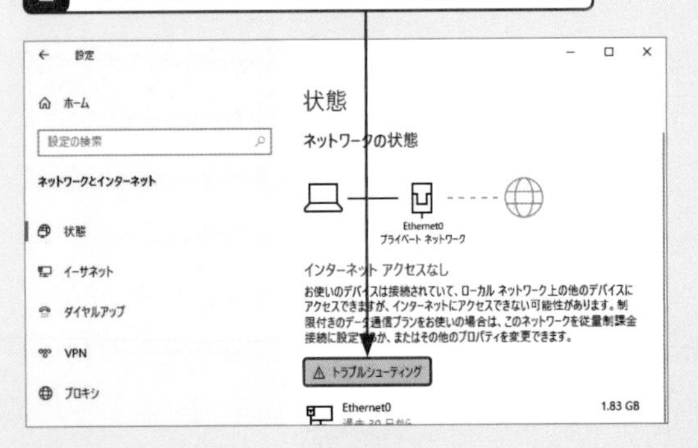

3 診断が開始されます。

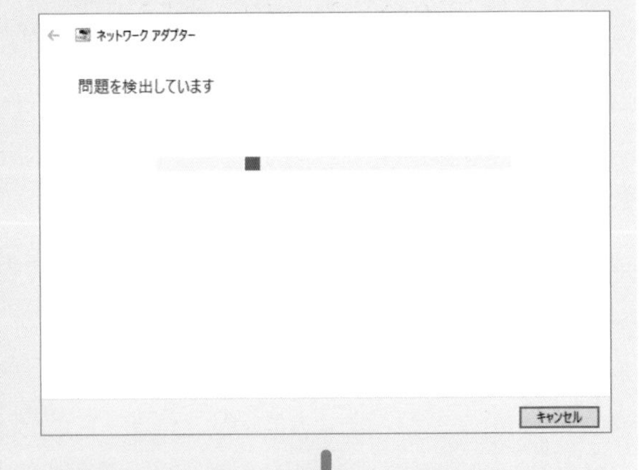

4 診断結果が表示されます。

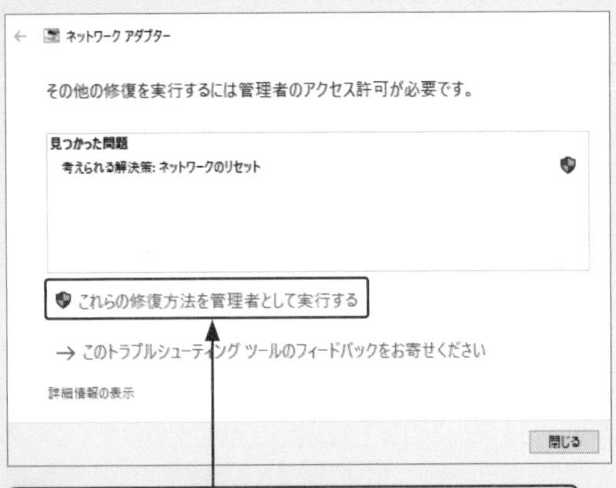

5 <これらの修復方法を管理者として実行する>をクリックして操作を進めると、

6 修正内容が確認できます。

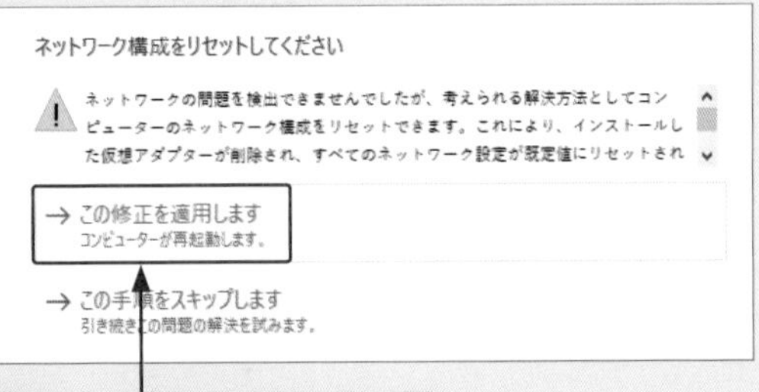

7 <この修正を適用します>をクリックします。

インターネットへの接続　重要度 ★★★

Q184 インターネット接続中に回線が切れてしまう！

A いろいろな原因があります。

インターネット接続中に頻繁に接続が切れてしまう場合、その原因はいくつか考えられます。原因に応じて対処しましょう。

・パソコンと接続している光回線終端装置やケーブルモデムの不具合が考えられます。この場合は、プロバイダーに連絡して、機器を交換してもらうとよいでしょう。
・パソコンのLANポートとルーターなどの接続先のLANポートとの相性が悪い可能性があります。この場合は、LANケーブルを取り替えると解決する場合があります。
・LANケーブルや光ケーブルの損傷も考えられます。この場合は、ケーブルを取り替えます。
・光回線終端装置やルーターに不具合が起こる場合があります。光回線終端装置、ルーター、パソコンなどの電源を一度切って、少し経ってから電源を入れ直してみましょう。
・オンラインゲーム中にインターネットの回線が切れることがあります。この場合は、そのゲームに多数のアクセスが集中してしまい、サーバーに大きな負荷がかかってしまったことが原因と考えられます。少し時間を置いてみましょう。
・Wi-Fiルーターやパソコンの近くに電化製品があると、家電からの電波が接続に影響を与える可能性があります。また、タコ足配線も避けましょう。
・Wi-Fiルーターと、無線で接続しているパソコンの距離が遠すぎることが考えられます。この場合は、Wi-Fiルーターに近い場所で接続しましょう。

インターネットへの接続　重要度 ★★★

Q185 ネットワークへの接続状態を確認したい！

A <ネットワーク>アイコンで確認できます。

ネットワークへの接続状態は、タスクバーの<ネットワーク>アイコンで確認できます。
タスクバーの通知領域にある<ネットワーク>アイコンが[Wi-Fi]マークではなく[地球]マークになっている場合は、ネットワークに正しく接続できていません。「LANケーブルが抜けている」「モデムやルーターの電源が落ちている」といった理由が考えられます。

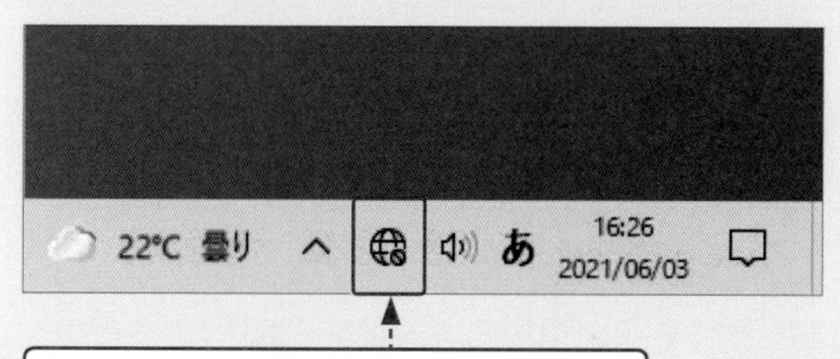

正常に接続されています。

1 <ネットワーク> をクリックすると、

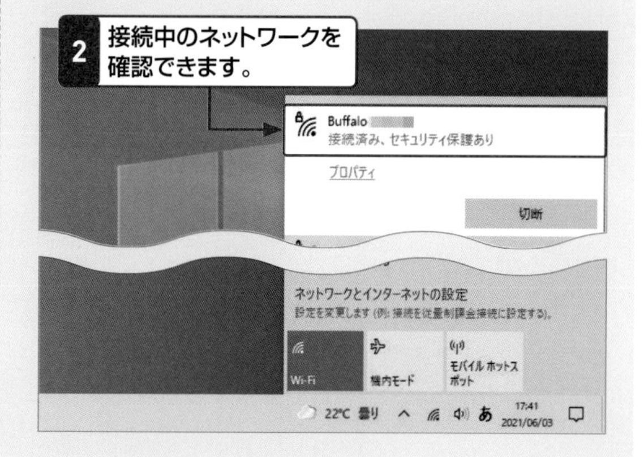

ブラウザーの基本　重要度 ★★★

Q 186 インターネットでWebページを見るにはどうすればいいの？

A Webブラウザーが必要です。

インターネットに接続してWebページを見るには、「Webブラウザー」と呼ばれるWebページ閲覧用のブラウザーが必要です。Webページの情報は、「Webサーバー」というサーバーに文字の情報と画像とが別々のファイルで保存されています。1つのWebページを構成するファイルをすべて読み込み、組み合わせてWebページを表示するのが、ブラウザーの役割です。

Windows 10には、マイクロソフトのMicrosoft Edge（以下Edgeともいいます）というブラウザーが搭載されています。

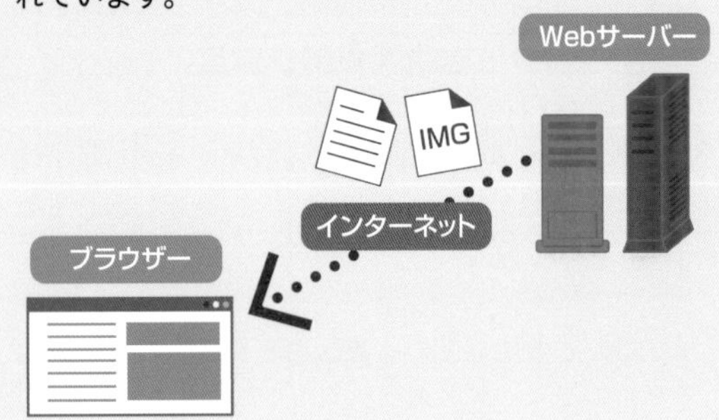

ブラウザーの基本　重要度 ★★★

Q 187 Windows 10ではどんなブラウザーを使うの？

A Edgeというブラウザーを使います。

Windows 10には、「Microsoft Edge」というブラウザーが付属しています。Edgeの特徴は、フラットなデザインとHTML5などの標準規格への対応です。Windows 10から搭載された新しいブラウザーですが、途中で大きな改良が加えられており、以前のEdgeと現在のEdgeでは利用できる機能が大きく異なります。

● Edgeを起動する

1 <スタート> をクリックして、

2 <Microsoft Edge>のタイルをクリックすると、

タスクバーからも起動できます。

3 Edgeが起動します。

ブラウザーの基本　重要度 ★★★

Q 188 「Edge」と「IE」は何が違うの？

A 画面表示に使う「レンダリングエンジン」が異なります。

ブラウザーは、読み込んだWebページを表示するのに、「レンダリングエンジン」というプログラムを使用します。使用するレンダリングエンジンが異なれば、Webページの見え方が異なる場合があります。

Edgeには「Blink」、IEには「Trident」というレンダリングエンジンが搭載されているため、Webページによっては見え方が異なります。通常はEdgeを使用しておけば、Webページを制作者の意図したように表示できます。なお、以前のEdgeでは、IEのTridentをベースにした「EdgeHTML」というレンダリングエンジンを使用していました。

参照 ▶ Q 190

Q 189 Edgeの画面と基本操作を知りたい!

A 画面構成を確認しましょう。

Edgeの画面は非常にシンプルなデザインです。画面の上部にタブが表示され、その下にアドレスバーやツールボタンが配置されています。

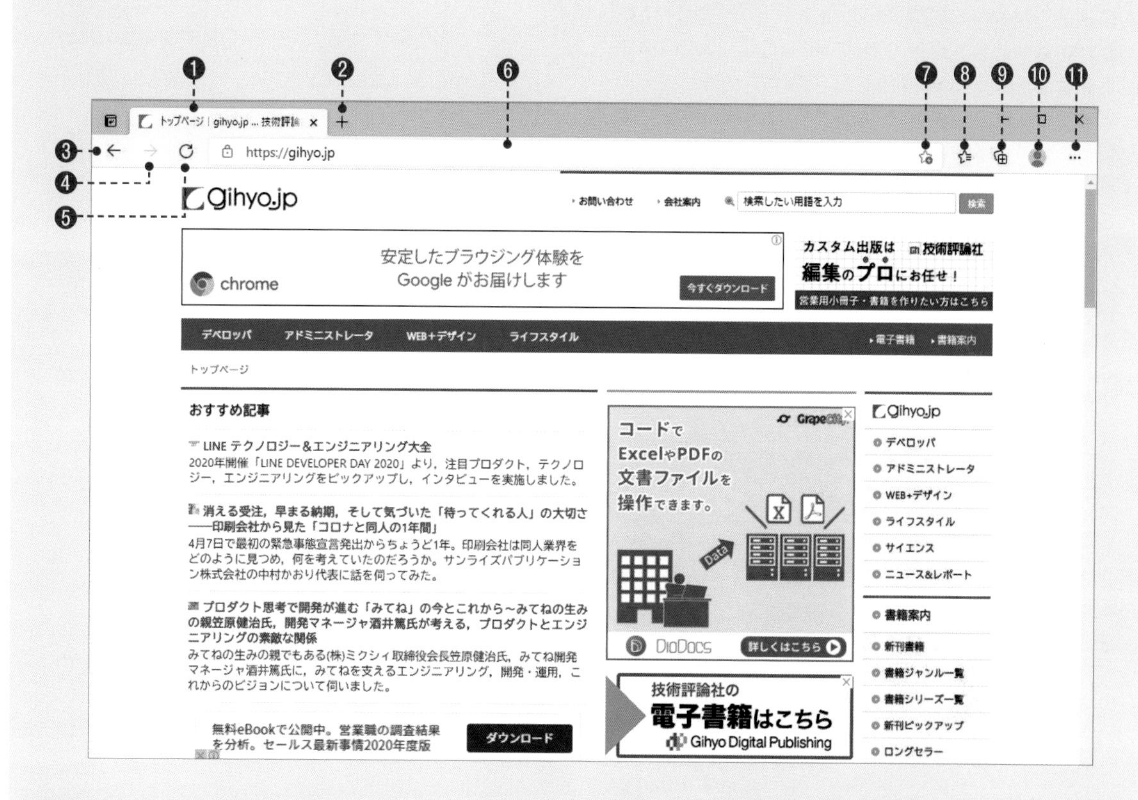

❶タブ
表示するWebページを切り替えます。タブを閉じるときは、右側の ✕ をクリックします。

❷新しいタブ ＋
新しいタブを表示します。

❸戻る ←
直前に表示していたWebページへ移動します。

❹進む →
<戻る>をクリックする前に表示していたWebページへ移動します。

❺最新の情報に更新 ↻
表示中のWebページを最新の状態にします。

❻アドレスバー
URLを入力してWebページを表示したり、キーワードを入力してWebページを検索したりします。

❼このページをお気に入りに追加
Webページをお気に入りに登録します。

❽お気に入り
お気に入りを表示します。

❾コレクション
Webページ全体や画像、テキストを収集、整理します。

❿サインインアイコン
Microsoftアカウントでサインインすると、お気に入りや履歴、パスワード、その他設定をほかのパソコンと同期することができます。

⓫設定など …
Webページの印刷や表示倍率の変更、設定などを行います。

Q 190 Internet Explorerはなくなってしまったの？

A 「Windows アクセサリ」の中にあります。

従来のWindowsに標準で付属してきた「Internet Explorer」は、なくなったわけではありません。スタートメニューから「Windows アクセサリ」を開くと、その中に存在しています。ですが、すでに開発は終了しているため、今後はEdgeを使用することをおすすめします。ただし、WebページによってはIE独自の技術で作られており、Edgeでは表示されないことがあります。その場合は、IEを使って表示しましょう。

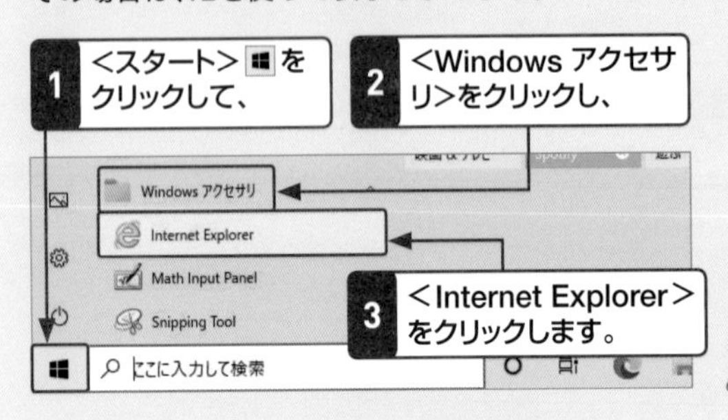

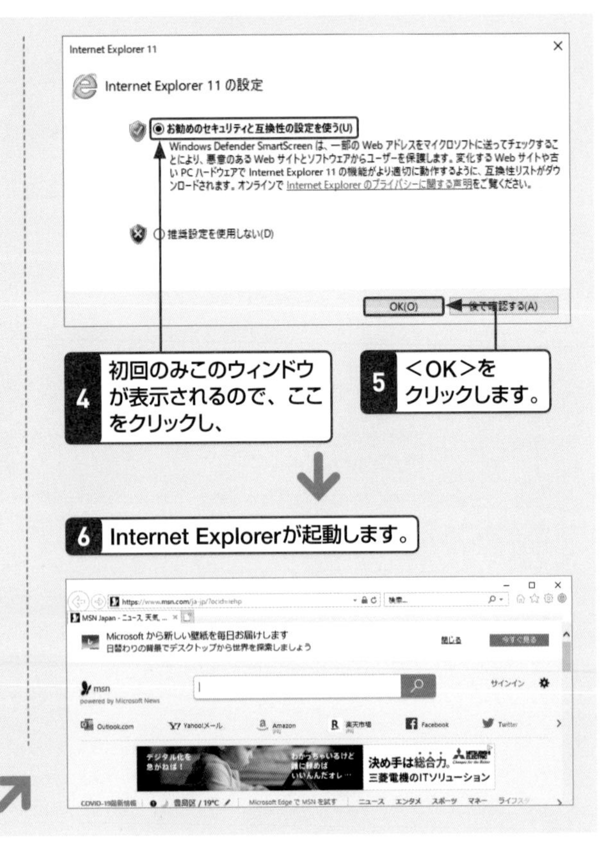

Q 191 EdgeやIE以外のブラウザーもあるの？

A Google ChromeやFirefoxといったブラウザーがあります。

ブラウザーは、Edgeのほかにも多くの種類があります。Windows 10に対応している主なブラウザーとしては、Google のGoogle Chrome、OperaSoftwareのOpera、Mozilla のFirefoxなどがあり、それぞれWebサイトから無料でダウンロードして利用することができます。

名　称	URL
Firefox	https://www.mozilla.org/ja/firefox/new
Google Chrome	https://www.google.co.jp/chrome/
Opera	https://opera.com/ja/

● Google Chrome

● Firefox

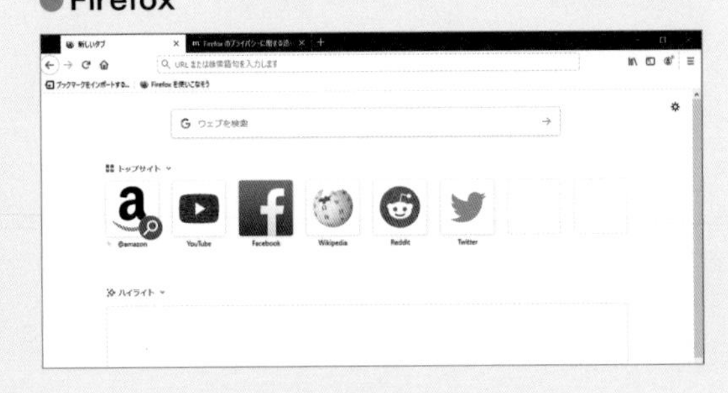

ブラウザーの基本　重要度★★★

Q192 URLによく使われる文字の入力方法を知りたい！

A 入力モードを<半角英数字>にして入力します。

Webページの URL を入力する際は、入力モードを<半角英数字>にします。URLには、英数字のほかに、「:」や「/」「.」「~」「_」などの記号が多く使われています。「:」「/」「.」は、キーボードのキーをそのまま押せば入力できますが、「~」「_」は、Shiftキーを押しながらそれぞれの記号キーを押す必要があります。

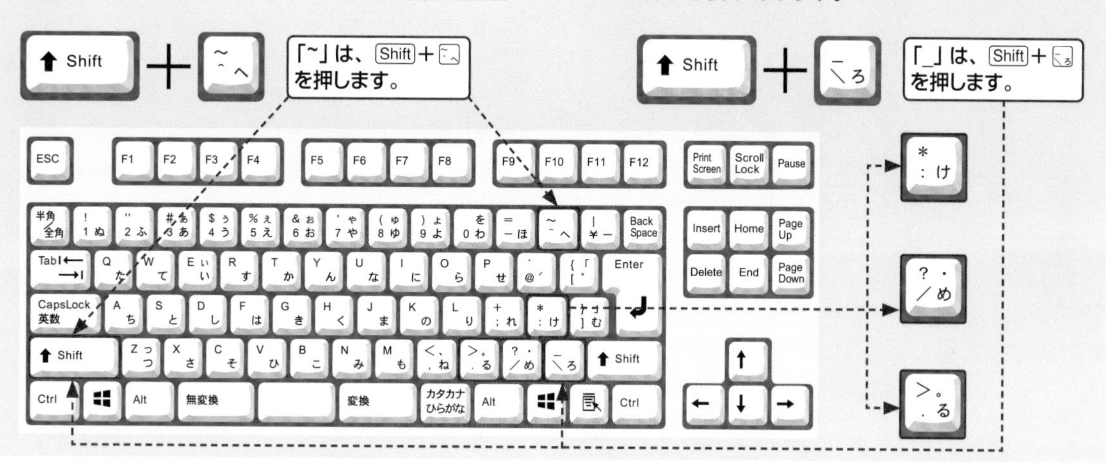

ブラウザーの基本　重要度★★★

Q193 アドレスを入力してWebページを開きたい！

A アドレスバーにURLを入力します。

Webページを表示するには、アドレスバーにURLを入力してEnterキーを押します。なお、アドレスバーにURLを数文字入力すると、過去に表示したWebページの中から入力に一致するものが表示されます。目的のWebページが表示された場合は、そのURLをクリックすると、すべて入力する手間が省けます。

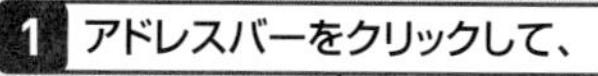

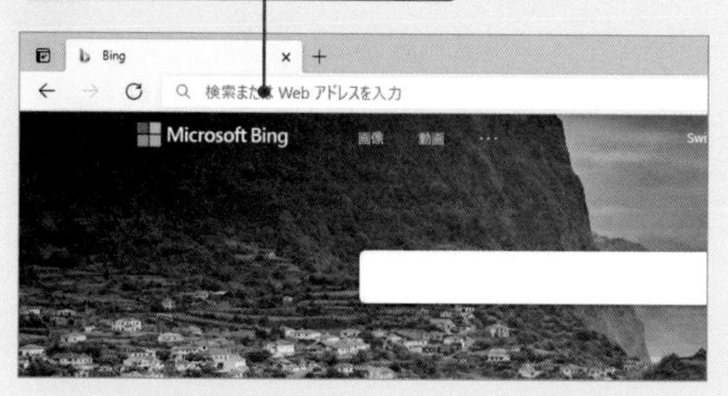

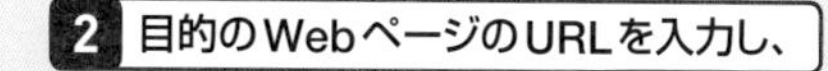

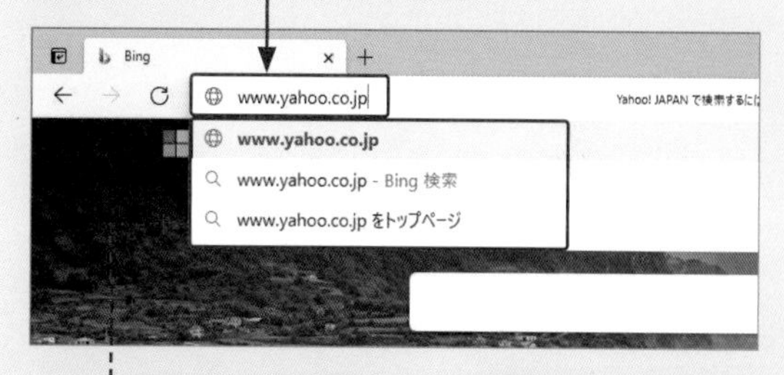

入力中のURLと一致するWebページの候補や履歴が表示されます。

3 Enterを押すと、

4 Webページが表示されます。

ブラウザーの操作 重要度★★★

Q194 直前に見ていたWebページに戻りたい！

A ＜戻る＞をクリックします。

直前に閲覧していたWebページに戻りたい場合は、＜戻る＞←をクリックします。続けて＜戻る＞←をクリックすると、その直前に閲覧していたWebページが次々と表示されていきます。

1 ＜戻る＞←をクリックすると、

2 直前に表示していたWebページに戻ります。

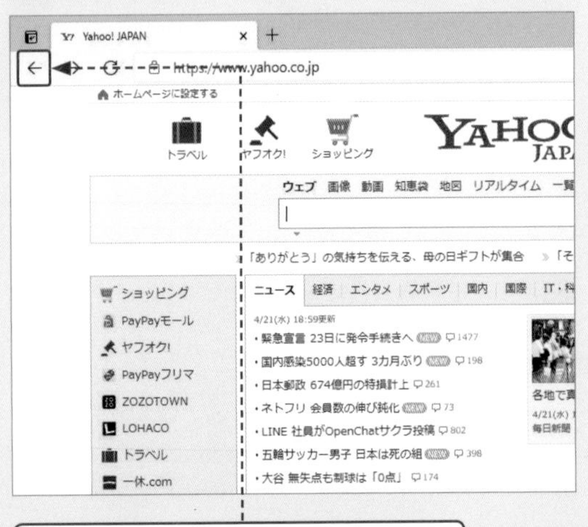

さらに＜戻る＞←をクリックして、もう1つ前のWebページに戻ることもできます。

ブラウザーの操作 重要度★★★

Q195 いくつか前に見ていたWebページに戻りたい！

A 一覧を表示して戻りたいWebページをクリックします。

Edgeでは、＜戻る＞←を右クリックすると過去に表示したWebページの一覧が表示され、クリックするとそのWebページが表示されます。いくつか前に見ていたWebページに直接戻りたいときは、この方法を使うと素早く表示できます。

1 ＜戻る＞←を右クリックして、

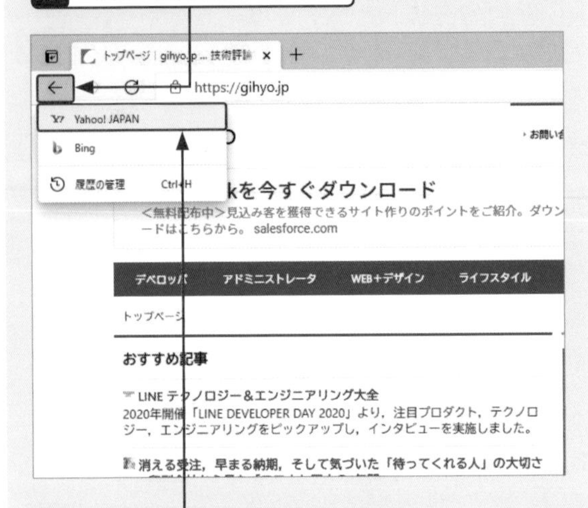

2 目的のWebページをクリックすると、

3 指定したWebページに戻れます。

ブラウザーの操作　重要度★★★

Q196 ページを戻りすぎてしまった！

A <進む>をクリックします。

<戻る>←をクリックして過去に表示したWebページに戻ると、<進む>→がクリックできるようになります。この状態では<戻る>←が履歴を古い方向へ戻るボタンとして、<進む>→が履歴を新しい方向へ進むボタンとして働きます。
<戻る>←をクリックする前のWebページに戻りたい場合は、目的のWebページが表示されるまで<進む>→をクリックしましょう。

1 <進む>→をクリックすると、

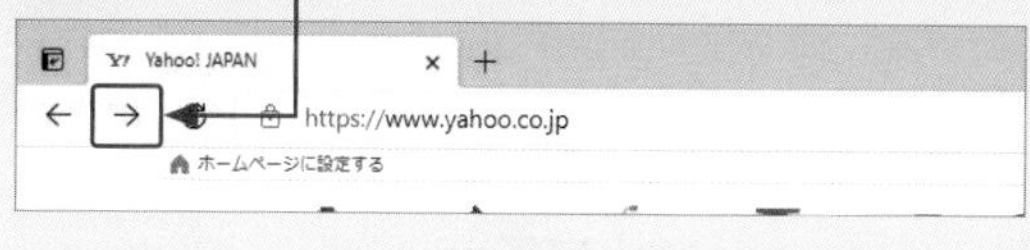

2 次に見ていたWebページが表示されます。

ブラウザーの操作　重要度★★★

Q197 <進む><戻る>が使えない！

A 起動直後は使えません。

Edgeは、直近に表示したWebページの閲覧履歴が記憶され、<戻る>←や<進む>→をクリックすることで、閲覧した前後のWebページに移動することができます。ただし、起動した直後や、Webページの移動がない場合、別のタブでWebページを表示していた場合には、<戻る>←や<進む>→は利用できません。

Edgeを起動した直後は、<戻る>←や<進む>→は利用できません。

1 別のページを表示すると、<戻る>←が使えるようになります。

2 <戻る>←をクリックして、

3 直前のページに戻ると、<進む>→が使えるようになります。

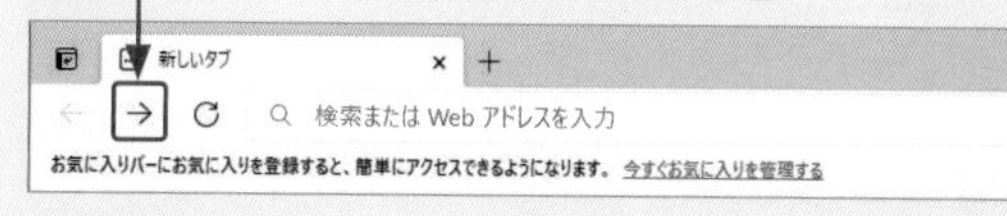

ブラウザーの操作　重要度★★★

Q198 ページの情報を最新にしたい！

A <更新>をクリックします。

Webページの情報を最新のものにしたい場合は、<更新>をクリックします。<更新>は、常に情報が新しくなっていくニュースサイトなどのWebページを表示しているときや、何らかの理由でWebページの読み込みが正しく完了しなかったときに有効です。

1 <更新>をクリックすると、

2 Webページの情報が最新のものに置き換わります。

基本 / デスクトップ / キーボード・文字入力 / インターネット / メール・連絡先 / セキュリティ / 写真・動画・音楽 / OneDrive・スマホ / 印刷・周辺機器 / アプリ / インストール・設定 / テレワーク

ブラウザーの操作 重要度 ★★★

Q 199 最初に表示されるWebページを変更したい!

A <設定>を利用します。

ブラウザーの起動時にまず表示されるWebページを指定することができます。<設定>から最初に表示したいWebページを指定します。

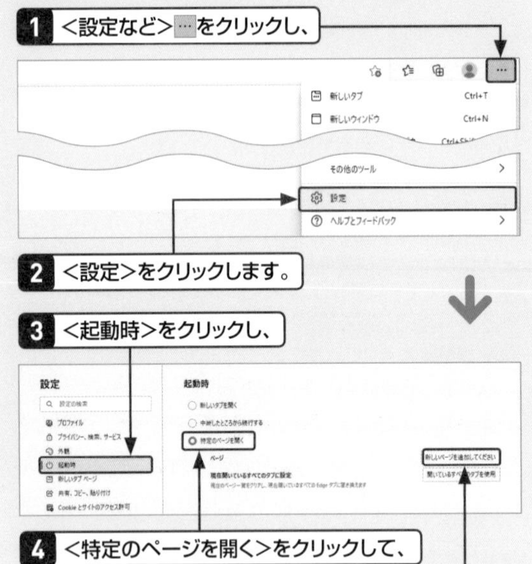

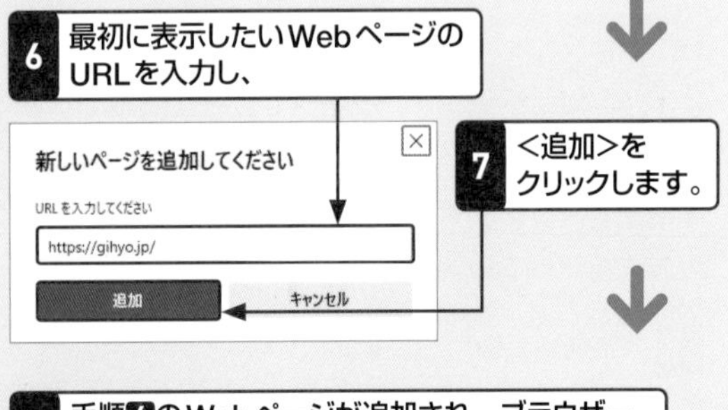

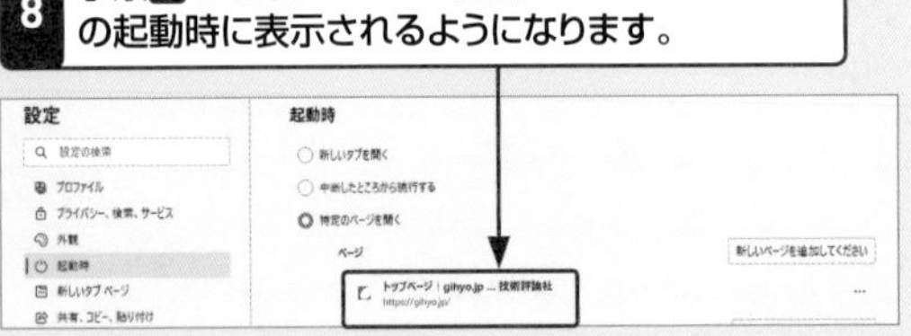

ブラウザーの操作 重要度 ★★★

Q 200 タブってどんな機能なの?

A 複数のWebページを切り替えて表示する機能です。

「タブ」とは、1つのウィンドウ内に複数のWebページを同時に開いておける機能です。それぞれのタブをクリックすることで、表示するWebページを切り替えて閲覧することができます。

● タブの表示

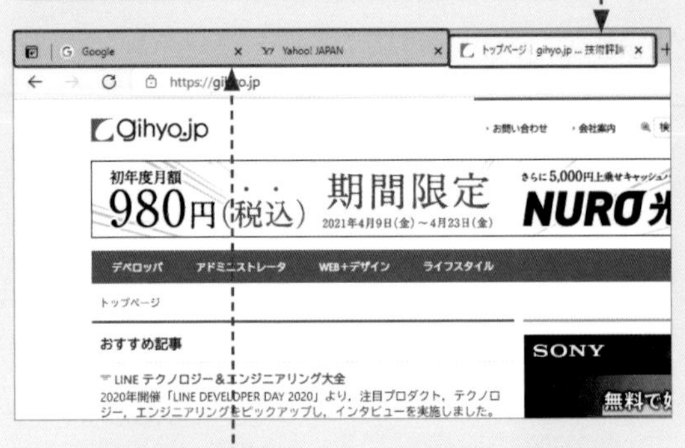

● 多数のタブを表示する

ブラウザーの操作　重要度★★★

Q 201 タブを利用して複数のWebページを表示したい!

A <新しいタブ>を利用します。

タブを利用して複数のWebページを切り替えるには、まず、タブを追加して、追加したタブにWebページを表示します。なお、操作によって、自動でタブが追加されることがあります。

参照▶Q 210

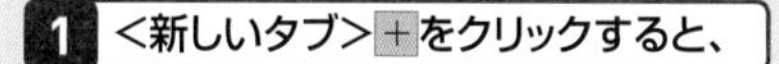

2 タブが追加されます。

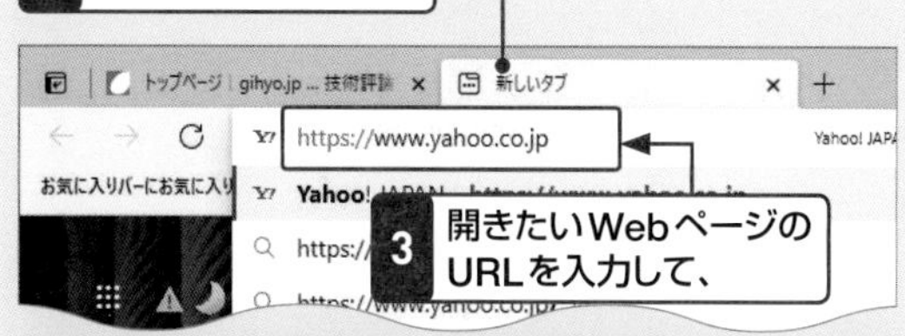

4 Enterを押すと、

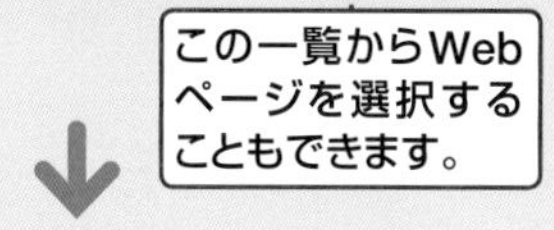

5 追加したタブにWebページが表示されます。

ブラウザーの操作　重要度★★★

Q 202 タブを切り替えたい!

A 表示したいタブをクリックします。

タブを切り替えたいときは、表示したいタブをクリックします。また、Ctrlキーを押しながらTabキーを押すと、右隣のタブに切り替わります。CtrlキーとShiftキーを押しながらTabキーを押すと、左隣のタブに切り替わります。

● タブを切り替える

複数のタブを開いています。

1 タブをクリックすると、

2 Webページが切り替わります。

Q 203 リンク先のWebページを新しいタブに表示したい!

A 新しいタブでリンクを開きます。

Webページでリンクをクリックすると、多くの場合は、現在表示しているページがリンク先のページに置き換わります。リンク先のWebページを新しいタブに表示したい場合は、リンクを右クリック（タッチ操作の場合は長押し）して、<新しいタブで開く>をクリックします。また、Ctrlキーを押しながらリンクをクリックしても、リンク先を新しいタブで開くことができます。

1 開きたいリンクを右クリックして、

2 <新しいタブで開く>をクリックすると、

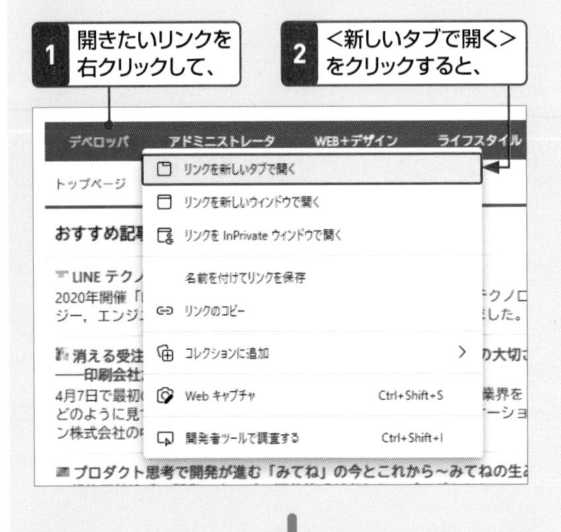

3 新しいタブでリンク先のWebページが開きます。

4 タブをクリックすると、

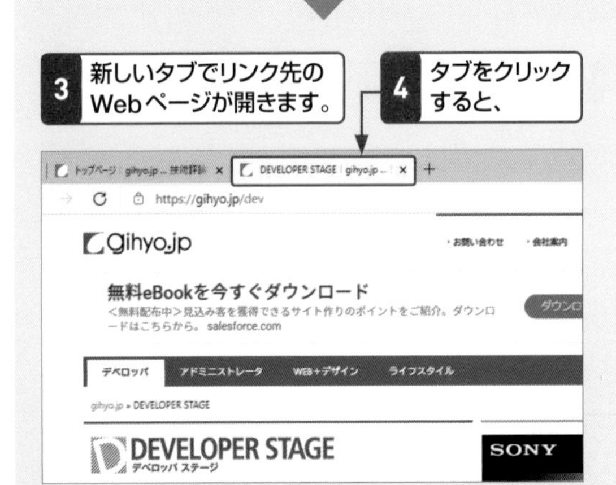

5 リンク先のWebページが表示されます。

Q 204 タブを複製したい!

A 右クリックメニューで<複製>をクリックします。

今閲覧しているWebページを引き続き参照したいが、そのページ内のリンクをたどったり履歴を行き来したりもしたい、というときに役立つのがタブの複製機能です。タブを右クリックし、<複製>をクリックするだけで、同じWebページのタブが作成されます。

タブを複製するとWebページ内のフォームに入力したデータもコピーされるので、応募フォームに情報を入力したあと、入力データが消えないようにタブを複製しておく、といった使い方も可能です。

1 タブを右クリックして、

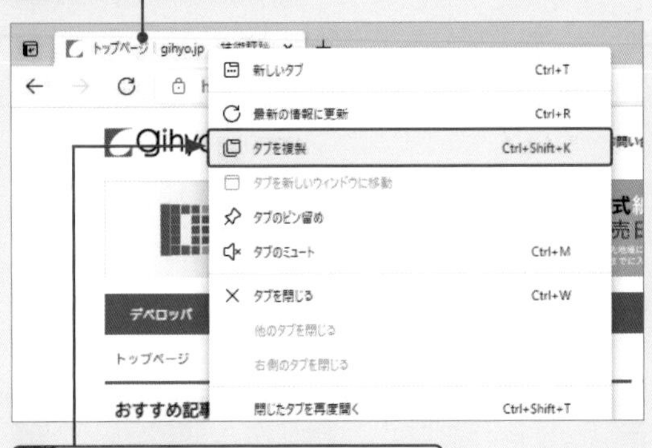

2 <タブを複製>をクリックすると、

3 タブが複製されます。

ブラウザーの操作　重要度 ★★★

Q 205 タブを並べ替えたい！

A タブをドラッグします。

タブを並べ替えたいときは、タブを左右にドラッグします。タブの順番が入れ替わったところでマウスのボタンを放すと、並べ替えが確定します。
なお、タブをドラッグするとき上下方向にドラッグすると、タブが新しいウィンドウで開かれてしまうので注意しましょう。
参照▶Q 207

1 タブをドラッグすると、

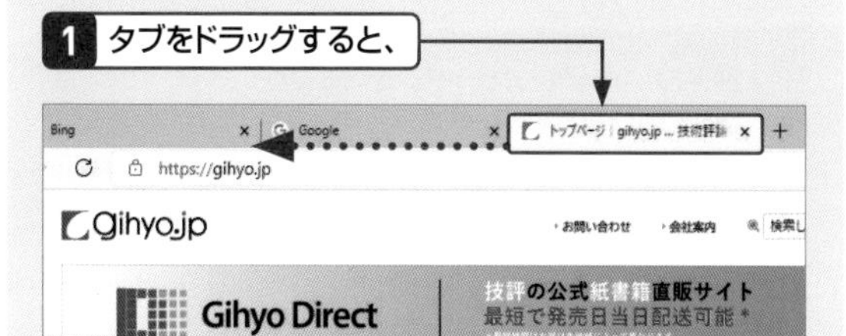

2 順番が入れ替わります。

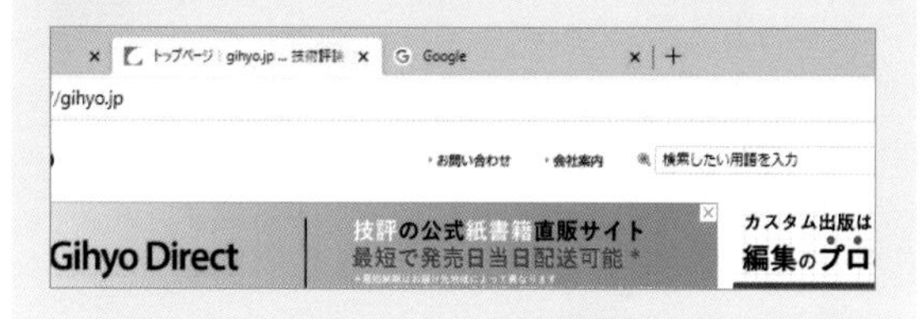

ブラウザーの操作　重要度 ★★★

Q 206 不要になったタブだけを閉じたい！

A <閉じる>をクリックします。

複数のタブを開いていて、不要になったタブだけを閉じたいときは、タブに表示されている<閉じる>×をクリックします。閉じたタブより右にもタブが開かれていた場合は、タブは左に詰めて表示されます。

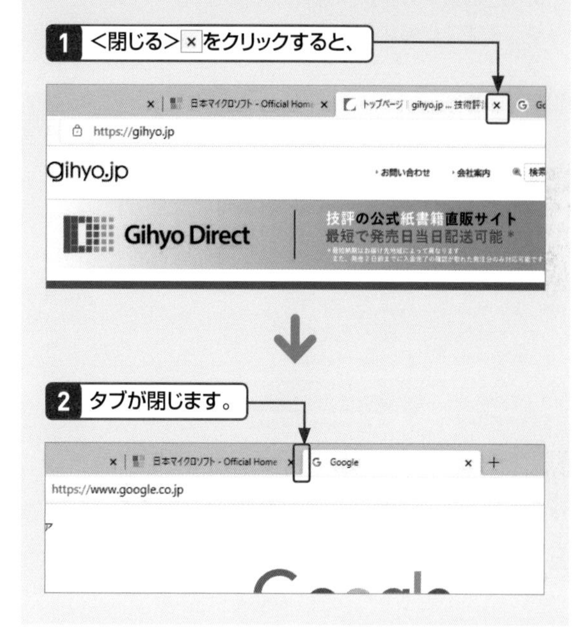

ブラウザーの操作　重要度 ★★★

Q 207 タブを新しいウィンドウで表示したい！

A ドラッグや右クリックメニューで表示できます。

Edgeで表示中のタブは、新しいウィンドウで表示させることが可能です。目的のタブをウィンドウの外へとドラッグすると、新しいウィンドウが開いてそこにタブが表示されます。また、タブの右クリックメニューから<タブを新しいウィンドウに移動>をクリックして表示させることもできます。

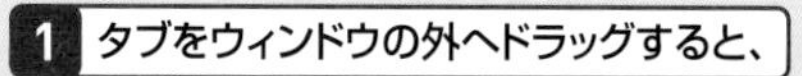

2 新しいウィンドウとして表示されます。

基本
デスクトップ
キーボード・文字入力
インターネット
メール・連絡先
セキュリティ
写真・動画・音楽
OneDrive・スマホ
印刷・周辺機器
アプリ
インストール・設定
テレワーク

Q 208 タブを間違えて閉じてしまった！

A <閉じたタブを再度開く>を利用しましょう。

タブを間違えて閉じてしまったときは、開いているタブを右クリックし、メニューから<閉じたタブを再度開く>をクリックすると、同じWebページをもう一度開くことができます。ただし、タブを閉じた直後でないと<閉じたタブを再度開く>で同じWebページを開くことはできません。

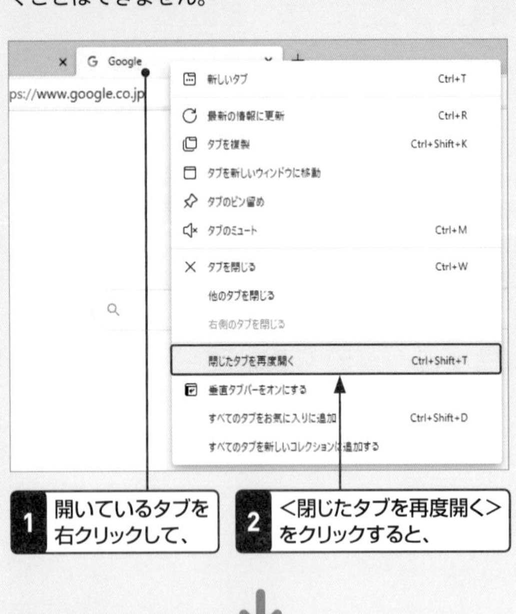

Q 209 タブが消えないようにしたい！

A <タブのピン留め>を利用しましょう。

タブが消えないようにするには、消えないようにしたいタブを右クリックし、<タブのピン留め>をクリックします。タブ一覧の左にタブが固定され、Edgeを閉じて再度開いても、そのタブが再表示されているようになります。

ピン留めを解除するには、タブを右クリックして<ピン留めを外す>をクリックします。

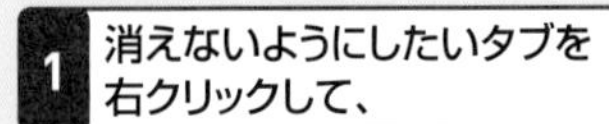

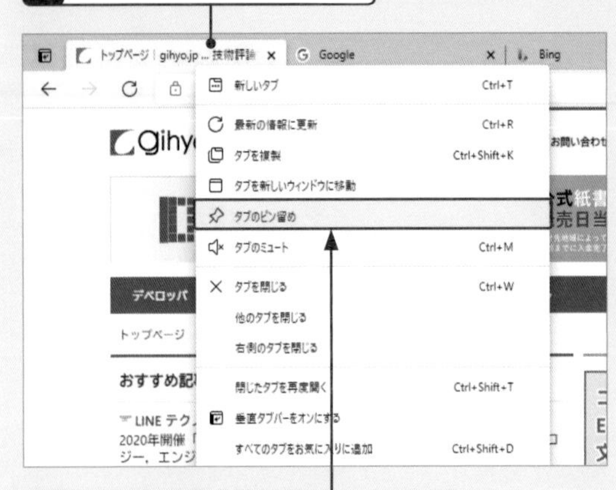

2 <タブのピン留め>をクリックすると、

3 タブがピン留めされ、消えないようになります。

Q 210 新しいタブに表示するサイトをカスタマイズしたい！

A トップサイトを追加しましょう。

Edgeでは、新しいタブを開いたときにいくつかのWebページがトップサイトとして表示され、すぐにそれらのWebページに移動できるようになっています。トップサイトとして表示するWebページは下記の手順で追加することができます。

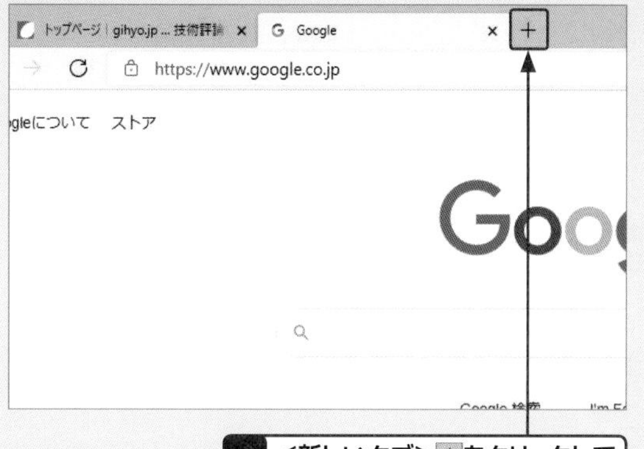

1 <新しいタブ>＋をクリックして新しいタブを開き、

2 <サイトの追加>＋をクリックします。

トップサイトが7つ登録されている場合は、不要なサイトにマウスポインターを合わせて<…>をクリックし、<削除>をクリックします。

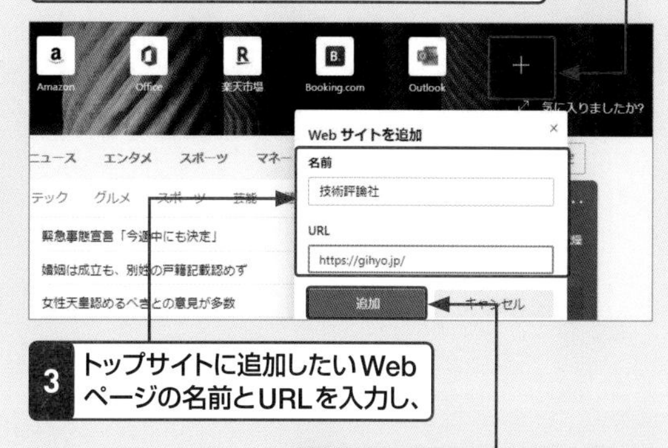

3 トップサイトに追加したいWebページの名前とURLを入力し、

4 <追加>をクリックすると、

5 入力したURLのWebページがトップサイトに追加されます。

Q 211 ファイルをダウンロードしたい！

A リンクをクリックしてダウンロードします。

インターネット上のファイルをダウンロードするには、Webブラウザーで目的のWebページを表示したあと、ダウンロード用のリンクをクリックします。
リンクをクリックすると、画面上部に<ダウンロード>が表示されて、自動的にダウンロードが開始されます。

1 ダウンロード用リンクをクリックすると、

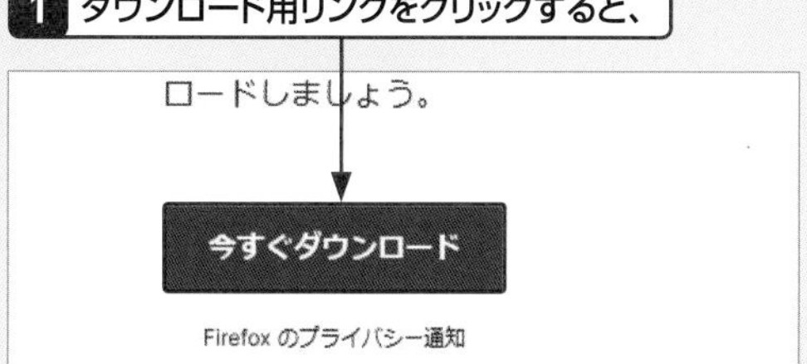

2 <ダウンロード>が表示されて、ダウンロードが始まります。

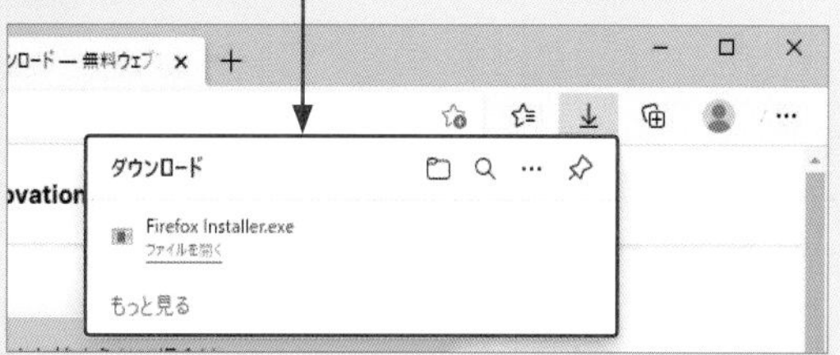

ブラウザーの操作　重要度 ★★★

Q 212 Webページにある画像をダウンロードしたい!

A 画像を右クリックして、メニューから保存します。

Webページに表示されている画像をダウンロードするには、画像を右クリックして、<名前を付けて画像を保存>をクリックします。
なお、インターネット上で公開されている画像は通常、著作権法で保護されています。利用する際は、十分注意しましょう。

1 保存したい画像を表示して右クリックし、

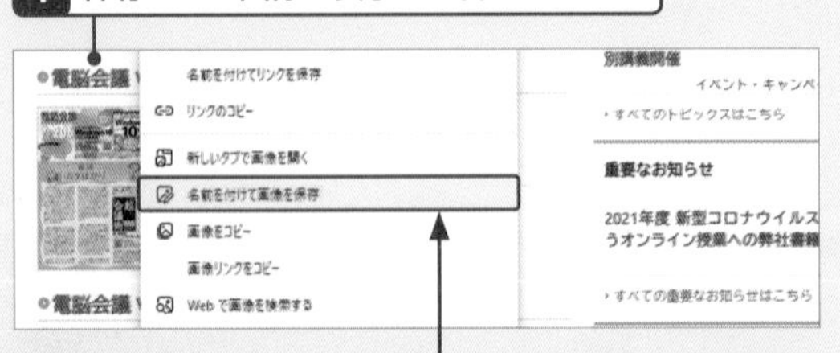

2 <名前を付けて画像を保存>をクリックします。

3 保存先を指定して、

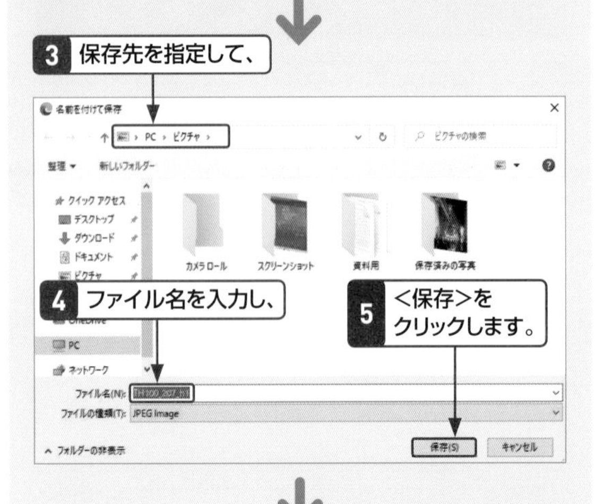

4 ファイル名を入力し、

5 <保存>をクリックします。

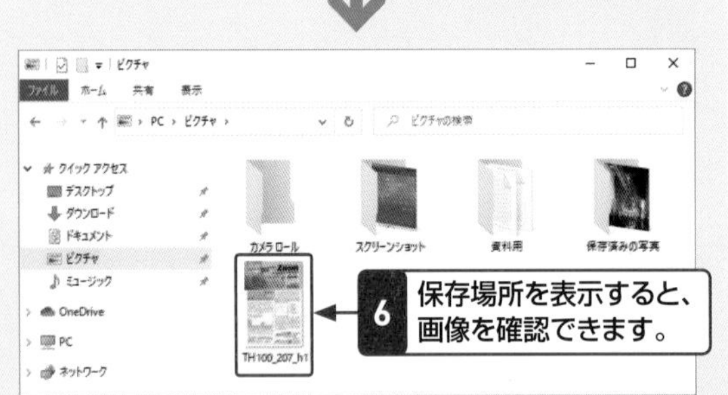

6 保存場所を表示すると、画像を確認できます。

ブラウザーの操作　重要度 ★★★

Q 213 ダウンロードしたファイルをすぐに開きたい!

A ダウンロードが完了したら<ファイルを開く>をクリックします。

ダウンロードしたファイルをすぐに開きたい場合は、<ダウンロード>の<ファイルを開く>をクリックします。対応するアプリが起動して、ファイルを開くことができます。

ダウンロードが完了したら、<ファイルを開く>をクリックします。

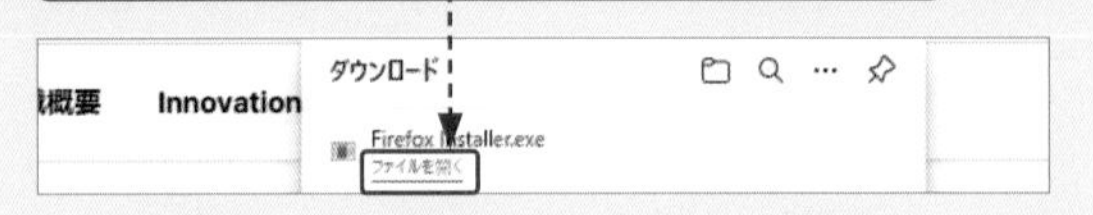

ブラウザーの操作　重要度 ★★★

Q 214 ダウンロードしたファイルはどこに保存されるの?

A <ダウンロード>フォルダーに保存されます。

<名前を付けて保存>を使わずにダウンロードしたファイルやプログラムは、<ダウンロード>フォルダーに保存されます。タスクバーかスタートメニューの<エクスプローラー>をクリックして、<ナビゲーションウィンドウ>の<PC>→<ダウンロード>をクリックしましょう。なお、どこに保存したかわからなくなったファイルは、下の手順でダウンロードの一覧から表示できます。 参照▶Q 090

1 <設定など>→<ダウンロード>をクリックして、ダウンロードの一覧を表示し、

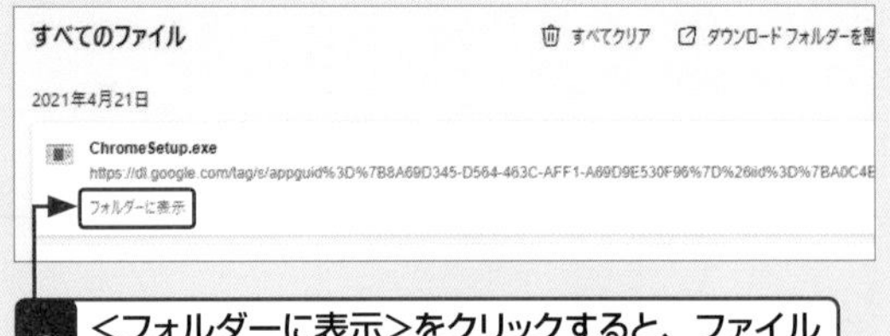

2 <フォルダーに表示>をクリックすると、ファイルを保存したフォルダーが表示されます。

基本 デスクトップ キーボード・文字入力 インターネット メール・連絡先 セキュリティ 写真・動画・音楽 OneDrive・スマホ 印刷・周辺機器 アプリ インストール・設定 テレワーク

Q 215 Webページをスタートメニューに追加したい！

A スタート画面にピン留めします。

Webページをスタートメニューにタイルとして追加しておくと、タイルをクリックしてWebページに直接アクセスすることができます。
Webページをスタートメニューにタイルとして登録するには、目的のWebページをEdgeで表示しておき、<設定など>…をクリックして、<その他のツール>→<スタート画面にピン留めする>をクリックします。ピン留めを解除するには、スタートメニューのタイルを右クリックして、<スタートからピン留めを外す>をクリックします。

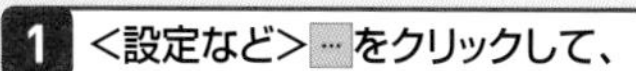

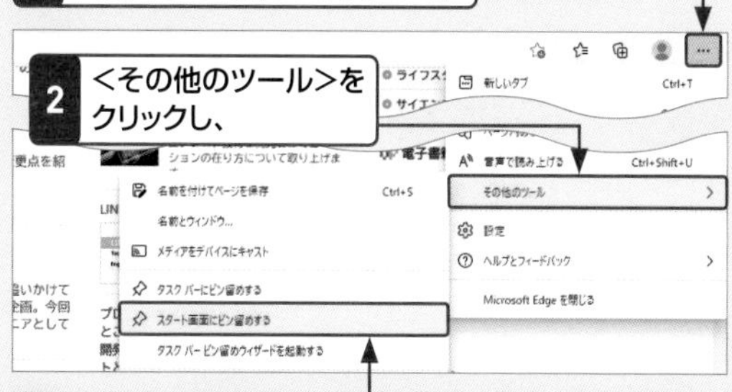

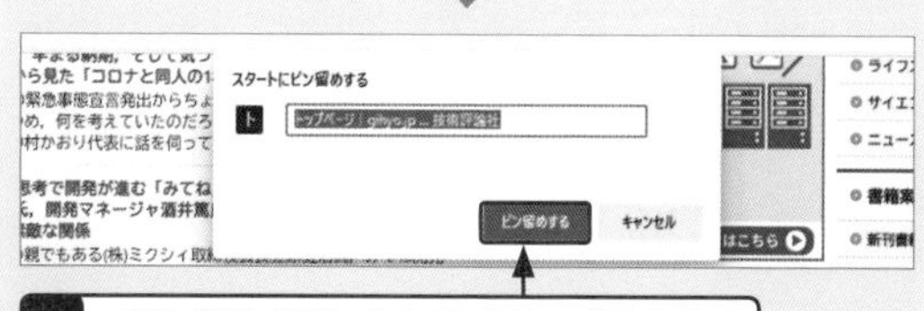

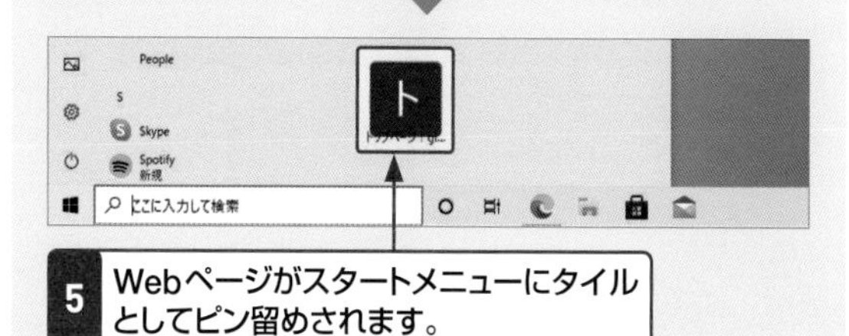

Q 216 Webページをタスクバーに追加したい！

A タスクバーにピン留めします。

Webページはスタートメニューのタイルとしてだけでなく、タスクバーのアイコンとして追加することもできます。スタートメニューに追加する場合に比べて、タスクバーのアイコンをクリックするだけでそのWebページを表示できて便利です。
タスクバーにWebページを追加するには、目的のWebページをEdgeで表示しておき、<設定など>…をクリックして、<その他のツール>→<タスクバーにピン留めする>をクリックします。ピン留めを解除するには、タスクバーのアイコンを右クリックして、<タスクバーからピン留めを外す>をクリックします。

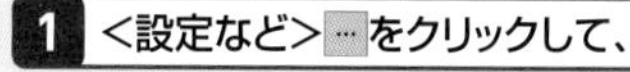

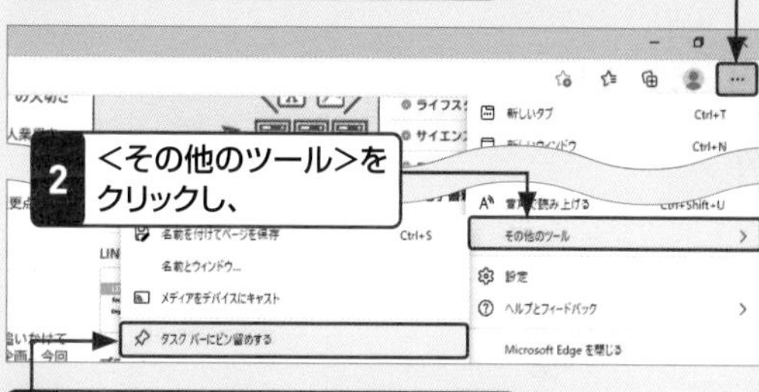

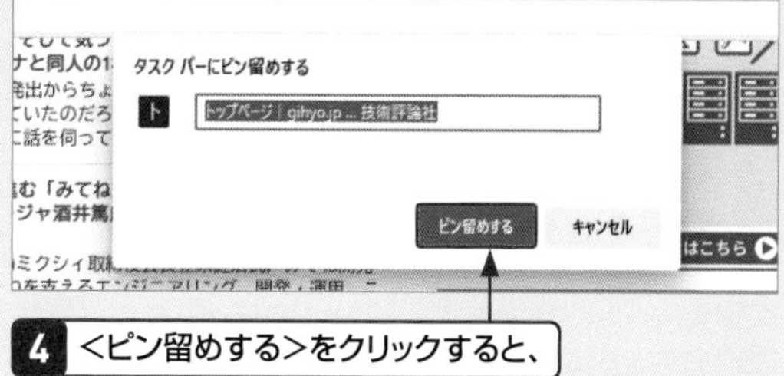

ブラウザーの便利な機能　重要度 ★★★

Q 217 Webページをお気に入りに登録したい!

A 「お気に入り」機能を利用します。

「お気に入り」とは、よく見るWebページを登録しておく場所のことです。Webページをお気に入りに登録しておくと、目的のWebページをすぐに表示することができます。

1 お気に入りに登録したいWebページを表示して、

2 <このページをお気に入りに追加>をクリックします。

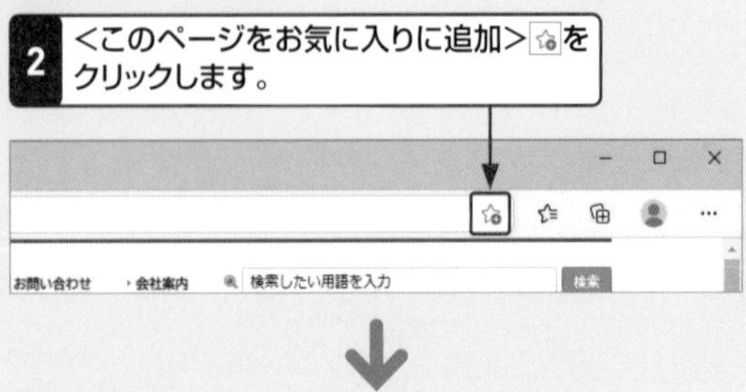

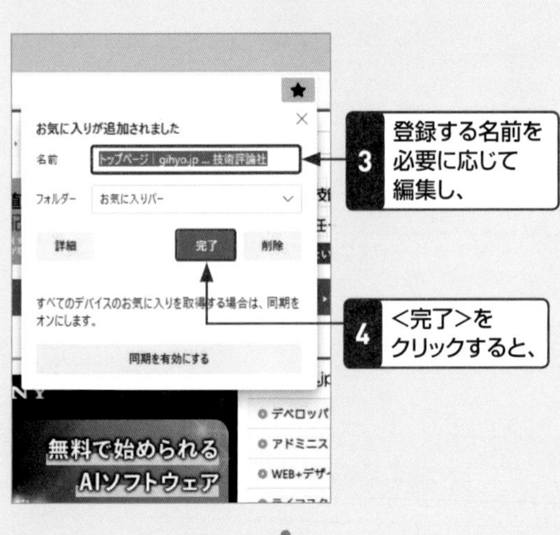

5 Webページが<お気に入り>に登録されます。

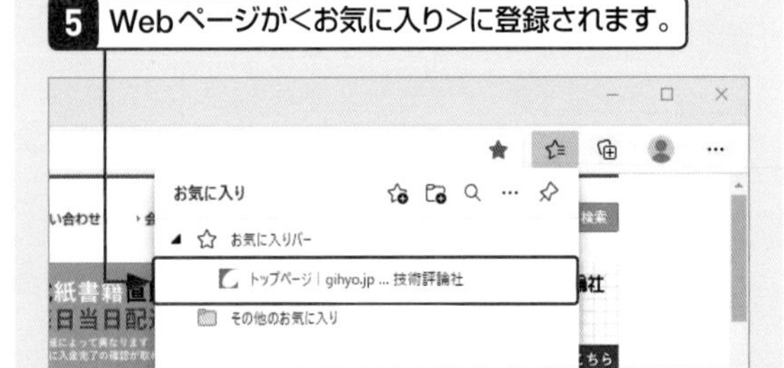

ブラウザーの便利な機能　重要度 ★★★

Q 218 お気に入りに登録したWebページを開きたい!

A ツールバーの<お気に入り>から表示します。

お気に入りに登録したWebページは、ツールバーの<お気に入り>から開くことができます。この方法では、表示中のWebページがお気に入りのWebページに置き換えられますが、以下のように操作することで、新しいタブにお気に入りのWebページを表示できます。

1 <お気に入り>をクリックして、

3 <新しいタブで開く>をクリックすると、

4 お気に入りに登録したWebページが新しいタブに表示されます。

 重要度 ★★★

Q 219 お気に入りを整理するには？

A ドラッグして並べ替えます。

お気に入りを整理するには、対象のお気に入りを目的の場所までドラッグして並べ替えます。
お気に入りが増えてくると、目的のWebページのお気に入りを探すのに時間がかかるようになってしまいます。よく使うお気に入りは、すぐ目に付きクリックしやすいリストの最上部に並べておきましょう。

1 <お気に入り>をクリックして、

2 並べ替えたいものをドラッグし、

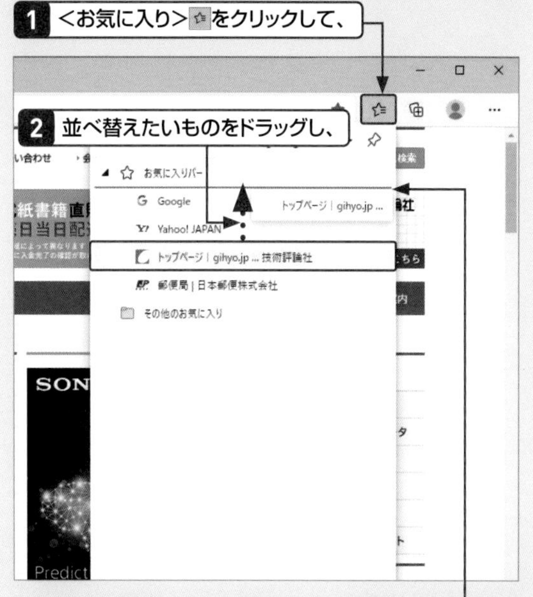

3 目的の位置でマウスのボタンを放すと、

4 お気に入りを並べ替えられます。

ブラウザーの便利な機能 重要度 ★★★

Q 220 フォルダーを使ってお気に入りを整理したい！

A <フォルダーの追加>を実行します。

お気に入りを整理するときは、ジャンル別のフォルダーを作成しておくと便利です。お気に入りでフォルダーを作成するには、お気に入りを表示して<フォルダーの追加>をクリックします。

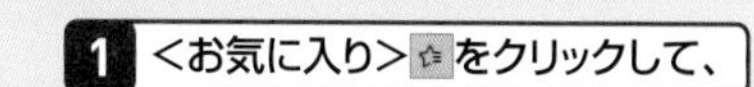

1 <お気に入り>をクリックして、

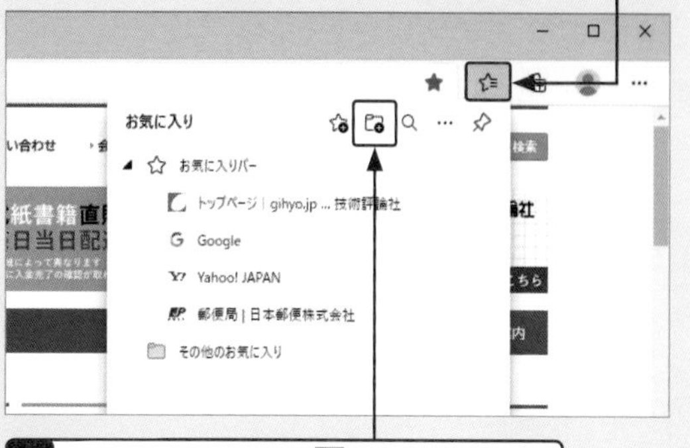

2 <フォルダーの追加>をクリックします。

3 フォルダー名を入力して Enter を押し、フォルダーを作成します。

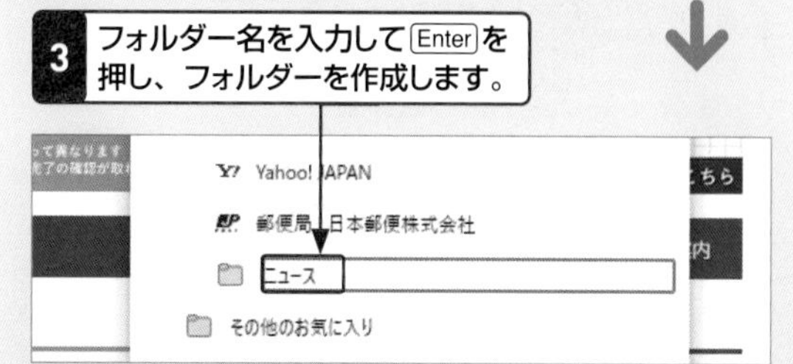

4 お気に入りをフォルダーへドラッグすると、格納されます。

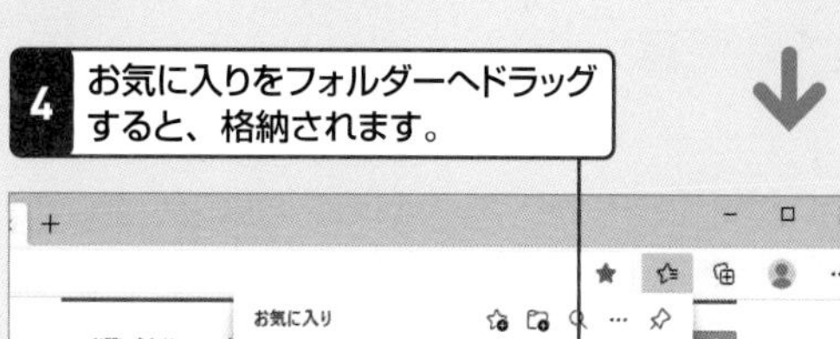

ブラウザーの便利な機能　重要度★★★

Q 221 お気に入りの項目名を変更したい!

A 右クリックメニューから編集します。

お気に入りの項目名は、<お気に入り>画面で名前を変更したいお気に入りを右クリックし、<名前の変更>をクリックすると変更できます。Webページによっては長すぎる項目名が付いているので、短くWebページの内容がわかりやすいものに変更しておくとよいでしょう。

1 <お気に入り>をクリックして、

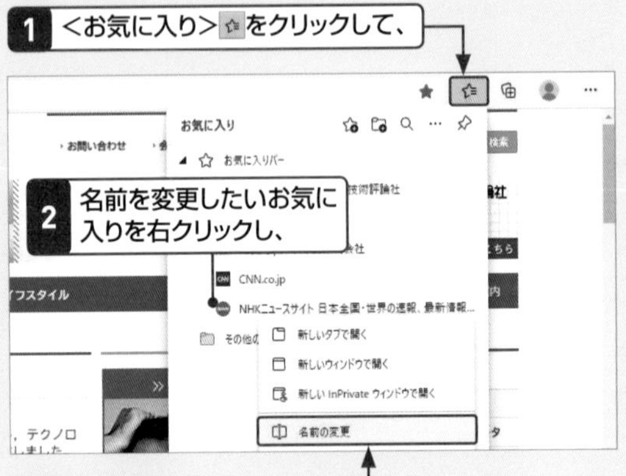

2 名前を変更したいお気に入りを右クリックし、

3 <名前の変更>をクリックします。

4 お気に入りの名前を入力して Enter を押すと、

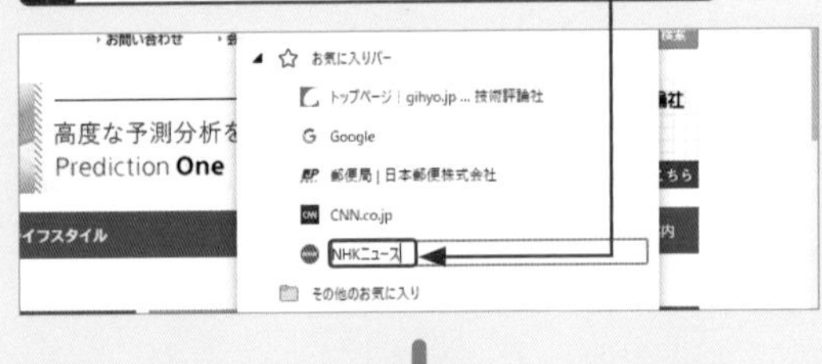

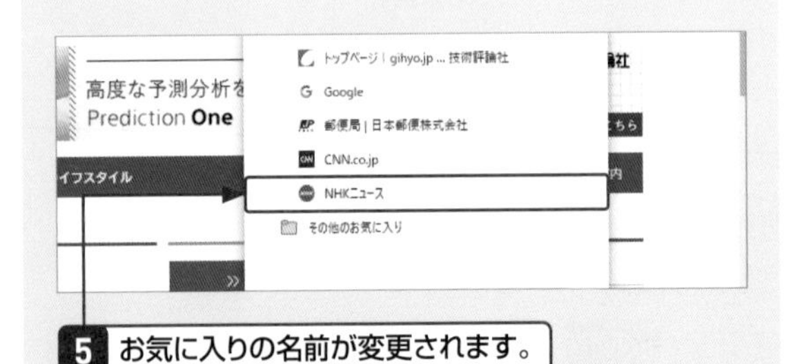

5 お気に入りの名前が変更されます。

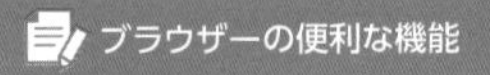

Q 222 お気に入りを削除したい!

A メニューの<削除>から削除できます。

登録したお気に入りを削除するには、まずツールバーの<お気に入り>をクリックします。削除したいWebページ名もしくはフォルダーにマウスポインターを合わせ、右クリックをしてメニューを開きます。表示されたメニューの中の<削除>をクリックすると、項目が削除されます。

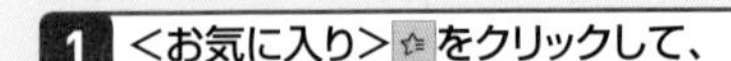

1 <お気に入り>をクリックして、

2 削除したいお気に入りを右クリックし、

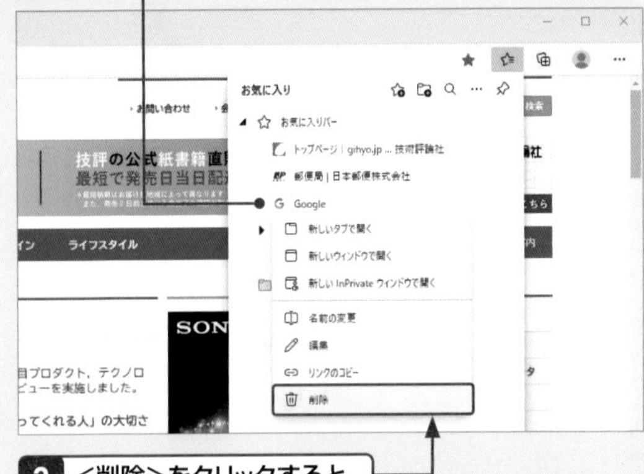

3 <削除>をクリックすると、

4 お気に入りが削除されます。

ブラウザーの便利な機能　重要度 ★★★

Q 223 ほかのブラウザーから お気に入りを取り込める？

A ブラウザーデータのインポートから取り込むことができます。

Edgeには、ほかのブラウザーのお気に入りを取り込む「ブラウザーデータのインポート」機能があります。IEやGoogle Chromeで登録したお気に入りをEdgeでも使いたい場合に利用するとよいでしょう。

1 <設定など> … をクリックして、

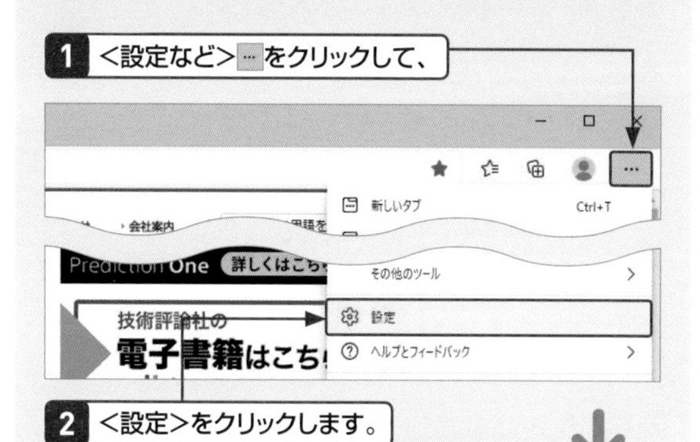

2 <設定>をクリックします。

3 <ブラウザーデータのインポート>をクリックし、

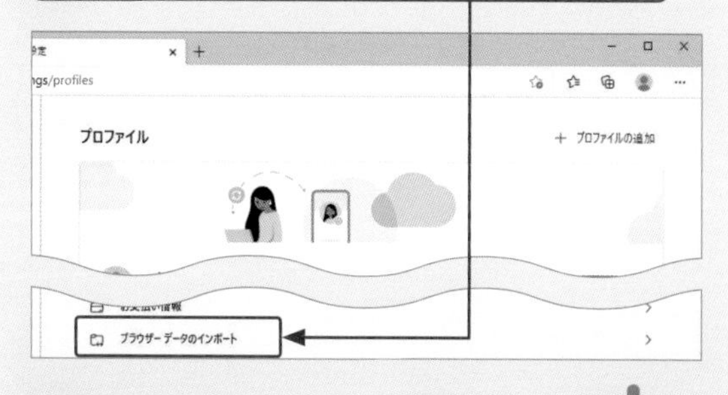

4 インポートするブラウザーを選択して、

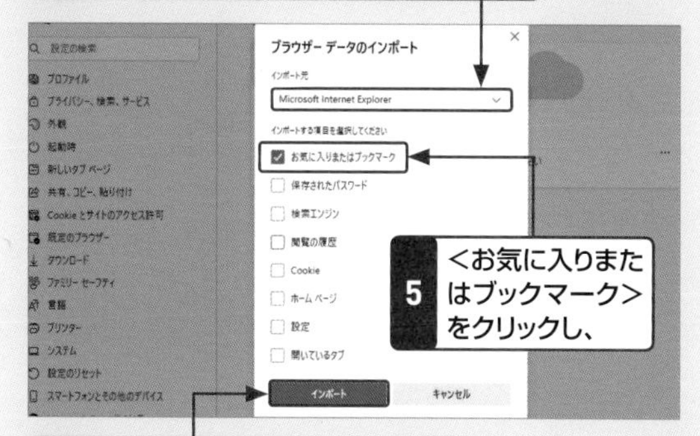

5 <お気に入りまたはブックマーク>をクリックし、

6 <インポート>をクリックします。

ブラウザーの便利な機能　重要度 ★★★

Q 224 お気に入りバーって何？

A お気に入りを並べて表示できるスペースです。

お気に入りバーは、Edgeの画面の上部に表示される、お気に入り専用のスペースです。お気に入りバーに表示されたお気に入りは、クリックしてすぐに開けるので、よく利用するWebページを登録しておくとよいでしょう。
お気に入りバーのお気に入りの右クリックメニューを使うと、新しいタブにWebページを表示させることもできます。

● お気に入りバーからお気に入りを開く

1 お気に入りバーのお気に入りをクリックすると、

2 Webページが表示されます。

Google

● お気に入りバーから新しいタブでお気に入りを開く

1 お気に入りバーのお気に入りを右クリックして、

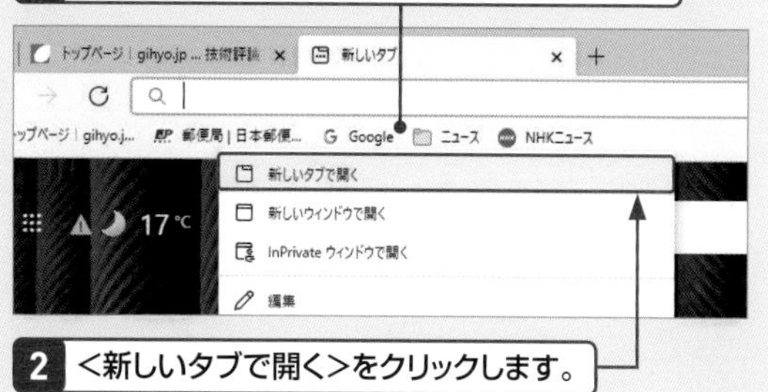

2 <新しいタブで開く>をクリックします。

ブラウザーの便利な機能　重要度★★★

Q225 お気に入りバーを表示したい！

A 常に表示させる設定に変更しましょう。

お気に入りバーは、標準では＜新しいタブ＞を開いたときだけ表示されます。よく使うWebページが多数あるなら、常時お気に入りバーが表示される設定に変更しておくとよいでしょう。
表示設定は、お気に入りバーの右クリックメニューまたは＜設定など＞…→＜お気に入り＞から変更できます。

1 ＜新しいタブ＞＋をクリックして、

2 お気に入りバーを右クリックし、

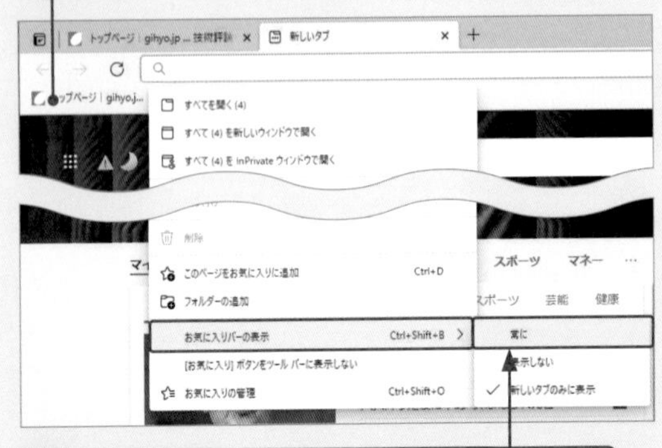

3 ＜お気に入りバーの表示＞にマウスポインターを合わせて、＜常に＞をクリックすると、

4 ほかのWebページを開いたあとでも、お気に入りバーが表示されるようになります。

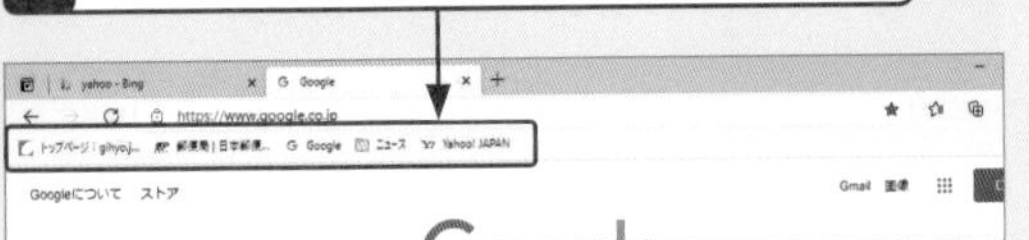

ブラウザーの便利な機能　重要度★★★

Q226 Webページをお気に入りバーに直接登録したい！

A Webページをお気に入りバーにドラッグします。

お気に入りバーには、通常の手順でお気に入りを登録することもできますが、直接Webページをドラッグして登録することもできます。この方法なら、閲覧中のWebページを素早く、お気に入りバーの好きな位置に登録できて便利です。

1 Webページの先頭のアイコンをお気に入りバーへドラッグして、

2 登録したい位置でマウスのボタンを放すと、

3 お気に入りバーにWebページが登録されます。

Q 227 お気に入りバーを整理したい！

A フォルダーを作成してお気に入りをドラッグします。

お気に入りバーに一度に表示できるお気に入りの数には限りがあります。なるべく多くのお気に入りを素早く開けるように、同じようなWebページをまとめるフォルダーを作成しておきましょう。作成したフォルダーにお気に入りを移動させたいときは、ドラッグで操作します。
また、よく使うWebページはアイコンのみを表示させておけば、使用するスペースが少なくて済みます。

● お気に入りバーにフォルダーを作成する

1 お気に入りバーを右クリックして、

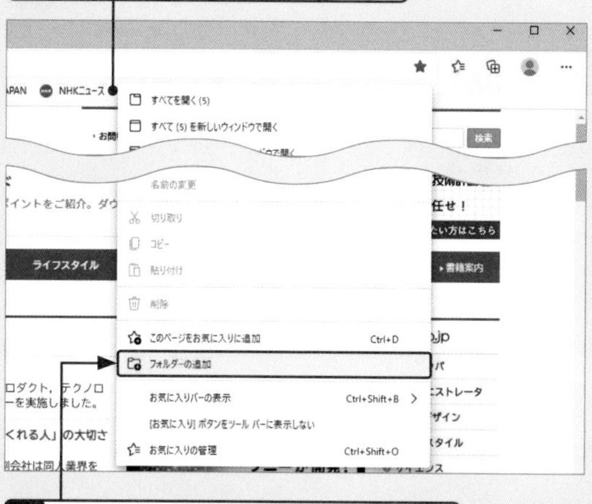

2 <フォルダーの追加>をクリックします。

3 フォルダーの名前を入力して Enter を押すと、

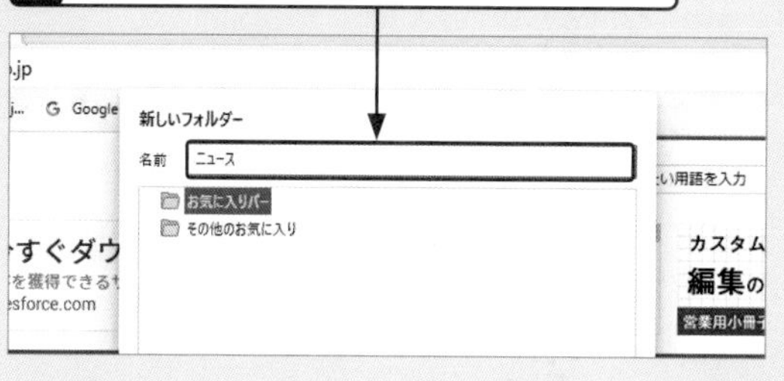

4 フォルダーが作成されます。

● お気に入りをフォルダーに移動する

1 お気に入りをフォルダーへドラッグすると、

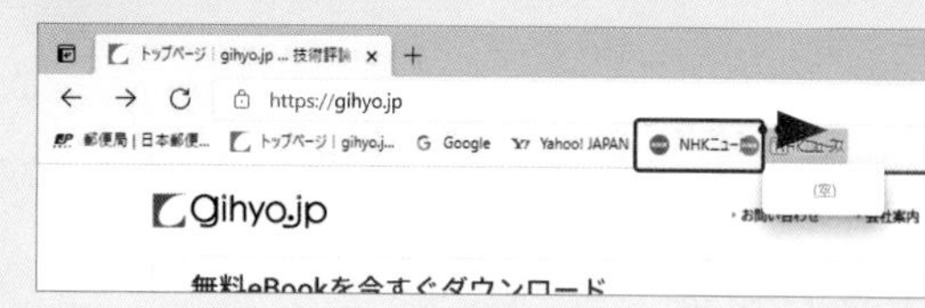

2 お気に入りがフォルダーの中に移動します。

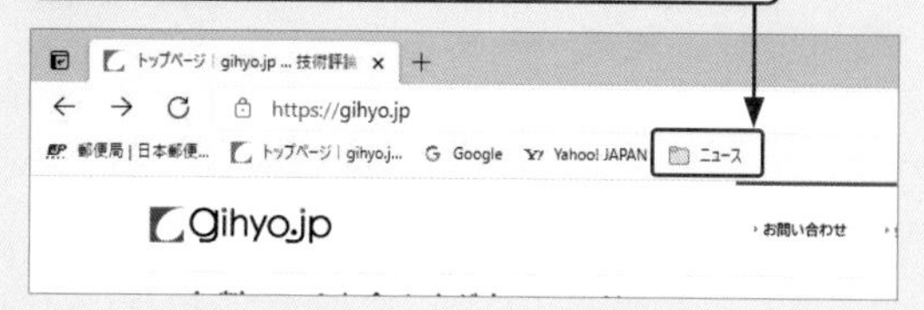

● お気に入りをアイコンのみで表示する

1 お気に入りを右クリックして<編集>をクリックし、

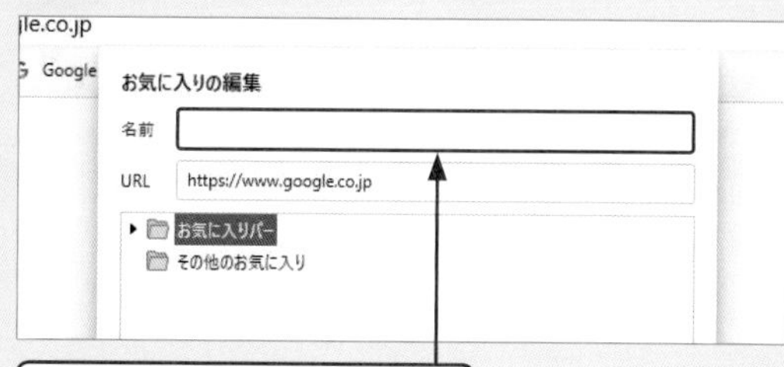

名前を削除して Enter を押すと、

2 お気に入りがアイコンのみで表示されます。

ブラウザーの便利な機能　重要度★★★

Q 228 過去に見たWebページを表示したり探したりしたい！

A ＜履歴＞を利用します。

過去に閲覧したWebページは、Edgeの履歴から簡単に再表示できます。表示するには、＜設定など＞…をクリックして、＜履歴＞をクリックします。履歴は＜最近＞＜昨日＞＜先週＞など、時系列で整列されており、表示したいWebページをクリックすると、そのWebページが表示されます。

1 ＜設定など＞…をクリックして、

2 ＜履歴＞をクリックします。

3 目的のWebページをクリックすると、

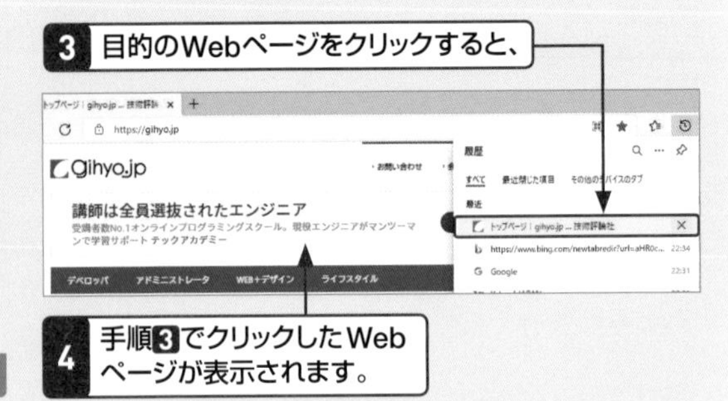

4 手順3でクリックしたWebページが表示されます。

ブラウザーの便利な機能　重要度★★★

Q 229 Webページの履歴を見られたくない！

A 履歴を消去します。

Edgeを使い終わったあと履歴を見られたくない場合は、履歴を消去してしまいましょう。
履歴はメニューからまとめて消去することも、個別に消去することもできます。

● 履歴をまとめて消去する

1 ＜設定など＞…をクリックして、

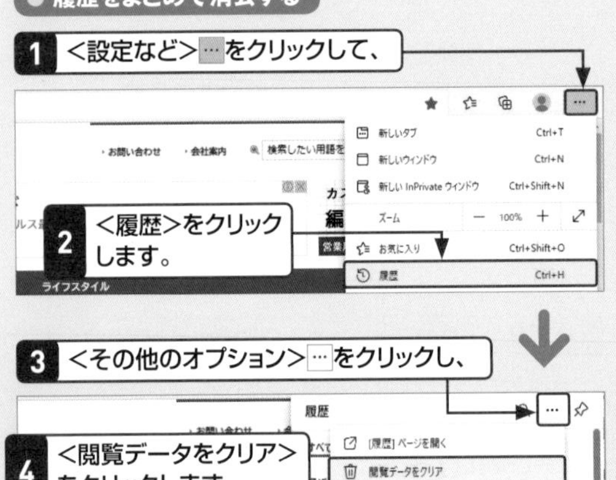

2 ＜履歴＞をクリックします。

3 ＜その他のオプション＞…をクリックし、

4 ＜閲覧データをクリア＞をクリックします。

5 ＜すべての期間＞を選択して、

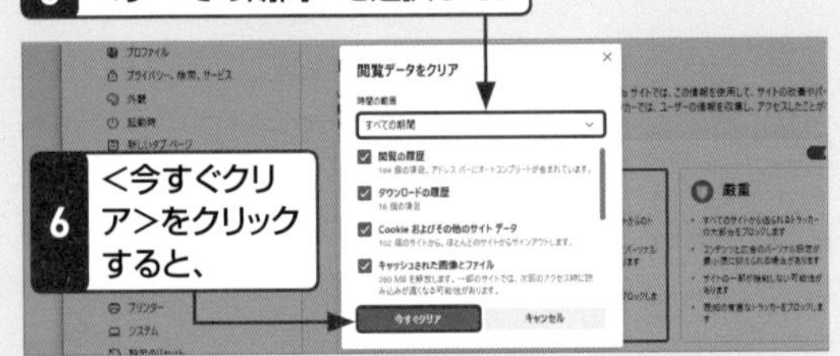

6 ＜今すぐクリア＞をクリックすると、

7 履歴がすべて消去されます。

● 履歴を個別に消去する

1 ＜設定など＞…をクリックして、

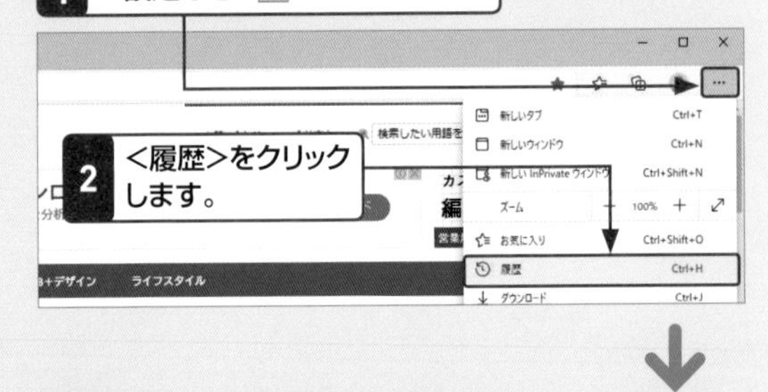

2 ＜履歴＞をクリックします。

3 見られたくない履歴の＜削除＞×をクリックします。

ブラウザーの便利な機能　重要度★★★

Q230 履歴を自動で消去できないの？

A 自動消去するデータで履歴を指定できます。

Edgeを使い終わったとき、履歴を常に消去したい場合は、<設定>の<ブラウザーを閉じるたびにクリアするデータを選択する>を利用しましょう。ここで<閲覧の履歴>をオンにしておけば、Edgeのウィンドウを閉じるたびに履歴が自動的に消去されます。

1 <設定など> … をクリックして、

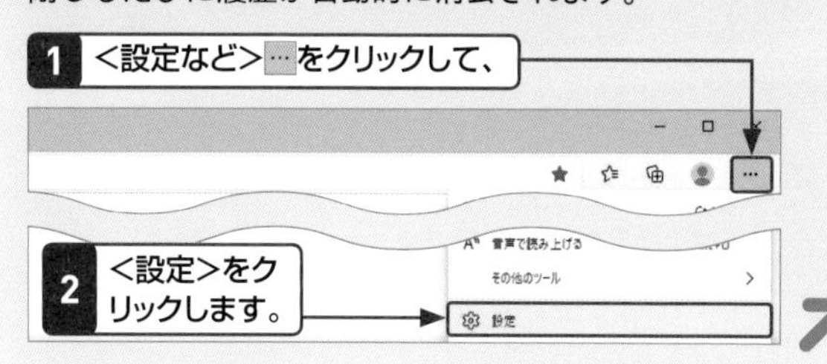

2 <設定>をクリックします。

3 <プライバシー、検索、サービス>をクリックして、

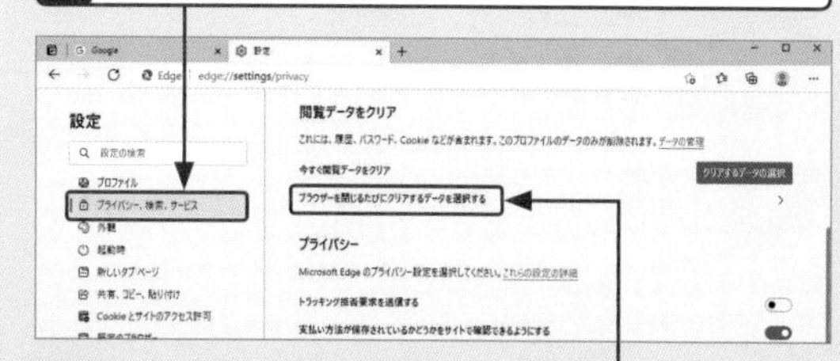

4 <ブラウザーを閉じるたびにクリアするデータを選択する>をクリックします。

5 <閲覧の履歴>をクリックしてオンにします。

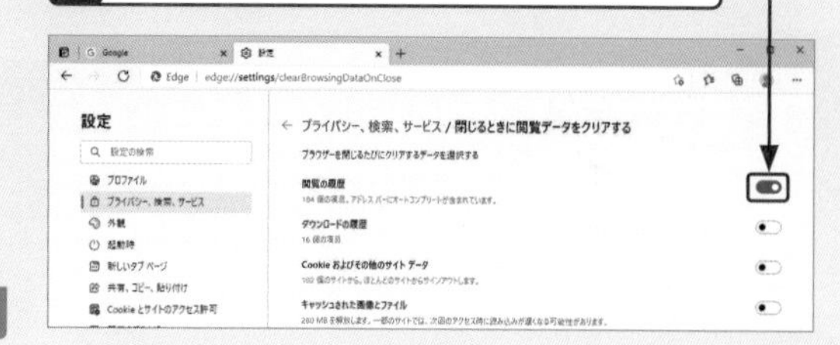

ブラウザーの便利な機能　重要度★★★

Q231 「パスワードを保存しますか？」って何？

A ブラウザーにパスワードを保存します。

Edgeには、一度入力したパスワードを保存し、次回から自動で入力してくれる機能があります。パスワードを保存するときには、「パスワードを保存しますか？」というダイアログが表示されます。

● パスワードを保存する

1 Webページでパスワードを入力後、以下のように表示されたら、

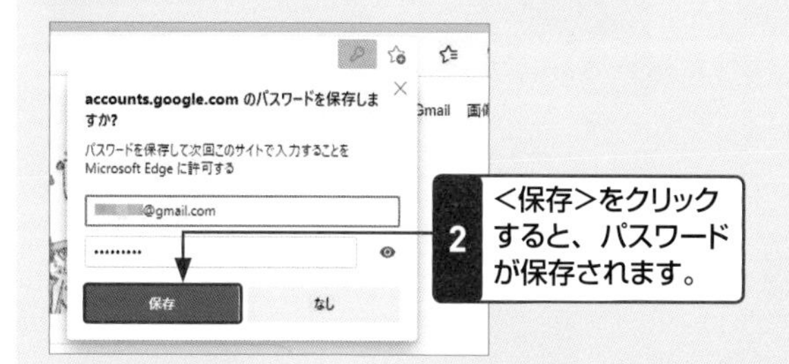

2 <保存>をクリックすると、パスワードが保存されます。

● パスワードを管理する

1 <設定など> … →<設定>の順にクリックして、<パスワード>をクリックすると、

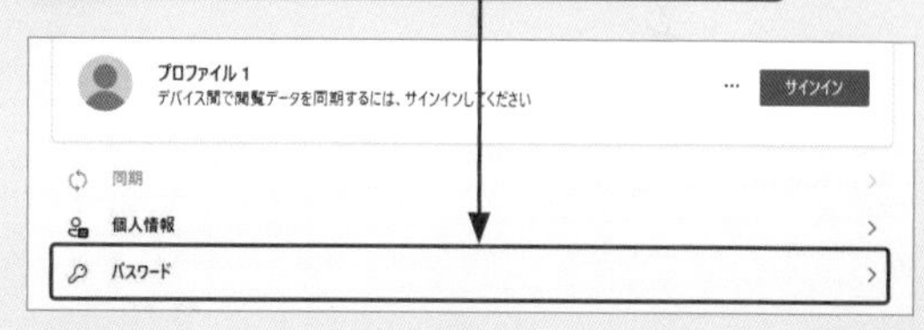

2 保存したパスワードの一覧が表示されます。

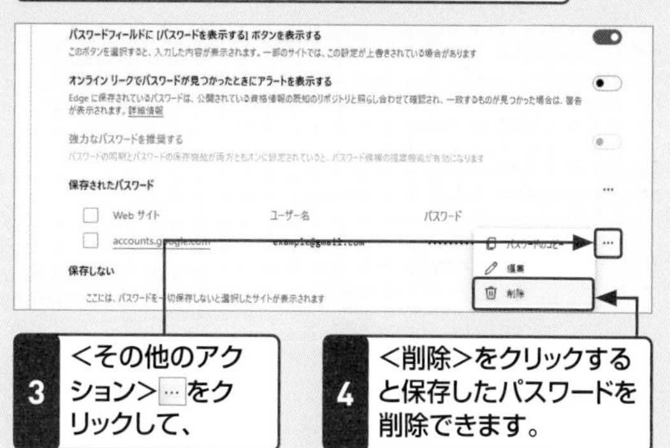

3 <その他のアクション> … をクリックして、

4 <削除>をクリックすると保存したパスワードを削除できます。

ブラウザーの便利な機能　重要度 ★★★

Q 232 Webページを大きく表示したい!

A Webページの表示倍率を変更します。

Webページの表示倍率は変更できます。表示倍率を変更すると、ページ全体が拡大／縮小され、文字の大きさも変わります。この設定は、以降表示するすべてのWebページに反映されます。また、Edgeを終了しても表示倍率の設定は保存されます。
ここで解説した方法のほかに、Ctrlキーを押しながらマウスのホイールを回転することでも表示倍率を変更できます。タッチ操作では、ピンチイン／アウトでも表示倍率を変更できます。 参照▶Q 525

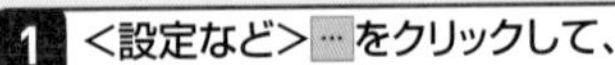
1 <設定など>…をクリックして、

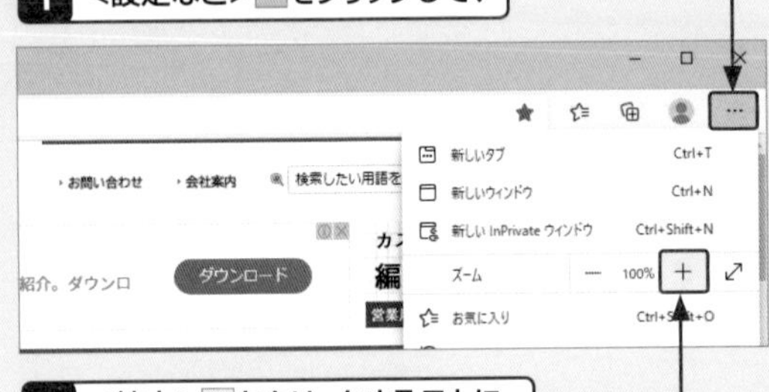

2 <拡大>＋をクリックするごとに、

3 Webページが段階的に拡大表示されます。

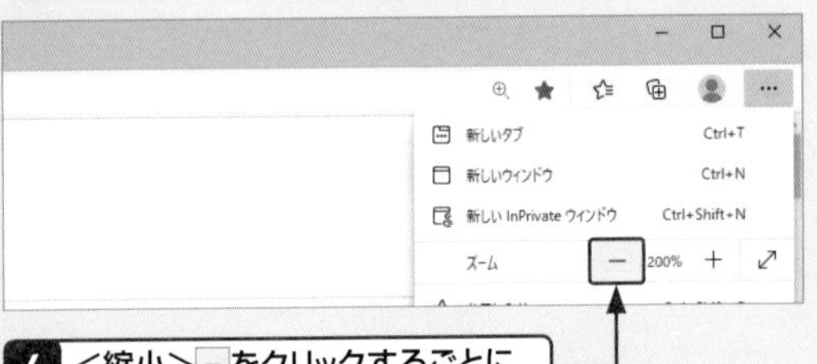

4 <縮小>－をクリックするごとに、

5 Webページが段階的に縮小表示されます。

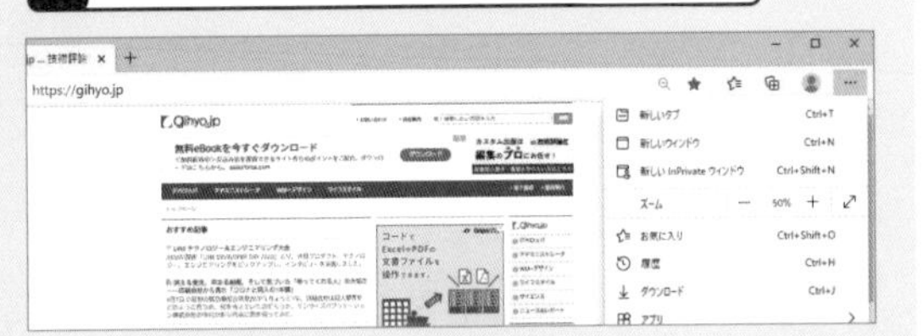

ブラウザーの便利な機能　重要度 ★★★

Q 233 フルスクリーンに切り替えてWebページを広く表示したい!

A F11を押してみましょう。

Webページをもっと大きく表示したり、より多くの文字を一度に表示したりしたい場合は、Edgeのフルスクリーン機能を利用します。フルスクリーンとは、画面上部のアドレスバーやタイトルバー、画面下部のタスクバーを非表示にして、Webページが画面全体に表示されるようになる機能です。フルスクリーンに切り替えるには、EdgeでWebページを表示中にF11キーを押します。元の表示に戻すには、再度F11キーを押します。
また、タブレットモードでは画面を下方向にスワイプすれば、もとの表示に戻ります。
なお、フルスクリーン表示中も、マウスポインターを画面上端付近に移動すればアドレスバーやタブなどが表示され、下端付近に移動すればタスクバーが表示されます。

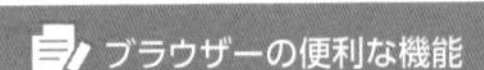
ブラウザーの便利な機能　重要度 ★★★

Q 234 Webページを一部分だけ拡大したい!

A 拡大鏡で見たい部分だけを拡大します。

Webページの一部分だけを拡大して閲覧したいときは、拡大鏡を利用します。最大1600％の拡大が可能なので、文字や画像が小さく表示されるWebページでも内容を確認できます。 参照▶Q 525

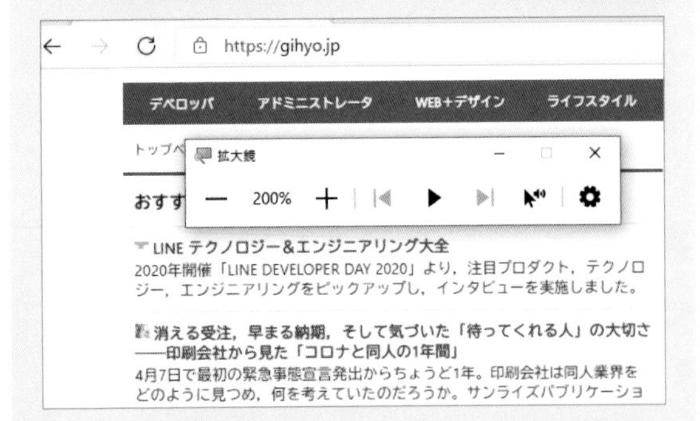

ブラウザーの便利な機能　重要度★★★

Q 235 Webページを印刷したい！

A <印刷>ダイアログボックスから実行します。

Webページを印刷するには、<印刷>ダイアログボックスを表示し、<印刷>をクリックして実行します。

1 印刷したいWebページを表示して、<設定など>…をクリックし、

2 <印刷>をクリックします。

3 使用するプリンターをクリックして、

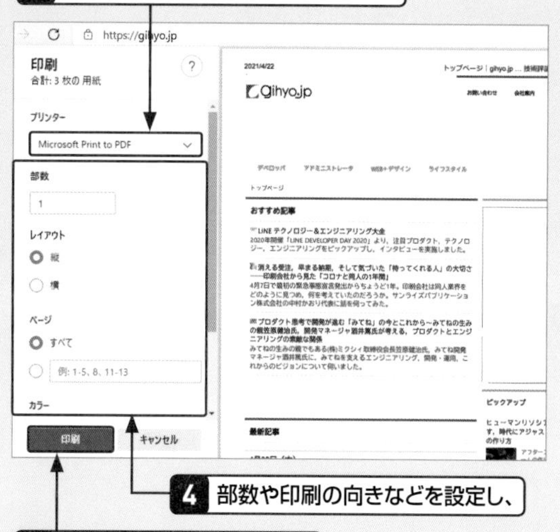

4 部数や印刷の向きなどを設定し、

5 <印刷>をクリックします。

ブラウザーの便利な機能　重要度★★★

Q 236 文字が小さく印刷されて読みにくい！

A 拡大／縮小率を変更して印刷します。

Edgeの初期設定では、Webページを印刷するときに用紙サイズに合わせて横幅を自動縮小してくれます。しかし、Webページのレイアウトによっては、文字サイズが小さくなりすぎ、印刷しても読みづらいことがあります。このような場合は、Webページの拡大／縮小率を印刷前に調整します。

拡大／縮小率は、<印刷>ダイアログボックスの<拡大／縮小>で変更できます。変更結果は画面右のプレビューでリアルタイムで確認できるので、最適なサイズに変更しましょう。

1 <設定など>…→<印刷>をクリックして、

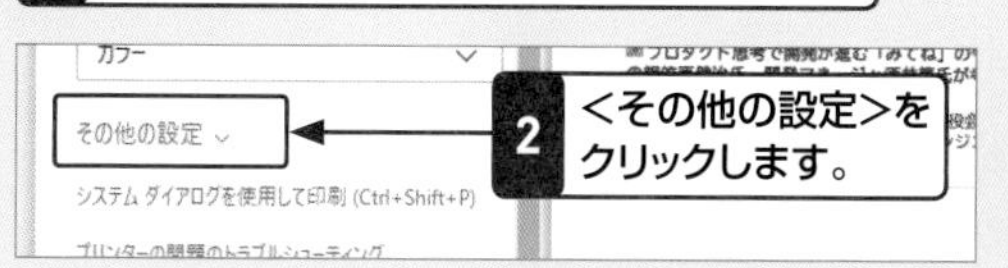

2 <その他の設定>をクリックします。

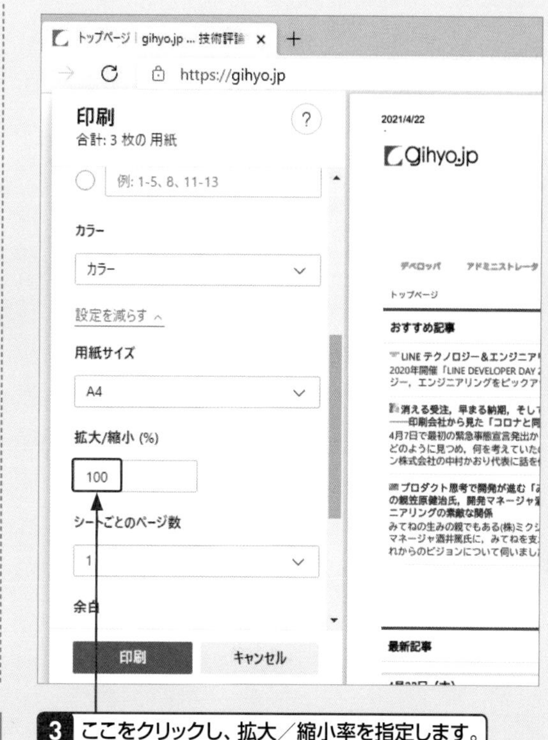

3 ここをクリックし、拡大／縮小率を指定します。

ブラウザーの便利な機能　重要度 ★★★

Q 237 必要のないページは印刷したくない！

A 印刷するページ範囲を指定します。

Webページを印刷する際、ページの下部にある広告や必要のない情報ページを印刷したくない場合があります。このようなときは、印刷プレビューを表示して、ページ数を確認し、印刷範囲をページで指定します。ページの範囲は、たとえば1から3ページまで印刷したい場合は「1-3」のように「-」(ハイフン)でつなげて指定します。また、1ページと3ページを印刷したい場合は、「1,3」のように「,」(カンマ)で区切って指定します。

1 ＜設定など＞…をクリックして、

2 ＜印刷＞をクリックします。

3 ここをクリックして、

4 ページの範囲を指定し、

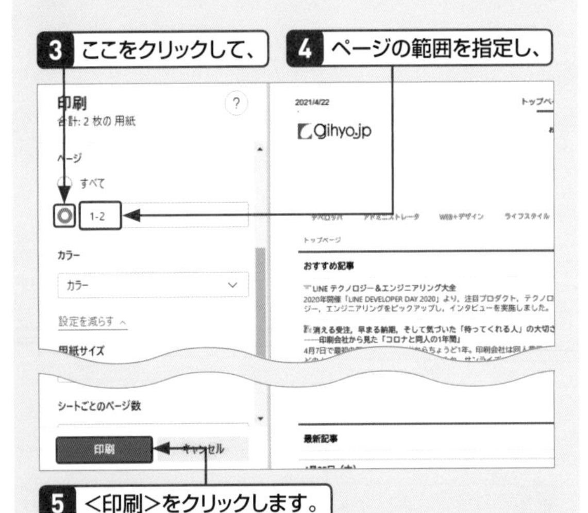

5 ＜印刷＞をクリックします。

ブラウザーの便利な機能　重要度 ★★★

Q 238 読みたい行だけ強調したい！

A 「ページ内の検索」機能を使います。

テキスト量の多いWebページなどで、知りたいトピックについて書かれている部分を素早く見つけるには、「ページ内の検索」機能を使用すると便利です。「ページ内の検索」機能では、画面に表示される＜ページ内の検索＞バーに特定のキーワードを入力すると、そのキーワードに合致する部分がハイライト（強調）されて表示されます。同じキーワードが複数箇所にある場合でも、そのすべてがハイライト表示されます。

1 キーワード検索するWebページを表示して、

2 ＜設定など＞…をクリックし、

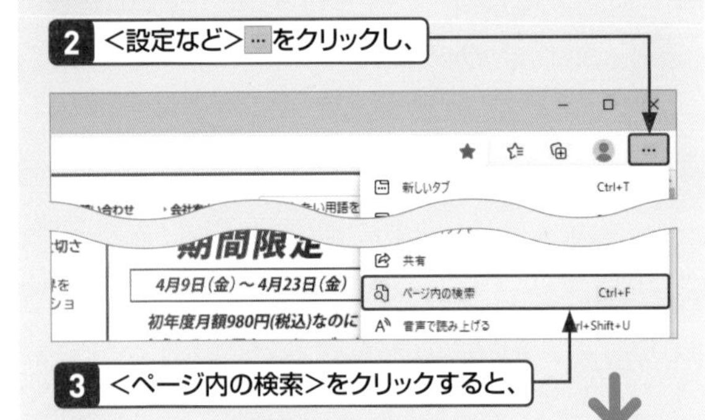

3 ＜ページ内の検索＞をクリックすると、

4 ＜ページ内の検索＞バーが表示されます。

5 キーワードを入力すると、

＜前へ＞^と＜次へ＞vをクリックすると、複数のハイライト箇所を移動できます。検索を終了するときは＜閉じる＞×をクリックします。

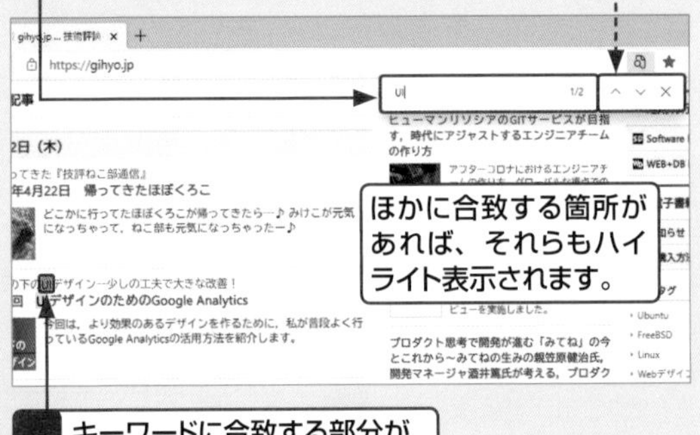

ほかに合致する箇所があれば、それらもハイライト表示されます。

6 キーワードに合致する部分がハイライト表示されます。

Q 239 PDFって何？

A インターネット上で配布され、ブラウザーで閲覧可能な文書形式です。

PDF(Portable Document Format)は、文書ファイル形式の一種で、その文書を作成したアプリにかかわらず、あらゆる環境で体裁を維持して表示できるため、官公庁の書類や製品マニュアルなどの多くで採用されています。PDFはインターネット上で配布されていることも多く、専用リーダーのほかEdgeをはじめとするブラウザーでも閲覧できます。

Edgeには、PDFを閲覧するだけでなく、内容を音声で読み上げたり、PDFをファイルとしてダウンロードしたりする機能が備わっています。

● PDFファイルを閲覧する

PDFファイルは、Edgeをはじめとするブラウザーで閲覧することができます。

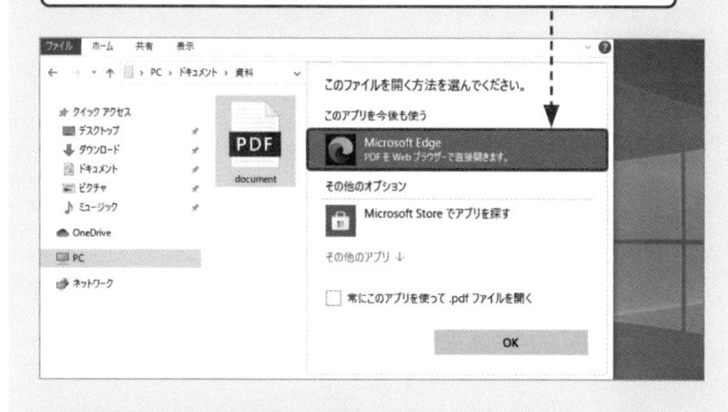

● Edge で PDF を閲覧する

PDFのリンクをクリックすると、PDFをEdgeで閲覧できます。

閲覧しているページ番号が表示されます。

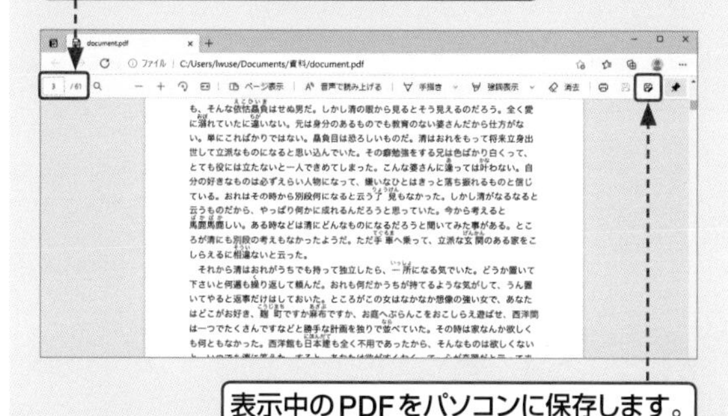

表示中のPDFをパソコンに保存します。

Q 240 PDFの表示サイズを変えたい！

A PDFツールバーの<拡大><縮小>をクリックします。

EdgeでPDFを表示している間は、アドレスバーの下にPDFツールバーが表示されます。PDFツールバーにはPDFを操作するためのさまざまな機能が用意されていますが、PDFの表示サイズを変えたい場合は、<拡大>や<縮小>をクリックします。<拡大>をクリックするごとにPDFの内容は拡大され、<縮小>のクリックで縮小表示になります。なお、拡大はCtrlキーと+キー、縮小はCtrlキーと−キーをそれぞれ同時に押すことでも実行できます。また、タッチスクリーンを搭載したパソコンを使っている場合は、画面上をピンチアウト（2本指を広げるように動かす）で拡大、ピンチイン（2本指を閉じるように動かす）で縮小になります。

1 PDFをEdgeで表示して、

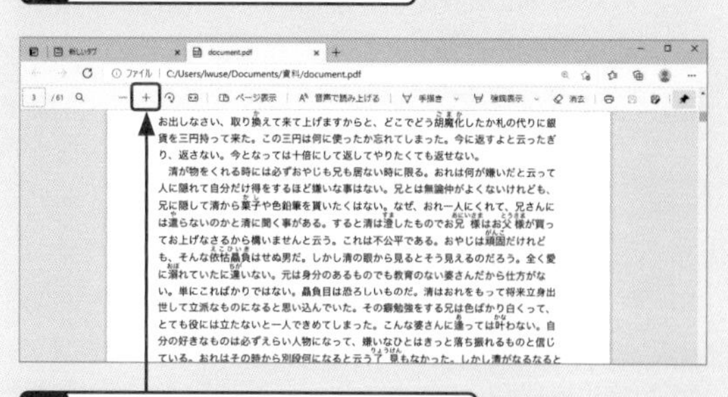

2 PDFツールバーの<拡大>を数回クリックすると、

3 PDFが拡大表示されます。

PDF上をドラッグするとスクロールできます。

Webページの検索と利用 重要度 ★★★

Q 241 Webページを検索したい!

A アドレスバーや検索エンジンを利用します。

目的のWebページを検索するには、アドレスバーを利用すると便利です。アドレスバーを利用すると、表示しているWebページに関係なく、いつでも手軽に検索が行えます。

● アドレスバーを利用する

1 アドレスバーにキーワードを入力して、

2 Enter を押すと、

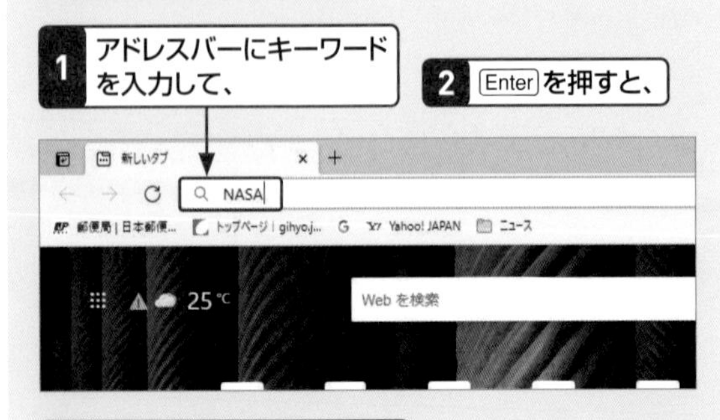

3 検索結果が表示されます。

● 検索エンジンを利用する

「検索エンジン」(「検索サイト」ともいいます)は、インターネット上にあるさまざまな情報を検索するためのWebサイトおよびシステムのことです。検索エンジンには、Bing、Google、Yahoo! JAPANなど、複数の種類がありますが、ここでは、Google(https://www.google.co.jp)を利用して検索してみましょう。

1 検索ボックスにキーワードを入力して、

2 <検索>をクリックすると、

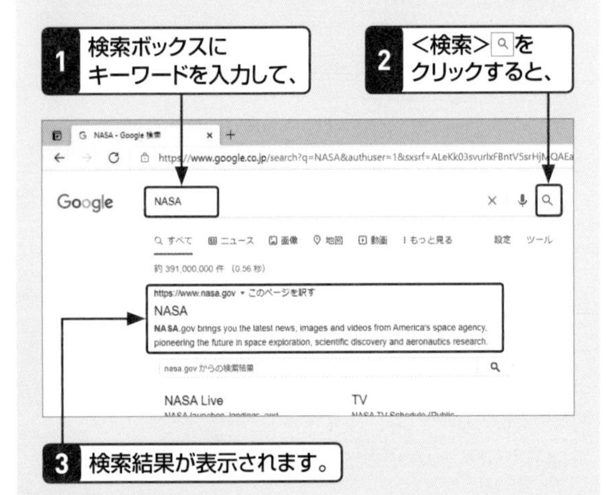

3 検索結果が表示されます。

Webページの検索と利用 重要度 ★★★

Q 242 検索エンジンをGoogleに変更したい!

A <設定>から変更します。

Edgeでは、アドレスバーにキーワードを入力すると、Webページを検索できます。このとき、初期設定では検索エンジンにBingが使われます。そのほかの検索エンジンを使いたい場合は、<設定>から変更できます。

1 <設定など> … →<設定>をクリックして、

2 <プライバシー、検索、サービス>をクリックし、

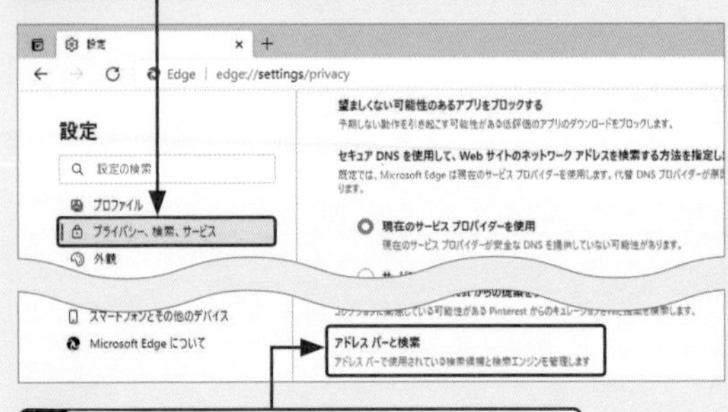

3 <アドレスバーと検索>をクリックして、

4 ここをクリックします。

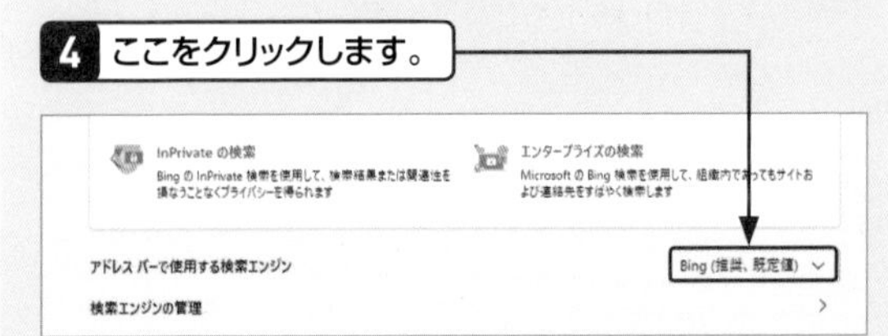

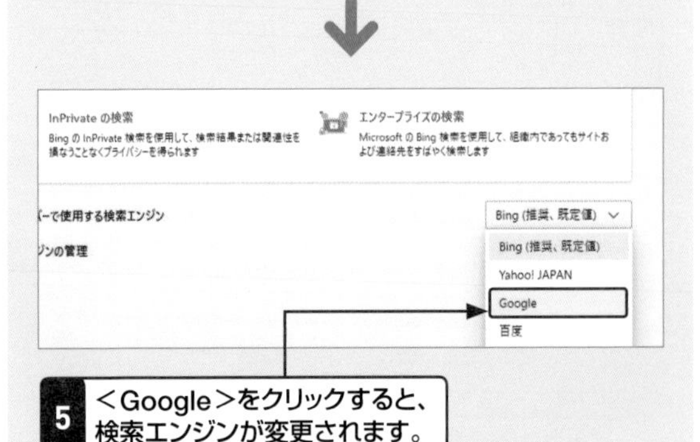

5 <Google>をクリックすると、検索エンジンが変更されます。

Q243 複数のキーワードでWebページを検索したい！

A キーワードをスペースで区切って入力しましょう。

検索結果が多すぎて目的のページを見つけにくい場合は、複数のキーワードを入力して検索すると、そのすべてが含まれるWebページを優先して検索するため、結果を絞り込むことができます。複数のキーワードを入力する場合は、キーワードを半角または全角のスペースで区切ります。
なお、以降Q248まではGoogleを利用しての検索を紹介していますが、ほかの検索サービスでは利用できない場合があります。

1 「世界遺産」だけをキーワードにすると、

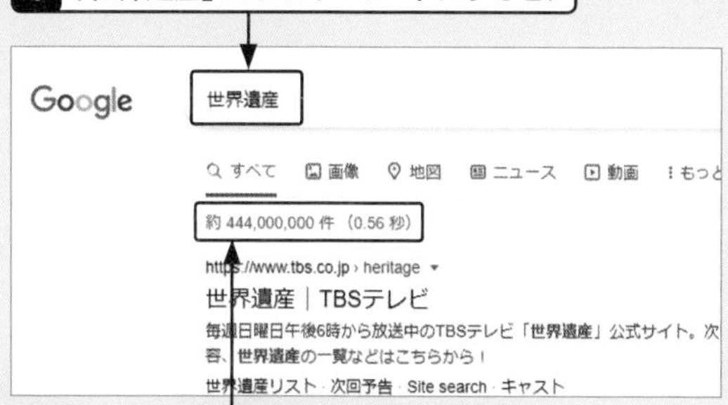

2 多くの検索結果が表示され、目的の情報を見つけづらくなってしまいます。

3 スペースで区切って「日本」「白神」をキーワードに加えると、

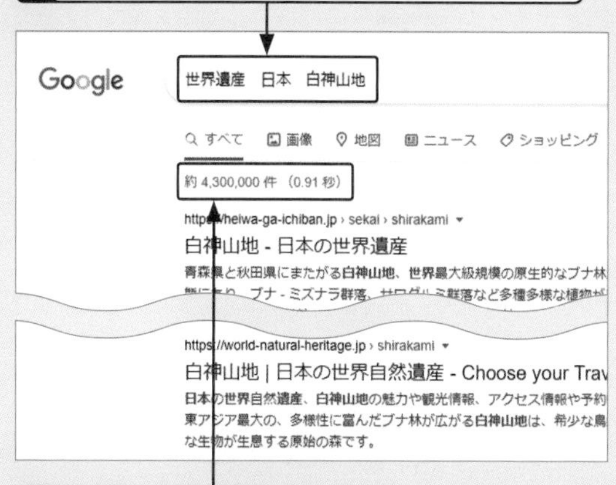

4 検索結果が絞り込まれました。

Q244 キーワードのいずれかを含むページを検索したい！

A キーワードの区切りに「OR」か「|」を入力します。

複数のキーワードで検索すると、通常はそのすべてを含むページが検索されます。複数のキーワードのいずれかを含むページを検索したいときは、区切りに半角大文字の「OR」を入力します。このとき、「OR」の前後には半角または全角スペースを入力します。
また、「OR」の代わりに半角の「|」(パイプ)を入力してキーワードを区切っても、同様の結果になります。

1 「東京タワー 東京スカイツリー」で検索すると、

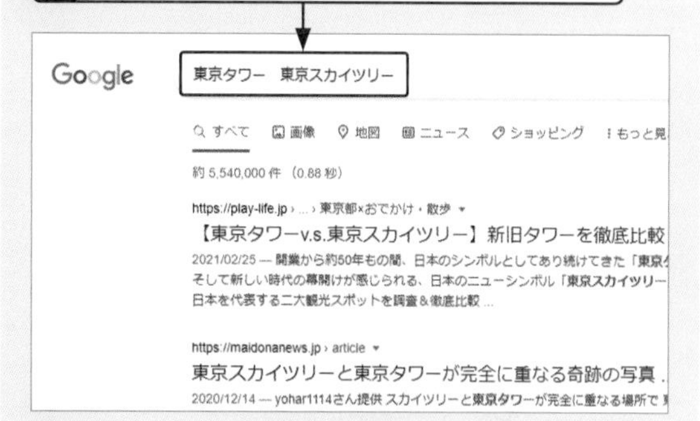

2 「東京スカイツリー」と「東京タワー」を含むページが検索されます。

3 「東京スカイツリー OR 東京タワー」で検索すると、

4 「東京スカイツリー」あるいは「東京タワー」を含むページが検索されます。

Q245 特定のキーワードを除いて検索したい！

A 除外するキーワードを指定して検索します。

検索によって多くのページがヒットする可能性が高い場合は、除外するキーワードを指定して検索する「マイナス検索」を利用しましょう。マイナス検索では、検索したいキーワードのあとに「-」(半角のマイナス記号)を入力してから、検索結果から除外したいキーワードを入力します。なお、「-」の前には半角または全角のスペースを入力しておく必要があります。

1 「ワールドカップ」で検索すると、

Google　ワールドカップ
すべて　ニュース　動画　画像　ショッピング　もっと見
約 74,800,000 件 (1.02 秒)
https://ja.wikipedia.org › wiki › FIFAワールドカップ
FIFAワールドカップ - Wikipedia
トップニュース

2 あらゆる種目のワールドカップに関するページが検索されます。

3 「ワールドカップ　-サッカー」で検索すると、

Google　ワールドカップ -サッカー
すべて　ニュース　動画　画像　地図　もっと見る
約 60,100,000 件 (0.46 秒)
https://www.asahibeer.co.jp › sd_rugbyworldcup_120
アサヒスーパードライ「ラグビーワールドカップ2023 ...
https://rugby-rp.com › category › worldcup
ワールドカップ | ラグビーリパブリック

4 サッカー以外のワールドカップに関するページが検索されます。

Webページの検索と利用　重要度★★★

Q246 長いキーワードが自動的に分割されてしまう！

A キーワードの前後を「"」で囲んで検索します。

検索エンジンでは、複数の言葉で構成されたキーワードは、単語ごとに分解して検索されます。
長めのフレーズそのものを検索したい場合は、そのフレーズを「"」(ダブルクォーテーション)で囲んで検索します。このとき「"」は全角でも半角でもかまいません。このような検索方法を「完全一致検索」といいます。

1 長めのキーワードで検索すると、

Google　いかの塩辛を手作りする
すべて　画像　ショッピング　動画　ニュース　もっと見
約 3,360,000 件 (0.87 秒)
https://www.sirogohan.com › recipe › siokara
手作りがうまい！イカの塩辛のレシピ/作り方：白ごはん.com

https://mi-journey.jp › ... › レシピ
自家製イカの塩辛。プロ直伝のテクニックで臭みなし ...

2 単語ごとに分解されて検索されてしまいます。

3 キーワードの前後を「"」で囲んで検索すると、

Google　"いかの塩辛を手作りする"
すべて　画像　ショッピング　動画　ニュース　もっと見
約 1 件 (0.59 秒)
http://www.ajiwai.com › otoko › make › kimu_fr
キムチの作り方（男の趣肴HP）fr - 男の趣肴ホームページ
"いかの塩辛を手作りする" の画像検索結果

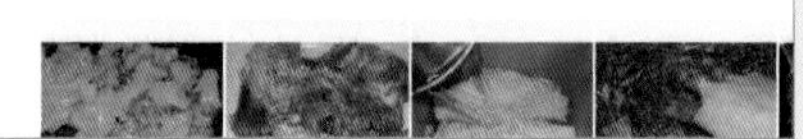

4 キーワードが分解されずに検索されます。

基本　デスクトップ　キーボード・文字入力　インターネット　メール・連絡先　セキュリティ　写真・動画・音楽　OneDrive・スマホ　印刷・周辺機器　アプリ　インストール・設定　テレワーク

Webページの検索と利用　重要度★★★

Q 247 天気を調べたい！

A アドレスバーで検索しましょう。

天気などを調べたいときは、たとえば「東京の天気」などとアドレスバーに入力すると、調べたい情報がすぐに見つかります。

1 アドレスバーに「東京の天気」と入力すると、

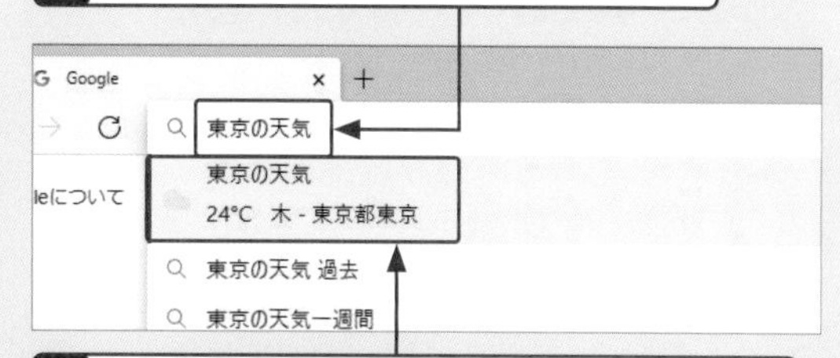

2 すぐに東京の天気が表示されます。ここをクリックすると、さらに詳しい天気を確認できます。

Webページの検索と利用　重要度★★★

Q 248 電車の乗り換えを調べたい！

A 乗換案内を利用します。

Googleには、電車の路線を検索する乗換案内サービスが用意されています。電車の路線を検索するには、キーワードに「(出発駅名)から(到着駅名)」を入力するか、「乗り換え　(出発駅名)(到着駅名)」などと入力して検索すると、検索結果の上部に乗換案内へのリンクが表示されます。また、「路線検索」で検索する方法もあります。

1 キーワードに「(出発駅名)から(到着駅名)」を入力して、

2 ここをクリックすると、

3 乗換案内の検索結果が上部に表示されます。

4 ここでは、地図をクリックすると、

5 ルートが一覧で表示されます。

地図の上にもルートが表示されます。

Webページの検索と利用　重要度★★★

Q 249 「○○からのポップアップをブロックしました」と表示された！

A 意図しない広告などを非表示にしたというメッセージです。

Edgeの初期設定では、ポップアップブロック機能が有効になっています。ポップアップとは、別ウィンドウで表示されるWebページのことで、意図せずに表示される広告によく使われていました。
ポップアップを検知してブロックすると、アドレスバーにアイコンが表示されます。ポップアップがサービスの利用などに必要な場合は、表示を許可しましょう。

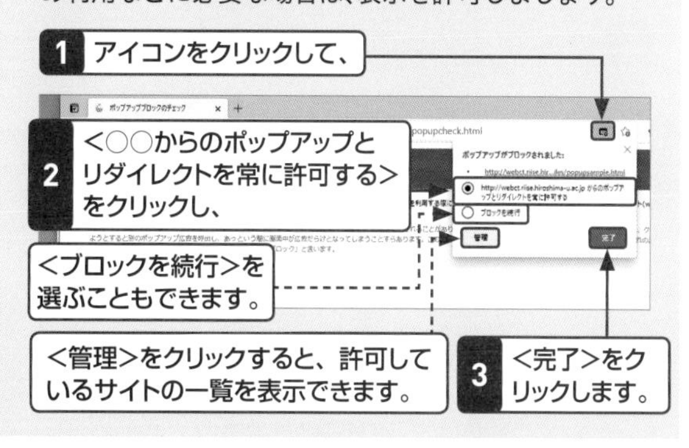

Q 250 Webページの動画が再生できない！

A GPUレンダリング機能をオフにしましょう。

動画があるWebページをEdgeで開いても再生できない場合は、GPUレンダリング機能の設定を変更してみましょう。GPUレンダリングとは、パソコンに搭載されているGPUというハードウェアを使用して、画像や動画の処理を行うことを指します。GPUレンダリング機能は初期設定では有効になっていますが、この機能を無効にすることにより、改善することがあります。

1 <設定など> … →<設定>をクリックして、

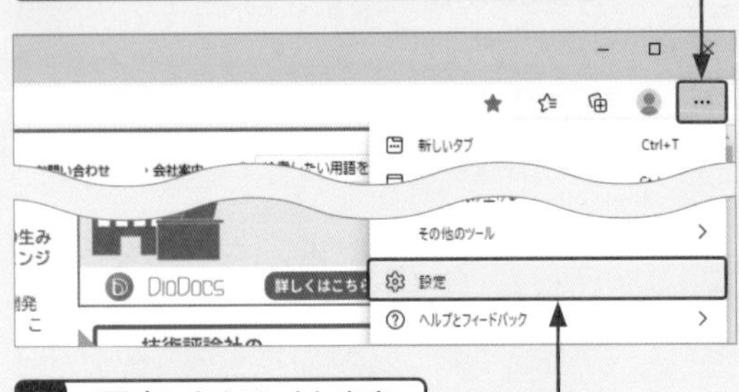

2 <設定>をクリックします。

3 <使用可能な場合はハードウェアアクセラレータを使用する>をクリックしてオフにします。

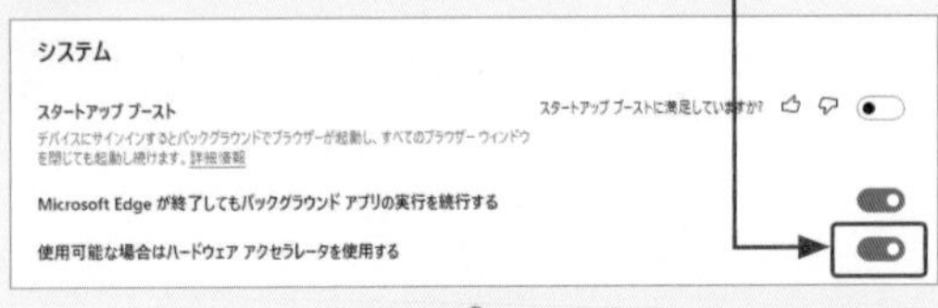

4 <再起動>をクリックして、Edgeを再起動します。

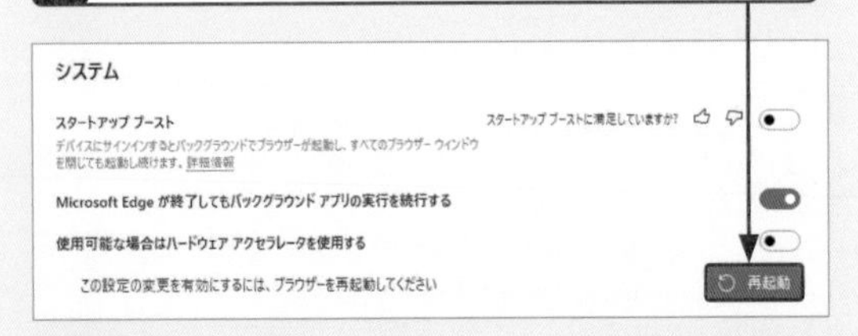

5 Edgeが再起動したら、Webページを開いて動画が再生されるか確認します。

Q 251 アドレスバーの鍵のアイコンや「証明書」って何？

A 暗号化通信を行っている証明です。

アドレスバーの左端（サイト情報の表示）に表示される鍵のアイコン🔒は、暗号化通信が行われていて、クレジットカードの番号や住所といった情報を、通信相手以外に盗み見られないことを示しています。暗号化通信を行うのに必要となるのが、第三者機関が発行する証明書です。Edgeでは証明書の内容を表示して、自分でチェックすることもできます。

1 鍵のアイコン🔒をクリックして、

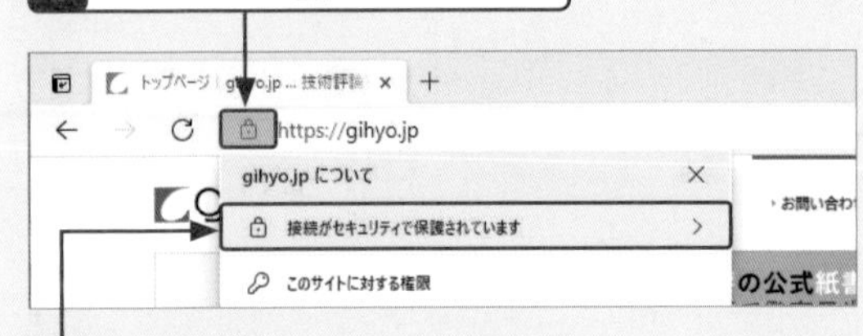

2 <接続がセキュリティで保護されています>をクリックし、

3 <証明書（発行者：）を表示する>をクリックすると、

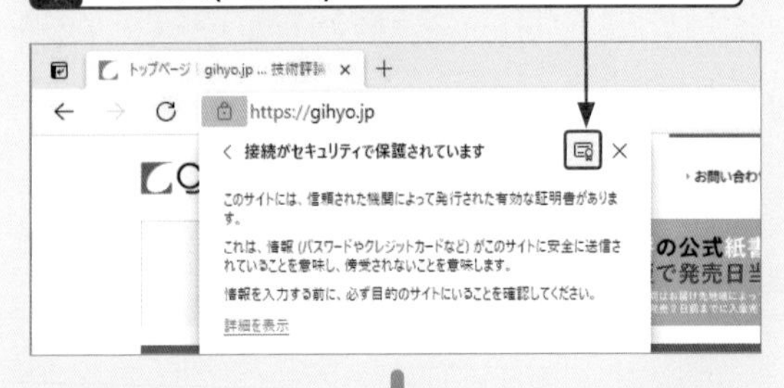

4 証明書が表示されます。

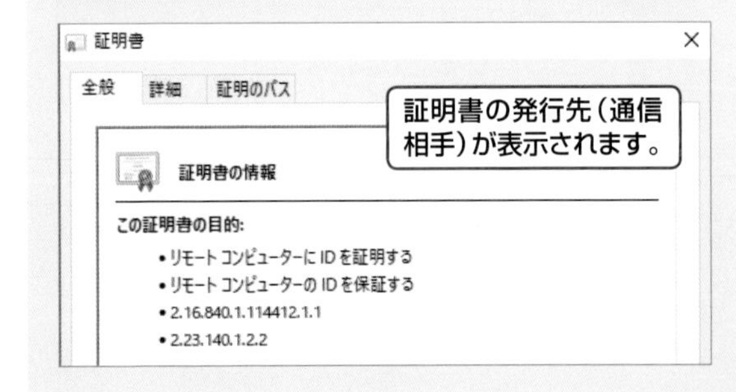

証明書の発行先（通信相手）が表示されます。

基本 / デスクトップ / キーボード・文字入力 / インターネット / メール・連絡先 / セキュリティ / 写真・動画・音楽 / OneDrive・スマホ / 印刷・周辺機器 / アプリ / インストール・設定 / テレワーク

5

Windows 10 の メールと連絡先活用技!

Q252 電子メールのしくみを知りたい！

A サーバーを経由してメールをやり取りします。

電子メールでは、自分の契約しているプロバイダーやメールサービス事業者のサーバーと、相手の契約しているプロバイダーやメールサービス事業者のサーバーを経由してメッセージやファイルをやり取りします。
例えば、メールを送信すると、まず利用しているメールサービスのサーバーにデータが送られます。メールを受け取ったサーバーは、宛先として指定されているメールサービスのサーバーにそのデータを送信します。
メールを受け取ったサーバーは、受取人がメールを受け取るまで、サーバー内にデータを保管します。メールの受取人は、利用しているメールサービスのサーバーからメールを受け取ります。
一般的に電子メールの送信にはSMTPという方式が、電子メールの受信にはPOPという方式が使用されています。また、最近ではIMAPという方式を利用するメールサービスも増えています。
なお、携帯電話やスマートフォンの電子メールも、パソコンで利用する電子メールとしくみはほぼ同じです。どの機器を使う場合でも、メールを送受信する時にはインターネットに接続している必要があります。

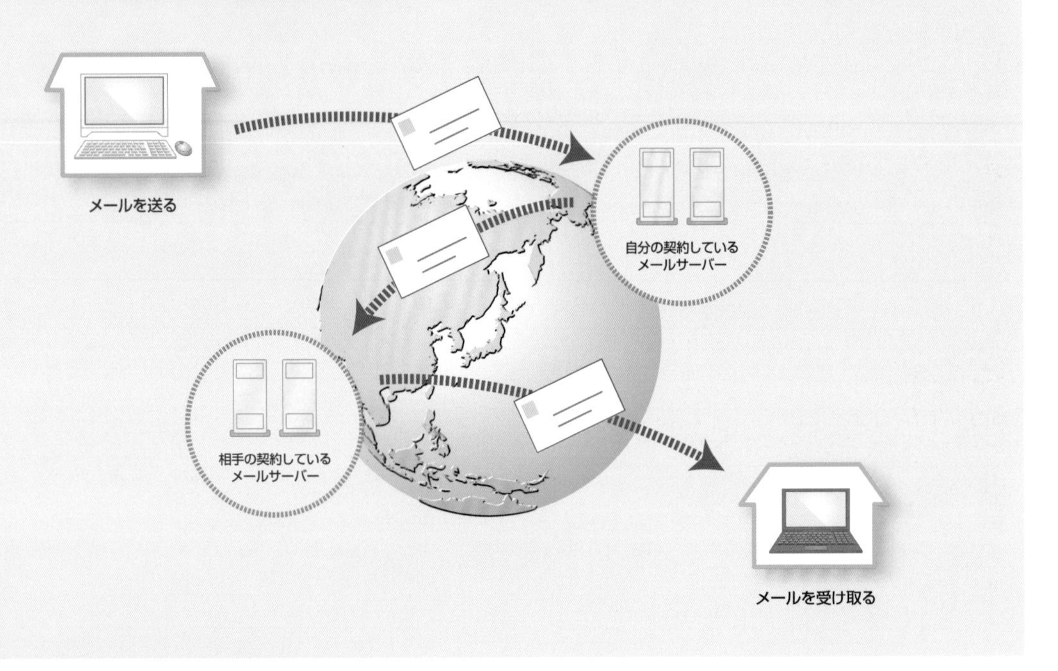

Q253 電子メールにはどんな種類があるの？

A プロバイダーメールとWebメールがあります。

電子メールには、プロバイダーと契約して提供されるメール（プロバイダーメール）と、Webサービス事業者に会員登録してブラウザーから利用するメール（Webメール）があります。
プロバイダーメールは、パソコンやスマートフォンのメールソフトを利用してメールを送受信するため、メールを確認したいパソコンやスマートフォンごとに設定を行う必要があります。
Webメールは、メールソフトの代わりにブラウザーを利用してメールを送受信できるので、ブラウザーが使える環境であれば、どこからでもメールを送受信することができます。

参照▶Q 255

Q 254 メールソフトは何を使えばいいの？

A 電子メールの種類で使い分けましょう。

プロバイダーメールを利用するときは、「メール」アプリを使うとよいでしょう。「メール」アプリはWindows 10に標準搭載されているので、OSとの親和性も高く、メール受信時にデスクトップに通知を表示してくれる機能もあります。また、タッチ操作でも使用しやすいことも利点のひとつです。

Webメールサービスを利用するときは、ブラウザーを使うのが基本です。Windows 10に付属するブラウザー「Edge」のほか、従来のWindowsに搭載されている「Internet Explorer」や「Google Chrome」、Macに付属するブラウザー「Safari」などからも利用できます。

●「メール」アプリ

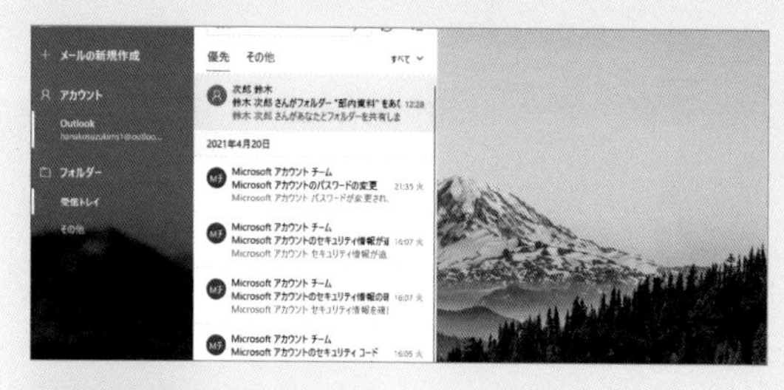

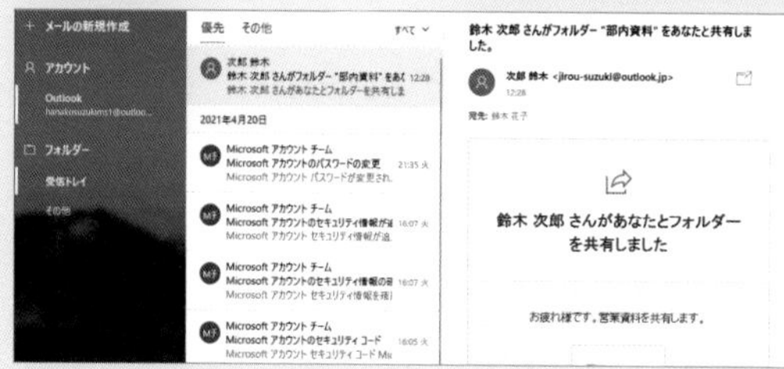

「メール」アプリは、Windows 10に標準で付属するアプリです。

●ブラウザーの利用

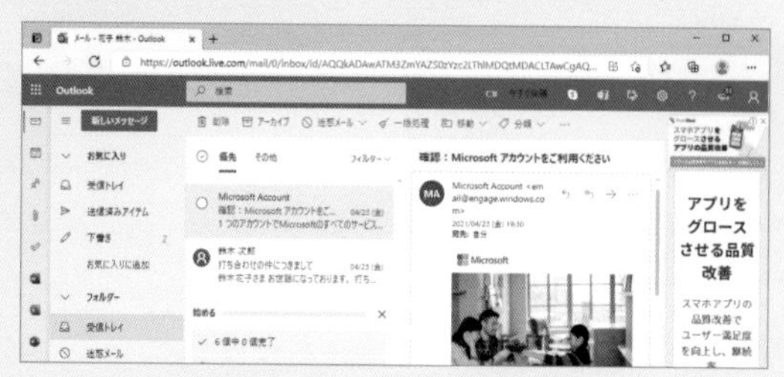

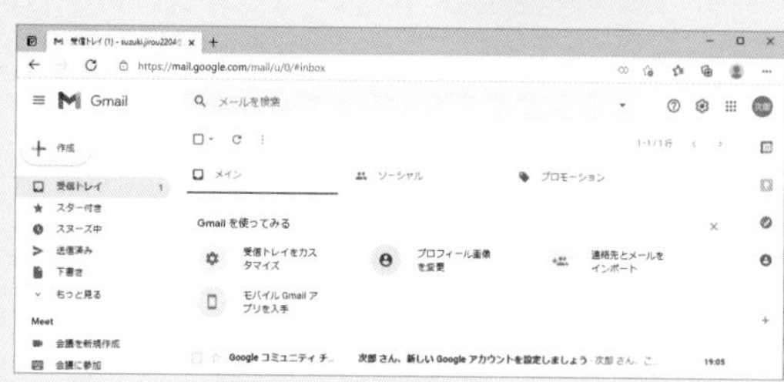

Webメールサービスを利用する場合は、ブラウザーを使うと便利です。

Q 255 Webメールにはどのようなものがあるの？

A Outlook.comやGmail、Yahoo!メールなどがあります。

Webメールとは、EdgeやGoogle Chromeなどのブラウザーを利用してメールを送受信するサービスのことです。Webメールには、マイクロソフトのOutlook.com、GoogleのGmail、Yahoo! JAPANのYahoo!メールなどがあります。また、プロバイダーの中にもWebメールサービスを提供しているところがあります。

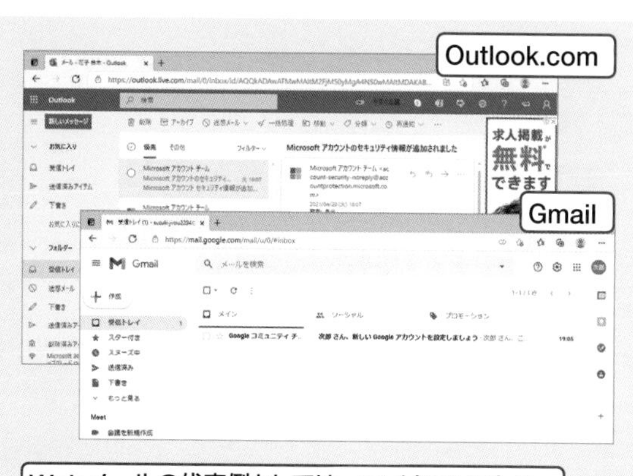

Webメールの代表例としては、マイクロソフトのOutlook.comやGoogleのGmailなどがあります。

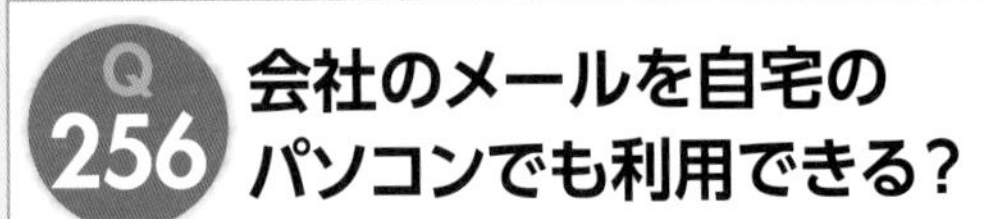

電子メールの基本　重要度 ★★★

Q 256 会社のメールを自宅のパソコンでも利用できる？

A はい。できます。

会社で使っている自分のメールアドレスも、自宅のパソコンやスマートフォンなどで利用できます。自分のメールアドレス宛てに届いたメールを読んだり、会社のメールアドレスを差出人としてメールを送ったりできます。

ただし、それが可能なのは、会社のシステム管理者から許可された場合のみです。また、会社で使っている自分のメールアドレスが悪用されないよう、ウイルスや迷惑メールへの対策をしっかり講じておく必要があります。

なお、Windows 10に付属する「メール」アプリでは、多くの企業で採用されているMicrosoft Exchangeアカウントを使用できます。

参照▶Q 329

Outlook.com
Outlook.com、Live.com、Hotmail、MSN

Office 365
Office 365、Exchange

Google

アプリに会社のアカウントを設定すれば、会社のメールアドレスが使えます。

電子メールの基本　重要度 ★★★

Q 257 携帯電話のメールをパソコンでも利用できる？

A 携帯電話やスマートフォンによって異なります。

au（@au.com ／ @ezweb.ne.jp）の場合、携帯電話やスマートフォンのメール設定画面から、メールをパソコン用のメールアドレスに自動転送するように設定できます。また、パソコンのブラウザーからメールを確認することも可能です。

NTTドコモ（@docomo.ne.jp）の場合、スマートフォン向けのドコモメール（spモード）は、ブラウザーからメールを確認できるほか、パソコン用のメールアドレスにメールを自動転送するように設定することもできます。ただし、iモード向けのドコモメールは転送できません。

ソフトバンク（@softbank.ne.jp）の場合、「S!メール（MMS）どこでもアクセス」（有料）を利用します。ソフトバンクのiPhone(@i.softbank.jp)の場合は、パソコンのメールソフトで設定すればメールの送受信ができます。

電子メールの基本　重要度 ★★★

Q 258 送ったメールが戻ってきた！

A 宛先のアドレスが間違っている可能性があります。

件名が「Delivery Status Notification」「Undelivered Mail Returned to Sender」、差出人が「postmaster@～」というようなメールは、何らかのトラブルでメールを送信できなかったことを知らせるものです。エラーの内容を確認して適宜対処しましょう。

右の例では、送信先メールアドレスが見つからないことが原因のようなので、宛先のメールアドレスが正しいかどうかを確認します。

なお、これらのメールは、メールの設定によっては、自動的に<迷惑メール>フォルダーに入ってしまう場合があります。<迷惑メール>フォルダーの中も適宜確認するとよいでしょう。

参照▶Q 281

Q 259 Gmailを利用したい！

A Googleアカウントを取得しましょう。

Gmailは、Googleが無料で提供しているWebメールサービスです。対応するブラウザーとインターネットに接続する環境があれば、パソコンやスマートフォン、タブレットなどからもアクセスできます。

Gmailを利用するには、Googleアカウントを取得してサインインします。Googleアカウントを取得するには、GoogleのWebページ（https://www.google.co.jp/）を表示して＜Gmail＞をクリックします。＜アカウントを作成＞をクリックし、画面の指示に従って必要な情報を入力して登録します。ここでは電話番号を入力していますが、電話番号と再設定用のメールアドレスの入力は省略することも可能です。

なお、「アカウント」とは、メールアドレスとパスワードなど、個人を識別できる情報の組み合わせのことです。

1 GoogleのWebページ（https://www.google.co.jp/）にアクセスして、

2 ＜Gmail＞をクリックします。

3 ＜アカウントを作成＞をクリックして、

4 ＜自分用＞をクリックします。

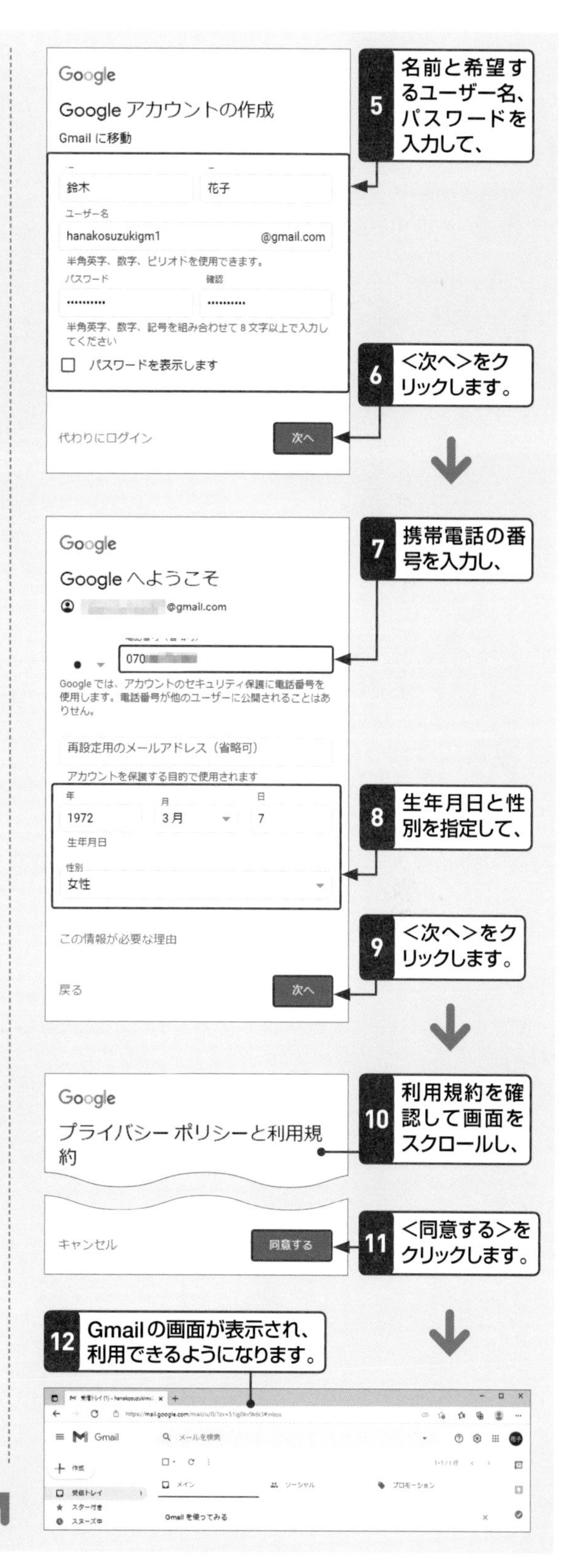

重要度 ★★★

Q 260 Gmailのアカウントの設定方法を知りたい!

A アカウントを追加する必要があります。

Gmailのメールアドレスは、Microsoftアカウントとしても使用できますが、Gmailのメールアドレスを使用してWindows 10にサインインしても、「メール」アプリのアカウントは自動で設定されません。ローカルアカウントを使用している場合と同様の手順で設定する必要があります。

参照▶Q 267,Q 268

電子メールの基本　重要度 ★★★

Q 261 写真や動画はメールで送れるの?

A 「メール」アプリならそのまま送れますが注意が必要です。

「メール」アプリを使うと、写真や画像といったファイルをメールに「添付」して送信することもできます。ただし、ファイルの大きさには注意する必要があります。文章のみのメールはデータ量が非常に少ないので、短時間で送受信できます。しかし、メールに写真や動画といった容量の大きいファイルを添付すると、送信に時間がかかるだけでなく、相手の受信にも時間がかかり迷惑となることがあります。

なお、使っているメールサービスによっては、添付できる容量が制限されていることがあります。大きいファイルを送信したいときは、事前にメールサービスのマニュアルページなどで添付可能な容量を確認しておきましょう。

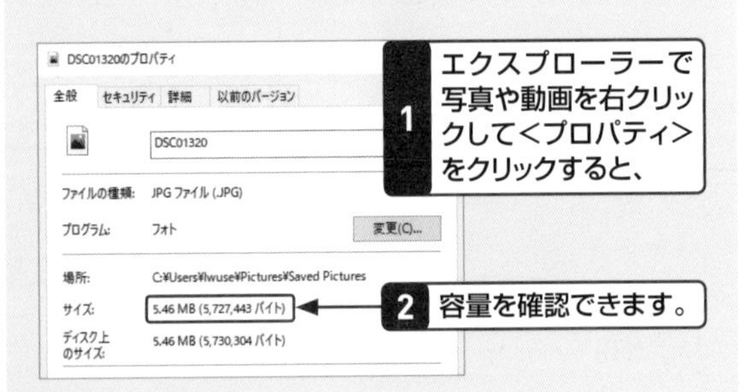

1 エクスプローラーで写真や動画を右クリックして<プロパティ>をクリックすると、

2 容量を確認できます。

電子メールの基本　重要度 ★★★

Q 262 メールに添付する以外のファイルの送り方を知りたい!

A ファイル送信サービスを利用しましょう。

大きいファイルを送りたいときは、インターネット上のファイル送信サービスを利用するとよいでしょう。インターネット上には、「firestorage」「ギガファイル便」「データ便」などの無料で利用できるファイル送信サービスが複数あり、サービスによって容量の制限や保管期限などが決まっています。ファイル送信サービスを利用するとダウンロード用のURLが作成されるので、そのURLを送りたい人にメールなどで連絡しましょう。

●主なファイル送信サービス

名　称	URL
firestorage	https://firestorage.jp/
ギガファイル便	https://gigafile.nu/
データ便	https://www.datadeliver.net/

●ギガファイル便の例

1 ギガファイル便のWebページを開いて、

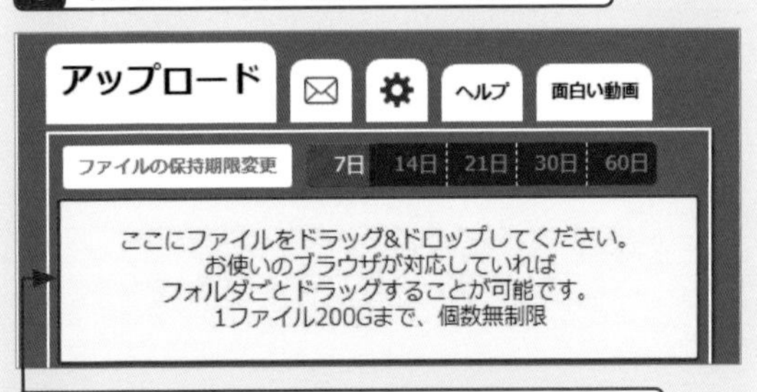

2 送りたいファイルをドラッグ&ドロップすると、

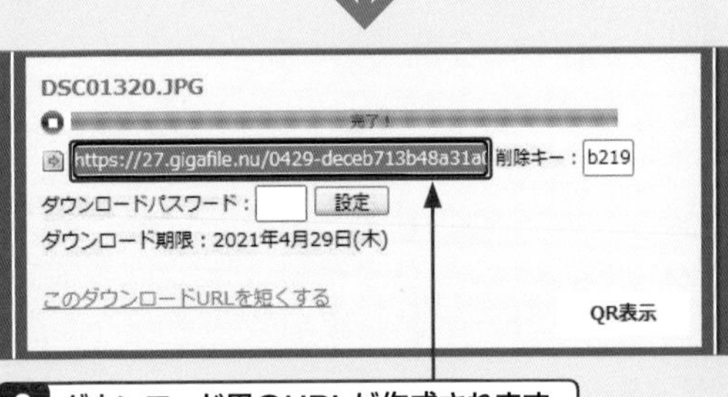

3 ダウンロード用のURLが作成されます。

電子メールの基本　重要度 ★★★

Q 263 「メール」アプリの設定方法を知りたい!

A アカウントの種類によって設定方法が変わります。

「メール」アプリを利用するには、Windows 10のスタートメニューで<メール>をクリックします。そのあとの操作は、メールアカウントの種類によって異なります。

マイクロソフトのメールサービスが提供しているメールアドレス（@hotmail.com、@hotmail.co.jp、@live.jp、@outlook.jpなど）をMicrosoftアカウントとして使用している場合は、アカウントの設定が自動的に行われます。それ以外の場合は、アカウントの設定が必要です。

参照 ▶ Q 266,Q 267

1 スタートメニューで<メール>をクリックすると、

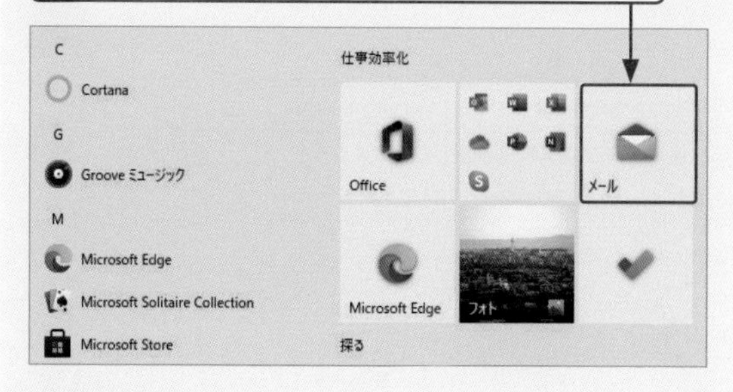

2 「メール」アプリが起動して、「アカウントの追加」が表示されます。

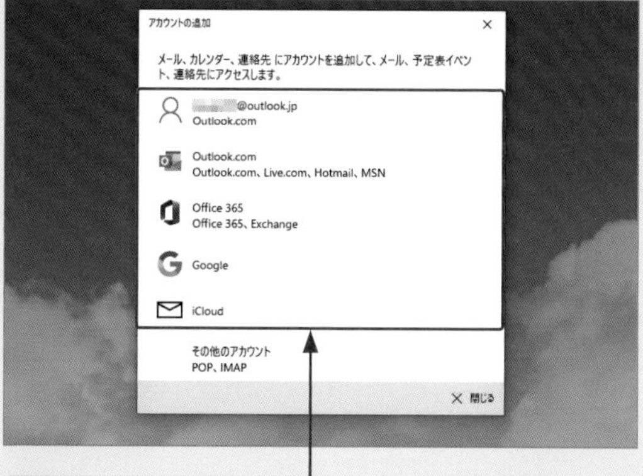

3 アカウントの種類を選択して、追加を行います。

電子メールの基本　重要度 ★★★

Q 264 Outlook.comのアカウントの設定方法を知りたい!

A アカウントが自動的に設定されます。

Microsoftアカウントにマイクロソフトが提供するメールアドレス（@hotmail.com、@hotmail.co.jp、@live.jp、@outlook.jpなど）を使用してWindows 10にサインインしている場合は、スタートメニューから<メール>を起動すると、アカウントの設定が自動的に行われます。あとはアカウントを追加するだけで、「メール」アプリを使う準備が完了します。

「メール」アプリを起動すると、Outlook.comのアカウントが設定されています。

1 Outlook.comのアカウントをクリックすると、

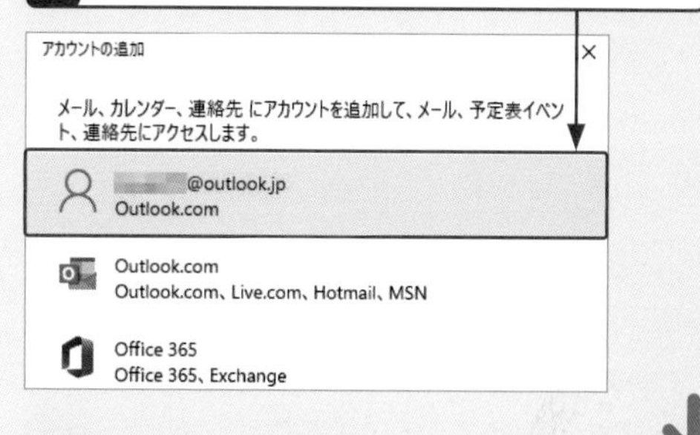

2 アカウントの追加が完了します。

すべて完了しました。
アカウントは正常にセットアップされました。
@outlook.jp

スマートフォンでの Outlook でメールがさらに便利に
任意のメール アカウントに接続して、外出先で職場や個人の予定表にアクセスできます。無料でご利用いただけます。
アプリを入手

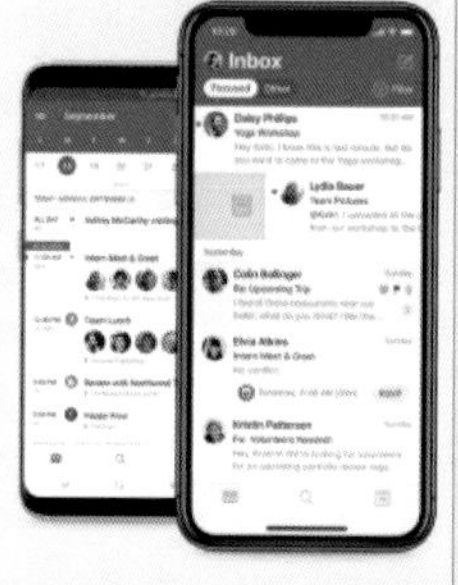

完了

3 <完了>をクリックします。

Q 265 「メール」アプリの画面の見方を知りたい!

A 下図のようなシンプルな画面で構成されています。

Windows 10の「メール」アプリは、シンプルな画面で構成されています。

「メール」アプリを起動すると表示される＜受信トレイ＞画面は、縦に3分割されています。左側にフォルダーの一覧、中央にメールの一覧、右側にプレビュー画面が表示され、はじめて使うユーザーにもわかりやすい画面構成になっています。なお、プレビューウィンドウは、「メール」アプリのウィンドウサイズによっては表示されないことがあります。

● ＜受信トレイ＞画面の構成

Q 266 プロバイダーメールのアカウントを「メール」アプリで使いたい！

A メールアカウントを追加します。

プロバイダーのメールアドレスを「メール」アプリで利用するには、<アカウントの追加>画面でアカウントの種類を選択して、メールアカウントを追加します。

1 「メール」アプリを起動すると、アカウントの追加画面が表示されるので、

2 <詳細設定>をクリックします。

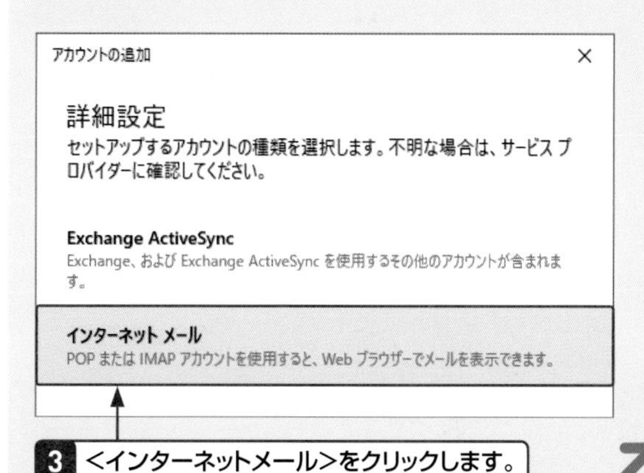

3 <インターネットメール>をクリックします。

4 プロバイダーのWebサイトやプロバイダーから送付された資料を確認し、アカウントの情報を入力して、

アカウントの追加

インターネット メール アカウント

メール アドレス
example@example.com

ユーザー名
hanakosuzuki

例: kevinc、kevinc@contoso.com、domain¥kevinc

パスワード
●●●●●●●●●●●

アカウント名
hanakosuzuki

インターネット メール アカウント

この名前を使用してメッセージを送信
鈴木花子

受信メール サーバー
pop.example.com

アカウントの種類
POP3

メールの送信 (SMTP) サーバー
mail.example.com

送信サーバーには、認証が必要です
送信メールに同じユーザー名とパスワードを使用する
受信メールには SSL が必要
送信メールには SSL が必要

サインイン　キャンセル

5 <サインイン>をクリックすると、メールアカウントが設定されます。

基本　デスクトップ　キーボード・文字入力　インターネット　メール・連絡先　セキュリティ　写真・動画・音楽　OneDrive・スマホ　印刷・周辺機器　アプリ　インストール・設定　テレワーク

「メール」アプリの基本　重要度 ★★★

Q 267 ローカルアカウントで「メール」アプリは使えないの?

A 使えます。メールアカウントを追加して利用します。

「メール」アプリは、ローカルアカウントでWindows 10にサインインしている場合も利用できます。「メール」アプリを起動すると、アカウントの追加の画面が表示されるので、以下の手順に従ってメールアカウントを追加します。 参照▶Q 491

1 「メール」アプリを起動すると、アカウントの追加画面が表示されるので、

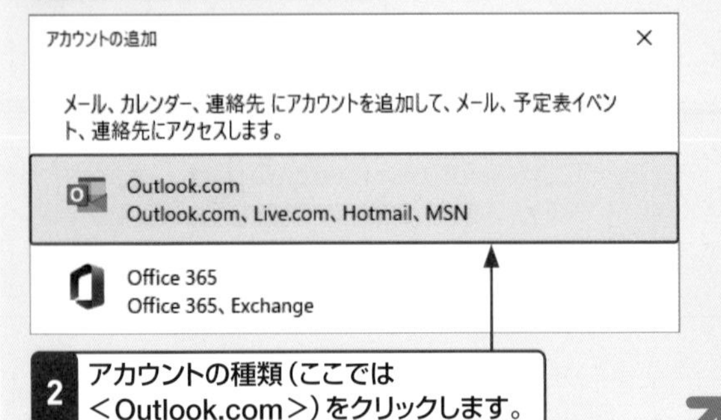

2 アカウントの種類(ここでは＜Outlook.com＞)をクリックします。

3 メールアドレスを入力して、

サインイン
jirou-suzuki@outlook.jp
アカウントをお持ちでない場合、作成できます。
セキュリティ キーでサインイン

4 ＜次へ＞をクリックします。　次へ

5 パスワードを入力し、

パスワードの入力
パスワードを忘れた場合

6 ＜サインイン＞をクリックします。　サインイン

7 ＜Microsoftアプリのみ＞をクリックします。

このデバイスではどこでもこのアカウントを使用する
アカウントが Windows に記憶され、アプリや Web サイトへのサインインが簡単になります。[次へ] をクリックすると、紛失したデバイスを見つけたり、他のデバイスと設定を同期したり、Cortana に質問したりできるようになります。
Microsoft アプリのみ
次へ

ここをクリックして、Microsoft アカウントをWindowsに記憶させることもできます。

「メール」アプリの基本　重要度 ★★★

Q 268 複数のメールアカウントを利用したい!

A メールアカウントを追加します。

「メール」アプリでは、プロバイダーメールやWebメールなど、複数のメールアカウント(メールアドレス)を追加して利用することができます。メールアカウントを追加するには、＜設定＞から＜アカウントの管理＞を表示し、下の手順に従います。 参照▶Q 266

1 「メール」アプリを起動して＜設定＞をクリックし、

2021年4月12日
Microsoft One

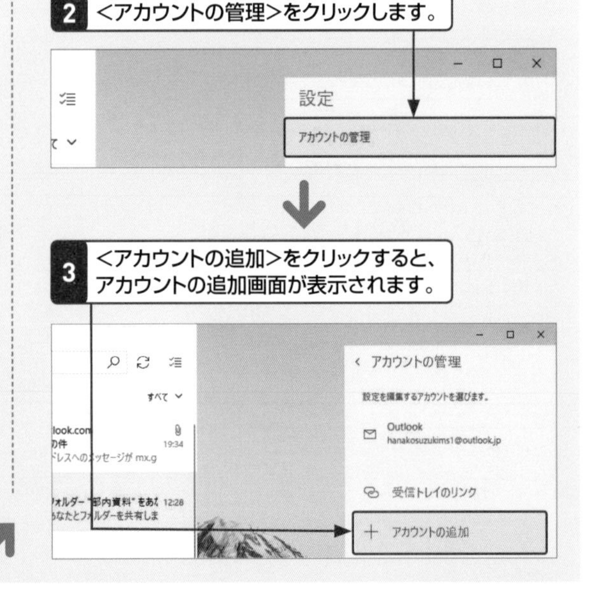
2 ＜アカウントの管理＞をクリックします。

3 ＜アカウントの追加＞をクリックすると、アカウントの追加画面が表示されます。

Q269 使わないメールアカウントを削除したい！

A ＜アカウントの管理＞から削除します。

使わなくなったメールアカウントは、＜アカウントの管理＞からアカウントを選択し、表示される画面で削除できます。
アカウントを削除すると、それまでに受信していたメールを読めなくなります。メールに添付されて送られてきた写真など、あとで閲覧する可能性のあるデータは、あらかじめ別の場所にコピーしておきましょう。

1 ＜アカウント＞をクリックして、

2 削除したいメールアカウントをクリックし、

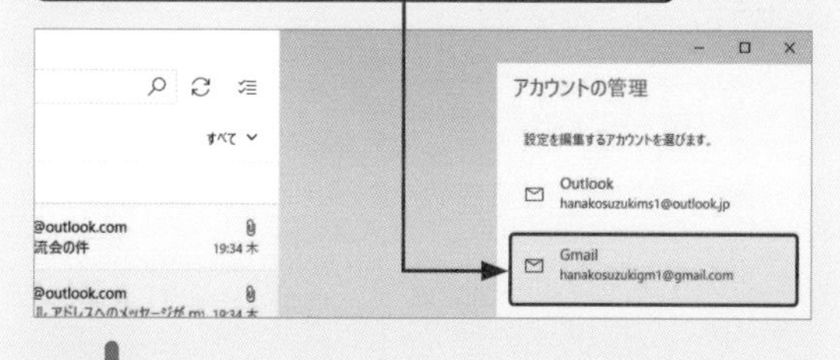

3 ＜このデバイスからアカウントを削除＞をクリックします。

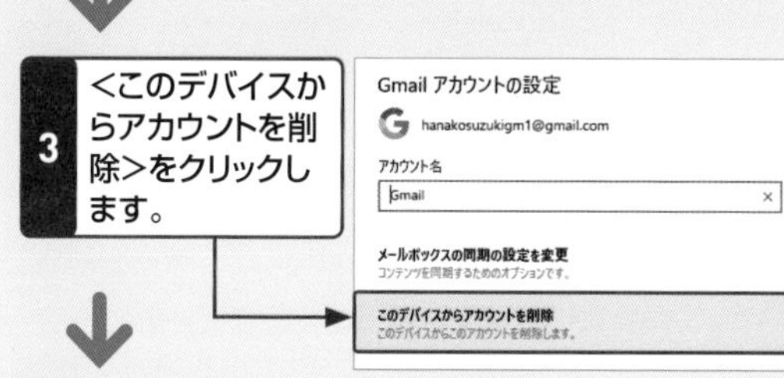

4 ＜削除＞をクリックすると、アカウントが削除されます。

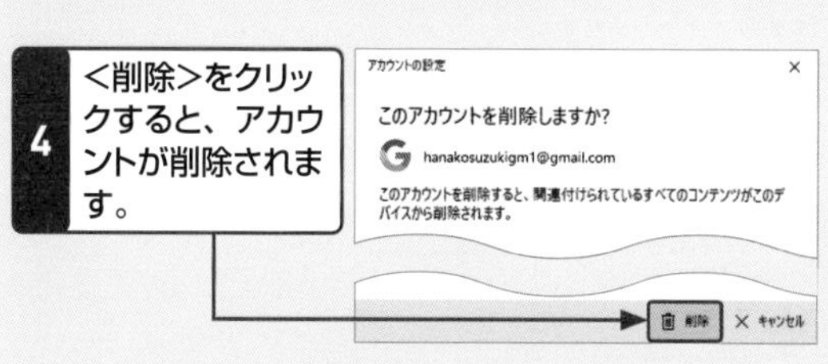

Q270 受信したメールを読みたい！

A 通知やタスクバーのアイコンから「メール」アプリを起動します。

新着メールは、通知やタスクバーの＜メール＞アイコン、スタートメニューの＜メール＞タイルで件数などを確認できます。いずれかをクリックすると、「メール」アプリが起動してメールの内容を確認できます。

メールが届くと、アクションセンターに通知が表示されます。

1 ＜通知＞をクリックして、

2 メールの通知をクリックすると、

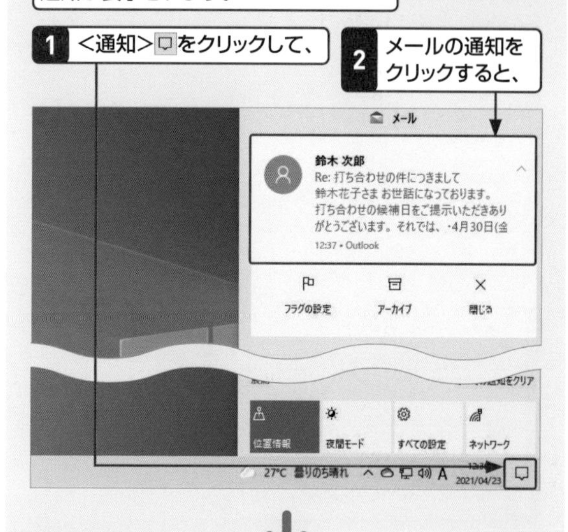

3 ＜受信トレイ＞が開きます。

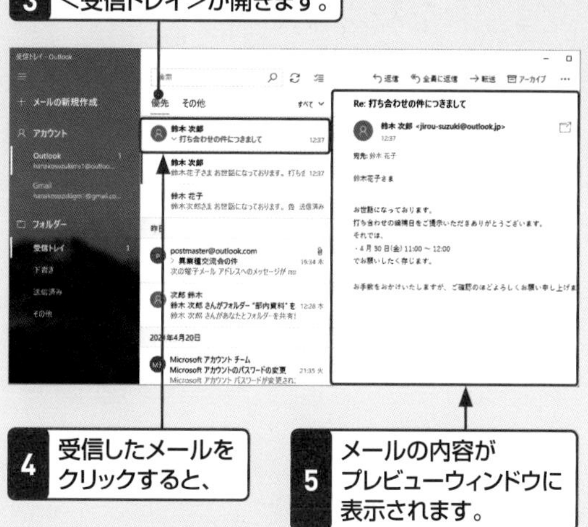

4 受信したメールをクリックすると、

5 メールの内容がプレビューウィンドウに表示されます。

「メール」アプリの基本　重要度 ★★★

Q 271 メールに添付されたファイルを開きたい！

A 添付ファイルをクリックして開きます。

ファイルが添付されたメールには、📎マークが表示されます。メールを表示して添付ファイルのサムネイルやアイコンをクリックすると、そのファイルに対応したアプリが自動的に起動して、ファイルが開きます。ただし、パソコンに対応したアプリがない場合は、ファイルを開けません。また、ファイルが圧縮されている場合は、いったんパソコンに保存してからファイルを展開します。

1 添付ファイルのあるメールを表示して、

2 開きたいファイルをクリックすると、

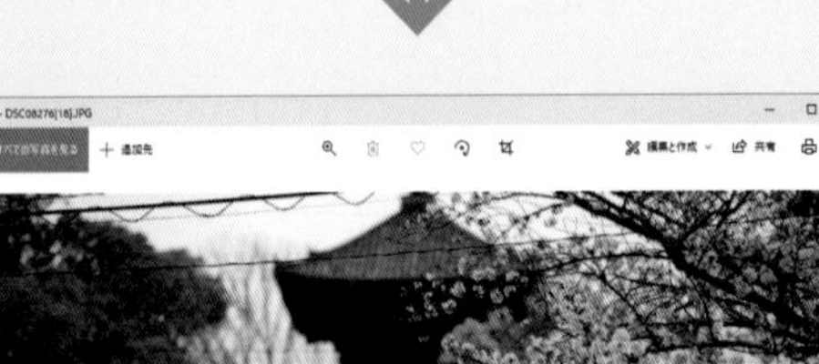

3 対応するアプリでファイルが開かれます。

「メール」アプリの基本　重要度 ★★★

Q 272 添付されたファイルを保存したい！

A 添付ファイルを右クリックして、<保存>をクリックします。

メールの添付ファイルを保存するには、ファイルを右クリックして＜保存＞をクリックし、保存先を指定して保存します。
添付ファイルが圧縮されているとそのまま開けないことがあるので、いったんファイルを保存してから展開を行いましょう。 参照▶Q 108

● 圧縮ファイルを保存する

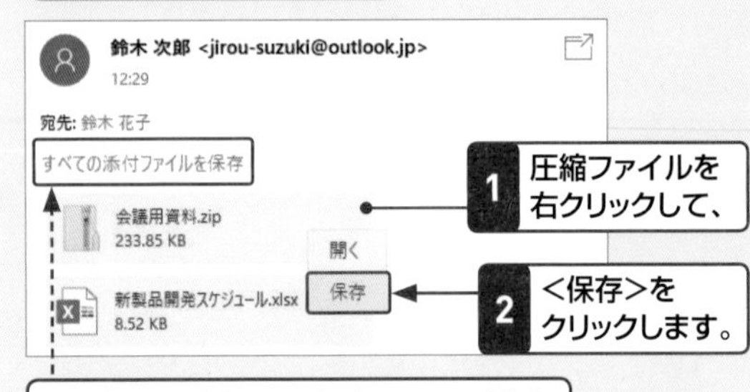

1 圧縮ファイルを右クリックして、

2 <保存>をクリックします。

ここをクリックして、すべてのファイルを一度に保存することもできます。

3 保存先を指定して、

4 ファイル名を確認し、

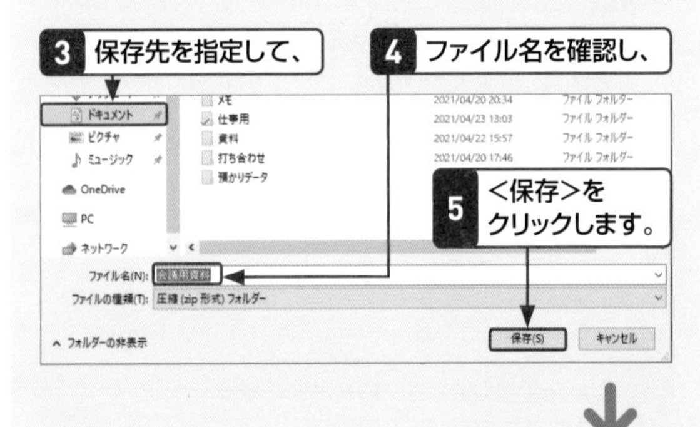

5 <保存>をクリックします。

6 保存場所を表示して、ファイルが保存されていることを確認します。

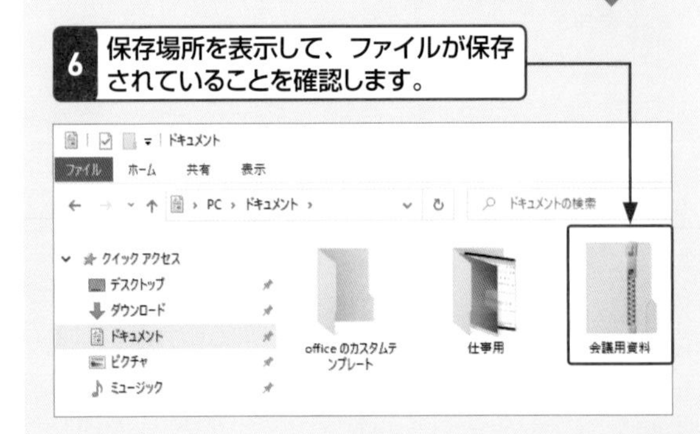

「メール」アプリの基本　重要度 ★★★

Q 273 メールを送りたい！

A メール作成画面から
メールを作成して送信します。

メールを送信するには、<メールの新規作成>をクリックして、メールの作成画面を表示します。続いて、<宛先>に送信先のメールアドレスを入力します。なお、送信先のメールアドレスは「People」アプリから呼び出すこともできます。 参照▶Q 296

1 「メール」アプリを起動して、

2 <メールの新規作成>をクリックします。

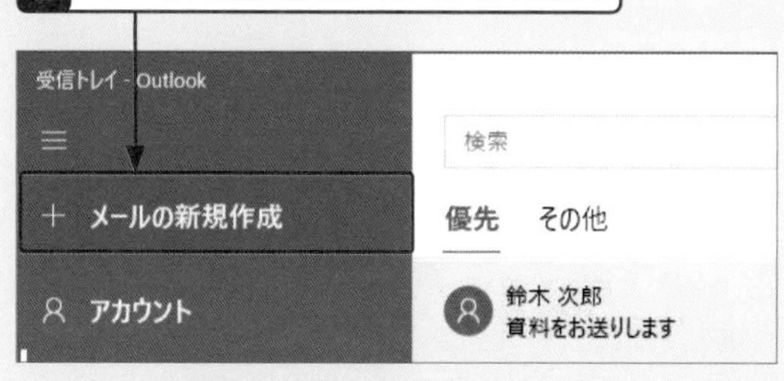

3 送信相手のメールアドレスを入力して、

4 件名を入力し、

宛先: jirou-suzuki@outlook.jp;
CC と BCC
件名

お世話になっております。

お送りいただきました資料を確認いたしました。
昨日電話でもお伝えしましたが、実現に向けて
前向きに検討を進めております。

打ち合わせまでには社内決裁の申請も完了する見込みです。

当日は、最新のデータを持ち寄り更なる検討を
進められましたら幸いです。

5 メールの本文を入力して、

6 <送信>をクリックします。

書式　挿入　オプション　破棄　送信
見出し 1　元に戻す

「メール」アプリの基本　重要度 ★★★

Q 274 受信したメールに返信したい！

A <返信>を利用します。

受信したメールに返事を出したい場合は、<返信>をクリックします。返信用メールの作成画面が表示され、<宛先>には元の送信者のメールアドレスが自動的に入力されます。

1 返信するメールをクリックして、

2 <返信>をクリックします。

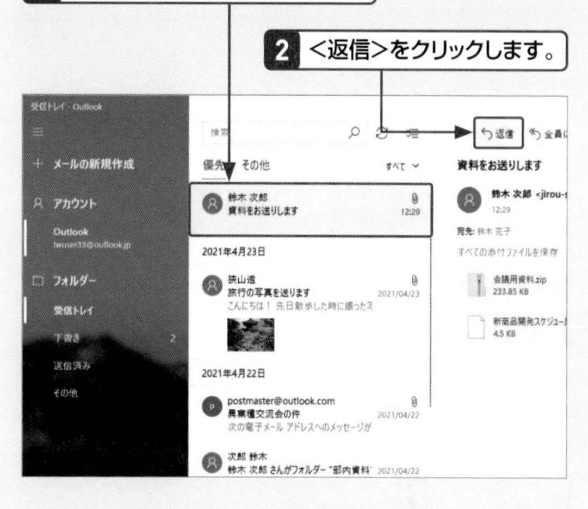

3 メッセージを入力して、

4 <送信>をクリックします。

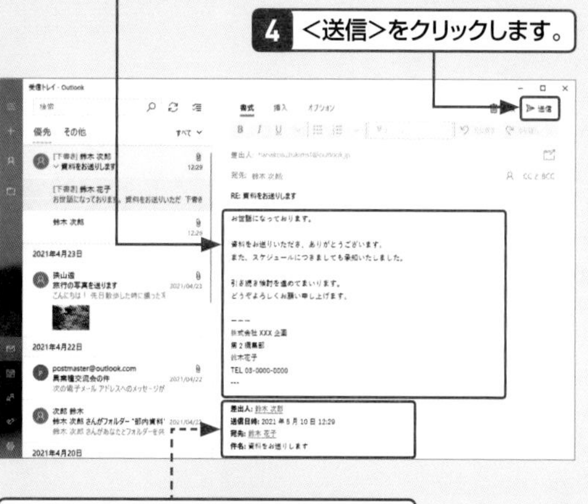

受信したメールの内容が引用されます。

「メール」アプリの基本　重要度 ★★★

Q 275 「CC」「BCC」って何？

A メールを複数の人に送るための機能です。

「CC」と「BCC」は、「宛先」とは異なるメールアドレスの入力欄です。CCに入力したアドレスは、メールを受信した人全員に表示されます。BCCに入力したメールアドレスは、受信した人には表示されません。BCCのメールを受信した場合、宛先にほかの人のメールアドレスしか表示されないこともあります。

CCは、メールの内容を社内の人とも共有したいときや、取引先のメインの担当者以外にもメールを送るときなどに利用します。

BCCは、自分だけが面識のある取引先へメールを送ったことを上司にも知らせておきたいときや、個人のスマートフォンにもメールを送っておきたいときなどに利用します。

「メール」アプリの基本　重要度 ★★★

Q 276 複数の人に同じメールを送りたい！

A <宛先>に複数の送信先を指定します。

複数の人に同じメールを送る場合は、<宛先>欄に送り先全員のメールアドレスを入力します。また、メールによってはCCやBCCを利用します。 参照▶Q 275

● 宛先欄を利用する

<宛先>に、送り先全員のメールアドレスを「;」で区切って入力します。

差出人: hanakosuzukims1@outlook.jp
宛先: jirou-suzuki@outlook.jp; sabu-suzuki@outlook.jp;

● CC や BCC を利用する

1 <CCとBCC>をクリックすると、

宛先: jirou-suzuki@outlook.jp; sabu-suzuki@outlook.jp;　CC と BCC

2 <CC>欄と<BCC>欄が表示されます。

宛先: jirou-suzuki@outlook.jp; sabu-suzuki@outlook.jp;
CC: example@example.com;
BCC:

「メール」アプリの基本　重要度 ★★★

Q 277 メールを別の人に転送したい！

A <転送>を利用します。

受信したメールをほかの人に転送したい場合は、<転送>をクリックします。転送用メールの作成画面が表示されるので、<宛先>に転送相手のメールアドレスを入力します。

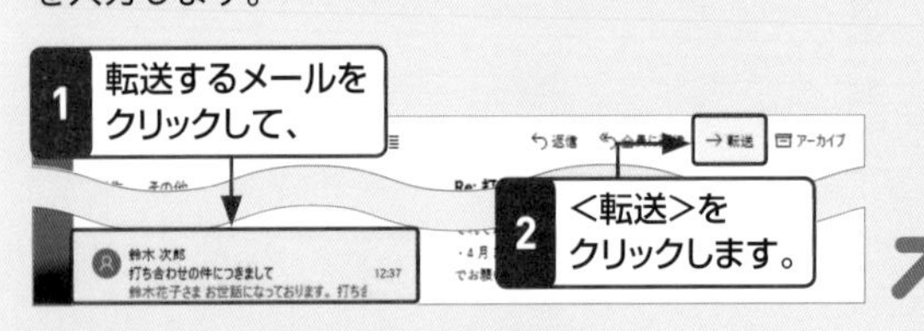

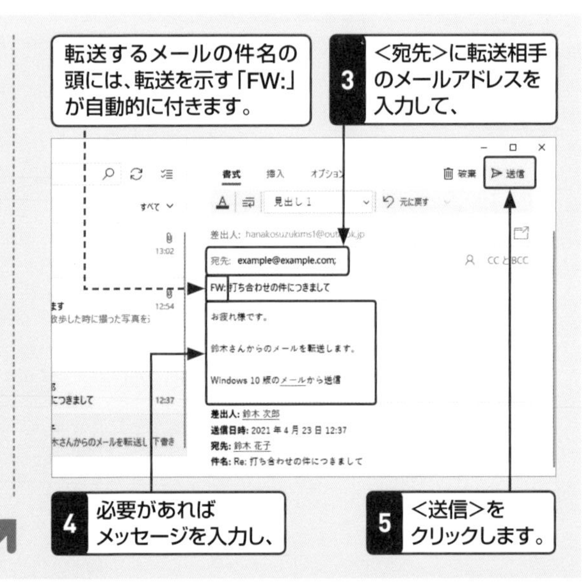

Q 278 CCで送られている人にもまとめて返信したい!

A <全員に返信>をクリックします。

CCで送られている人も含めてメールを返信したい場合は、<全員に返信>をクリックします。これで、直接の送信者だけでなく、CCに設定されている人にも返信することができます。ただ、BCCに指定されているメールアドレスには返信できません。

返信　全員に返信　→転送　アーカイブ　…

Q 279 メールに署名を入れたい!

A <メールの署名>画面で署名を編集します。

署名を作成するには、画面左下の<設定> →<署名>をクリックしたあと、<電子メールの署名を使用する>をクリックしてオンに設定し、入力欄を編集します。署名を自動的に入れたくない場合は、署名画面の<電子メールの署名を使用する>をオフに設定します。

1 <設定> →<署名>をクリックして、<メールの署名>画面を表示し、

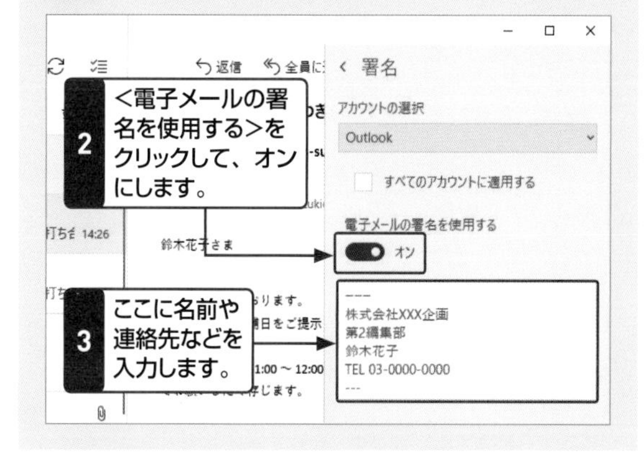

Q 280 メールにファイルを添付したい!

A <挿入>タブから挿入します。

メールには、メッセージだけでなく、文書ファイルや画像データなどを添付して送ることができます。添付できるのはファイルのみで、フォルダーを添付することはできません。なお、ある程度容量の大きなファイルを送る場合はファイル送信サービスやOneDriveを使いましょう。

参照▶Q 262,Q 390

1 メールを作成して、

2 <挿入>をクリックし、

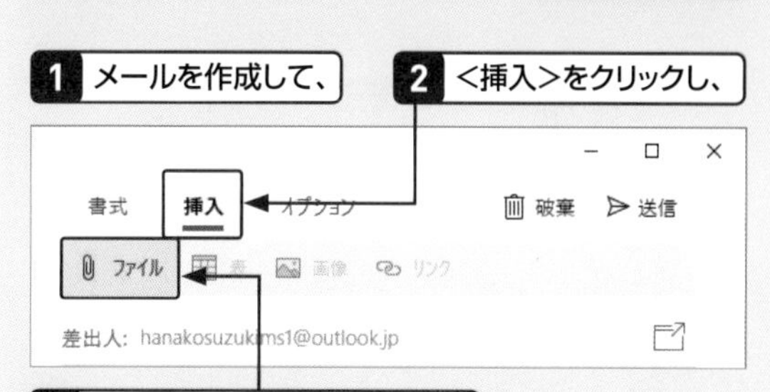

3 <ファイル>をクリックします。

4 ファイルのある場所を指定して、

5 添付するファイルをクリックして選択し、

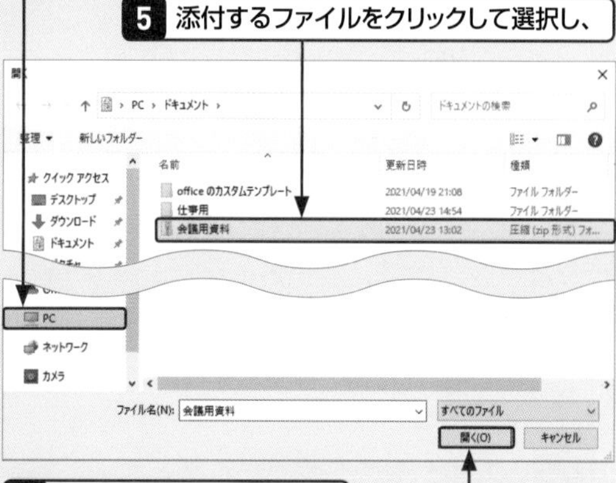

6 <開く>をクリックすると、

7 ファイルが添付されます。

宛先:　CC と BCC

打ち合わせの資料をお送りいたします

添付ファイル

会議用資料.zip
233.85 KB

メールの管理と検索　重要度★★★

Q281 届いているはずのメールが見当たらない！

A ビューの同期を実行します。

「メールを送りました」と電話で連絡があったがメールが見当たらない、という場合は「ビューの同期」を行います。ビューの同期を行うと、最新の状態に表示されてメールが表示されるはずです。

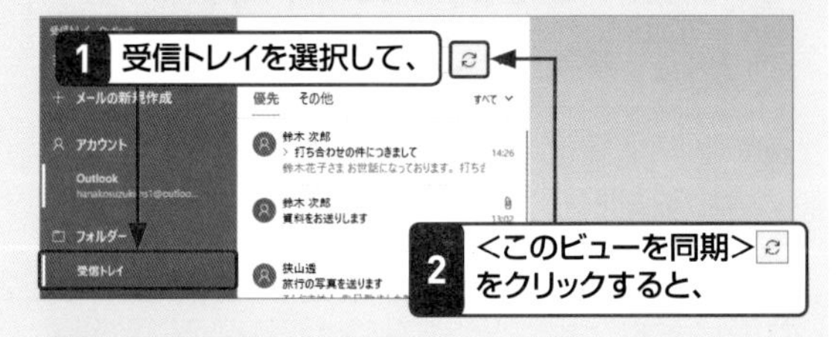

3 最新の状態に更新されます。

メールの管理と検索　重要度★★★

Q282 同期してもメールが届いていない！

A <迷惑メール>フォルダーを確認します。

「迷惑メール」とは、ユーザーの同意なしに勝手に送られてくるメールのことです。宣伝目的のダイレクトメールやイタズラを目的とするような意味不明のメールなどがあります。

迷惑メールは、プロバイダーのサービスや「メール」アプリの機能によって自動的に分類され、<迷惑メール>フォルダーに保存されます。ただし、機械的に分類されるため、迷惑メールには分類してほしくないメールも、<迷惑メール>フォルダーに振り分けられてしまうこともあります。定期的に確認しておくとよいでしょう。

参照▶Q 287

1 <その他>をクリックして、

2 <迷惑メール>をクリックすると、

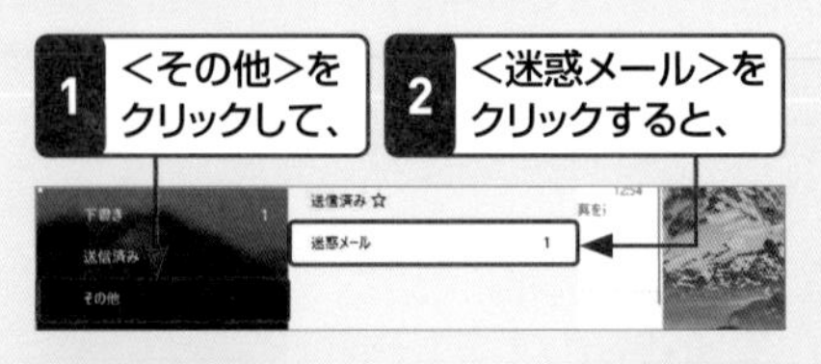

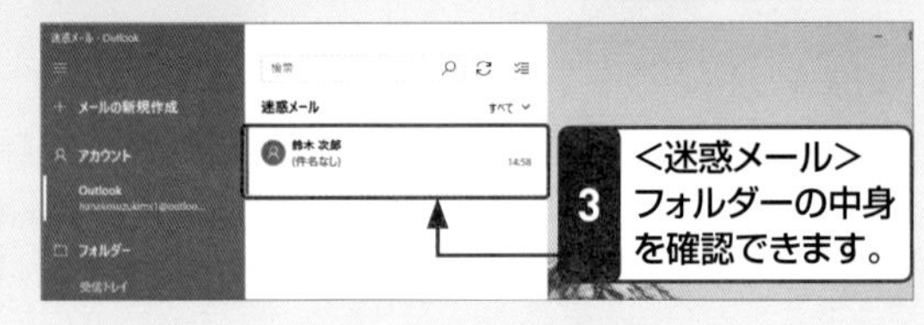

メールの管理と検索　重要度★★★

Q283 メールの受信間隔を指定したい！

A <新しいコンテンツのダウンロード>で指定します。

メールを受信する間隔は、アカウントの同期の設定にある<新しいコンテンツのダウンロード>で指定できます。通常は<アイテムの受信時>に設定されているので、<15分ごと><30分ごと><1時間ごと><手動>のいずれかに変更しましょう。

1 <設定>→<アカウントの管理>で受信間隔を設定したいアカウントを選択して、

Outlook アカウントの設定
hanakosuzukims1@outlook.jp
アカウント名
Outlook
メールボックスの同期の設定を変更
コンテンツを同期するためのオプションです。
このデバイスからアカウントを削除
このデバイスからこのアカウントを削除します。

2 <メールボックスの同期の設定を変更>をクリックします。

Outlook 同期の設定
新しいコンテンツのダウンロード
15 分ごと
常にメッセージ全体とインターネット画像をダウンロードする
メールをダウンロードする期間
指定なし
同期オプション

3 <新しいコンテンツのダウンロード>で受信間隔を選択します。

基本 デスクトップ キーボード・文字入力 インターネット メール・連絡先 セキュリティ 写真・動画・音楽 OneDrive・スマホ 印刷・周辺機器 アプリ インストール・設定 テレワーク

メールの管理と検索　重要度★★★

Q 284 <迷惑メール>フォルダーが表示されない!

A <その他>フォルダーから選択します。

<迷惑メール>フォルダーを表示するには、<その他>フォルダーをクリックして、その中にある<迷惑メール>フォルダーを選択します。なお、アカウントの種類を<POP3>にしている場合は、<迷惑メール>フォルダーは表示されません。 参照▶Q 287

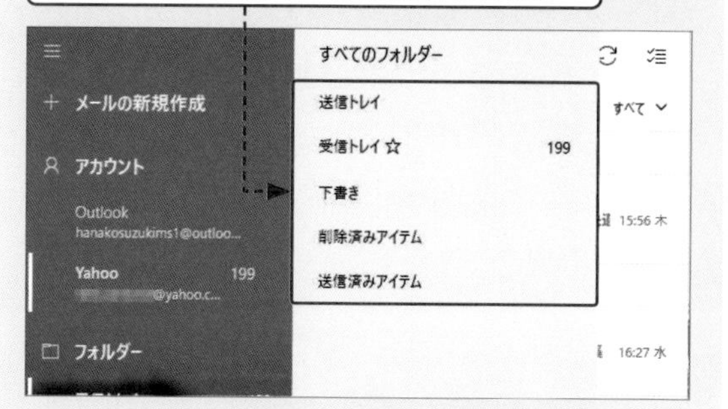

メールの管理と検索　重要度★★★

Q 285 知らないアドレスからメールが来た!

A 知り合いを装うメールなどは迷惑メールとして処理しましょう。

受信トレイに自分が応募していないのに当選を知らせるメールや、キャンペーンのお知らせメール、メールアドレスを知らないはずの知人から送られてきたメールがあったら、迷惑メールとして処理しましょう。
迷惑メールに返信したり、メール内のリンクをクリックしたりしてしまうと、迷惑メールの送り手は「メールを送信すると反応のあるアカウント」と認識して、続けてメールを送ってくることがあります。ひたすら無視し続けるのが、迷惑メールに一番効果的な対策です。 参照▶Q 287

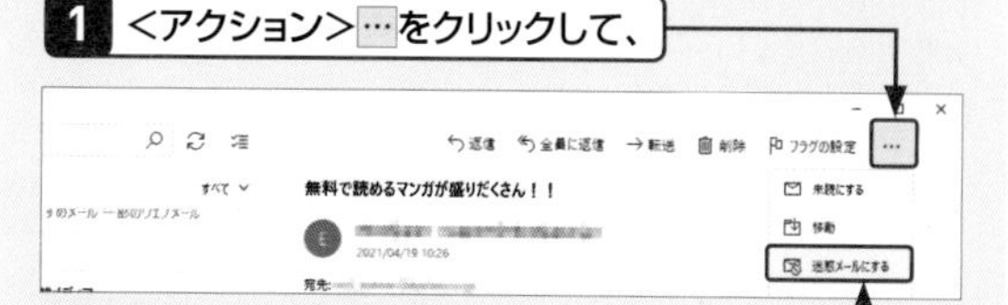

メールの管理と検索　重要度★★★

Q 286 新しいフォルダーを作成したい!

A <フォルダー>から作成します。

たくさんのメールをやり取りしていると、目的のメールを探すのが大変になってしまいます。そんなときは、新しいフォルダーを作成してメールを整理しましょう。ただし、使っているメールの種類によっては、フォルダーが作成できない場合があります。 参照▶Q 287

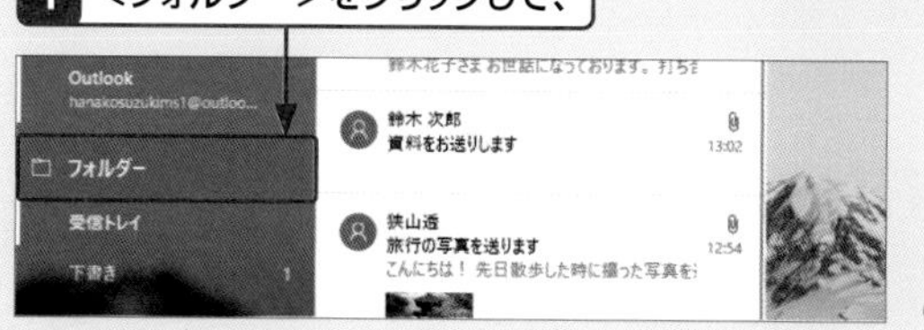

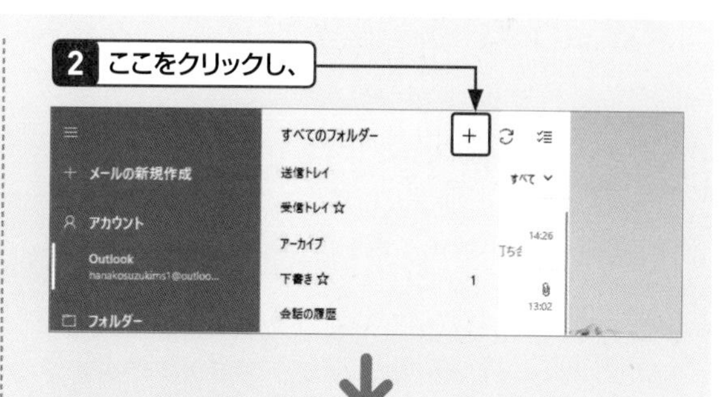

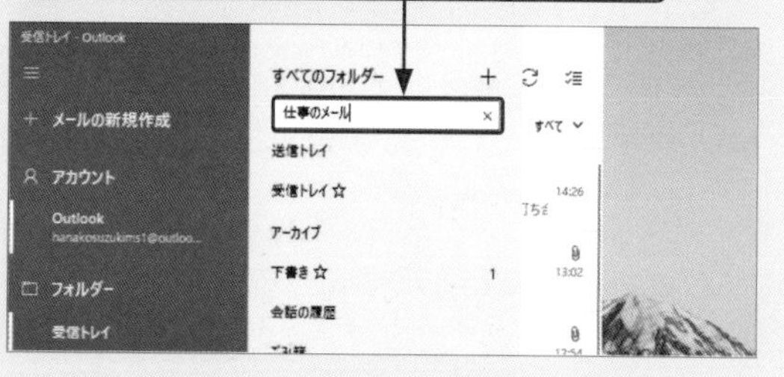

メールの管理と検索　重要度 ★★★

Q 287 メールを別のフォルダーに移動したい！

A ＜アクション＞の＜移動＞を利用します。

メールを別のフォルダーに移動するには、＜アクション＞…をクリックして＜移動＞をクリックし、移動先のフォルダーをクリックします。自動的に迷惑メールとして処理されてしまったメールを、＜迷惑メール＞フォルダーから＜受信トレイ＞に移動する場合などにも利用できます。

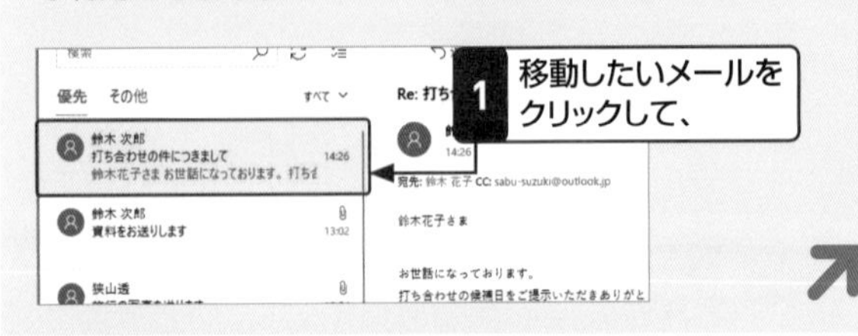

2 ＜アクション＞…をクリックし、

3 ＜移動＞をクリックします。

4 移動先のフォルダーをクリックします。

メールの管理と検索　重要度 ★★★

Q 288 「フラグ」って何？

A あとで返信したいメールなどに付けておく目印です。

「フラグ」は、読み返したいメールや、あとで返信したいメールといった重要なメールを探しやすくするための目印です。「メール」アプリには、フラグ付きのメールだけを表示する機能もあります。
「フラグ」をメールに設定するには、メールを表示して＜フラグの設定＞をクリックします。
重要度が下がったメールは、＜フラグのクリア＞をクリックしてフラグを外しましょう。

＜フラグの設定＞をクリックして、フラグを付けます。

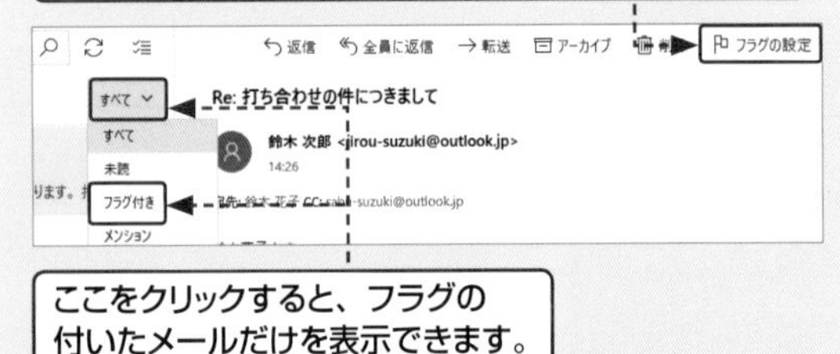

ここをクリックすると、フラグの付いたメールだけを表示できます。

メールの管理と検索　重要度 ★★★

Q 289 複数のメールを素早く選択したい！

A 選択モードを利用します。

複数のメールをまとめて選択したいときは、＜選択モードを開始する＞をクリックして「選択モード」に切り替えます。選択モードではメール一覧の各メールにチェックボックスが表示され、クリックしたメールを素早く選択できます。選択モードを終了するときは、＜選択モードを終了する＞をクリックします。

1 ＜選択モードを開始する＞をクリックし、

2 クリックしてチェックを付けます。

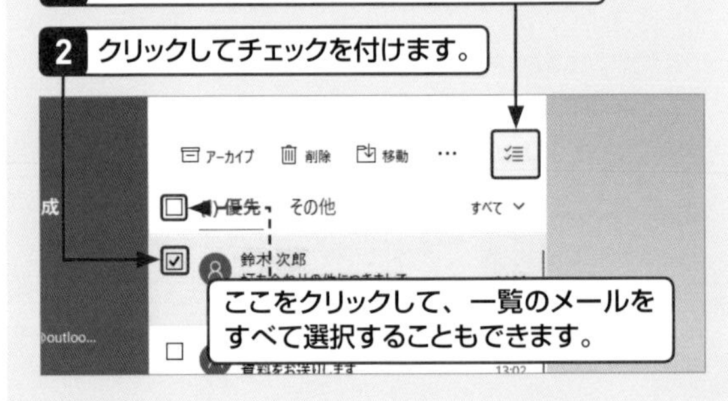

メールの管理と検索　重要度★★★

Q 290 メールを削除したい！

A メールをクリックして、<削除>をクリックします。

メールを利用していると、<受信トレイ>や<送信済み>フォルダーにメールが溜まっていきます。不要なメールは削除して、フォルダー内を整理するとよいでしょう。不要なメールを削除するには、メールをクリックして、<削除>をクリックします。削除したメールは、<ごみ箱>フォルダーに移動します。

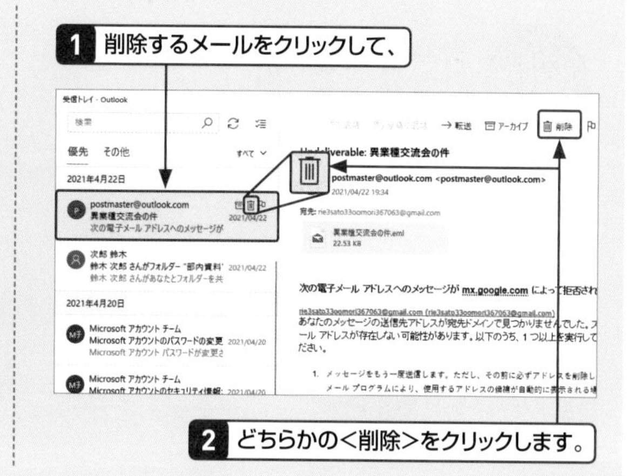

メールの管理と検索　重要度★★★

Q 291 削除したメールを元に戻したい！

A <ごみ箱>フォルダーから戻します。

削除したメールは、<ごみ箱>フォルダーに移動するので、誤って削除した場合でも元に戻すことができます。<その他>をクリックして<ごみ箱>をクリックし、<ごみ箱>フォルダーを開きます。続いて、右図のように操作します。

参照▶Q 287

1 <ごみ箱>フォルダーを開いて、元に戻すメールをクリックし、

2 <アクション>…をクリックして、

3 <移動>をクリックし、

4 移動先のフォルダーを指定します。

メールの管理と検索　重要度★★★

Q 292 メールを完全に削除したい！

A <ごみ箱>フォルダーから削除します。

削除したメールは、<ごみ箱>フォルダーに移動されます。メールを完全に削除したい場合は、<ごみ箱>フォルダーからもう一度削除します。

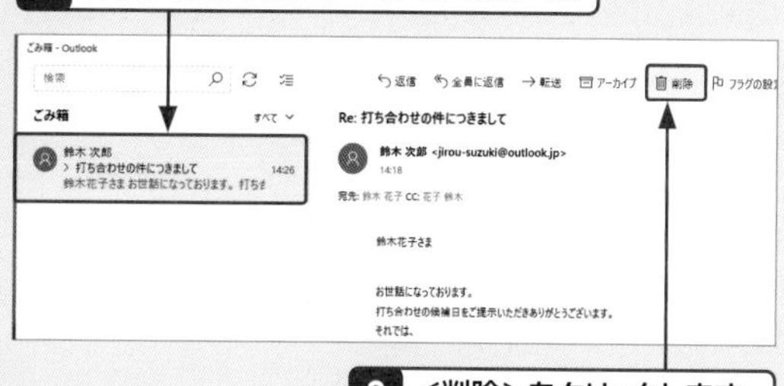

メールの管理と検索　重要度★★★

Q 293 メールを検索したい！

A 検索機能を利用します。

受信トレイに保存したメールが増えてくると、目的のメールが見つけづらくなります。このようなときは、検索機能を使ってメールを探しましょう。

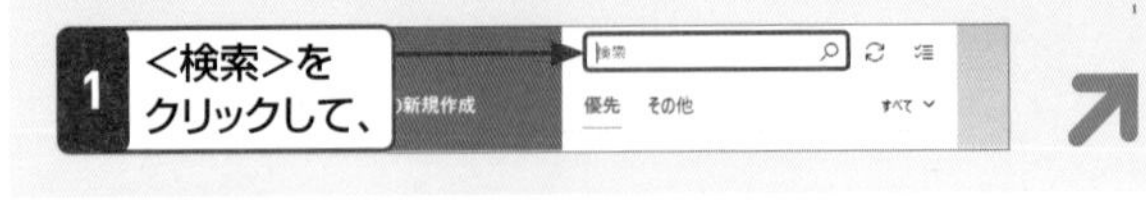

1 <検索>をクリックして、

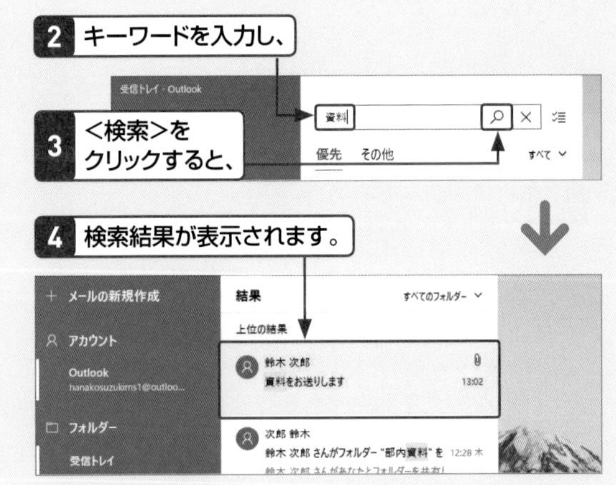

2 キーワードを入力し、

3 <検索>をクリックすると、

4 検索結果が表示されます。

「People」アプリの利用　重要度★★★

Q 294 メールアドレスを管理したい！

A 「People」アプリを利用します。

Windows 10には、メールアドレスや電話番号といった連絡先を管理するためのアプリとして、「People」アプリが用意されています。「People」アプリを利用するには、Microsoftアカウントでサインインします。

1 スタートメニューで<People>をクリックすると、

2 「People」アプリが起動します。

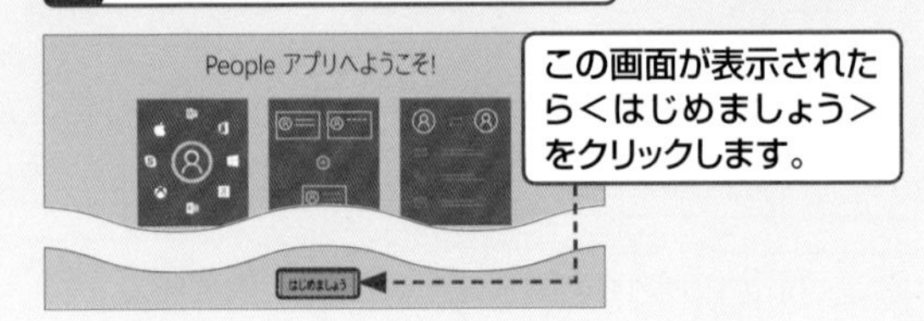

「People」アプリの利用　重要度★★★

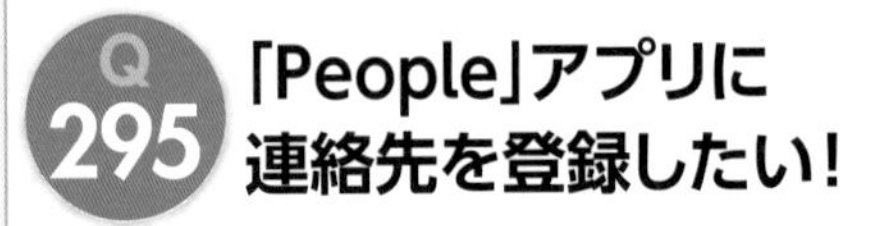

Q 295 「People」アプリに連絡先を登録したい！

A 「People」アプリを起動して<新しい連絡先>から登録します。

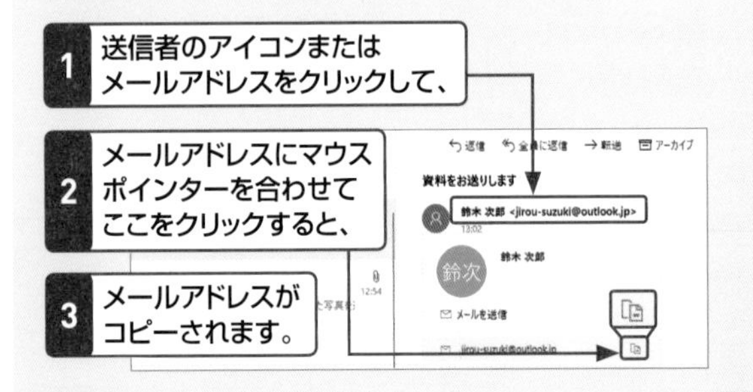

1 送信者のアイコンまたはメールアドレスをクリックして、

2 メールアドレスにマウスポインターを合わせてここをクリックすると、

3 メールアドレスがコピーされます。

メールの差出人などを「People」アプリの連絡先として登録するには、メールの上部に表示されている送信者をクリックしてメールアドレスをコピーし、「People」アプリに入力します。

4 「People」アプリで<新しい連絡先> + をクリックします。

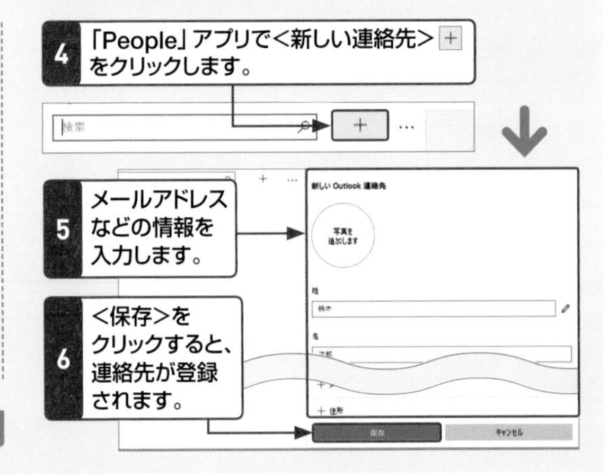

5 メールアドレスなどの情報を入力します。

6 <保存>をクリックすると、連絡先が登録されます。

「People」アプリの利用　重要度 ★★★

Q 296 連絡先を「メール」アプリから呼び出したい!

A <連絡先を選択>をクリックしましょう。

「People」アプリにメールアドレスを登録してある人にメールを送りたいときは、「メール」アプリから連絡先を呼び出しましょう。宛先に追加したい人をクリックするだけで、宛先が自動で入力されます。

1 新規メールを作成して、

2 <連絡先を選択>をクリックすると、

3 「People」アプリの連絡先が開きます。

4 メールを送りたい人をクリックして、

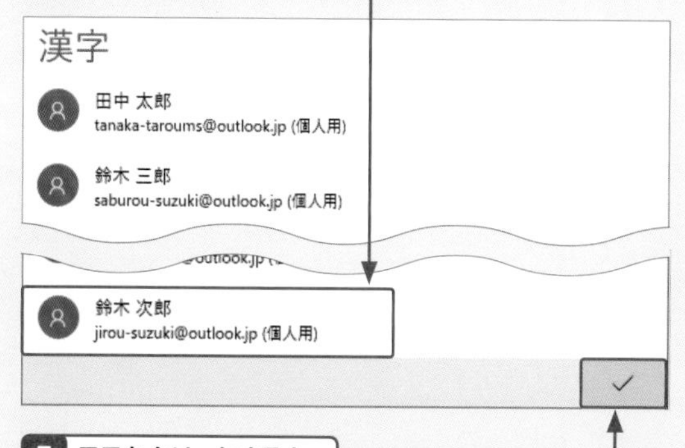

5 ここをクリックすると、

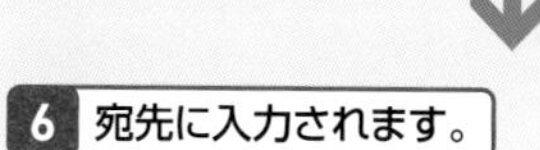

6 宛先に入力されます。

差出人: hanakosuzukims1@outlook.jp
宛先: jirou-suzuki@outlook.jp;
CC と BCC
件名

「People」アプリの利用　重要度 ★★★

Q 297 登録した連絡先情報を編集したい!

A 「People」アプリの情報の編集画面で行います。

「People」アプリに登録した連絡先は、必要に応じて編集することができます。「People」アプリを起動して、下の手順に従います。

1 連絡先をクリックして、

2 <編集>をクリックします。

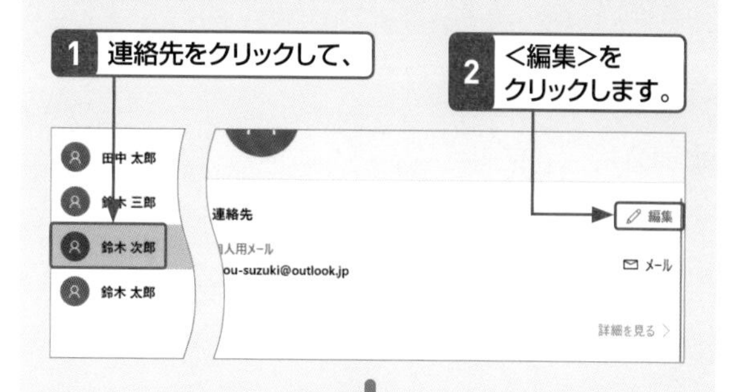

ここでは携帯電話の番号を追加します。

3 <電話>をクリックして、

4 <携帯電話>をクリックします。

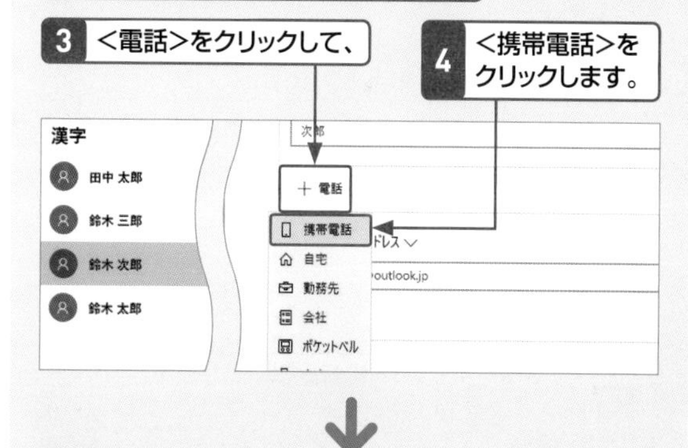

5 携帯電話の入力欄が追加されるので、携帯電話の番号を入力し、

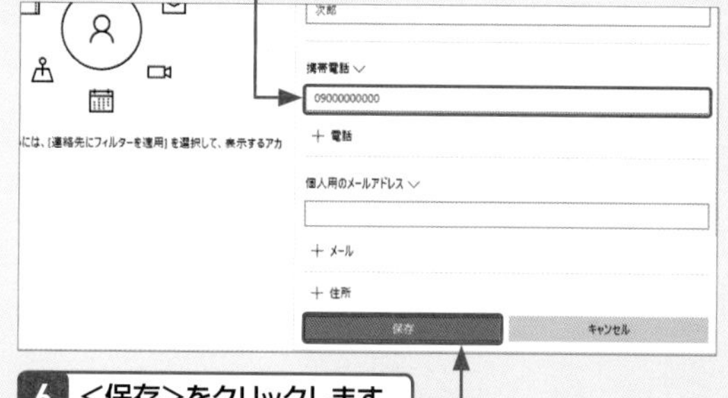

6 <保存>をクリックします。

「People」アプリの利用　重要度 ★★★

Q 298 「People」アプリからメールを作成したい！

A 「People」アプリで連絡先を指定します。

「People」アプリの連絡先から直接「メール」アプリを起動して、メールを作成・送信できます。「People」アプリを起動して、メールを送信する相手をクリックすれば連絡先として入力されます。連絡先が多くて相手を探すのが大変な場合は、「People」アプリ左上にある検索ボックスから探すこともできます。

1 「People」アプリを起動して、

ここをクリックして名前を入力し、相手を検索することもできます。

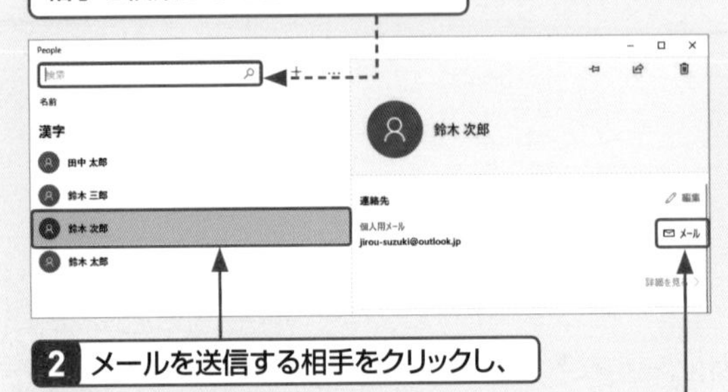

2 メールを送信する相手をクリックし、

3 ＜メール＞をクリックします。

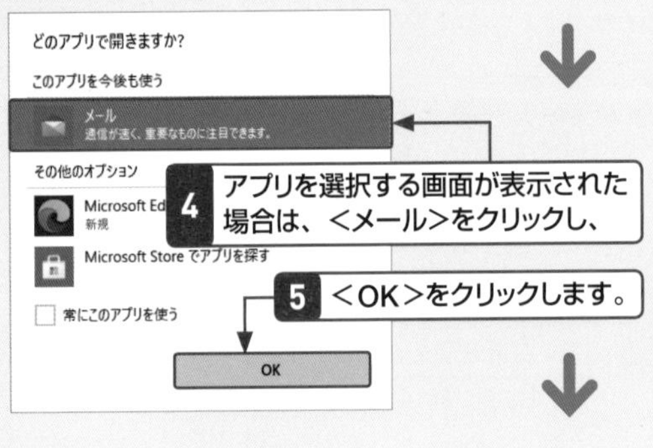

4 アプリを選択する画面が表示された場合は、＜メール＞をクリックし、

5 ＜OK＞をクリックします。

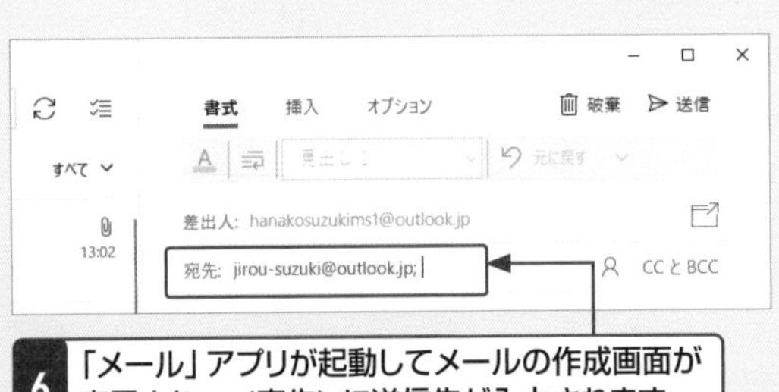

6 「メール」アプリが起動してメールの作成画面が表示され、＜宛先＞に送信先が入力されます。

「People」アプリの利用　重要度 ★★★

Q 299 「People」アプリをもっと素早く開くには？

A タスクバーにアイコンを表示させて起動しましょう。

タスクバーに＜People＞アイコンを表示させると、「People」アプリを素早く起動したり、特定の連絡先に簡単にアクセスしたりできるようになります。＜People＞アイコンは、タスクバーを右クリックして、＜タスクバーにPeopleを表示する＞をクリックすれば表示できます。

1 タスクバーを右クリックして、

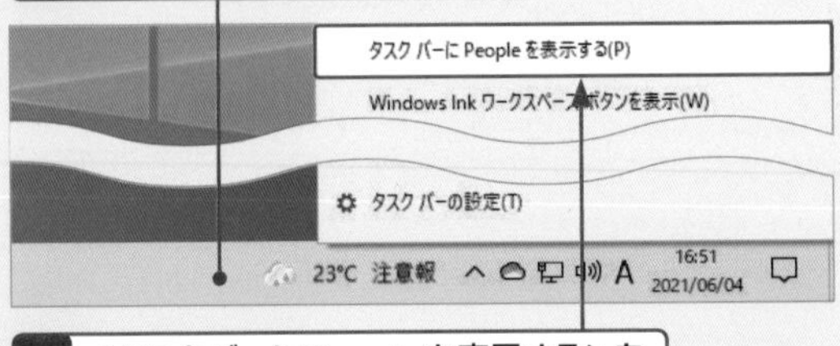

2 ＜タスクバーにPeopleを表示する＞をクリックします。

3 タスクバーに＜People＞アイコンが表示されました。

4 ＜People＞アイコンをクリックして、

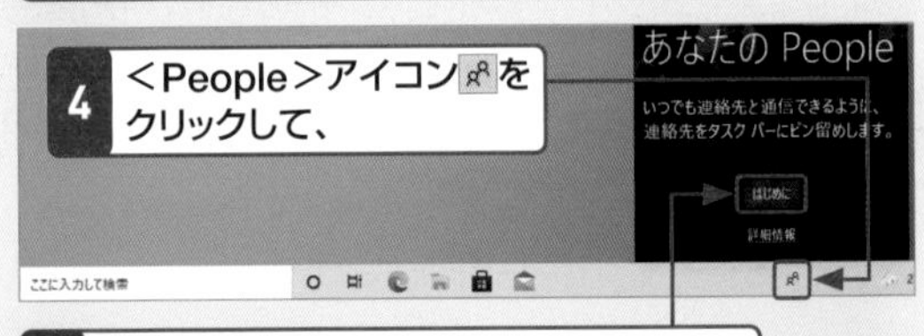

5 この画面が表示されたら、＜はじめに＞をクリックします。

6 ＜アプリ＞タブをクリックし、

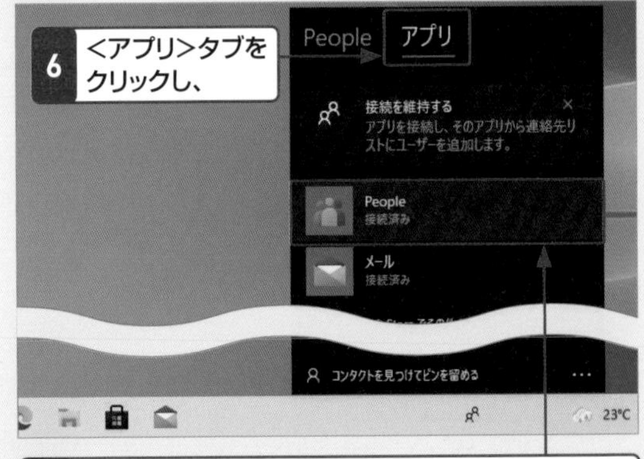

7 ＜People＞をクリックすると、「People」アプリを素早く起動できます。

6

セキュリティの疑問解決&便利技!

Q300 どうして個人情報に気を付ける必要があるの？

A 個人情報を使って詐欺行為などが行われます。

「個人情報」とは、個人を特定し識別できる情報のことを指します。具体的には、氏名や住所、電話番号、生年月日、写真、学歴、勤務先、メールアドレス、クレジットカードの情報などが挙げられます。
こうした個人情報をSNSなどで不用意に公開することは絶対に避けてください。また、自身の過失ではなくても、近年はWebサービスやショッピングサイトなどに登録した個人情報が悪意の第三者による攻撃によって流出する事件が多発している点にも注意が必要です。
流出した個人情報が悪用されると、勧誘電話やダイレクトメールが頻繁に届く、勝手に自分名義の銀行口座が開設されて犯罪に利用される、クレジットカードが不正使用されるといった被害につながる可能性があります。
このような被害に遭わないためにも、Webサービスなどの利用時には、サイト内に「個人情報保護方針（プライバシーポリシー）」の記載があるか確認するようにしましょう。

参照▶Q 314

Q301 個人情報として秘密にすべきものは？

A 可能な限りすべての情報です。

あなたの個人情報は、できるだけ秘密にしておくことを心がけるのが原則です。
たとえば、あなたの住所や電話番号を入手した人が、あなたの自宅にやってきたり、電話をかけてきたりするかもしれません。それだけでも迷惑ですが、電話で不在を確認して空き巣に入られる、自宅宛てにデリバリーの大量注文をされる、といったことも考えられます。
あなたの生年月日や写真、勤務先などを入手した人が、あなたの本人確認書類を偽造し、あなたになりすまして銀行口座を開設してしまうこともあり得ます。
また、自分自身の情報だけでなく、家族の情報も秘密にしておいたほうがよいでしょう。家族の情報を入手すると、その情報をもとに高齢の両親への振り込め詐欺が行われるかもしれません。
個人情報は、すべて迷惑行為や犯罪に利用させる可能性があることを念頭に置いておくと、これらの被害を避けやすくなります。

Q302 インターネットで個人情報を扱うときに気を付けることは？

A 個人情報の公開や登録は必要最小限にとどめましょう。

いったんインターネット上に個人情報を公開してしまうと、消去するのは困難です。特定の人だけに提供したつもりが、いつの間にか拡散して、多くの人に知られてしまうこともあります。断片的な情報であっても、それらを関連付けることで個人を特定されてしまう可能性もゼロではありません。
こうしたトラブルを防ぐには、個人情報を一切公開しないか、公開するにしても、必要最小限の情報だけにとどめるのがよいでしょう。
また、個人情報の登録にも注意が必要です。Webサービス事業者の中には、名前と生年月日といった情報に加えて、住所や電話番号など、詳細な情報を要求するものもあります。このような場合はすぐに利用登録をするのではなく、どのような理由で個人情報を収集し、利用するのかを「プライバシーポリシー」などで確認してから登録するようにしましょう。
最近は、アンケートに答えるとポイントが付加されるといったサービスが増えていますが、これらの中には踏み込んだ情報収集をしているところもあるので、注意が必要です。

参照▶Q 314

Q303 個人情報が流出するってどういうこと？

A あなたが登録した情報が外部に漏れるということです。

あなたがWebサービスやショッピングサイトなどに登録した情報は、ほかの利用者の情報とまとめてサーバーに保存されています。その情報が許可なく第三者の手に渡ってしまうことが、個人情報の流出です。
流出の経路は大きく分けると2つあります。1つはサーバーのデータをコピーした媒体の紛失、もう1つは意図的な譲渡です。意図的な譲渡は主に金銭目的で行われており、実行するのはWebサービスやショッピングサイトの関係者とは限りません。サーバーに外部から不正アクセスして、情報を盗み出し販売する集団も存在しています。

Q304 どんなパスワードが適切なの？

A 名前や生年月日に関係のない英数字の組み合わせが有効です。

インターネット上で提供されるさまざまなサービスを利用する場合、本人認証のためのパスワードが必要となります。パスワードを設定する際、忘れないようにと名前や生年月日を使用したり、同じパスワードを複数のサービスで使用したりするのは危険です。何らかの理由でパスワードが流出したとき、該当するサービスだけでなく、複数のサービスを不正利用されてしまうおそれがあるからです。
パスワードは、氏名や生年月日、単純な英単語といった簡単に予想できるものではなく、数字や英字を組み合わせた複雑なものを設定しましょう。同じ英数字の組み合わせでも、規則性のないものにしたほうがより安全です。
・悪いパスワードの例　abcd1234
・よいパスワードの例　4d2bc3a1
なお、サービスによってはユーザー登録する際に、パスワードの安全性が表示されます。この機能は積極的に利用しましょう。

● 悪いパスワードの警告例

短すぎるパスワードが警告されています。

新しいパスワード　•••
短すぎます。

単純なパスワードが警告されています。

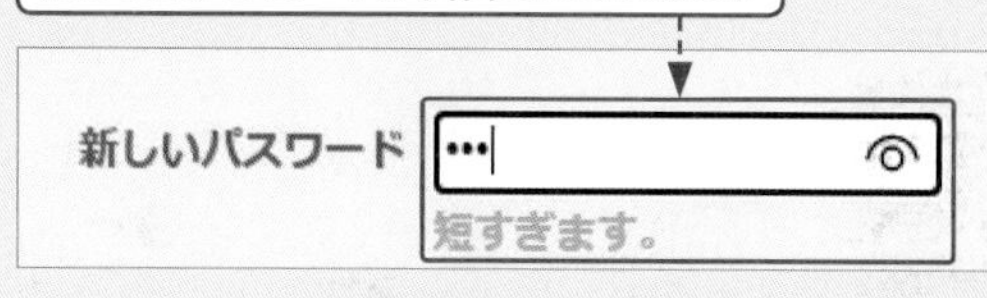

Q305 パスワードは定期的に変えるべきって本当？

A 定期的に変える必要はありません。

以前は、パスワードは定期的に変えるべきとされていましたが、現在では定期的に変える必要はないとされています。パスワードを定期的に変更すると、どうしても入力しやすく覚えやすい、短いパスワードを設定しがちだからです。一度設定したものをずっと使用してよいので、英数字や記号を組み合わせた長いパスワードを設定しておきましょう。
パスワードを変更する必要があるのは、Webサービスやショッピングサイトなどに登録したパスワードが流出してしまったときです。この場合は、第三者が流出したパスワードを使用して自分のアカウントにアクセスすることを防ぐために、速やかにパスワードを変更しましょう。

Q 306 パスワードを忘れてしまった！

A パスワードの再設定を行います。

パスワードを忘れてしまった場合は、パスワードの再設定を行います。サービス提供者によって再設定の方法は異なりますが、基本はログイン（またはサインイン）画面に表示されている、「パスワードを忘れた場合は?」や「アカウントにアクセスできない場合」といったリンクをクリックするというものです。

パスワードを再設定する際、登録した「秘密の質問と答え」や生年月日、メールアドレスの入力が必要となる場合があります。これらの情報は忘れないようにしましょう。

ここでは、Amazonのパスワードを忘れた場合を例にします。

1 ＜お困りですか？＞をクリックして、

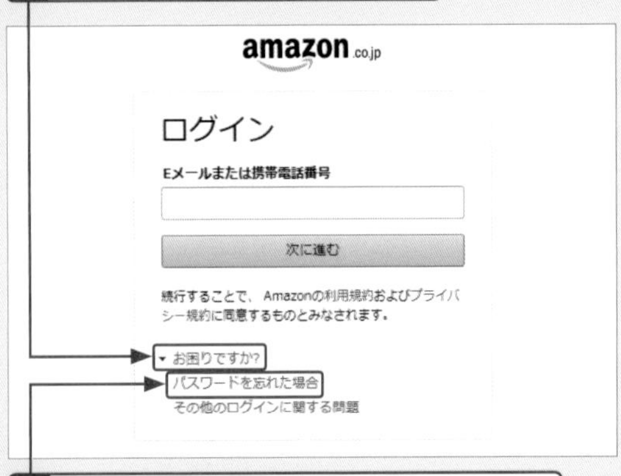

2 ＜パスワードを忘れた場合＞をクリックします。

3 画面の指示に従って操作し、パスワードをリセットします。

Q 307 Edgeは安全なブラウザーなの？

A セキュリティ機能があり、安全です。

Windows 10のEdgeには、「Microsoft Defender SmartScreen」というセキュリティ機能が用意されています。有効の状態でフィッシングサイト（個人情報の抜き取りを目的としたWebページ。金融機関や通販サイトなどに似せて作られている）にアクセスした際や、ウイルスが含まれているソフトをダウンロードした際に警告が表示され、パソコンが脅威にさらされるのを防いでくれます。有効になっているかはEdgeの設定画面から確認できます。

参照▶Q 329

1 スタートメニューから＜Microsoft Edge＞を起動して、

2 ＜設定など＞をクリックし、

3 ＜設定＞をクリックします。

4 ＜プライバシー、検索、サービス＞をクリックします。

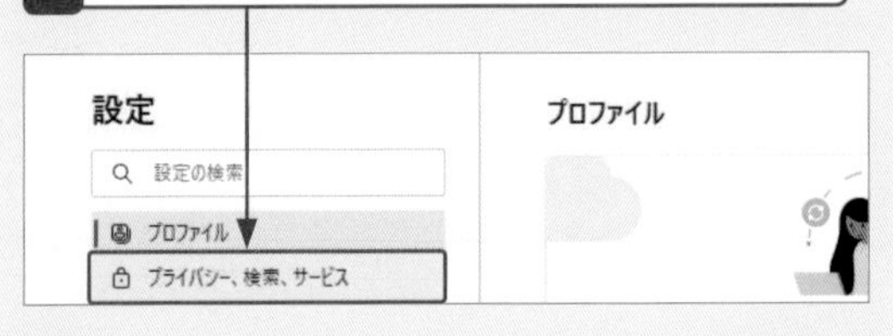

5 ＜Microsoft Defender SmartScreen＞が有効になっているのを確認します。

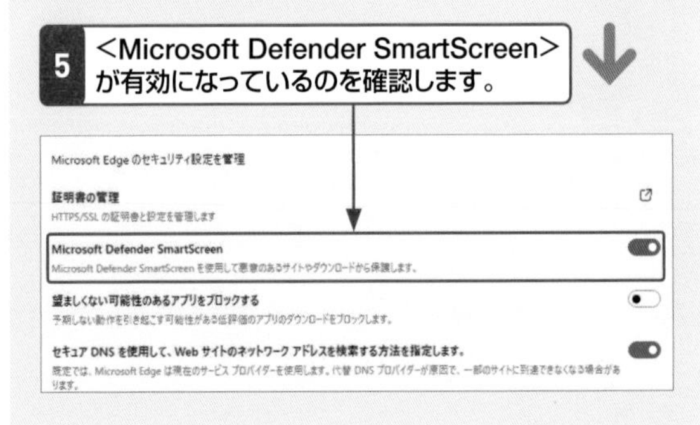

Q 308 保存済みのパスワードの情報を消したい!

A <パスワードの管理>から削除できます。

さまざまなWebサービスやショッピングサイトでは、本人の識別のためにメールアドレスやパスワードの入力が求められます。Edgeをはじめとするブラウザーには、このメールアドレスとパスワード、それが入力されたWebページをセットで記憶する機能が搭載され、次回以降そのWebページやサービスを利用する際に、それらの情報を自動入力して、簡単にサインイン（ログイン）できます。
しかし、1台のパソコンを複数の人と共有するような環境では、この機能を悪用して勝手に買い物をされたり、個人情報を盗まれたりしかねません。そのため、こういったパソコンではパスワードは記憶させない、記憶させてしまったらその情報を削除するようにしましょう。

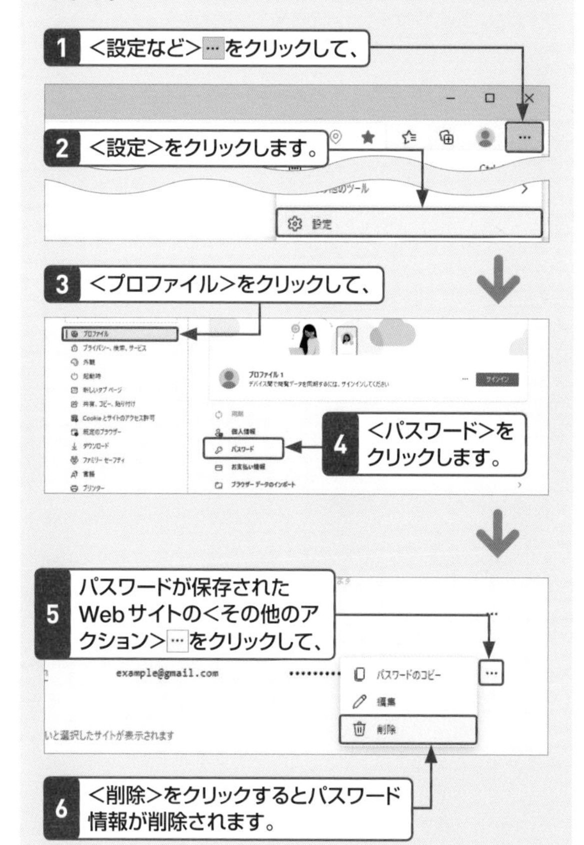

Q 309 InPrivateブラウズって何？

A 履歴を残さずにWebページを閲覧できる機能です。

Edgeの「InPrivateブラウズ」は、Webページの閲覧履歴や検索履歴、インターネット一時ファイル、ユーザー名やパスワードの入力履歴などを保存せずにWebページを閲覧できる機能です。InPrivateブラウズを利用すると、共有のパソコンやほかの人のパソコンを借用したときなどに、自分が閲覧した履歴を他人に知られずに済みます。InPrivateブラウズを終了するには、InPrivateブラウズのウィンドウ、あるいはタブを閉じます。

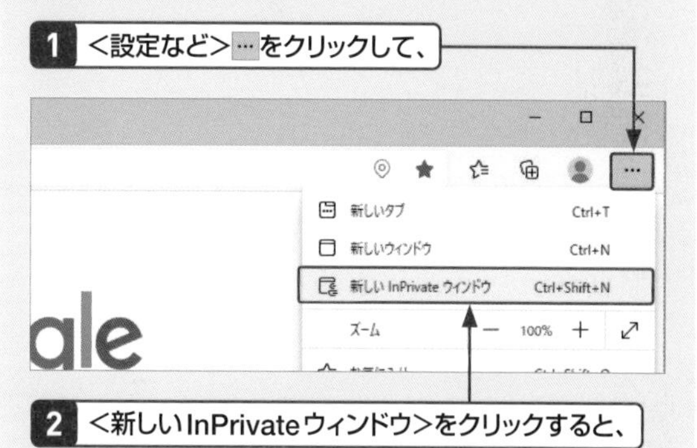

3 新しいウィンドウが開き、InPrivateブラウズが有効になります。

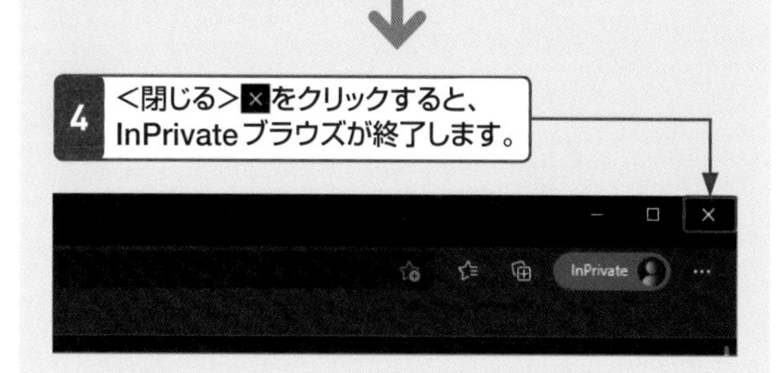

インターネットと個人情報　重要度★★★

Q 310 パソコンを共用している際に気を付けることは？

A 別々のアカウントでサインインしましょう。

1台のパソコンを複数の人と共用すると、個人の送受信メールやWebページの履歴、作成した文書ファイルなどをほかの人に見られてしまう可能性があります。大切なファイルを誤って削除されたり、書き換えられてしまうおそれもないとはいえません。

こうしたことを防ぐには、パソコンを利用する人それぞれが別のアカウントでサインインするようにします。こうしておけば、ほかの人に自分のアカウントのデータを見られることはなくなります。

2 サインインします。

インターネットと個人情報　重要度★★★

Q 311 閲覧履歴を消したい！

A ＜履歴＞から削除します。

ほとんどのブラウザーには、Webページ閲覧の利便性を高めるために、閲覧履歴を一定期間保存する機能が備わっています。しかし、家族や会社の同僚などと1台のパソコンを共有しているような環境では、ほかの人がこの機能を使って閲覧履歴をのぞき見してしまう可能性もあります。これを避けるためにも、ブラウザーを使い終わったあと、閲覧履歴を消す習慣を付けておくとよいでしょう。

Windows 10の「Edge」では、＜設定など＞…→＜履歴＞→＜その他のオプション＞…→＜閲覧データをクリア＞をクリックすると、それまでに閲覧したWebページの履歴をすべて消去できます。 参照▶Q 229

インターネットと個人情報　重要度★★★

Q 312 「管理者」「標準ユーザー」の違いは？

A どちらもWindowsのアカウントですが権限の大きさが違います。

Windows 10には、「管理者」と「標準ユーザー」という2種類のアカウントが用意されています。管理者はパソコンを制限なく使えるアカウントで、パソコン内のすべてのデータにアクセスできます。標準ユーザーは、設定できる項目に制限があり、ほかのユーザーの＜ドキュメント＞フォルダーなどにアクセスできません。

パソコンを共有する場合は、共有する人それぞれのアカウントを「標準ユーザー」に設定しておきましょう。

参照▶Q 313,Q 502

1 ＜スタート＞■→＜設定＞⚙をクリックして、＜アカウント＞→＜家族とその他のユーザー＞をクリックし、

使う人ごとにアカウントを作成しておきます。

2 種類を変更するアカウントをクリックし、

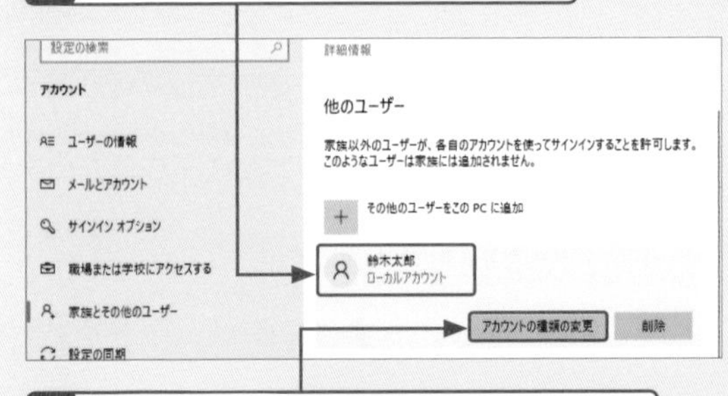

3 ＜アカウントの種類の変更＞をクリックします。

4 ＜アカウントの種類＞をクリックして選択して、

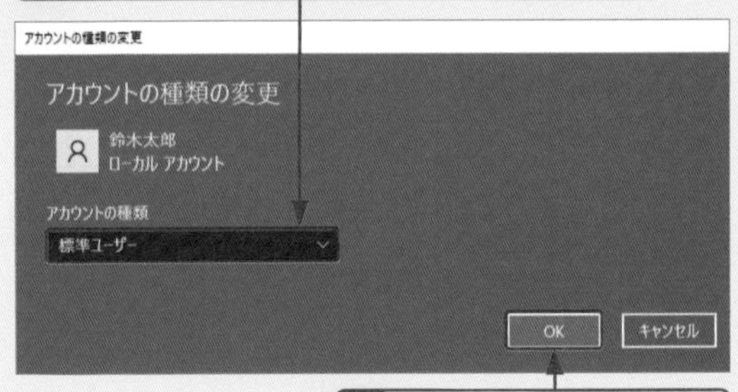

5 ＜OK＞をクリックします。

Q 313 「管理者として○○してください」と表示された！

A 標準ユーザーでは変更できない設定や操作で表示されます。

Windows 10のアカウントのうち、「標準ユーザー」には設定や操作を行える項目に制限があり、許可されていない設定や操作を行おうとすると「管理者」の権限が求められることがあります。

下図のようなメッセージが表示されたら、管理者のアカウントを持っている人に、パスワードやPINを入力してもらいましょう。入力に成功すると、自分がサインインしたまま目的の設定や操作を行えます。

参照▶Q 312

1 PINやパスワードを入力すると、

ユーザー アカウント制御

このアプリがデバイスに変更を加えることを許可しますか?

ユーザー アカウント制御の設定

確認済みの発行元: Microsoft Windows

詳細を表示

続行するには、管理者のユーザー名とパスワードを入力してください。

鈴木次郎

パスワード

DESKTOP-

2 管理者しか許可されていない設定や操作が可能になります。

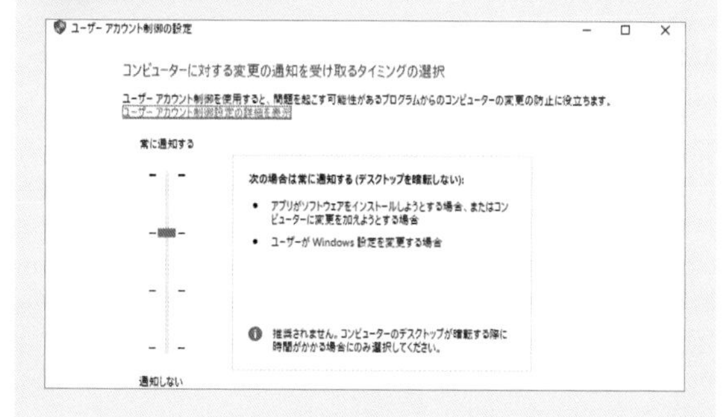

Q 314 プライバシーポリシーって何？

A 個人情報保護に関する方針のことです。

「プライバシーポリシー」は、Webページなどで収集した個人情報をどのように取り扱うかについての取り決めです。「個人情報保護方針」ともいいます。

Webページの「個人情報について」「プライバシーについて」といったページにアクセスすると、Webページの利用でどのような個人情報が収集されるか、収集する目的や使用方法、保管や破棄などについて読むことができます。SNSに登録するなど、個人情報をインターネット上に送信する際は、必ず確認するようにしましょう。多くのWebページでは、「個人情報について」「プライバシーについて」「個人情報保護方針」といった項目からアクセスできます。

1 Edgeの場合はここをクリックして、

2 <プライバシー>をクリックすると、

3 「Microsoftのプライバシーに関する声明」が表示されます。

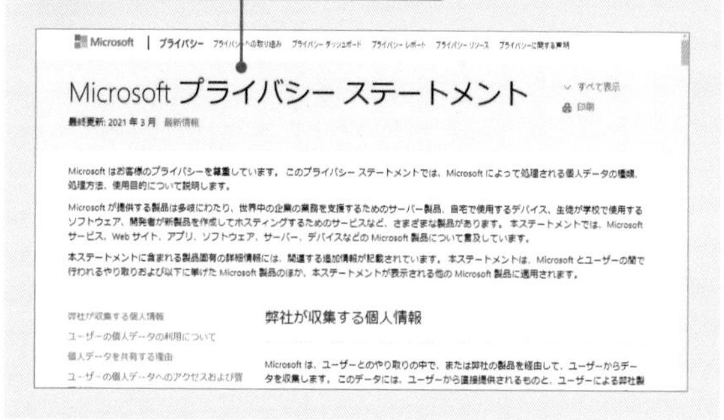

インターネットと個人情報　重要度 ★★★

Q 315 SNSではどんなことに気を付ければいいの？

A 多くの人に見られていることを考えながら利用しましょう。

FacebookやTwitterなどのSNS（ソーシャル・ネットワーキング・サービス）は、さまざまな人と交流する場として広く利用されています。多くのSNSでは、メッセージなどの公開範囲を設定できますが、その範囲を超えて情報が拡散してしまうおそれもあります。「特定の人しか見ていないから」と不用意に発信した個人情報が、知らないうちに広がってしまったということも少なくありません。

そのようなことにならないよう、住所や電話番号、メールアドレスといった個人情報は原則、公開しないようにします。特にFacebookのように匿名利用を原則禁止しているようなSNSの場合は、個人情報の関連付けがされやすいので注意が必要です。

また、ほかの人の個人情報を見つけても、それをむやみに拡散してはいけません。故意に情報を拡散させると、大きなトラブルになりかねません。自分の個人情報の管理はもちろん、ほかの人の個人情報も大切に扱うのがSNSを利用するうえでの大切なマナーといえます。会話でトラブルにならないように、誤解を生むような文章や言葉づかいを慎しむことも大切です。

● Facebookの場合

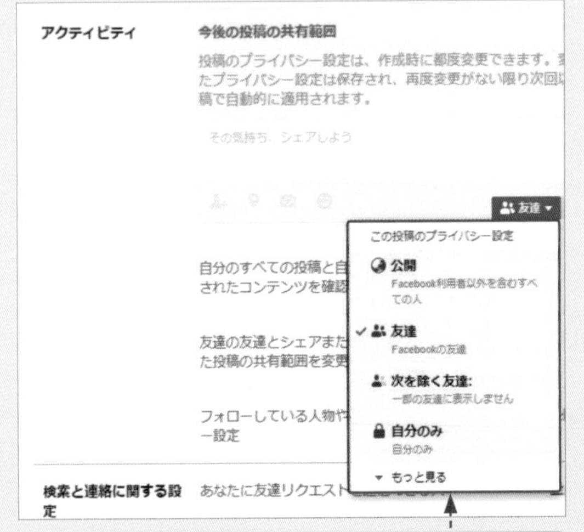

ウイルス・スパイウェア　重要度 ★★★

Q 316 パソコンの「ウイルス」って何？

A パソコンに危害を与えるソフトの一種です。

「ウイルス」は、パソコンに対して何らかの被害を及ぼすように作られたプログラムです。ほかのパソコンに伝染する、発病するまで症状を出さずに潜伏する、プログラムやデータを破壊する、自分がまったく意図しない動作をさせるといった、悪意ある機能を持つものをいいます。

最近ではパソコンだけでなく、スマートフォンやタブレットに感染するウイルスも登場しています。

ウイルスの中でも、パソコン内のデータを勝手に暗号化し、暗号化を解除するための金銭を要求する、身代金要求型ウイルスを「ランサムウェア」と呼びます。

ウイルス・スパイウェア　重要度 ★★★

Q 317 ウイルス以外の危険なソフトにはどんなものがあるの？

A スパイウェアやボットなどがあります。

パソコンに危害を与えるソフトには、ウイルス以外にも次のようなものがあります。

- スパイウェア
  利用者や管理者の意図に反してインストールされ、利用者の個人情報やアクセス履歴などの情報を収集するプログラムです。
- キーロガー
  スパイウェアの一種で、パソコンのキーボードで入力されたキーの情報を収集するプログラムです。
- ボット
  ウイルスの一種で、ネットワークを通じてパソコンを外部から操るプログラムです。自分の知らないうちに、悪意あるユーザーに操作され、ほかのパソコンに不正アクセスしたり、迷惑メールの送信に利用されたりします。

ウイルス・スパイウェア　重要度★★★

Q 318 ウイルスはどこから感染するの？

A インターネットやUSBメモリーなどから感染します。

ブラウザーでダウンロードしたファイルにウイルスが含まれていると、パソコンで実行したときにウイルスに感染してしまいます。Webページが改ざんされている場合、Webサービスやショッピングサイトなどにアクセスしただけで感染することもあります。
USBメモリーには、プログラムを自動実行するしくみがあります。このしくみを悪用したウイルスが含まれていると、パソコンに感染する可能性があります。
また、LAN内のほかのパソコンとファイルをやり取りしている場合、そのファイルにウイルスが潜んでいて感染が拡大するというケースもあります。

USBメモリーには、プログラムを自動実行するためのファイルが保存されていることがあります。

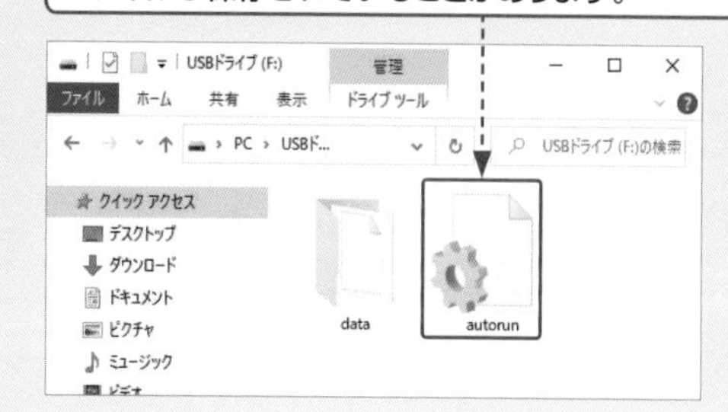

ウイルス・スパイウェア　重要度★★★

Q 319 ウイルスに感染したらどうなるの？

A OSやアプリの動作が不安定になります。

ウイルスに感染した場合の代表的な症例には次のものがあります。

- **OSやアプリの動作が不安定になる**
  ウイルスがOS（WindowsやmacOSなど基本ソフトの総称）のシステムファイルやアプリの動作に必要なファイルを勝手に削除したり、改変したりして、OSやアプリの動作が不安定になることがあります。最悪の場合は、OSやアプリが起動しなくなることもあります。
- **自己増殖してほかのパソコンにも感染しようとする**
  ウイルスの種類によっては、パソコンに感染後、自分自身のコピーを自動的に作成し、アドレス帳に登録してある連絡先に、コピーしたウイルスファイルを添付した電子メールを自動送信することがあります。同じLAN（118ページ参照）でつながっているほかのパソコンに自身をコピーして感染させようとすることもあります。

ウイルス・スパイウェア　重要度★★★

Q 320 ウイルスに感染しないために必要なことは？

A 次のような予防方法があります。

パソコンがウイルスに感染しないように予防するには、次の方法があります。

- **セキュリティ対策ソフトを導入する**
  セキュリティ対策ソフトをパソコンにインストールします。セキュリティ対策ソフトには、有料のものと無料で利用できるものがあります。
- **怪しいWebページは見ない**
  不用意にリンクや画像をクリックしたり、ファイルをダウンロードしたりしないようにします。
- **身に覚えのないメールや添付ファイルは開かない**
  知らない人からのメールやメールに添付されているファイルを開かないようにします。 参照▶Q 338
- **Windowsを最新の状態にする**
  Windows Update機能を利用して、Windowsを常に最新の状態に保ちます。
- **所有者がわからないUSBメモリーなどは使わない**
  所有者不明のUSBメモリーやCD／DVDなどは、使用しないようにします。

ウイルス・スパイウェア　重要度 ★★★

Q 321 どんなWebページが危険か教えて！

A URLが本物に似せてあるページは要注意です。

大手ショッピングサイトなどのデザインに似せたWebページで、パスワードを入力させ、個人情報を盗むことを目的としたものがフィッシングサイトです。不審なメールなどに記載されたリンクをクリックすると、フィッシングサイトに誘導されます。パスワードの入力が求められるようなWebページでは、必ずURL（そのページ固有の識別文字列）を確認しましょう。

正：https://www.amazon.co.jp
偽：https://www.anazon.co.jp など

上記のようにURLの後半が本物と微妙に違う場合は注意が必要です。うっかりログインをしたりすると、個人情報を抜き取られるおそれがあります。

ウイルス・スパイウェア　重要度 ★★★

Q 322 ウイルスファイルをダウンロードするとどうなるの？

A ダウンロードがブロックされます。

Edgeでは、ウイルスに感染したファイル、あるいはそのおそれのあるファイルをダウンロードしようとすると、通知が表示され、自動的にダウンロードが中止されます。ただし、ウイルスをすべてブロックできるとは限らないので、怪しいファイルはダウンロードしないように注意しましょう。

1 ウイルスをダウンロードしようとすると、

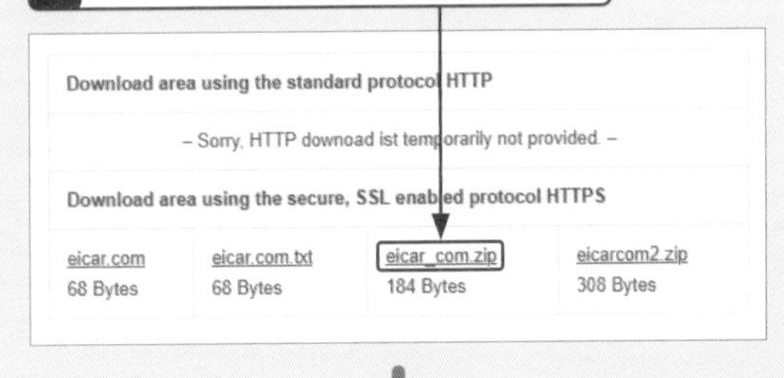

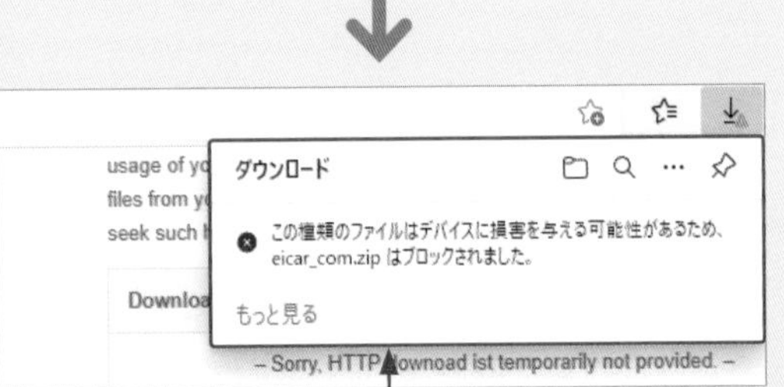

2 ダウンロードが自動的にブロックされます。

ウイルス・スパイウェア　重要度 ★★★

Q 323 ウイルスはパソコンが自動で見つけてくれるの？

A 見つけたら自動で通知を表示してくれます。

Windows 10には、ウイルスをはじめとする外部からの攻撃をリアルタイムで監視する機能が備わっています。外部からの攻撃が検知されると、付属のMicrosoft Defenderからの通知が表示され、ウイルスなどの隔離や削除などを自動的に行ってくれます。ただし、効果的に攻撃を検知するには、Windows Updateを使って、Windows 10を常に最新の状態に保っておく必要があります。

参照▶Q 527

1 外部からの攻撃が検知されると、

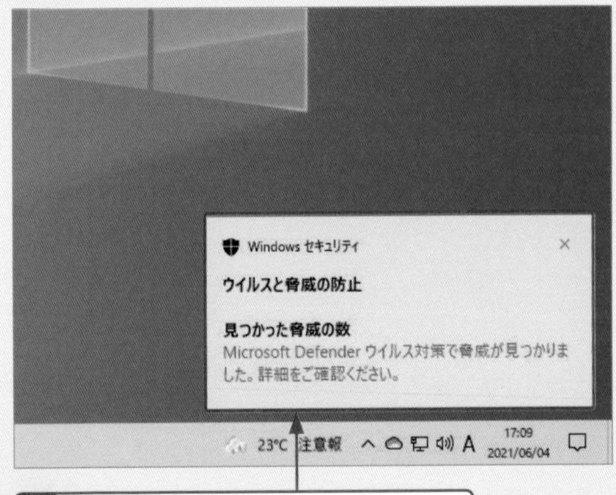

2 「ウイルスと驚異の防止」という通知が表示され、自動対処されます。

Q 324 ウイルスに感染したらどうすればいいの？

A ネットワークから切り離し、ウイルス駆除などを行います。

万一ウイルスに感染してしまった場合は、パソコンからLANケーブルを外し、ネットワークから切り離します。ネットワークに接続されていると、パソコン内のデータが外部に送信されたり、ウイルスがネットワークを通じてほかのパソコンに広がったりする可能性があるためです。Wi-Fi（無線LAN）も無効にしましょう。ただしその前に、セキュリティ対策ソフトを起動し、定義ファイルが最新かどうかを確認しておきましょう。もし最新でないと、ウイルスがウイルスとして認識されない可能性があります。セキュリティ対策ソフトは、Windows 10に搭載されている「Windows セキュリティ」を使います。以下の手順に従ってスキャンを行ってください。
それでも処理できない場合は、使用しているセキュリティ対策ソフトのサポートセンターに問い合わせる、専門の業者に依頼するといった方法で、ウイルス駆除を行いましょう。

● 手動でスキャンを実行する

ここでは、Windows 10に標準で搭載されているWindows セキュリティでスキャンを実行します。

ホーム
設定の検索
更新とセキュリティ
Windows Update
配信の最適化
Windows セキュリティ
バックアップ
トラブルシューティング
回復
Windows Update
最新の状態です
最終チェック日時: 今日、12:18
更新プログラムのチェック
アクティブ時間を調整して、中断する時間
このデバイスは通常 11:00 から 23:00 までの間に使用されています。アクティビティに合わせてアクティブ時間を自動的に更新には更新のための再起動は行われません。
オンにする
更新を 7 日間一時停止
[詳細オプション] に移動して、一時停止期間を変更

1 ＜スタート＞■→＜設定＞⚙→＜更新とセキュリティ＞→＜Windows セキュリティ＞をクリックして、

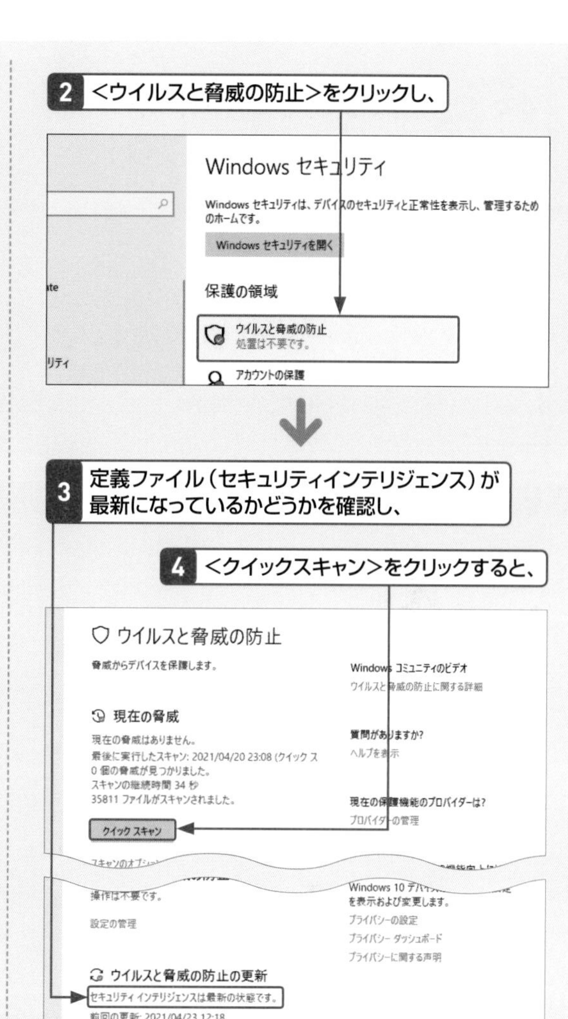

5 スキャンが実行されます（時間がかかります）。

ウイルスと脅威の防止
脅威からデバイスを保護します。
現在の脅威
クイック スキャンを実行しています...
推定残り時間: 00:00:19
15626 ファイルがスキャンされました
キャンセル
デバイスのスキャンを実行中も作業を続けることができます
Windows コミュニティのビデオ
ウイルスと脅威の防止に関する詳細
質問がありますか?
ヘルプを表示
現在の保護機能のプロバイダーは?
プロバイダーの管理

ウイルス・スパイウェア　重要度★★★

Q 325 市販のウイルス対策ソフトはどんなものがあるの？

A さまざまなメーカーから製品が発売されています。

Windows 10には「Windowsセキュリティ」がプリインストールされていますが、より高性能であることをアピールしている、市販のウイルス対策ソフトを購入して使用することもできます。有償のウイルス対策ソフトには、右の表のようなものがあります。
なお、パソコンによっては、右の表のウイルス対策ソフトがプリインストールされていて、Windowsセキュリティの代わりに利用できることもあります。

● 代表的なセキュリティ対策ソフト

製品名	発売元／URL
ウイルスバスター クラウド	トレンドマイクロ https://www.trendmicro.com/ja_jp/forHome/products/vb.html
ノートン セキュリティ	シマンテック https://jp.norton.com/
マカフィー リブセーフ	マカフィー https://www.mcafee.com/ja-jp/
ESET パーソナル セキュリティ	キヤノンマーケティングジャパン https://eset-info.canon-its.jp/
ZERO ウイルスセキュリティ	ソースネクスト https://www.sourcenext.com/product/security/zero-virus-security/

ウイルス・スパイウェア　重要度★★★

Q 326 市販の対策ソフトを使うメリットって？

A メーカーのサポートを受けることができます。

ウイルスに感染した場合は、感染を広げないようにパソコンをネットワークから切り離しておくべきです。このため、対策についてインターネットで調べながら進めることはできません。
インターネット接続がない環境で役立つのが、メーカーの電話サポートです。パソコンの症状を伝えて、対策を教えてもらうことで、迷わずに対策を進められるでしょう。

● メーカーサポートの例

電話	メール	チャット	LINE	AIRサポート
365日 (年中無休) 9:30～17:30	365日 (年中無休) 24時間（受付）	365日 (年中無休) 9:00～21:00	一時停止	ー
365日 (年中無休) 24時間	365日 (年中無休) 24時間（受付）	365日 (年中無休) 9:00～23:00 ※1	一時停止	365日 (年中無休) 9:00～23:00

ウイルス・スパイウェア　重要度★★★

Q 327 市販の対策ソフトは何で選べばいいの？

A 台数や用途に応じて選びます。

市販の対策ソフトは、多くの場合パッケージによって1台のみだったり、複数台で利用できたりと、インストール可能な台数が異なります。また、期限付きの対策ソフトの場合、1年間や3年間といった利用可能な期間が設定されています。
また、テレワークの保護やインストール台数無制限といった特徴を持つ製品もあるので、自分が必要としている機能や用途に合わせて選択するとよいでしょう。

● 必要とする台数や用途に合わせて選ぶ

Q 328 絶対に安全な使い方を教えて！

A 外部と接続する限り「絶対に安全」にはなりません。

ウイルスやスパイウェアといったパソコンに危害を与えるプログラムは、常に新しい種類が生み出されているため、「この対策をしておけば100％安全」ということはありません。

インターネットに接続していればブラウザーから、USBメモリーを接続すればコピーしたファイルから、現在のウイルス対策ソフトでは発見できないウイルスが侵入してくる可能性があるのです。常に危険と隣り合わせだと認識して、さまざまな対策を怠らないようにしましょう。

Q 329 Windows 10のセキュリティ機能はどうなっているの？

A セキュリティ機能が改善されています。

Windows 10には、以下のセキュリティ機能が搭載されています。

- **ファミリーセーフティ（ファミリー機能）**
  子どもがパソコンを利用する際のインターネットの使用の監視や、特定のWebページのブロックまたは許可、アクセス可能なゲームまたはアプリの選択などができます。
  参照▶Q 501
- **SmartScreen**
  Microsoft Defender SmartScreenでフィッシング詐欺や不正なプログラムからユーザーを守ります。
- **Windows Update**
  Windowsを常に最新の状態にする機能です。重要な更新が使用可能になったときに、更新プログラムを自動的にダウンロードしてインストールします。
  参照▶Q 526
- **BitLockerドライブ暗号化**
  データとデバイスを保護する機能です。パソコンの状態を監視し、保存されているデータ、パスワード、およびそのほかの重要なデータを安全に保護します。Homeより上のProなどのエディションで、＜コントロールパネル＞→＜システムとセキュリティ＞→＜BitLockerの管理＞から設定できます。
- **Windows セキュリティ**
  ウイルスやスパイウェア、そのほかの悪質なソフトからパソコンを保護するための機能です。ここからSmartScreenの有効／無効を切り替えられます。

Microsoft Defender SmartScreen の設定を確認する

1 ＜スタート＞→＜設定＞をクリックして、＜更新とセキュリティ＞→＜Windows セキュリティ＞をクリックし、

2 ＜アプリとブラウザーの制御＞をクリックします。

ここをクリックするとWindowsセキュリティの画面が開きます。

3 ＜アプリとブラウザーコントロール＞→＜評価ベースの保護設定＞をクリックすると、

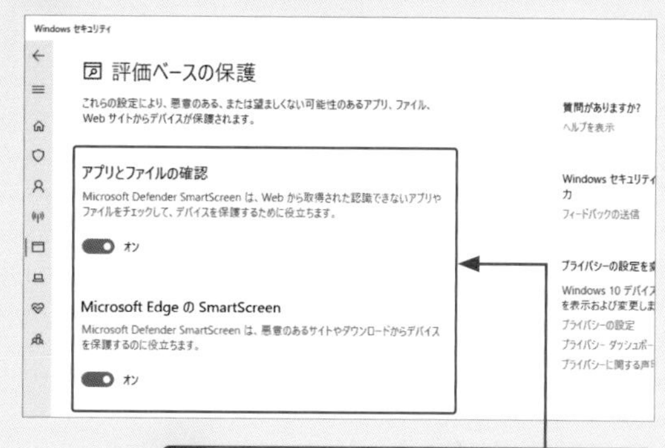

4 アプリやブラウザーといった項目ごとにMicrosoft Defender SmartScreenの設定を確認・変更できます。

基本 デスクトップ キーボード・文字入力 インターネット メール・連絡先 セキュリティ 写真・動画・音楽 OneDrive・スマホ 印刷・周辺機器 アプリ インストール・設定 テレワーク

Windows 10のセキュリティ設定　重要度 ★★★

Q 330 Microsoft Defenderの性能はどうなの？

A ほとんどのウイルスを防げます。

Microsoft Defenderは、パソコンを複数の対策で保護します。1つ目は、インターネット上で新しいウイルスをほぼ即時に検出して、パソコンでもブロックする保護機能です。2つ目は、ファイルやプログラムを監視して、常時パソコンを守るリアルタイム監視機能です。最後が、プログラムにウイルスについて学習させてウイルスに対抗する機能です。市販の対策ソフトをインストールしなくても、ある程度の効果を期待することができます。

Windows 10のセキュリティ設定　重要度 ★★★

Q 331 Windowsのセキュリティ機能が最新か確認したい！

A コントロールパネルの<コンピューターの状態を確認>で確認できます。

セキュリティ機能が最新の状態であるかどうかを確認するには、以下のように操作してコントロールパネルを表示します。

参照▶Q 329

1 <スタート> →<Windowsシステムツール>→<コントロールパネル>とクリックして、

2 <コンピューターの状態を確認>をクリックし、

3 <セキュリティ>をクリックすると、

4 セキュリティ機能の状態が一覧表示されます。

5 <ウイルス対策>の<Windowsセキュリティの表示>をクリックすると、ウイルス対策機能の定義ファイル（セキュリティインテリジェンス）の状態を確認できます。

Windows 10のセキュリティ設定　重要度 ★★★

Q 332 念入りにウイルスチェックしたい！

A フルスキャン、もしくはオフラインスキャンを実行しましょう。

Windowsセキュリティによるウイルスなどの有害プログラムの自動検出は通常、「クイックスキャン」というモードで実行されます。クイックスキャンは被害に遭いやすいフォルダーのみを対象に監視して有害プログラムを検出するモードですが、コンピューター内のより広い範囲を監視するモードも用意されています。これが「フルスキャン」と「オフラインスキャン」です。フルスキャンはコンピューター全体を監視し、オフラインスキャンは通常のスキャンでは発見できないような範囲まで監視するモードです。
どちらもクイックスキャンに比べ、完了まで時間がかかります。そのため、クイックスキャンをまずは実行し、それでも不安定な動作が改善しないといった場合に実行するようにしましょう。

1 <スタート> →<設定> →<更新とセキュリティ>→<Windowsセキュリティ>とクリックして、

2 <ウイルスと脅威の防止>をクリックし、

3 <スキャンのオプション>をクリックすると、

4 スキャンのモードが一覧表示されます。

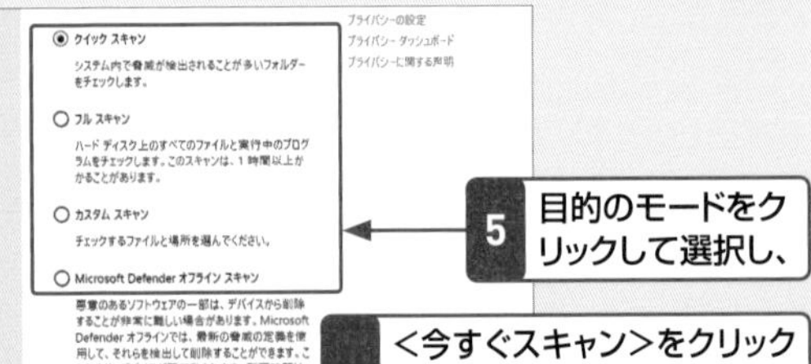

5 目的のモードをクリックして選択し、

6 <今すぐスキャン>をクリックすると、選択したモードでスキャンが実行されます。

Windows 10のセキュリティ設定　重要度 ★★★

Q 333 素早くウイルスチェックしたい！

A タスクバーの＜Windowsセキュリティ＞アイコンを利用します。

コンピューター内に侵入したウイルスなどの有害なプログラムを検出し、隔離や駆除をするための機能「クイックスキャン」は、パソコンの動作中は定期的に自動実行されます。しかし、ウイルスによる影響でパソコンの動作が不安定になったような場合は、タスクバーの＜Windowsセキュリティ＞アイコンから、クイックスキャンを手動で実行して、その場で駆除してしまうのがよいでしょう。

1 タスクバーに＜Windowsセキュリティ＞のアイコンが表示されていない場合はここをクリックして、

2 ＜Windowsセキュリティ＞を右クリックし、

3 ＜クイックスキャンの実行＞をクリックします。

Windows 10のセキュリティ設定　重要度 ★★★

Q 334 Windowsのセキュリティ機能と他社のウイルス対策ソフトは同時に使えるの？

A 同じ機能を持つソフトの併用はできません。

Windows 10に標準で備わるウイルス対策機能のWindowsセキュリティと、ウイルスバスタークラウドなど、同じ機能を持つ他社製ソフトの併用はできません。他社製ソフトをインストールすると、同時にWindowsセキュリティは無効になります。これはソフト同士で機能が競合し、コンピューターに予期しないトラブルを生じさせることを防ぐためです。

● 有効なソフトを確認する

1 ＜スタート＞→＜設定＞→＜更新とセキュリティ＞をクリックして、

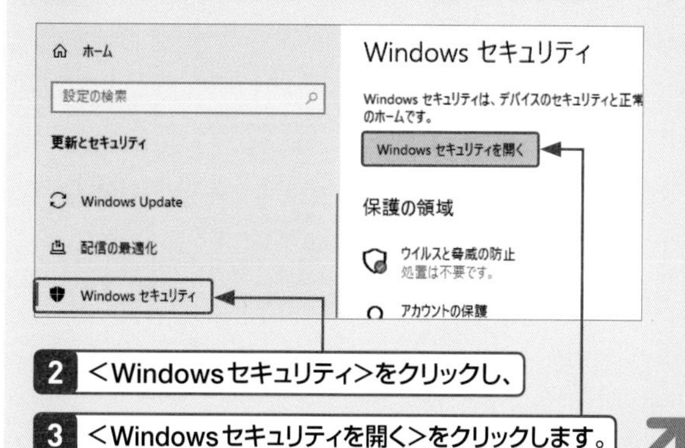

2 ＜Windowsセキュリティ＞をクリックし、

3 ＜Windowsセキュリティを開く＞をクリックします。

4 ＜設定＞をクリックして、

ファミリーのオプション
家族によるデバイスの使用方法を管理します。

5 ＜プロバイダーの管理＞をクリックすると、

セキュリティ プロバイダー
デバイスを保護するアプリとサービスを管理します。
プロバイダーの管理

6 インストールされているセキュリティ機能が一覧表示されます。

7 ＜ウイルス対策＞に同じ機能を持つものが複数ある場合は、どちらが有効で、どちらが無効か確認できます。

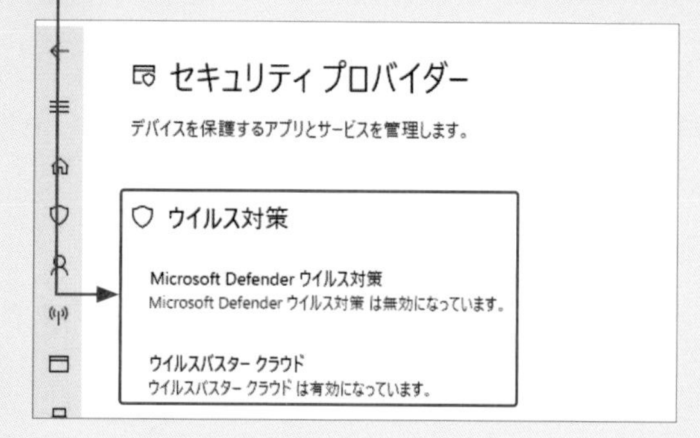

Q 335 「このアプリがデバイスに変更を加えることを許可しますか?」と出た!

A ユーザーアカウント制御で監視されています。

アプリをインストールしようとすると、その許可を求めるメッセージが表示されることがあります。このメッセージのことを、「ユーザーアカウント制御」と呼びます。ユーザーアカウント制御は、コンピューターのシステム変更などの際、それがユーザー自身の操作によるものなのかを確認し、ユーザーに身に覚えのない不正な動作を防ぐ機能です。

ユーザーアカウント制御は、アプリのインストールやアンインストール、システムに関わる設定の変更、不明なプログラムの実行、管理者や標準ユーザーといった、ほかのユーザーに影響を与えるようなファイルの操作時に表示されます。

参照▶Q 502

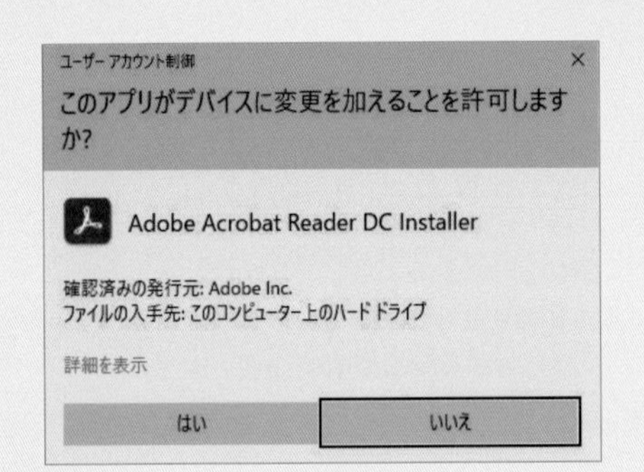

管理者ユーザーの場合、このようなダイアログボックスが表示されます。＜はい＞をクリックすると、プログラムの実行や設定の変更ができます。

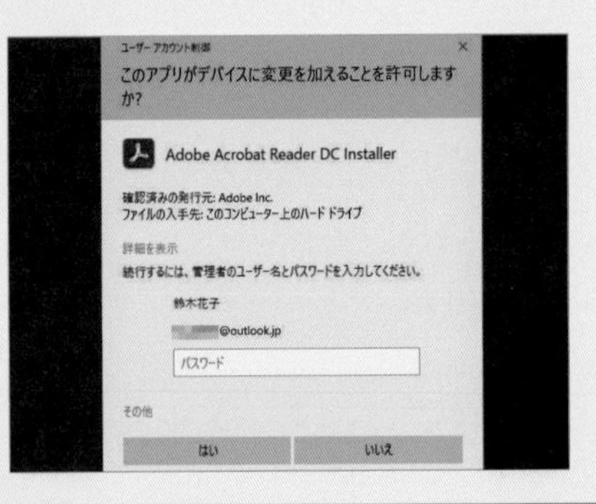

標準ユーザーの場合は、管理者アカウントのパスワードやPINを求められます。パスワードを入力しないと、プログラムの実行や設定の変更ができません。

Q 336 「ユーザーアカウント制御」がわずらわしい!

A 基本的には有効にしておくことをおすすめします。

ユーザーアカウント制御は、所定の操作を実行しようとしたときに必ず表示されます。表示頻度は通知レベルを引き下げることで減らすことができ、レベルを＜通知しない＞まで下げると表示されなくなります。しかしその場合、気付かないうちに悪意のあるプログラムなどが実行される可能性が高まってしまいます。通知レベルは＜通知しない＞より上に設定しておきましょう。

● 通知レベルの設定を変更

1 ＜スタート＞ →＜Windowsシステムツール＞→＜コントロールパネル＞をクリックして、＜システムとセキュリティ＞をクリックし、

2 ＜ユーザーアカウント制御設定の変更＞をクリックします。

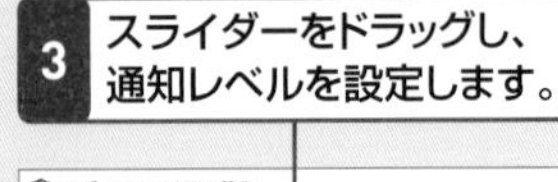

3 スライダーをドラッグし、通知レベルを設定します。

4 ＜OK＞をクリックして、

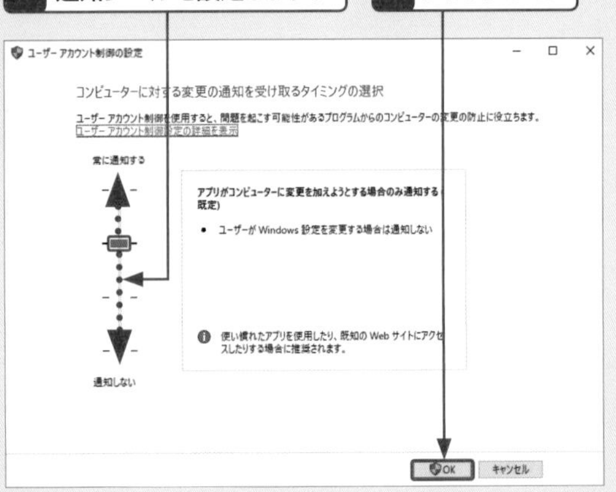

5 ＜はい＞をクリックします。

基本
デスクトップ
キーボード・文字入力
インターネット
メール・連絡先
セキュリティ
写真・動画・音楽
OneDrive・スマホ
印刷・周辺機器
アプリ
インストール・設定
テレワーク

Windows 10のセキュリティ設定　重要度★★★

Q337 Excelのファイルを開くとアラートが表示された！

A 「マクロ」付きのExcelファイルを開くと表示されます。

Excelファイルを開いたときに、右図のようなセキュリティ警告が表示されることがあります。これはファイルに「マクロ」と呼ばれる自動化プログラムが組み込まれていることを示すものです。マクロを使ったパソコンへの攻撃の可能性があることから、開いた直後は無効化されています。

信頼できる相手から受け取ったファイルであれば、＜コンテンツの有効化＞をクリックしてマクロを有効にしましょう。

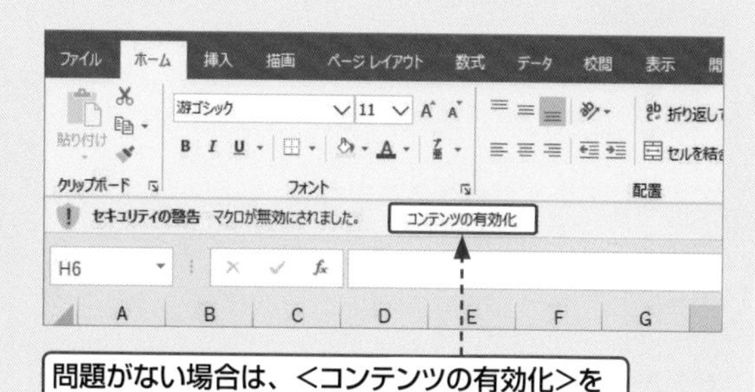

問題がない場合は、<コンテンツの有効化>をクリックします。

迷惑メール　重要度★★★

Q338 有名な企業からのメールは信用できる？

A 常に疑いましょう。

差出人やメールアドレスが有名な企業になっていても、無条件に信用してはいけません。悪意を持った第三者がメールを送信するとき、差出人を有名な企業の名前にしたり、メールアドレスを有名な企業がいつも消費者に送信するアドレスにしたりできるからです。有名な企業の差出人で安心させておき、メール内のリンクをクリックさせて、クレジットカード番号やパスワードを盗むフィッシングサイトに誘導するのが、常套手段になっています。
自分が利用している有名な企業から、何か対応を求めるメールが届いたら、メール内のリンクはクリックせず、検索して企業のWebページを開くとよいでしょう。

●フィッシングメール

最近、　銀行はお客様の口座資金のセキュリティを高めるために、全面的にシステムのバージョンアップを行いました。すぐに口座の更新をお願いします。

こちらのURLをクリックしてください
https://www.　.co.jp/contents/pages/wpl010101/l010101CT/Dl01010210

本メールは、配信前日時点で当社にご登録い…

※本メールアドレスは送信専用のため、返信…
※本メールには電子署名を付与しています。…す。

ご不明な点がございましたら、当社サイトのQ&Aをご覧いただくようお願いします。
なお、お問合せ先は当社サイトのメニュー「お問合せ・ご案内」よりご確認いただけます。
https://www.　.co.jp

銀行のURLが表示されますが、リンク先はフィッシングサイトになっています。

●検索で本物のサイトを見つける

1 検索エンジンで検索すると、

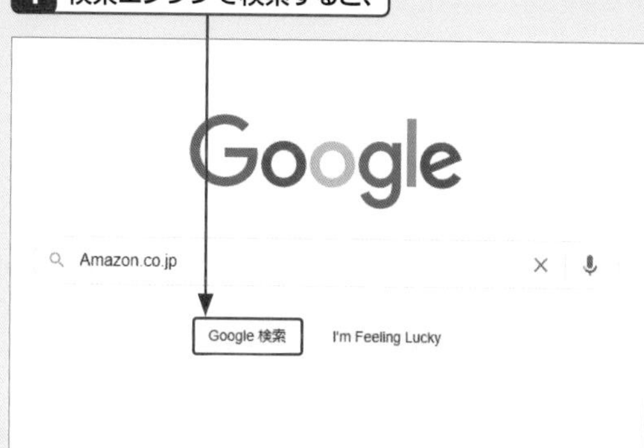

2 本物のWebページが上位に表示されます。

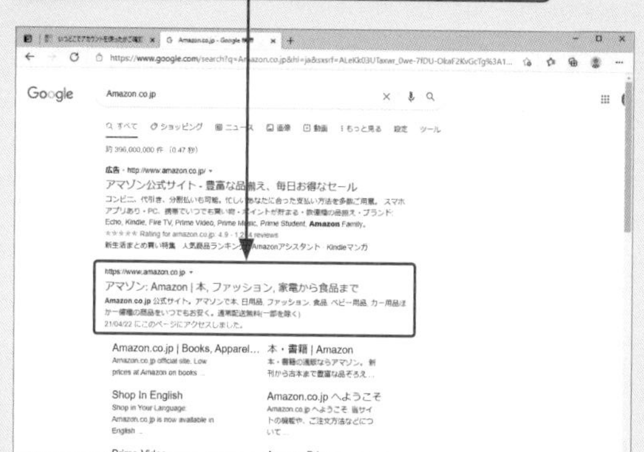

迷惑メール　重要度★★★

Q 339 迷惑メール対策を知りたい!

A 「メール」アプリやWebメールサービスのフィルターを使用します。

望まない広告が掲載されていたり、フィッシングサイトへのリンクが記載されたメールのことを、迷惑メールと呼びます。Windows 10に付属する「メール」アプリや、Outlook.comをはじめとするWebメールサービスには、迷惑メールを自動的に別フォルダーに振り分けるフィルター（フィルタリング）機能が備わっているので、不快な迷惑メールのほとんどは、目に触れることなく隔離できます。

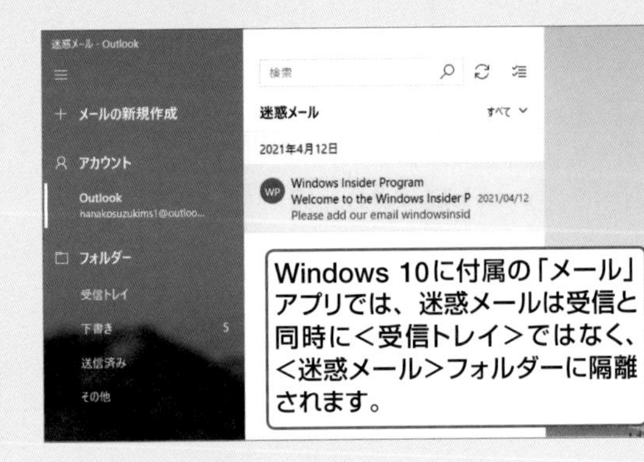

迷惑メール　重要度★★★

 Q 340 迷惑メールの見分け方を知りたい!

A 本文の不自然な点や怪しい送信者情報を確認しましょう。

フィッシングサイトなどへの誘導を目的とする迷惑メールは、さまざまな手口でユーザーをだまそうとします。差出人名が大手企業の名前になっているなど、一見して見分けることは難しくなっています。身に覚えがない、あるいは普段メールを送ってくることがない企業からメールが届いたら、差出人名ではなく、差出人のメールアドレスを確認しましょう。企業名のスペルが違っていたり、その企業とは関係のないWebメールサービスのメールアドレスだったり、言葉に違和感があったり、過度に不安をあおる文面だったりした場合は、詐欺目的のメールである可能性があります。
また、本文にリンクが記載され、それをクリックするとブラウザーが表示され、IDやパスワードの入力を求められた場合も、詐欺目的である可能性があります。入力する前にそのWebページが本物かどうか、URLなどを確認しましょう。
メールに添付されたファイルにも注意が必要です。ファイルを開いただけで感染してしまうウイルスがあるため、添付されたファイルは、信頼できる送信元から送られてきた場合のみ、開くようにしてください。

迷惑メール　重要度★★★

Q 341 迷惑メールを振り分けたい!

A 「メール」アプリは自動で振り分けしてくれます。

「メール」アプリは迷惑メールの自動振り分け機能が備わっているため、受信と同時に<迷惑メール>フォルダーに移動してくれます。自動振り分けをすり抜けたメールは、右クリックすると表示されるメニューで<迷惑メールにする>をクリックすると、以降は同じ差出人からのメールを迷惑メールとして処理します。

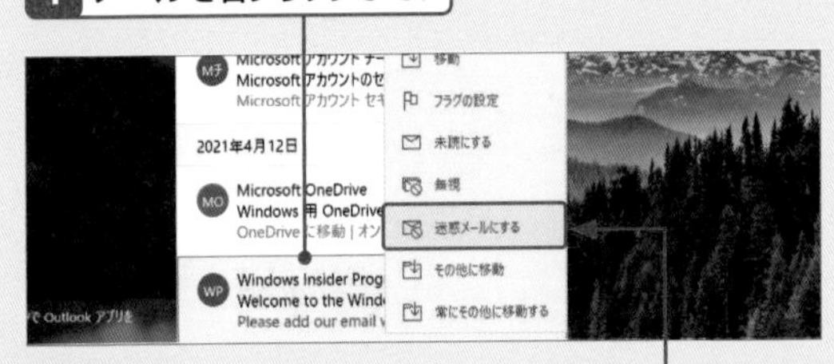

同様の操作を繰り返して学習させることで、自動振り分けの精度が上がります。

7

写真・動画・音楽の活用技!

カメラでの撮影と取り込み　重要度 ★★★

Q 342 メモリーカードの選び方を教えて！

A デジタルカメラの機種に対応しているものを選びます。

メモリーカード（記録メディア）には、いくつかの種類があり、サイズや形状、記録できる容量などは右表のとおりです。デジタルカメラに対応するメモリーカードの種類は、製品によって異なります。事前にデジタルカメラの解説書を確認し、その機種に対応しているメディアを選びましょう。

種　類	主な記録容量
SDメモリーカード	2GBまで
SDHCメモリーカード	4GB～32GB
SDXCメモリーカード	1TBまで
microSDメモリーカード	128MB～2GB
microSDHCメモリーカード	4GB～32GB
microSDXCメモリーカード	1TBまで
xDピクチャーカード	16MB～2GB
メモリースティック	16MB～128MB
メモリースティックPRO Duo	256MB～32GB
コンパクトフラッシュ	512GBまで
CFexpress	2TBまで

※2021年6月現在

● SDHC メモリーカード

● SDXC メモリーカード

● microSDHC メモリーカード

● コンパクトフラッシュ

● CFexpress

カメラでの撮影と取り込み　重要度 ★★★

Q 343 画素数って何？

A 画像を構成する点の数のことです。

デジタルカメラで撮影した画像は、小さな点の集まりで構成されており、この点のことを「画素」（ピクセル）と呼びます。「画素数」とは1枚の画像を構成する画素の総数のことで、画素数が多いほど滑らかで高画質になり、容量が多くなります。

デジタルカメラでは、フィルムの代わりに「CCD」や「CMOS」という装置（撮像素子）でレンズから入る光をとらえ、CCDやCMOS上の「受光素子」の数が画像の画素数を決定します。たとえば、1000万画素数という場合は、CCDの受光面に約1000万個の受光素子が並んでいるということになります。

光

受光素子は、光をデータに変換し、「画素」として描き出します。

受光素子

CCD

デジタルカメラで撮影した写真は、受光素子が光をデータ化した「画素」で構成されています。

重要度 ★★★

Q 344 デジタルカメラやスマホから写真を取り込みたい!

A <写真とビデオのインポート>を利用します。

デジタルカメラやスマホからパソコンに写真を取り込むには、パソコンと各機器をUSBケーブルで接続します。また、パソコンにメモリーカードスロットがあれば、デジタルカメラからメモリーカードを取り出して挿入してもよいでしょう。
はじめて接続したときは、画面の右下に通知メッセージが表示されます。クリックして＜写真とビデオのインポート＞をクリックすると、「フォト」アプリが起動して、デジタルカメラやスマホ内の写真をスキャンします。写真を選択して取り込みましょう。なお、通知メッセージが表示されないときは、「フォト」アプリを起動し、画面右上の＜インポート＞→＜接続されているデバイスから＞をクリックします。
ここでは、デジタルカメラを例に解説します。

参照 ▶ Q 345

1 デジタルカメラ（またはスマホ）とパソコンをUSBケーブルで接続して、デジタルカメラの電源を入れると、

2 通知メッセージが表示されるので、クリックし、

3 <写真とビデオのインポート>をクリックします。

4 「フォト」アプリが起動して、インポート元のデバイスにある写真が自動検索されます。

5 インポートする写真をクリックして選択し、

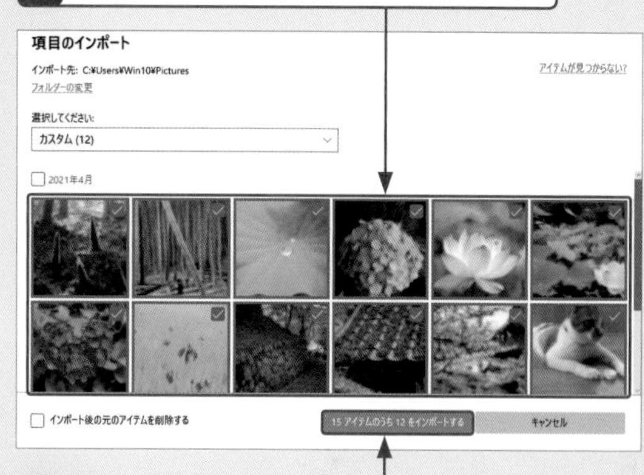

6 <○アイテムのうち○をインポートする>をクリックすると、

7 インポートが開始されます。

8 インポートが終了すると、写真が表示されます。

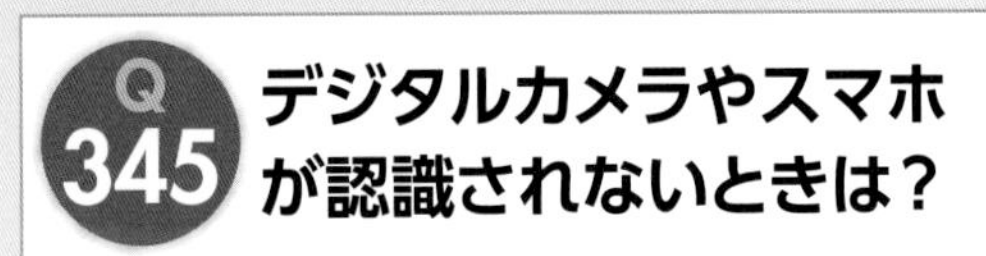

Q 345 デジタルカメラやスマホが認識されないときは？

A エクスプローラーを利用します。

デジタルカメラやスマホをパソコンと接続しても、通知が表示されない場合は、エクスプローラーを利用して写真を取り込みます。

● データを直接コピーする

1 エクスプローラーを起動して、デジタルカメラかスマホのドライブ（ここでは<USBドライブ(G:)>）をクリックし、

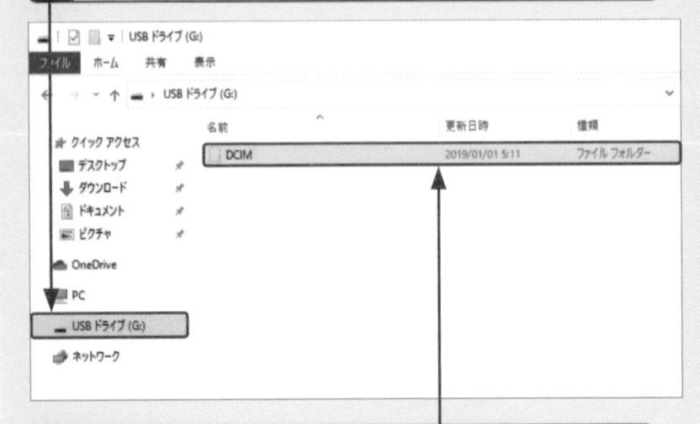

2 写真が保存されているフォルダーをクリックして、

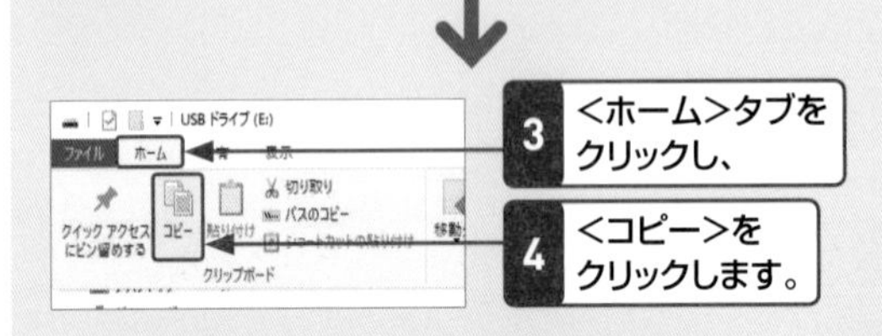

3 <ホーム>タブをクリックし、

4 <コピー>をクリックします。

5 <ピクチャ>をクリックして、

6 <ホーム>タブをクリックし、

7 <貼り付け>をクリックすると、

8 写真がコピーされます。

● <画像とビデオのインポート>を利用する

1 デジタルカメラかスマホのドライブ（ここでは「Apple iPhone」）を右クリックします。

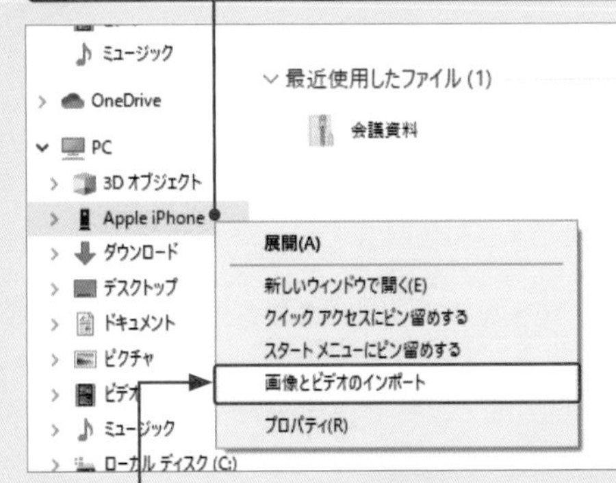

2 <画像とビデオのインポート>をクリックして、

3 画面の指示に従って写真や動画をインポートします。

Q 346 取り込んだ画像はどこに保存されるの？

A <ピクチャ>フォルダーに保存されます。

デジタルカメラから取り込んだ写真は、<ピクチャ>フォルダーに保存されます。取り込んだすべての写真がここに保存されるので、多数の写真を取り込むときは撮影した月などの名前でフォルダーを作成して分類しておくとよいでしょう。

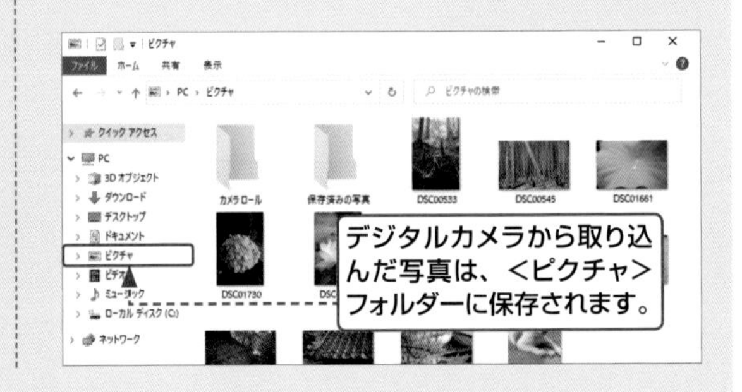

Q 347 デジカメやCDを接続したときの動作を変更したい！

A ＜自動再生＞画面で設定します。

デジタルカメラや音楽CDなどをパソコンに接続すると、どのような操作を行うかの通知が表示されます。この通知は初回のみ表示され、以降はこのとき選択した動作が自動的に実行されます。既定の操作に戻したい場合や、設定を変更したい場合は、＜自動再生＞画面で操作します。
＜自動再生＞画面は、「設定」アプリで＜デバイス＞→＜自動再生＞をクリックして表示します。ここでは、CDを挿入したときの動作を設定してみましょう。

1 ＜スタート＞  →＜設定＞をクリックして、

2 ＜デバイス＞をクリックし、

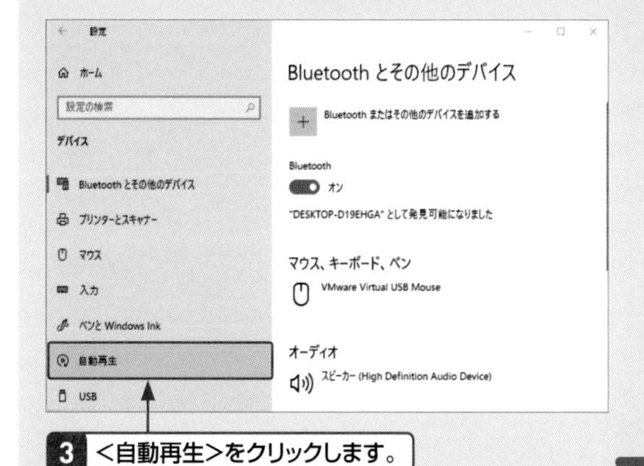

3 ＜自動再生＞をクリックします。

4 CDやUSBメモリーの接続時の動作を変更する場合は＜リムーバブルドライブ＞のここをクリックし、

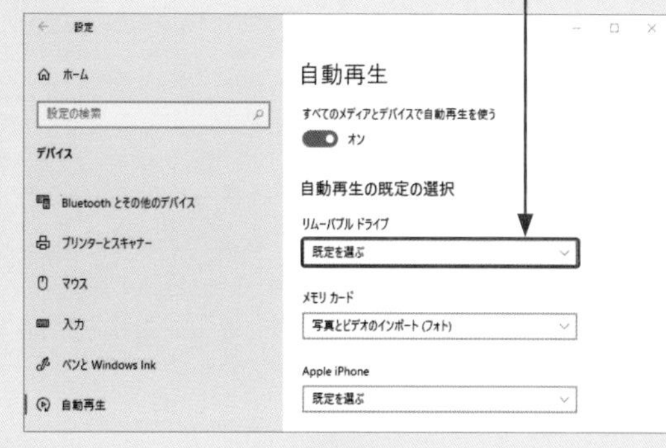

5 設定したい動作をクリックして選択します。

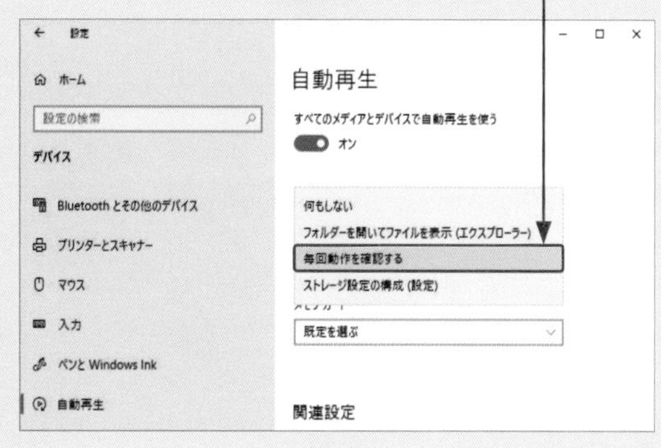

6 デジカメや、デジカメのメモリーカードの接続時の動作を変更する場合は、＜メモリカード＞の動作をクリックして選択します。

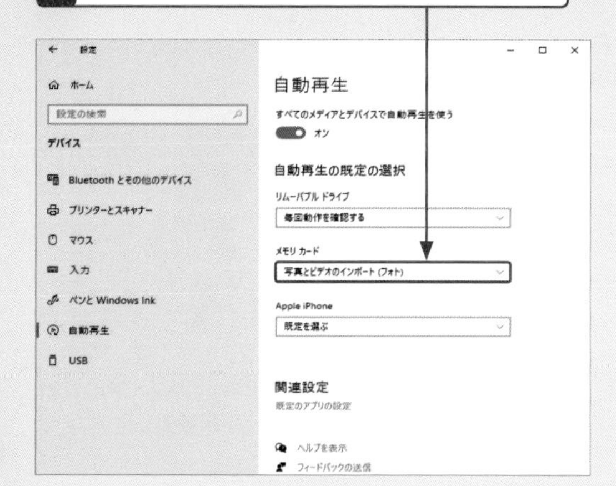

Q 348 「フォト」アプリの使い方を知りたい！

A 写真を一覧で見たり拡大して見たりすることができます。

Windows 10では、パソコンに保存されている写真はすべて「フォト」アプリで確認できます。スタートメニューで<フォト>をクリックすると起動し、写真のサムネイルが一覧で表示されます。過去に遡って閲覧したいときは、画面右端のバーを下方向にドラッグしましょう。サムネイルをクリックすると写真が拡大表示され、両端の矢印をクリックすると前後の写真に切り替えられます。

● 写真を閲覧する

1 スタートメニューで<フォト>をクリックすると、

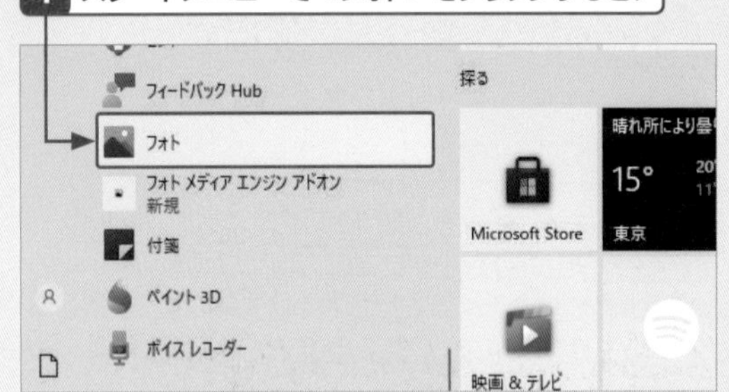

2 「フォト」アプリが起動し、写真が一覧で表示されます。

3 マウスのホイールを回したり、タイムラインのバーをドラッグすると、画面が上下に移動します。

4 写真をクリックすると、

5 写真が拡大表示されます。

6 矢印をクリックすると、前後の写真が表示されます。

7 ここをクリックすると、写真の一覧に戻ります。

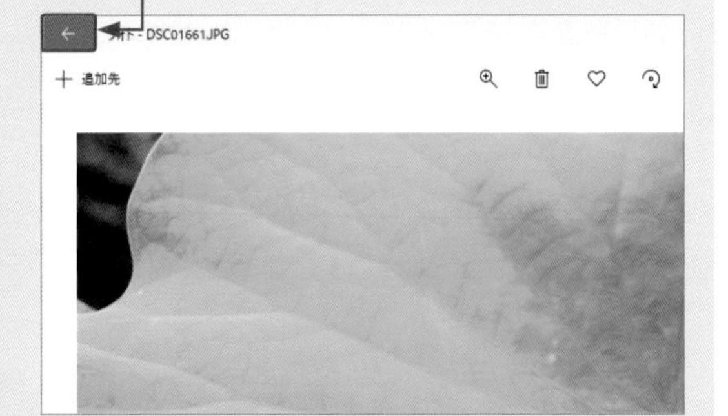

Q 349 写真を削除したい！

A 写真を選択して
＜削除＞をクリックします。

「フォト」アプリで写真を削除するには、対象の写真にマウスポインターを合わせ、右上に表示されるチェックボックスにチェックを付けます。そのあと＜削除＞をクリックしましょう。複数の写真を削除する場合は、画面上部の＜選択＞をクリックしたあと、写真をクリックしてチェックを付けます。

1 削除したい写真にマウスポインターを合わせて、右上のチェックボックスをクリックし、

2 写真が選択されたら、

3 ＜削除＞が表示されていなければ＜もっと見る＞ ··· をクリックし、

4 ＜削除＞をクリックして、

5 ＜削除＞をクリックします。

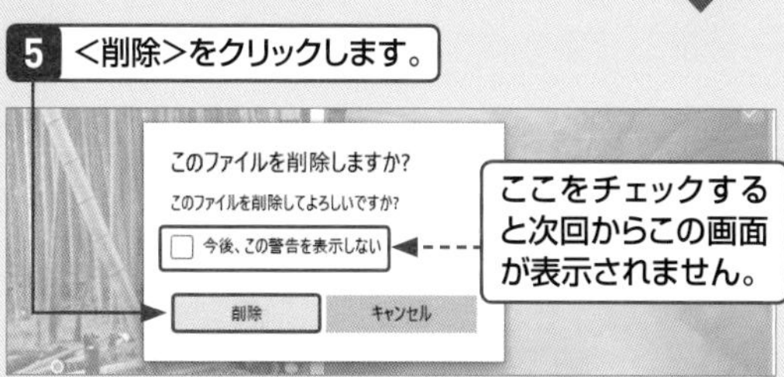

ここをチェックすると次回からこの画面が表示されません。

Q 350 写真をスライドショーで再生したい！

A ＜スライドショー＞を
クリックします。

「フォト」アプリでスライドショーを利用するには、写真を表示し、下記の操作を行います。

1 写真を表示して画面内を右クリックして、

2 ＜スライドショー＞をクリックすると、

3 スライドショーが開始され、次々と写真が切り替わります。

4 画面内をクリックすると、スライドショーが終了します。

「フォト」アプリの利用　重要度 ★★★

Q 351 写真をアルバムで整理したい！

A 「アルバム」機能を利用しましょう。

「フォト」アプリでは、「お気に入り」や「旅行」のようなアルバムを自分で作ることができます。保存枚数が増え、整理したくなったときに活用しましょう。

1 アルバムに追加したい写真にチェックを付けて、

4 アルバムの名前を入力し、

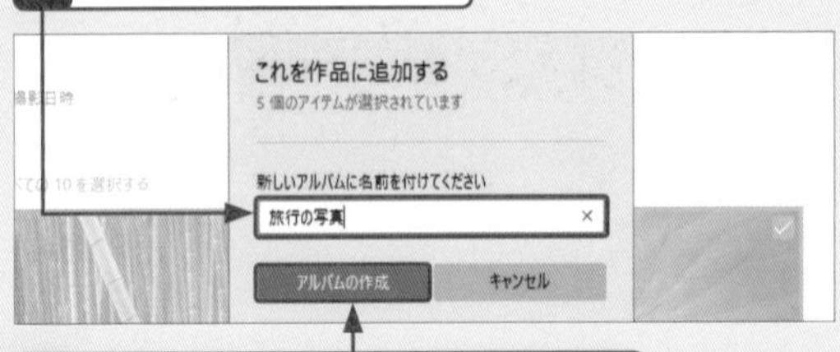

5 <アルバムの作成>をクリックします。

6 <アルバム>タブをクリックすると、

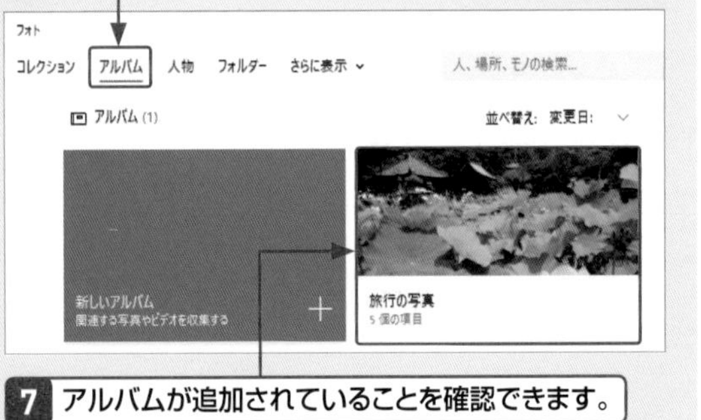

7 アルバムが追加されていることを確認できます。

「フォト」アプリの利用　重要度 ★★★

Q 352 写真が見つからない！

A 画面上部の検索欄にキーワードを入力しましょう。

パソコンにたくさんの写真を保存するほど、「フォト」アプリの<コレクション>画面で表示される写真も増えてきます。そうなると目的の写真を探すにも手間がかかります。そのようなときは「フォト」アプリに用意されている検索欄を利用しましょう。関連するキーワードを入力すると、該当する写真だけが表示されます。

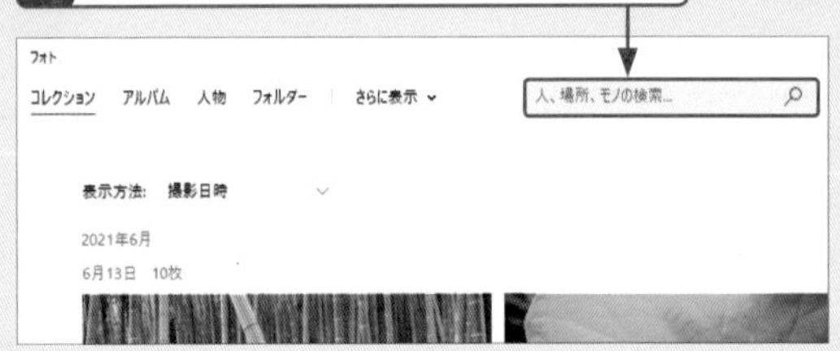

2 ファイル名やフォルダー名、連想するキーワードなどを入力します。入力欄の下部に表示される候補をクリックしてもかまいません。

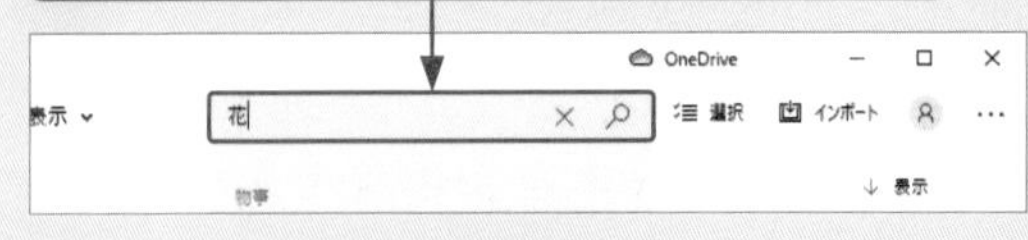

3 Enterを押すと、キーワードに該当する写真が一覧で表示されます。

Q 353 写真をきれいに修整したい！

A 「フォト」アプリの編集機能を利用します。

「フォト」アプリでは、写真の回転やトリミング、赤目の除去などのほか、明るさやコントラスト、色補正といった、さまざまな修整が行えます。フィルターを適用して雰囲気をガラッと変えることも可能です。修整を保存する前なら、<すべての編集を元に戻す>をクリックすると元に戻せるので、思いどおりの結果になるまで何度でも編集してみるとよいでしょう。

● 写真にフィルターを設定する

1 写真を大きく表示して、

2 <編集と作成>→<編集>をクリックすると、

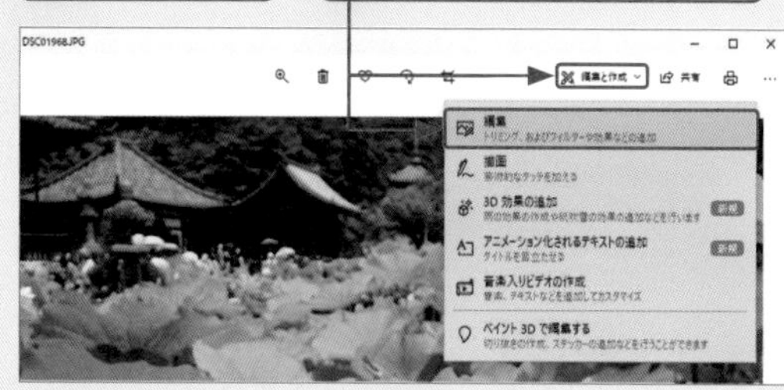

3 編集モードに切り替わります。

4 <フィルター>をクリックし、

バーを左右にドラッグすると、フィルターの効き目を調整できます。

5 適用したいフィルターをクリックします。

6 <コピーを保存>あるいは<保存>(上書き保存)をクリックします。

● 明るさを調整する

1 編集モードで<調整>をクリックして、

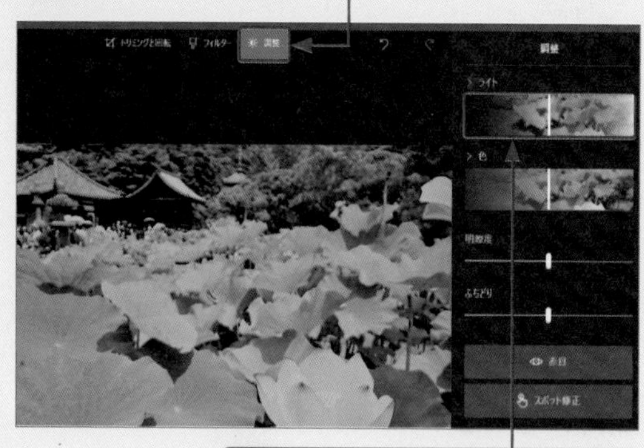

2 <ライト>バーをドラッグします。

3 右にドラッグすると明るくなり、

4 左にドラッグすると暗くなります。

「フォト」アプリの利用　重要度 ★★★

Q 354 写真の向きを変えたい！

A 「フォト」アプリの「回転」機能を利用します

デジカメやスマホは縦にも横にも構えて写真を撮れるので、写真の向きを自動補正する機能が搭載されています。しかし、撮影時にこの機能がうまく働かず、写真が意図と異なる向きで表示されることがあります。
向きが異なる写真を正しい向きに修正したい場合は、「フォト」アプリの「回転」機能を使いましょう。＜回転＞をクリックするごとに、写真が時計回りに90度回転します。

1 「フォト」アプリで写真を大きく表示して、

2 ＜回転＞をクリックすると、

3 写真が時計回りに90度回転します。

「フォト」アプリの利用　重要度 ★★★

Q 355 写真の一部分だけを切り取りたい！

A 「フォト」アプリのトリミング機能を利用します。

写真の一部分だけを切り取りたいときは、「フォト」アプリの編集モードで＜トリミングと回転＞を選択して、切り取りたい範囲をドラッグして指定します。
SNSで共有したい写真に不要なものが写っていたときや、アイコンに使う写真を使用したい部分だけ切り取りたいときなどに活用しましょう。

1 「フォト」アプリで写真を大きく表示して、

2 ＜編集と作成＞→＜編集＞をクリックし、編集モードに切り替えます。

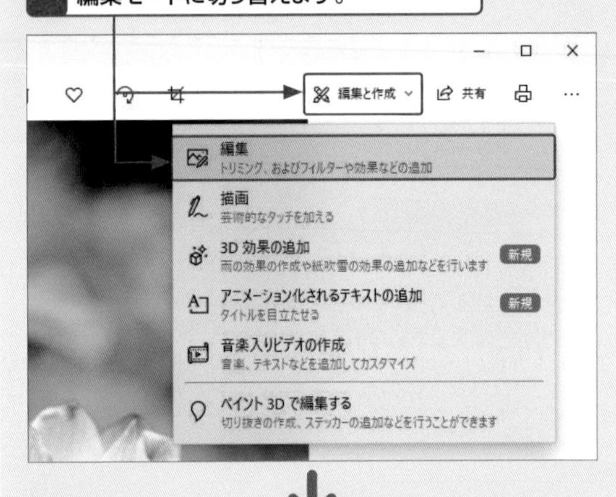

3 ＜トリミングと回転＞をクリックして、

5 ＜コピーを保存＞をクリックします。

Q 356 写真をスライドショー動画にしたい！

A 「ビデオの自動生成」機能を活用しましょう。

「フォト」アプリには、選択した写真から音楽付きのスライドショー動画を作る機能が備わっています。
作成したスライドショー動画は、SNSなどをはじめとするインターネット公開用、テレビなどでの観賞用など、用途に応じた最適なファイルサイズで書き出すことができます。

1 「フォト」アプリで写真を何枚か選択して、

2 <新しいビデオ>→<ビデオの自動生成>をクリックし、

3 ビデオの名前を入力して、

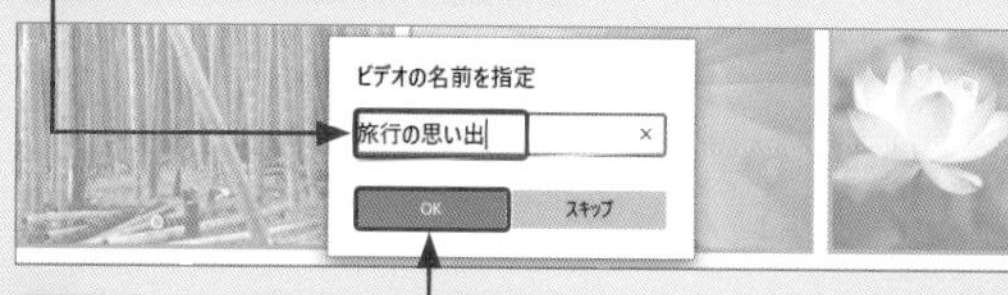

4 <OK>をクリックします。

5 写真から動画が自動的に作成されます。

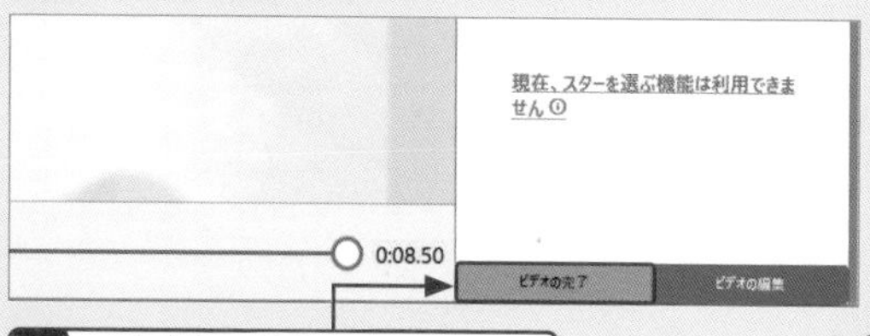

6 <ビデオの完了>をクリックし、

7 ビデオの画質（ここでは<低 540p>）を選択して、

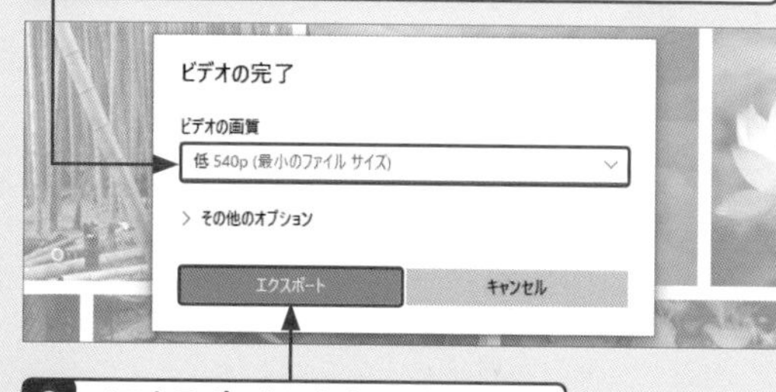

8 <エクスポート>をクリックします。

9 保存先を指定して、

10 ファイル名を確認し、

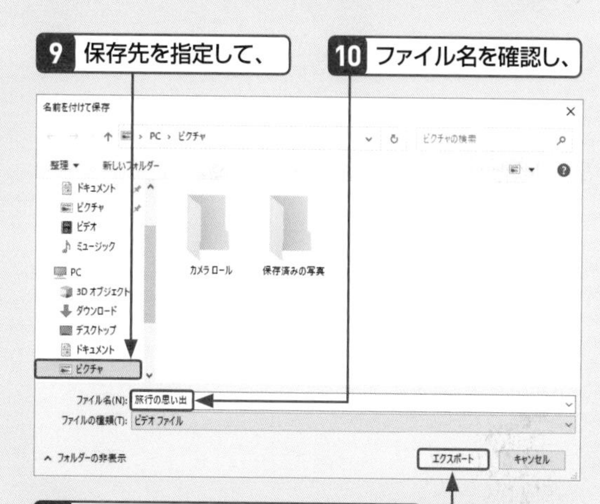

11 <エクスポート>をクリックすると、

12 動画の保存が完了します。

ここをクリックすると、動画を再生できます。

「フォト」アプリの利用　重要度 ★★★

Q 357 写真に書き込みをしたい！

A 「フォト」アプリの「描画」機能を利用します。

「フォト」アプリには、マウスやトラックパッド、専用のペンなどを使って、写真に手描きのメモやイラストなどを添えることができる、「描画」機能が搭載されています。「描画」機能では、＜ボールペン＞、＜鉛筆＞、＜カリグラフィペン＞という3つの描画ツールから好みの種類と色を選んで写真上に書き込むことができます。各ツールと色は、描画モードに切り替えると画面上部に表示されるツールバーから切り替えます。
書き込みが終わったら、ツールバーの＜コピーを保存＞をクリックして保存できます。新しい写真ファイルとして保存されるため、書き込み元となった写真には影響がありません。

1 「フォト」アプリで写真を大きく表示して、

2 <編集と作成>をクリックし、

3 <描画>をクリックします。

4 描画モードに切り替わります。

5 ツールバーの<ボールペン>をクリックして、

6 目的のペンの色や太さを選択します。

7 写真上にマウスやトラックパッドを使って書き込みます。

8 <コピーを保存>をクリックします。

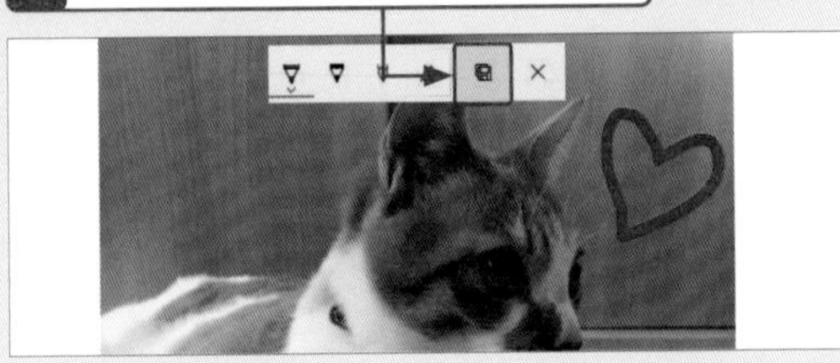

「フォト」アプリの利用　重要度 ★★★

Q 358 「ピクチャ」以外のフォルダーの写真も読み込みたい！

A 「フォト」アプリで新しくフォルダーを追加します。

「フォト」アプリでは、通常、＜ピクチャ＞フォルダー内の写真以外は表示されません。しかし、写真を＜ピクチャ＞フォルダーとは別のフォルダーで管理している場合もあるでしょう。その場合は、「フォト」アプリからフォルダーを指定することで、そのフォルダーの写真を「フォト」アプリに表示できます。

1 スタートメニューから「フォト」アプリを起動して、

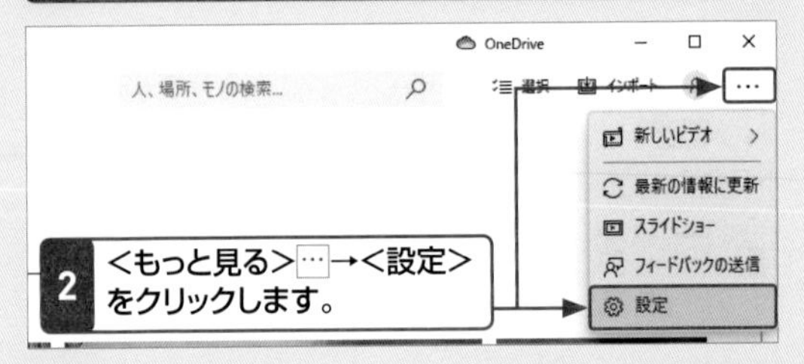

2 <もっと見る>→<設定>をクリックします。

3 <フォルダーの追加>をクリックして、

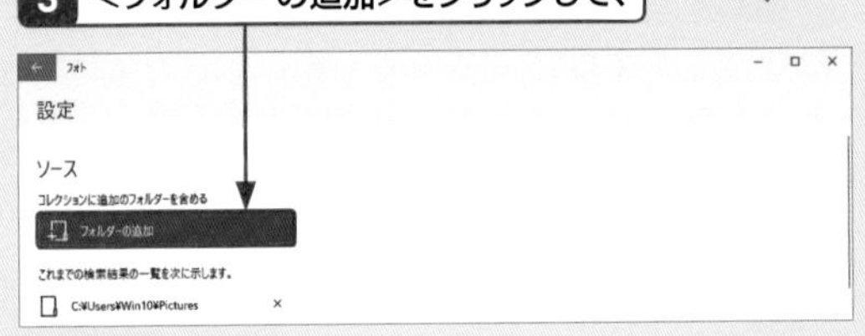

4 写真が保存されているフォルダーをクリックし、

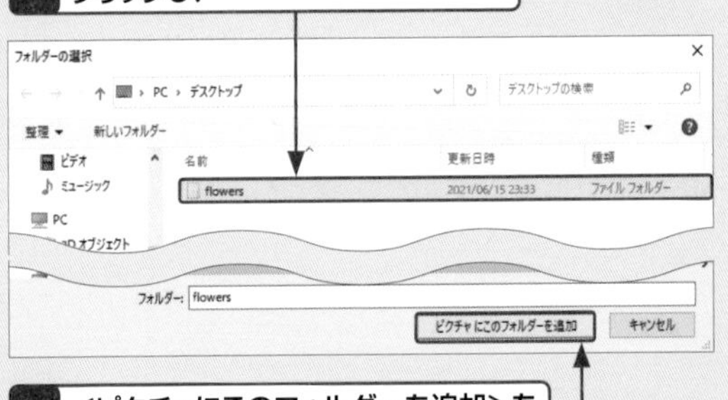

5 <ピクチャにこのフォルダーを追加>をクリックします。

6 「フォト」アプリの<フォルダー>をクリックすると、フォルダーの写真が追加されていることを確認できます。

Q 359 写真をロック画面の壁紙にしたい！

A 「フォト」アプリから設定できます。

自分で撮影したお気に入りの写真は、パソコンのロック画面の背景に設定できます。もし背景を元に戻したくなったら「設定」アプリを起動し、＜個人用設定＞の＜ロック画面＞で＜背景＞を＜Windowsスポットライト＞にします。

参照▶Q 516

1 写真を表示して画面内を右クリックし、

2 ＜設定＞をクリックします。

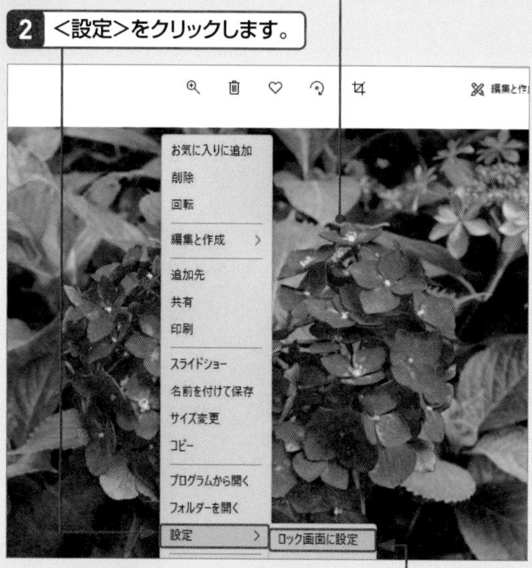

3 ＜ロック画面に設定＞をクリックすると、

4 写真がロック画面の背景になります。

Q 360 保存した写真を印刷したい！

A ＜印刷＞をクリックします。

「フォト」アプリで写真を拡大表示したあと、右上の＜印刷＞をクリックすれば、サイズや向きなどを指定してお気に入りの写真を印刷できます。

1 印刷する写真を大きく表示して、

2 ＜印刷＞をクリックします。

3 使用するプリンターを選択して、

4 印刷の向きを指定し、

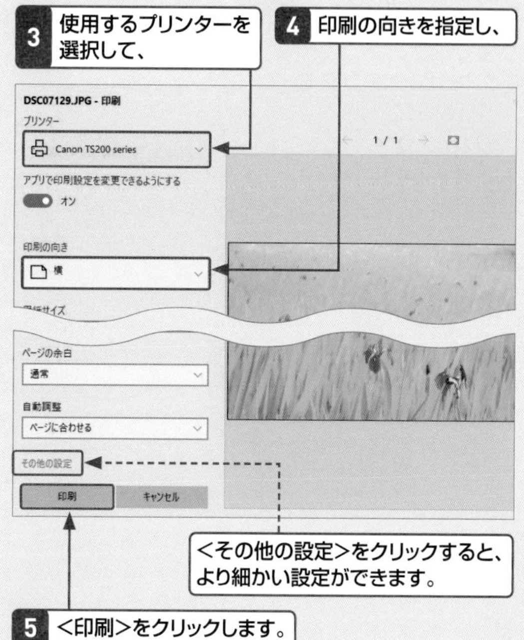

＜その他の設定＞をクリックすると、より細かい設定ができます。

5 ＜印刷＞をクリックします。

「フォト」アプリの利用　重要度 ★★★

Q 361 1枚の用紙に複数の写真を印刷したい!

A エクスプローラーを利用します。

複数の写真を1枚の用紙に印刷する機能は、「フォト」アプリには用意されていません。この場合は、下記の方法でエクスプローラーを利用しましょう。

1 エクスプローラーを表示して、Ctrlを押しながら印刷したい写真をクリックし、

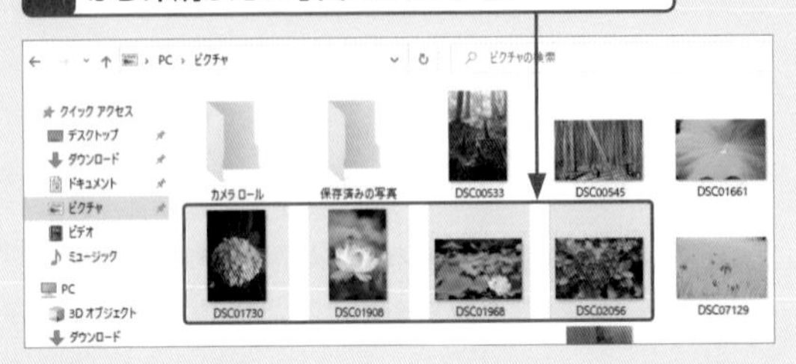

2 <共有>タブをクリックして、

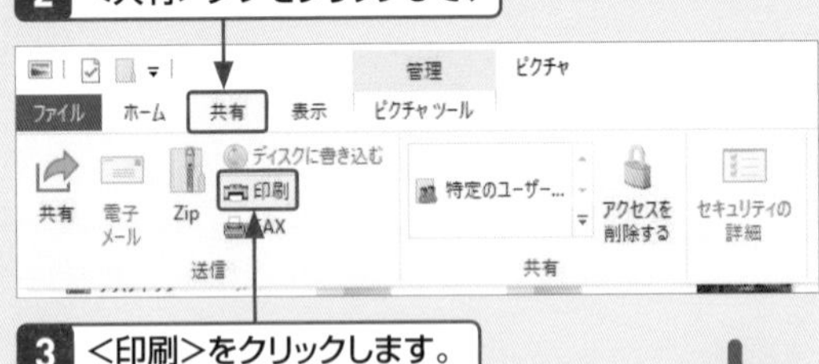

3 <印刷>をクリックします。

4 プリンターと用紙サイズを指定して、

5 印刷方法を指定し、

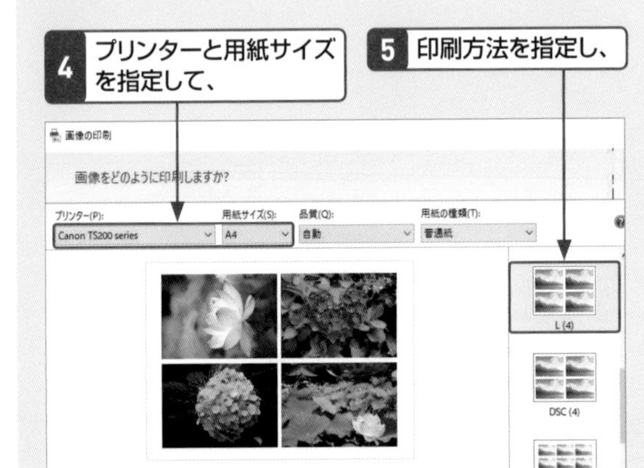

6 <印刷>をクリックします。

「フォト」アプリの利用　重要度 ★★★

Q 362 写真の周辺が切れてしまう!

A <写真をフレームに合わせる>をオフにします。

写真の印刷時に周辺が切れてしまうのは、「写真を印刷範囲に合わせる」設定が有効になっているためです。写真全体を印刷したい場合は、「写真を印刷範囲に合わせる」設定をオフにしましょう。エクスプローラーから画像の印刷を行うときは、<写真をフレームに合わせる>をオフにして印刷します。「フォト」アプリで印刷を行うときは、<縮小して全体を印刷する>を選択し、画像全体が表示された状態で印刷します。

参照▶Q 431

● エクスプローラーの場合

1 <画像の印刷>画面で<写真をフレームに合わせる>をオフにすると、

2 写真全体が印刷されます。

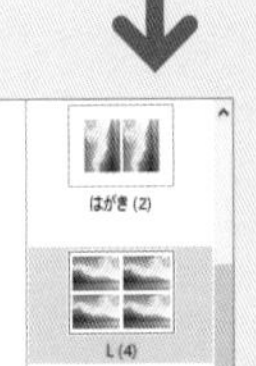

● 「フォト」アプリの場合

3 <印刷>画面でここをクリックして<縮小して全体を表示する>を選択すると、

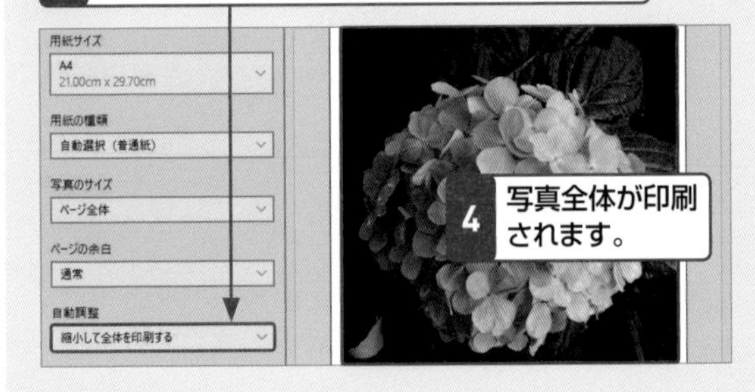

4 写真全体が印刷されます。

動画の利用　重要度 ★★★

Q 363 デジタルカメラで撮ったビデオ映像を取り込みたい!

A <インポート>をクリックして取り込みます。

デジタルカメラで撮影したビデオ映像は、写真と同様に「フォト」アプリを利用して取り込むことができます。取り込んだビデオ映像は、<ピクチャ>フォルダーに取り込みを実行したときの日付で保存されます。ここでは、「フォト」アプリを起動した状態からビデオ映像の取り込みを実行します。

1 デジタルカメラとパソコンをUSBケーブルで接続して、デジタルカメラの電源を入れ、<スタート> → <フォト>をクリックして、

2 <インポート>→<接続されているデバイスから>をクリックします。

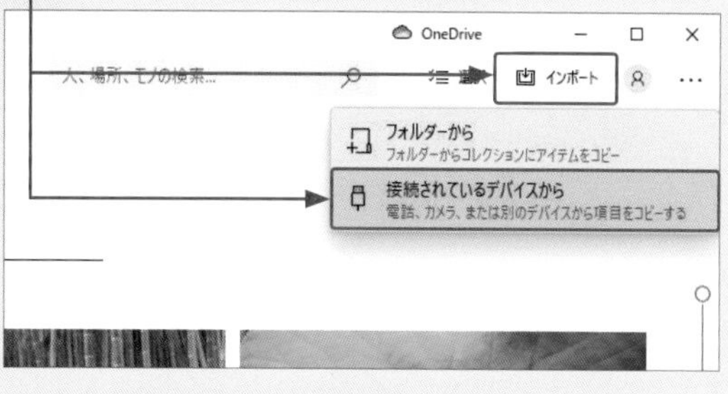

3 インポートしたいビデオ映像をクリックして、

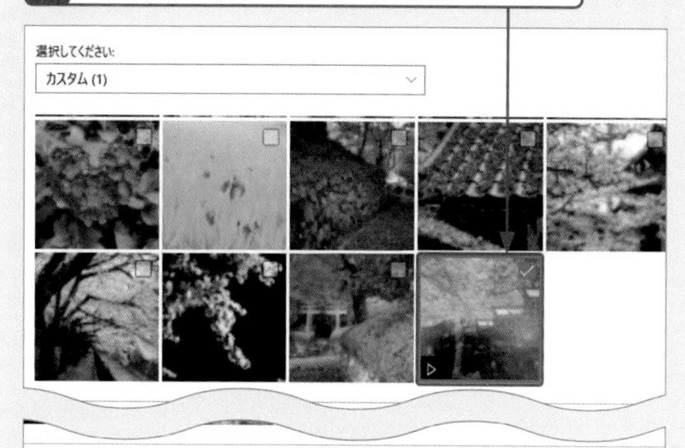

4 <○アイテムのうち、○をインポートする>をクリックすると、ビデオ映像が取り込まれます。

動画の利用　重要度 ★★★

Q 364 デジタルカメラで撮ったビデオ映像を再生したい!

A 「フォト」や「映画&テレビ」アプリなどで再生できます。

デジタルカメラから取り込んだビデオ映像は、「フォト」アプリやWindows Media Playerで再生できます。また、動画ファイルを<ビデオ>フォルダーに移動すれば、「映画＆テレビ」アプリでも再生できます。ここでは、「フォト」アプリでの再生方法を解説します。

1 スタートメニューで<フォト>をクリックして、

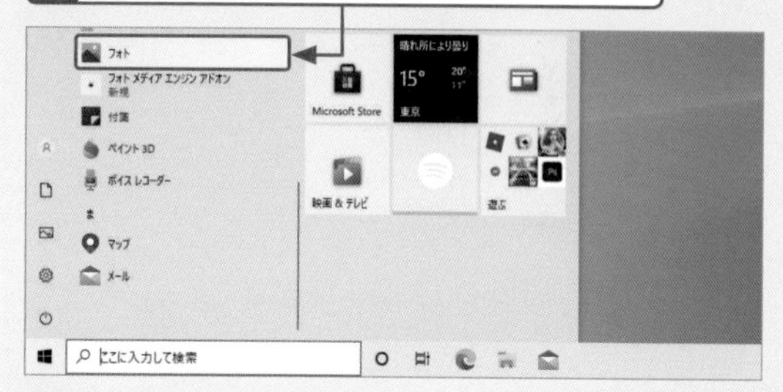

2 「フォト」アプリでインポートしたビデオ映像をクリックすると、

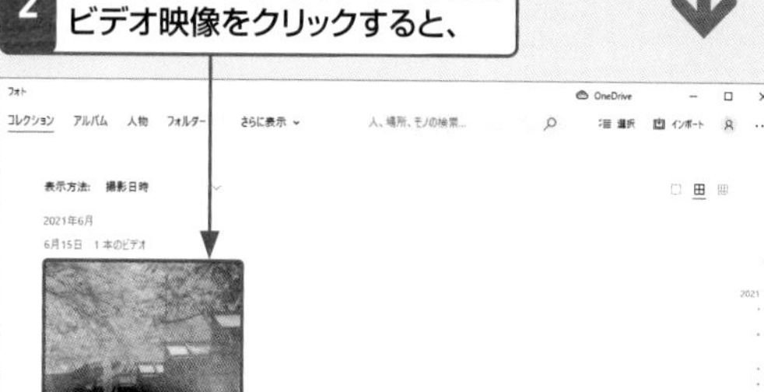
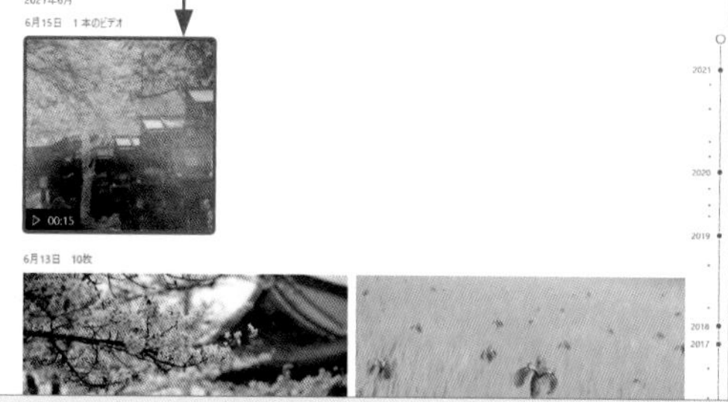

3 ビデオ映像が再生されます。

動画の利用　重要度 ★★★

Q 365 パソコンでテレビは観られるの？

A 最初から観られるパソコンもあります。

テレビ放送のチューナーが内蔵されているパソコンを購入すれば、すぐにテレビを観ることができます。4K衛星放送チューナーと4K液晶を搭載したパソコンなら、高画質の衛星放送も楽しめます。

チューナーが内蔵されていないパソコンでテレビ放送を観たい場合は、外付けのチューナーを購入し、パソコンに接続するという方法があります。

また、チューナーが内蔵されているパソコン、外付けのチューナーのどちらも、パソコンに録画する機能を持つものが主流となっています。

● チューナー内蔵パソコン

● パソコン用外付けチューナー

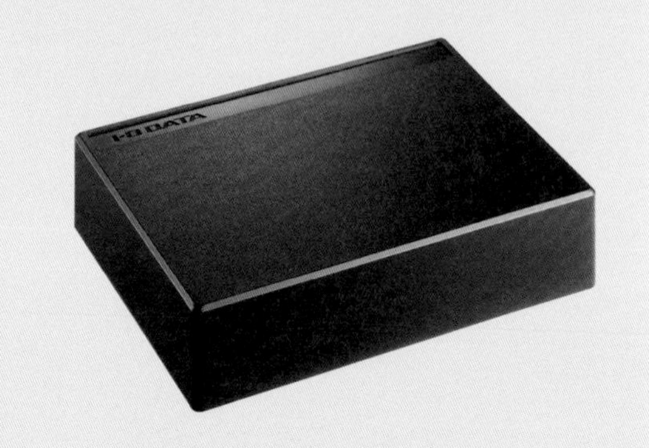

動画の利用　重要度 ★★★

Q 366 パソコンで映画のDVDを観る方法を知りたい！

A 再生用のアプリを導入します。

Windows 10は、DVDディスクに保存されているパソコン用の動画は再生できますが、映画やスポーツ映像など、家庭用のDVDプレイヤー向けの動画は再生できません。この場合は、専用の再生アプリが必要です。有料／無料のものがあり、「Microsoft Store」アプリやインターネットから入手できます。ここではおすすめのアプリを2つ紹介します。

● PowerDVDシリーズ

https://jp.cyberlink.com/PowerDVD

有料ですが機能が豊富で、無料体験版も用意されています。

● VLC media player

https://www.videolan.org/

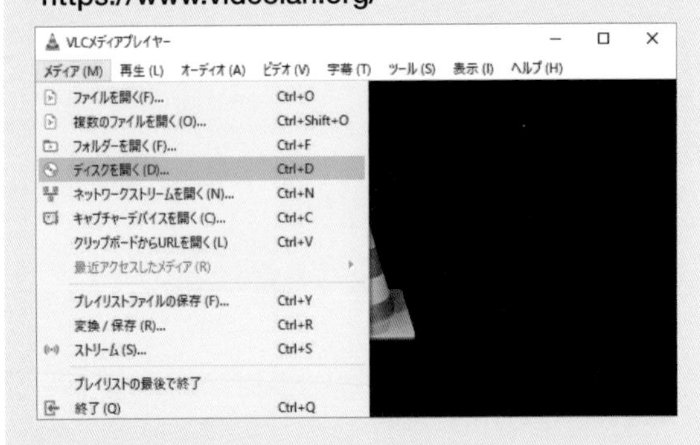

無料で利用でき、パソコンに保存されている動画も再生できます。

Q 367 Windows Media Playerで何ができるの？

A 音楽の再生や取り込みを行います。

「Windows Media Player」は、音楽の再生と管理をするための付属アプリです。音楽CDから曲を取り込んで、プレイリストで曲を整理することができます。Windows 10には、タッチ操作に特化した音楽再生アプリ「Grooveミュージック」も付属しています。どちらも機能はほぼ同等なので、自分の音楽視聴スタイルに合わせて、好みのアプリを使うとよいでしょう。

参照▶Q 378

●音楽CDを再生する

音楽CDをパソコンのドライブにセットするだけで、簡単に音楽を再生できます。2つの表示モードを利用できます。

Windows Media Player
ライブラリ ▸ 音楽 ▸ アルバム ▸ Rain or Shine
整理(O) ストリーム(R) プレイリストの作成(C)

アルバム: Rain or Shine / 岡崎律子 / Film / 1997

#	タイトル	長さ
1	BLUE POINT	3:53
2	朝 ～What's goin' on ～	3:55
3	長距離電話	5:12
4	Rain or Shine -降っても晴...	3:36
5	春の海へ	2:53
6	まっすぐな心で	4:53
7	Nowadays	3:18
8	悲しい自由	4:23
9	愛してほしくて	4:03

●CDから音楽を取り込む

Windows Media Player
Rain or Shine (E:)
整理(O) ストリーム(R) プレイリストの作成(C) 取り込みの中止(I) 取り込みの設定(E)

アルバム: オーディオ CD (E:) / Rain or Shine / 岡崎律子 / Film / 1997

#	タイトル	長さ	取り込みの状態
1	BLUE POINT	3:54	
2	朝 ～What's goin' on ～	3:56	待機中
3	長距離電話	5:13	待機中
4	Rain or Shine -降っても晴...	3:37	待機中
5	春の海へ	2:54	待機中
6	まっすぐな心で	4:54	待機中
7	Nowadays	3:19	待機中
8	悲しい自由	4:24	待機中
9	愛してほしくて	4:04	待機中
10	Girlfriend	5:15	待機中
11	最愛	5:08	待機中

音楽CDからパソコンに曲を取り込めます。

●取り込んだ音楽を聴く

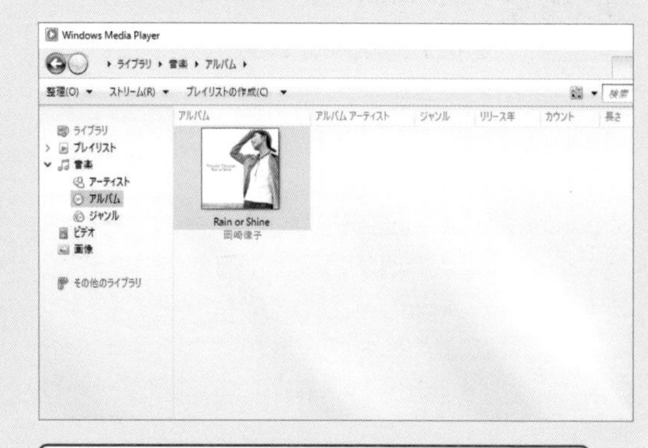

パソコンに取り込んだ曲をアーティストやアルバム、曲単位で聴くことができます。

●プレイリストを作成する

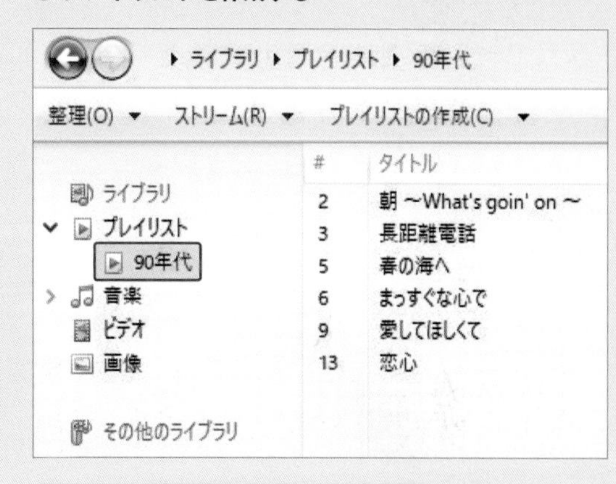

好みの曲だけを集めたオリジナルのプレイリストを作成できます。

●「Grooveミュージック」アプリで音楽を聴く

<ミュージック>フォルダーに保存された音楽を再生でき、タッチ操作のしやすい音楽プレイヤーアプリです。

Windows Media Playerの利用　重要度 ★★★

Q 368 Windows Media Playerの起動方法を知りたい!

A スタートメニューから起動します。

Windows Media Playerを起動するために、スタートメニューを表示して、<Windows Media Player>をクリックしましょう。
はじめて起動したときは、<Windows Media Playerへようこそ>画面が表示されます。ここでは<推奨設定>をクリックするとよいでしょう。Windows Media Playerの利用に必要な設定を自動的に行ってくれます。自分好みに設定を変更したいときは、<カスタム設定>をクリックしましょう。

1 スタートメニューを表示して、<Windowsアクセサリ>→<Windows Media Player>をクリックし、

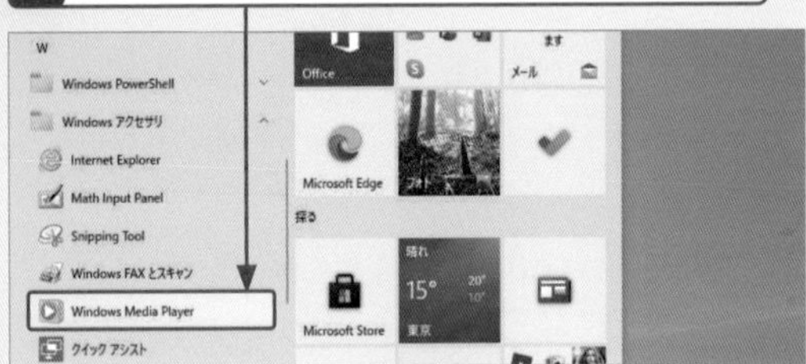

2 <推奨設定>をクリックしてオンにして、

3 <完了>をクリックすると、

4 Windows Media Playerが起動します。

Windows Media Playerの利用　重要度 ★★★

Q 369 ライブラリモードとプレイビューモードって何?

A Windows Media Playerの表示モードです。

Windows Media Playerには、ライブラリモード(Playerライブラリ)とプレイビューモードの2つの表示方法があります。
ライブラリモードでは、音楽やビデオなどを整理したり、プレイリストを作成したりと、Windows Media Playerのさまざまな機能を利用できます。プレイビューモードは、再生中の曲がシンプルに表示され、ほかの作業を行いながら音楽を聴くのに適しています。
ライブラリモードからプレイビューモードに切り替えるには、画面右下の<プレイビューに切り替え>をクリックします。反対にプレイビューモードからライブラリモードに切り替えるには、<ライブラリに切り替え>をクリックしましょう。

● ライブラリモード

ライブラリモードでは、音楽を整理したり、プレイリストを作成したりといった、多様な機能を利用できます。

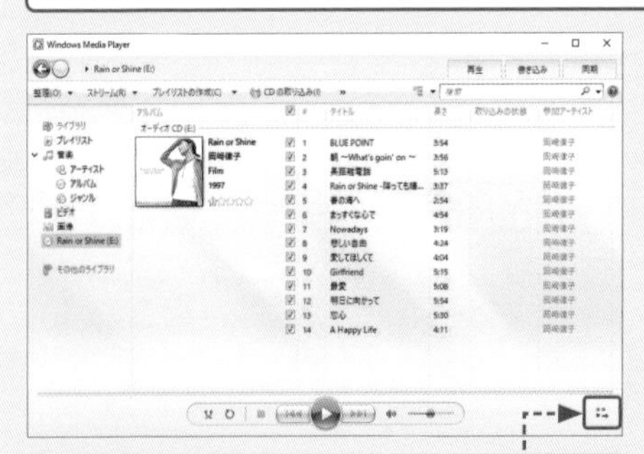

ここをクリックすると、プレイビューモードに切り替わります。

● プレイビューモード

プレイビューモードは、作業の邪魔にならないよう、小さな画面で表示されます。

ここをクリックすると、ライブラリモードに切り替わります。

Windows Media Playerの利用　重要度 ★★★

Q 370 プレイビューモードでの画面の見方を教えて!

A 右図のような画面で構成されています。

プレイビューモードは、音楽の再生に特化したモードです。Windows Media Playerを起動していない状態で音楽CDをパソコンのドライブに挿入すると、自動的にプレイビューモードでWindows Media Playerが起動し、音楽が再生されます。
画面の左上には、現在再生中の曲名やアーティスト名、アルバム名が表示され、マウスポインターを画面の上に移動すると、<ライブラリに切り替え>コマンドと再生コントロールが表示されます。

Windows Media Playerの利用　重要度 ★★★

Q 371 ライブラリモードでの画面の見方を教えて!

A 下図のような画面で構成されています。

ライブラリモードでは、音楽CDの取り込みや再生、CDやDVDへの書き込み、プレイリストの作成などを行えます。ナビゲーションウィンドウで<アーティスト>や<アルバム>タブをクリックすると、収録されている曲が詳細ウィンドウに表示されます。下図は、曲を取り込んだあとの画面です。

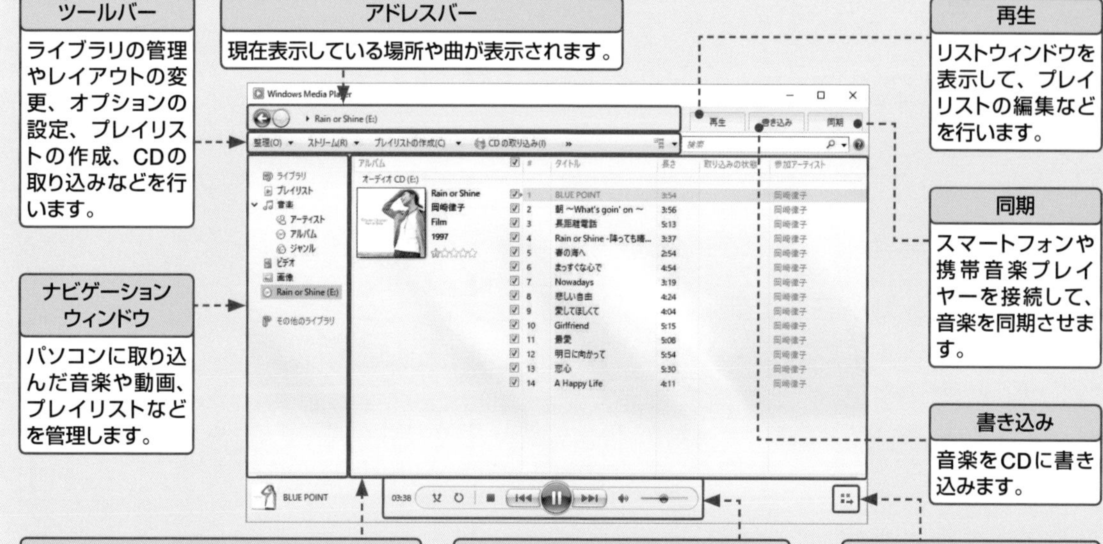

Q 372 音楽CDを再生したい！

A 音楽CDを ドライブにセットします。

Windows Media Playerを起動していない状態で音楽CDをドライブにセットすると、画面の右下に通知メッセージが表示されます。通知メッセージをクリックし、表示されたリストの<オーディオCDの再生>をクリックすると、Windows Media Playerが起動して、再生が始まります。

Windows Media Playerが起動している状態で音楽CDをドライブにセットした場合は、すぐに曲の再生が始まります。

音楽CDをセットしても自動的に再生されない場合は、エクスプローラーを起動して、CDやDVDドライブをダブルクリックすると、音楽CDが再生されます。

参照▶Q 347

1 音楽CDをドライブにセットすると、通知メッセージが表示されるのでクリックして、

2 <オーディオCDの再生>をクリックすると、

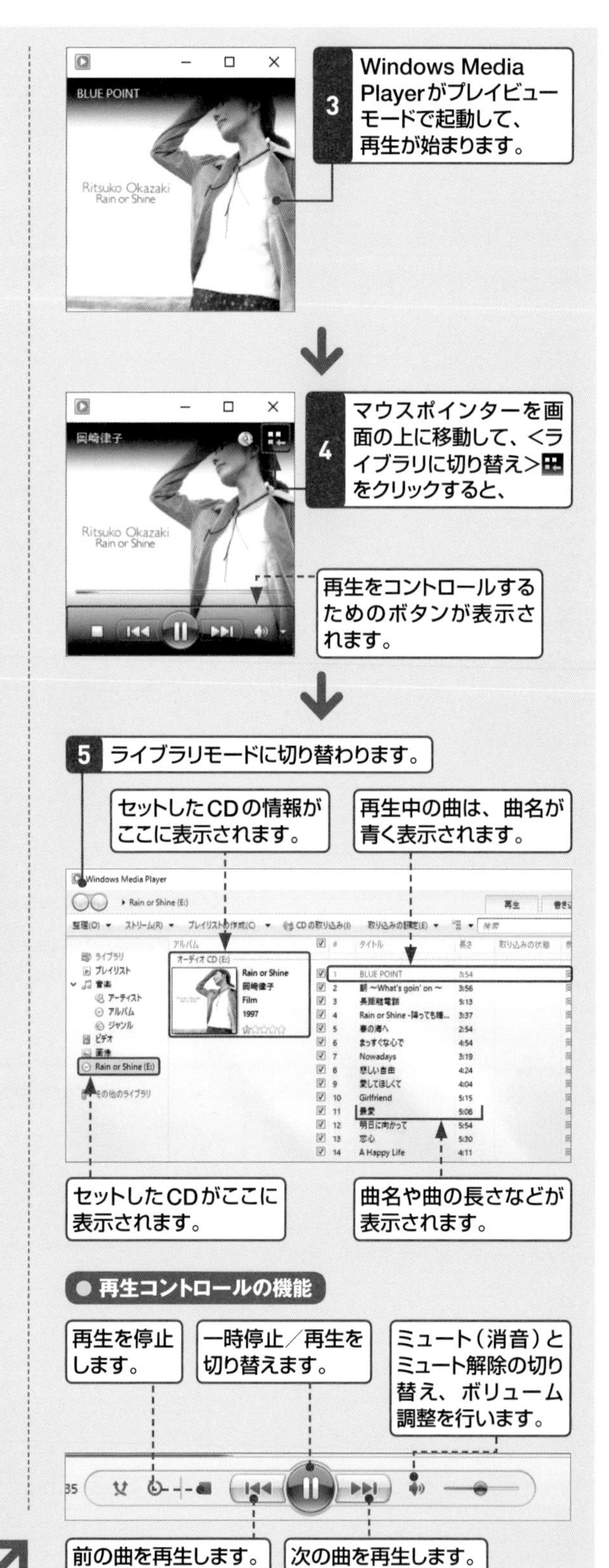

Q 373 音楽CDの曲をパソコンに取り込みたい!

A 取り込みオプションを指定して取り込みます。

音楽CDからパソコン内に曲を取り込めば、次回以降は音楽CDをセットしなくても取り込んだ曲を再生できるようになります。取り込んだ曲の数が増えてきたら、好みの曲だけを集めたオリジナルのプレイリストを作成することも可能です。

はじめて音楽を取り込むときは、<取り込みオプション>ダイアログボックスが表示されます。これは、取り込んだ曲にコピー防止機能を追加するかどうかを選択するものです。<取り込んだ音楽にコピー防止を追加する>をオンにすると、ほかのパソコンでは再生できなくなります。通常は<取り込んだ音楽にコピー防止を追加しない>を選択するとよいでしょう。

1 音楽CDをWindows Media Playerで再生して、

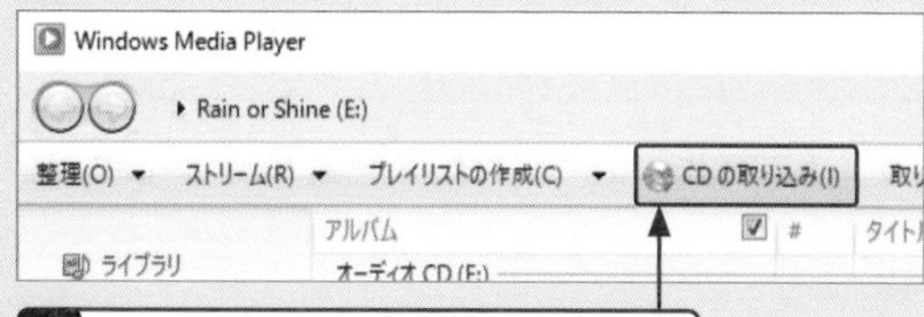

2 <CDの取り込み>をクリックすると、

3 最初に音楽を取り込むときは、<取り込みオプション>ダイアログボックスが表示されます。

4 ここをクリックしてオンにし、

5 ここをクリックしてオンにします。

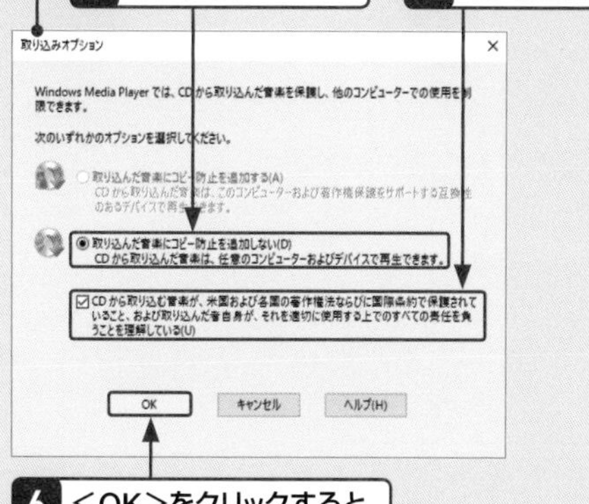

6 <OK>をクリックすると、

7 曲の取り込みが開始されます。

どの曲を取り込んでいるかが確認できます。

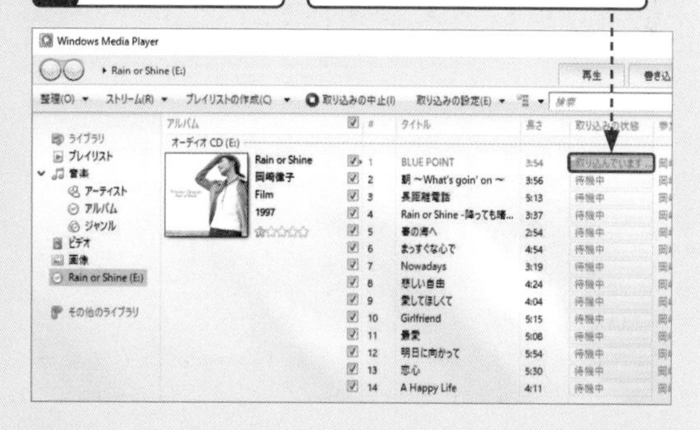

8 取り込みが完了したら、音楽CDを右クリックして、

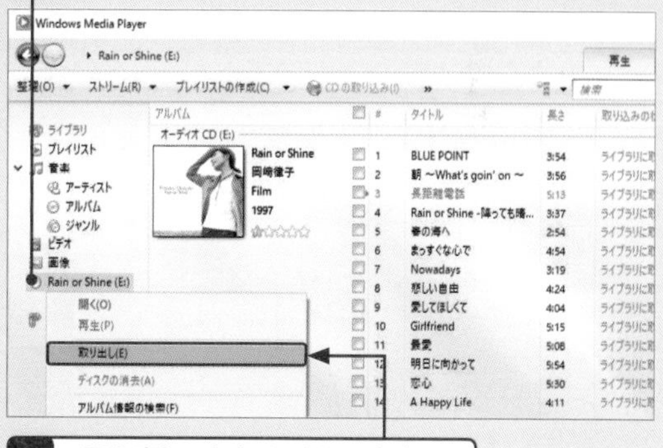

9 <取り出し>をクリックして音楽CDをドライブから取り出します。

● プレイビューモードで取り込む

1 マウスポインターを画面の上に移動して、<CDの取り込み>をクリックすると、

2 曲の取り込みが開始されます。

<取り込みの中止>に表示が変わります。中止したい場合は、ここをクリックします。

Q 374 取り込んだ音楽をWindows Media Playerで聴きたい!

A 曲を選択して＜再生＞をクリックします。

パソコンに取り込んだ曲を再生するには、Windows Media Playerを起動して、聴きたい曲を選択します。なお、下の手順では、＜アルバム＞をクリックして曲を選択していますが、＜アーティスト＞をクリックするとアーティスト別に、＜ジャンル＞をクリックすると、ジャンル単位で曲を選択できます。

● 聴きたい曲だけを選択する

1 ＜アルバム＞をクリックして、

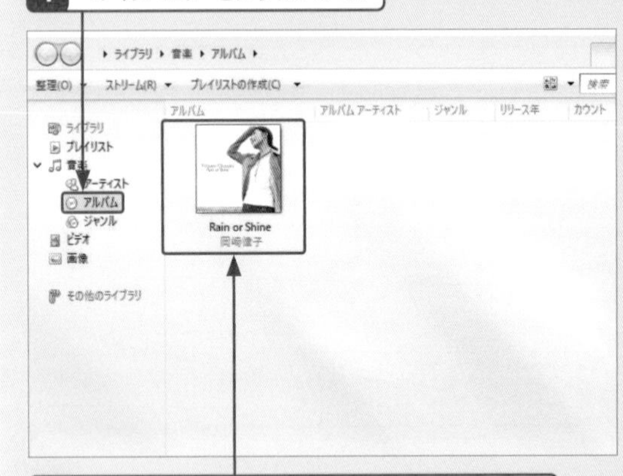

2 再生したいアルバムをダブルクリックすると、

3 アルバム内の曲が表示されます。

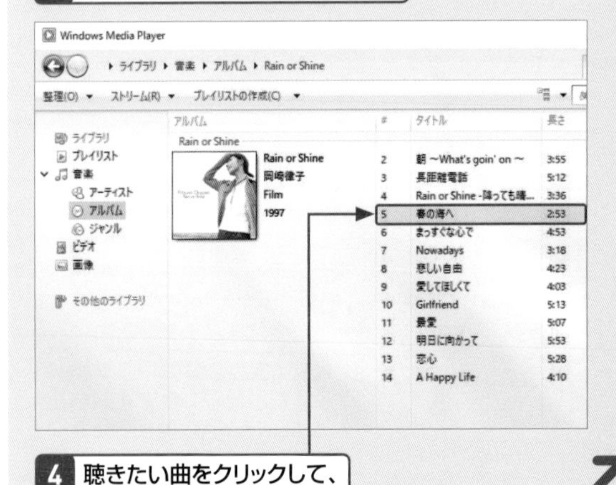

4 聴きたい曲をクリックして、

5 ＜再生＞をクリックすると、

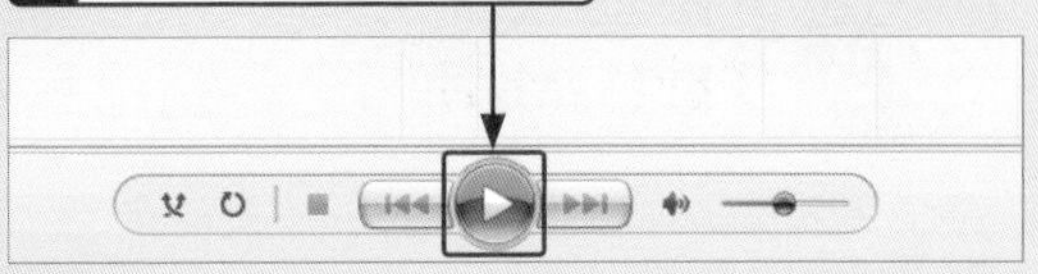

6 曲が再生されます。

● アルバム内のすべての曲を聴く

1 ＜アルバム＞をクリックし、

2 再生したいアルバムを右クリックして、

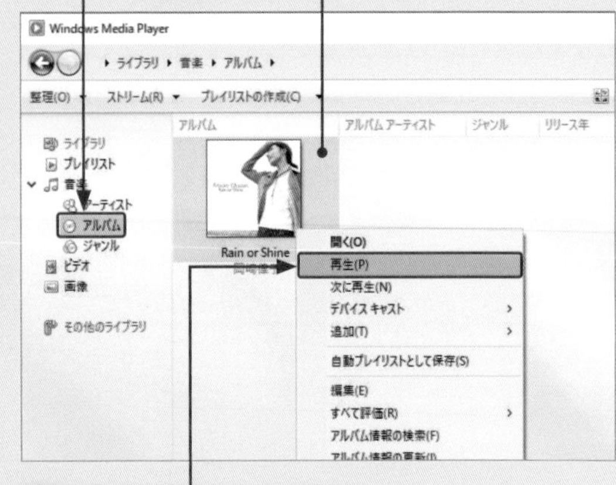

3 ＜再生＞をクリックします。

● ライブラリのすべての曲を聴く

1 ナビゲーションウィンドウの＜音楽＞をクリックして、

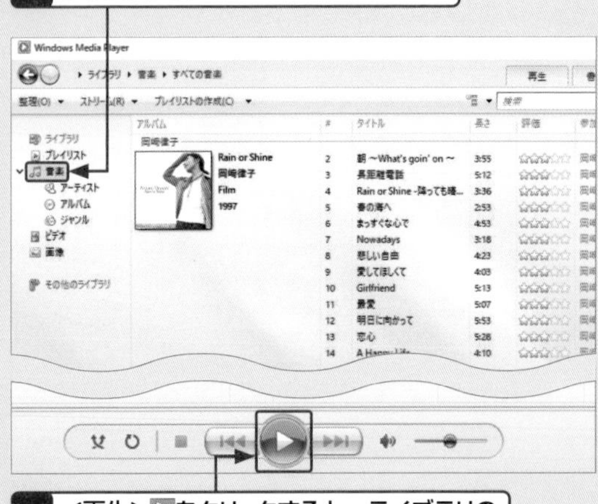

2 ＜再生＞▶をクリックすると、ライブラリの曲すべてを通して再生できます。

Q 375 プレイリストを作成したい!

A <プレイリストの作成>をクリックします。

「プレイリスト」とは、音楽ファイルのグループのことです。パソコンに取り込んださまざまな曲の中から、お気に入りの曲だけを集めたり、好きな順番で再生したりできます。「再生リスト」とも呼ばれます。

作成するには、まずWindows Media Playerの<プレイリストの作成>をクリックしましょう。「無題のプレイリスト」という空の項目が表示されたら、名前を入力しましょう。この手順を繰り返せば、複数のプレイリストを作成できます。家族ごとや音楽のジャンル、音楽を聴くシチュエーションなど、目的に応じた名前を付けるとよいでしょう。

1 Windows Media Playerを起動して<プレイリストの作成>をクリックすると、

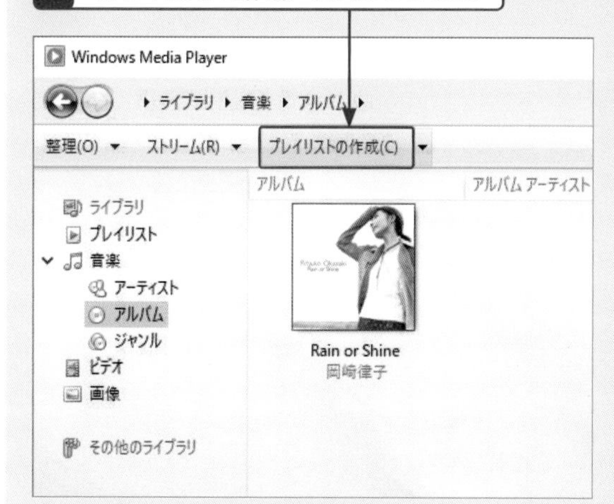

2 プレイリストが作成されます。

3 名前を入力できる状態になっているので、

4 名前を入力して Enter を押すと、

5 プレイリストの名前が確定します。

Q 376 プレイリストを編集したい!

A 曲の追加や削除、順番の入れ替えなどができます。

プレイリストを作成したあとは、曲を追加したり、曲の順番を入れ替えたり、不要になった曲を削除したりできます。
プレイリストに曲を追加するには、詳細ウィンドウに表示される曲の一覧から、目的の曲をナビゲーションウィンドウのプレイリストまでドラッグします。曲を削除するには、対象の曲を右クリックしたあと、<リストから削除>をクリックします。プレイリスト内の曲を表示して、再生される順番を入れ替えることもできます。

● 曲を追加する

1 アルバム内の曲を表示して、

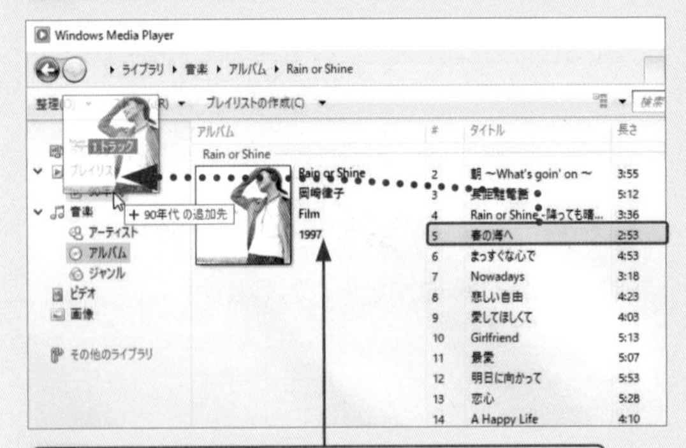

2 登録したい曲をプレイリストへドラッグします。

3 プレイリストをクリックすると、

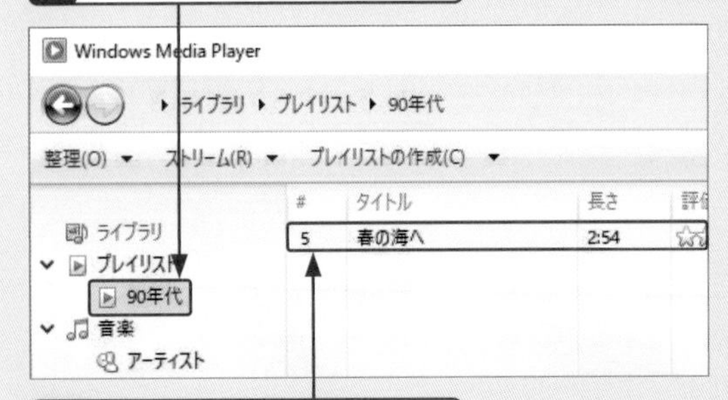

4 登録された曲を確認できます。

● 曲を並べ替える

1 プレイリストをクリックして、

2 順番を変更したい曲をドラッグすると、

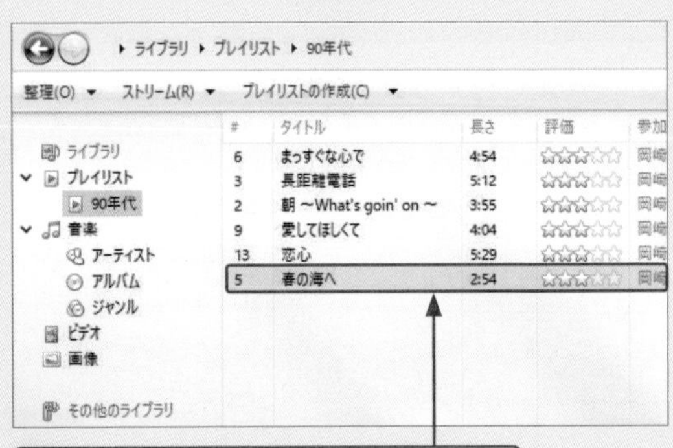

3 プレイリスト内の曲が並び替わります。

● 曲を削除する

1 プレイリストをクリックします。

2 曲を右クリックして、

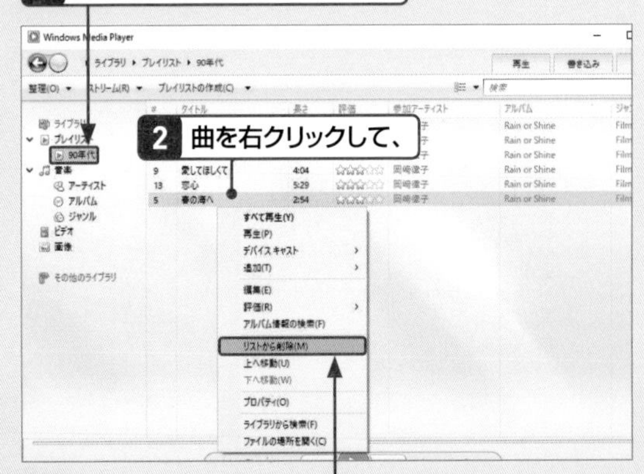

3 <リストから削除>をクリックします。

削除された曲はライブラリには残ります。

Q377 プレイリストを削除したい！

A プレイリストを右クリックして<削除>をクリックします。

プレイリストを削除したいときは、右クリックしたあとで表示されたメニューから、<削除>をクリックします。確認のダイアログボックスが表示されたら、削除の範囲を選択して<OK>をクリックします。
なお、プレイリストを削除しても、プレイリストに登録されていた元の曲は、ライブラリに残ります。

1 削除したいプレイリストを右クリックして、

2 <削除>をクリックします。

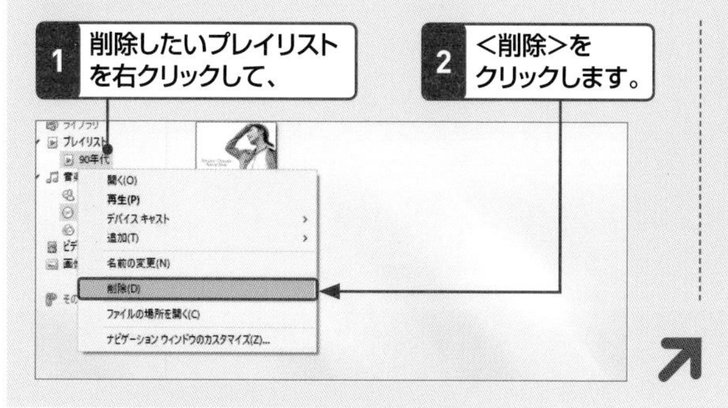

3 ここをクリックしてオンにし、

4 <OK>をクリックします。

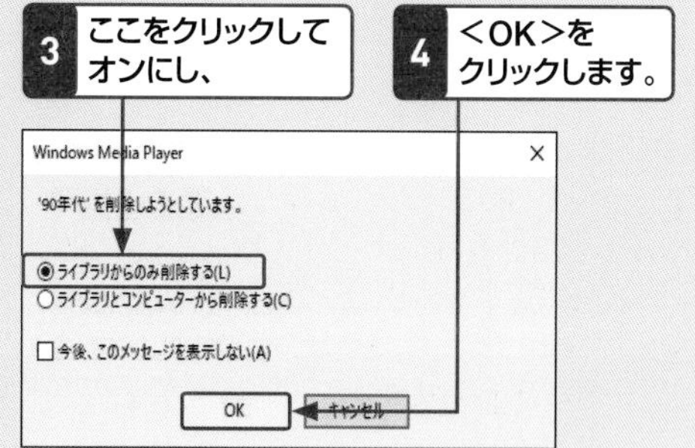

Q378 「Grooveミュージック」アプリで音楽を聴きたい！

A 聴きたい曲をクリックして、<プレイ>をクリックします。

「Grooveミュージック」アプリは、音楽再生用のアプリです。スタートメニューで<Grooveミュージック>をクリックすると起動し、<ミュージック>フォルダーに保存されているすべての曲が自動的に表示されます。<ミュージック>フォルダー以外のフォルダーに保存されている音楽ファイルは表示されないので、あらかじめ<ミュージック>フォルダーに音楽ファイルを移動しておきましょう。

参照▶Q 095

1 スタートメニューで<Grooveミュージック>をクリックして、

2 曲の表示方法（ここでは<アルバム>）をクリックし、

3 再生したいアルバムをクリックします。

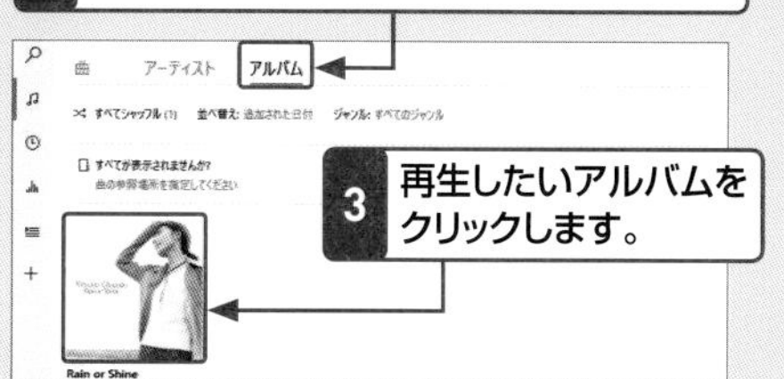

4 聴きたい曲をクリックして、

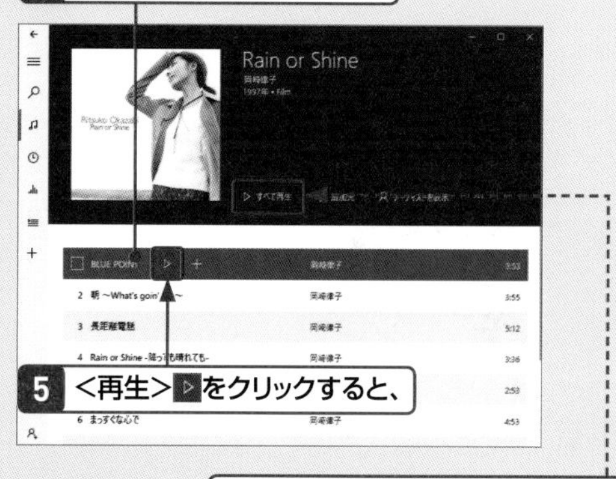

5 <再生> ▷ をクリックすると、

ここをクリックすると、アルバムの曲がすべて再生されます。

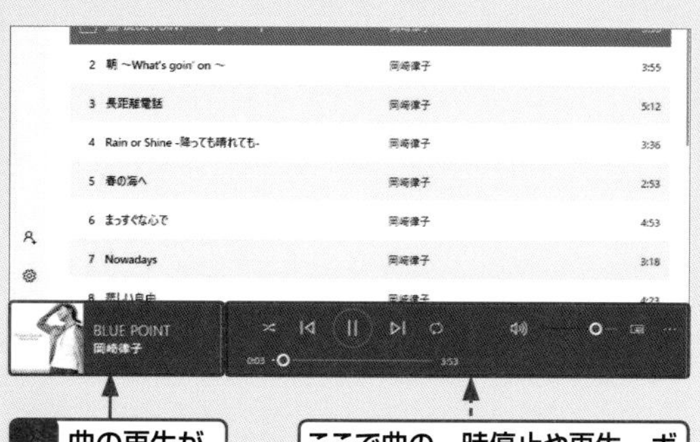

6 曲の再生が始まります。

ここで曲の一時停止や再生、ボリュームなどを設定できます。

「Grooveミュージック」アプリの利用　重要度 ★★★

Q 379 「Grooveミュージック」アプリの画面の見方を知りたい！

A 下図のようにシンプルな画面で構成されています。

「Grooveミュージック」アプリは、タッチ操作に適したシンプルな画面で構成されています。画面の左側には各種メニューが、右側には曲の表示方法やアルバムの並べ替えや絞り込みなどのメニューが表示されます。

曲の表示方法を選択します。アルバム、アーティスト、曲単位で表示できます。

アルバムの表示順を変更します。追加日、名前、リリース年、アーティストで並べ替えられます。

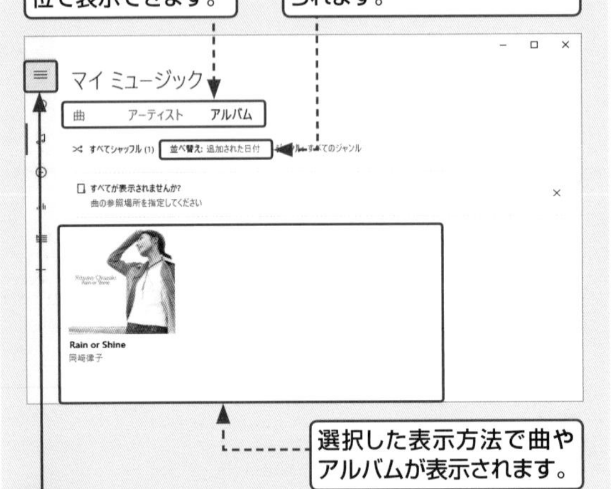

選択した表示方法で曲やアルバムが表示されます。

1 <ナビゲーションウィンドウを最大化します>をクリックすると、

2 ナビゲーションウィンドウが表示されます。

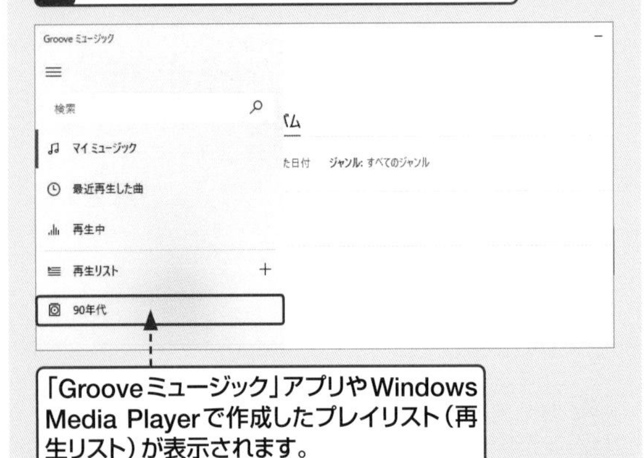

「Grooveミュージック」アプリやWindows Media Playerで作成したプレイリスト（再生リスト）が表示されます。

「Grooveミュージック」アプリの利用　重要度 ★★★

Q 380 曲を検索したい！

A 検索機能を利用します。

「Grooveミュージック」アプリに表示される曲が増えてくると、聴きたい曲を探すのにも手間がかかってきます。このような場合には検索機能を利用しましょう。「Grooveミュージック」アプリの画面左上にある<検索>🔍をクリックし、検索ボックスにキーワードを入力すると、該当する曲が表示されます。

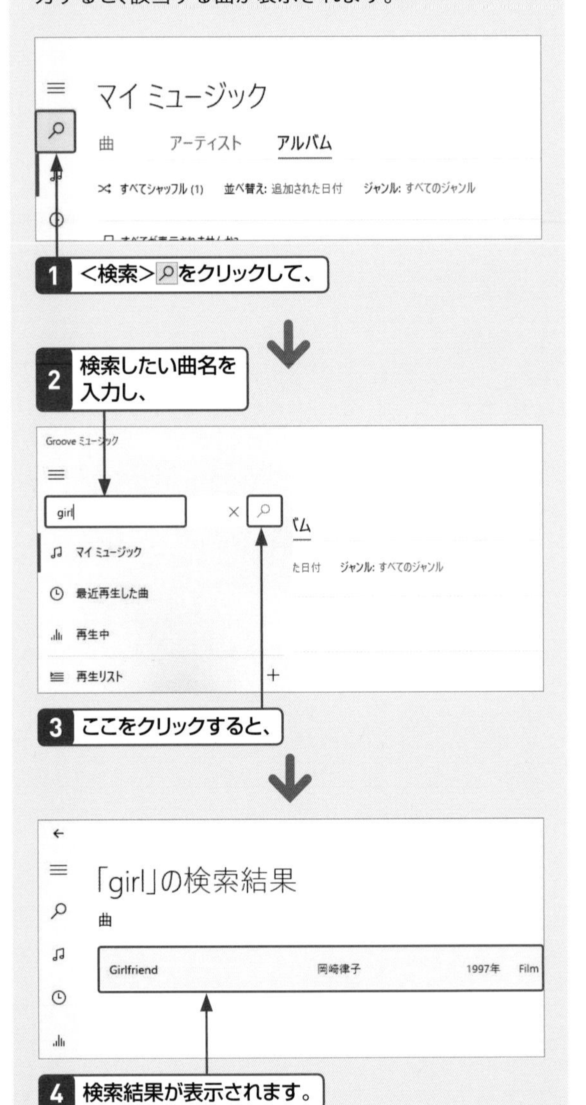

Q 381 再生リストを作って好きな曲だけを再生したい！

A <新しい再生リストの作成>から作成します。

「再生リスト」は、自分の好きな曲だけを集めて作成するオリジナルのリストです。「プレイリスト」ともいいます。再生リストを作成すると、アーティストやCDごとに分類された曲を順に聴くのではなく、好きな曲だけを再生できます。

1 <ナビゲーションウィンドウを最大化します>☰をクリックして、

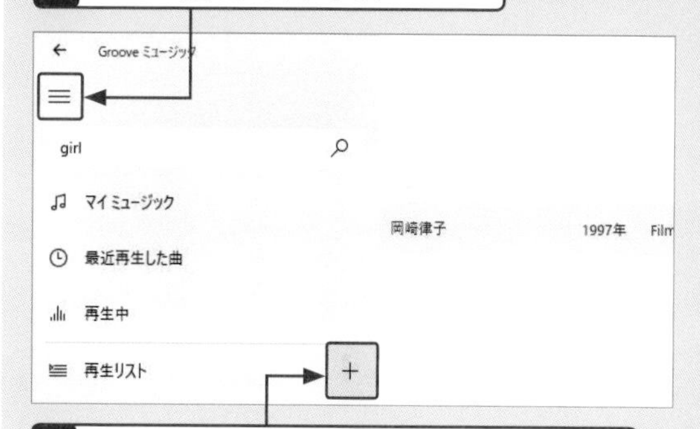

2 <新しい再生リストの作成>＋をクリックします。

3 再生リストに付ける名前を入力し、

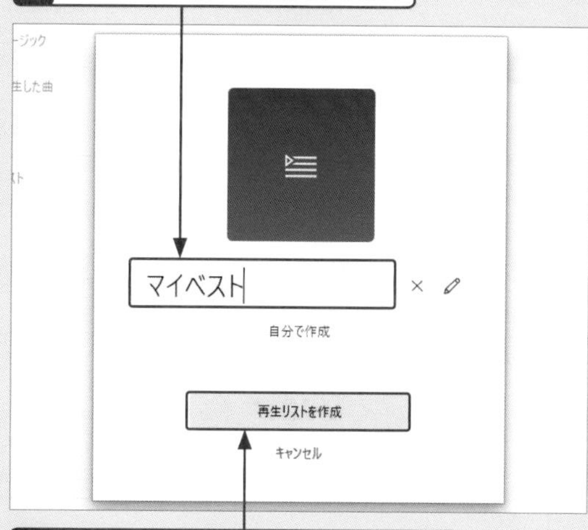

4 <再生リストを作成>をクリックすると、

5 再生リストが作成されます。

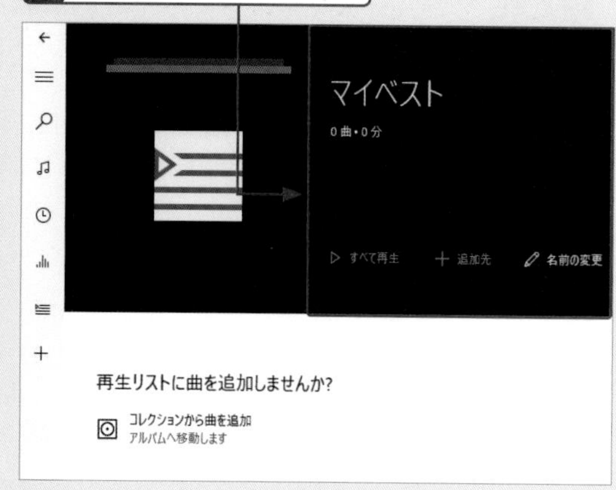

6 ナビゲーションウィンドウで<マイミュージック>をクリックし、

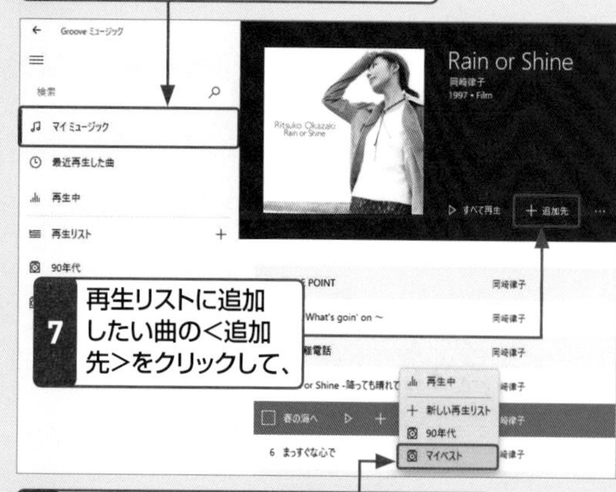

7 再生リストに追加したい曲の<追加先>をクリックして、

8 追加したい再生リストをクリックします。

9 ナビゲーションウィンドウで再生リストをクリックして、

10 再生リストを選択すると、曲が追加されているのを確認できます。

「Grooveミュージック」アプリの利用　重要度 ★★★

再生リストを編集したい！

A 曲の並べ替えや削除ができます。

作成した再生リストは、曲を並べ替えたり、不要になった曲を削除したりすることができます。
曲を並べ替える場合は、再生リスト内の曲をドラッグします。曲を削除する場合は、削除したい曲をクリックして＜再生リストから削除＞をクリックします。

● 曲を並べ替える

1 再生リストを表示して、

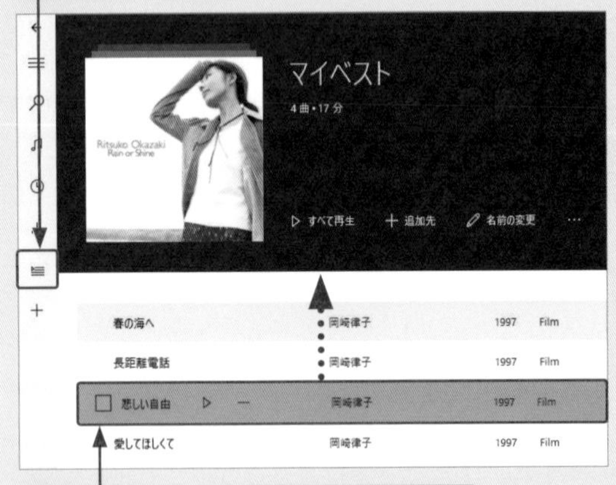

2 曲をドラッグすると、並べ替えられます。

● 曲を削除する

1 削除する曲にマウスカーソルを合わせて、

2 ＜再生リストから削除＞ をクリックすると、

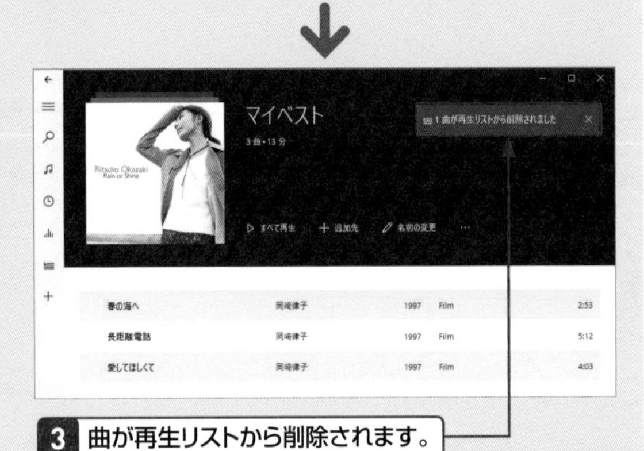

3 曲が再生リストから削除されます。

削除された曲はライブラリには残ります。

「Grooveミュージック」アプリの利用　重要度 ★★★

再生リストを削除したい！

A 再生リストの＜削除＞をクリックします。

作成した再生リストを削除するには、右のように操作します。確認のメッセージで＜OK＞をクリックすると再生リストは削除されますが、そこに含まれていた曲そのものはライブラリに残ります。

1 再生リストを表示して削除したい再生リストを選び、

2 ＜その他のオプション＞ → ＜削除＞をクリックして、

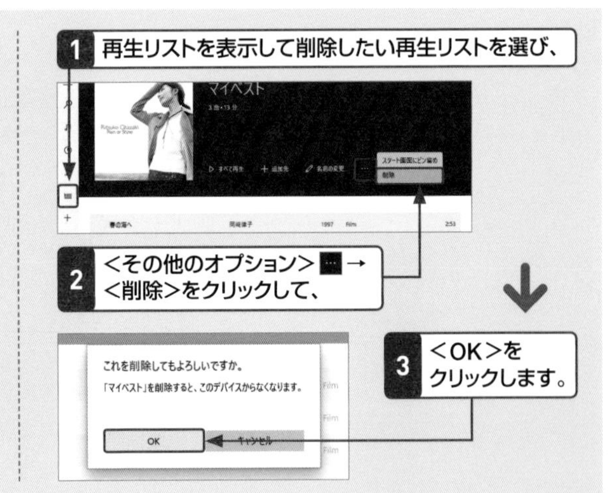

3 ＜OK＞をクリックします。

8

OneDrive と スマートフォンの便利技!

Q 384 OneDriveは何ができるの？

A インターネット上の専用保存領域にさまざまなデータを保存できます。

「OneDrive」は、マイクロソフトが運営するクラウドストレージサービスです。クラウドストレージとは、インターネット上に用意されたユーザー専用の保存領域のことです。OneDriveの場合、Microsoftアカウントを持っているユーザーであれば、無料で5GBまでのデータを保存できます。

OneDriveを使えば、普段は使わない、ファイルサイズの大きいデータを保存して、パソコンの内蔵ドライブの空き容量を増やせます。さらに、同じMicrosoftアカウントでサインインすれば、Windows 10のパソコンだけでなく、スマートフォンやタブレット、Macからも保存されたデータを参照、編集することが可能です。ただし、Windows 10のパソコン以外からOneDriveにアクセスする場合は、別途専用のアプリまたはブラウザーが必要です。

また、Windows 10ではOSそのものにOneDriveが統合されているので、エクスプローラーを使ってパソコンの内蔵ドライブと同じ感覚でファイルやフォルダーをOneDriveとやり取りでき、さらに、OneDriveに保存したデータをほかのユーザーと簡単に共有することもできます。

● OneDriveはオンラインストレージ

OneDriveはインターネット上に用意された外付けドライブのようなもので、パソコンをはじめとするさまざまなデバイスを使って、自由にデータを読み書きできます。

● Windows 10ならエクスプローラーからアクセスできる

Windows 10からはエクスプローラーのナビゲーションバーでOneDriveにアクセスできます。ほかのデバイスではアプリを使ってアクセスします。

● オンラインでOfficeが利用できる

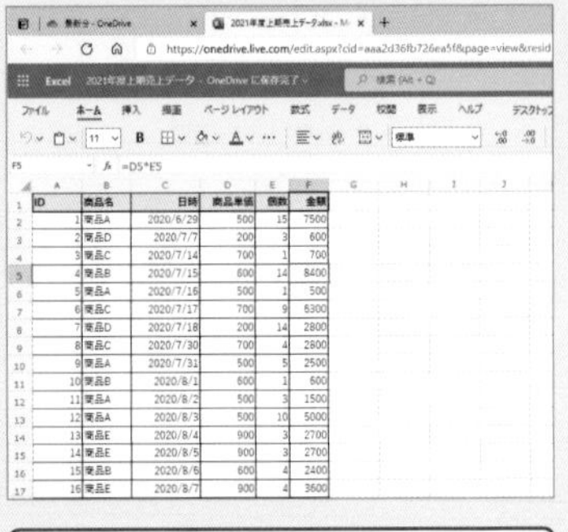

OneDriveにExcelなどで作ったファイルを保存しておけば、ブラウザーでそれを開いて閲覧するだけでなく、データ変更などの編集も可能です。

● 保存したデータを簡単に共有できる

OneDriveに保存したデータはほかのユーザーと共有して、共同で編集することができます。

OneDriveの基本　重要度 ★★★

Q385 OneDriveにファイルを追加したい！

A ファイルをコピーあるいは移動します。

Windows 10にはOneDriveが統合されているので、パソコンの内蔵ドライブと同様に、OneDriveとファイルやフォルダーのやり取りができます。はじめてOneDriveにアクセスする際は、Microsoftアカウントによるサインインが必要になる場合があります。

1 エクスプローラーを表示して、画面左の<OneDrive>をクリックします。

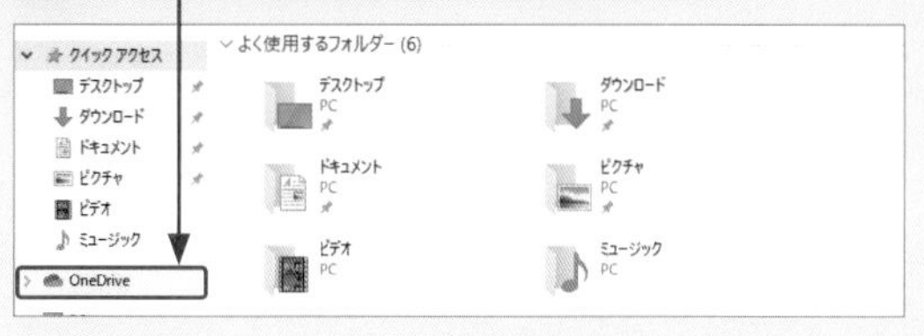

はじめて起動したときはサインインが必要です。

2 Microsoftアカウントのメールアドレスを入力して、

3 <サインイン>をクリックし、画面の指示に従ってサインインを完了させます。

4 OneDriveに追加したいファイルやフォルダーを表示して、選択します。

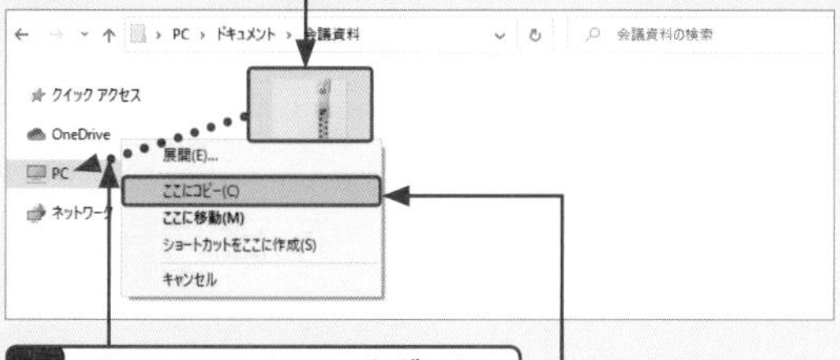

5 <OneDrive>フォルダーに右クリックでドラッグし、

6 <ここにコピー>をクリックすると、OneDriveにファイルがコピーされます。

OneDriveの基本　重要度 ★★★

Q386 OneDriveに表示されるアイコンは何？

A 同期中やダウンロード中など、ファイルの状態を表しています。

エクスプローラーで< OneDrive >フォルダーを開くと、ファイルの右側にアイコンが表示されているのを確認できます。これらはそれぞれ「このデバイスで使用可能」「このデバイスで常に使用可能」「オンライン時に使用可能」「同期中」「共有中」の状態を指しています。

ファイルやフォルダーの状態が表示されています。

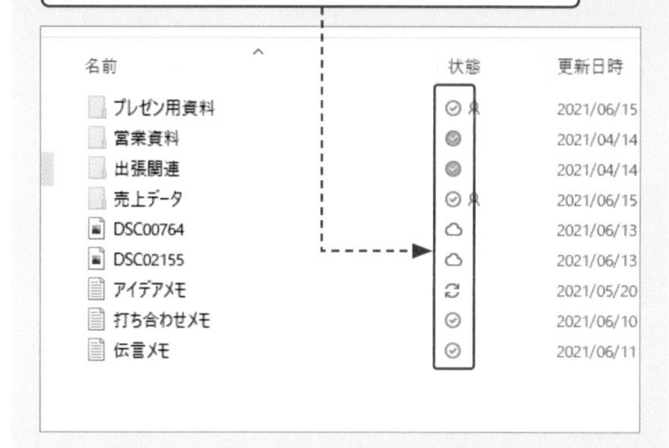

アイコン	名称	解説
	このデバイスで使用可能	ファイルがパソコンの中とWeb版OneDriveの両方に保存されています。右クリックして<空き領域を増やす>をクリックすると、「オンラインのみで利用可能」の状態にできます。
	このデバイスで常に使用可能	ファイルがパソコンの中とWeb版OneDriveの両方に保存されているため、インターネットに接続しなくても開けます。
	オンライン時に使用可能	ファイル自体はWeb版のOneDriveにあり、パソコンの中には存在しません。そのため、インターネットに接続されていないときはファイルを開くことができません。ファイルを開くと、ファイルがパソコンにダウンロードされます。
	同期中	ファイルをOneDriveにアップロード中か、自分のパソコンにダウンロード中のファイルです。
	共有中	ほかの人と共有しているファイルです。

Q 387 ブラウザーでOneDriveを使うには?

A エクスプローラーで<オンラインで表示>をクリックします。

OneDriveはクラウドストレージなので、ブラウザーからもデータにアクセスできます。エクスプローラーでOneDriveのフォルダーを表示し、右クリックメニューの<オンラインで表示>をクリックすると、表示しているフォルダーがEdgeで表示されます。
Edgeで直接OneDriveを使いたいときは、アドレスバーに「https://onedrive.live.com/」と入力して Enter キーを押します。ブラウザー上で作業することが多い場合は、このURLをEdgeのお気に入りに登録しておくとよいでしょう。

参照 ▶ Q 395,Q 396

1 エクスプローラーでOneDriveのフォルダーを表示して、

2 フォルダー内を右クリックし、

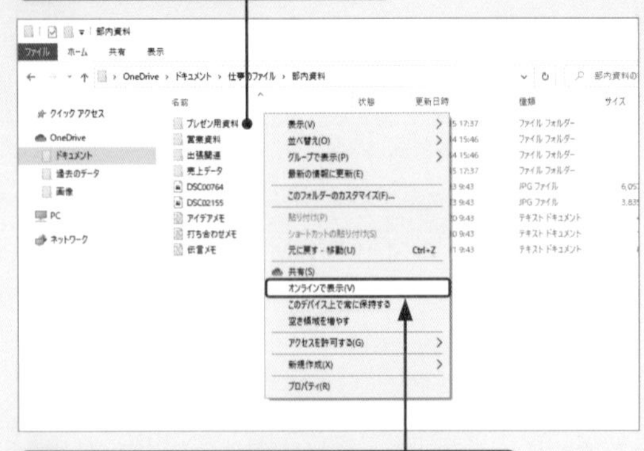

3 <オンラインで表示>をクリックすると、

Edgeの画面

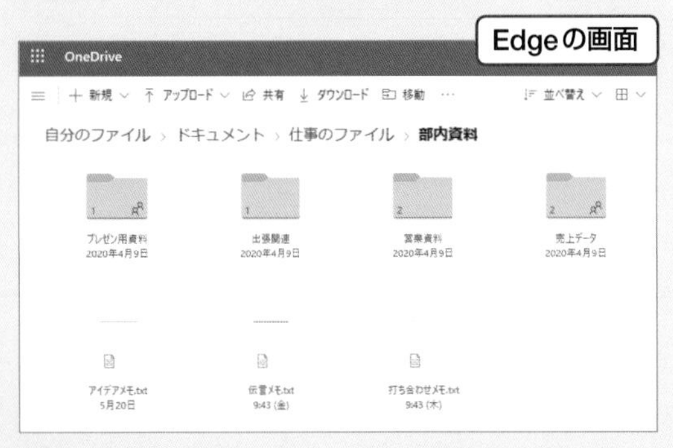

4 OneDriveのフォルダーがEdgeで表示されます。

Q 388 同期が中断されてしまった!

A データが大きすぎるか、不正なファイル名になっています。

エクスプローラーから<OneDrive>フォルダーにデータを保存すると、パソコンがインターネット接続している間に、オンラインにそのデータが送信されます。この動作を「同期」と呼びます。同期はすべて自動で行われますが、保存するデータによっては、同期が中断されてしまうことがあります。同期が中断されるのは主に以下の理由になります。

- データのサイズがOneDriveの容量を超えている
- 単一ファイルのサイズが15GBを超えている
- ファイル名やフォルダー名に不正な文字列の組み合わせが使われている

いずれの場合でも、同期が中断された場合は通知が表示されるので、以下のように操作してその理由を確認し、中断の原因となったデータを取り除くようにしましょう。

1 <OneDrive>アイコンをクリックすると、

2 OneDriveの同期状況が表示されます。

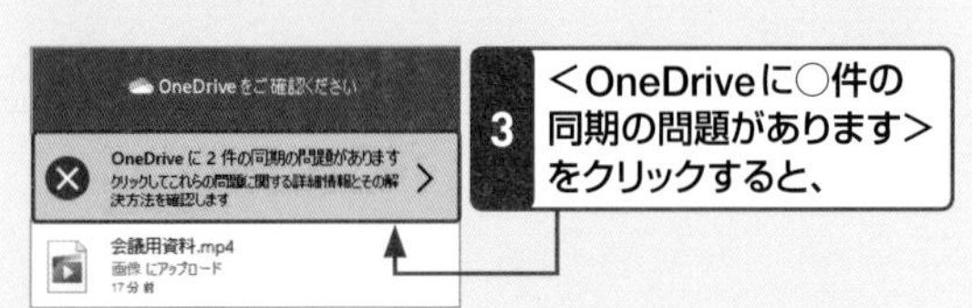

3 <OneDriveに○件の同期の問題があります>をクリックすると、

4 同期が中断した理由とその解決方法が表示されます。

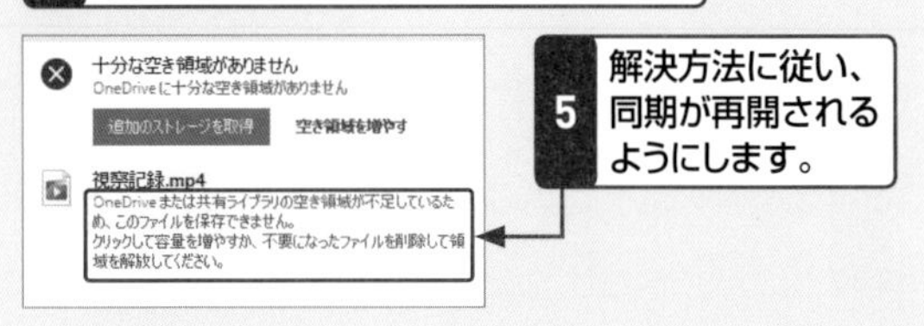

5 解決方法に従い、同期が再開されるようにします。

OneDriveの基本　重要度 ★★★

Q 389 OneDriveからサインアウトするには?

A <このPCのリンクの解除>を実行します。

OneDriveを利用していたパソコンでサインアウトを行うには、OneDriveの設定を開いて<アカウント>タブの<このPCのリンクの解除>をクリックし、表示されたメッセージで<アカウントのリンク解除>を選択します。
サインアウトが完了すると、OneDriveのファイルの同期が停止し、オンラインのみのファイルはパソコンから削除され開けなくなります。ただし、<このデバイスで常に使用可能>と<このデバイスで使用可能>に設定しているファイルはパソコンに残るので、ファイルを開けないようにしたい場合は、自分で削除する必要があります。

参照▶Q 386

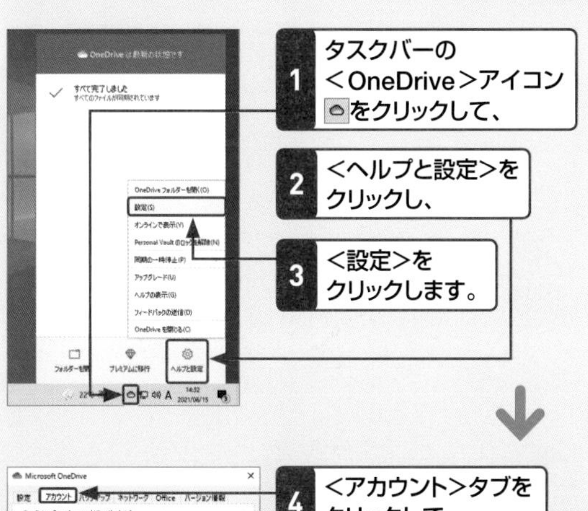

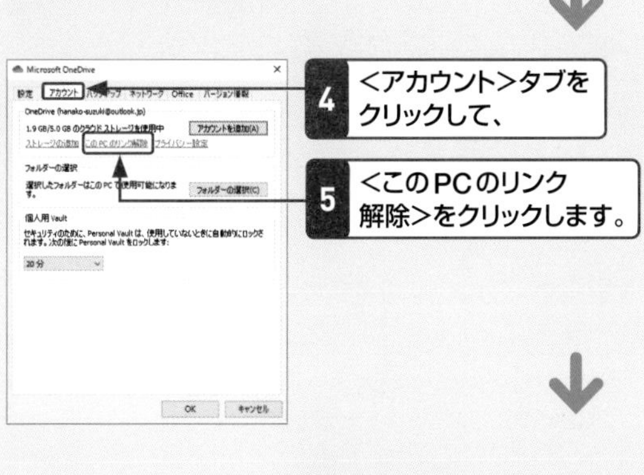

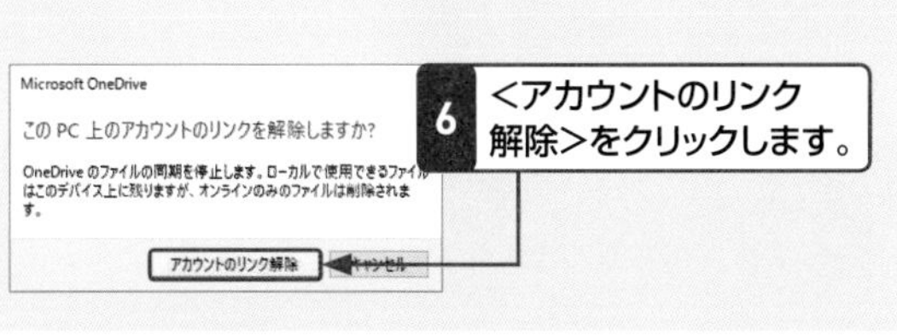

OneDriveの基本　重要度 ★★★

Q 390 大きなファイルをOneDriveで送りたい!

A ファイルの保存場所を送ります。

写真や動画のような、容量が大きいファイルをほかのユーザーに送るとき、メールに添付すると送受信に時間がかかり、自分も受け取る相手もストレスを感じてしまいます。
このような大容量のファイルはOneDriveに保存すれば、保存場所(URL)をメールで連絡するだけでよいので便利です。受信した相手は、メールに記載されているURLをクリックしてファイルを表示したあと、ダウンロードして自分のパソコンに保存できます。

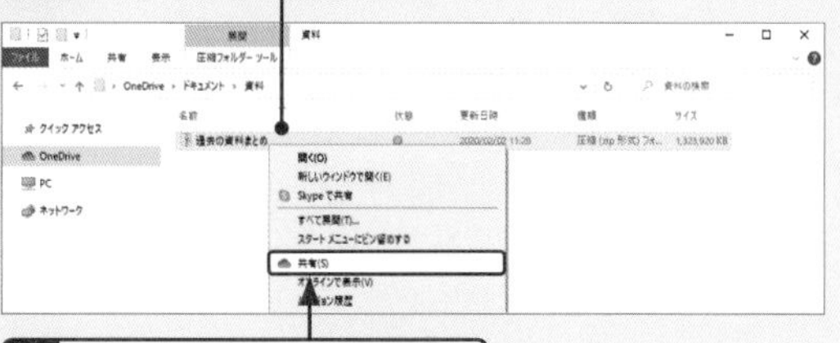

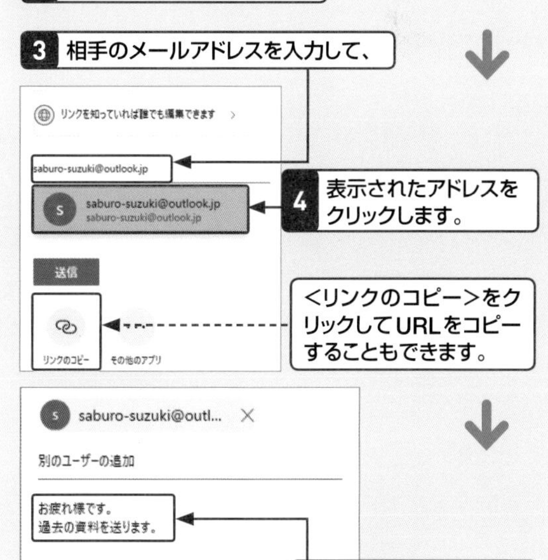

Q 391 OneDriveでほかの人とデータを共有したい!

A 共有機能を利用します。

OneDriveに保存したファイルやフォルダーをほかの人と共有するときは、メールアドレスを利用します。

1 EdgeでOneDriveを表示して送りたいファイルやフォルダーをクリックし、

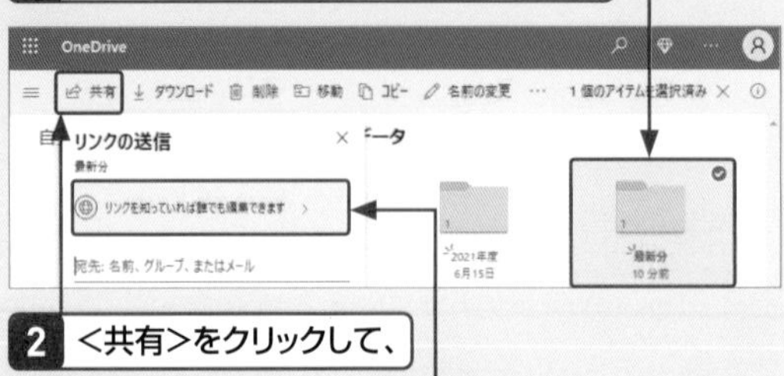

2 <共有>をクリックして、

3 <リンクを知っていれば誰でも編集できます>をクリックします。

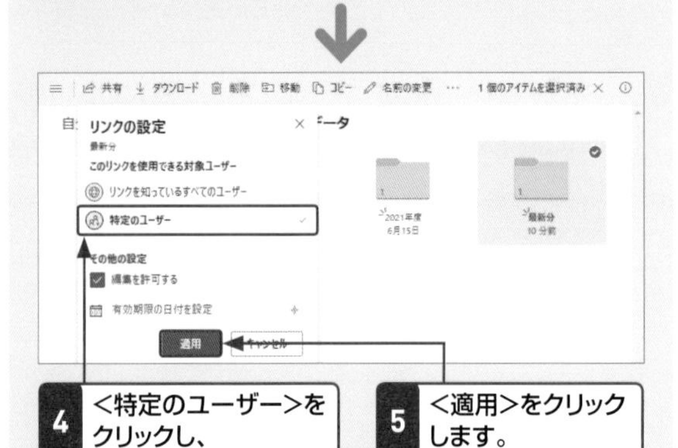

4 <特定のユーザー>をクリックし、

5 <適用>をクリックします。

6 相手のメールアドレスを入力し、

7 必要に応じてメッセージを入力して、

8 <送信>をクリックします。

Q 392 共有する人を追加したい!

A 共有オプションで追加できます。

すでにほかのユーザーと共有しているOneDrive上のデータに、さらに別のユーザーを追加して共有することができます。共有相手を追加する場合も、OneDriveの共有オプションでメールを使って相手を招待します。なお、共有中のファイルやフォルダーは、<共有>を選択することでまとめて表示できます。

参照▶Q 391

1 EdgeでOneDriveを表示して、

2 <共有>をクリックします。

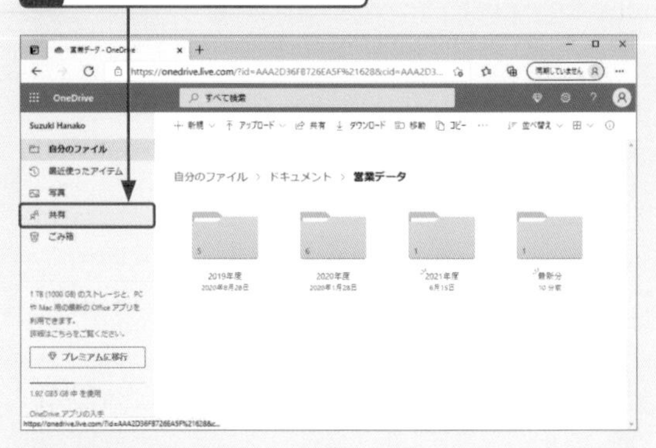

3 共有する人を追加したいファイルやフォルダーを選択して、

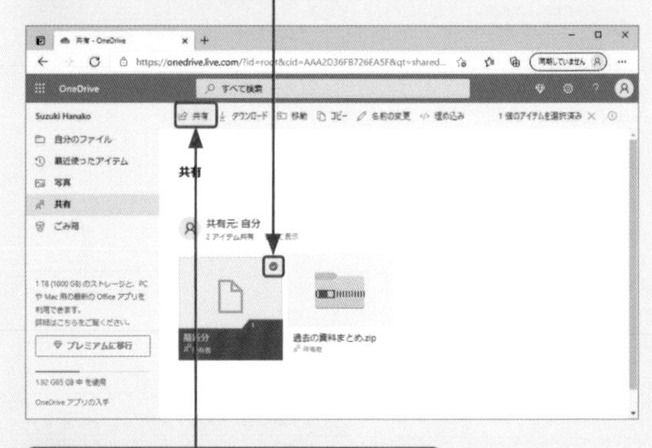

4 <共有>をクリックすると、共有する人を追加できます。

データの共有　重要度★★★

Q 393 共有を知らせるメールが届いたらどうすればよい?

A リンクをクリックし、必要に応じてファイルをダウンロードします。

OneDriveのファイル共有を知らせるメールが届いたら、本文内のリンクをクリックしましょう。OneDriveのWebページが開かれ、共有中のファイルが表示されます。ファイルが必要なら、自分のパソコンにダウンロードできます。

1 ファイルの共有を知らせるメールが届いたら、＜開く＞やリンクをクリックして、

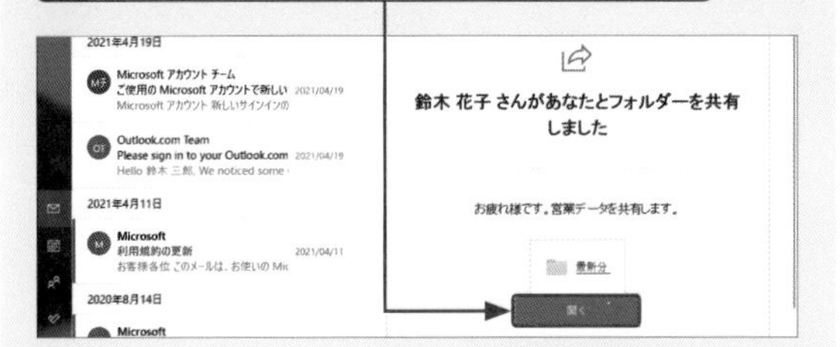

共有中のファイルが表示されます。

2 ダウンロードしたいファイルのここをクリックし、

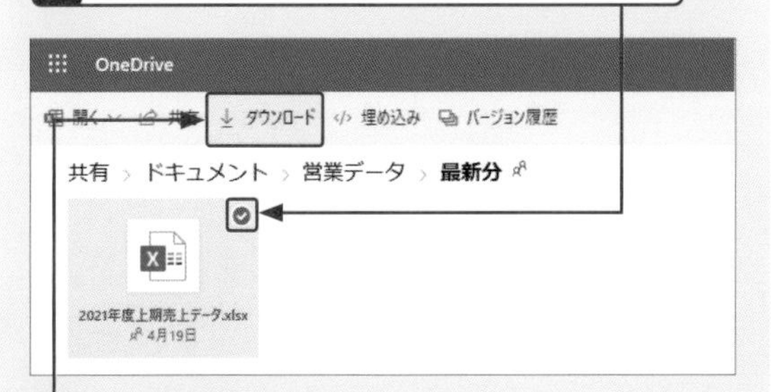

3 ＜ダウンロード＞をクリックすると、

4 ファイルが＜ダウンロード＞フォルダーに保存されます。

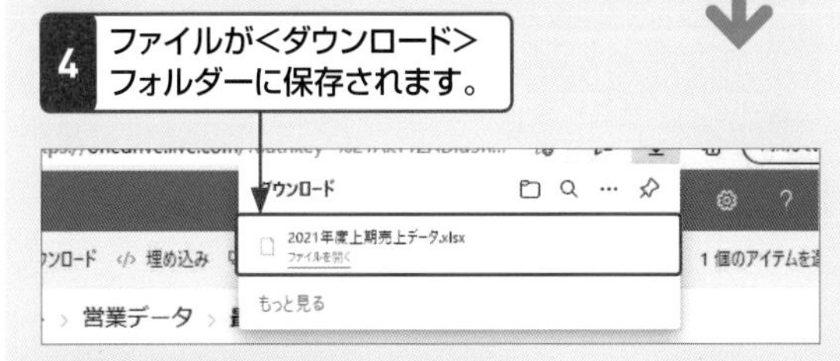

環境によっては、ファイルが自動ダウンロードされます。

データの共有　重要度★★★

Q 394 ほかの人との共有を解除したい!

A アクセス許可を取り消します。

OneDriveでほかの人と共有したファイルは、OneDriveのWebページから共有を解除できます。まずはブラウザーを起動しておきましょう。

参照▶Q 391

1 ブラウザーを起動して「https://onedrive.live.com/」にアクセスし、

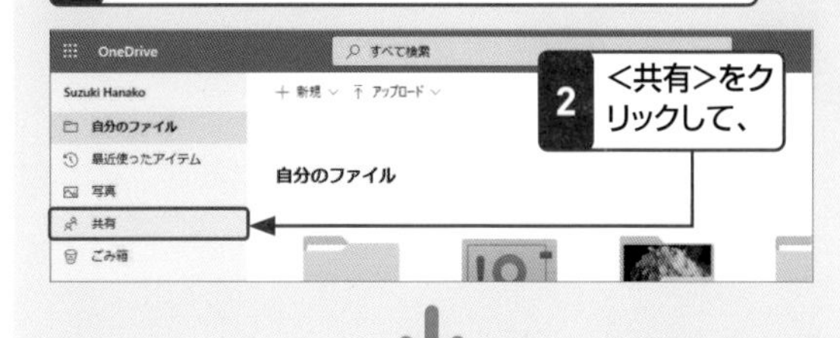

2 ＜共有＞をクリックして、

3 共有を停止したいファイルのここをクリックし、

4 ここをクリックして、

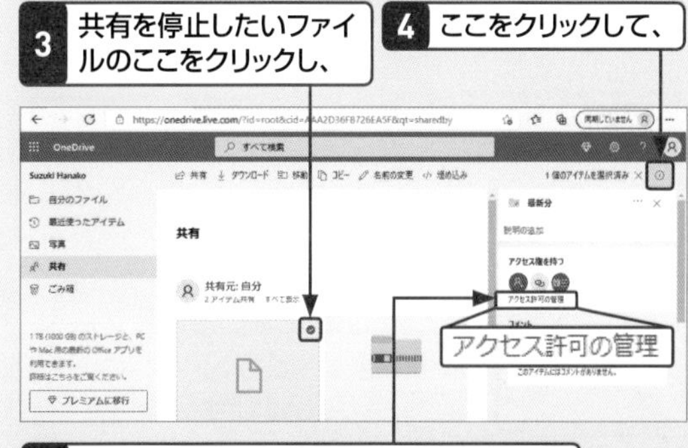

5 ＜アクセス許可の管理＞をクリックします。

6 ＜編集可能＞または＜表示可能＞をクリックし、

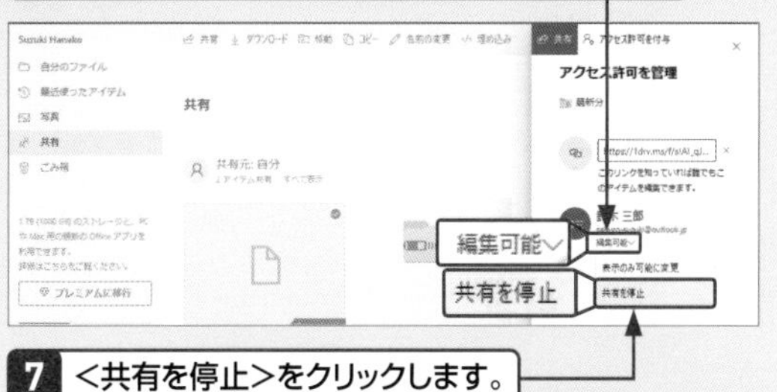

7 ＜共有を停止＞をクリックします。

リンクを共有している場合は、URLの右の＜リンクの削除＞☒をクリックします。

基本
デスクトップ
キーボード・文字入力
インターネット
メール・連絡先
セキュリティ
写真・動画・音楽
OneDrive・スマホ
印刷・周辺機器
アプリ
インストール・設定
テレワーク

OneDriveの活用　重要度★★★

Q 395 ほかのパソコンから OneDriveにアクセスしたい！

A ブラウザーを利用します。

自分のパソコンが使えない外出先などでOneDriveにアクセスしたい場合は、Web版のOneDriveを利用しましょう。ブラウザーを起動してOneDriveにアクセスし、Microsoftアカウントとパスワードを入力すると、保存されているファイルを表示できます。

1 ブラウザーを起動して「https://onedrive.live.com/」にアクセスし、

2 画面右上の<アカウントにサインインする>をクリックして、Microsoftアカウントでサインインします。

OneDriveの活用　重要度★★★

Q 396 OneDrive上のファイルを編集したい！

A ブラウザー上で編集できます。

OneDriveのファイルのうち、一部のファイル（テキストファイルなど）はブラウザー上で編集できます。出先のパソコンのブラウザー上でファイルを編集すれば、いちいちダウンロードする手間を省けます。

1 Edgeで OneDriveを表示して、テキストファイルをクリックして開き、

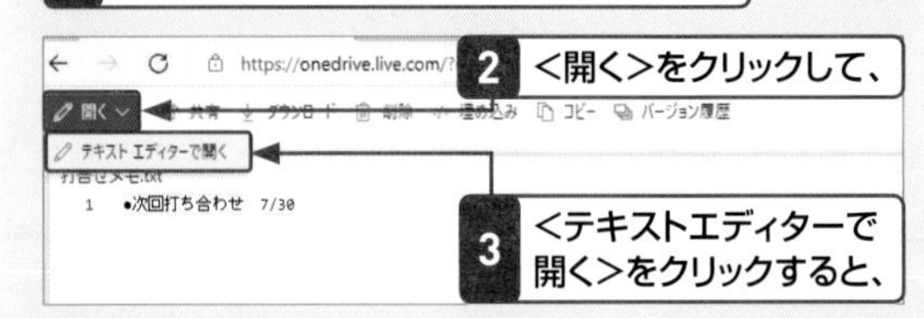

2 <開く>をクリックして、

3 <テキストエディターで開く>をクリックすると、

4 テキストファイルをエディターで編集できます。

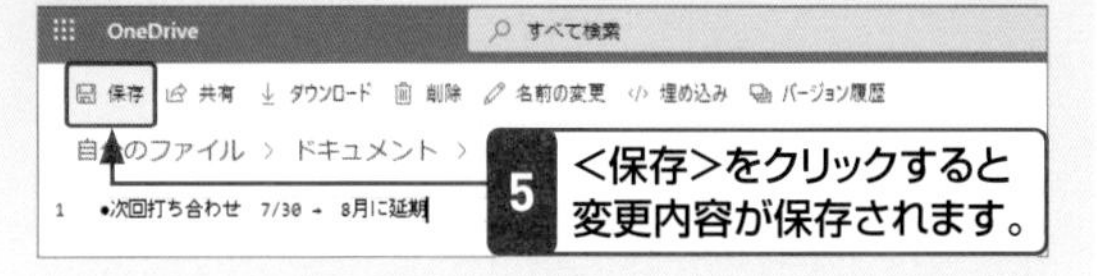

5 <保存>をクリックすると変更内容が保存されます。

OneDriveの活用　重要度★★★

Q 397 OneDriveからファイルをダウンロードしたい！

A ブラウザーやエクスプローラーでダウンロードできます。

OneDriveにあるファイルは、ブラウザーでパソコンにダウンロードできます。また、エクスプローラーでOneDriveからほかのフォルダーにコピーすることでも、ダウンロードできます。ここでは、エクスプローラーを使ったやり方を紹介します。 参照▶Q 387

1 エクスプローラーでOneDriveのファイルを選択して、

2 <ホーム>タブをクリックし、

3 <コピー>をクリックします。

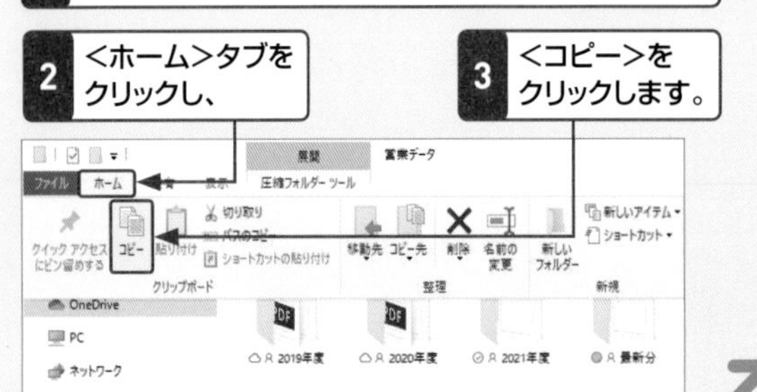

4 ダウンロードしたいフォルダーを選択し、

5 <ホーム>タブをクリックして、

6 <貼り付け>をクリックします。

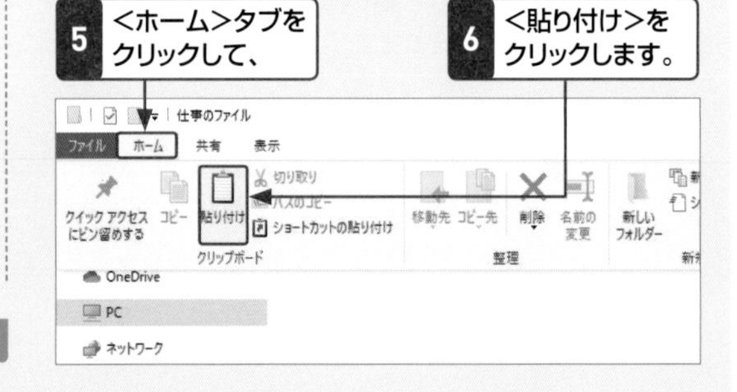

OneDriveの活用　重要度★★★

Q 398 OneDrive上のファイルをOfficeで編集したい!

A オンライン版のOfficeで編集できます。

OneDriveにあるOfficeのファイルは、オンライン版のOfficeで編集できます。Officeのファイルをクリックするとブラウザー上でWordやExcelが起動し、すぐに編集を開始できます。変更内容は自動的に保存されます。

1 EdgeでOneDriveを表示して、

2 Officeのファイルをクリックすると、

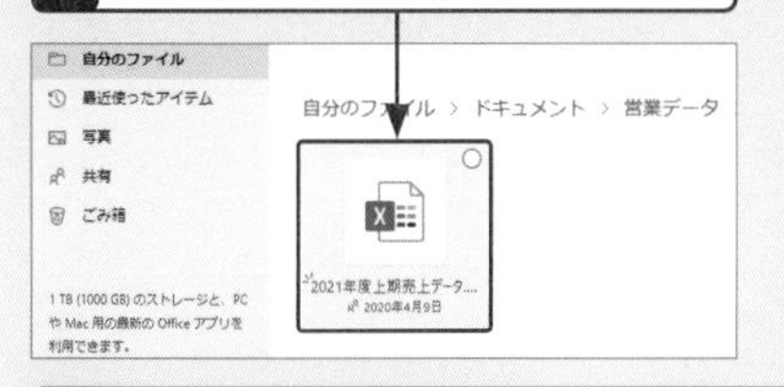

3 ブラウザーでWordやExcelが起動し、ファイルを編集できます。

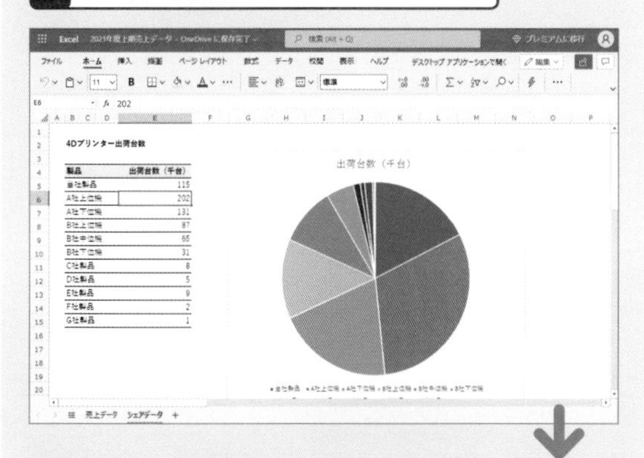

4 ファイルを変更すると自動的に保存されます。

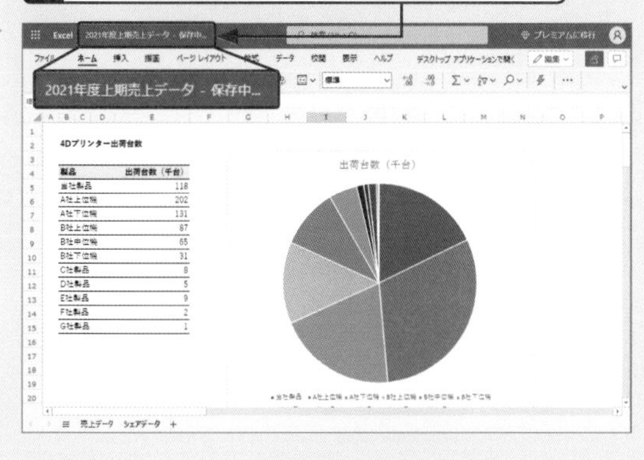

OneDriveの活用　重要度★★★

Q 399 重要度の低いファイルはオンラインにだけ残しておきたい!

A 「ファイルオンデマンド」を有効にします。

利用機会はあまりないけれど、削除してよいか迷うファイルがたくさんあるときは、OneDriveの「ファイルオンデマンド」機能を利用しましょう。エクスプローラーからOneDriveの設定画面を表示し、「ファイルオンデマンド」を有効にすると、ファイルがWeb版のOneDriveのみに保存され、パソコン側の容量を節約できます。有効にしたあともファイルをパソコンにダウンロードしたり、Web版のみに再保存したりできます。

●「ファイルオンデマンド」を有効にする

1 エクスプローラーで<OneDrive>を右クリックして、

2 <設定>をクリックします。

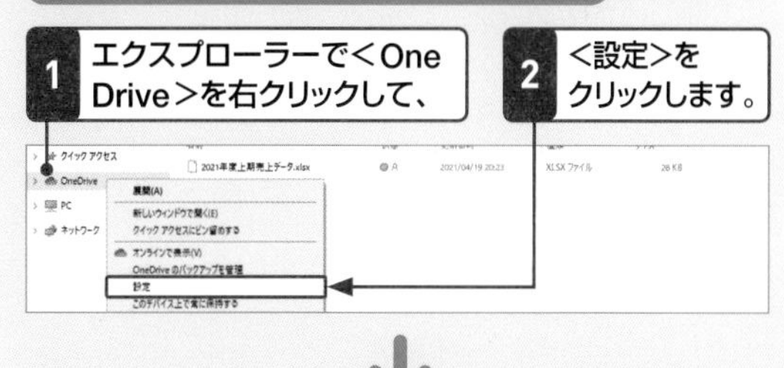

3 <設定>タブをクリックし、

4 ここをクリックしてオンにして、

5 <OK>をクリックします。

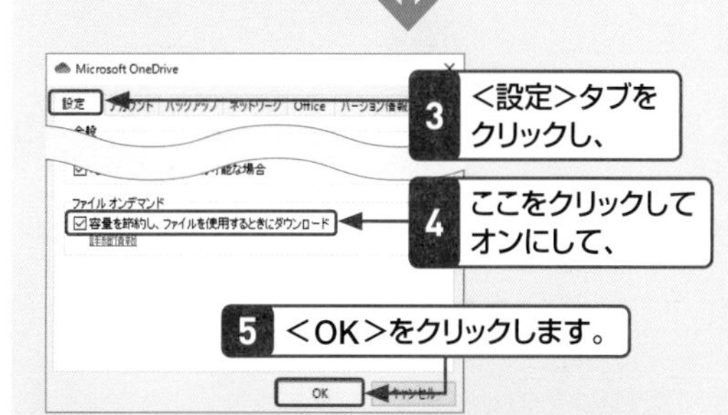

●ファイルを保存または再アップロードする

1 OneDriveのフォルダーを開いてファイルを右クリックし、

2 <このデバイス上で常に保持する>をクリックすると、ファイルがパソコンに保存されます。

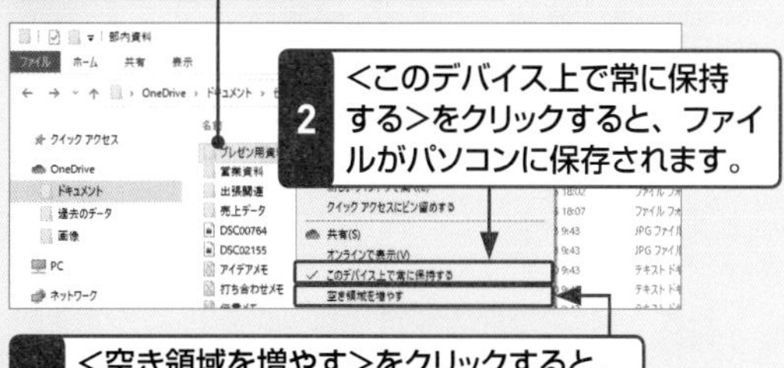

3 <空き領域を増やす>をクリックすると、ファイルがパソコンから削除されWeb版OneDriveのみに保存されます。

OneDriveの活用　重要度 ★★★

Q400 削除したOneDrive上のファイルを復活させたい!

A <ごみ箱>フォルダーから復元できます。

エクスプローラーから<OneDrive>フォルダー内のファイルやフォルダーを削除し、Windows 10の<ごみ箱>からも削除したとします。操作したファイルやフォルダーは完全に削除されたように見えますが、データはOneDrive上に残っています。データはWeb版のOneDriveの<ごみ箱>フォルダーの中に移動しているので、そこから元に戻す(復元する)ことができます。なお、<ごみ箱>フォルダーのデータを再度削除すれば、データは完全に削除され、OneDriveの空き容量を増やすことができます。

1 エクスプローラーを起動して、<OneDrive>フォルダーを右クリックし、

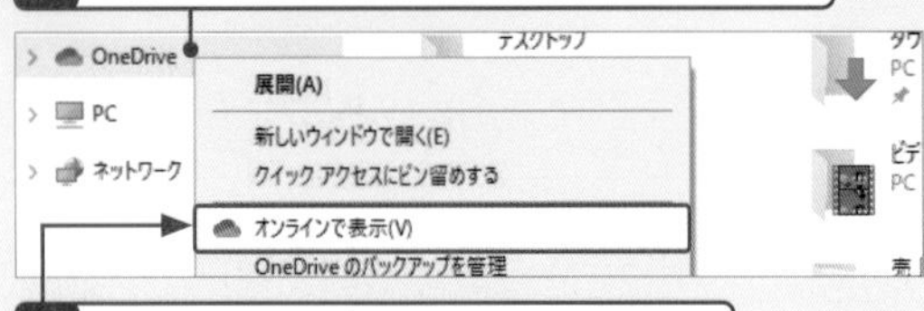

2 <オンラインで表示>をクリックすると、

3 Edgeが起動してWeb版のOneDriveが表示されます。

4 <ごみ箱>をクリックすると、

5 <ごみ箱>フォルダーの中身が表示され、削除したファイルが確認できます。

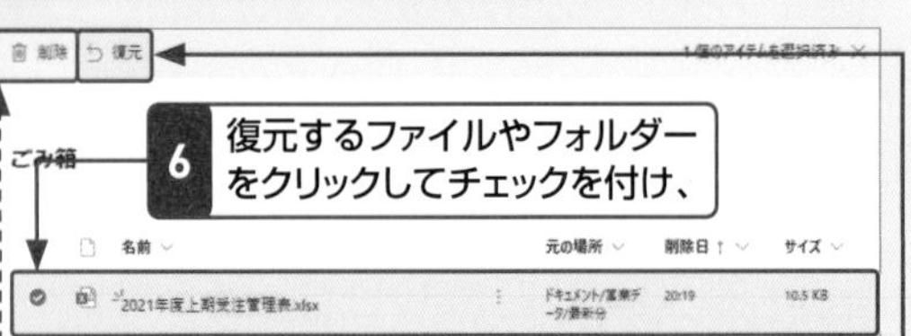

6 復元するファイルやフォルダーをクリックしてチェックを付け、

7 <復元>をクリックすると元の場所に戻ります。

<削除>をクリックすると、データが完全に削除されます。

OneDriveの活用　重要度 ★★★

Q401 OneDriveの容量を増やしたい!

A プランの購入で容量を増やすことができます。

OneDriveの容量は、無料で5GBまで利用できますが、写真や動画などのサイズの大きいデータを保存していくと、次第に空き容量が減っていきます。OneDriveの容量が足りないと感じたら、有料で増やすことができます。

有料プランには「プレミアム(1,284円/月)」と「One Driveのみ(224円/月)」の2種類があり、プレミアムでは1TB(1,000GB)、OneDriveのみは100GBまでOneDriveの容量が拡張されます。また、プレミアムにはOfficeアプリの利用権が付属します。

1 エクスプローラーを起動して、<OneDrive>フォルダーを右クリックし、

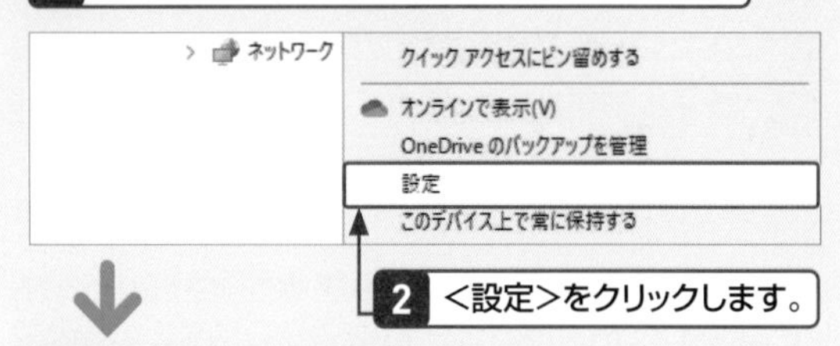

2 <設定>をクリックします。

3 <アカウント>をクリックして、

4 <ストレージの追加>をクリックします。

5 Edgeが起動して、OneDriveのプランが表示されます。

6 目的のプランの購入リンクをクリックして手続きを進めます。

Q 402 OneDriveをスマートフォンで利用したい!

A 専用のアプリを入手します。

スマートフォンでもOneDriveを利用できれば、パソコンとのデータのやり取りがスムーズになることはもちろん、写真などのバックアップをOneDriveにすることで、スマートフォンの内蔵メモリの空き容量を増やすことができます。スマートフォンでOneDriveを使うには、無料で提供されている「Microsoft OneDrive」アプリを入手します。
スマートフォン版アプリで、パソコンと同じMicrosoftアカウントでサインインすれば、保存されたデータの閲覧や、データの保存などができます。

● 専用アプリを入手する

スマートフォン用アプリは、iPhoneならApp Store、AndroidならPlayストアから、それぞれ無料で入手できます。

● スマートフォンからできること

アプリにMicrosoftアカウントでサインインすれば、OneDrive内のデータの閲覧、ダウンロードができるほか、スマートフォンからのアップロードも可能です。

Q 403 スマートフォンと接続したい!

A パソコンとスマートフォンをケーブルでつなぎます。

スマートフォンとパソコン間で写真や音楽、動画などのデータをやり取りしたい場合は、両者をケーブルで接続します。ほとんどのスマートフォンは、パソコンのUSB(あるいはUSB Type-C)ポートでの接続に対応しています。
はじめてスマートフォンを接続すると、通知が表示されたあと、パソコンからスマートフォンを制御するために必要なプログラム(デバイスドライバー)が自動でインストールされます。「デバイスの準備ができました」という通知が表示されれば、デバイスドライバーのインストールは完了です。なお、この動作はiPhoneとAndroidで共通です。 参照▶Q 405

1 スマートフォンの充電/データ通信ポートにケーブルを挿して、

2 ケーブルのもう一方をパソコンのUSB(またはUSB Type-C)ポートに挿します。

3 この通知が表示されたら、接続が完了です。

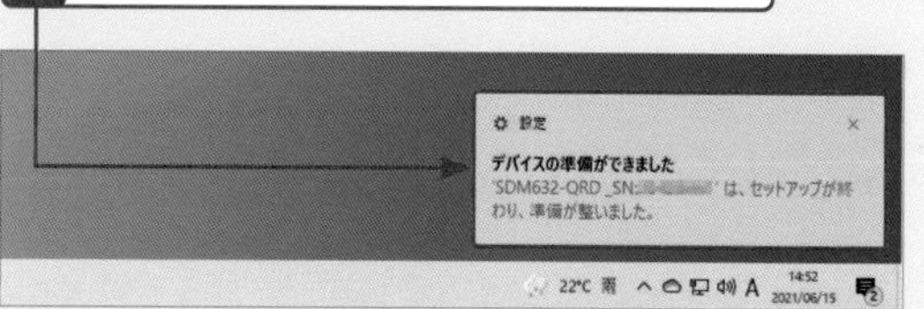

接続解除の方法は、ほかのUSB周辺機器と同じです。

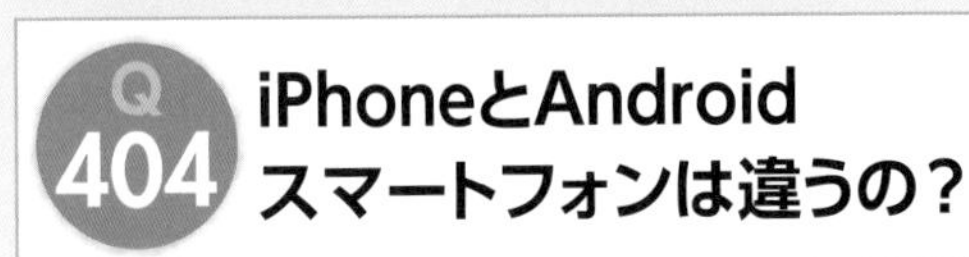

Q 404 iPhoneとAndroidスマートフォンは違うの？

A 動作するOSなどが異なります。

スマートフォンも、パソコンと同様にOS（Operating System、基本ソフト）によって制御されています。iPhoneとAndroidスマートフォンの最も大きな違いは、その搭載OSです。

iPhoneはAppleの開発したOSである「iOS」を搭載したスマートフォンです。OSと本体を同じメーカーで開発している点が強みで、OSのアップデートによるセキュリティ強化や新機能の追加が比較的長期間行われるため、1つの機種を長く使い続けられるのが特徴です。反面、iOSが動作するのはiPhoneのみで、製品バリエーションに乏しいというデメリットもあります。

Androidスマートフォンは、Googleが開発したOS「Android」を搭載し、同社が提供するインターネット検索をはじめとする各種サービスとの親和性の高さが特徴です。スマートフォン本体は世界中のメーカーが開発、販売しているため、製品のバリエーションは多彩ですが、一部機種を除き、OSのバージョンアップが可能な期間が短いのが難点です。

どちらも、電話をしたり、インターネット、メール、SNSなどをしたりという点では大きな違いはありませんが、iPhoneの場合、Windowsパソコンとの連携には追加アプリが必要になることがあります。

● iPhone

デザイン性と性能が高い次元で両立している点がiPhoneの魅力です。ケースなどの関連グッズ、ケーブルなどの周辺機器も豊富です。

● Androidスマートフォン

OSにAndroidを搭載したスマートフォンは世界中のメーカーから販売されているため、端末のバリエーションが多彩で、選ぶ楽しみがあります。

● iOSのホーム画面

シンプルさとわかりやすさがiOSの特徴で、アプリのアイコンが並ぶホーム画面も必要最低限のカスタマイズしかできないようになっています。

● Androidのホーム画面

Androidでは、ホーム画面にはアプリのアイコンだけでなく、時計や天気予報、Google検索ボックスなどのウィジェットを配置して、自分好みにカスタマイズできます。

Q 405 スマートフォンと接続するケーブルの種類について知りたい!

A 使用するスマートフォン用のケーブルを把握しておきましょう。

スマートフォンとパソコンは、パソコンのUSB(あるいはUSB Type-C)ポートでケーブル接続しますが、スマートフォン側のポートは機種によって異なります。外出先にあるケーブルが自分の所有するスマートフォンに適合するとは限らないので、対応するケーブルは常に携帯することをおすすめします。

iPhoneはすべての機種にLightningポートが搭載されています。ケーブル側のLightning端子は小型で、裏表の区別がないため、ケーブルの接続も簡単です。

Androidスマートフォンには、Micro USBかUSB Type-Cポートが搭載されています。比較的古い機種はMicro USBですが、最近の新しい機種ではUSB Type-Cポートが採用されるようになりました。

Micro USBはUSBの拡張規格の1つで、Lightning端子と同程度の小型端子ですが、表裏の区別があるため、本体に挿す際には間違えないように注意する必要があります。USB Type-Cはパソコン本体にも採用されることが増えてきた新しい規格のポートおよび端子で、裏表の区別はなく、データ転送速度も高速です。

● Lightning

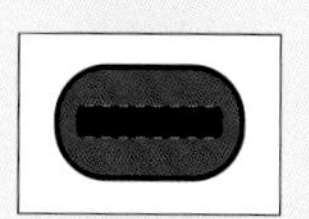

Lightning

iPhoneで採用されているポートおよび端子で、本体にパソコンとの接続、充電用のLightning-USBケーブルが付属しています。

● Micro USB

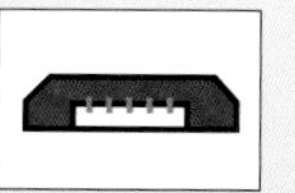

Micro USB

比較的古いAndroidスマートフォンで採用されているポートおよび端子で、裏表の区別があるので、ポートにケーブルを挿す際に注意が必要です。

● USB Type-C

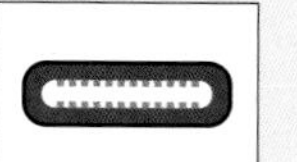

USB Type-C

高速なデータ通信と充電を可能にする最新の規格です。スマートフォンだけでなく、パソコンやタブレットなど多くのデバイスで採用されています。

スマートフォンとのファイルのやり取り　重要度★★★

Q 406 iPhoneが認識されない!

A iPhone側でパソコンからのアクセスを許可します。

iPhoneをパソコンに接続しても、パソコン側で何の反応もなく、iPhoneが認識されていないときは、まずiPhoneの画面を点灯させて、充電が行われているかどうか確認してください。充電が行われていない場合は、ケーブルの接触不良などの可能性があるので、一度ケーブルをパソコンとiPhoneの両方から抜き、再度挿してみてください。

充電が行われているのにパソコン側にiPhoneが認識されていない場合は、iPhoneの画面ロックを解除し、画面に表示されるメッセージに従って、パソコンからiPhone内のデータへのアクセスを許可します。

● 充電が行われているか確認する

1 iPhoneとパソコンをケーブルでつないで、

2 iPhoneの画面を点灯させ、充電が行われているかどうか確認します。

● パソコンからのアクセスを許可する

1 iPhoneとパソコンをケーブルでつないで、

2 iPhoneのロックを解除し、

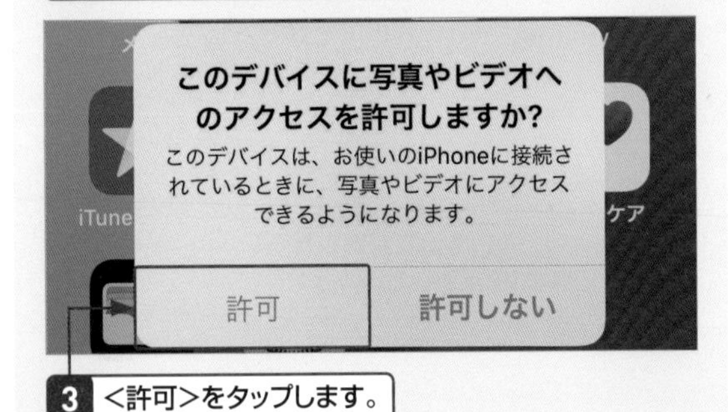

3 <許可>をタップします。

スマートフォンとのファイルのやり取り　重要度★★★

Q 407 Androidスマートフォンが認識されない!

A Androidスマートフォン側でファイル転送モードに切り替えます。

Androidスマートフォンをパソコンに接続しても、パソコン側で何の反応もなく、Androidスマートフォンが認識されていないときは、まずAndroidスマートフォンの画面を点灯させて、充電が行われているかどうか確認してください。充電が行われていない場合は、ケーブルの接触不良などの可能性があるので、一度ケーブルをパソコンとAndroidスマートフォンの両方から抜き、再度挿してみてください。

充電が行われているのにパソコン側にAndroidスマートフォンが認識されていない場合は、Androidスマートフォンの画面ロックを解除し、<ファイルを転送する>や<ファイル転送>をタップします。

● 充電が行われているか確認する

1 Androidスマートフォンとパソコンをケーブルでつないで、

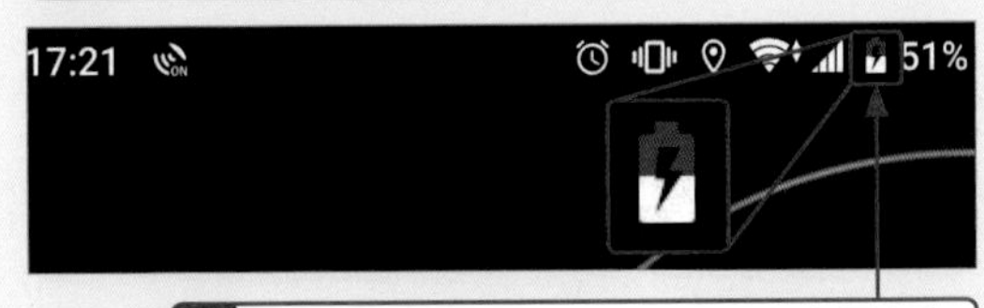

2 Androidスマートフォンの画面を点灯させ、充電が行われているかどうか確認します。

● パソコンからのアクセスを許可する

1 Androidスマートフォンとパソコンをケーブルでつないで、

2 Androidスマートフォンのロックを解除し、<このデバイスをUSBで充電中>の通知をタップし、

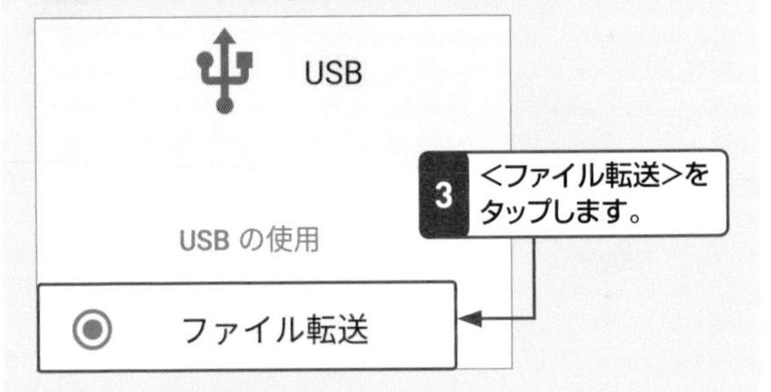

3 <ファイル転送>をタップします。

Q 408 iPhoneから写真を取り込みたい!

A 通知をタップして「フォト」アプリに取り込みます。

iPhoneで撮影した写真やビデオをパソコンに取り込めば、パソコンの大きな画面で鑑賞できます。写真やビデオを取り込むにはまず、パソコンとiPhoneをケーブルでつなぎます。パソコンの画面に通知が表示されるので、それをクリックして自動再生の画面を表示します。Windows 10に付属する「フォト」アプリに写真やビデオを取り込む場合は、自動再生の画面で＜写真とビデオのインポート＞をクリックします。なお、自動再生の画面で＜写真と動画のインポート＞をクリックすると、OneDriveに写真やビデオが取り込まれます。

iPhoneをつないでも通知が表示されない場合や、通知を見逃してしまった場合でも、あとから「フォト」アプリに写真やビデオを取り込むことができます。あとから取り込むには、「フォト」アプリの＜インポート＞をクリックすると表示されるメニューから＜USBデバイスから＞をクリックして、画面の表示に従って操作します。

1 iPhoneとパソコンをケーブルでつないで、

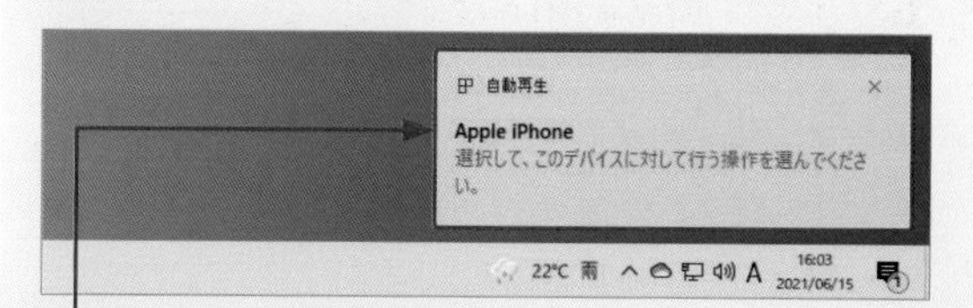

2 表示された通知をクリックすると、

3 自動再生の画面が表示されます。

4 ＜写真とビデオのインポート＞をクリックすると、

5 「フォト」アプリが起動して＜インポートする項目の選択＞が表示されます。

6 取り込む写真、または日付をクリックしてチェックを付け、

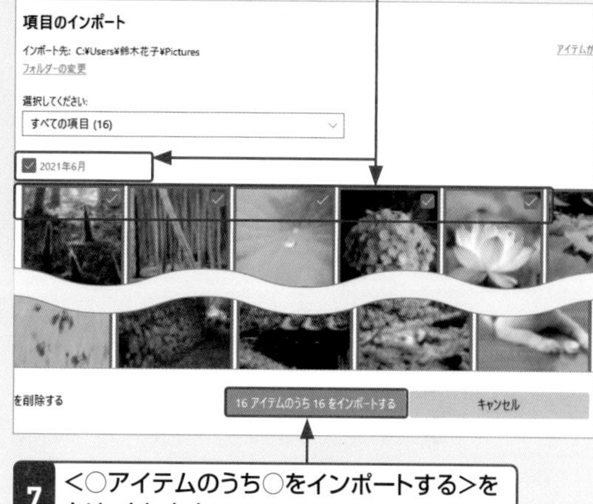

7 ＜○アイテムのうち○をインポートする＞をクリックします。

8 写真とビデオの取り込みが開始されます。

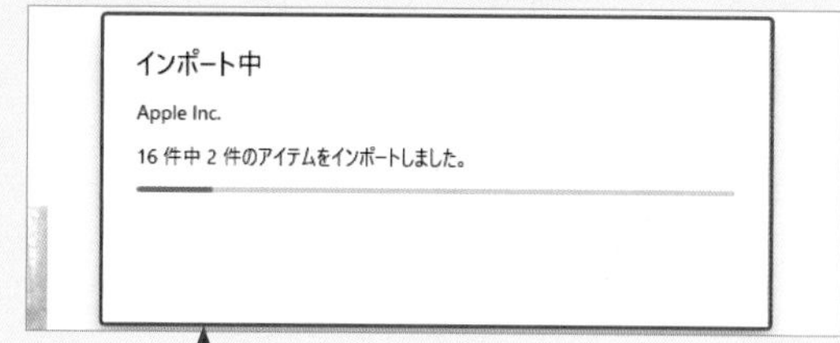

取り込みの経過が表示されます。

9 取り込みが完了すると通知が表示されます。

10 ＜OK＞をクリックすると、取り込んだ写真が一覧表示されます。

インポートが完了しました

16アイテム はフォトに正常にインポートされ、次のように保存されました:

C:¥Users¥鈴木花子¥Pictures

OK

Q 409 Androidスマートフォンから写真を取り込みたい!

A 通知をタップして「フォト」アプリに取り込みます。

Androidスマートフォンで撮影した写真やビデオをパソコンに取り込めば、パソコンの大画面で鑑賞することができます。写真やビデオを取り込むにはまず、パソコンとAndroidスマートフォンをケーブルでつなぎます。パソコンの画面に通知が表示されるので、それをクリックして自動再生の画面を表示します。

Windows 10に付属する「フォト」アプリに写真やビデオを取り込む場合は、自動再生の画面で＜写真とビデオのインポート＞をクリックします。なお、自動再生の画面で＜写真と動画のインポート＞をクリックすると、OneDriveに写真やビデオが取り込まれます。

Androidスマートフォンをつないでも通知が表示されない場合や、通知を見逃してしまった場合でも、あとから「フォト」アプリに写真やビデオを取り込むことができます。あとから取り込むには、「フォト」アプリの＜インポート＞をクリックすると表示されるメニューから＜USBデバイスから＞をクリックして、画面の表示に従って操作します。

1 Androidスマートフォンとパソコンをケーブルでつないで、

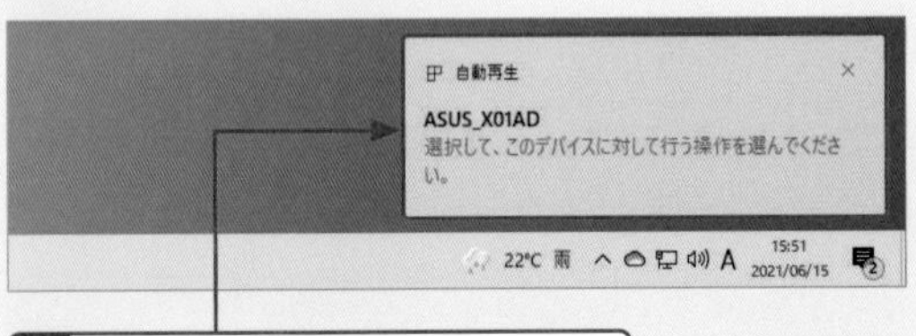

2 表示された通知をクリックすると、

3 自動再生の画面が表示されます。

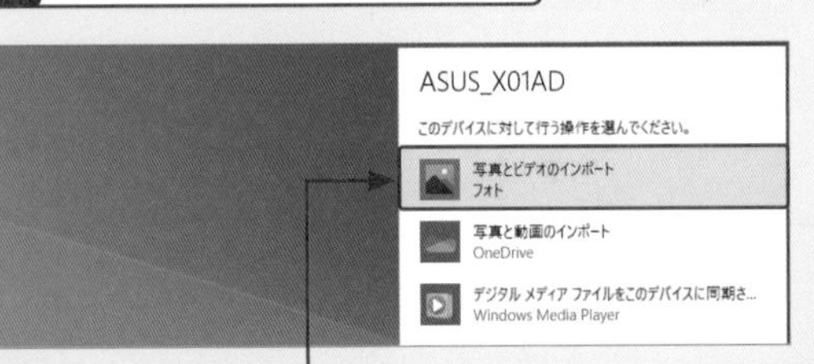

4 ＜写真とビデオのインポート＞をクリックすると、

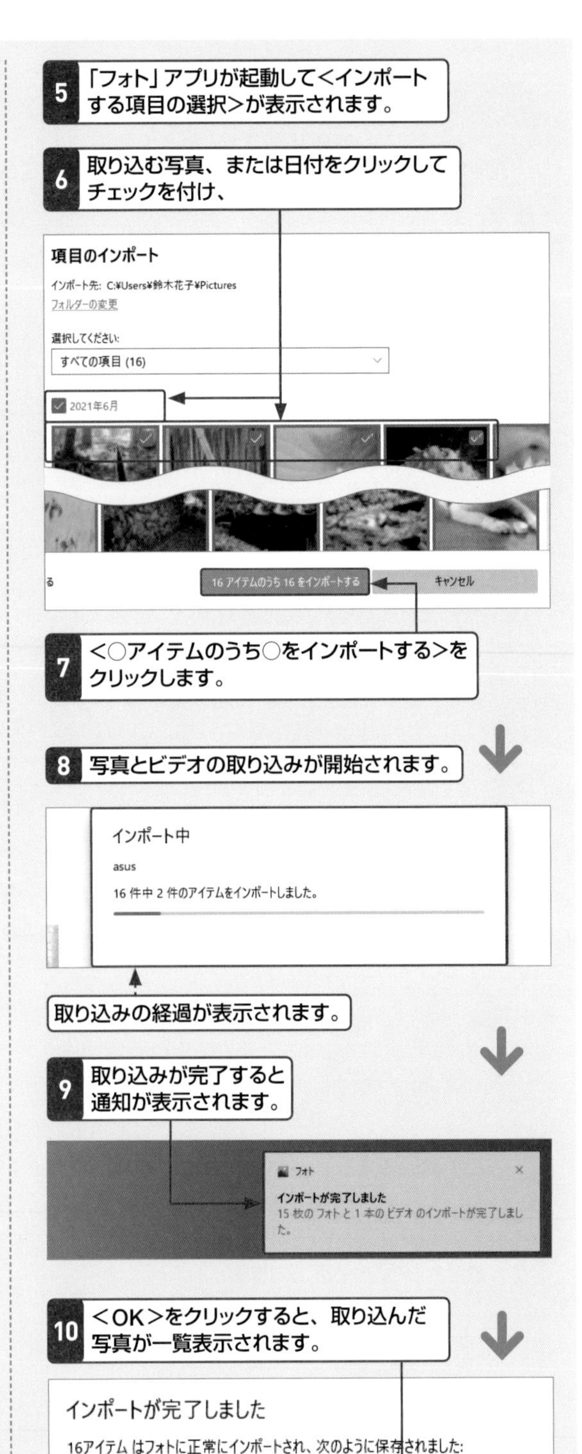

Q 410 音楽をiPhoneで再生したい!

A iTunesを使用します。

音楽CDからパソコンに取り込んだ曲をiPhoneで聴くためには、「iTunes」というアプリが必要です。iTunesはMicrosoft Storeから無料でダウンロードできます。iTunesをインストールしたら、iTunesに音楽CDから曲を取り込むか、Windows Media Playerなどで取り込んだ曲をiTunesのウィンドウにドラッグします。
曲の準備ができたら、パソコンとiPhoneをケーブルでつなぎ、iTunesを起動します。はじめてiTunesを使った曲の転送をする場合は、iPhone側でファイル転送を許可する必要があります。一度許可をすれば、以降はパソコンとiPhoneをつなぐだけで、自動的にiTunes内の曲がすべて転送されるようになります。

参照▶Q 406

1 Microsoft StoreからiTunesをダウンロードして、

2 iTunesに音楽CDなどから曲を取り込みます。

3 パソコンとiPhoneをケーブルで接続します。

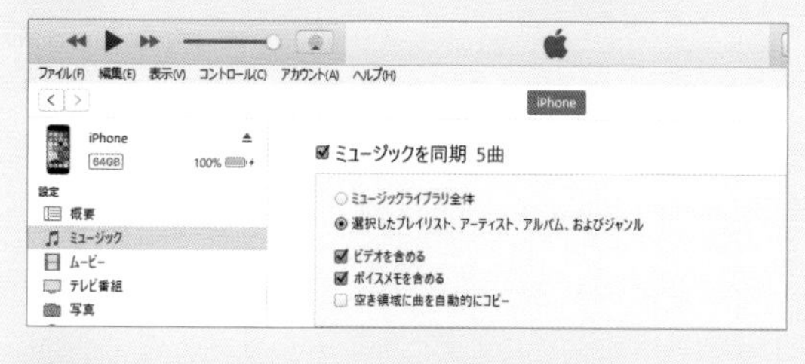

4 iTunesからiPhoneへ曲が転送されます。

Q 411 音楽をAndroidスマートフォンで再生したい!

A Androidスマホを接続して同期します。

Windows Media Playerでは、パソコンに取り込んだ音楽をAndroidスマートフォンや携帯音楽プレイヤーに転送できます。ここでは、パソコンとAndroidスマートフォンを接続して、曲を転送する方法を紹介します。
なお、Androidスマートフォンなどに曲を転送するには、あらかじめUSBの接続モードをMTPモードや外部ストレージモードなどに変更しておく必要があります。詳しくは、お使いのAndroidスマートフォンの取扱説明書を参照してください。

1 Windows Media Playerを起動してプレイリストやアルバムの一覧を表示し、

2 パソコンとAndroidスマートフォンをUSBケーブルで接続すると、同期リストが自動的に表示されます。

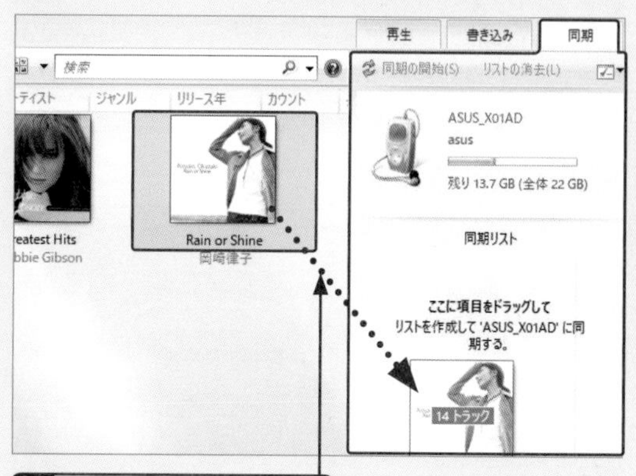

3 曲をここにドラッグして、

4 <同期の開始>をクリックすると、曲が転送されます。

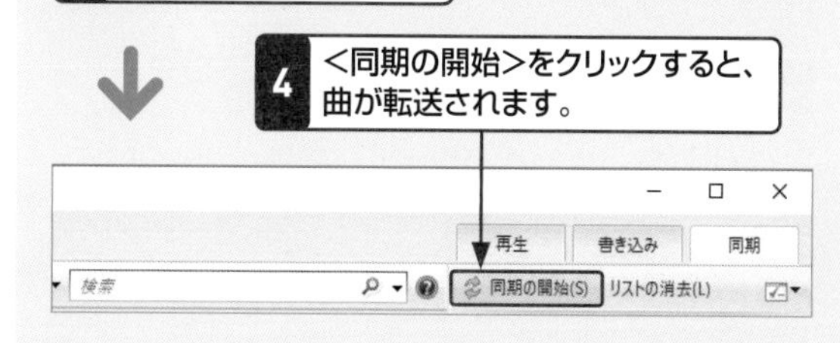

基本
デスクトップ
キーボード・文字入力
インターネット
メール・連絡先
セキュリティ
写真・動画・音楽
OneDrive・スマホ
印刷・周辺機器
アプリ
インストール・設定
テレワーク

スマートフォンとのファイルのやり取り　重要度★★★

Q 412 ワイヤレスで写真をスマートフォンと共有したい！

A Bluetoothファイル転送を利用します。

パソコンにBluetoothが搭載されていれば、同様にBluetoothを備えるAndroidスマートフォンとワイヤレスでファイルをやり取りできます。
パソコンからファイルを送信する際は、タスクバーのBluetoothアイコンをクリックすると表示されるメニューから、＜ファイルの送信＞をクリックします。Androidスマートフォンからファイルを受け取る場合は、同じメニューで＜ファイルの受信＞をクリックして、Androidスマートフォン側のファイル管理アプリなどを使ってファイルを送信しましょう。
なお、Androidスマートフォンとパソコンは事前にペアリングしておく必要があります。 参照▶Q 444

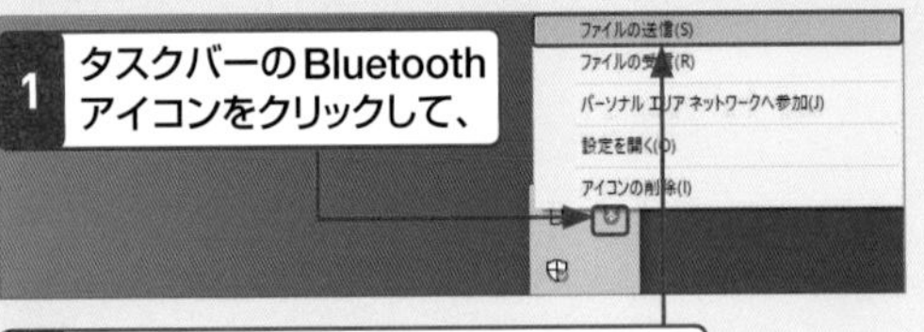

1 タスクバーのBluetoothアイコンをクリックして、

2 ＜ファイルの送信＞をクリックします。

3 ペアリング済みのAndroidスマートフォンが表示されるのでクリックし、

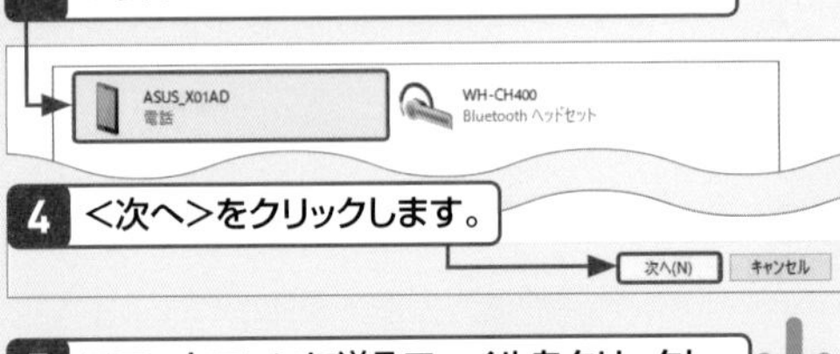

4 ＜次へ＞をクリックします。

5 スマートフォンに送るファイルをクリックし、

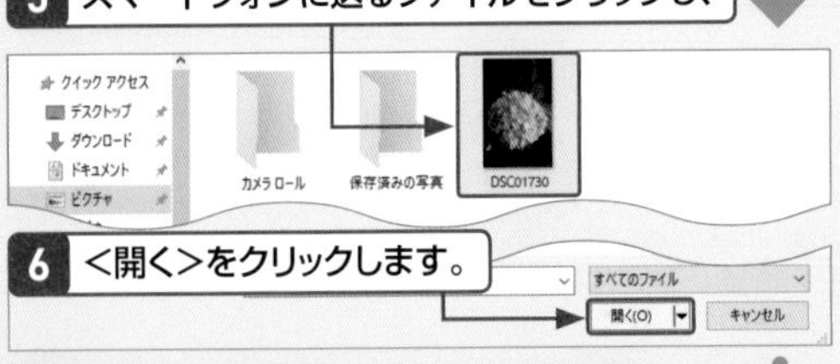

6 ＜開く＞をクリックします。

7 ファイルが選択されていることを確認し、

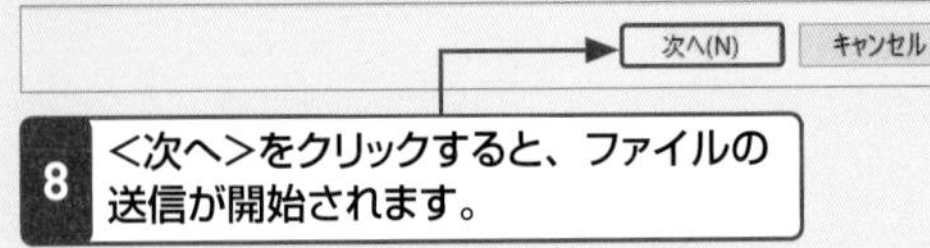

8 ＜次へ＞をクリックすると、ファイルの送信が開始されます。

スマートフォンとのファイルのやり取り　重要度★★★

Q 413 iPhoneをWi-Fiに接続したい！

A 最初の接続時は「設定」アプリを使います。

自宅や会社のWi-Fiルーターや、店舗などのWi-Fiアクセスポイントにiphoneを接続すれば、パケット通信量を気にすることなくインターネットを利用できます。
Wi-Fiルーターに接続する場合は、パソコンと同様に接続先のSSID（ルーターやアクセスポイントの名前）を一覧から探し、最初の接続時にWPA2キー（接続用パスワード）を入力するという操作が必要になります。
一度接続したWi-Fiルーターやアクセスポイントは iPhoneに記憶されるので、次回以降はWi-Fiの電波が検出されると自動的に接続するようになります。

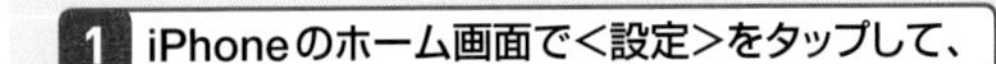

1 iPhoneのホーム画面で＜設定＞をタップして、

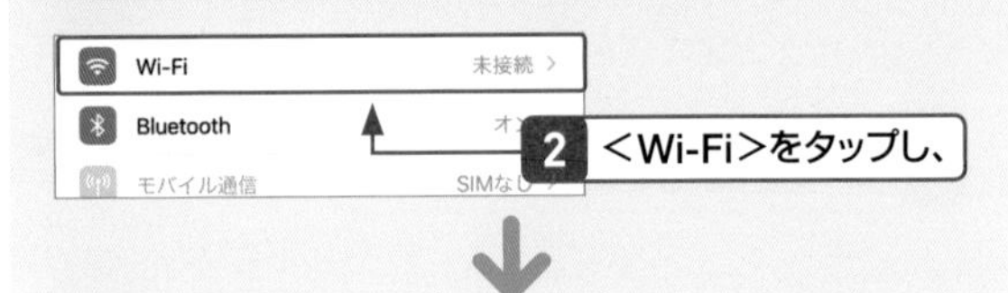

2 ＜Wi-Fi＞をタップし、

3 ＜Wi-Fi＞のスイッチをタップしてオンにすると、

4 周辺のWi-Fiルーター、アクセスポイントのSSIDが表示されます。

5 目的のSSIDをタップして、

6 パスワード（WPA2キー）を入力し、

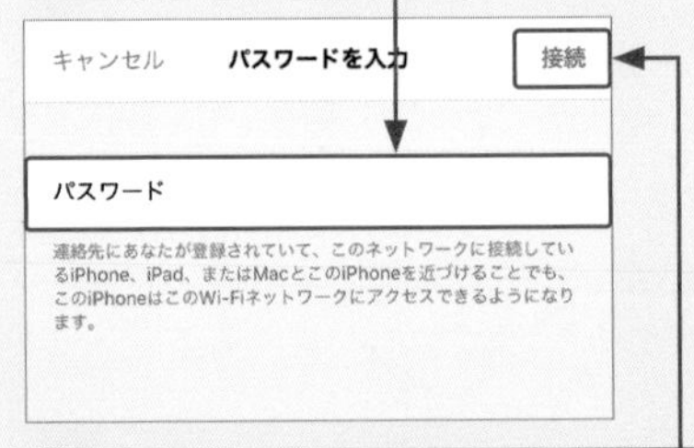

7 ＜接続＞をタップすると、Wi-Fiに接続します。

スマートフォンとのファイルのやり取り　重要度★★★

Q 414 Androidスマートフォンを Wi-Fiに接続したい!

A 初回は「設定」から接続します。

自宅や会社のWi-Fiルーターや、店舗などのWi-Fiアクセスポイントに Android スマートフォンを接続すれば、パケット通信量を気にすることなくインターネットを利用できます。Wi-Fiルーターに接続する場合は、パソコンと同様に接続先のSSID(ルーターやアクセスポイントの名前)を一覧から探し、最初の接続時に WPA2キー(接続用パスワード)を入力するという操作が必要になります。
一度接続したWi-Fiルーターやアクセスポイントは Android スマートフォンに記憶されるので、次回以降はWi-Fiの電波が検出されると自動的に接続するようになります。

1 Androidスマートフォンの設定画面を表示して、<ネットワークとインターネット>などをタップし、

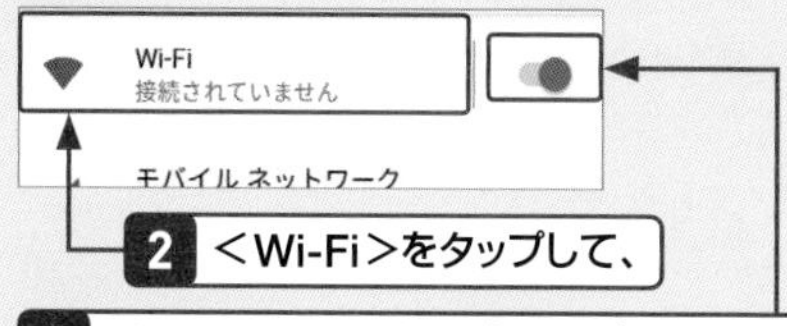

2 <Wi-Fi>をタップして、

3 <Wi-Fi>のスイッチをタップしオンにします。

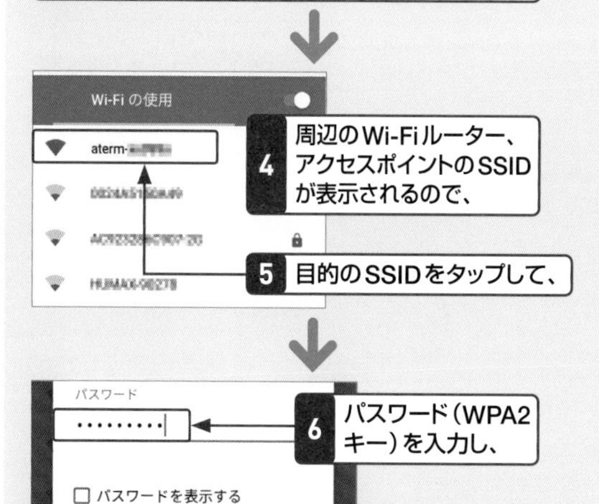

4 周辺のWi-Fiルーター、アクセスポイントのSSIDが表示されるので、

5 目的のSSIDをタップして、

6 パスワード(WPA2キー)を入力し、

7 <接続>をタップすると、Wi-Fiに接続します。

スマートフォンとのファイルのやり取り　重要度★★★

Q 415 スマートフォンの写真を OneDriveで保存したい!

A <カメラのアップロード>をオンにしましょう。

スマートフォンの「Microsoft OneDrive」アプリには、撮影した写真などの画像を自動でアップロードする「カメラのアップロード」機能があります。
この機能を使えば、写真をオンラインで管理できて便利です。ただし、スマートフォンで撮影した写真はサイズが大きく、それをアップロードするデータ通信が発生することに注意しましょう。

● iPhone で<カメラのアップロード>をオンにする

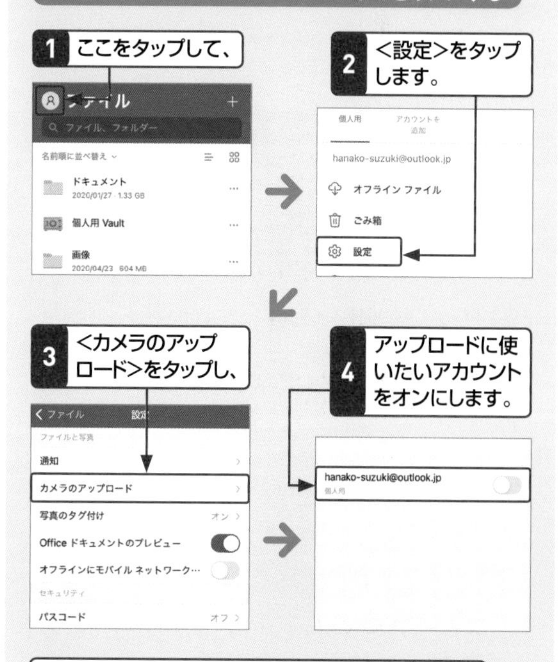

写真にアクセスできない場合、表示される<[設定でオンにする]>をタップして設定を進めます。

● Android スマートフォンで<設定>を表示する

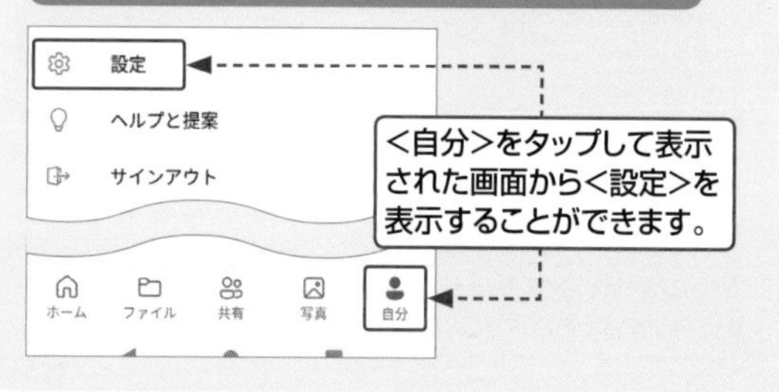

スマートフォンとのファイルのやり取り　重要度 ★★★

Q 416 OneDriveへの自動アップロードの設定は？

A モバイルネットワークを使うか、動画を含むかなどを設定できます。

写真をたくさん撮影する場合、アップロード時のデータ転送量も多くなってしまいます。契約しているプランに大容量のデータ通信が含まれていない場合は、「Microsoft OneDrive」アプリでモバイルネットワークを使わない設定にしておくとよいでしょう。動画もアップロードしたいなら、<動画を含む>をオンに設定しておきます。

なお、iPhone版の<新しいアップロードを整理>では、写真をまとめてアップロードするか、年や月ごとにフォルダーを作成してアップロードするか指定できます。

参照 ▶ Q 402

● iPhoneで自動アップロードを設定する

<モバイルネットワークを使う>をオフにすると、Wi-Fiに接続しているときだけ写真がアップロードされます。

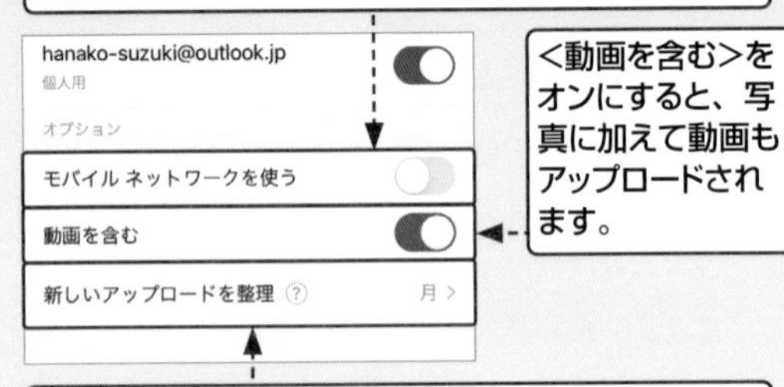

<動画を含む>をオンにすると、写真に加えて動画もアップロードされます。

ここで<年>や<月>を指定すると、写真が年や月のフォルダーで分類されます。

● Androidスマートフォンの場合

<Wi-Fiのみ>を選択すると、Wi-Fiに接続しているときだけ写真がアップロードされます。

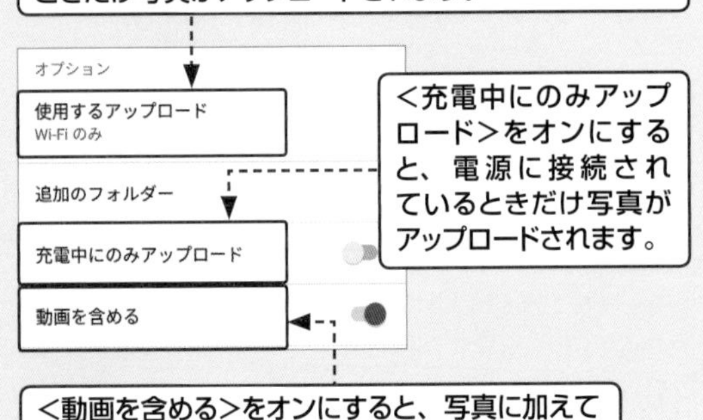

<充電中にのみアップロード>をオンにすると、電源に接続されているときだけ写真がアップロードされます。

<動画を含める>をオンにすると、写真に加えて動画もアップロードされます。

インターネットの連携　重要度 ★★★

Q 417 Edgeはスマートフォンでも使えるの？

A 使えます。

ブラウザーの「Microsoft Edge」は、パソコン版だけでなく、AndroidスマートフォンとiPhone向けにも無償で提供されています。スマートフォンアプリのEdgeは、パソコン版から一部機能が省かれているものの、高速な動作とシンプルな画面構成が共通しており、Webページの閲覧がしやすい点が魅力です。

また、Windows 10と同じMicrosoftアカウントを使ってスマートフォン版Edgeにサインインすることにより、ブックマークや履歴、タブに表示したWebページなどを同期できるのが便利です。

● スマートフォン版Edgeは無料で入手できる

スマートフォン版Edgeは、iPhoneの場合App Storeから、Androidスマートフォンの場合はPlayストアから、それぞれ無料で入手できます。

● シンプルな画面構成で使いやすい

スマートフォン版Edgeは、パソコン版に近い、シンプルでわかりやすい画面構成です。

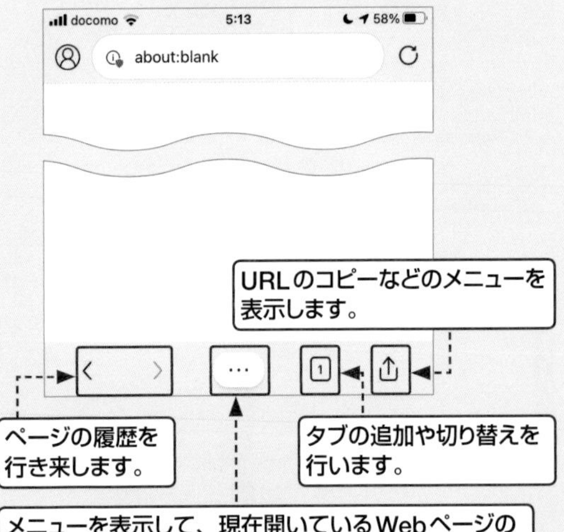

URLのコピーなどのメニューを表示します。

ページの履歴を行き来します。

タブの追加や切り替えを行います。

メニューを表示して、現在開いているWebページのパソコンへの転送などを行えます。

Q 418 お気に入りや閲覧履歴をスマートフォンで見たい!

A <お気に入り>をタップします。

スマートフォン版のEdgeでも、お気に入りや閲覧履歴からWebページを表示することができます。お気に入りや履歴を表示するには、画面下の…ボタンをタップします。パソコンと同じMicrosoftアカウントでサインインしている場合、お気に入りや履歴はパソコン版Edgeと同期され、同じ内容になります。
なお、スマートフォン版EdgeでWebページをお気に入りに登録するには、…をタップして<お気に入りに追加>をタップします。

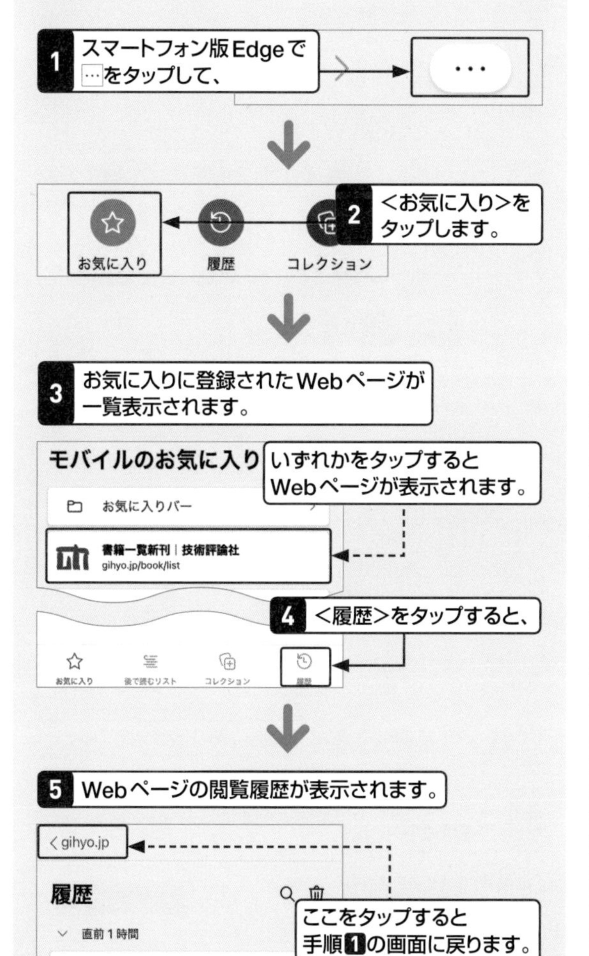

Q 419 スマートフォンで見ていたWebページをパソコンで見たい!

A Webページの共有機能を使って転送します。

スマートフォン版のEdgeで見ているWebページを、もっと大きな画面で見たい場合は、そのWebページのURLをパソコン版Edgeに送信しましょう。使うのは、スマートフォン版EdgeのWebページの共有機能です。共有機能でURLをワイヤレス送信すれば、パソコンのEdgeが自動的に起動して、そのWebページを開いてくれます。ただし、この機能を利用するには、パソコンの電源を入れてWindowsを起動しておき、スマートフォンとパソコンの両方のEdgeで同じMicrosoftアカウントでサインインしている必要があります。

1 スマートフォン版EdgeでURLを送信するWebページを表示して、

2 …をタップします。

IoTデバイスをみずから開発してみたいという方に向け、通信モジュール搭載のマイコン

3 <PCで続行>をタップします。

検索 ホーム PCで続行 コレクションに追加

4 同じMicrosoftアカウントでサインインしているパソコンが表示されるので、

PC に送信
DESKTOP-D19EHGA

5 URLを送信するパソコン名をタップします。

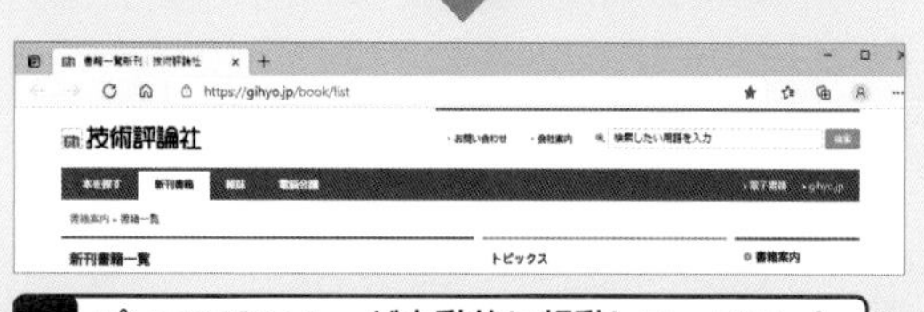

6 パソコンのEdgeが自動的に起動して、スマートフォンから送信したWebページが表示されます。

インターネットの連携　重要度 ★★★

Q 420 「スマホ同期」アプリは何ができるの？

A 写真の取り込みやパソコンからのSMS送信などが可能です。

「スマホ同期」アプリは、Androidスマートフォンとワイヤレスで連携して、スマートフォンから写真を取り込んだり、SMSのメッセージをパソコンから送信したりといったことができます。

「スマホ同期」アプリでパソコンとスマートフォンを連携させるには、QRコードをスマートフォンの「スマホ同期管理アプリ」で読み取ります。なお、現時点ではiPhone用のアプリは提供されていません。

1 Windows 10で<スタート>■→<スマホ同期>をクリックして「スマホ同期」アプリを起動し、

2 連携するスマートフォンの種類をクリックして、

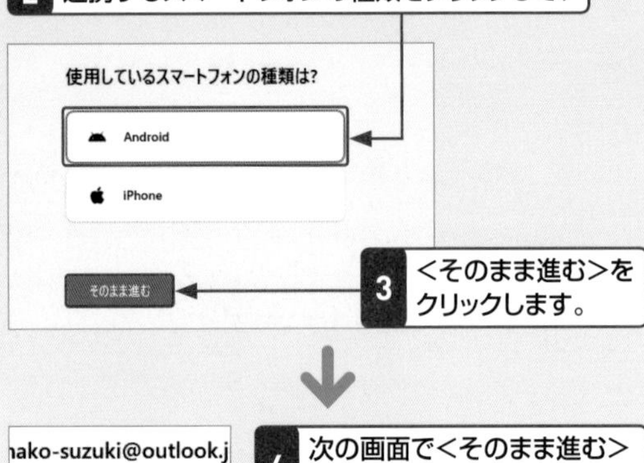

3 <そのまま進む>をクリックします。

4 次の画面で<そのまま進む>をクリックして、

5 ここをクリックし、

6 <QRコードを開く>をクリックします。

7 スマートフォンの「スマホ同期管理アプリ」で連携を進めます。

インターネットの連携　重要度 ★★★

Q 421 「スマホ同期」アプリでSMSを送りたい！

A <メッセージ>をクリックしてSMSのやり取りができます。

「スマホ同期」アプリを使えば、連携済みのスマートフォンのSMS機能を使って、ほかの人とテキストメッセージをやり取りできます。スマートフォンでのテキスト入力よりもパソコンのキーボードに慣れているような場合などにこの機能を使うとよいでしょう。

スマートフォン経由でSMSのメッセージを送るには、「スマホ同期」アプリの<メッセージ>□をクリックしてメッセージの画面に切り替えます。メッセージの画面では、メッセージのやり取りがスマートフォンと同じようにチャットのような吹き出しで表示されます。

なお、この機能を利用するには、パソコンとスマートフォンの双方が同じWi-Fiルーターに接続している必要があります。

1 「スマホ同期」アプリを起動して、

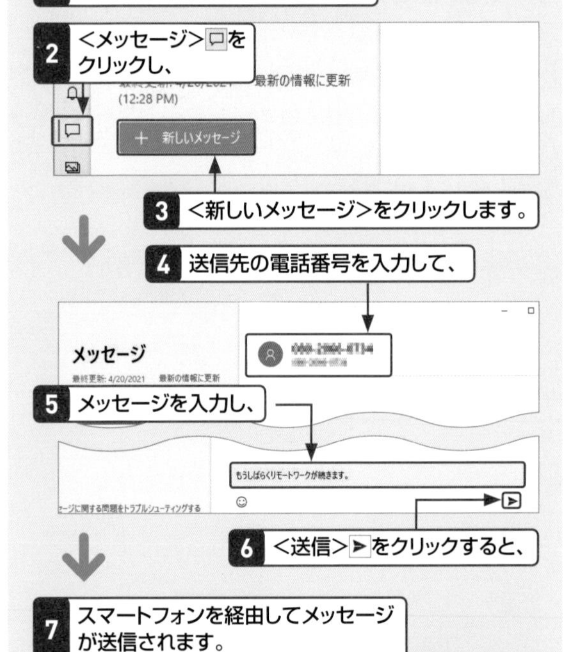

2 <メッセージ>□をクリックし、

3 <新しいメッセージ>をクリックします。

4 送信先の電話番号を入力して、

5 メッセージを入力し、

6 <送信>▶をクリックすると、

7 スマートフォンを経由してメッセージが送信されます。

自分の送信したメッセージはこのように表示されます。

9

印刷と周辺機器の活用技!

印刷　重要度★★★

Q422 プリンターにはどんな種類があるの？

A インクジェットプリンターとレーザープリンターが代表的です。

プリンターにはさまざまな機種がありますが、印刷方式の違いから「インクジェットプリンター」と「レーザープリンター」に大きく分けられます。

インクジェットプリンターは、用紙にインクを吹き付けて印刷する方式です。比較的低価格なわりに印刷品質が高いので、家庭用の機種を中心に普及しています。レーザープリンターは、用紙にトナーを定着させて印刷する方式です。印刷スピードの速さと印刷品質の高さから、ビジネス用途で普及しています。

●**インクジェットプリンター**（G3360／キヤノン）

印刷　重要度★★★

Q424 用紙にはどんな種類があるの？

A 紙質やサイズなど、さまざまなものがあります。

プリンターの印刷には、普通紙（コピー用紙、PPC用紙）を利用するのが一般的です。用途によっては、コート紙やマット紙、和紙といった、仕上げや製法の違う紙が使われることもあります。これらは、紙の厚さによって薄口、中厚口、厚口などに分類されます。

目的がはっきりしている場合は、写真を印刷するのに適した光沢紙（フォト用紙）や、ラベルを印刷するためのラベル用紙などを利用してもよいでしょう。

用紙のサイズは、家庭用のプリンターではA4サイズが一般的ですが、ビジネス用のプリンターでは、A3やB4、B5なども使います。このほか、写真の印刷に適したはがきサイズやL版なども販売されています。

印刷　重要度★★★

Q423 プリンターを使えるようにしたい！

A プリンターとパソコンを接続し、ドライバーをインストールします。

Windows 10でプリンターを使うには、パソコンとプリンターをUSBケーブルでつなぎ、プリンターを起動するための「ドライバー」と呼ばれるソフトウェアをパソコンにインストールする必要があります。

ドライバーのインストールは、通常、パソコンとプリンターを接続するだけで自動的に行われるので、特に操作する必要はありません。ただし、プリンターの機種によっては、プリンターに付属しているCD-ROMやWebページからドライバーをインストールしなければならない場合もあります。

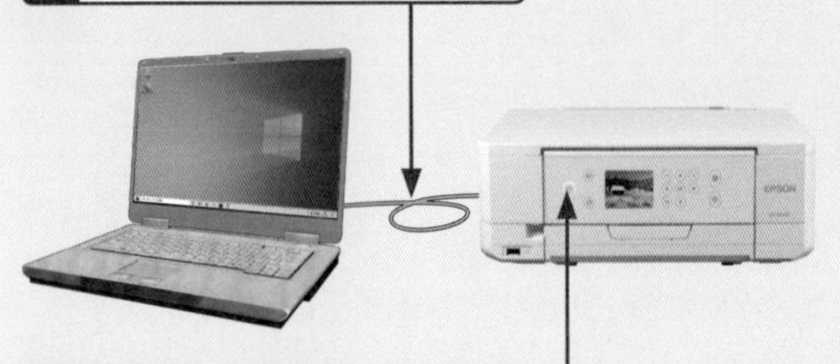

2 プリンターの電源を入れると、

3 ドライバーが自動的にインストールされ、プリンターが使用できるようになります。

プリンターによっては、付属のCD-ROMやWebページなどからドライバーをインストールする必要があります。

印刷　重要度 ★★★

Q 425 写真を印刷するときはどんな用紙を使えばいいの？

A 写真専用の光沢紙がよいでしょう。

写真を印刷するときは、耐光性・耐水性に優れた写真専用の光沢紙やフォトマット紙、写真用紙を使うと、きれいに印刷でき、長期間色あせることなく保存できるでしょう。
また、光沢紙でも高光沢、半光沢、絹目調、厚手や薄手タイプ、極薄タイプなど、メーカーによっていろいろな種類があり、名称も異なります。
どのメーカーの用紙を使うか迷う場合は、使用しているプリンターのメーカーが販売している用紙（純正品）を選択するとよいでしょう。

印刷　重要度 ★★★

Q 426 印刷の向きや用紙サイズ、部数などを変更したい！

A <印刷>画面で変更します。

印刷の向きや用紙サイズ、部数などを変更するには、<印刷>画面を利用します。ここでは、「フォト」アプリを例に解説します。なお、表示される画面の内容は、プリンターによって異なります。

1 「フォト」アプリで画面右上の<印刷>をクリックして、<印刷>画面を表示し、

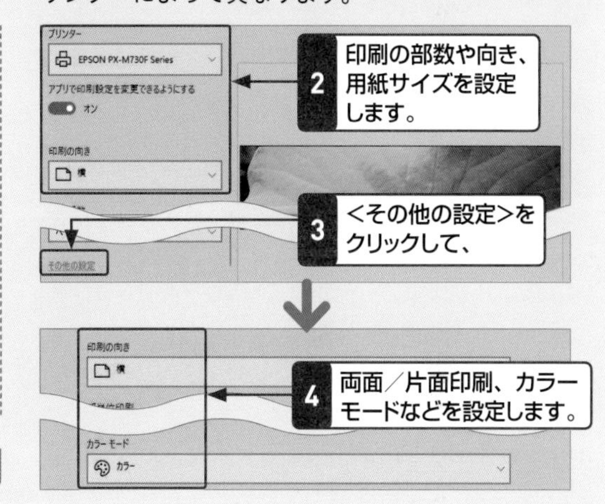

2 印刷の部数や向き、用紙サイズを設定します。

3 <その他の設定>をクリックして、

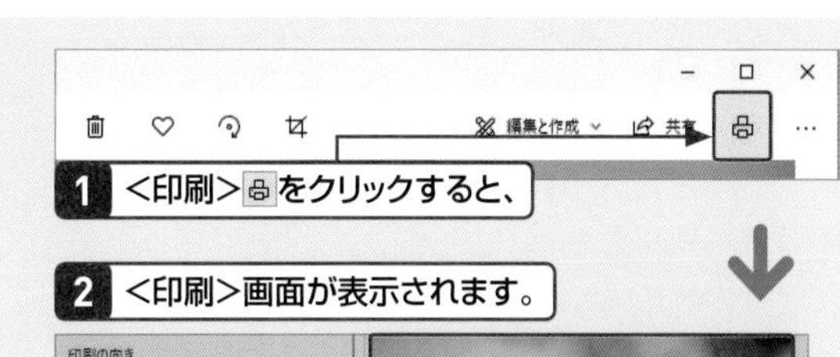

4 両面／片面印刷、カラーモードなどを設定します。

印刷　重要度 ★★★

Q 427 印刷結果を事前に確認したい！

A <印刷>画面でプレビューを確認します。

写真やファイル、Webページの記事を印刷するとき、用紙のサイズに内容が収まっているか、全体のバランスが崩れていないか、使用する用紙の枚数はいくらかなどを確認したいときは、印刷プレビューを見てみましょう。
ここでは、「フォト」アプリを例に解説します。

1 <印刷>をクリックすると、

2 <印刷>画面が表示されます。

3 印刷プレビューを確認できます。

印刷　重要度 ★★★

Q428 印刷を中止したい！

A 印刷キューで印刷を中止します。

印刷を中止するには、通知領域から印刷キュー（プリンターの状態を表示する画面）を表示して、以下の手順に従います。
なお、プリンターによっては、プリンターの状態を確認できるソフトウェアなどが付属しています。その場合、そのソフトウェアを使って印刷を中止できることがあります。詳しくは、プリンターに付属のマニュアルなどを確認してください。

1 タスクバーのここをクリックして、

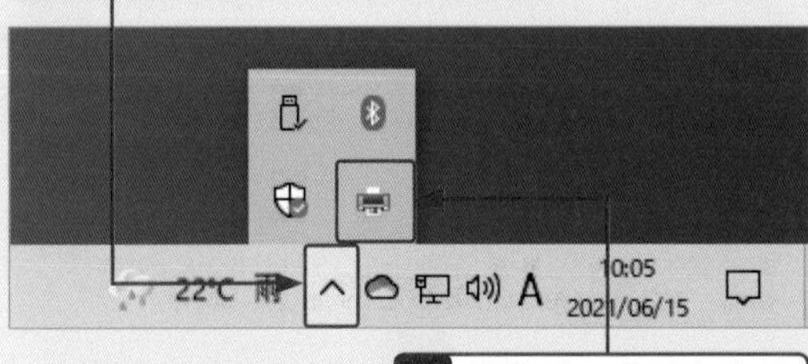

2 プリンターのアイコンをダブルクリックします。

3 印刷中のデータをクリックして、

4 <ドキュメント>をクリックし、

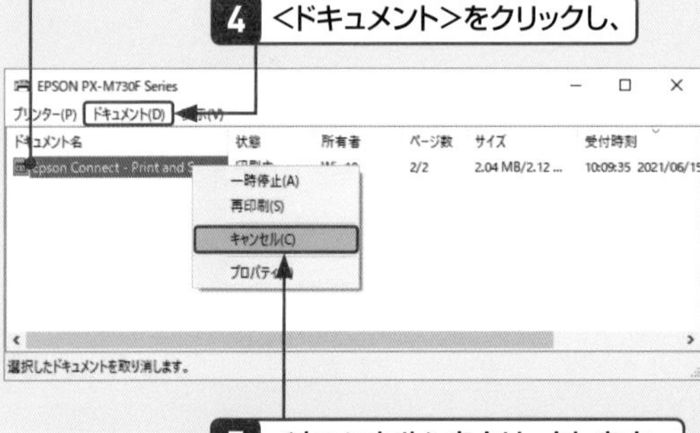

5 <キャンセル>をクリックします。

6 <はい>をクリックすると、印刷が中止されます。

印刷　重要度 ★★★

Q429 急いでいるのでとにかく早く印刷したい！

A <速度優先>や<下書き>を利用します。

文書や写真を短時間で印刷したい場合は、<プリンターのプロパティ>を表示し、印刷品質を<速度優先>や<下書き>に切り替えましょう。<速度優先>や<下書き>は、インクやトナーを標準品質よりも減らすので、高速に印刷できます。ただし、高速な分標準品質より画質が低下することには注意が必要です。なお、設定方法はプリンターによって異なります。

参照▶Q 430

1 <プリンターのプロパティ>を表示して、

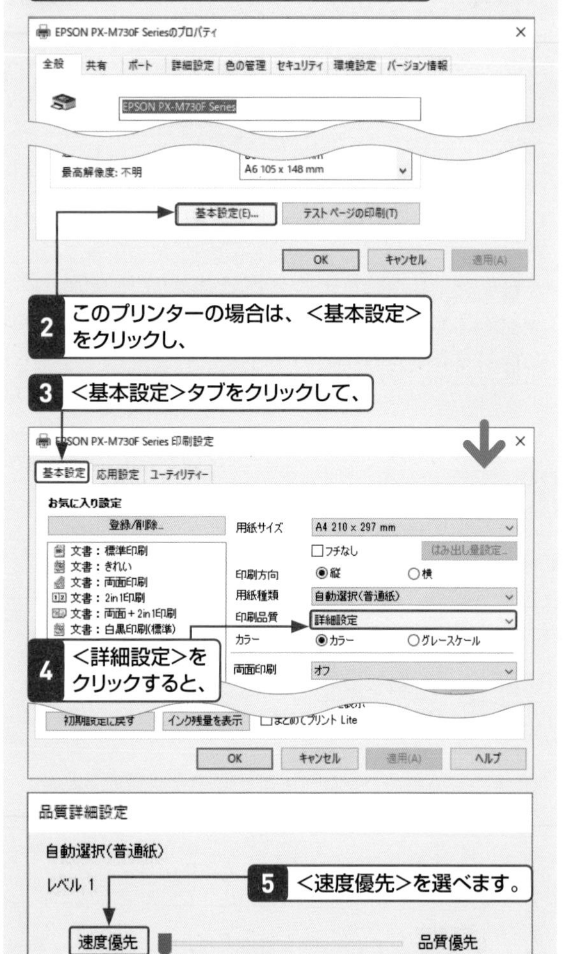

2 このプリンターの場合は、<基本設定>をクリックし、

3 <基本設定>タブをクリックして、

4 <詳細設定>をクリックすると、

5 <速度優先>を選べます。

印刷　重要度

Q430 特定のページだけを印刷したい!

A ページを指定して印刷します。

特定のページだけを印刷するには、<印刷>画面で印刷したいページを指定します。Edgeの場合は、<印刷>画面の<ページ>でページ範囲を指定できます。
なお、<印刷>画面右側のプレビュー画面を上下にスクロールすると、プレビューで印刷するページを確認できます。

ページを指定する際に、ページ番号を「1,3,5」のようにカンマ(,)で区切ると、特定のページだけを印刷することができます。「1-3」のようにハイフン(-)で範囲を指定すると、連続するページ範囲をまとめて指定できます。

● Edgeで設定する

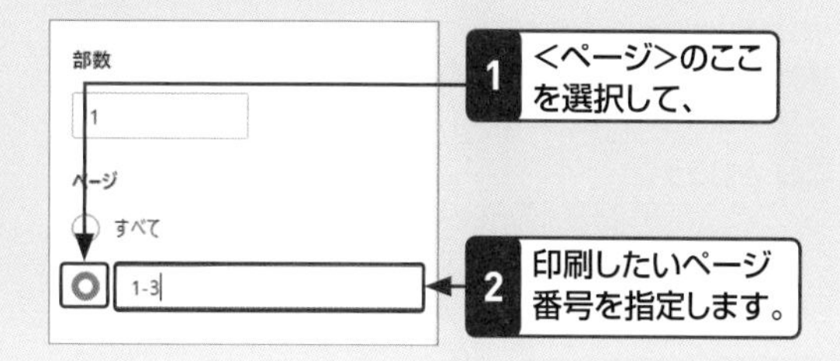

印刷　重要度

Q431 ページを縮小して印刷したい!

A <縮小して全体を印刷する>を選択します。

写真や文書を用紙からはみ出さないように印刷したいときは、<印刷>画面で<縮小して全体を印刷する>を選びましょう。「倍率を100%にするとはみ出す」が50%だと小さくなりすぎる写真や文書も、<縮小して全体を印刷する>なら幅を合わせて印刷できます。ここでは、「フォト」アプリを例に解説します。

参照▶Q 362

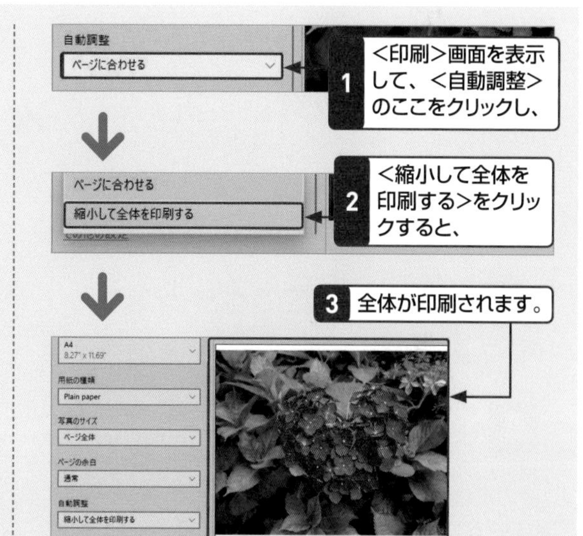

印刷　重要度

Q432 印刷がかすれてしまう!

A ヘッドのクリーニングを行うと、かすれは解消されます。

インク残量があるにもかかわらず、印刷結果がかすれたようになっている場合は、プリンターのヘッドに汚れが生じている可能性があります。ヘッドの汚れは、クリーニングを行えば解消できます。インクジェットプリンターにはメンテナンス機能が付いているので、1カ月に1回はクリーニングすることをおすすめします。

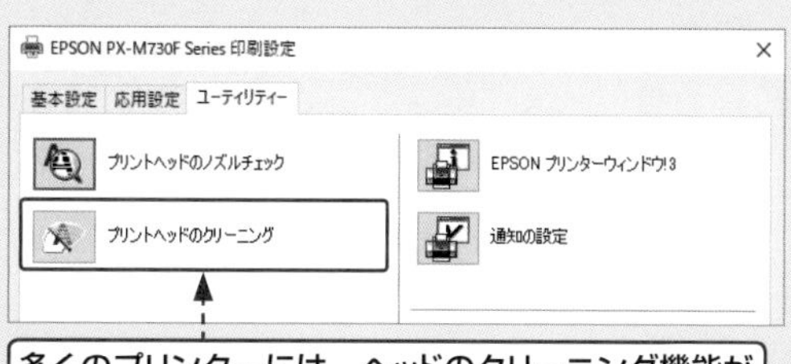

印刷　重要度 ★★★

Q 433 インクの残量を確認したい！

A プリンターのプロパティから確認できます。

インクの残量が減ってくると、正しい色で印刷されなかったり、印刷自体が不可能になってしまう場合があります。肝心なときにインク切れが起こらないよう、ときどきインク残量の確認を行う必要があります。

1 <スタート> →<設定>をクリックして、<デバイス>→<プリンターとスキャナー>をクリックし、

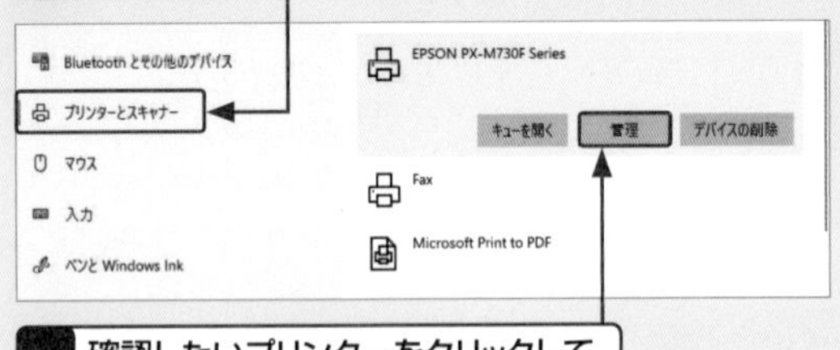

2 確認したいプリンターをクリックして<管理>をクリックし、

3 <プリンターのプロパティ>をクリックします。

4 このプリンターの場合は、<全般>→<基本設定>をクリックし<インク残量を表示>をクリックすると、

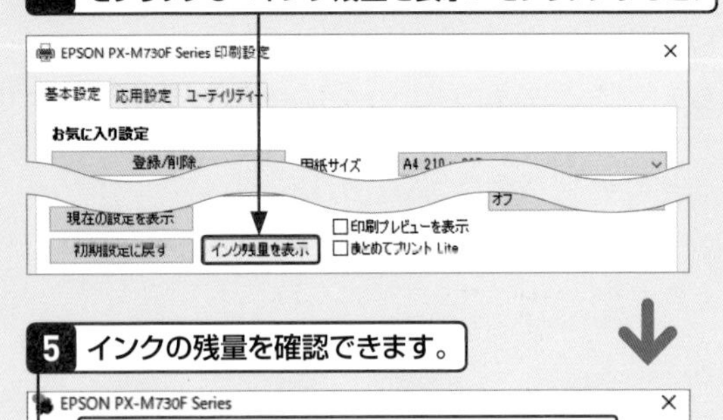

5 インクの残量を確認できます。

EPSON PX-M730F Series

ブラック	シアン	マゼンタ	イエロー
IB09KA IB09KB	IB09CA IB09CB	IB09MA IB09MB	IB09YA IB09YB

印刷　重要度 ★★★

Q 434 1枚に複数のページを印刷したい！

A <印刷>画面やプリンターのプロパティで指定します。

1枚の用紙に複数ページを印刷したり、はみ出した文章を1枚の用紙に収めて印刷したりする機能は、多くのアプリに搭載されています。たとえば、Edgeの場合は<印刷>画面で、1ページに印刷するページを指定します。また、プリンターの詳細設定で設定することもできます。設定方法は、プリンターによって異なります。

● Edge で設定する

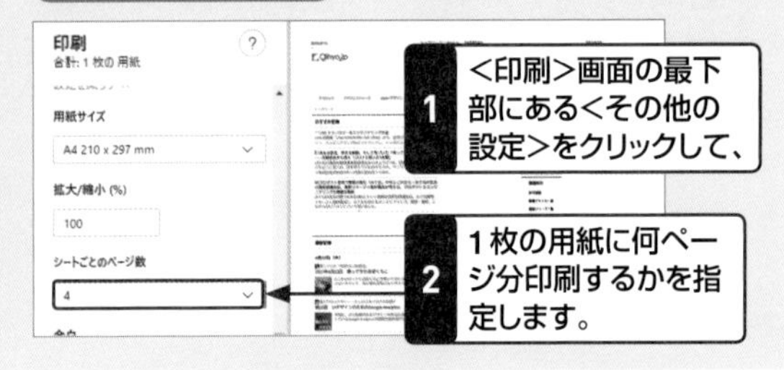

1 <印刷>画面の最下部にある<その他の設定>をクリックして、

2 1枚の用紙に何ページ分印刷するかを指定します。

周辺機器の接続　重要度 ★★★

Q 435 パソコン外にファイルを保存するにはどうすればいいの？

A USBメモリーや光学ディスク、HDDなどの記録メディアを使います。

パソコンにファイルを保存するときには、「記録メディア」を使用します。記録メディアは、ファイルなどのデジタルデータを保存する機器の総称です。パソコンには、ハードディスクやSSDといった記録メディアが搭載されています。
パソコンの外部にファイルを保存するときにも、記録メディアを利用します。パソコンにUSBメモリーや外付けHDDを接続したり、光学ドライブに光学ディスクを挿入したりすることで、ファイルを保存できます。

参照 ▶ Q 440,Q 460

Q 436 どこにどのケーブルを差し込むのかわからない!

A コネクターやポートの形で判断します。

パソコンに周辺機器を接続するには、ケーブルのコネクター（先端）をパソコン側のポート（端子）に接続します。パソコンにはさまざまな種類のポートがあり、ポートの形や付いているマーク、ケーブルのコネクターと同じ色かといったことで、どこに何を接続するのかを判断できます。コネクターの形はケーブルにより異なるので、正しいポートに接続する必要があります。規格の異なるポートには差し込めないように作られているので、無理に押し込んで壊さないように注意しましょう。

キーボード／マウスケーブル　PS/2ポート

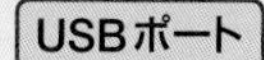

PS/2

「PS/2」は、キーボードやマウスを接続するために利用される規格のひとつです。最近は、USBが主流になっており、PS/2を廃止したコンピューターが増えています。

USBケーブル　USBポート

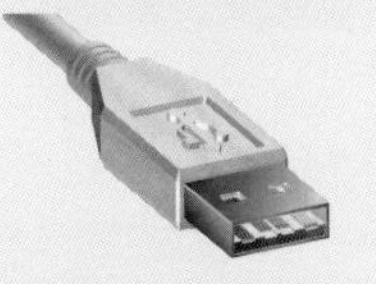
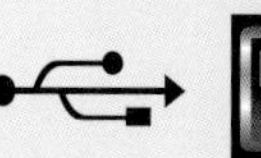

USB

「USB（ユーエスビー）」は、パソコンと周辺機器とを接続するために利用される規格のひとつです。マウスやキーボード、USBメモリーなど、さまざまな用途に利用されています。

USB Type-Cケーブル　USB Type-Cポート

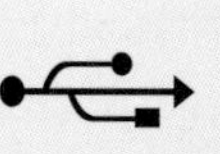

USB Type-C

「USB Type-C」はUSBの拡張規格で、USBと同様にさまざまな周辺機器を接続でき、データ転送がより高速です。端子やポートに上下の区別がなく、取り回しのしやすさも特徴です。

ディスプレイケーブル　ディスプレイポート

ディスプレイケーブル

「ディスプレイケーブル」は、パソコンとディスプレイを接続するために使用するケーブルです。DisplayPortやDVIといったいくつかの規格があり、左図ではDVI-Dのケーブルおよびポートを示しています。

LANケーブル　LANポート

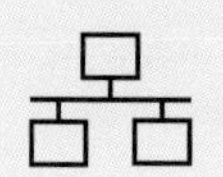

LANケーブル

「LAN（ラン）ケーブル」は、会社内のネットワークやパソコンとルーターなどを接続するために使用するケーブルです。通信に使われる規格の名前から「イーサネットケーブル」と呼ばれることもあります。

HDMIケーブル　HDMIポート

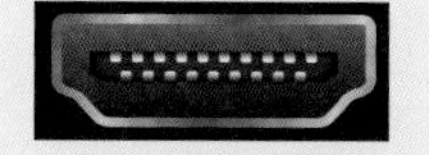

HDMI

「HDMI」は、映像と音声を1本のケーブルで伝送できる規格で、最後まで完全なデジタル信号として伝送できるのが特徴です。左図のHDMIのほか、ミニHDMIやマイクロHDMIといったケーブルもあります。

周辺機器の接続　重要度 ★★★

Q 437 USBメモリーは何を見て選べばいい？

A 容量を確認して選びます。

USBメモリーは、データの読み書きができる記録メディアで、「USBフラッシュメモリー」とも呼ばれます。USBメモリーは、ファイルを保存できる容量で選びます。現在よく使われるUSBメモリーの容量は、16GBから256GBまで幅があり、価格も容量が大きいほど高くなるので、自分の用途に合ったものを選びたいところです。USBメモリーに保存するファイルはどれくらいのサイズなのか、あらかじめ確認してから購入すると、無駄な買い物をせずに済むでしょう。

周辺機器の接続　重要度 ★★★

Q 438 USB端子はそのまま抜いてもいいの？

A 抜いてもよい機器とよくない機器があります。

USBの仕様では、パソコンの電源を入れたまま機器を抜き差しする「ホットスワップ」（「活線挿抜」ともいいます）が認められています。そのため、マウスやキーボードの場合は、いきなりポートから抜いても問題ありません。しかし、ハードディスクやUSBメモリー、SDカードなどデータを書き込むタイプの製品をいきなり外すと、データが破損する危険性があります。必ず動作の終了を確認するか、下の操作を行ってから取り外します。

1 タスクバーの^をクリックして、

2 このアイコンをクリックし、

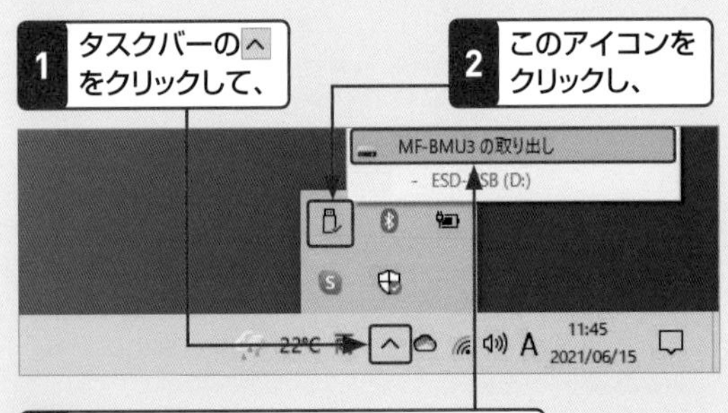

3 <○○の取り出し>をクリックします。

周辺機器の接続　重要度 ★★★

Q 439 USBメモリーの中身を表示したい！

A ナビゲーションウィンドウから中身を表示できます。

パソコンに接続したUSBメモリーの中身を、エクスプローラーで表示するには、接続直後に表示される通知をクリックして、<フォルダーを開いてファイルを表示>をクリックします。また、エクスプローラーのナビゲーションウィンドウに表示されるUSBメモリーをクリックしても、中身を表示できます。

● 接続したらすぐに中身を表示する

1 USBメモリーをパソコンに接続して、

2 表示された通知をクリックし、

3 <フォルダーを開いてファイルを表示>をクリックすると、

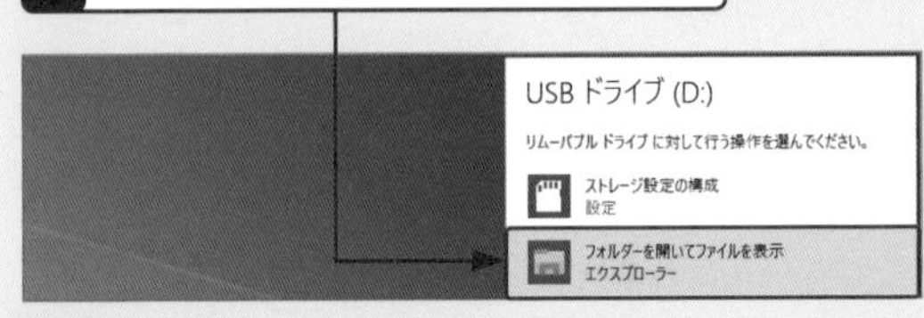

4 USBメモリーの中身が表示されます。

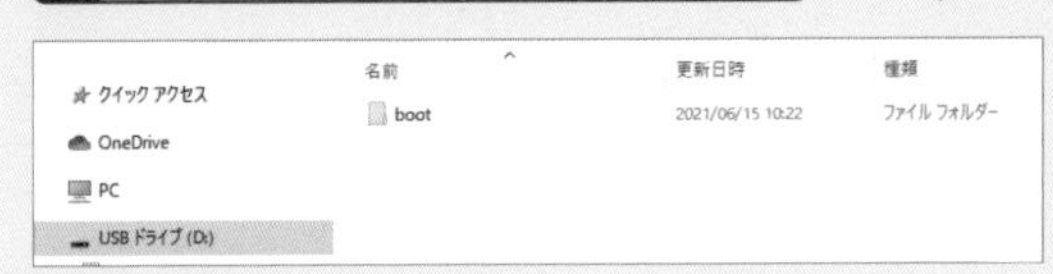

● あとから中身を表示する

1 タスクバーの<エクスプローラー>をクリックして、

2 ナビゲーションバーのUSBメモリー（ここではUSBドライブ）をクリックすると、

3 USBメモリーの中身が表示されます。

Q 440 USBメモリーにファイルを保存する手順を教えて!

A コピー先をリムーバブルディスクに指定して保存します。

USBメモリーをパソコンのUSBポートに接続すると、ファイルをUSBメモリーへコピーしたり、反対にUSBメモリーからパソコンへファイルを取り込んだりできます。USB メモリーも、パソコンの内蔵ストレージと同じようにエクスプローラーを使って、コピーなどのファイル操作を行えます。ここではエクスプローラーの<コピー先>を使ってファイルを保存していますが、通常の<コピー>と<貼り付け>を使って保存することもできます。 参照▶Q 094

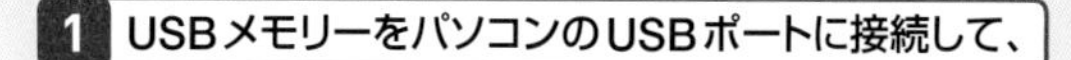

1 USBメモリーをパソコンのUSBポートに接続して、

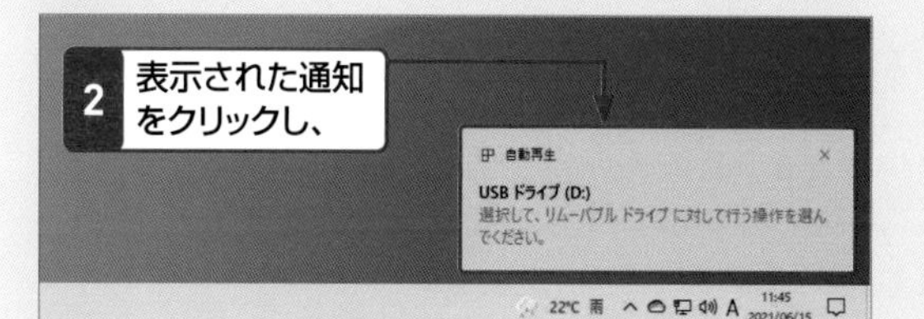

2 表示された通知をクリックし、

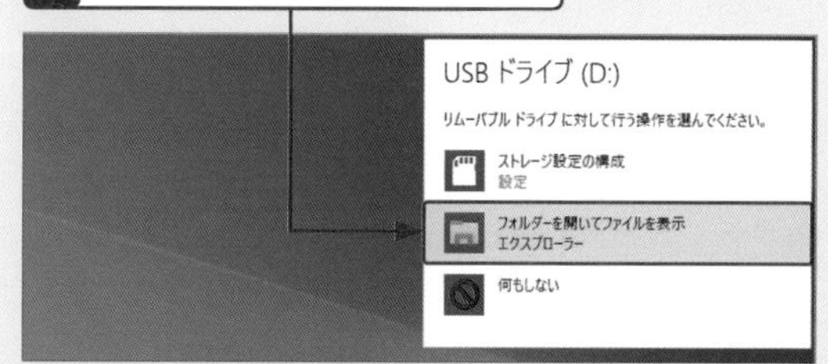

3 <フォルダーを開いてファイルを表示>をクリックします。

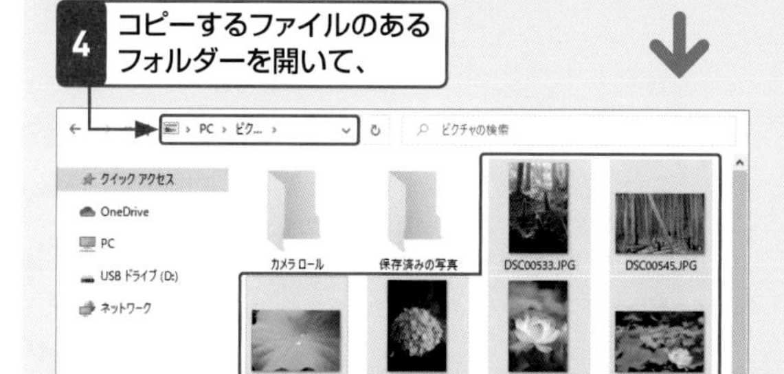

4 コピーするファイルのあるフォルダーを開いて、

5 コピーするファイルを選択します。

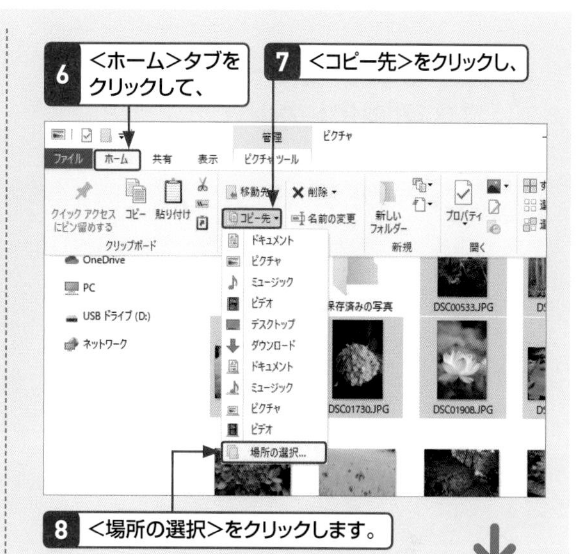

6 <ホーム>タブをクリックして、

7 <コピー先>をクリックし、

8 <場所の選択>をクリックします。

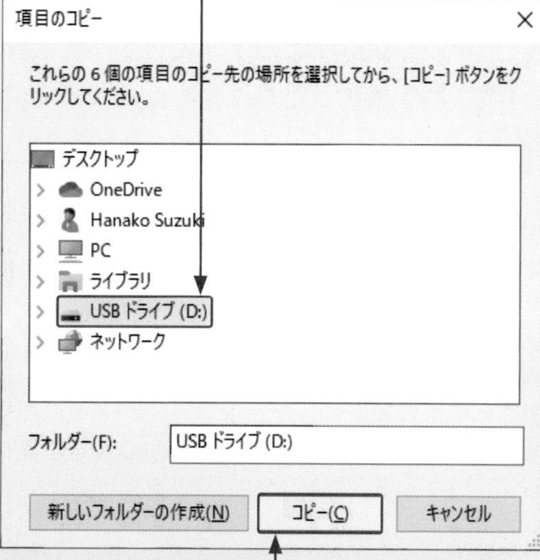

9 リムーバブルディスクの名前（ここではUSBドライブ）をクリックして、

10 <コピー>をクリックすると、

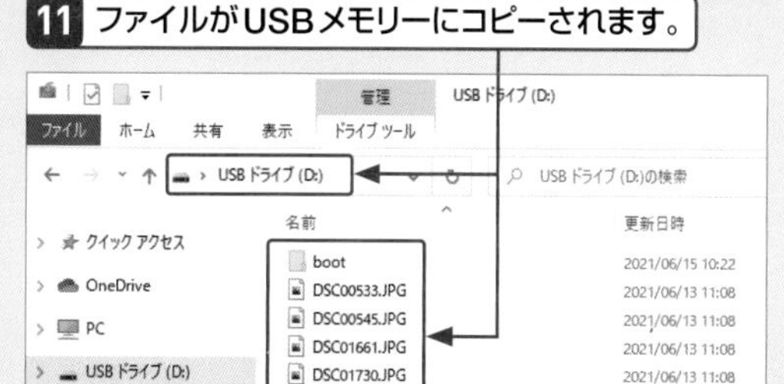

11 ファイルがUSBメモリーにコピーされます。

周辺機器の接続　重要度 ★★★

Q441 USBメモリーを初期化したい！

A フォーマットしましょう。

USBメモリーは、エクスプローラーで<フォーマット>を実行することで初期化できます。フォーマットとは、記憶装置をWindowsで読み書きできるようにすることです。フォーマットするとUSBメモリーに保存されていたデータはすべて消えてしまうので、消したくないデータが残っていないか注意しましょう。

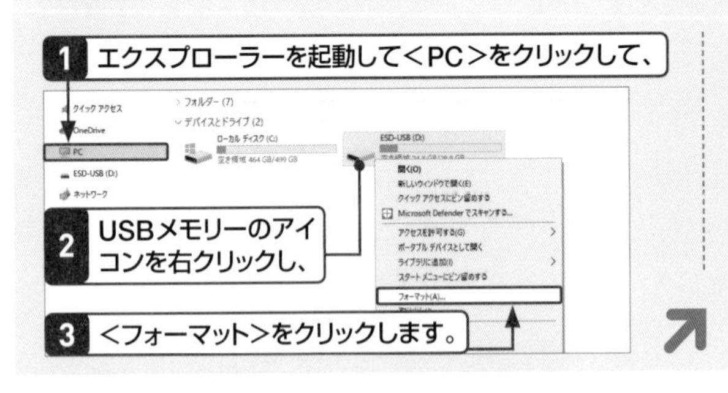

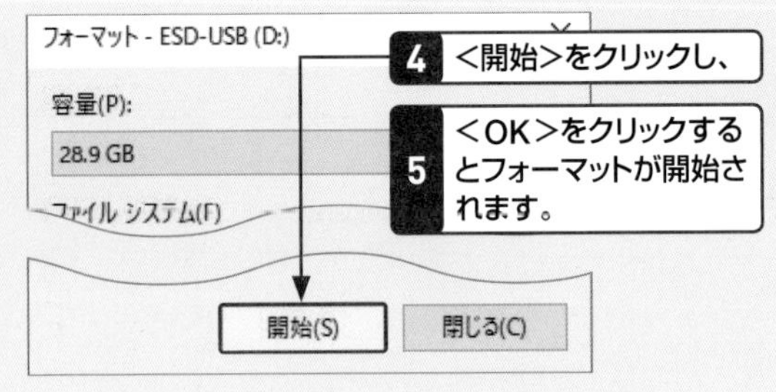

周辺機器の接続　重要度 ★★★

Q442 USBポートの数を増やしたい！

A USBハブを購入します。

USBポートはたいていのパソコンに2～4個程度付いていますが、USB機器が増えてパソコンのUSBポートが足りなくなった場合は、USBハブを接続しましょう。USBハブは、USBポートを拡張するための装置です。
USBハブには、電源をパソコン側のUSBポートから供給する「バスパワー」タイプと、電源をACアダプターから供給する「セルフパワー」タイプの2種類があります。前者は、消費電力の少ないマウスやUSBメモリーなどに適しています。後者は、消費電力の大きいプリンターや外付けHDDなどに適しています。
なお、通常USBハブはパソコンに接続すると自動的にドライバーが読み込まれ、使用できるようになります。ドライバーの読み込みが正常に完了したか確認したい場合は、デバイスマネージャーを利用します。

● **USBハブ**

周辺機器の接続　重要度 ★★★

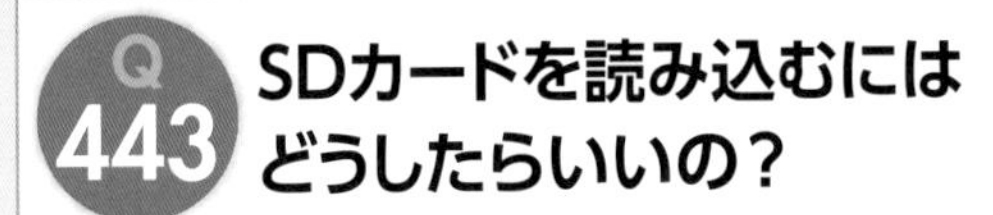

Q443 SDカードを読み込むにはどうしたらいいの？

A パソコンのスロットに差し込むか、カードリーダーなどを利用します。

パソコンにSDカードスロットが搭載されている場合は、カードスロットにSDカードを挿入すると、画面の右下に通知メッセージが表示されるので、クリックして<フォルダーを開いてファイルを表示>をクリックします。
もし、通知が表示されない場合は、エクスプローラーを開いて、SDカードを挿入したドライブ（リムーバブルディスクドライブ）をクリックすると、読み込むことができます。
パソコンにSDカードスロットがない場合は、カードリーダーなどを別途購入する必要があります。カードリーダーは、SDカード以外のメディアにも対応しているものが多く、USBで接続するのが一般的です。

Q 444 Bluetooth機器を接続したい!

A <デバイス>の<Bluetoothとその他のデバイス>から設定します。

Bluetoothの周辺機器をパソコンに接続するには、以下のように操作します。なお、以下の操作ははじめて接続する際のみ必要なもので、「ペアリング」と呼びます。ペアリングを一度行えば、以降は周辺機器の電源を入れるだけでパソコンに接続されます。

● Bluetooth 機器を接続する

1 <スタート> → <設定> をクリックして、

2 <デバイス>をクリックします。

3 <Bluetoothとその他のデバイス>をクリックして、

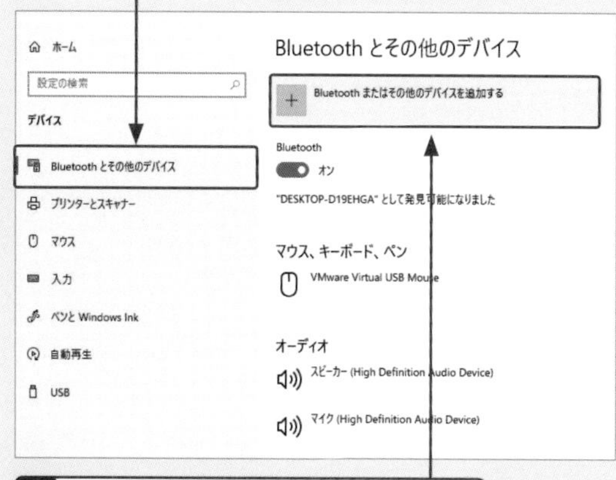

4 <Bluetoothまたはその他のデバイスを追加する>をクリックし、

5 接続したいBluetooth機器をペアリングモードにします。

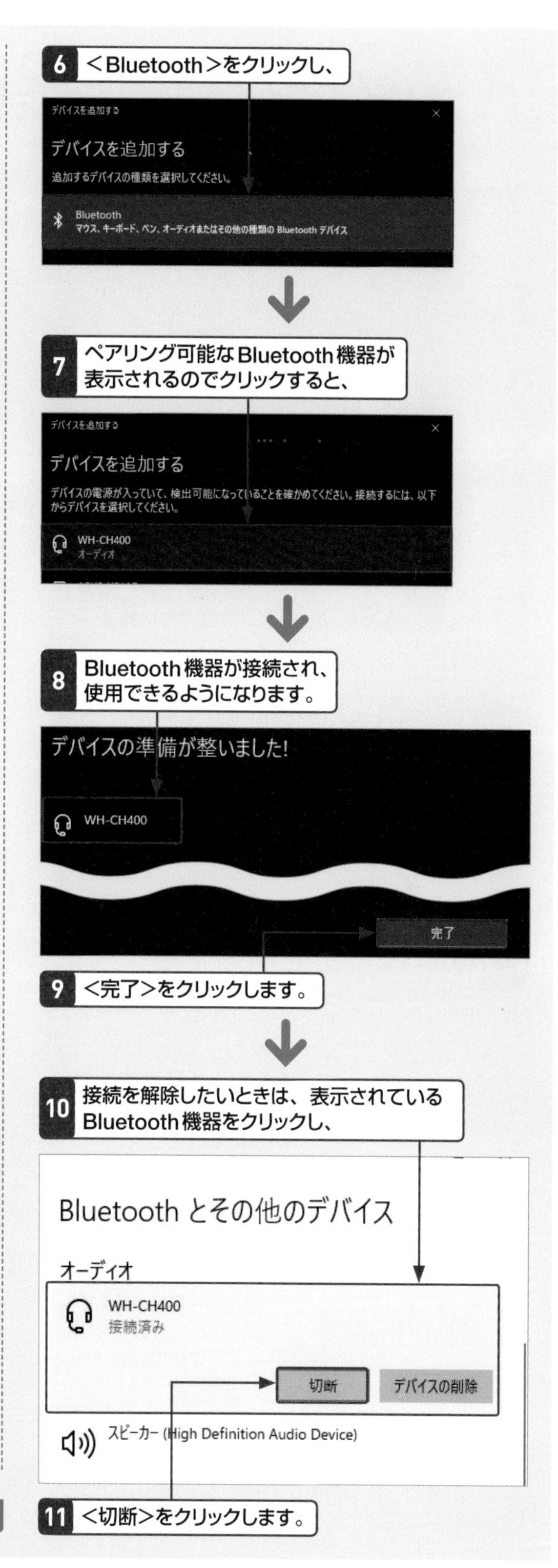

周辺機器の接続　重要度 ★★★

Q 445 パソコンがBluetoothに対応しているか確かめたい！

A デバイスマネージャーやタスクバーから確認できます。

ワイヤレスでさまざまな周辺機器を接続できる無線規格の一種が、「Bluetooth（ブルートゥース）」です。現在ではマウスやキーボード、ヘッドセットなど、Bluetoothに対応する周辺機器が充実していますが、パソコンが対応していなければこれらの周辺機器を接続できません。パソコンがBluetoothに対応しているかどうかを確認するには、以下のように操作します。

参照▶Q 447

● <設定>で確認する

1 <スタート> →<設定> →<デバイス>→<Bluetoothとその他のデバイス>をクリックして、

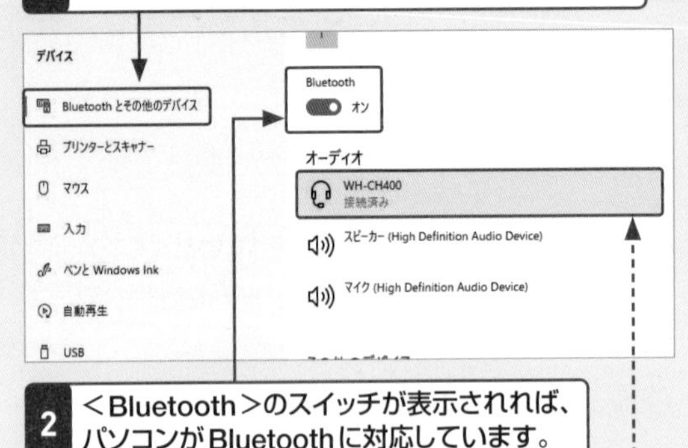

2 <Bluetooth>のスイッチが表示されれば、パソコンがBluetoothに対応しています。

Bluetoothで接続中の周辺機器が表示されます。

● タスクバーで確認する

1 タスクバーの ^ をクリックして、

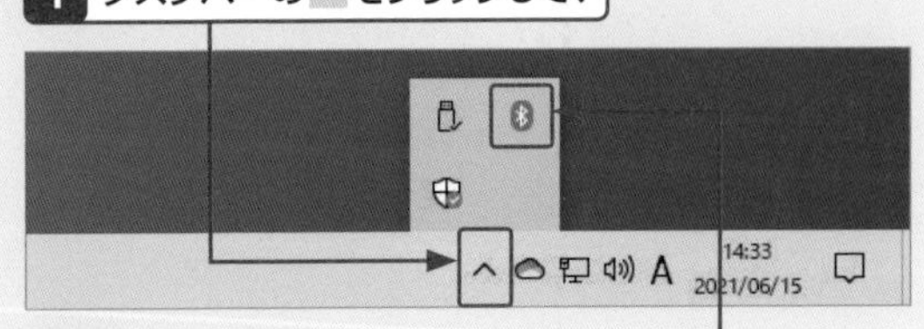

2 Bluetoothのアイコンが表示されていれば、パソコンがBluetoothに対応しています。

● デバイスマネージャーで確認する

1 スタートボタンを右クリックして、

2 <デバイスマネージャー>をクリックすると、

3 デバイスマネージャーが表示されます。

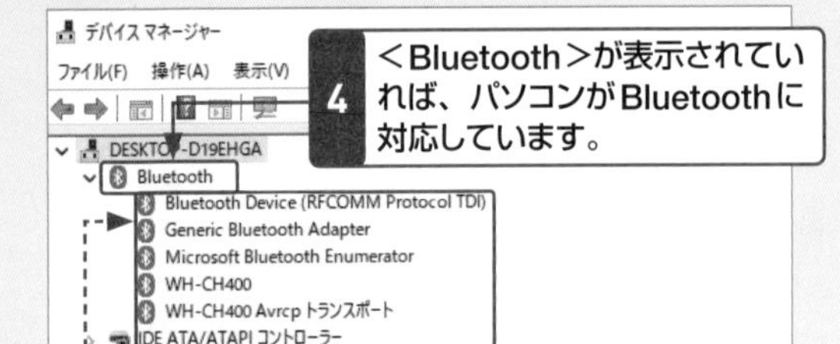

4 <Bluetooth>が表示されていれば、パソコンがBluetoothに対応しています。

Bluetoothで接続されている周辺機器なども確認できます。

周辺機器の接続　重要度 ★★★

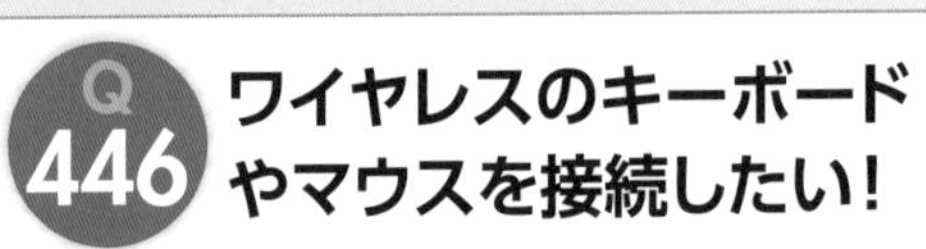

Q 446 ワイヤレスのキーボードやマウスを接続したい！

A ほかのBluetooth周辺機器と同様に接続できます。

ワイヤレスキーボードやマウスがBluetoothに対応していれば、ほかの周辺機器と同様の操作で、パソコンとワイヤレス接続できます。ただし、キーボードの場合、最初の接続時に所定のPIN番号をキーボードで入力して接続する製品もあります。

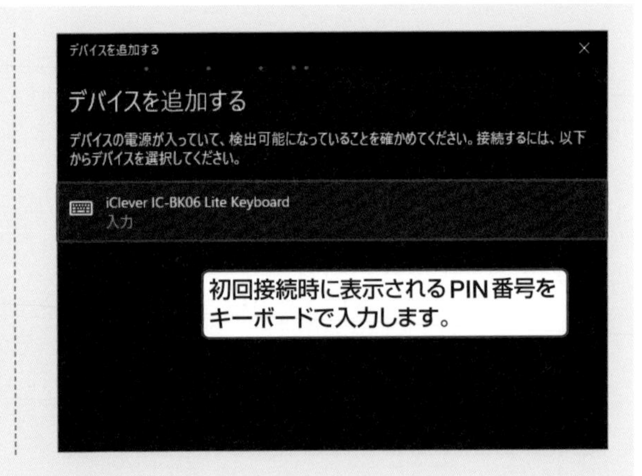

初回接続時に表示されるPIN番号をキーボードで入力します。

周辺機器の接続　重要度 ★★★

Q 447 あとからBluetoothに対応させることはできないの?

A Bluetoothアダプターで対応させることができます。

パソコンがBluetoothに対応していなくても、「Bluetoothアダプター」をパソコンに接続すれば、Bluetooth対応機器を使えるようになります。

Bluetoothアダプターはパソコンの USBポートに接続して、パソコンにBluetooth機能を追加する周辺機器です。

● Bluetoothアダプター

周辺機器の接続　重要度 ★★★

Q 448 Bluetoothの接続が切れてしまう!

A パソコンが直接見える近い位置で使いましょう。

Bluetoothは、近距離でのワイヤレス通信を行うための規格です。パソコンから遠く離れたり、パソコンとBluetooth対応機器の間に壁を挟んだりすると、接続が切れやすくなります。接続を切らさないようにしたい場合は、パソコンと近距離で、パソコンとBluetooth対応機器を遮るものがない位置関係で使いましょう。

周辺機器の接続　重要度 ★★★

Q 449 周辺機器を接続したときの動作を変更したい!

A <自動再生>画面で変更します。

周辺機器をパソコンに接続すると、初期状態では通知が表示されます。この通知をクリックすると、接続した周辺機器でどんな操作を行うかを選択できます。次回以降は、この画面で選択した操作が自動的に実行されます。

別の操作を行うようにあとから変更したい場合や、それぞれのメディアごとに動作を設定したい場合は、<自動再生>画面から操作を行いましょう。

なお、<自動再生>画面の「リムーバブルドライブ」ではCDやUSBメモリーを接続したときの動作を、「メモリカード」ではデジカメやデジカメのメモリーカードを接続したときの動作を、それぞれ設定できます。

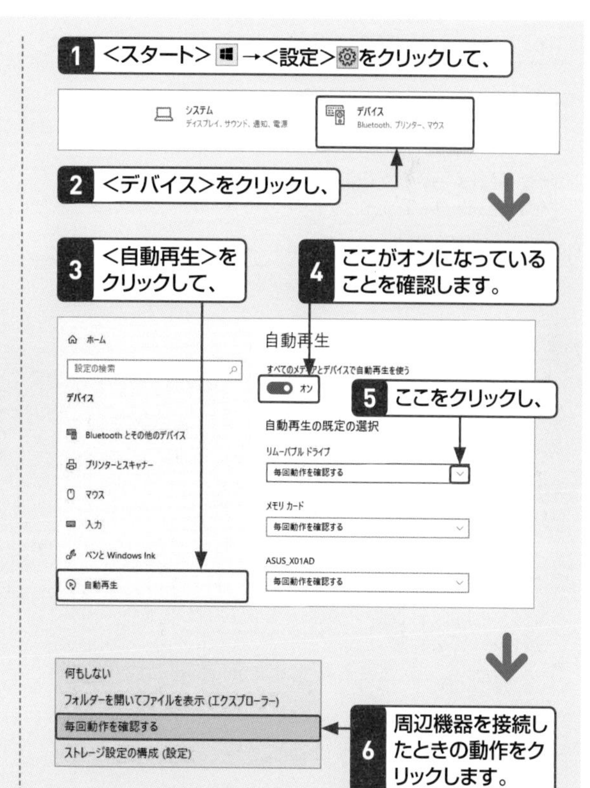

 重要度★★★

Q 450 ハードディスクの容量がいっぱいになってしまった!

A 外付けのハードディスクを接続しデータやアプリを保存しましょう。

パソコン内のハードディスクがいっぱいになってしまった場合は、外付けのハードディスクを利用しましょう。最も一般的なのはUSBポートに接続するタイプで、ケーブルをつなぐだけですぐに使えます。
外付けのハードディスクを接続したら、データの保存先やアプリのインストール先を外付けのハードディスクに変更しておきましょう。ここでは<ドキュメント>フォルダーの変更方法を紹介しますが、<ピクチャ>フォルダーなども同様の方法で変更可能です。

● <ドキュメント>フォルダーを移動する

1 エクスプローラーで<PC>をクリックして、<ドキュメント>を右クリックし、

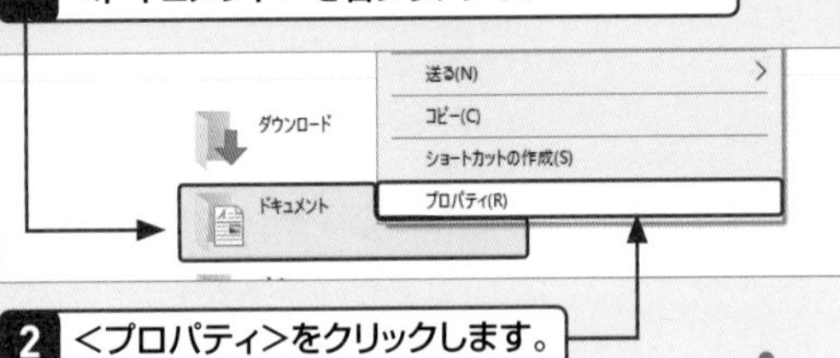

2 <プロパティ>をクリックします。

3 <場所>タブ→<移動>をクリックして、

ドキュメントのプロパティ
全般 共有 セキュリティ 場所 以前のバージョン カスタマイズ
ドキュメント フォルダーのファイルは、以下のあて先の場所に格納されています。
標準に戻す(R) 移動(M)... リンク先を探す(F)...

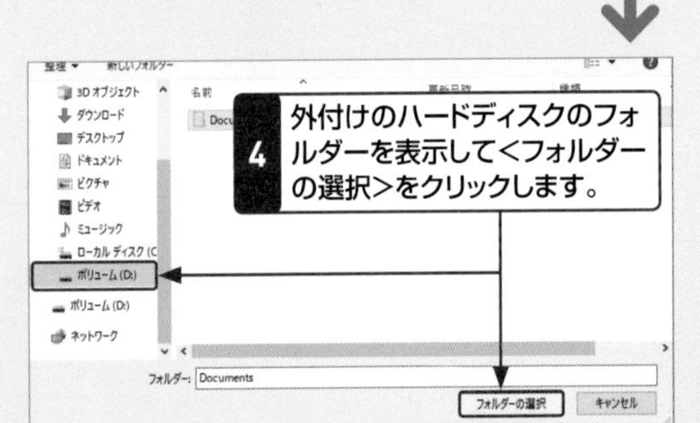

4 外付けのハードディスクのフォルダーを表示して<フォルダーの選択>をクリックします。

5 <適用>をクリックすると、<ドキュメント>フォルダーが指定した場所に移動されます。

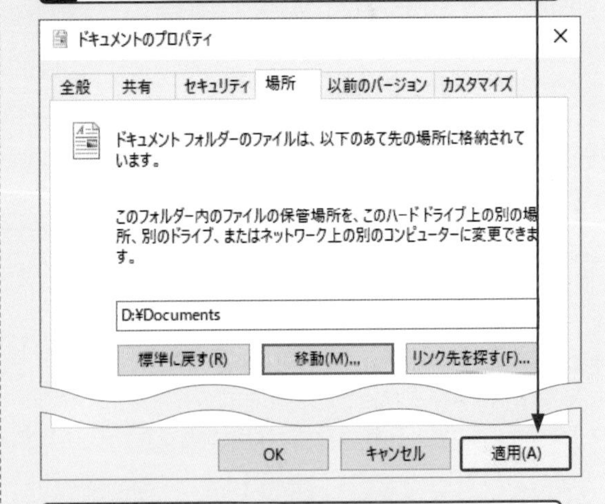

「元の場所の～」というメッセージで「はい」をクリックすると、今まで保存したファイルも外付けのハードディスクに移されます。

● アプリのインストール先を変更する

1 <スタート>  →<設定>をクリックして、<システム>→<記憶域>→<新しいコンテンツの保存先を変更する>をクリックし、

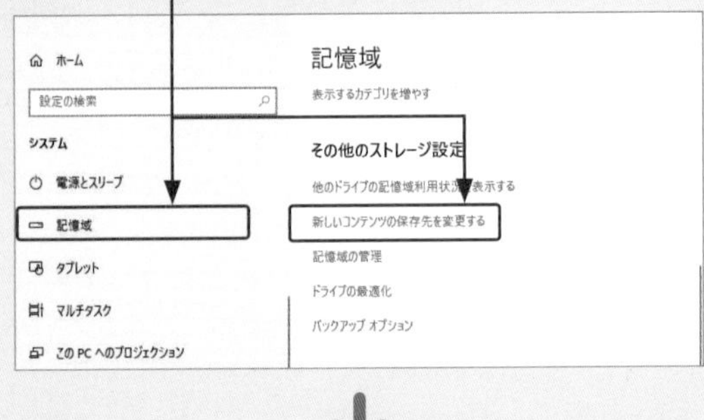

2 「新しいアプリの保存先」で外付けのハードディスクを選択して<適用>をクリックすると、これ以降アプリは外付けのハードディスクにインストールされます。

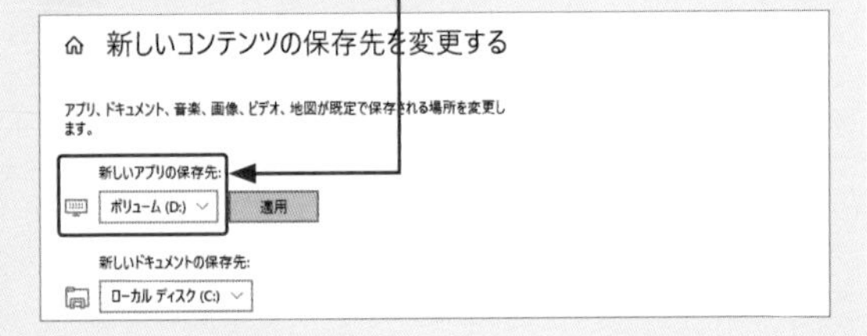

Q 451 バックアップってどうすればいいの？

A ファイル履歴機能を利用します。

大切なファイルをパソコン内だけに保存しておくと、万一パソコンが故障したときに、ファイルを開けなくなってしまいます。ファイルはUSBメモリーや外付けのハードディスクにバックアップしておくとよいでしょう。

そこで役立つのが、「ファイル履歴」機能です。「ファイル履歴」機能は初期設定ではオフになっていますが、「設定」アプリからオンに切り替えると＜ドキュメント＞＜ミュージック＞＜ピクチャ＞＜ビデオ＞とデスクトップにあるファイルが自動的にバックアップされます。利用するときは、事前にUSBメモリーか外付けハードディスクをパソコンに接続しておきましょう。

1 ＜スタート＞ →＜設定＞ をクリックして、＜更新とセキュリティ＞をクリックし、

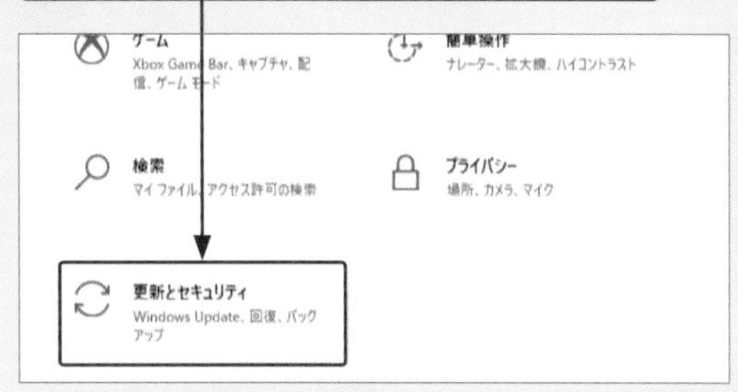

2 画面左側で＜バックアップ＞をクリックして、

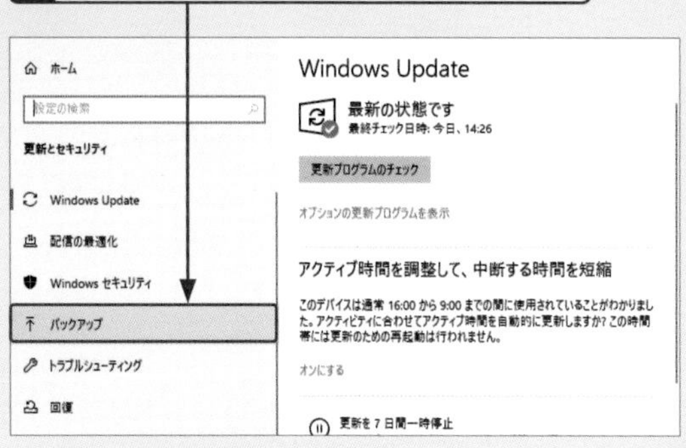

3 ＜ドライブの追加＞をクリックします。

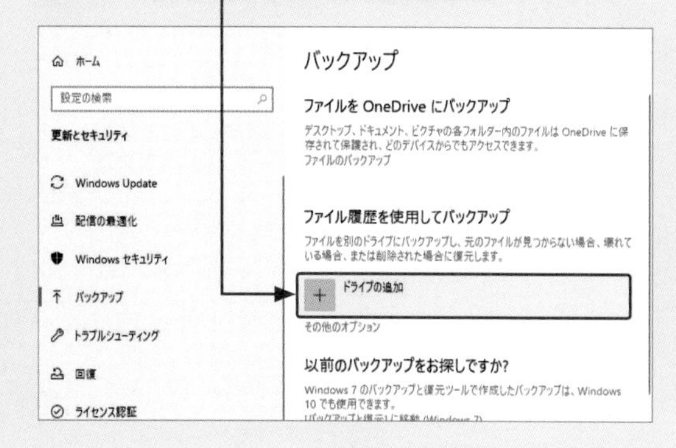

4 データをバックアップしたいドライブをクリックすると、

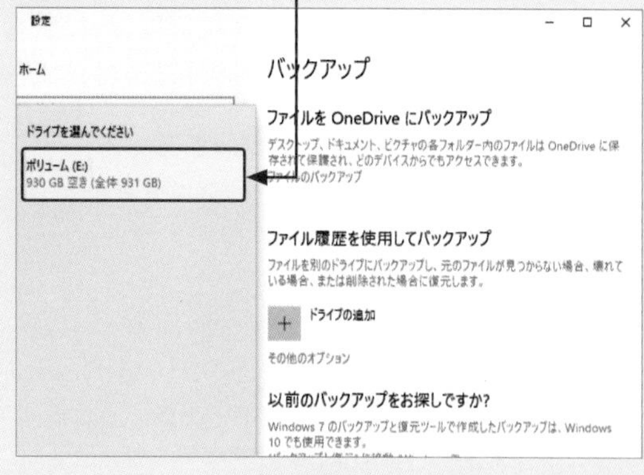

5 「ファイルのバックアップを自動的に実行」と表示され、バックアップ機能がオンになります。

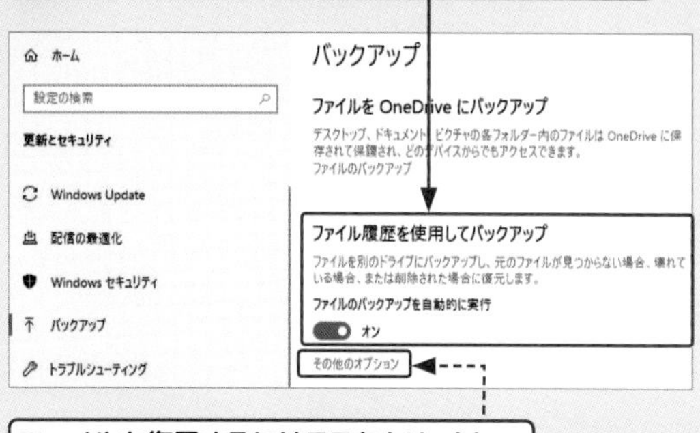

ファイルを復元するにはここをクリックし、最下部の＜現在のバックアップからファイルを復元＞をクリックします。

基本　デスクトップ　キーボード・文字入力　インターネット　メール・連絡先　セキュリティ　写真・動画・音楽　OneDrive・スマホ　印刷・周辺機器　アプリ　インストール・設定　テレワーク

CD／DVDの基本　重要度★★★

Q 452 ディスクの分類と用途を知りたい！

A CD、DVD、BDをコンテンツ配布やデータの保存といった用途で使います。

パソコンで扱うディスク（光学式メディア）は、主にCD、DVD、Blu-rayディスク（BD）の3種類で、容量が大きく異なります。また、CD、DVD、BDのそれぞれに、コンテンツ配布用の読み込み専用メディア、データ保存用の1回だけ書き込めるメディアと繰り返し書き込めるメディアがあります。パソコンで読み書きするには、それぞれのメディアに対応するドライブが必要です。

●DVDとBDの違い

DVD
1枚：片面1層　4.7GB

DVD10枚分がBlu-ray1枚に収まります。

Blu-rayディスク
1枚：片面2層　50GB

CD／DVDの基本　重要度★★★

Q 453 ディスクを入れても何の反応もない！

A エクスプローラーでディスクの項目をクリックします。

パソコンのドライブにDVDなどのディスクをセットしても何も表示されない場合は、エクスプローラーの画面左側にあるディスクの項目をクリックするとディスクの中身が表示されます。空のディスクをセットした場合は、書き込み形式を選択する画面が表示されます。

参照▶Q 089, Q 460

● ディスクの中身を表示する

1 ディスクをパソコンのドライブにセットして、エクスプローラーを起動し、

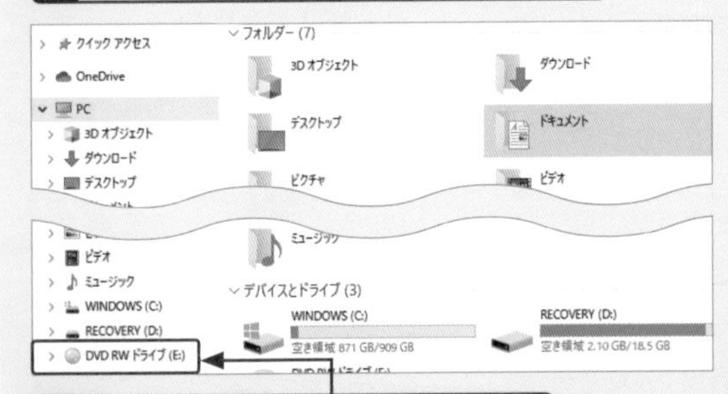

2 ディスクの項目（ここでは<DVD-RWドライブ>）をクリックすると、

3 ディスクの中身が表示されます。

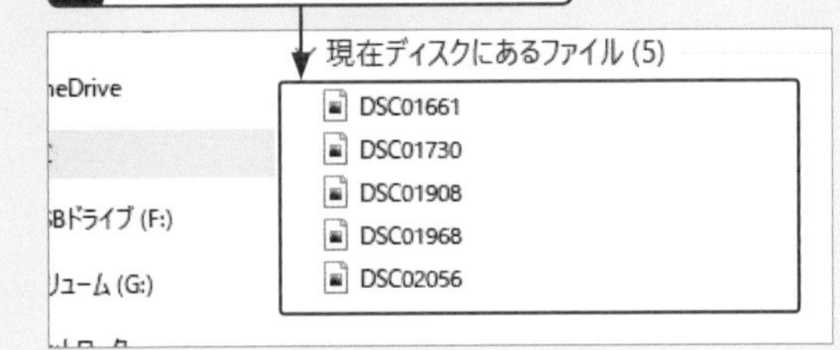

● ディスクの書き込み形式を選択する

1 空のディスクをセットして同様の手順を行うと、

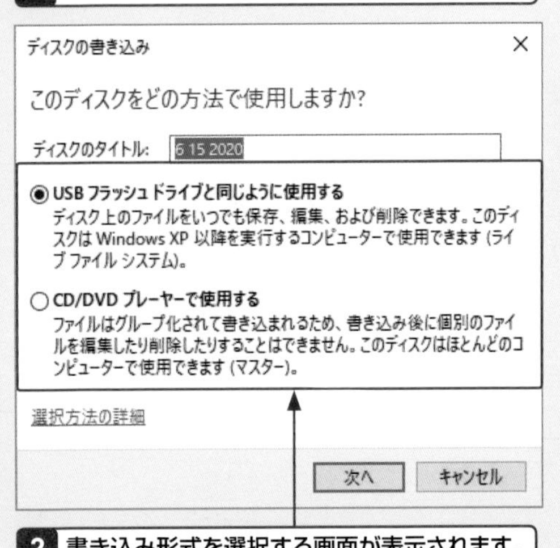

2 書き込み形式を選択する画面が表示されます。

CD／DVDの基本　重要度★★★

Q 454 自分のパソコンで使えるメディアがわからない！

A 取扱説明書やドライブに表示されているロゴを確認しましょう。

使用しているパソコンのドライブで、どのメディアが使えるのか判断がつかない場合は、取扱説明書の「仕様」を確認するか、光学式ドライブに付いているロゴマークを見てみましょう。

●ロゴマークとメディア

ロゴ	メディア
DVD R/RW	DVD-R、DVD-RW
DVD MULTI RECORDER	DVD-R、DVD-RW、DVD-RAM
RW DVD+ReWritable	DVD+R、DVD+RW
Blu-ray Disc	Blu-rayディスク

CD／DVDの基本　重要度★★★

Q 455 ディスクを入れると表示される画面は何？

A データに応じた処理方法を選択する画面です。

パソコンのドライブにディスクをセットすると、初期状態では、画面下に通知が表示されます。この通知をクリックすると、セットしたディスクの種類に応じて、データの書き込みなどパソコンでの処理方法を選択するメニューが表示されます。 参照▶Q 461, Q 464

1 パソコンにディスクをセットして、

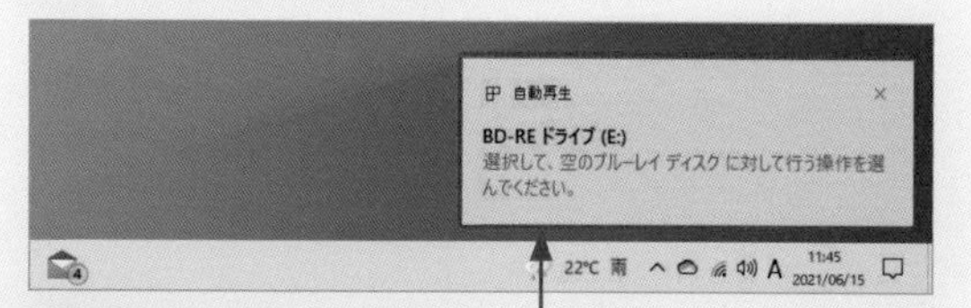

2 通知が表示されるのでクリックすると、

3 ディスクに対して行う操作を選択する画面が表示されます。

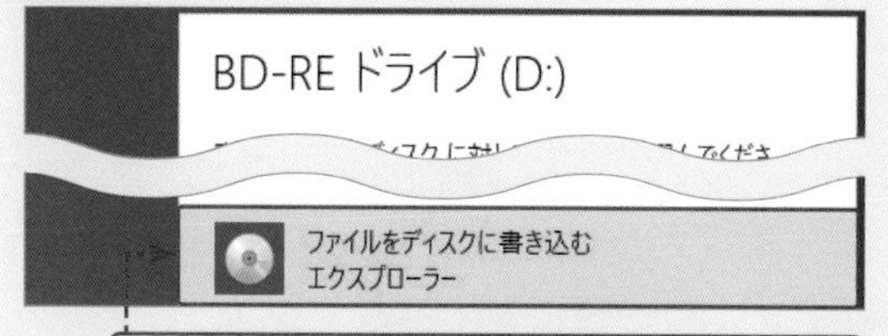

ディスクにデータを書き込む場合は、<ファイルをディスクに書き込む>をクリックします。

CD／DVDの基本　重要度★★★

Q 456 どのメディアを使えばいいかわからない！

A 用途と書き込むファイルの大きさで選びます。

メディアを選ぶときは、まず書き込む回数を考えて、どのタイプを使うかを決めます。メディアにファイルを書き込んでそのまま保存しておきたいなら、1回だけ書き込めるグループを選びます。書き込んだファイルを変更したり、あとで削除したりした場合は、消去可能なグループを選ぶとよいでしょう。
続いて書き込みたいファイルの大きさがわかると、CD／DVD／BDのいずれを選べばよいかわかります。

●ディスクの種類と特徴

ディスクの種類	容量	特　徴
CD-ROM	650～700MB	読み込み専用。音楽、映画などコンテンツの配布に利用される。
DVD-ROM	4.7GB～9.4GB	
BD-ROM	25GB～50GB	
CD-R	650～700MB	1回だけ書き込み可能。音楽や録画した映画、ホームビデオの保存などに使える。
DVD-R	4.7GB～9.4GB	
BD-R	25GB～50GB	
BD-R XL	100～128GB	
CD-RW	650～700MB	書き込みと消去が可能。パソコンのデータや編集途中の映像などをバックアップできる。
DVD-RW	4.7GB～9.4GB	
BD-RE	25GB～50GB	
BD-RE XL	100～128GB	

CD／DVDの基本　重要度★★★

Q 457 ドライブからディスクが取り出せない！

A パソコンを再起動して再度取り出してみるか、強制排出します。

光学式ドライブのイジェクトボタンを押しても、セットしたディスクが取り出せない場合は、一度パソコンを再起動してから、再度イジェクトボタンを押してみましょう。
それでもディスクが取り出せない場合は、光学式ドライブの強制排出スイッチを押します。強制排出スイッチは、多くの光学式ドライブに備えられており、針金などの先の細いもので突く方式になっています。ノートパソコンの場合も同様です。
それでも解決できない場合は、パソコンの製造元のメーカーに問い合わせましょう。無理に力を加えて中のディスクを取り出そうとすると、パソコンが破損してしまうおそれがあります。

強制排出スイッチを針金などで押してみます。

CD／DVDの基本　重要度★★★

Q 458 パソコンにディスクドライブがない！

A 外付けの光学式ドライブを利用しましょう。

パソコンの薄型化、軽量化ニーズの高まりから、近年では光学式ドライブを搭載しない機種が増えてきました。そのようなパソコンで光学式メディアのデータを読み込んだり、パソコンからデータを書き込んだりするには、外付けの光学式ドライブを別途用意します。
外付け光学式ドライブのほとんどは、USBでパソコンと接続できるようになっており、CD、DVD、BDに対応する製品が販売されています。購入の際には、対応メディアだけでなく、機器の光学式ドライブがデータの読み込みのみに対応するのか、書き込みにも対応するのかもチェックするようにしましょう。

● パソコン用外付け光学式ドライブ

CD／DVDの基本　重要度★★★

Q 459 Blu-rayディスクを読み込めるようにしたい！

A 外付けのBlu-rayドライブを利用します。

パソコンの光学式ドライブがBlu-rayディスク（BD）に対応していない場合は、BDの読み込みや書き込みができる外付けのBlu-rayドライブを購入して接続しましょう。多くの外付けBlu-rayドライブは、USBに対応しています。USB2.0対応でも十分ですが、可能であればUSB3.0対応のものを選ぶとよいでしょう。
ただし、Windows 10のWindows Media Playerでは、BDを再生できません。メーカー製のパソコンにあらかじめ付属しているアプリを使用するか、購入したBlu-rayドライブに付属しているソフトをインストールして利用します。どちらもない場合はインターネット上からダウンロードしましょう。 参照▶Q 458

● 外付けのBlu-rayドライブ

CD／DVDへの書き込み　重要度 ★★★

Q 460 CD／DVDに書き込みたい！

A 2種類の書き込み形式があります。

CDやDVDにデータを書き込む際は、書き込み形式を選択します。書き込み形式には、USBメモリーと同じように使用するための「ライブファイルシステム」と、CD／DVDプレイヤーなどで使用するメディアを作成するための「マスター」の2種類があります。それぞれの特徴をまとめると、下の表のようになります。

参照▶Q 461,Q 464

- USBフラッシュドライブと同じように使用する（ライブファイルシステム）
  既定では、この形式が選択されています。ファイルを個別に追加したり、いつでも編集や削除ができるなど、USBメモリーと同じ感覚で利用できます。何度も追記できるので、ディスクをドライブに入れたままにして、必要なときにファイルをコピーする場合に便利です。ただし、ほかのパソコンや機器ではデータを読み込めない場合があるので注意が必要です。なお、CD-R、DVD-Rなどの場合はファイルを消すことはできますが、空き容量は増えません。

- CD／DVDプレイヤーで使用する（マスター）
  ディスクにコピーするファイルをすべて選択してから、それらのファイルを一度に書き込む必要があります。また、書き込み後にファイルを個別に編集・削除することはできません。CD／DVDプレイヤー、Blu-rayディスクプレイヤーなどの家庭用機器と互換性があります。追記も可能です。

●ライブファイルシステムとマスターの特長

書き込み形式	メリット	デメリット
ライブファイルシステム	手軽に扱えるので、ファイルを頻繁に書き込む場合に便利。 書き込み後にファイルの追加、編集、削除も可能。	使用前にフォーマットが必要。
マスター	長期間保存するデータ向け。使用前にフォーマットをする必要がない。パソコン以外の機器にも対応している。	作成までの手順が多い。作成後にファイルの編集や削除ができない。

CD／DVDへの書き込み　重要度 ★★★

Q 461 ライブファイルシステムで書き込む手順を知りたい！

A 以下の手順で書き込むことができます。

CD／DVDにデータを書き込むには、まずパソコンのドライブに空のCD／DVDを挿入します。最初に書き込み方式を選択して、フォーマットを実行すると、自動的にエクスプローラーが起動して、CD／DVDドライブが開きます。続いて、書き込みたいファイルやフォルダーをドライブの項目にドラッグ＆ドロップして書き込みを行います。
なお、下の手順では通知メッセージが表示されていますが、通知メッセージが表示されずに、すぐに<ディスクの書き込み>ダイアログボックスが表示される場合もあります。

1 空のCD／DVDをドライブに挿入して、

2 表示された通知メッセージをクリックし、

3 <ファイルをディスクに書き込む>をクリックします。

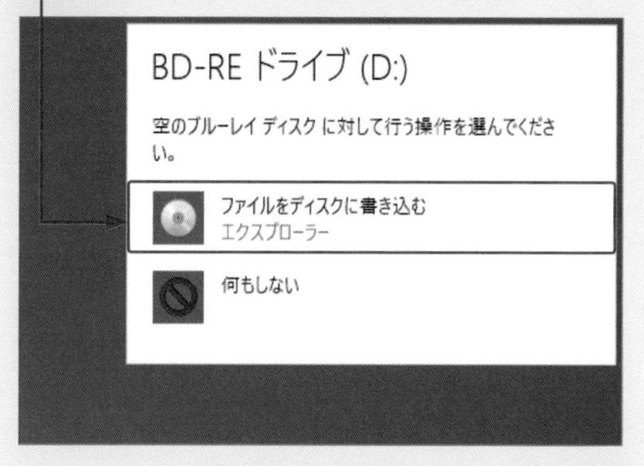

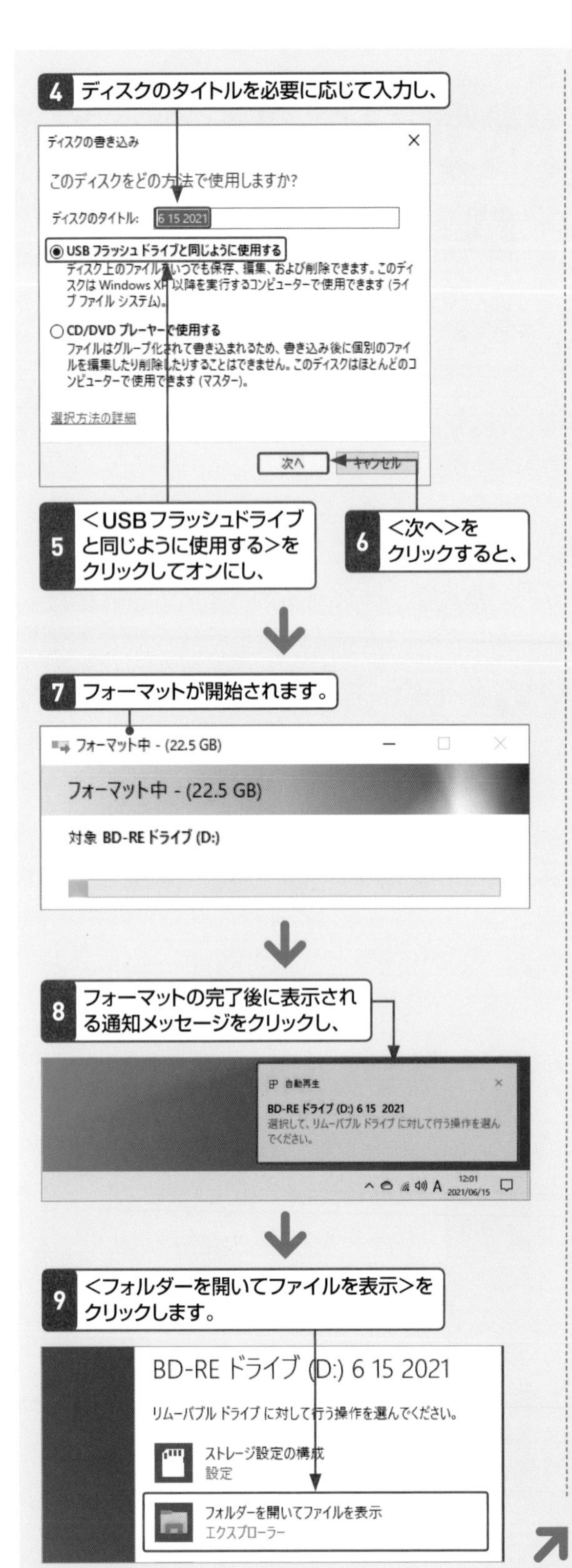

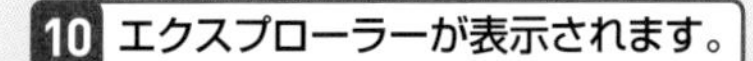

11 書き込みたいファイルやフォルダーを表示して、クリックします。

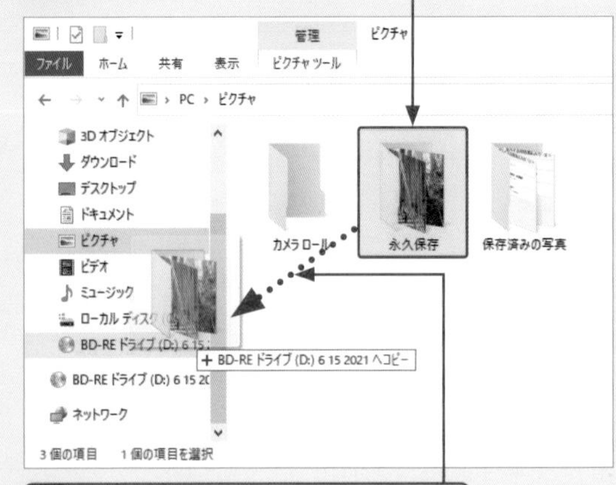

12 CD／DVDドライブにドラッグすると、

13 ファイルがコピーされます。

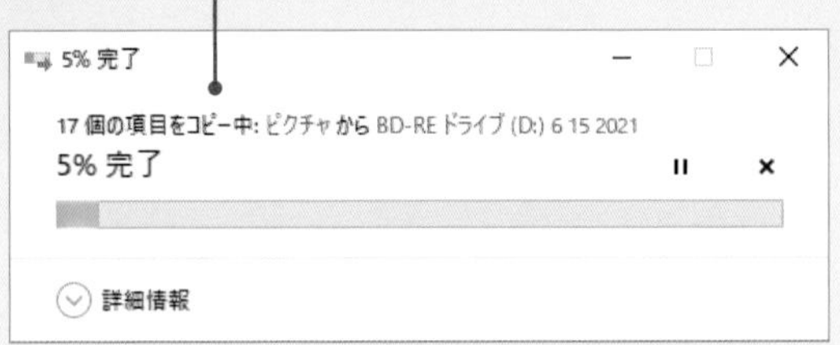

14 CD／DVDドライブをクリックすると、

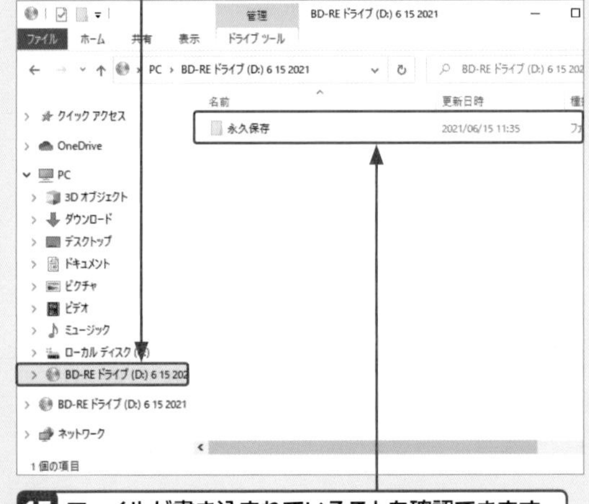

15 ファイルが書き込まれていることを確認できます。

CD／DVDへの書き込み　重要度★★★

Q462 書き込んだファイルを削除したい！

A エクスプローラーで削除できます。

CDやDVDに書き込んだファイルを削除したいときは、エクスプローラーで＜削除＞を実行します。ただし、CD-RやDVD-Rに書き込んだファイルを削除しても、空き容量が増えることはありません。また、削除したファイルはごみ箱には入らず、完全に削除されることにも注意しましょう。

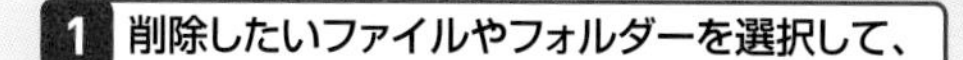

2 ＜ホーム＞タブをクリックし、

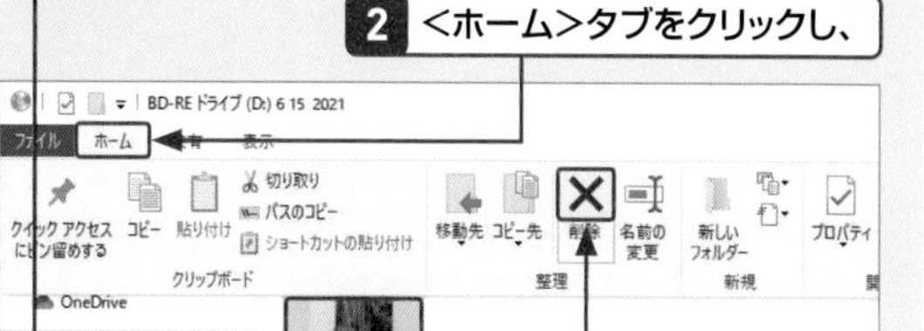

3 ＜削除＞✕をクリックします。

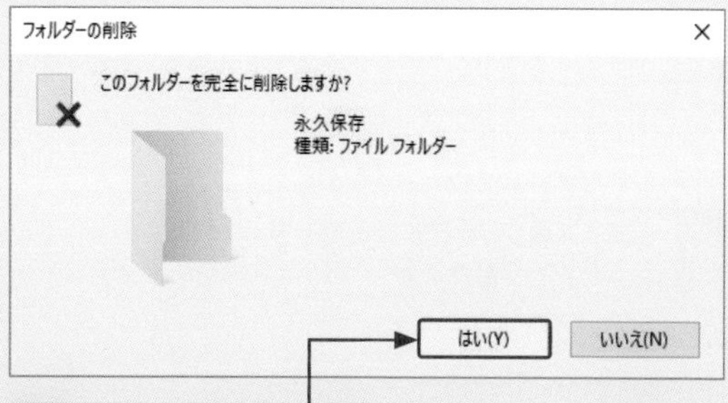

4 ＜はい＞をクリックすると、

5 選択したファイルやフォルダーが削除されます。

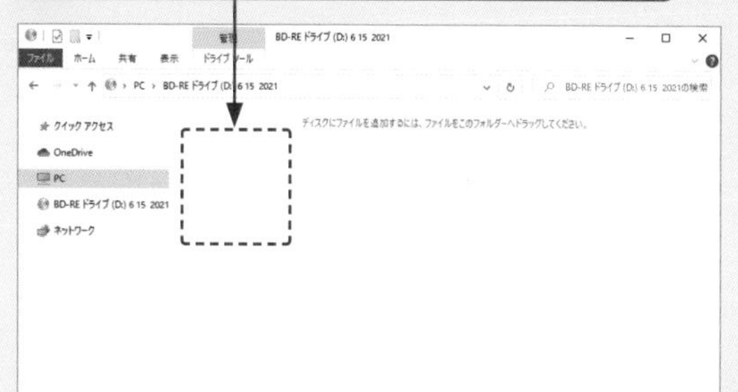

CD／DVDへの書き込み　重要度★★★

Q463 書き込み済みのCD／DVDにファイルを追加できる？

A 空き領域があればできます。

CD／DVDに空き領域があれば、あとからデータを追加して書き込むこと（追記）ができます。ファイルを追加するには、目的のファイルのアイコンをドライブのアイコンの上にドラッグします。
ここでは、「ライブファイルシステム」形式で書き込んだディスクに、あとからファイルを追記する方法を紹介します。

1 追加したいファイルを選択して、

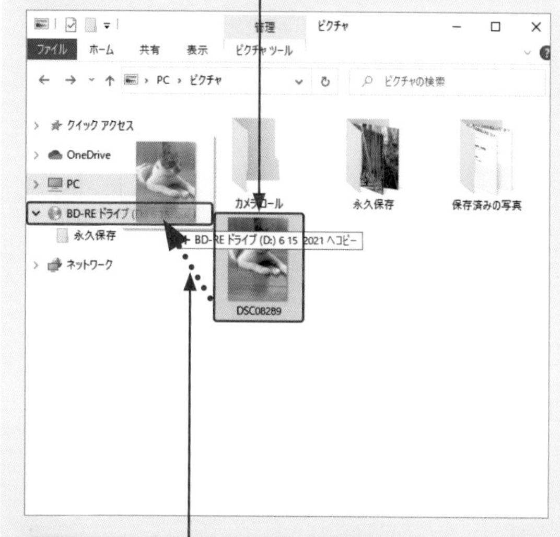

2 CD／DVDドライブにドラッグすると、

3 ファイルが書き込まれます。

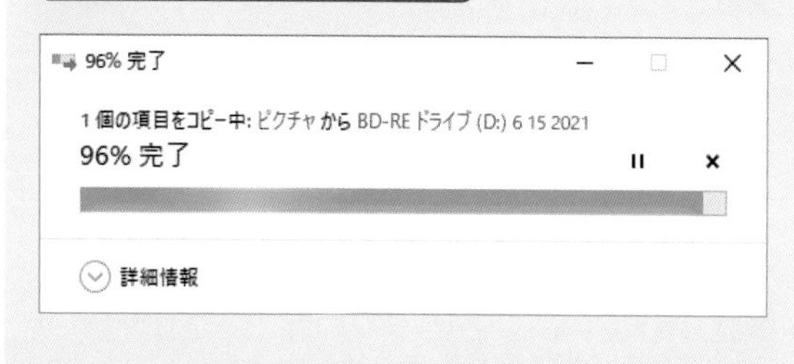

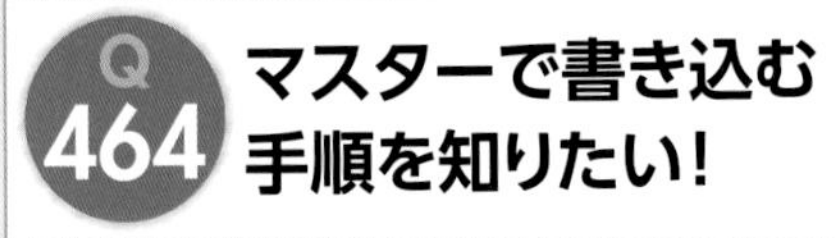

Q 464 マスターで書き込む手順を知りたい!

A 以下の手順で書き込むことができます。

CDやDVDにデータを書き込む形式には、「ライブファイルシステム」と「マスター」の2種類があります。Windows XPより前のパソコンや、CD／DVDプレイヤーなどで読み出せる形式でディスクを作成したい場合は、マスターで書き込みを行いましょう。
なお、下の手順のように通知メッセージが表示されずに、すぐに<ディスクの書き込み>ダイアログボックスが表示される場合もあります。

1 空のCD／DVDをドライブに挿入し、通知メッセージをクリックし、<ファイルをディスクに書き込む>をクリックして、

2 ディスクのタイトルを必要に応じて入力し、

3 <CD／DVDプレーヤーで使用する>をクリックしてオンにして、

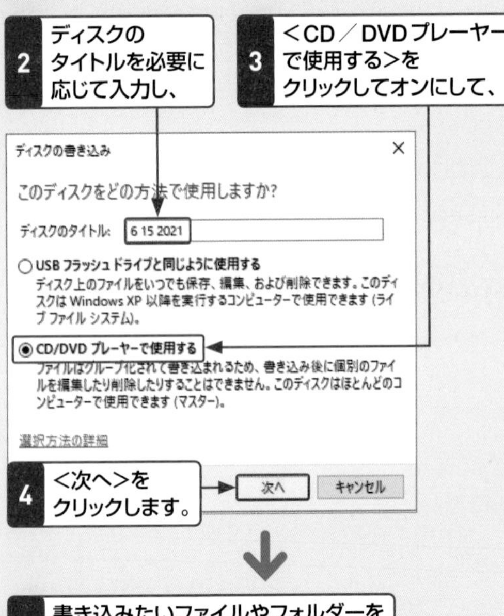

4 <次へ>をクリックします。

5 書き込みたいファイルやフォルダーを表示して、クリックします。

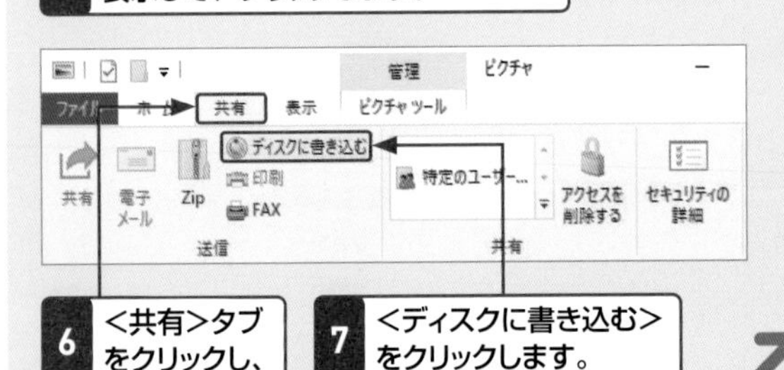

6 <共有>タブをクリックし、

7 <ディスクに書き込む>をクリックします。

8 書き込む準備ができたファイル名が表示されます。

9 <管理>タブをクリックして、

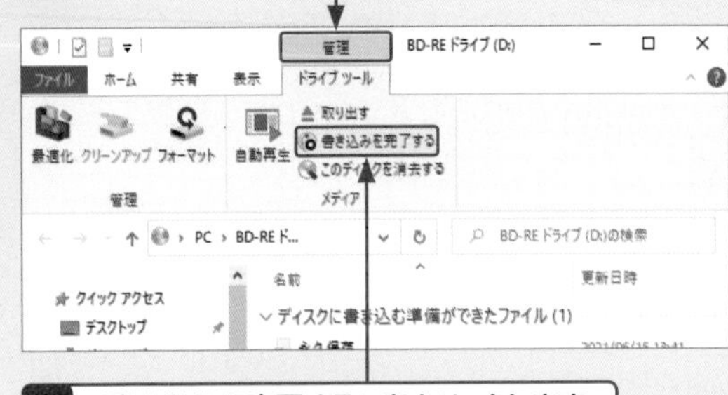

10 <書き込みを完了する>をクリックします。

11 <次へ>をクリックすると、ディスクへの書き込みが開始されます。

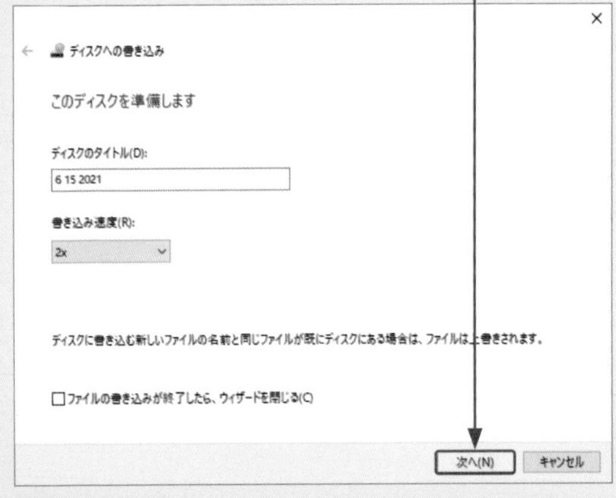

12 書き込みが終わったら、<完了>をクリックします。

10

おすすめアプリの便利技!

便利なプリインストールアプリ　重要度 ★★★

Q465 Windows 10に入っているアプリにはどんなものがあるの？

A 主要なアプリは、以下の表のとおりです。

Windows 10にはたくさんのアプリがあらかじめインストールされています。ただし、中には起動時にMicrosoftアカウントでログインが必要なアプリや、インターネットに接続していないと利用できないアプリがあります。ここでは、スタートメニューから起動できる代表的なアプリを簡単に紹介します。

アイコン	アプリ名	解説
ペイント3D	ペイント3D	2Dのイラストや3Dのコンテンツを作成できます。
OneNote	OneNote	メモやアイデアを記録できます。
People	People	電子メールの連絡先などを管理できます。
Office	Office	「Word」や「Excel」のほかに「OneDrive」などを起動することができます。
映画 & テレビ	映画&テレビ	映画などをレンタルしたり購入したりできます。
カレンダー	カレンダー	スケジュールの管理を行うことができます。

アイコン	アプリ名	解説
Skype	Skype	Skypeによる音声・ビデオ通話を利用できます。
Microsoft Store	Microsoft Store	アプリや映画をダウンロード／購入できます。
天気	天気	世界中の天気を表示できます。
電卓	電卓	計算ができます。
付箋	付箋	画面に付箋を貼り付けることができます。
マップ	マップ	世界中の地図を表示できます。

便利なプリインストールアプリ　重要度 ★★★

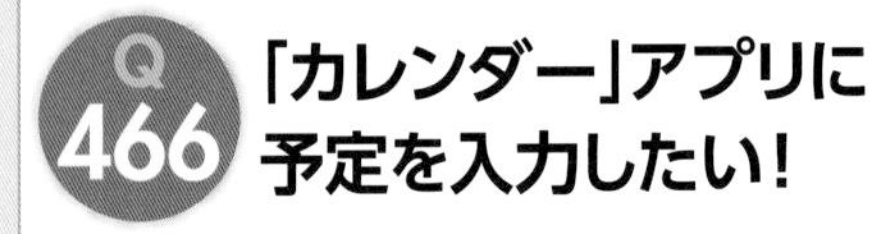

Q466 「カレンダー」アプリに予定を入力したい！

A <新しいイベント>をクリックします。

「カレンダー」アプリは、スケジュールを管理できるアプリです。
起動すると今月のカレンダーが表示されます。<新しいイベント>をクリックすると、イベントの入力画面が表示されるので、件名や場所、日付などを入力し、<保存>をクリックします。

1 スタートメニューで<カレンダー>をクリックして、

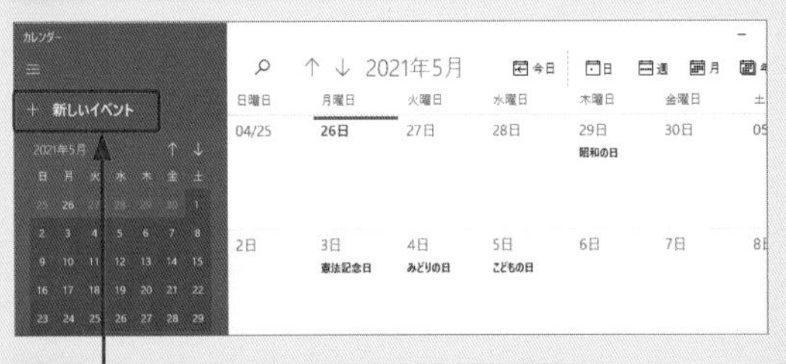

2 <新しいイベント>をクリックします。

3 件名や場所、日付などを入力し、

4 <保存>をクリックします。

Q 467 予定を確認、修正したい!

A 対象の予定をクリックします。

「カレンダー」アプリに設定した予定を確認したり、修正したいときは、対象の予定をクリックします。詳細画面が表示されるので、必要に応じて修正したら、<保存して閉じる>をクリックします。

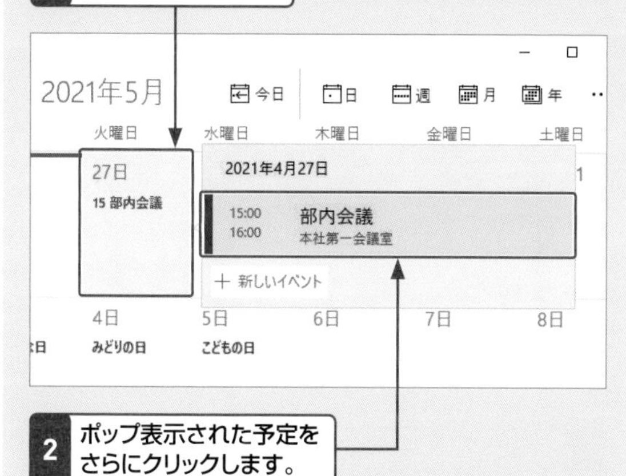

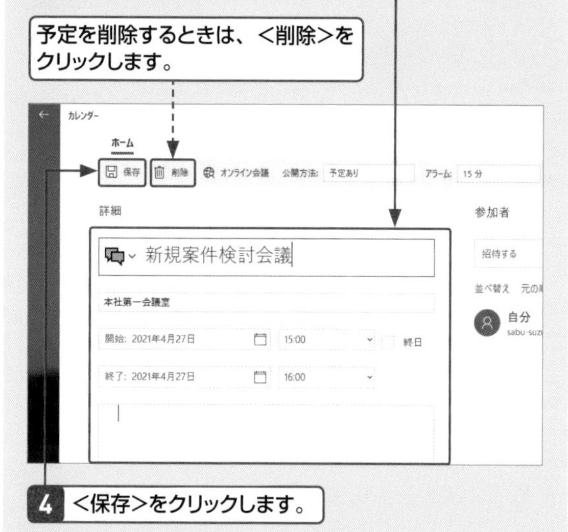

Q 468 予定の通知パターンやアラームを設定したい!

A 予定の詳細画面で設定します。

「カレンダー」アプリで通知パターン(公開方法)を設定すると、予定の週表示などの模様が変更され、ほかの予定と区別しやすくなります。予定の通知パターンは、「空き時間」「他の場所で作業中」「仮の予定」「予定あり」「外出中」から選択できます。
このときアラームもあわせて設定すれば、予定の開始時間の前に通知音とともに通知メッセージを表示してくれます。

● 公開方法を設定する

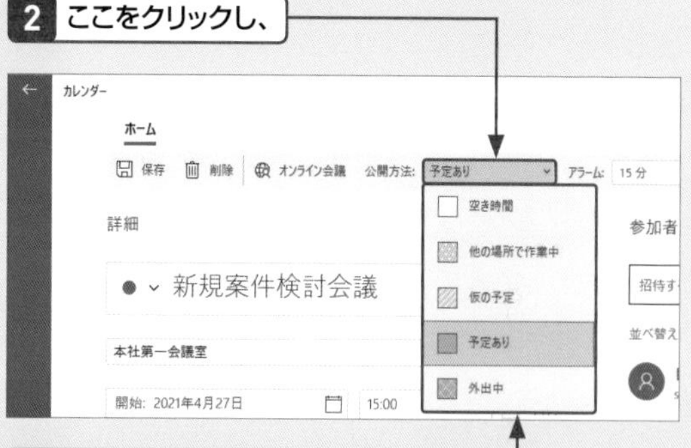

● アラームを設定する

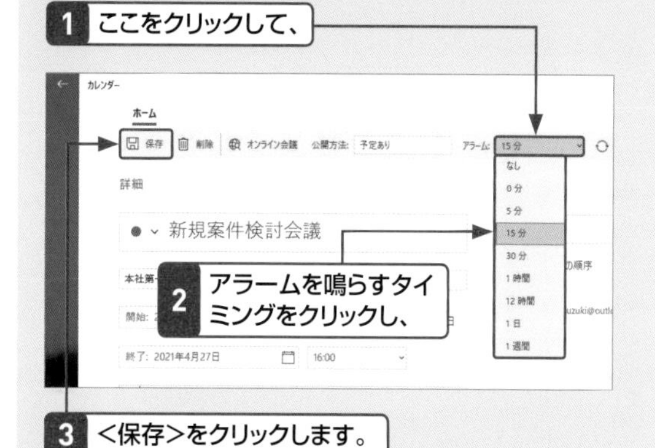

Q 469 カレンダーに祝日を表示したい!

A <休日カレンダー>から<日本>を追加します。

「カレンダー」アプリには、世界各国の休日カレンダーが用意されており、表示させたい国のカレンダーを選んで追加できます。日本の祝日を表示したいときは、<カレンダーの追加>をクリックして、<休日カレンダー>のリストにある<日本>をクリックします。

1 <カレンダーの追加>をクリックして、

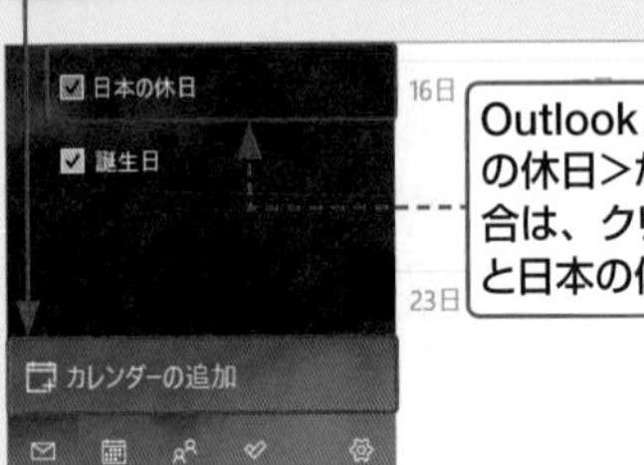

Outlookカレンダーに<日本の休日>が表示されている場合は、クリックしてオンにすると日本の休日が表示されます。

2 <休日カレンダー>をクリックし、

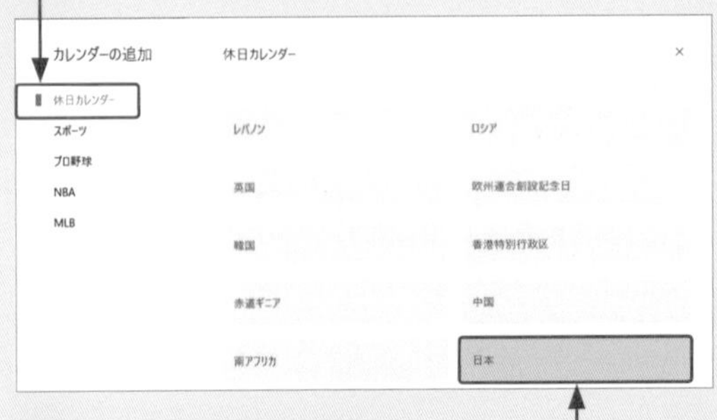

3 <日本>をクリックすると、

4 カレンダーに日本の休日が表示されます。

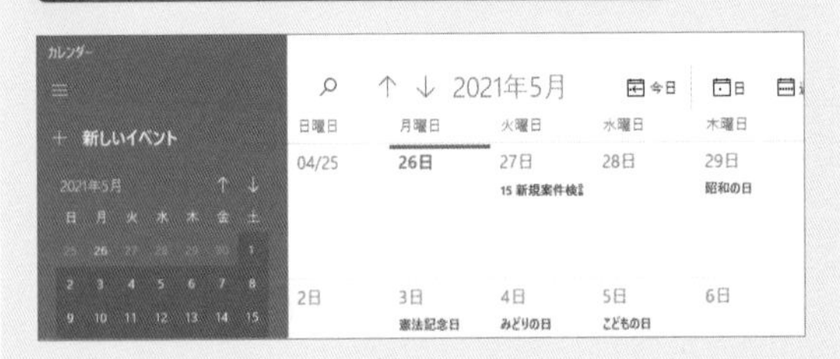

Q 470 現在地の天気を知りたい!

A 「天気」アプリで地域を設定します。

「天気」アプリでは、インターネットを介して入手した天気情報が表示されます。スタートメニューからはじめて起動したときは、位置情報を許可するかどうかの画面が表示されます。<はい>をクリックすると、現在地の向こう1週間の天気を確認できます。

1 スタートメニューで<天気>をクリックします。

2 「天気」アプリをはじめて起動したときは以下の図が表示されます。

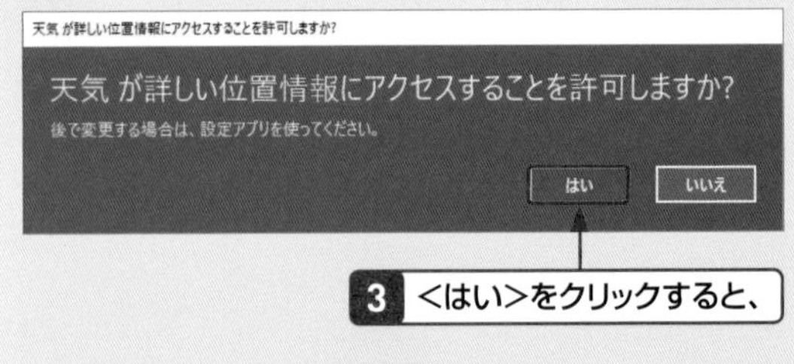

3 <はい>をクリックすると、

4 現在地の天気情報が表示されます。

基本 / デスクトップ / キーボード・文字入力 / インターネット / メール・連絡先 / セキュリティ / 写真・動画・音楽 / OneDrive・スマホ / 印刷・周辺機器 / アプリ / インストール・設定 / テレワーク

Q471 「天気」アプリの地域を変更したい!

A 目的の地域を検索します。

「天気」アプリに表示される地域を変更したい場合は、検索ボックスに目的の地域を入力します。起動時に表示される地域は左下の＜設定＞⚙で指定します。

1 右上の検索ボックスに目的の地域名を入力して、

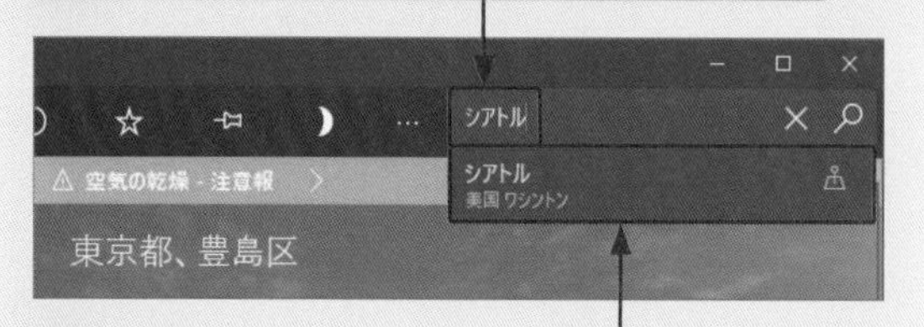

2 候補をクリックすると、

3 その地域の天気情報が表示されます。

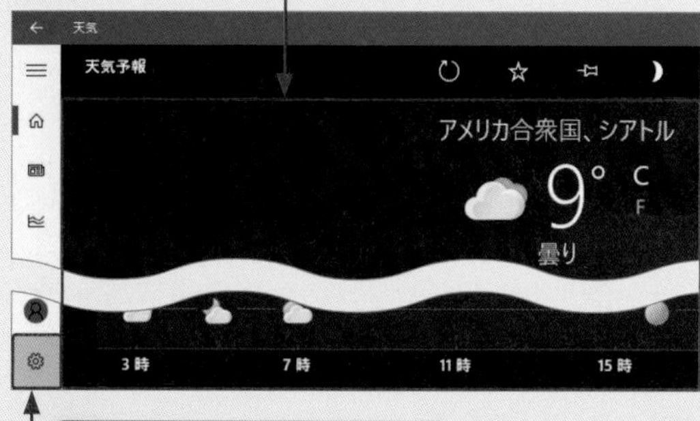

4 ＜設定＞⚙をクリックして、

5 ＜スタートページに設定された場所＞をクリックし、

地域を設定
(変更はアプリが再起動した後に反映されます)
○ 常に現在地を検出する
◉ スタートページに設定された場所
アメリカ合衆国、シアトル

6 地域を入力すると、「天気」アプリを起動したときに表示される地域を設定できます。

Q472 「マップ」アプリの使い方を知りたい!

A 拡大・縮小したり、ドラッグして地図を移動します。

「マップ」アプリを起動するには、スタートメニューで＜マップ＞をクリックします。「マップ」アプリをはじめて起動したときは、位置情報を許可するかどうかの画面が表示されます。＜はい＞をクリックすると、Wi-FiやGPS、IPアドレスなどから取得した位置情報をもとに、現在地周辺の地図が表示されます。地図は拡大・縮小したり、ドラッグして移動したりできます。

1 スタートメニューで＜マップ＞をクリックします。

2 「マップ」アプリをはじめて起動したときは以下の図が表示されます。

マップ が詳しい位置情報にアクセスすることを許可しますか?

マップ が詳しい位置情報にアクセスすることを許可しますか?
後で変更する場合は、設定アプリを使ってください。
はい　いいえ

3 ＜はい＞をクリックすると、

4 現在地周辺の地図が表示されます。

5 画面をドラッグすると、表示位置を移動できます。

6 ＜拡大＞＋／＜縮小＞－をクリックすると、地図を拡大／縮小表示できます。

ここをクリックすると、場所の検索ができます。

便利なプリインストールアプリ　重要度 ★★★

Q 473 「マップ」アプリでルート検索をしたい!

A <ルート案内>を利用します。

「マップ」アプリでは、目的の場所を検索するほかに、現在地から目的地までのルートも検索できます。遠方へ外出するときなどに利用しましょう。

1 <ルート案内>をクリックして、

2 移動方法を選択し、

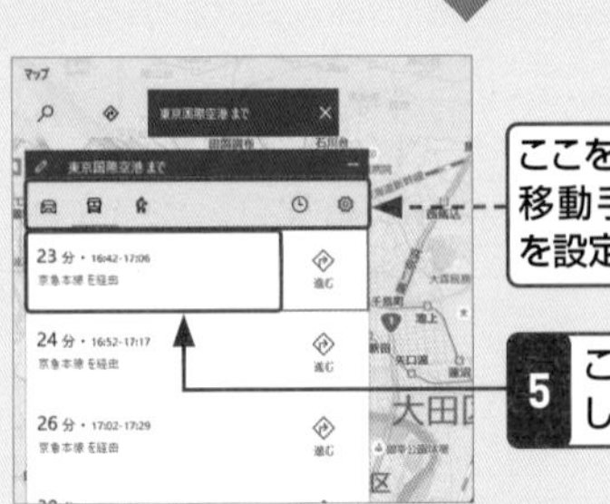

3 出発地と目的地を入力して、

4 <ルート案内>をクリックします。

ここをクリックすると、移動手段や出発時刻を設定できます。

5 ここをクリックします。

6 目的地までの時間やルートが詳しく表示されます。

便利なプリインストールアプリ　重要度 ★★★

Q 474 忘れてはいけないことを画面に表示しておきたい!

A 「付箋」アプリで画面に付箋を貼りましょう。

「付箋」アプリは、画面にメモ書きを貼り付けておけるアプリです。Microsoftアカウントでサインインすることで、ほかのパソコンでも同じメモを確認することができます。
また、Webサイト（https://www.onenote.com/stickynotes）にアクセスすれば、スマートフォンなどでもメモを表示可能です。

1 スタートメニューから「付箋」をクリックすると、アプリのウィンドウと付箋が表示されるので、

2 覚えておきたいことを書き留めます。

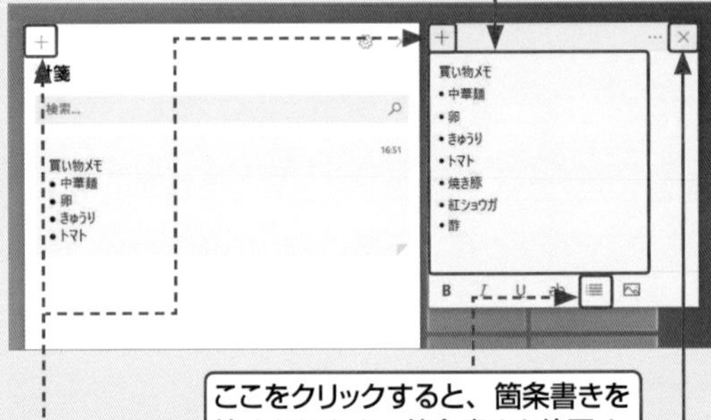

ここをクリックすると、箇条書きを始められます。箇条書きを終了するときはもう一度クリックします。

<新しいメモ>をクリックすると、付箋を増やせます。

3 メモの表示を終了したいときは、<メモを閉じる>をクリックします。

4 メモを削除したいときは、<メニュー>をクリックして、

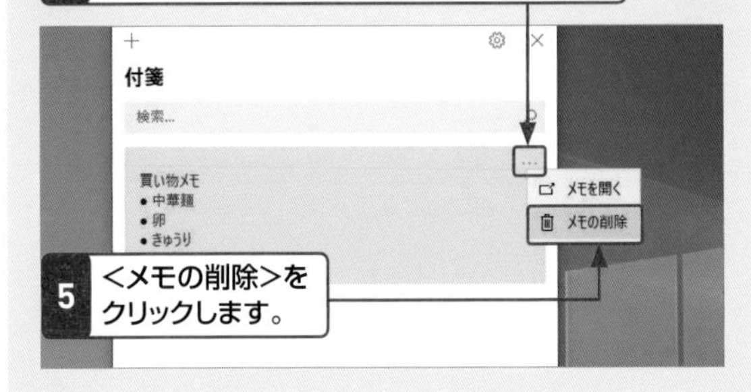

5 <メモの削除>をクリックします。

Q 475 OneNoteでメモを残したい！

A OneNoteで新しいノートを作成しましょう。

「OneNote」アプリは、メモを作成、管理、共有するためのアプリです。テキストメモはもちろん、画像や各種文書ファイルなどもメモとして保存できるので、仕事やプライベートでさまざまなことを記録しておきたいといった用途に応えてくれます。スマートフォンやタブレット向けのアプリも用意されているので、同じMicrosoftアカウントでアプリにサインインすれば、メモを各デバイスで共有できる点も便利です。

OneNoteでは、メモのことを「ページ」と呼びます。ページは「ノートブック」というフォルダーと同様の入れ物で管理、分類でき、ノートブックの中にさらに「セクション」という入れ子のフォルダーが用意されています。

1 スタートメニューから<OneNote>をクリックして、<個人用Microsoftアカウント>をクリックします。

サインインに使うアカウントをお選びください

個人用 Microsoft アカウント

職場または学校アカウント

最初のノートブックの名前は固定されています。

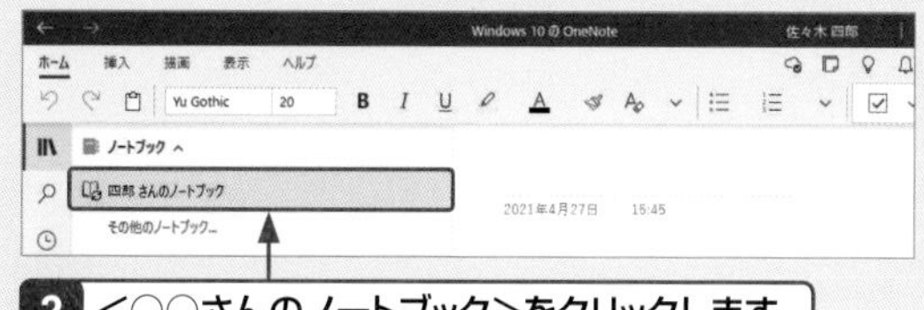

2 <○○さんのノートブック>をクリックします。

3 <セクションの追加>をクリックします。

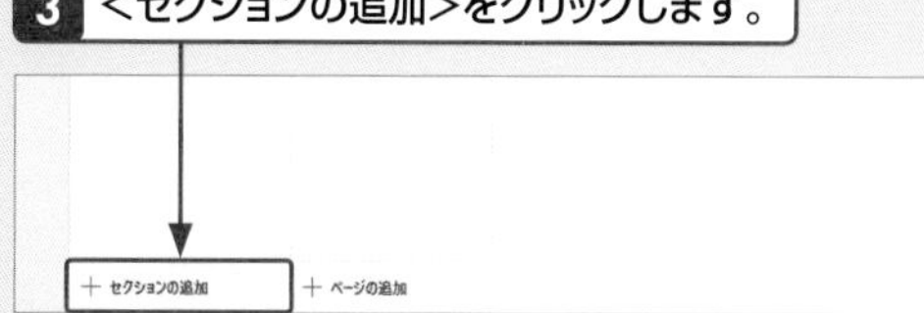

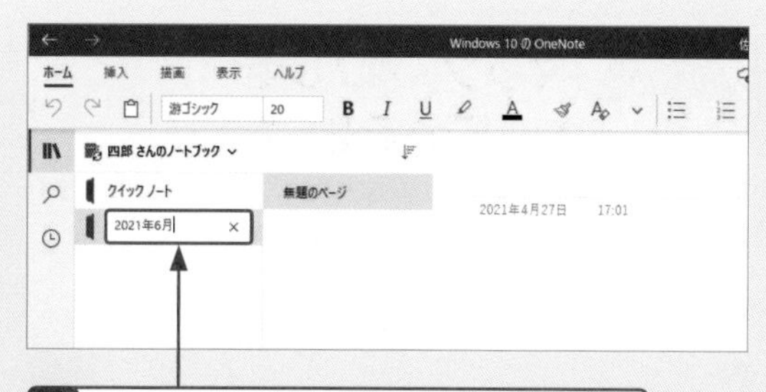

4 セクションの名前を入力して Enter を押すと、

5 新しいセクションが作成されます。

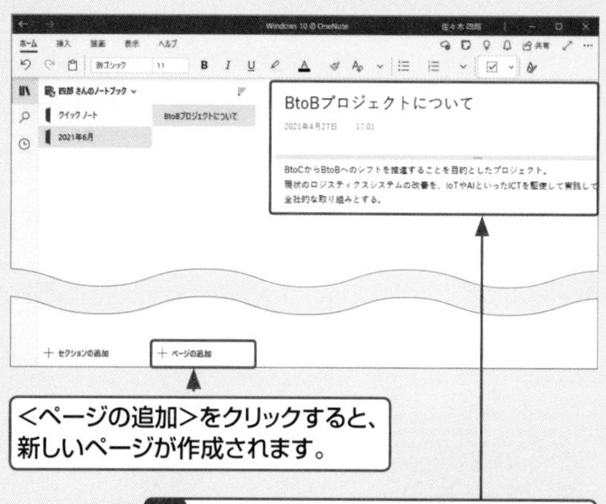

<ページの追加>をクリックすると、新しいページが作成されます。

6 ページにタイトルや本文を入力します。

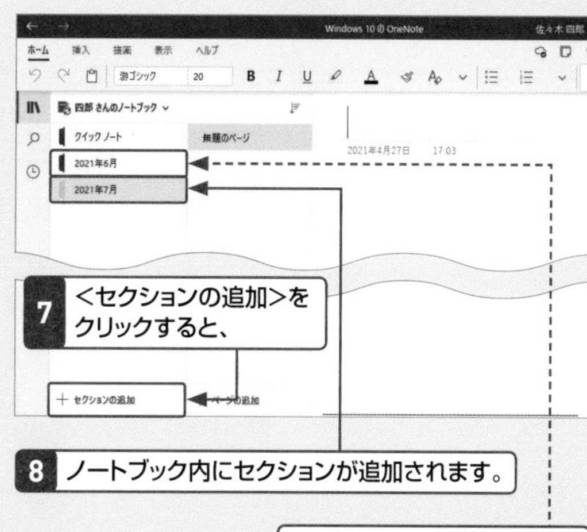

7 <セクションの追加>をクリックすると、

8 ノートブック内にセクションが追加されます。

別のセクションを選択すると、ページは見えなくなります。

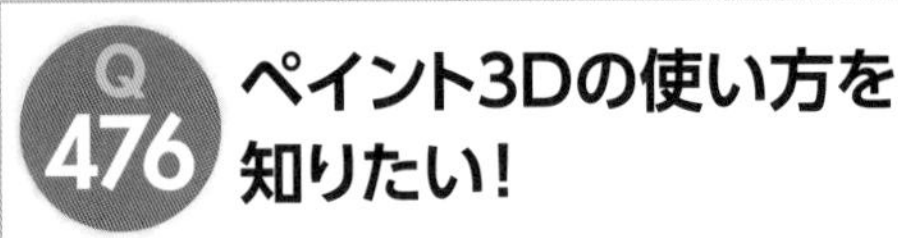

Q 476 ペイント3Dの使い方を知りたい！

A 「マジック選択」機能で画像を切り抜いてみましょう。

「ペイント3D」アプリは「ペイント」アプリの後継アプリです。従来のように画像をトリミングしたり、絵を描いたりできるほか、画像の一部を切り抜いたり、3D図形を扱ったりすることも可能になっています。ここでは例として、画像の一部を切り抜く方法を紹介します。

1 スタートメニューから<ペイント3D>をクリックして、<メニュー>をクリックします。

2 <挿入>をクリックして、

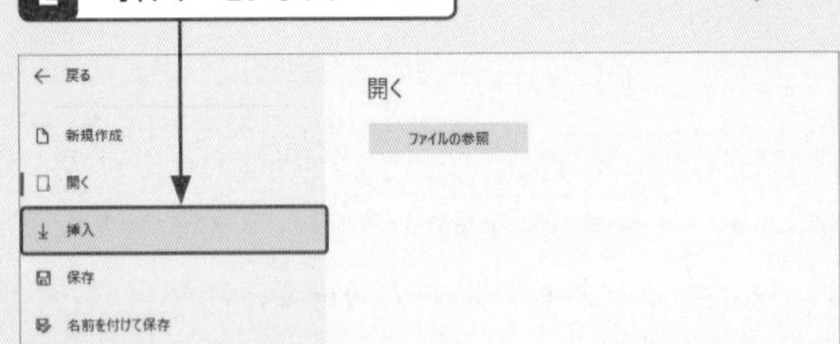

3 切り抜きたい画像をクリックし、<開く>をクリックします。

4 <マジック選択>をクリックして、

5 白い円をドラッグして切り抜き範囲を選択し、

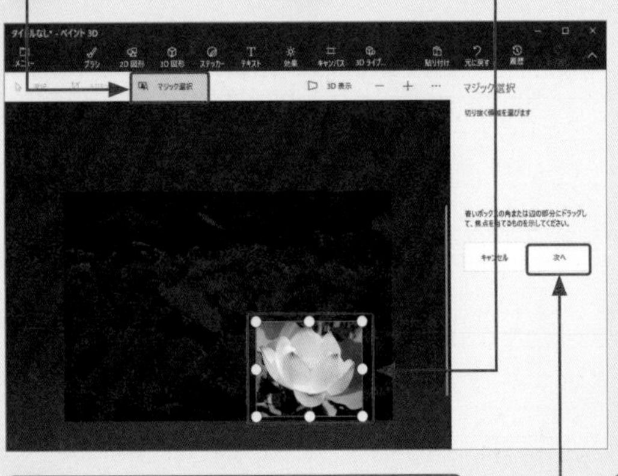

6 <次へ>→<完了>をクリックします。

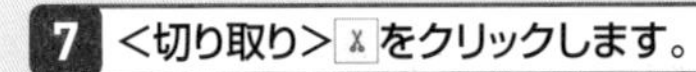

7 <切り取り>をクリックします。

8 Ctrl＋Aを押して背景を全選択し、Deleteを押して削除します。

9 Ctrl＋Vを押すと切り抜いた画像が貼り付けられます。

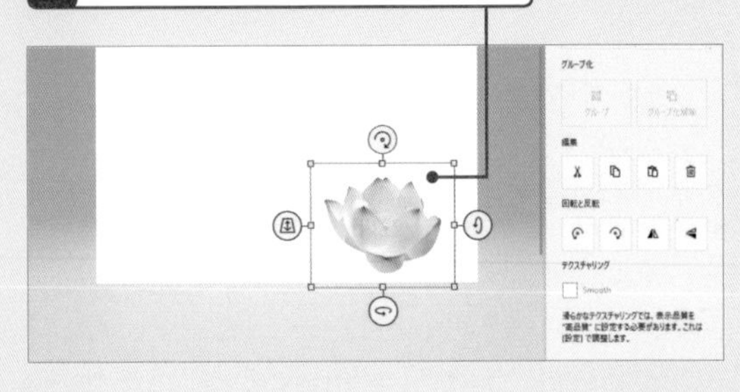

10 <キャンバス>をクリックし、

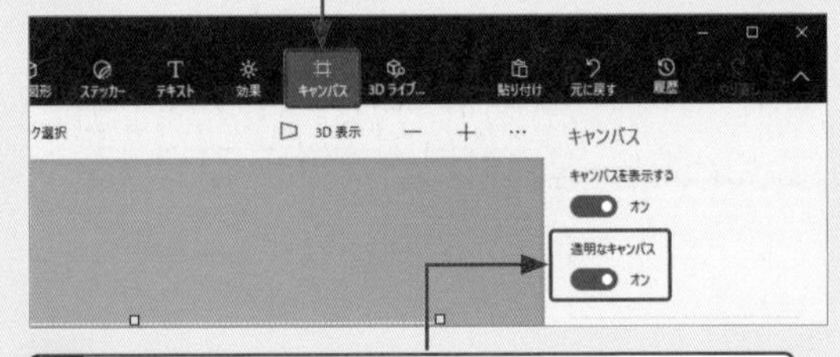

11 <透明なキャンバス>をクリックしてオンにします。

12 画面左上の<メニュー>→<名前を付けて保存>→<画像>をクリックし、次の画面で<保存>をクリックして、

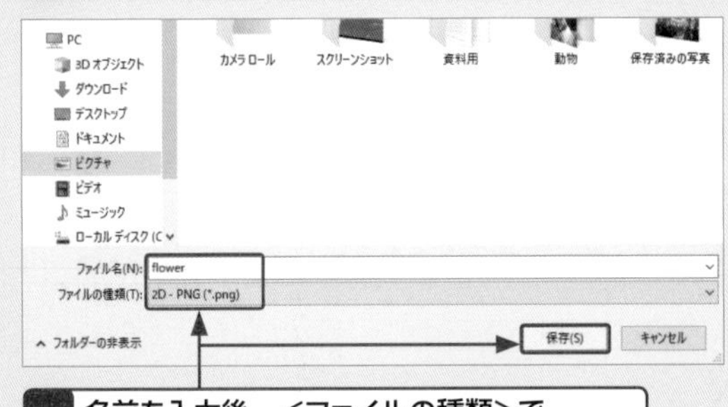

13 名前を入力後、<ファイルの種類>で<2D-PNG>を選択して画像を保存します。

Q 477 Windows 10でゲームを楽しみたい!

A 付属のゲームを楽しむか、新しくダウンロードします。

Windows 10でゲームを楽しむには、Windows 10に付属しているゲームをプレイする方法と、「Microsoft Store」アプリから有料または無料のゲームをダウンロードする方法があります。ここでは、Windows 10に付属する「Microsoft Solitaire Collection」を例に紹介します。

参照▶Q 478,Q 479

●サインインする

1 スタートメニューで<Microsoft Solitaire Collection>をクリックして、

2 をクリックし、お知らせを閉じます。

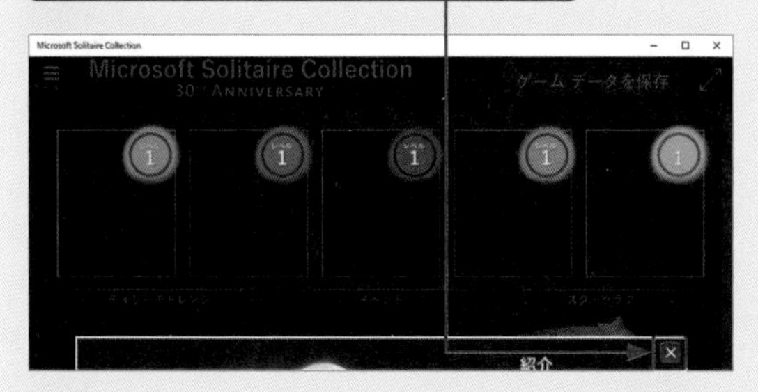

3 <サインイン>をクリックして、

Microsoft アカウントでWindowsにサインインしていて、はじめて起動した場合は、このように表示されます。

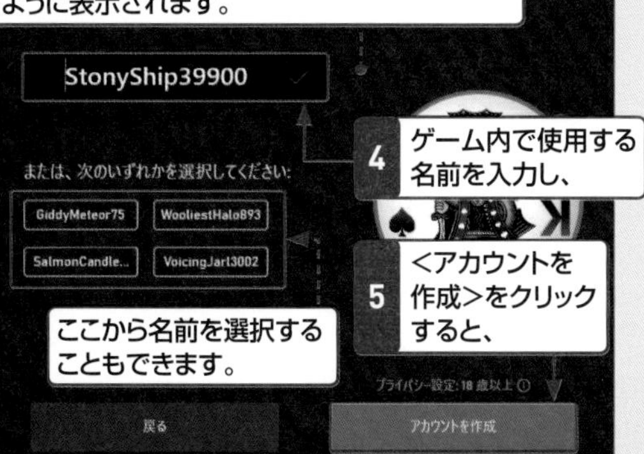

4 ゲーム内で使用する名前を入力し、

ここから名前を選択することもできます。

5 <アカウントを作成>をクリックすると、

6 サインインして、ゲームが遊べるようになります。

●サインアウトする

1 ここをクリックして、

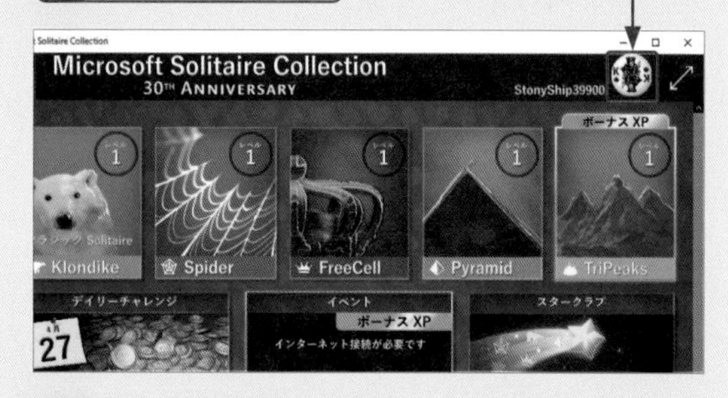

2 表示された画面で<プロフィールを表示>をクリックします。

3 <設定>  をクリックして、

4 <サインアウト>をクリックします。

アプリのインストールと削除　重要度 ★★★

Q 478 Windows 10にアプリを追加したい!

A 「Microsoft Store」アプリからインストールします。

Windows 10にアプリを追加したいときは、「Microsoft Store」アプリを利用しましょう。有料、無料を問わず、さまざまなアプリが用意されています。なお、アプリをインストールするにはMicrosoftアカウントが必要です。

1 スタートメニューで<Microsoft Store>をクリックして、「Microsoft Store」アプリを起動し、

2 アプリのジャンル(ここでは<仕事効率化>)をクリックします。

3 追加したいアプリをクリックし、

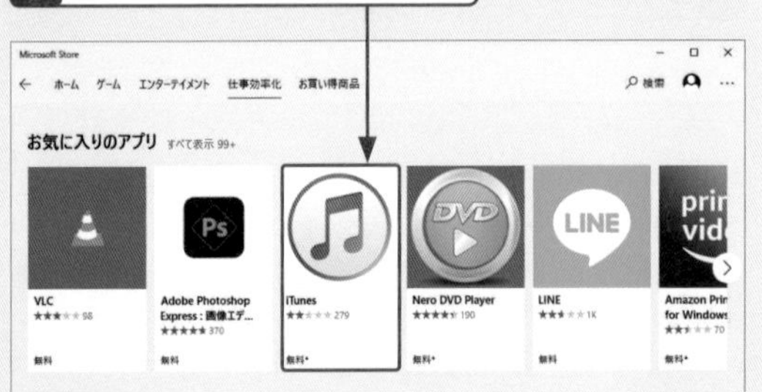

4 <入手>をクリックすると、

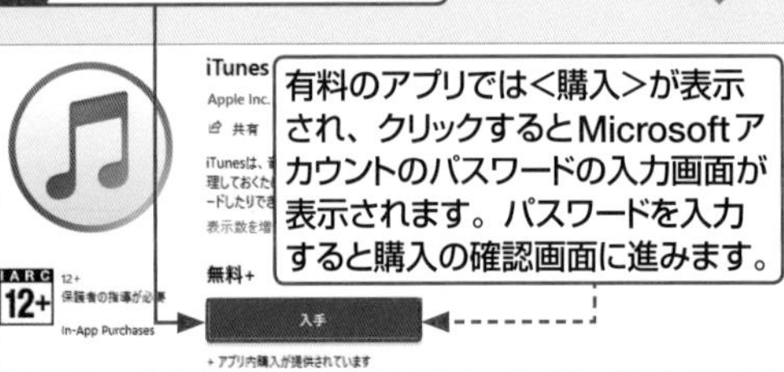

有料のアプリでは<購入>が表示され、クリックするとMicrosoftアカウントのパスワードの入力画面が表示されます。パスワードを入力すると購入の確認画面に進みます。

5 アプリが追加されます。

アプリのインストールと削除　重要度 ★★★

Q 479 アプリの探し方がわからない!

A 検索機能を利用します。

「Microsoft Store」アプリでは、「ゲーム」「エンターテイメント」「仕事効率化」といったカテゴリからアプリを探せます。それでも目的のアプリがなかなか見つからなかったり、アプリ名を知っている場合は、検索機能を利用するとよいでしょう。

1 <検索>をクリックして、

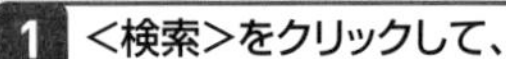

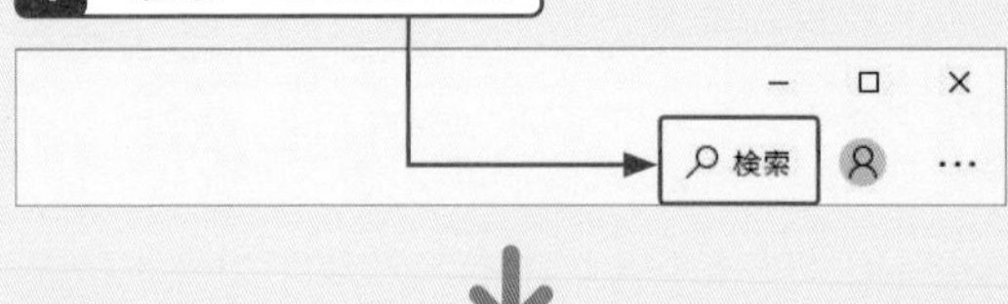

2 探したいアプリをキーワードで入力し、

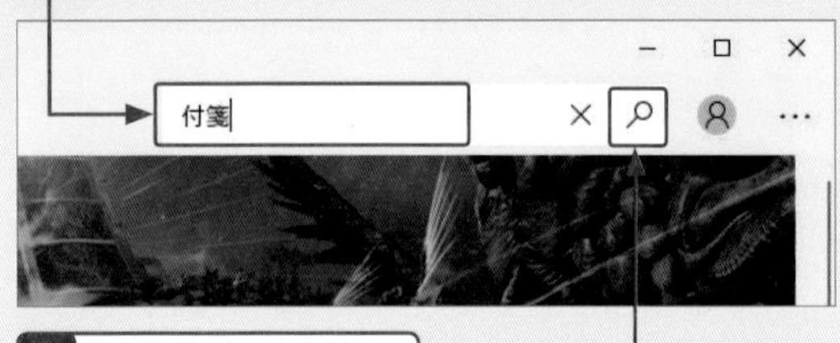

3 ここをクリックすると、

4 検索結果が表示されます。

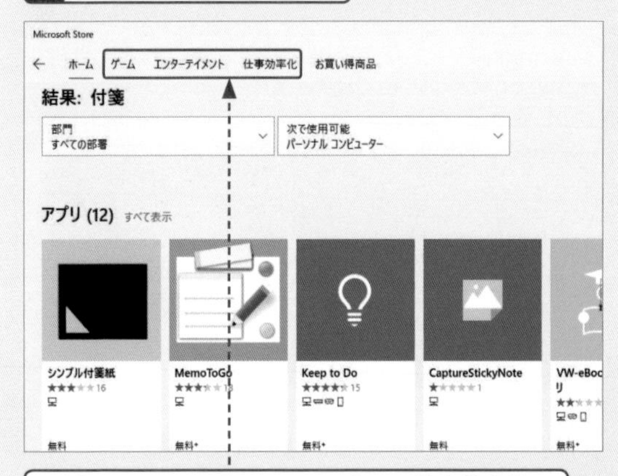

<ゲーム><エンターテイメント><仕事効率化>といったカテゴリからアプリを探すこともできます。

Q 480 有料アプリの「無料試用版」って何？

A 有料アプリを一定期間無料で試せるものです。

Microsoft Storeでは、無料のものだけでなく、有料のアプリも販売されています。購入前に有料アプリの使い勝手を試してみたい場合は、右のように操作して、無料試用版をインストールするとよいでしょう。ただし、有料アプリの中には無料試用版が用意されていないものもあります。

1 有料アプリを選択して、

2 <無料試用版>をクリックすると、無料で利用できるアプリがインストールされます。

Q 481 有料のアプリを購入するには？

A 支払い方法の登録が必要です。

「Microsoft Store」アプリで有料のアプリを購入する場合は、Microsoftアカウントに支払い方法を登録する必要があります。支払いには、クレジットカードまたはPayPalを利用できます。支払い方法は、有料アプリをはじめて購入するときにも登録できますが、あらかじめ登録しておくことも可能です。ここでは後者の方法を紹介します。

1 「Microsoft Store」アプリを起動して<もっと見る>…をクリックし、

2 <お支払い方法>をクリックします。

3 Edgeが起動するのでMicrosoftアカウントを入力して<次へ>をクリックし、

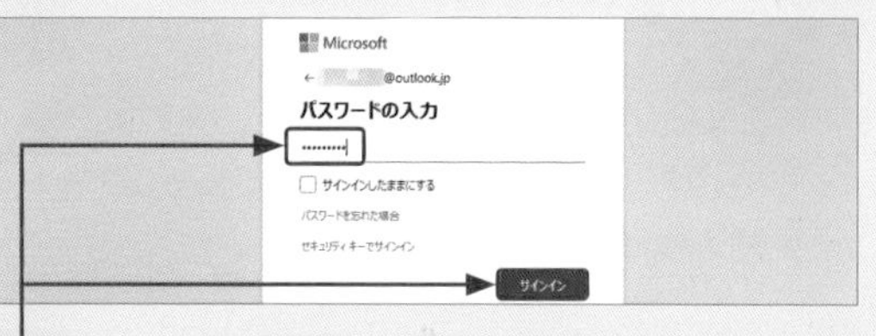

4 Microsoftアカウントのパスワードを入力して<サインイン>をクリックします。

5 <新しい支払方法を追加する>をクリックし、

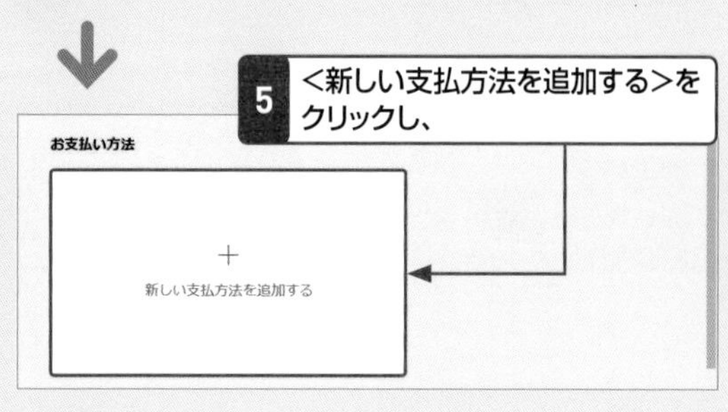

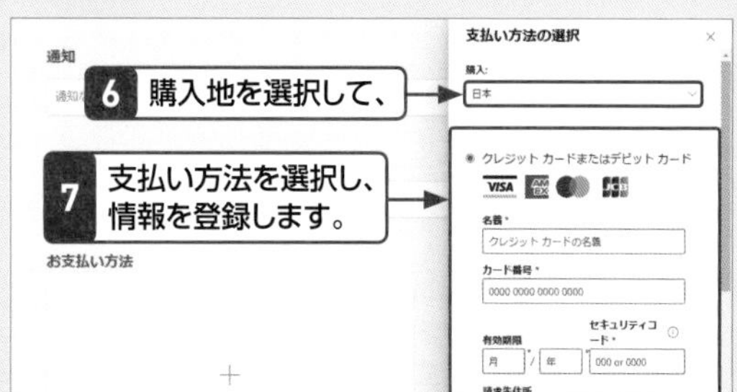

6 購入地を選択して、

7 支払い方法を選択し、情報を登録します。

アプリのインストールと削除　重要度 ★★★

Q 482 アプリをアップデートしたい!

A 自動的にダウンロードして更新されます。

Windows 10に標準でインストールされているアプリやMicrosoft Storeで入手できるアプリは、アップデートがあると自動的に更新が行われます。自動更新をしたくない場合は、設定を変更しましょう。ただし、設定を変更できるのは、管理者権限を持つユーザーのみです。自動更新をオフにすると、以降は「Microsoft Store」アプリの画面右上にアップデートの通知が表示され、クリックして好きなときに更新できます。

参照▶Q 312,Q 502

● 自動更新をオフにする場合

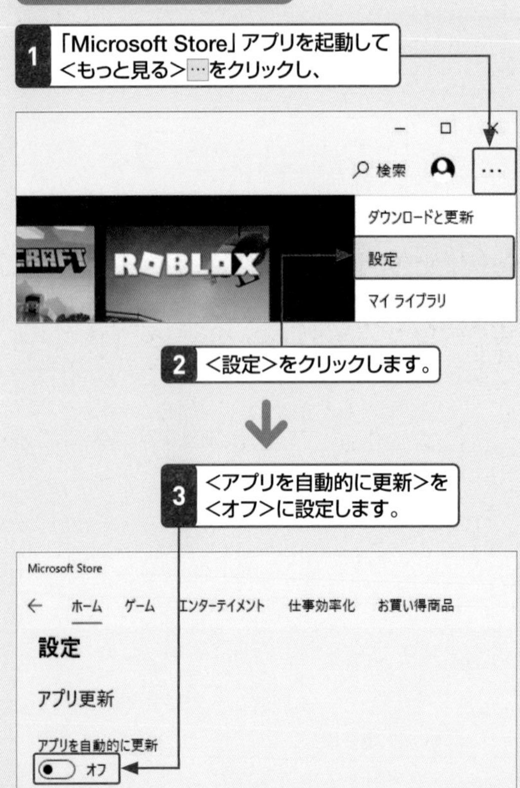

4 以降は、アップデートが配信されると、アプリの右上に更新プログラムの情報が表示されるようになります。

アプリのインストールと削除　重要度 ★★★

Q 483 アプリをアンインストールしたい!

A 「設定」アプリで操作します。

インストールしたものの使わなくなったアプリは、「設定」アプリからアンインストール（削除）できます。

1 スタートメニューで<設定>をクリックして、

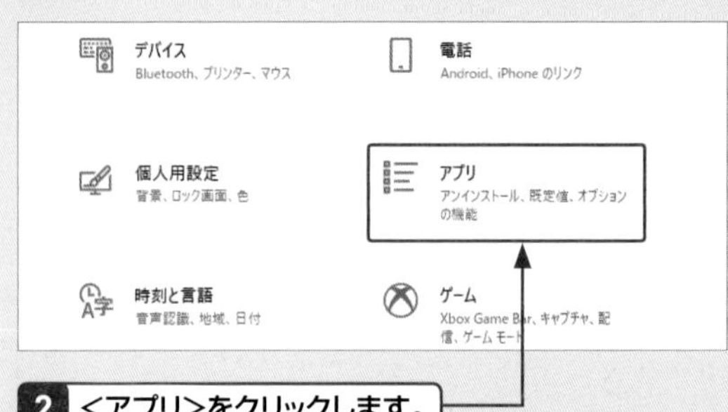

2 <アプリ>をクリックします。

3 <アプリと機能>をクリックし、

4 アンインストールしたいアプリをクリックしたら、

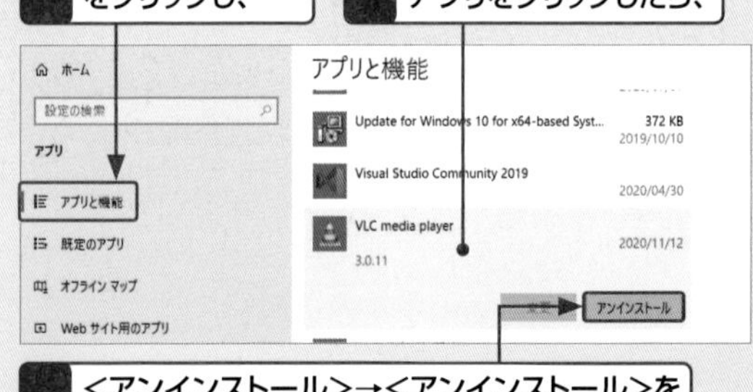

5 <アンインストール>→<アンインストール>をクリックします。

6 アンインストールが実行されます。

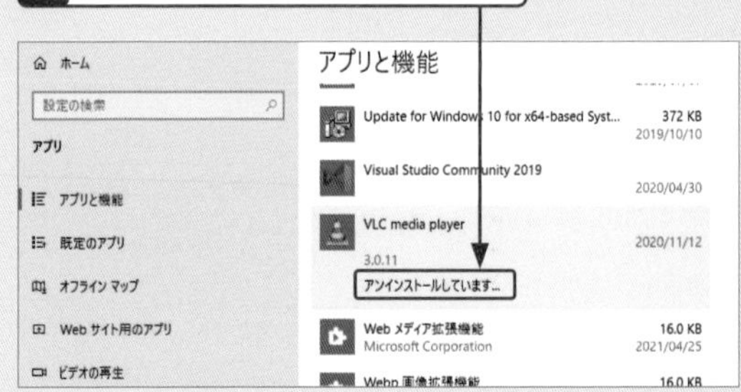

インストールと設定の便利技!

Windows 10のインストールと復元　重要度 ★★★

Q 484 Windows 10が使えるパソコンの条件は？

A システム要件は以下のとおりです。

Windows 7やWindows 8／8.1からWindows 10へのアップグレードを考えている場合は、Windows 10がきちんと動作するか事前に確認しておきましょう。Windows 10のシステム要件は下記のとおりです。

- プロセッサ：1GHz以上のプロセッサ
- メモリ：1GB（32ビット）または2GB（64ビット）
- ハードディスクの空き容量：32GB
- グラフィックカード：WDDMドライバーを搭載したDirectX9グラフィックスデバイス
- ディスプレイ：800×600以上の解像度
- タッチを使う場合は、タブレットまたはマルチタッチに対応するモニター

● パソコンのシステム要件を確認する

Windows 7／Vistaでは＜スタート＞ボタンをクリックして、＜コンピューター＞を右クリックし、＜プロパティ＞をクリックします。詳細については、使用しているパソコンの解説書を参照するか、メーカーのWebページを参照してください。

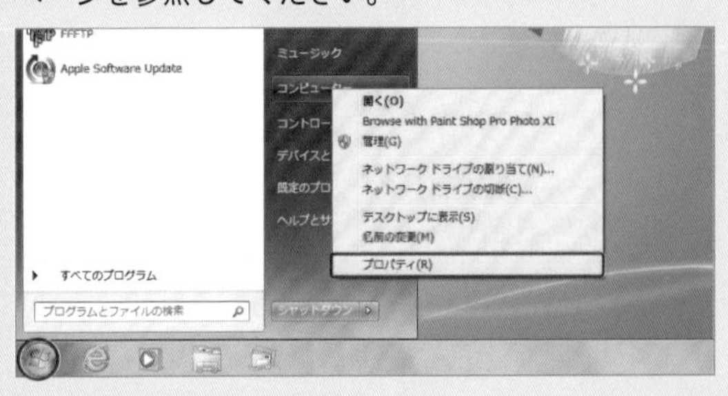

Windows 8／8.1では、コントロールパネルの＜システムとセキュリティ＞で＜システム＞をクリックします。

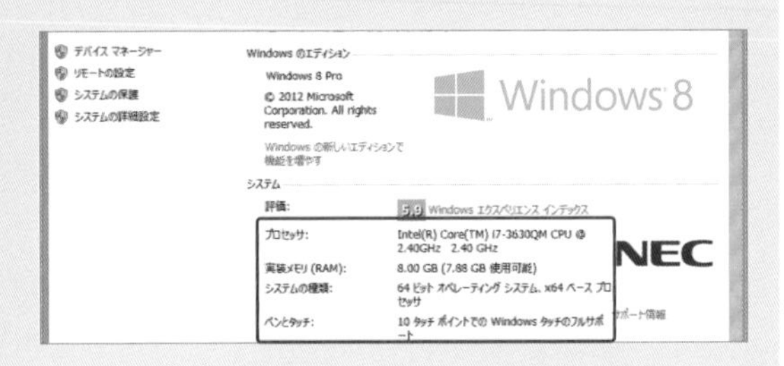

Windows 10のインストールと復元　重要度 ★★★

Q 485 Windows 10にアップグレードするには？

A バージョンによって条件が異なります。

現在Windows 7／8／8.1を利用している場合は、Windows 10を購入すれば、アップグレードすることができます。アップグレードの際は、Windows 7／8／8.1で使用していた個人用ファイルとアプリを引き継ぐかどうか選択できます。

なお、Windows 8を利用している場合は、事前に「ストア」アプリからWindows 8.1にアップデートしておく必要があります。

参照▶Q 484

● Windows 10にアップグレードする

Windows 7／8／8.1は、Windows上からアップグレードを実行できます。完了するまで時間がかかるため、ノートパソコンの場合はバッテリーが途中で切れないよう、ACアダプターを接続した状態で行いましょう。

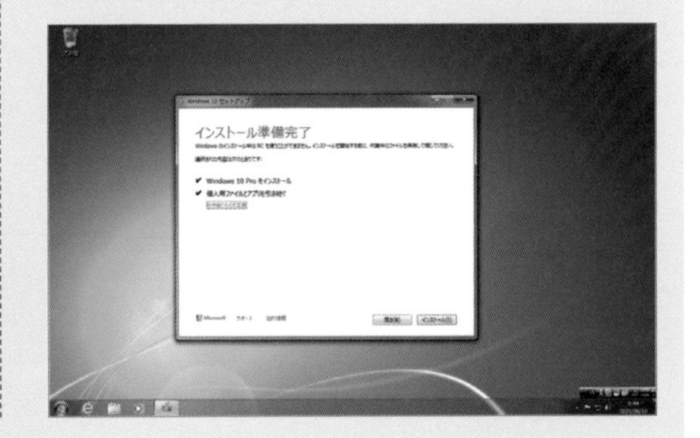

Q 486 ファイルを消さずにパソコンをリフレッシュしたい!

A <更新とセキュリティ>からパソコンを初期状態に戻します。

パソコンの動作が不安定になってしまったら、一度パソコンを初期状態に戻してみましょう。
このとき、写真などの個人用ファイルは残しておくことができます。ただし、パソコンを購入後にインストールしたアプリは削除されてしまうので、あとで再インストールしましょう。また、パソコンによっては、購入時に付属していたリカバリディスクなどが必要になります。なお、Windows 7／8／8.1からWindows 10へアップグレードした場合は、Windows 10がクリーンインストールされた状態に戻ります。

1 <スタート> →<設定> をクリックして、

2 <更新とセキュリティ>をクリックし、<回復>をクリックします。

3 <このPCを初期状態に戻す>の<開始する>をクリックして、

4 <個人用ファイルを保持する>をクリックします。

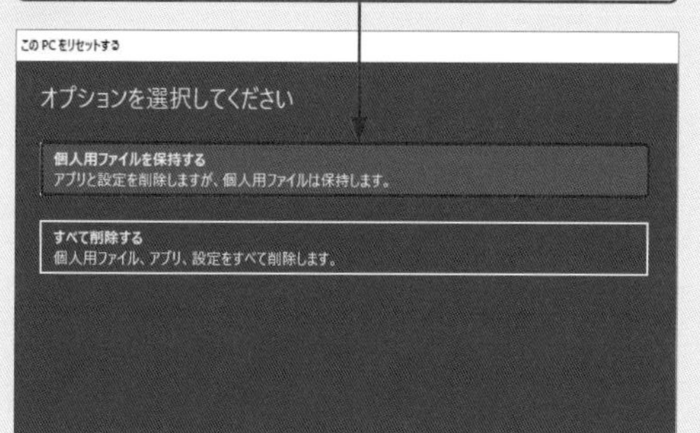

<クラウドからダウンロード>をクリックして、インターネットからインストールするデータをダウンロードすることもできます。

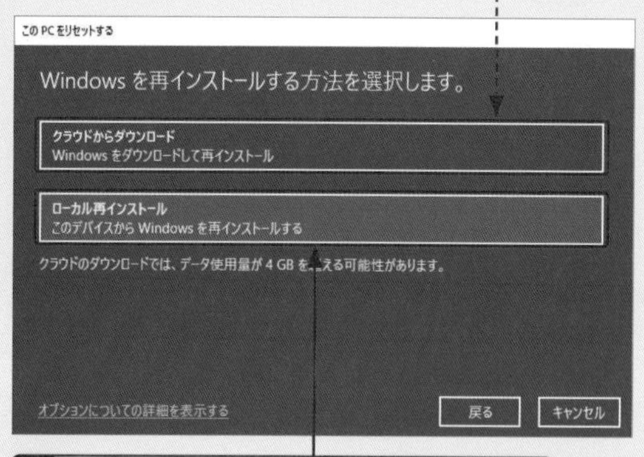

5 <ローカル再インストール>をクリックして、

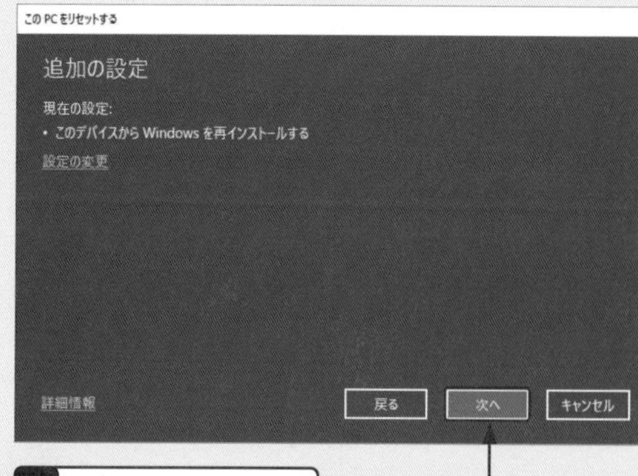

6 <次へ>をクリックし、

7 <リセット>をクリックすると、パソコンが初期状態に戻ります。

Windows 10のインストールと復元　重要度★★★

Q 487 再インストールして購入時の状態に戻したい！

A すべて削除してWindowsを再インストールします。

パソコンを購入時の状態に戻すには、<回復>を<すべて削除する>オプションで実行します。インストールしたアプリや保存していた個人用ファイル、独自に設定した項目などはすべて削除されるので、必要なデータをバックアップしてから実行しましょう。このとき、Windows 7／8／8.1からWindows 10へアップグレードしている場合は、Windows 10がクリーンインストールされた状態に戻ります。

1 Q486を参考に、<このPCを初期状態に戻す>の<開始する>を選択して、

オプションを選択してください

すべて削除する
個人用ファイル、アプリ、設定をすべて削除します。

2 <すべて削除する>をクリックします。

<クラウドからダウンロード>をクリックして、インターネットからインストールするデータをダウンロードすることもできます。

3 <ローカル再インストール>をクリックして、

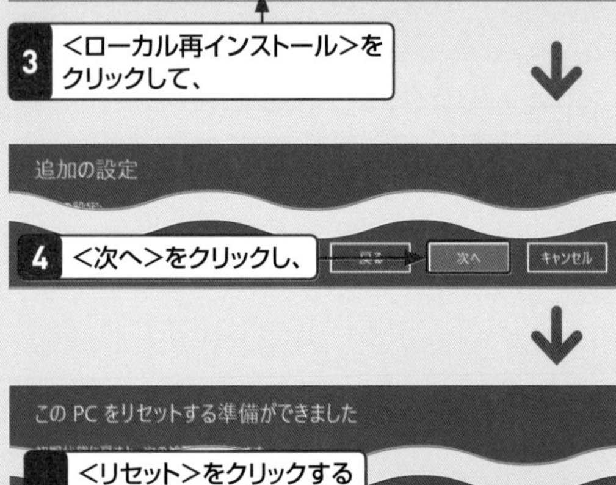

Windows 10のインストールと復元　重要度★★★

Q 488 ほかのパソコンからデータを移したい！

A USBメモリーや外付けハードディスク、OneDriveを利用します。

パソコンを買い換えたときなどに、ほかのパソコンからデータを移行するには、USBメモリーや外付けハードディスクを使用します。

USBメモリーや外付けハードディスクを持っていない場合は、OneDriveを利用します。

OneDriveは、マイクロソフトが運営するストレージサービス（インターネット上の保存場所）です。5GBまで無料で利用できますが、有料で保存容量を拡張することも可能です。

OneDriveを使ってデータを移行するには、まず、移行元のパソコンからOneDriveにサインインし、必要なデータをアップロードします。次に、新しいパソコンからOneDriveへアクセスし、データをダウンロードしましょう。

参照▶Q 385, Q 440

● OneDriveでデータを移す

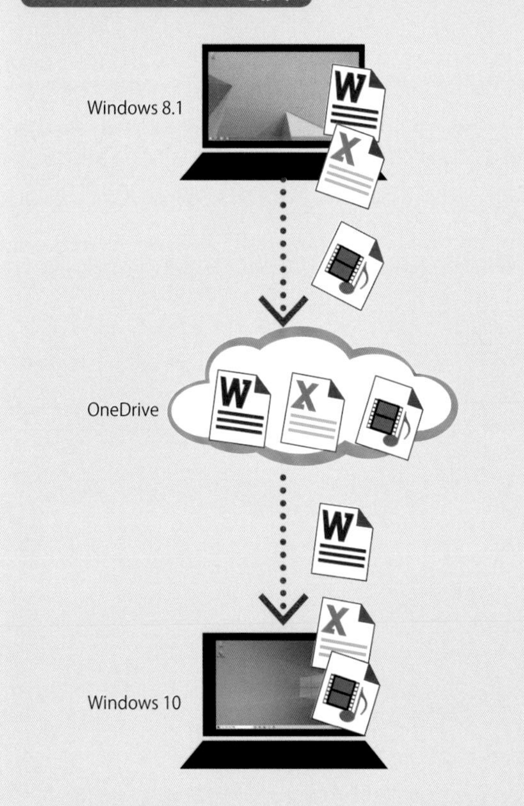

Q 489 正常に動いていた時点に設定を戻したい！

A 「システムの保護」を有効にして「システムの復元」を実行します。

Windowsが何らかの要因で動作が不安定になったときは、コントロールパネルで「システムの復元」を実行すると、正常に動いていた状態にシステムを戻せます。ただし、そのためには「システムの保護」を前もって有効にしておく必要があります。パソコンが問題なく動いているときに設定しておきましょう。復旧には時間がかかるので、ノートパソコンの場合は電源にきちんとつないでおくことをおすすめします。

●「システムの保護」を有効にする

1 スタートボタンを右クリックして、

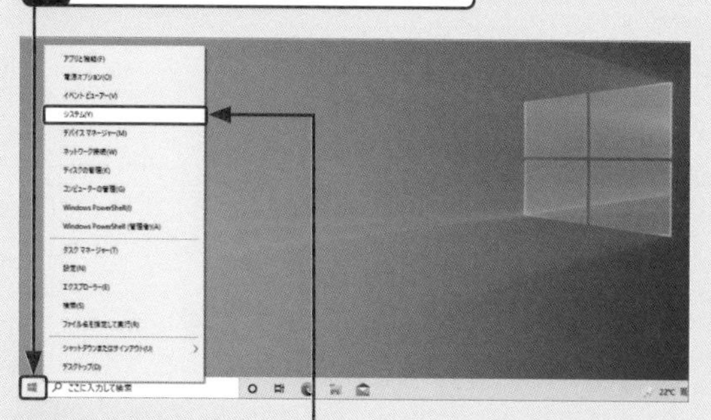

2 ＜システム＞をクリックし、

3 ＜システムの保護＞をクリックします。

＜システムの保護＞画面が表示されます。

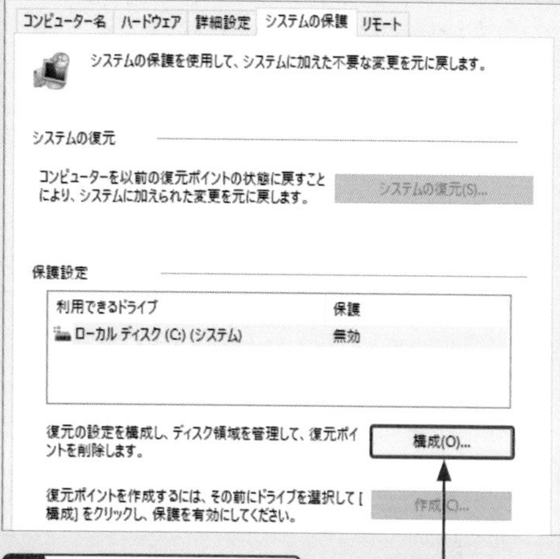

4 ＜構成＞をクリックし、

5 ＜システムの保護を有効にする＞をクリックして、

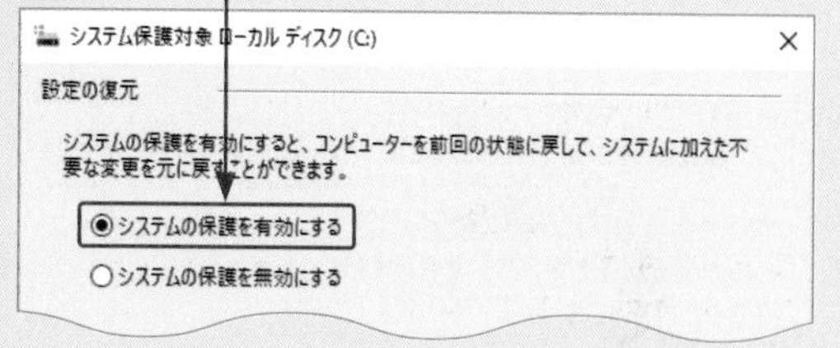

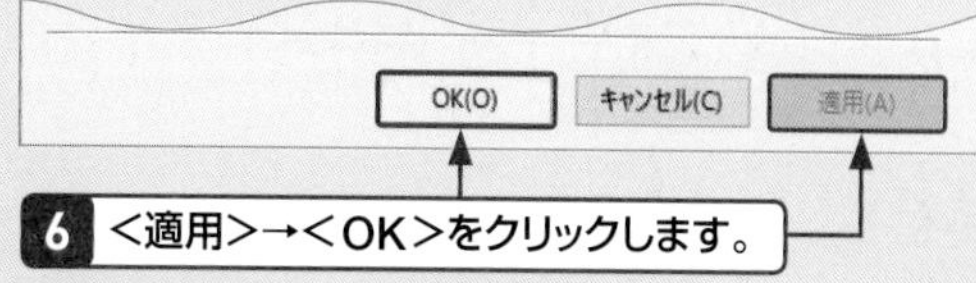

6 ＜適用＞→＜OK＞をクリックします。

●「システムの復元」を実行する

1 上の手順4の画面で＜システムの復元＞をクリックして、

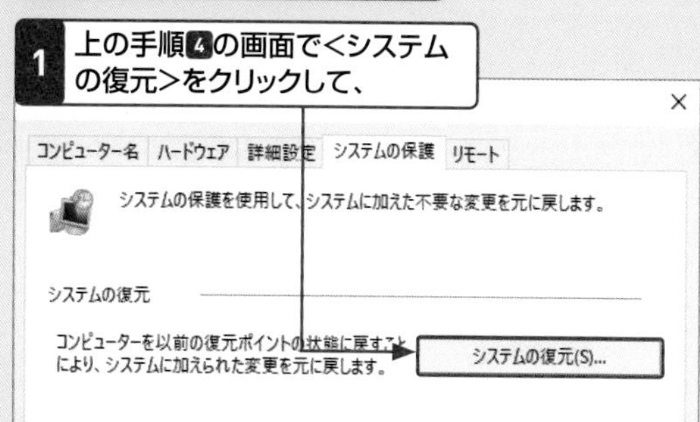

2 ＜次へ＞をクリックし、使用したい復元ポイントを選択して作業を進めます。

Q 490 Microsoftアカウントで何ができるの？

A マイクロソフトのサービスを利用できます。

Microsoftアカウントで Windows 10にサインインすると、「Microsoft Store」で提供されているアプリをインストールしたり、「メール」や「カレンダー」「People」アプリを利用したり、「OneDrive」にファイルを保存したりできるようになります。
なお、アカウントの種類は下記の方法で確認できます。

● サインインしているアカウントを確認する

1 <スタート> →<設定>をクリックして、

2 <アカウント>をクリックし、

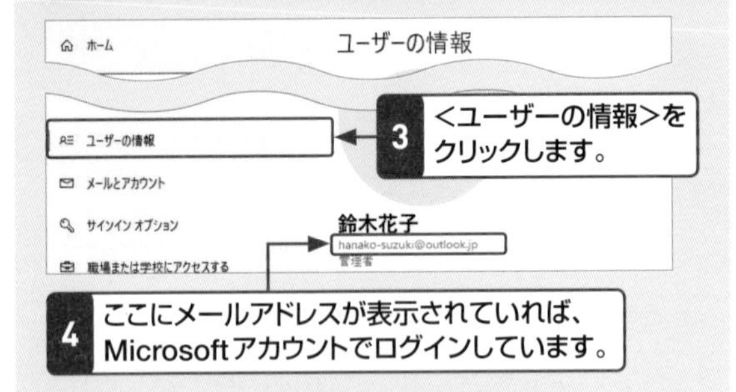

3 <ユーザーの情報>をクリックします。

4 ここにメールアドレスが表示されていれば、Microsoftアカウントでログインしています。

Microsoftアカウント 重要度

Q 491 ローカルアカウントとMicrosoftアカウントの違いは？

A 使えるパソコンの範囲が異なります。

ローカルアカウントは、アカウントを作成したパソコンでしか使えません。それに対してMicrosoftアカウントは、登録さえすればどのパソコンでも共通のアカウントとして利用できます。
複数のパソコンに同じMicrosoftアカウントでサインインすれば、OneDriveに保存したファイルや、メールでやり取りした内容を同じように表示できます。また、デスクトップのテーマやEdgeで保存したパスワードなども同期されます。

Microsoftアカウント 重要度

Q 492 インストール時にアカウントを登録しなかったらどうなるの？

A アカウントが必要な場合に、サインインを促されます。

Windows 10の初回起動時にはMicrosoftアカウントの作成が求められますが、ここで作成しなくても、そのパソコンでだけ使える「ローカルアカウント」でサインインできます。しかし「Microsoft Store」や「OneDrive」といったMicrosoftのアプリを利用するときは、Microsoftアカウントでのサインインが必要です。ここでは「Microsoft Store」でアプリをインストールしようとしたときの例を解説します。なお、これらのアプリにサインインしたあとも、Windows 10にはローカルアカウントでサインインした状態が維持されます。

参照▶Q 493

1 アプリをインストールしようとすると、

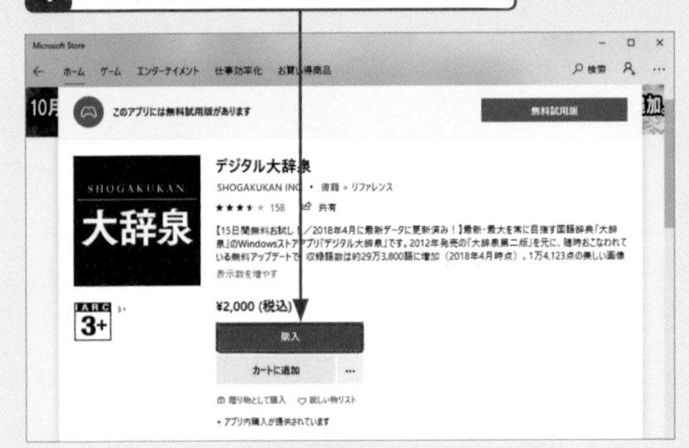

2 Microsoftアカウントでのサインインを要求されます。

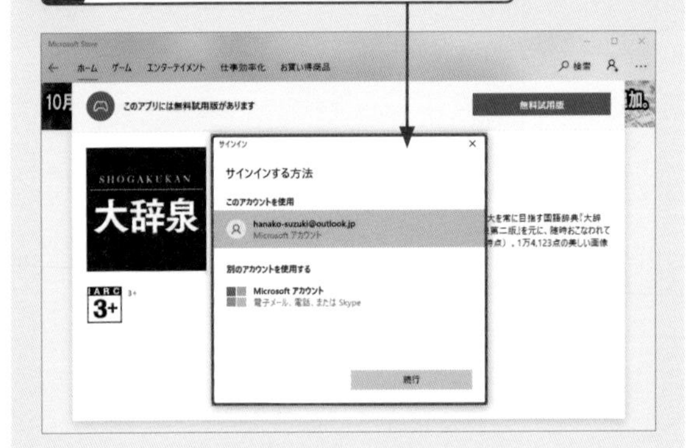

Q 493 ローカルアカウントからMicrosoftアカウントに切り替えるには？

A ＜アカウント＞の＜ユーザーの情報＞で切り替えられます。

Windows 10は「ローカルアカウント」と「Microsoftアカウント」のどちらかでサインインできます。しかしサインインしたあとでも、「設定」アプリから利用するアカウントを切り替えられます。安全性を重視し、そのパソコンだけで使えるローカルアカウントでサインインしたものの、アプリのインストールでMicrosoftアカウントが必要になった、というときに利用するとよいでしょう。ただし、ローカルアカウントをMicrosoftアカウントに変換することはできません。

参照▶Q 494

1 ＜スタート＞ →＜設定＞ をクリックして、＜アカウント＞→＜ユーザーの情報＞をクリックし、

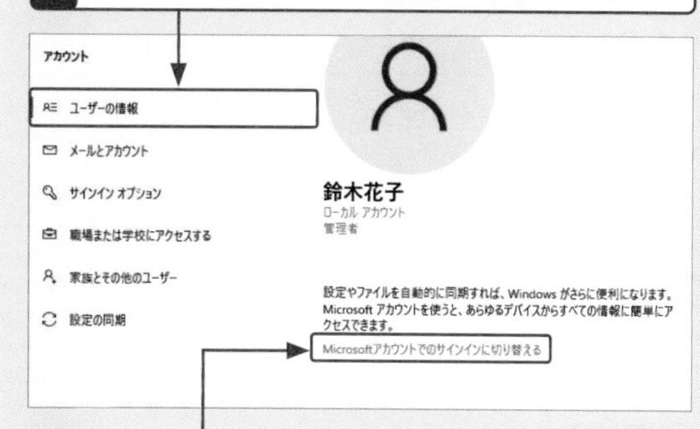

2 ＜Microsoftアカウントでのサインインに切り替える＞をクリックします。

3 Microsoftアカウントのメールアドレスを入力し、

4 ＜次へ＞をクリックします。

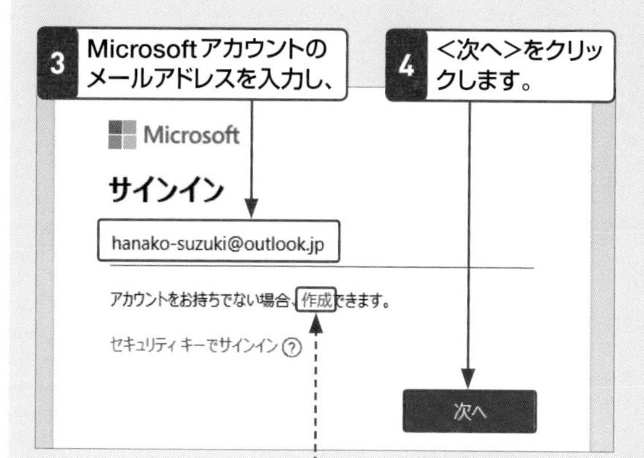

Microsoftアカウントを未取得の場合は、ここをクリックすると新規作成できます。

5 パスワードを入力し、

6 ＜サインイン＞をクリックします。

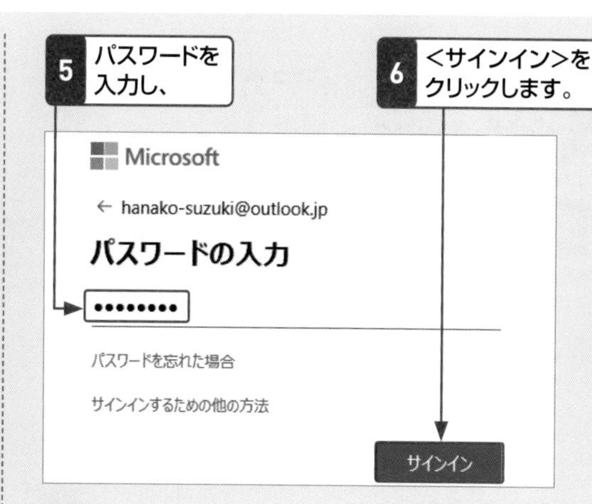

7 ローカルアカウントのパスワードを入力し、

Microsoft

hanako-suzuki@outlook.jp

Microsoft アカウントを使用してこのコンピューターにサインインする

次回このコンピューターにサインインするときに Microsoft アカウント パスワードを使用するか、Windows Hello を設定している場合はそれを使用します。
最後にもう一度、現在の Windows パスワードが必要になります。

次へ

8 ＜次へ＞をクリックします。

9 PINを作成していない場合は、PINの作成画面が表示されるので、Q507を参考にPINを入力して設定します。

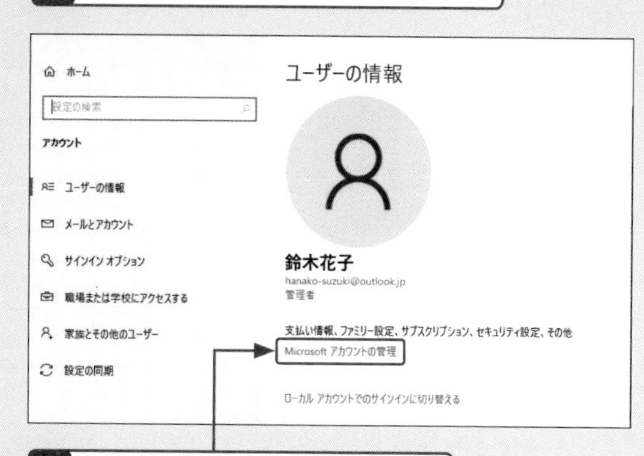

10 利用中のアカウントが、Microsoftアカウントに切り替わります。

Q 494 Microsoftアカウントを作るにはどうすればいい？

A 「設定」アプリなどで作成できます。

Microsoftアカウントは、Windowsのいくつかのアプリから作成できます。Edgeの場合、MicrosoftアカウントのWebページを開いて、<Microsoftアカウントを作成>をクリックすると、新規作成を開始できます。ほかにも、「設定」アプリのアカウント追加画面やMicrosoftアカウントでのサインインへの切り替え画面、「メール」アプリのアカウント登録画面などからも、Microsoftアカウントを作成できます。

参照▶Q 490, Q 492, Q 493

1 Edgeを起動して「https://account.microsoft.com/」を開き、

2 <Microsoftアカウントを作成>をクリックします。

3 アカウントで使う新しいメールアドレスを入力して、

4 <次へ>をクリックします。

5 アカウントで使うパスワードを入力して、

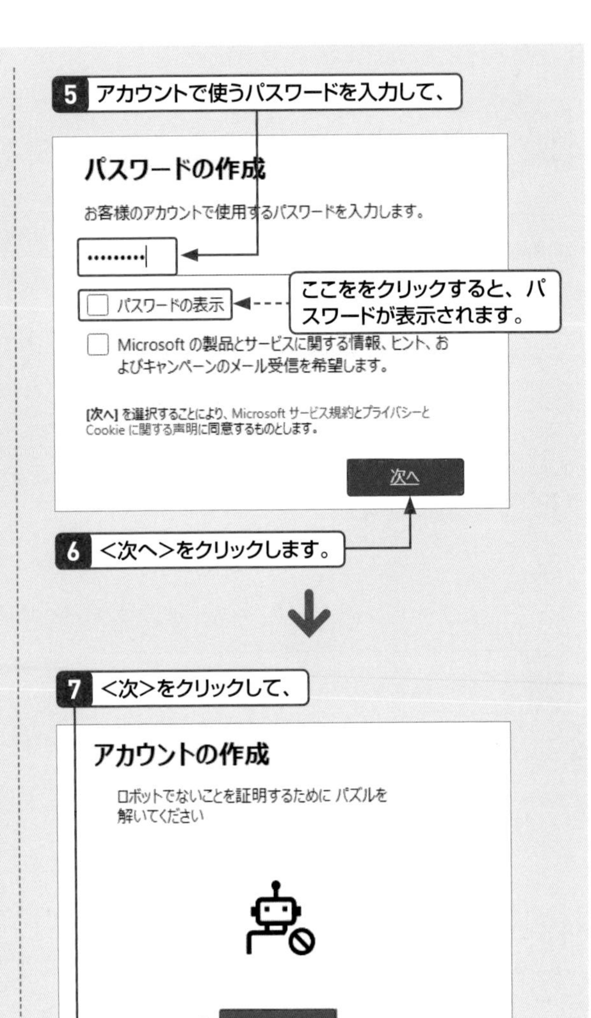

6 <次へ>をクリックします。

7 <次>をクリックして、

8 パズルを解くと、

9 アカウントが作成されます。

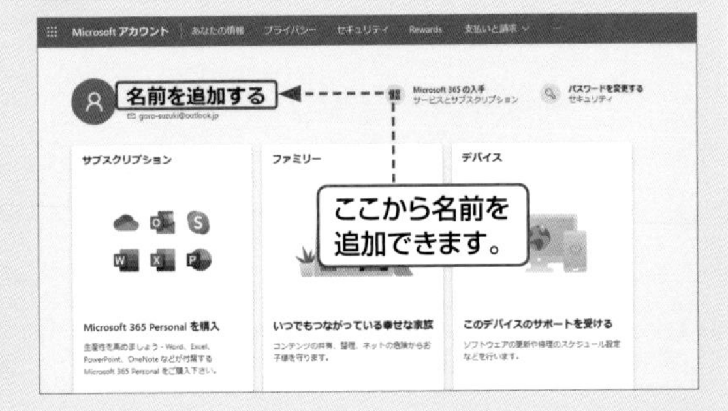

Microsoftアカウント　重要度 ★★★

Q495 Microsoftアカウントで同期する項目を設定したい！

A <アカウント>の<設定の同期>で設定します。

Microsoftアカウントで、ほかのパソコンとデータなどを同期する項目は、「設定」アプリの<設定の同期>で変更できます。

1 <スタート> →<設定> をクリックして、

2 <アカウント>をクリックし、

3 <設定の同期>をクリックして、

4 <同期の設定>をクリックしてオンにします。

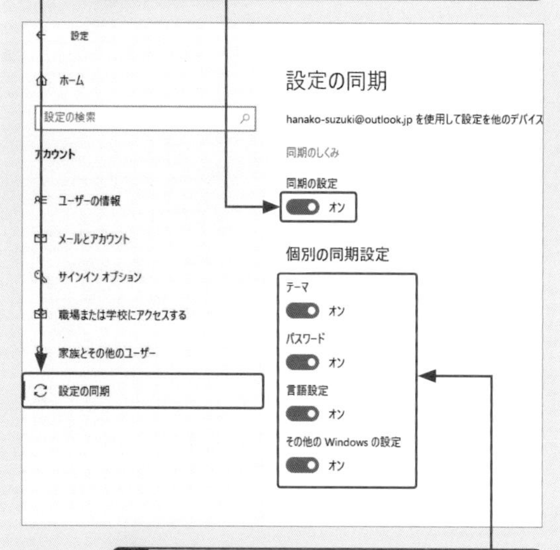

5 同期する項目のオン／オフを設定します。

Microsoftアカウント　重要度 ★★★

Q496 Microsoftアカウント情報を確認するには？

A <アカウント>の<ユーザーの情報>で確認します。

Microsoftアカウントを登録した際に入力したユーザー名や連絡先などの情報を確認したいときは、下記の手順で<Microsoftアカウント>画面を表示します。この画面から支払い情報やパスワードなども変更できます。

1 <スタート> →<設定> をクリックして、<アカウント>をクリックし、

2 <ユーザーの情報>をクリックして、

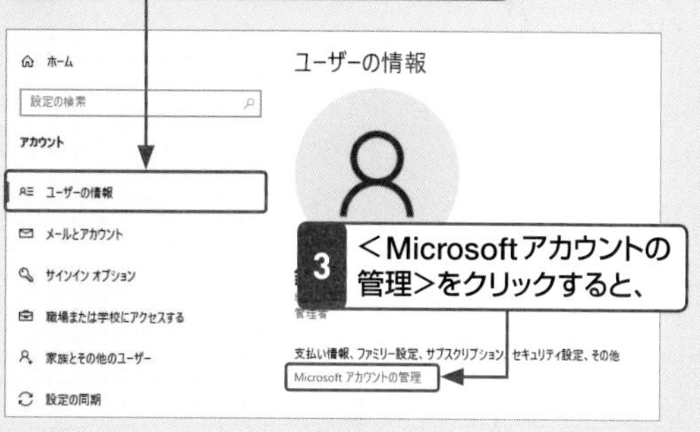

3 <Microsoftアカウントの管理>をクリックすると、

4 Edgeが起動して、サインイン画面が表示されます。

5 サインインが完了すると、アカウント画面が表示されます。

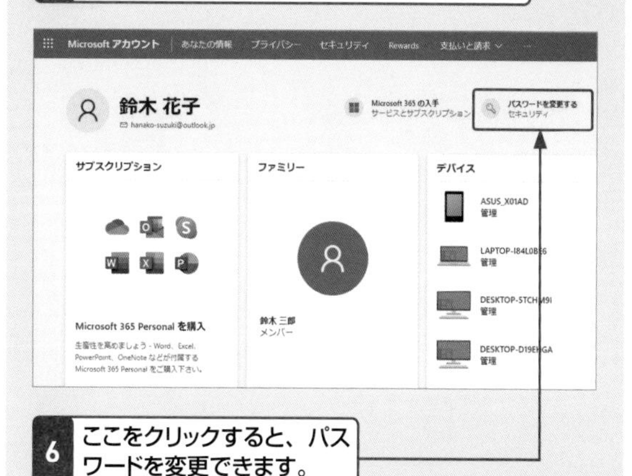

6 ここをクリックすると、パスワードを変更できます。

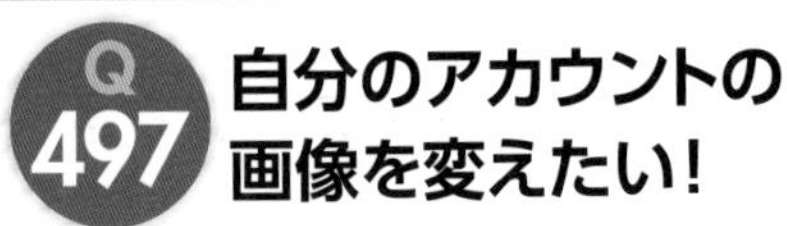

Microsoftアカウント　重要度 ★★★

Q 497 自分のアカウントの画像を変えたい！

A <アカウント>の<ユーザーの情報>で変更できます。

サインイン画面やスタートメニューに表示されているアカウントの画像は、初期状態では人物シルエットになっていますが、自分の顔写真やほかの画像に変更できます。

1 <スタート> →<設定> をクリックして、<アカウント>をクリックし、

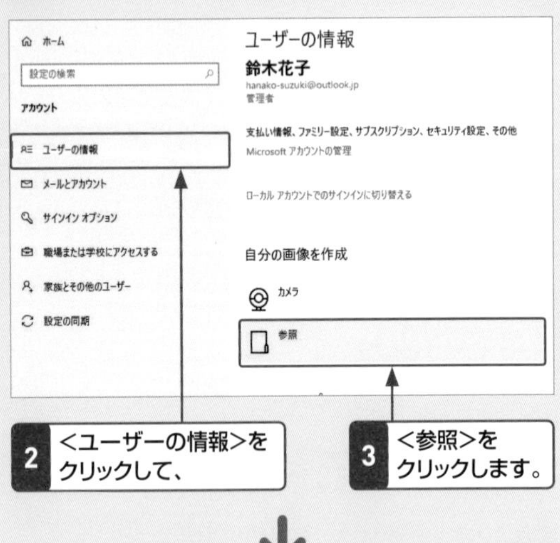

2 <ユーザーの情報>をクリックして、

3 <参照>をクリックします。

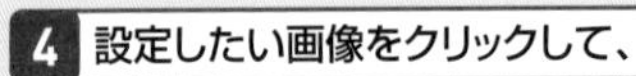

4 設定したい画像をクリックして、

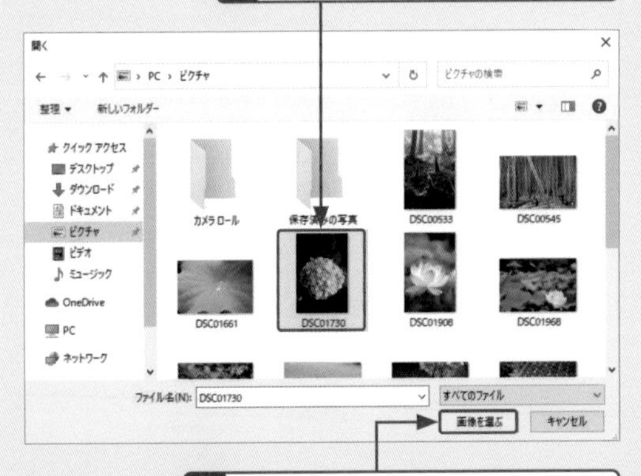

5 <画像を選ぶ>をクリックすると、アカウントの画像が変更されます。

Microsoftアカウント　重要度 ★★★

Q 498 アカウントのパスワードを変更したい！

A <アカウント>の<サインインオプション>で変更できます。

アカウントのパスワードは、下の手順に従っていつでも変更できます。パスワードは半角の8文字以上で、英字の大文字、小文字、数字、記号のうち2種類以上を含んでいる必要があります。なお、アカウントにWindows Hello認証を設定している場合、以下の手順に加え、PINやメールアドレス、SMSによる認証が必要になることがあります。 参照▶Q 021

1 <スタート> →<設定> をクリックして、<アカウント>をクリックし、

2 <サインインオプション>をクリックして、

3 <パスワード>の<変更>をクリックします。

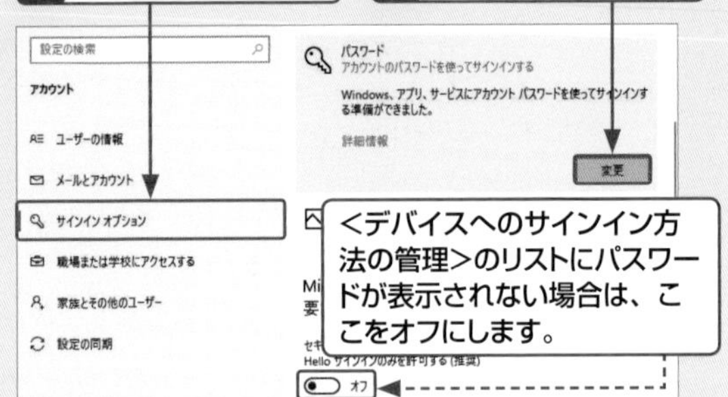

<デバイスへのサインイン方法の管理>のリストにパスワードが表示されない場合は、ここをオフにします。

4 現在のパスワードを入力し、

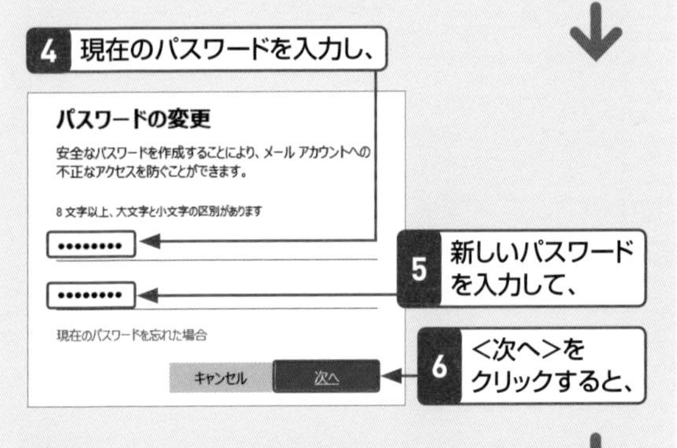

5 新しいパスワードを入力して、

6 <次へ>をクリックすると、

7 パスワードが変更されます。

パスワードが正常に変更されました。

新しいセキュリティ情報を使ってアカウントにサインインできるようになりました。

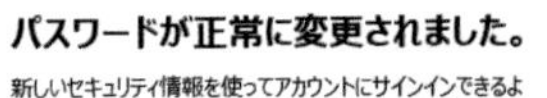

8 <完了>をクリックします。

完了

Q 499 家族用のアカウントを追加したい!

A それぞれのアカウントを追加します。

1台のパソコンを家族で共有する場合は、それぞれにアカウントを作成するとよいでしょう。そうすれば、自分もパートナーも子どもも独立した環境でパソコンを利用できます。ただし、アカウントを作成できるのは、管理者権限を持つユーザーのみです。 参照▶Q 502

1 <スタート> →<設定>をクリックして、<アカウント>をクリックし、

2 <家族とその他のユーザー>をクリックして、

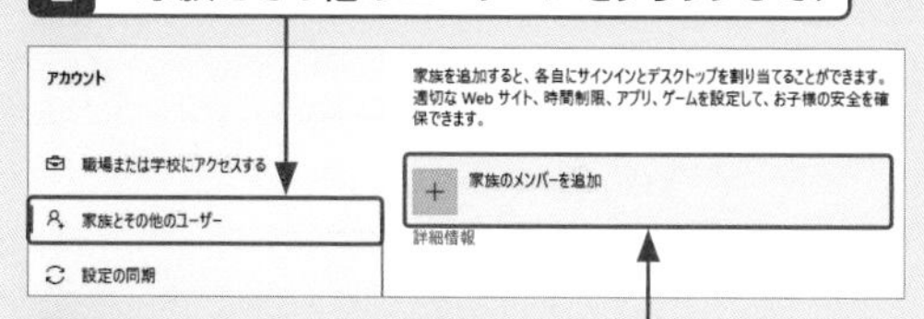

3 <家族のメンバーを追加>をクリックします。

4 サインインに使うMicrosoftアカウントを入力して、

5 <次へ>をクリックします。

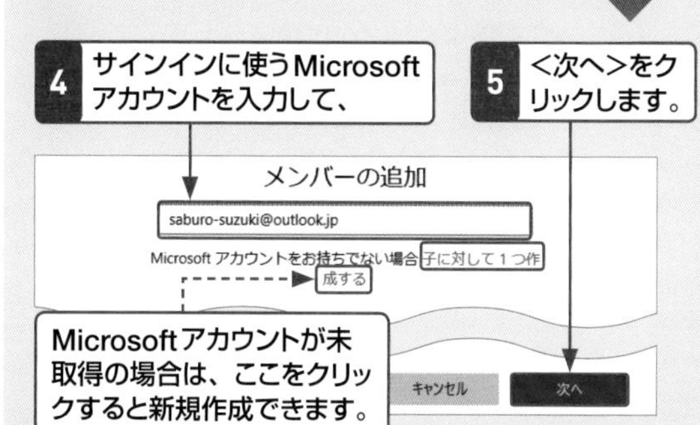

6 作成するアカウントの持ち主が子どもの場合は<メンバー>をクリックして、

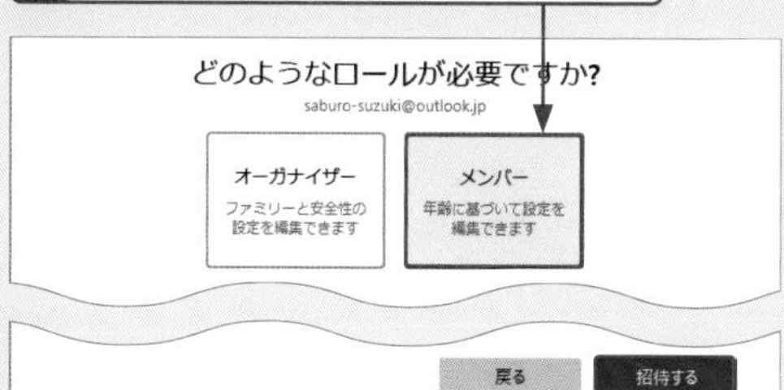

7 <招待する>をクリックし、入力したメールアドレス宛に届くメールで認証を行うと、アカウントが追加されます。

Q 500 アカウントを削除したい!

A 「設定」アプリから削除できます。

Windowsのアカウントを削除したいときは、「設定」アプリで<アカウント>→<家族とその他のユーザー>から削除したいアカウントを選択して行います。

アカウントを削除すると、<ドキュメント>フォルダーや<ピクチャ>フォルダーなどに保存していたファイルはすべて削除されるので、必要なファイルはあらかじめUSBメモリーなどにコピーしておきましょう。

なお、<家族とその他のユーザー>が表示されるのは、管理者のアカウントに限られます。 参照▶Q 440

1 <スタート> →<設定>をクリックして、<アカウント>をクリックし、

2 <家族とその他のユーザー>をクリックして、

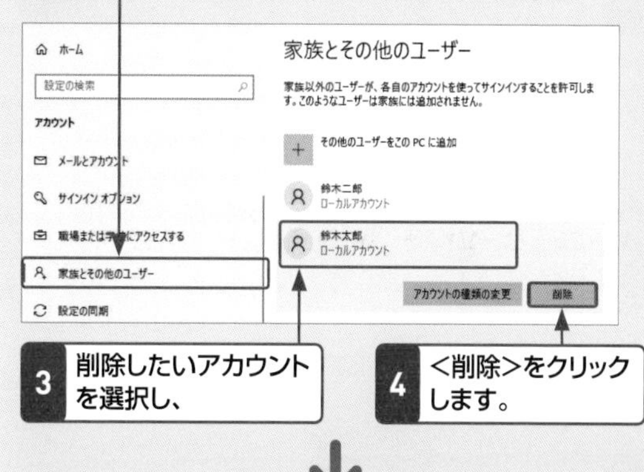

3 削除したいアカウントを選択し、

4 <削除>をクリックします。

アカウントとデータを削除しますか?

鈴木太郎 ローカル アカウント

5 <アカウントとデータの削除>をクリックすると、

このユーザーのアカウントを削除すると、このユーザーのデスクトップの項目、ダウンロード、ドキュメント、写真、ミュージック、その他のファイルなどのデータがこの PC からすべて削除されます。このデータがまだバックアップまたは別の場所 (別の PC など) に保存されていない場合、データは失われます。

アカウントとデータの削除　キャンセル

ホーム　設定の検索　アカウント　メールとアカウント　サインイン オプション

家族とその他のユーザー

家族以外のユーザーが、各自のアカウントを使ってサインインすることを許可します。このようなユーザーは家族には追加されません。

その他のユーザーをこの PC に追加　鈴木二郎 ローカルアカウント

アカウントとデータが削除されます。

Microsoftアカウント　重要度 ★★★

Q 501 子どもが使うパソコンの利用を制限したい!

A 「ファミリーセーフティ」を利用します。

子どもがパソコンを利用する時間を制限したり、アクセスできるWebページ、使用するゲームやアプリなどを制限したりするには、「ファミリーセーフティ（ファミリー機能）」を利用します。設定後は子どもがアクセスしたWebページやダウンロードしたアプリを確認して、必要に応じて利用を制限できます。
なお、ファミリーセーフティは、管理者権限を持つユーザーが子どものアカウントに対して設定するため、子どものアカウントをあらかじめ追加しておく必要があります。

参照▶Q 499

● ファミリーセーフティを表示する

1 <スタート> →<設定> をクリックして、<アカウント>をクリックし、

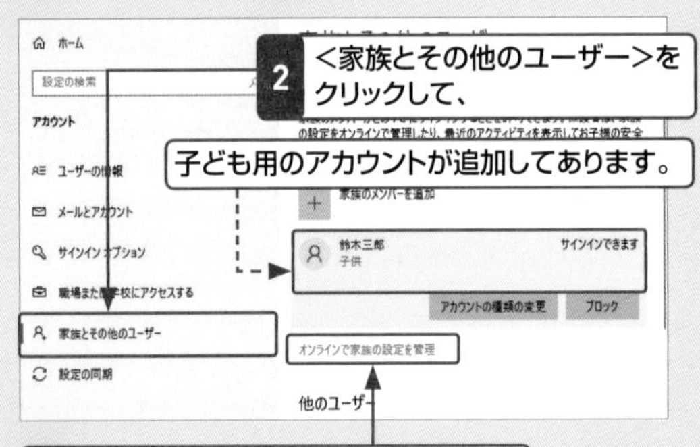

2 <家族とその他のユーザー>をクリックして、

子ども用のアカウントが追加してあります。

3 <オンラインで家族の設定を管理>をクリックすると、

4 Edgeが起動して、家族のアカウントの管理画面が表示されます。

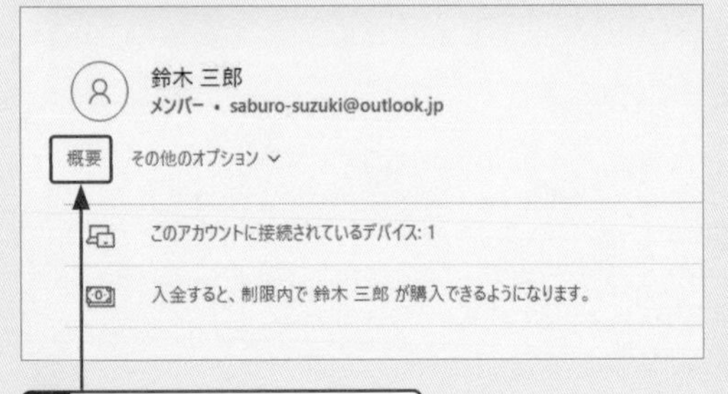

5 <概要>をクリックすると、

6 子どものアカウントによるパソコンの使用を管理できます。

● 概要

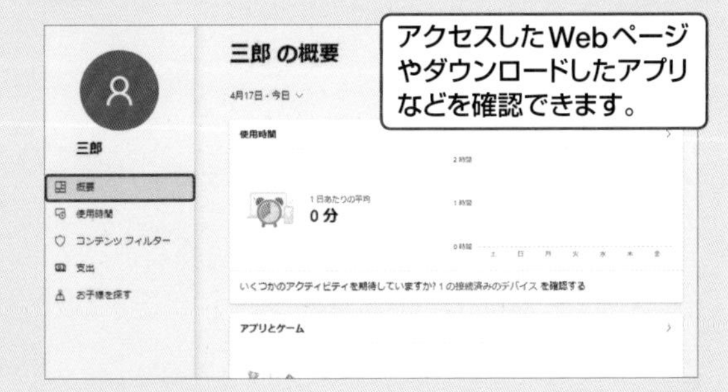

アクセスしたWebページやダウンロードしたアプリなどを確認できます。

● 使用時間

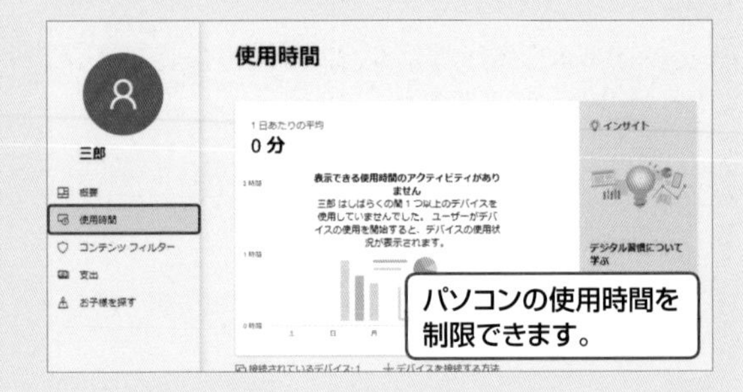

パソコンの使用時間を制限できます。

● コンテンツの制限

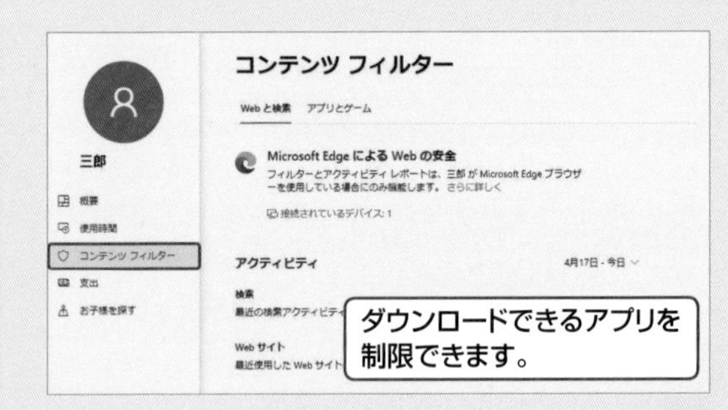

ダウンロードできるアプリを制限できます。

● 支出

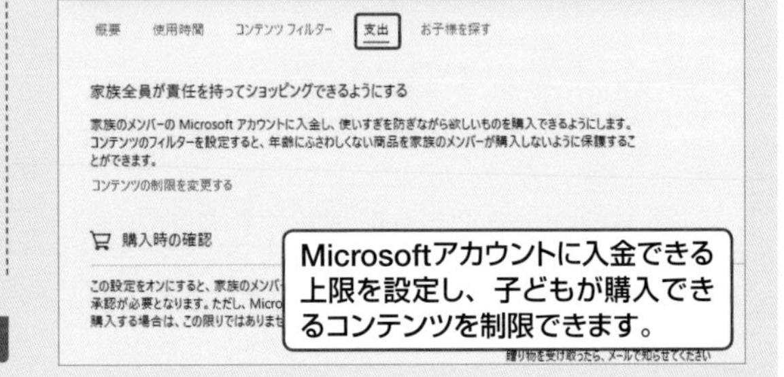

Microsoftアカウントに入金できる上限を設定し、子どもが購入できるコンテンツを制限できます。

Microsoftアカウント　重要度★★★

Q 502 「管理者」って何？

A すべての機能を利用できる権限を持つユーザーのことです。

Windows 10で設定できるアカウントには「管理者」と「標準ユーザー」の2種類があります。

管理者は、そのパソコンに関するすべての設定を変更でき、保存されているすべてのファイルとプログラムにアクセスできる権限を持ったユーザーです。パソコンを1人のユーザーが使っている場合は、そのユーザーが管理者になります。

標準ユーザーは、ほとんどのソフトウェアを使うことができますが、アプリのインストールやアンインストールといった一部の操作が使用できません。また、ほかのユーザーの<ドキュメント>などのフォルダーや、OSのファイルの一部にアクセスする権限はありません。

参照▶Q 312,Q 499

1 標準ユーザーでサインインして、

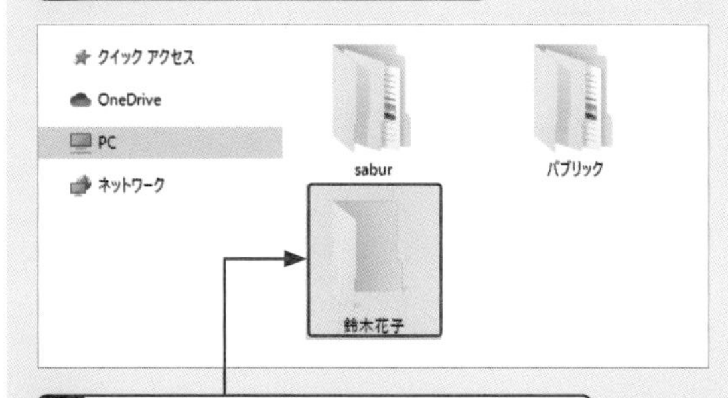

2 ほかのユーザーの<ドキュメント>などのフォルダーを開こうとすると、

3 アクセスする許可がないというメッセージが表示されます。

鈴木花子

このフォルダーにアクセスする許可がありません。

[続行] をクリックすると、このフォルダーへの永続的なアクセスを取得します。

キャンセル

<続行>をクリックすると、標準ユーザーは管理者アカウントのパスワードやPINの入力を求められます。

Microsoftアカウント　重要度★★★

Q 503 管理者のアカウントのパスワードを忘れてしまった！

A パスワードをリセットします。

リセットはMicrosoftアカウントとローカルアカウントのいずれも、サインイン画面から実行できます。ローカルアカウントのパスワードは、下記の手順で行います。

参照▶Q 021

1 誤ったパスワードを入力して<OK>をクリックし、

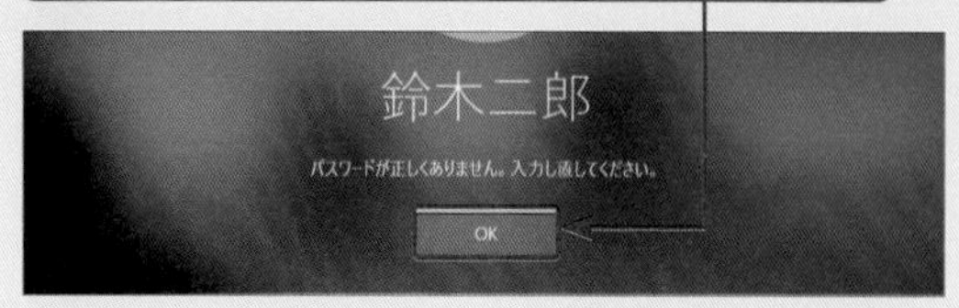

2 <パスワードのリセット>をクリックします。

3 作成時に入力した秘密の質問の答えを3つ入力して、

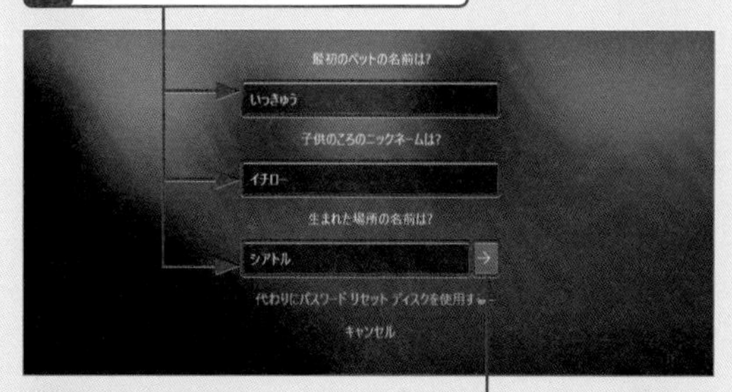

4 <送信>→をクリックすると、

5 パスワードがリセットされるので、新しいパスワードを2回入力し、<送信>→をクリックします。

Q 504 管理者か標準ユーザーかを確認したい!

A コントロールパネルの<アカウントの種類の変更>から確認します。

アカウントの種類を確認したり変更したりするには、コントロールパネルを表示して、<アカウントの種類の変更>をクリックします。アカウントに「Administrator」と表示されていれば管理者で、それ以外は標準ユーザーです。
Administratorは「管理者」という意味で、Windowsでは以前のバージョンから、管理者のアカウントを指す言葉として用いられています。 参照▶Q 502

1 <スタート> ■ →<Windows システムツール>→<コントロールパネル>をクリックして、

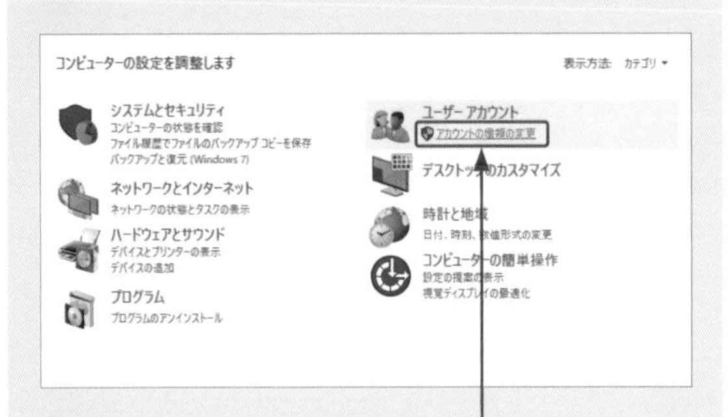

2 <アカウントの種類の変更>をクリックすると、

3 アカウントの種類を確認したり変更したりすることができます。

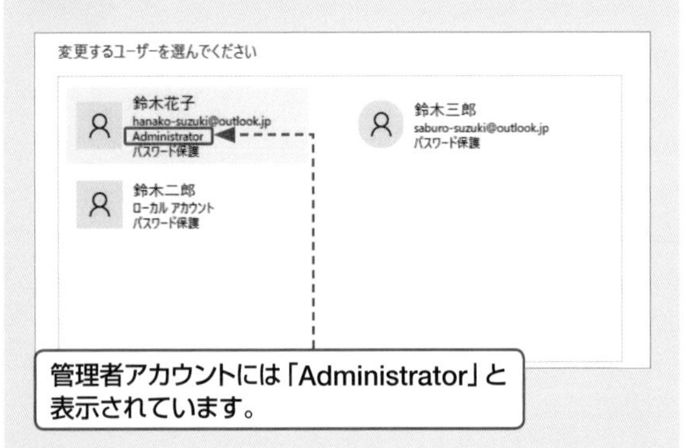

Q 505 管理者と標準ユーザーを切り替えたい!

A コントロールパネルの<アカウントの種類の変更>から切り替えます。

アカウントの種類を変更するには、コントロールパネルを表示して<アカウントの種類の変更>を実行します。なお、変更を行うには、管理者のアカウントのパスワードかPINが必要となります。 参照▶Q 502

1 <スタート> ■ →<Windowsシステムツール>→<コントロールパネル>をクリックして、

2 種類を変更したいアカウントをクリックし、

3 <アカウントの種類の変更>をクリックします。

4 変更したい種類を選択して、

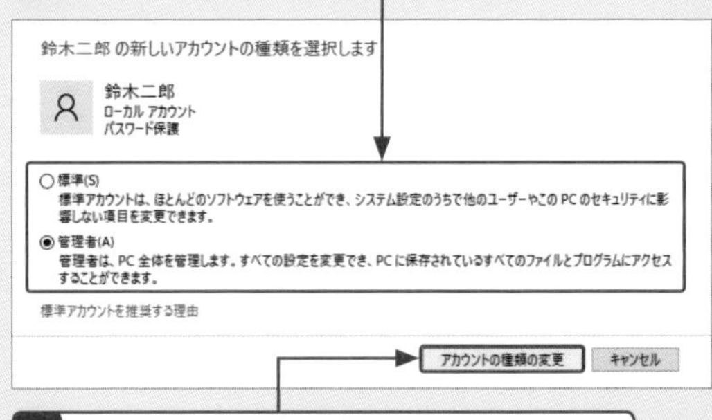

5 <アカウントの種類の変更>をクリックすると、アカウントの種類が変更されます。

Windows 10の設定　重要度 ★★★

Q 506 Windows 10の設定をカスタマイズするには？

A 「設定」アプリやコントロールパネルを利用します。

Windows 10の設定をカスタマイズするには、「設定」アプリを利用する方法と、コントロールパネルを利用する方法があります。

「設定」アプリでは、Windows 10のよく使う機能に関する設定をカスタマイズできます。アイコンが大きく表示されるので、画面に直接触れるタッチ操作がしやすくなっています。OSがアップデートされるにつれて項目数も増え、今ではほとんどの設定をこの画面で行えるようになっています。

コントロールパネルでは、電源プランのカスタマイズといった、より詳細な設定ができます。 参照▶Q 045

「設定」アプリでは、Windows 10の主な機能に関する設定をカスタマイズできます。

<スタート> →<設定> をクリックして起動します。

コントロールパネルでは、「設定」アプリよりも詳細な設定を行えます。

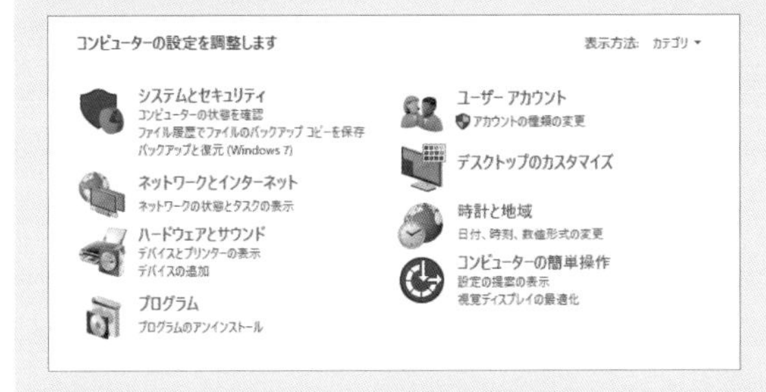

<スタート> →<Windowsシステムツール>→<コントロールパネル>をクリックして起動します。

Windows 10の設定　重要度 ★★★

Q 507 暗証番号で素早くサインインしたい！

A PINコードを設定します。

Windows 10は、通常Microsoftアカウントのパスワードを使ってサインインします。パスワードを入力するのが面倒な場合は、パスワードの代わりに4桁の暗証番号（「PINコード」といいます）を設定できます。パスワードよりも素早くサインインできますが、セキュリティは弱くなるので注意しましょう。

1 <スタート> →<設定> をクリックして、<アカウント>をクリックし、

2 <サインインオプション>をクリックして、

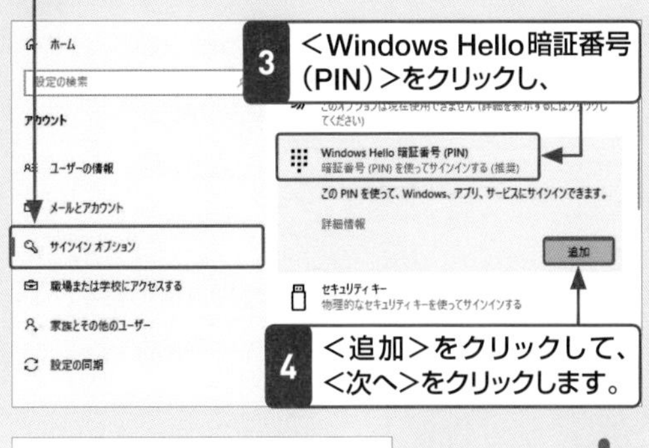

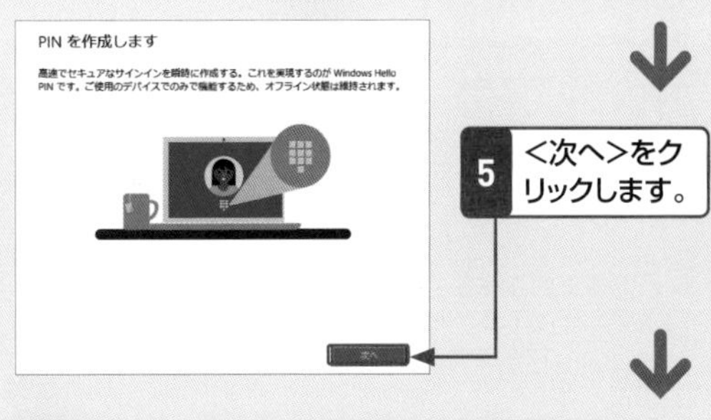

6 4桁の暗証番号を確認も含めて2回入力し、

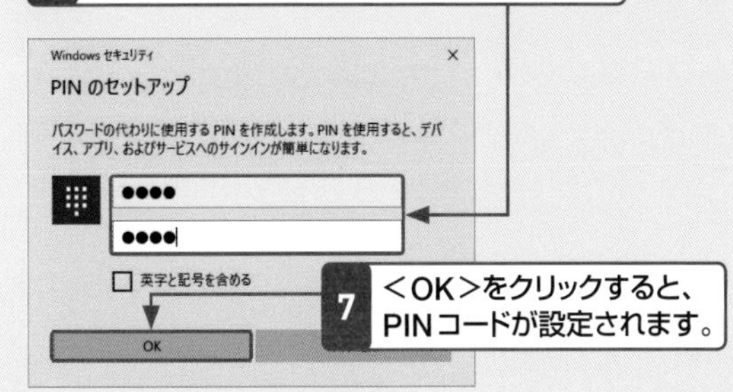

Q 508 ピクチャパスワードを利用したい！

A <アカウント>の<サインインオプション>で設定します。

ピクチャパスワードは、円、直線、点を組み合わせ、画像をなぞることでサインインを行う方法です。キーボードがないタブレットPCやタッチ操作ができるパソコンを利用する場合に便利です。
ピクチャパスワードでは、必ず3つのジェスチャを登録します。同じジェスチャを繰り返してもかまいませんが、順番や形、写真のどの場所を操作したかも記憶されるので、忘れないようにしましょう。なお、ピクチャパスワードを変更したり削除したりするには、手順3で<ピクチャパスワード>の<変更>や<削除>をクリックします。

1 <スタート>→<設定>をクリックして、<アカウント>をクリックし、

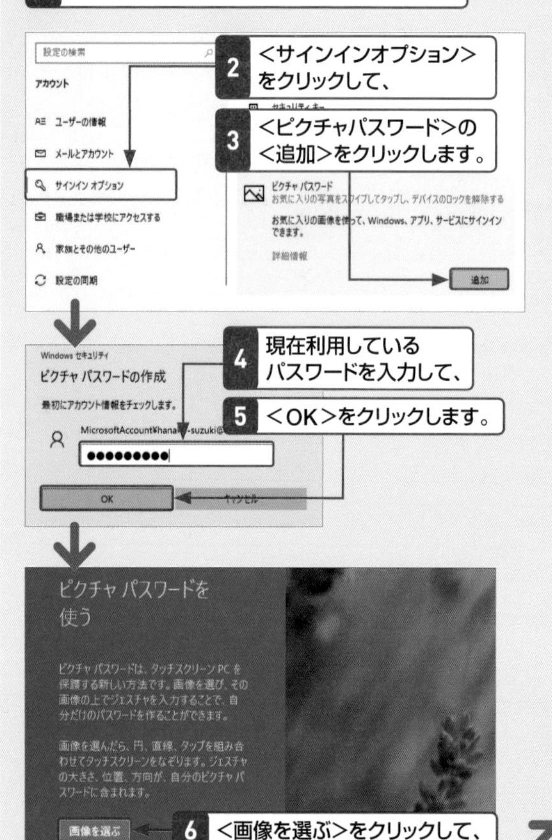

7 ピクチャパスワードに利用する画像をクリックして、

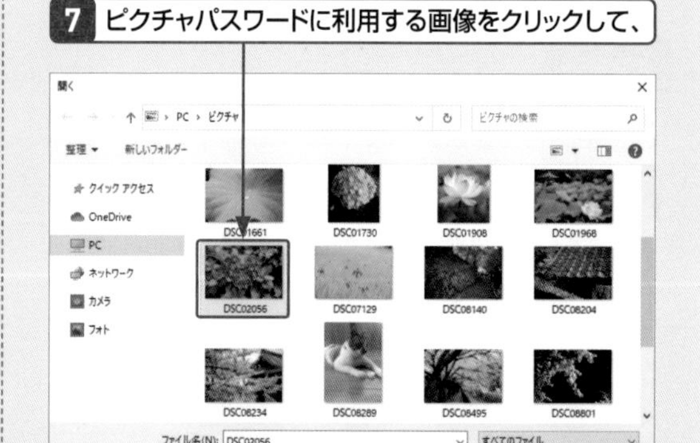

8 <開く>をクリックします。

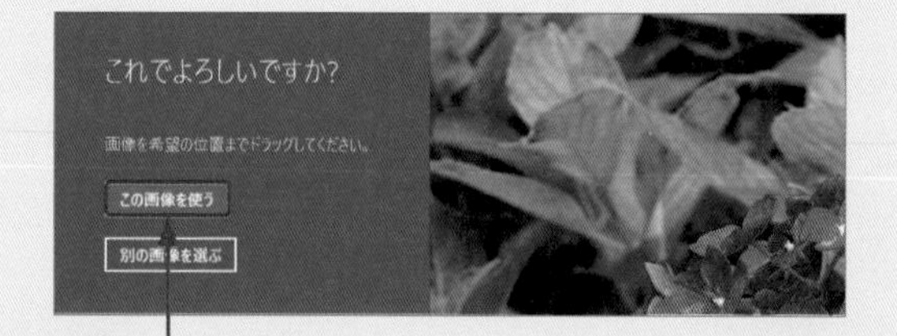

9 <この画像を使う>をクリックして、

10 パスワードの代わりに使用するジェスチャを3つ入力します。

11 登録したジェスチャを再度入力し、

12 <完了>をクリックすると、ピクチャパスワードが作成されます。

Q 509 スリープを解除するときにパスワードを入力するのが面倒！

A ＜アカウント＞の＜サインインオプション＞で変更できます。

スリープは、Windowsが動作している状態を保存しながらパソコンを一時的に停止し、節電状態で待機させる機能です。スリープから再開する際、通常はパスワードの入力が必要ですが、省略することもできます。ただし、パスワードを設定しないとほかの人もパソコンの操作を再開できてしまうので、設定する際には注意が必要です。

なお、この設定を行うには、管理者のアカウントでサインインしていることが条件です。 参照▶Q 502

1 ＜スタート＞ →＜設定＞ をクリックして、＜アカウント＞をクリックし、

2 ＜サインインオプション＞をクリックして、

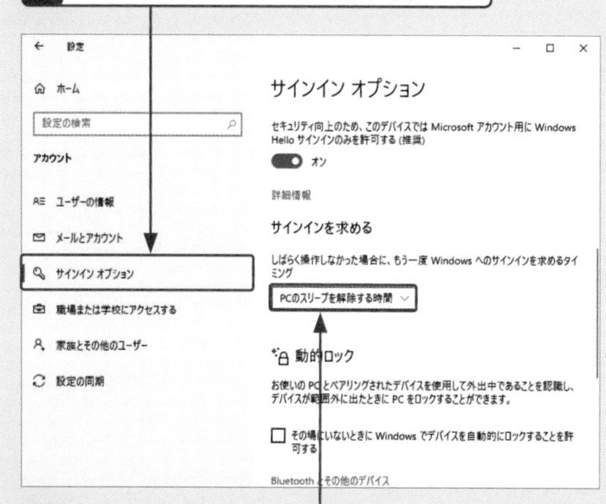

3 ＜PCのスリープを解除する時間＞をクリックし、

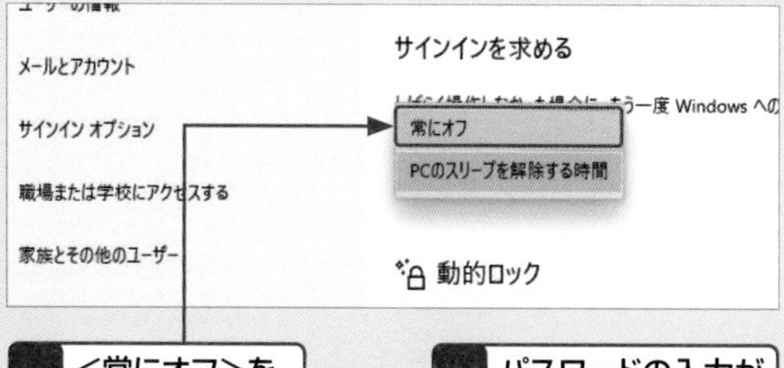

4 ＜常にオフ＞をクリックすると、

5 パスワードの入力が必要なくなります。

Q 510 パソコンが自動的にスリープするまでの時間を変更したい！

A ＜システム＞の＜電源とスリープ＞で設定します。

パソコンは、一定時間操作しないでいると、自動的にスリープするように設定されています。この時間は、スタートメニューで＜設定＞ をクリックし、＜システム＞→＜電源とスリープ＞をクリックすると変更できます。

1 ＜スタート＞ →＜設定＞ →＜システム＞をクリックして、

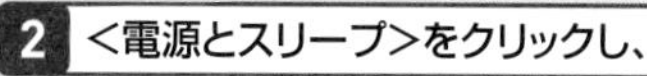

2 ＜電源とスリープ＞をクリックし、

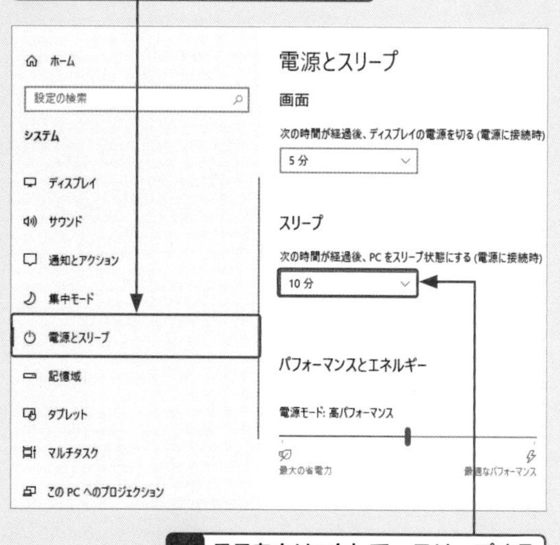

3 ここをクリックして、スリープするまでの時間を設定します。

Windows 10の設定　重要度★★★

Q 511 通知を表示する長さを変えたい!

A <簡単操作>の<ディスプレイ>で設定します。

各アプリからの通知は便利な機能ですが、初期状態では5秒に設定されているので、すぐに消えてしまいます。通知を表示する長さは下の手順で変更できます。

1 <スタート> → <設定> をクリックして、

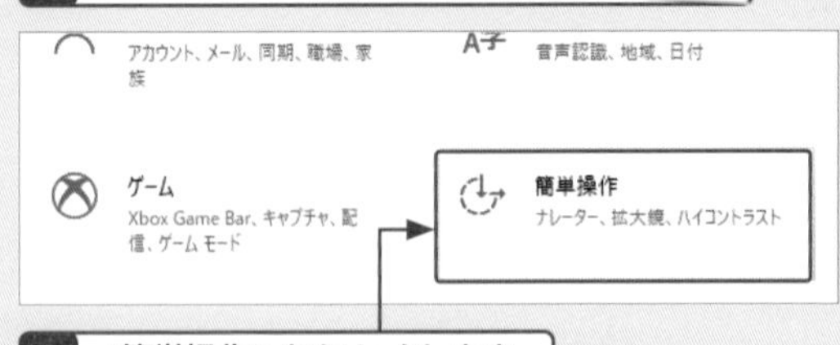

2 <簡単操作>をクリックします。

3 <ディスプレイ>をクリックします。

4 <通知を表示する長さ>をクリックして、

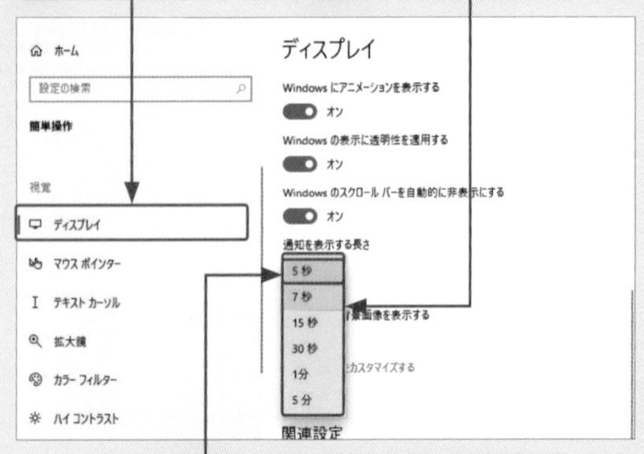

5 通知を表示する時間を指定します。

Windows 10の設定　重要度★★★

Q 512 通知をアプリごとにオン/オフしたい!

A <システム>の<通知とアクション>で設定します。

あまり使わないアプリの通知はオフにして、重要なアプリの通知はオンにしたいというときは、<システム>画面の<通知とアクション>で設定を行いましょう。

1 <スタート> → <設定> をクリックして、

2 <システム>をクリックします。

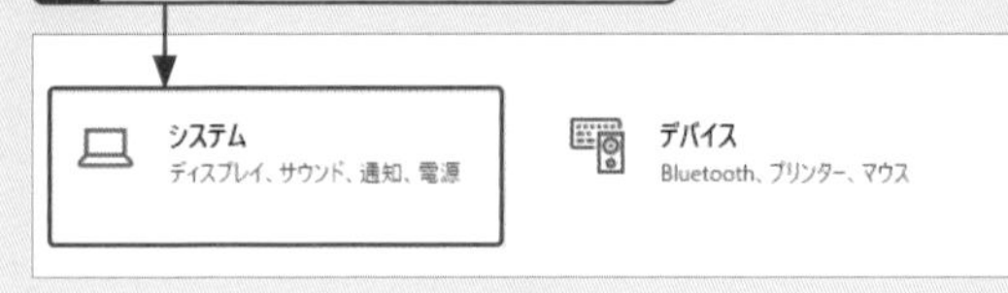

3 <通知とアクション>をクリックして、

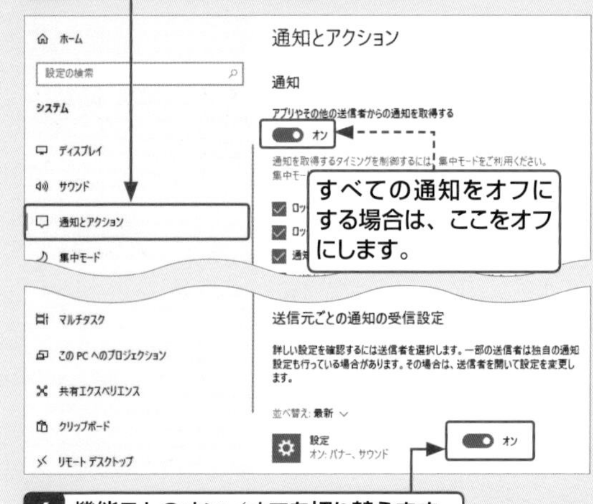

4 機能ごとのオン/オフを切り替えます。

Windows 10の設定　重要度★★★

Q 513 通知を素早く消したい!

A ショートカットキーで消せます。

通知が表示されているときに[Windows]キーと[Shift]キーと[V]キーを同時に押すと、通知が選択状態になります。そこで[Delete]キーを押すと、通知が消えます。消えた通知はアクションセンターにも残りません。通知の表示時間を長く設定しているが現在の作業では邪魔なので素早く削除したい、といったときに便利です。

Windows 10の設定　重要度 ★★★

Q514 作業中は通知を表示させたくない！

A 「集中モード」をオンに切り替えましょう。

メールを書いていたり、仕事の資料を作成している間は、アプリからの通知で集中を削がれたくないという場合もあるでしょう。アクションセンターで＜集中モード＞をオンにすれば、受け取る通知を制限できます。また、「設定」アプリで集中モードの設定を変更することも可能です。

● デスクトップからの変更

1 ＜通知＞をクリックして、

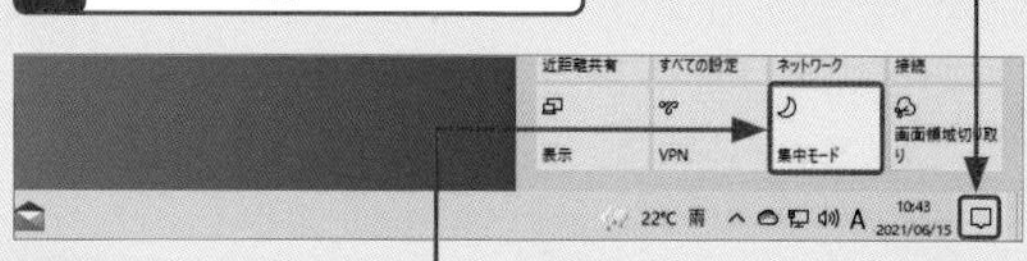

2 ＜集中モード＞をクリックします。

3 重要な通知のみ受け取れます。

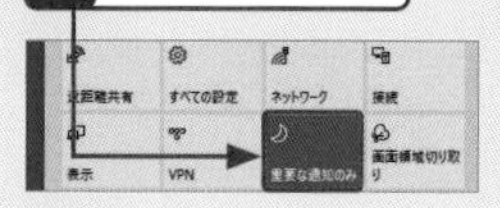

4 もう一度クリックするとアラームのみ通知されます。

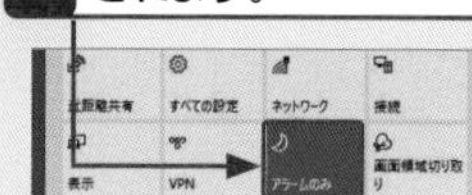

5 もう一度クリックするとオフにできます。

●「設定」アプリからの変更

1 「設定」アプリで＜システム＞→＜集中モード＞をクリックすると、

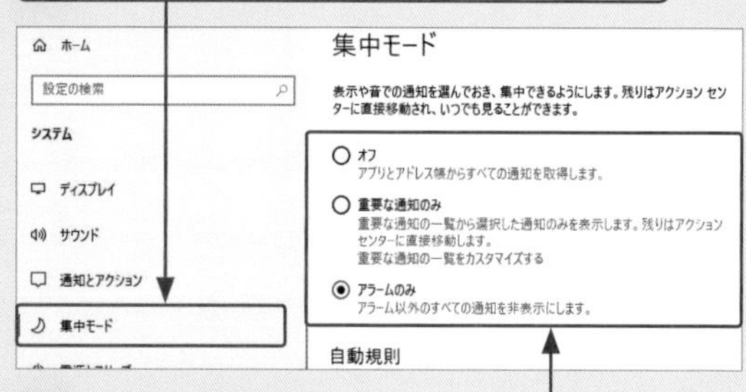

2 重要な通知の指定や集中モードにする時間などを設定できます。

Windows 10の設定　重要度 ★★★

Q515 位置情報を管理したい！

A ＜プライバシー＞の＜位置情報＞で設定します。

「マップ」アプリや「天気」アプリなどでは、IPアドレス（パソコンなどの情報機器を識別するための番号。ネットワーク通信を行う際に利用される）やGPSなどによって入手した位置情報が使われます。位置情報を使うアプリの選択や、位置情報の履歴の削除などは、＜位置情報＞画面で行います。

1 ＜スタート＞→＜設定＞をクリックして、

2 ＜プライバシー＞をクリックし、

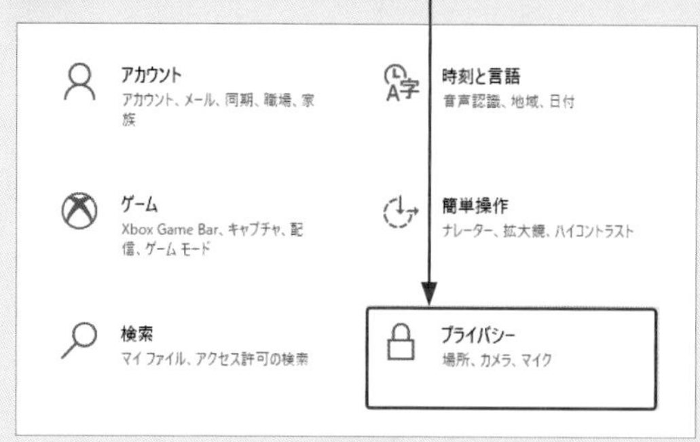

3 ＜位置情報＞をクリックします。

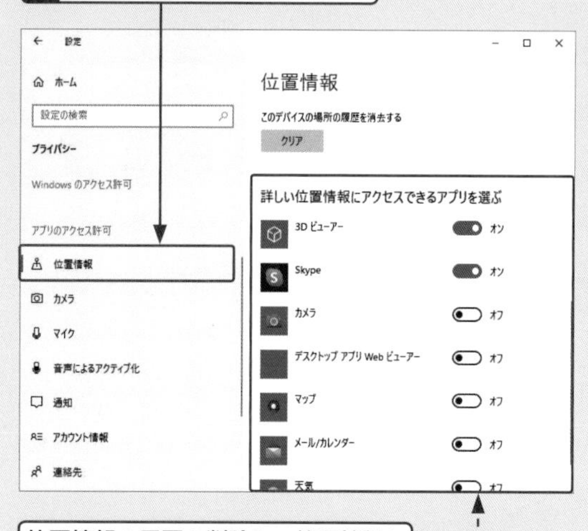

位置情報の履歴の削除や、位置情報を使うアプリの選択などができます。

Windows 10の設定　重要度 ★★★

Q 516 ロック画面の画像を変えたい！

A <個人用設定>の<ロック画面>で変更できます。

Windows 10を起動したり、ロックをかけたときに表示されるロック画面は、背景を自由に変更できます。自分で撮影した写真を背景に変更してみましょう。なお、オリジナルの画像を使用する場合は、画像のサイズに注意が必要です。あまりサイズが小さいと、ロック画面を表示したときに背景がぼやけてしまいます。

1 <スタート>→<設定>をクリックして、

2 <個人用設定>をクリックします。

3 <ロック画面>をクリックして、

4 ここで<画像>を選択し、

5 <参照>をクリックして、変更したい画像を選択します。

Windows 10の設定　重要度 ★★★

Q 517 ロック画面で通知するアプリを変更したい！

A <個人用設定>の<ロック画面>で変更できます。

ロック画面には、メールやカレンダーからの通知が表示されるように設定できます。
反対に表示をオフにする場合は、登録されているアイコンをクリックして、<なし>をクリックしましょう。

1 <スタート>→<設定>をクリックして、<個人用設定>をクリックし、

2 <ロック画面>をクリックして、

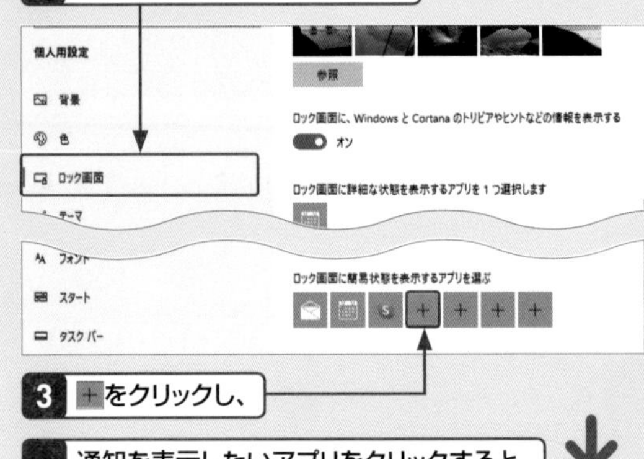

3 ＋をクリックし、

4 通知を表示したいアプリをクリックすると、ロック画面の通知が追加されます。

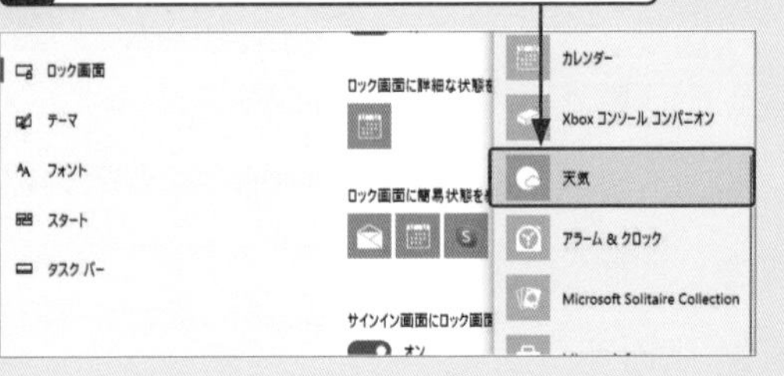

Windows 10の設定　重要度 ★★★

Q 518 「Windowsスポットライト」って何？

A ロック画面上に毎日新しい画像を表示する機能です。

「Windowsスポットライト」は、ロック画面の画像を毎日新しいものに自動で切り替えてくれる機能です。追加の画像もダウンロードされるので、飽きることがありません。Windows 10ではロック画面の背景の初期値が「Windowsスポットライト」に設定されています。

Windows 10の設定　重要度 ★★★

Q 519 目に悪いと噂のブルーライトを抑えられない？

A 「夜間モード」をオンにしましょう。

パソコンの画面からは「ブルーライト」という光が発せられており、長く浴び続けると眼精疲労の要因になるとされています。夜遅くまで社内の仕事が続きそうな場合は、「夜間モード」をオンにしましょう。画面がオレンジがかった色に変化し、ブルーライトが軽減されて目への負担を軽くできます。また夜間モードは色温度（画面の色）や開始・終了時刻も設定できます。

● 夜間モードを設定する

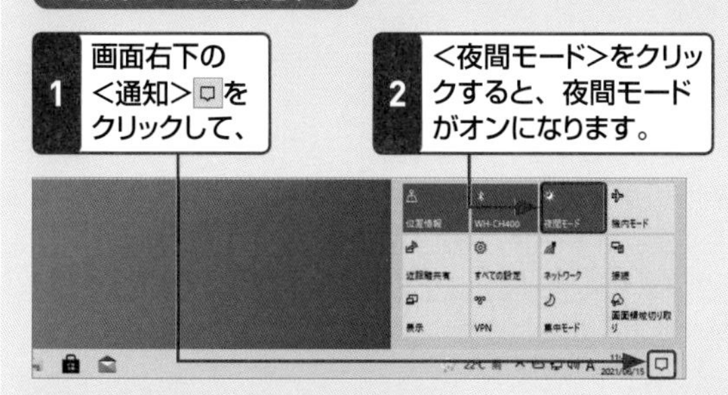

● 夜間モードの設定を変更する

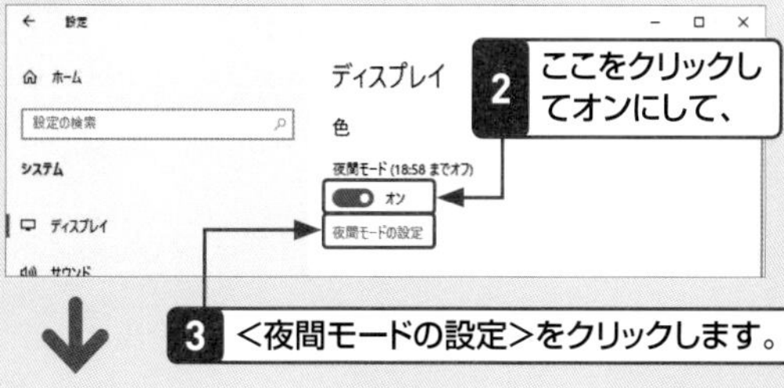

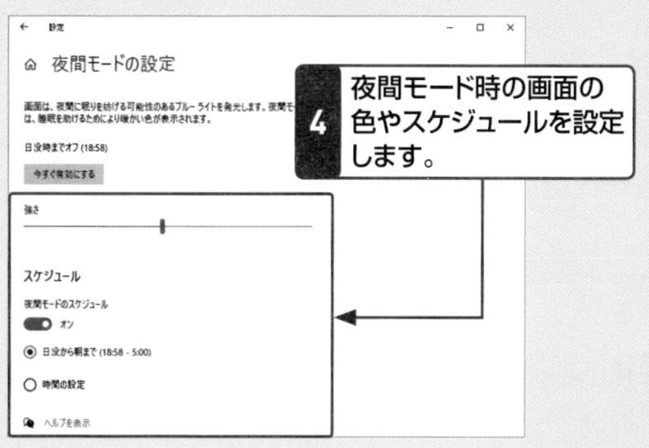

Windows 10の設定　重要度 ★★★

Q 520 タスクバーの検索ボックスを小さくしたい！

A 検索ボックスの表示方法をアイコン表示に変更します。

Windows 10では、<スタート>ボタンの右隣に検索ボックスが配置されています。タスクバーを広く使いたいなら、アイコンのみの表示に切り替えましょう。検索ボックスの表示方法は下記の手順で変更できます。

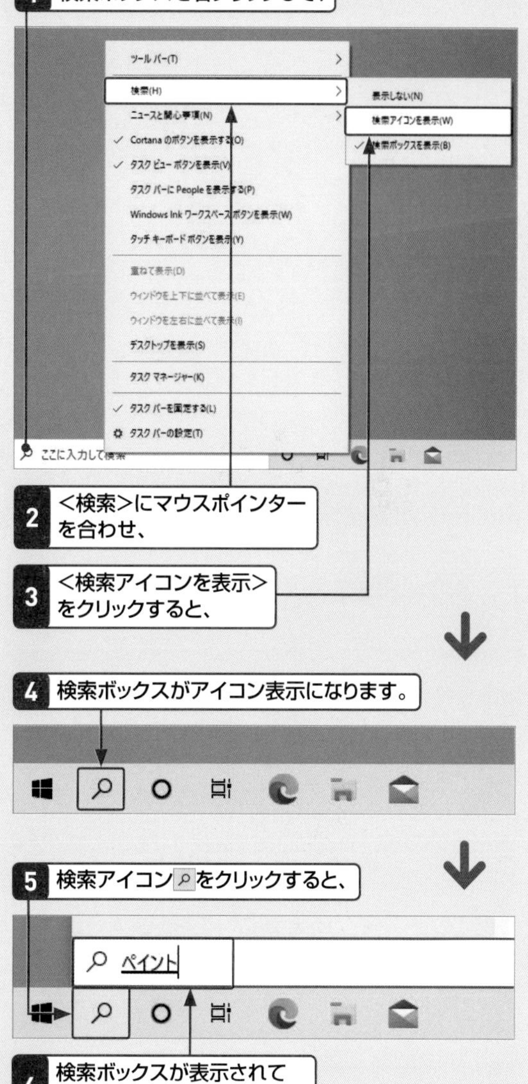

Windows 10の設定　重要度 ★★★

Q 521 タスクバーの位置やサイズを変えたい！

A デスクトップの左右や上部に移動できます。

タスクバーは通常デスクトップの下部に表示されていますが、好きな位置にあとから移動できます。自分が使いやすいように、設定を変更しましょう。

● タスクバーの位置を変更する

1 <スタート> →<設定> をクリックして、<個人用設定>をクリックし、

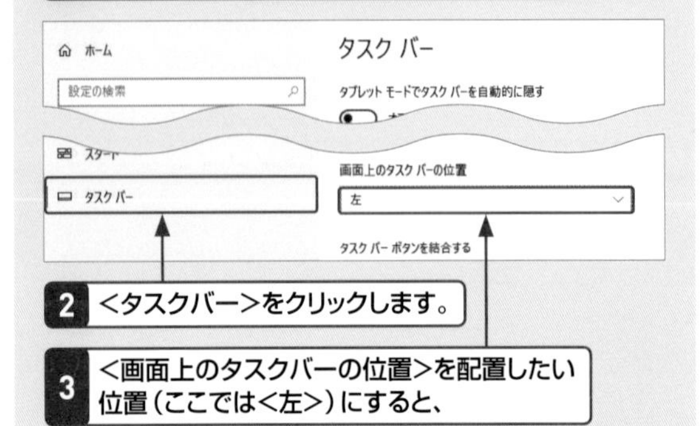

2 <タスクバー>をクリックします。

3 <画面上のタスクバーの位置>を配置したい位置（ここでは<左>）にすると、

4 タスクバーの位置が変更されます。

● タスクバーを小さくする

1 <スタート> →<設定> →<個人用設定>→<タスクバー>をクリックし、

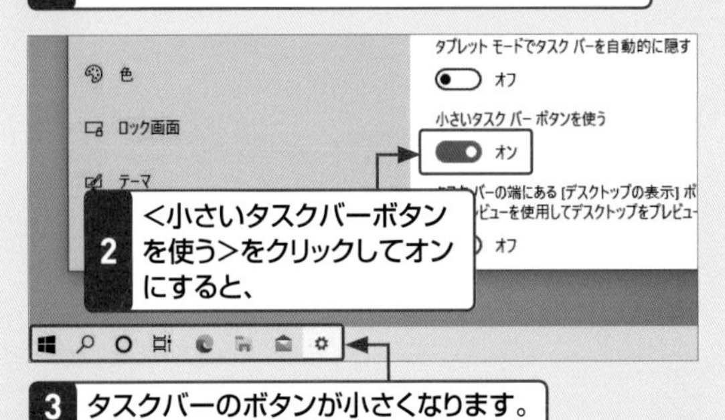

2 <小さいタスクバーボタンを使う>をクリックしてオンにすると、

3 タスクバーのボタンが小さくなります。

Windows 10の設定　重要度 ★★★

Q 522 離席したときにパソコンが自動でロックされるようにしたい！

A 「動的ロック」をオンに切り替えます。

Windows 10では「動的ロック」の機能が追加されました。スマートフォンとWindows 10をBluetoothで接続し、席を立ってから携帯しているスマートフォンがBluetoothの範囲外へ出ると、自動的にパソコンがロックされます。ここではパソコンとスマートフォンの接続が完了したことを前提に、操作を解説します。

参照▶Q 444

1 <スタート> →<設定> をクリックして、<アカウント>をクリックし、

2 <サインインオプション>をクリックして、

3 <動的ロック>のチェックボックスをクリックしてオンにすると、

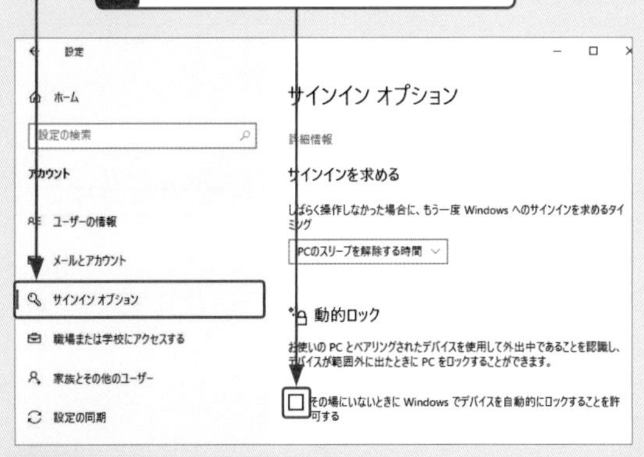

4 動的ロックが有効になります。

5 「動的ロック」によって表示されたロック画面も、通常のロック画面と同様に解除できます。

Windows 10の設定　重要度 ★★★

Q 523 タブレットモードに切り替えたい！

A アクションセンターから切り替えます。

Windows 10をタブレットPCで使用する場合、タッチ操作に最適化されたタブレットモードに切り替えて使用することができます。タブレットモードでは、アプリやスタートメニューが全画面で表示され、作業領域が広くなります。タブレットモードに切り替えるには、アクションセンターの＜タブレットモード＞をクリックしてオンにします。

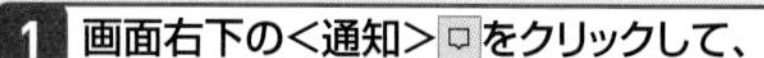

1 画面右下の＜通知＞をクリックして、

2 ＜タブレットモード＞をクリックすると、

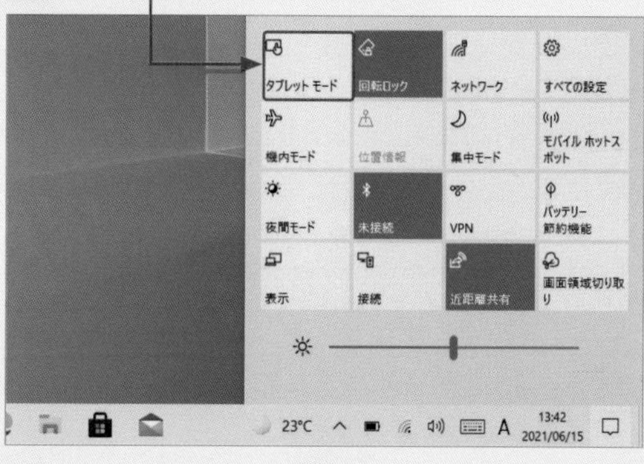

3 タブレットモードがオンになります。

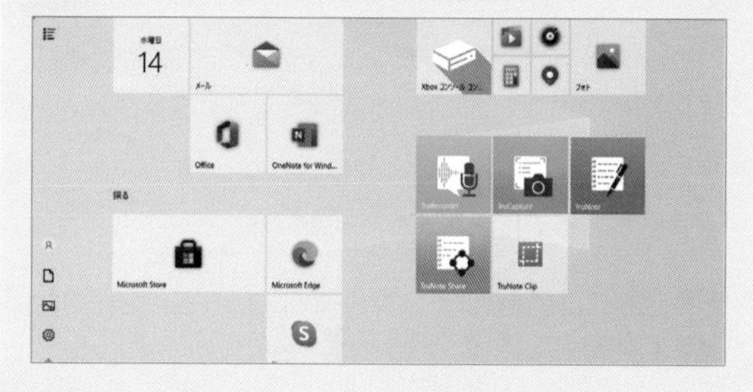

Windows 10の設定　重要度 ★★★

Q 524 タブレットモードでもタスクバーにアプリを表示したい！

A ＜システム＞の＜タブレット＞で設定できます。

タスクバーに表示されるアプリのアイコンは、アプリの起動や切り替えができるので便利です。タブレットモードではアプリのアイコンは通常表示されませんが、表示されるように設定できます。

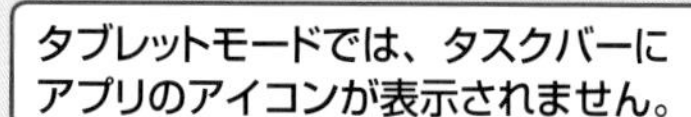

タブレットモードでは、タスクバーにアプリのアイコンが表示されません。

1 ＜スタート＞→＜設定＞をクリックして、＜システム＞をクリックし、

2 ＜タブレット＞をクリックして、

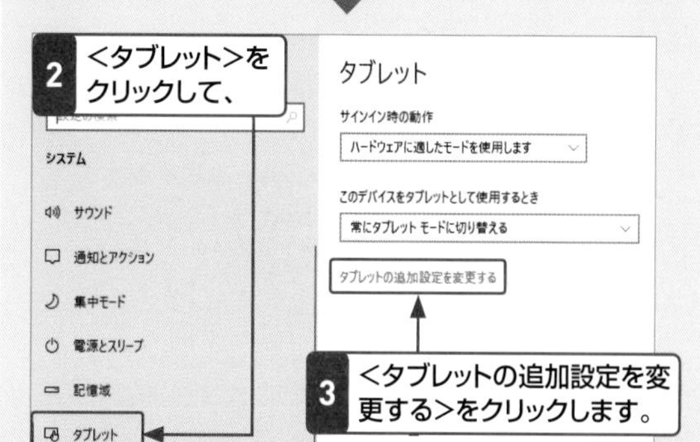

3 ＜タブレットの追加設定を変更する＞をクリックします。

4 ＜タスクバーのアプリのアイコンを非表示にする＞をオフにすると、

5 タブレットモードでも、タスクバーにアプリのアイコンが表示されます。

Windows 10の設定　重要度 ★★★

Q 525 拡大鏡機能を利用したい!

A <簡単操作>の<拡大鏡>をオンにします。

Windowsには、障碍のある人や、高齢者のためのアクセシビリティ機能が用意されています。「拡大鏡」は、そうした機能のうちの1つで、虫眼鏡のように画面の一部分を拡大して表示することができます。表示倍率は、100%～1600%の間で100%刻みで設定できます。

1 <スタート> →<設定>をクリックして、<Windows 簡単操作>→<拡大鏡>をクリックし、

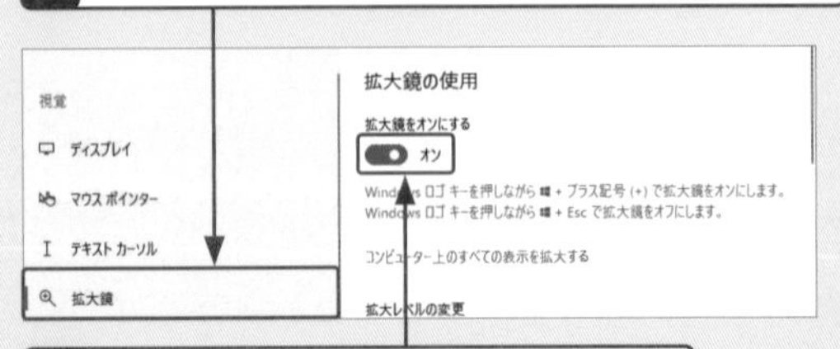

2 <拡大鏡をオンにする>をオンにします。

3 拡大鏡ビューの変更で<レンズ>を選択すると、

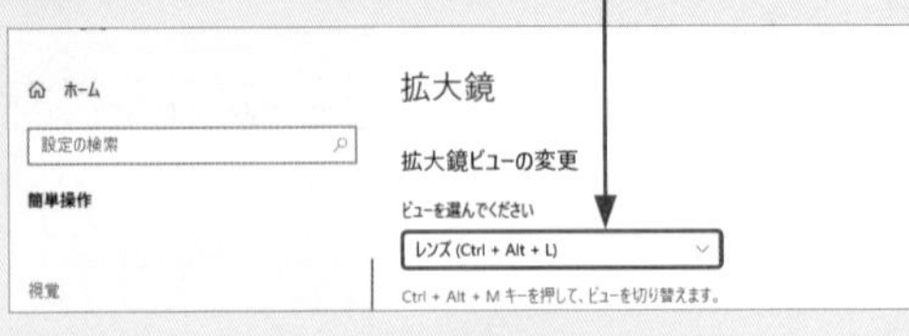

4 一部分を拡大して見ることができます。

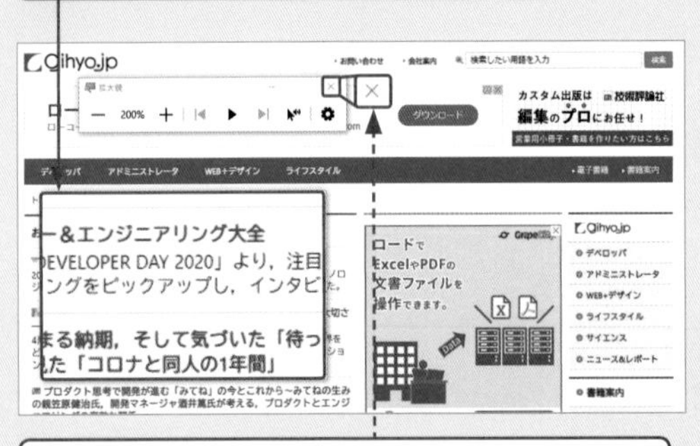

<閉じる>をクリックすると拡大鏡が終了します。

Windows 10の設定　重要度 ★★★

Q 526 Windows Updateって何?

A Windowsを最新の状態にする機能です。

Windowsでは、不具合を修正するプログラムや新しい機能の追加、セキュリティの強化などが適宜行われています。Windows Update は、これらの更新プログラムを自動的にダウンロードし、Windowsにインストールする機能です。

Windows 10の設定　重要度 ★★★

Q 527 Windows UpdateでWindowsを最新の状態にしたい!

A 初期状態では自動で更新が実行されます。

Windows Updateは、初期状態では重要な更新が自動的にインストールされるように設定されており、更新の間は何回か再起動を求められることもあります。再起動によって作業が中断されるのを避けたい場合は、インストール方法を変更しておきましょう。

1 <スタート> →<設定>をクリックして、

2 <更新とセキュリティ>をクリックし、

3 <Windows Update>をクリックします。

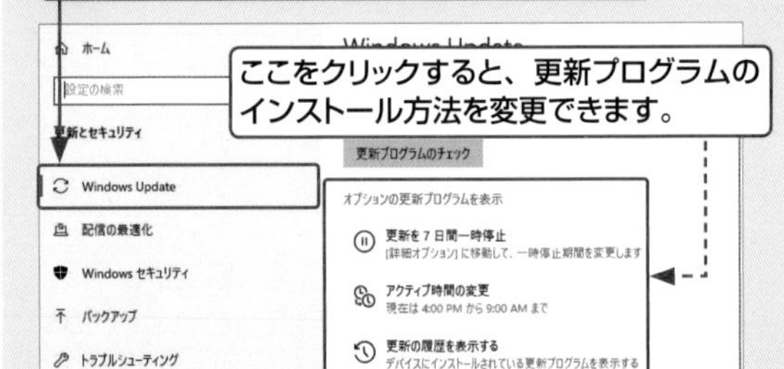

4 更新プログラムは、自動的にインストールされるように設定されています。

Q 528 近くのパソコンとファイルをやり取りしたい!

A 「近距離共有」の機能を利用しましょう。

社内の同僚や上司に仕事の資料を簡単に送りたい、お気に入りの写真を家族と共有したいといった際は「近距離共有」機能が役に立ちます。「設定」アプリで「近距離共有」の設定をオンに切り替えたあと、各種ファイルの<共有>をクリックしてファイルを送信します。ここでは「フォト」アプリを例に解説しますが、エクスプローラーからでも<共有>タブ→<共有>をクリックすることで共有できます。

ただし、この機能を使うには、共有先と共有元のPCがともにBluetoothを搭載し、バージョン1803以降のWindows 10を起動している必要があります。

参照▶Q 004

1 <スタート> →<設定> をクリックして、<システム>をクリックし、

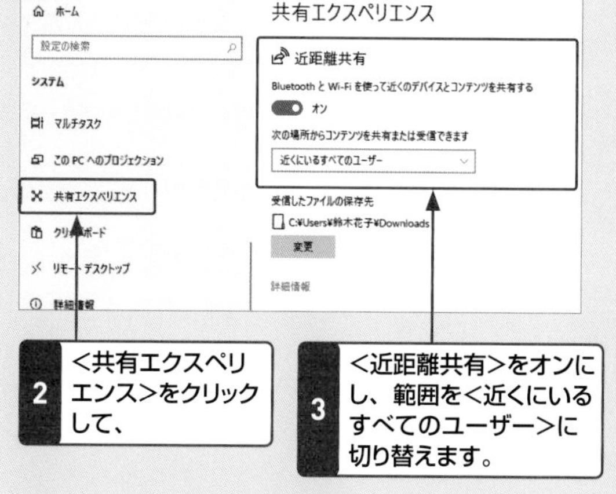

2 <共有エクスペリエンス>をクリックして、

3 <近距離共有>をオンにし、範囲を<近くにいるすべてのユーザー>に切り替えます。

4 ファイル（ここでは写真）を表示して、

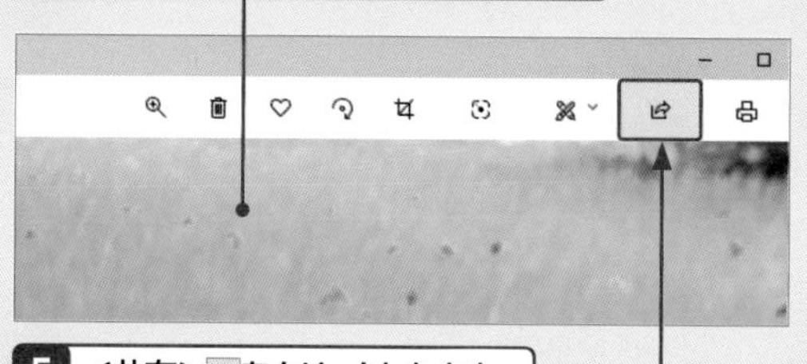

5 <共有> をクリックしたあと、

6 相手の機種名をクリックすると、

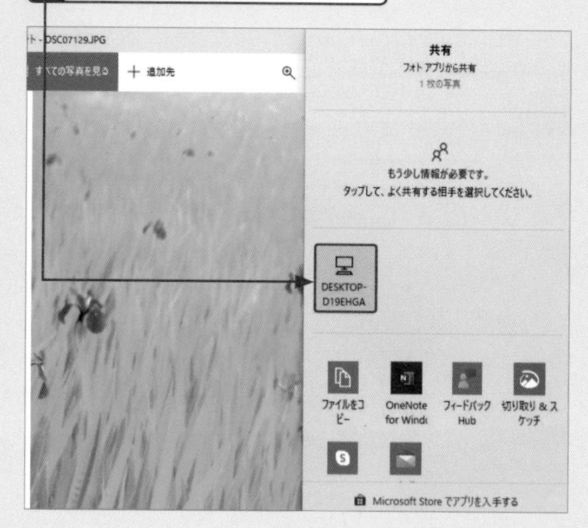

7 ファイルの共有が開始されます。

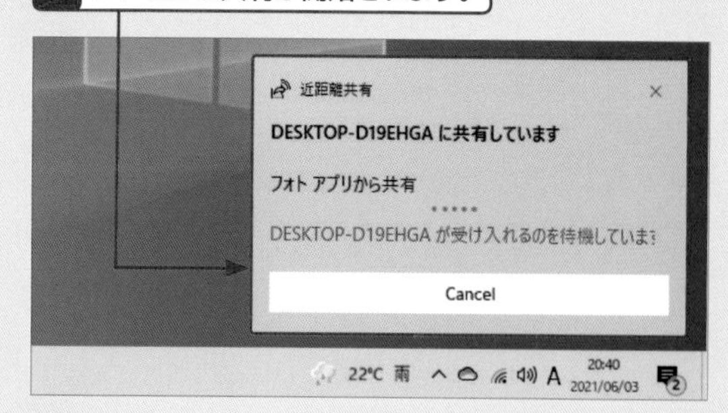

8 相手にもファイルを受信中の通知が表示されます。

9 相手が<保存>などをクリックするとファイルの共有が完了します。

Q 529 不要なファイルが自動で削除されるようにしたい！

A 「ストレージセンサー」を有効にしましょう。

仕事のファイルや写真の数が増えてきて、Windowsの容量がそろそろピンチ…。そうしたときは、「設定」アプリで＜記憶域＞をオンにして、＜ストレージセンサー＞を有効にしましょう。何らかの理由でたまった一時ファイル（アプリを起動したりすると自動生成されるファイル。通常はアプリ終了時に消去される）や、「ごみ箱」内のファイルを削除して、空き容量を確保してくれます。自動的に削除するスケジュールなども変更できるので、自分の都合に合わせて設定するとよいでしょう。

● ストレージセンサーを有効にする

1 ＜スタート＞→＜設定＞をクリックして、＜システム＞→＜記憶域＞をクリックし、

ホーム　ディスプレイ　色　夜間モード　オフ　Windows HD Color　拡大縮小とレイアウト　システム　ディスプレイ　サウンド　通知とアクション　集中モード　電源とスリープ　記憶域　タブレット

2 ＜記憶域＞のスイッチをクリックします。

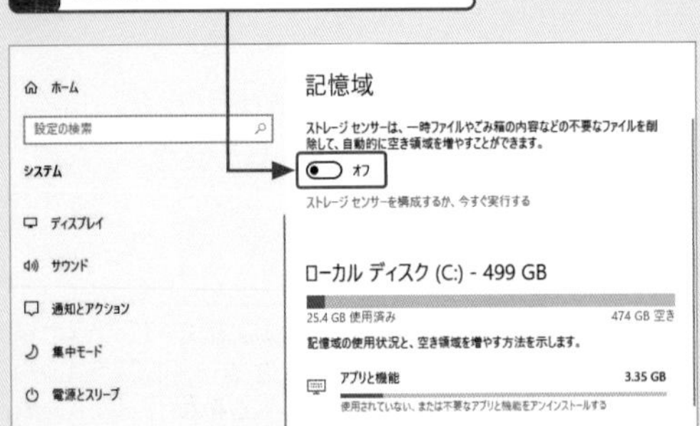

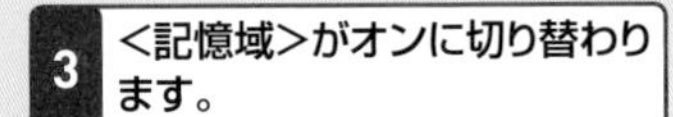

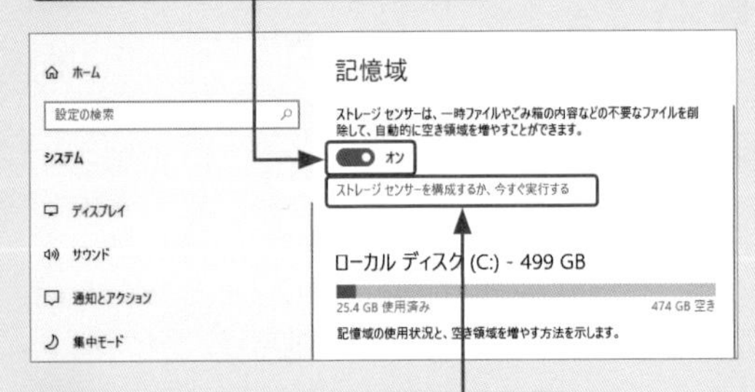

4 ＜ストレージセンサーを構成するか、今すぐ実行する＞をクリックすると、

5 削除に関するルールを設定できます。

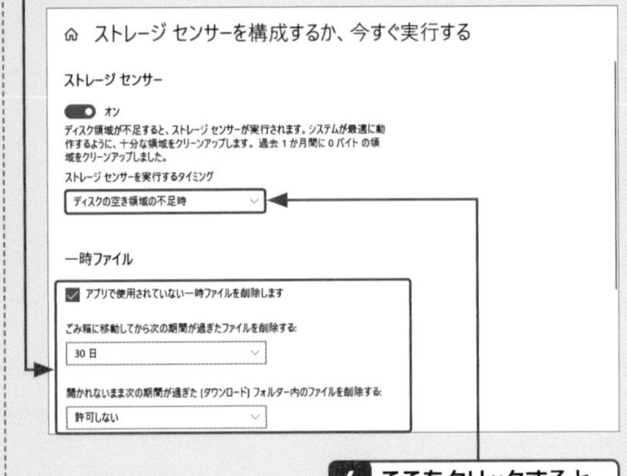

6 ここをクリックすると、

7 自動実行するタイミングを指定できます。

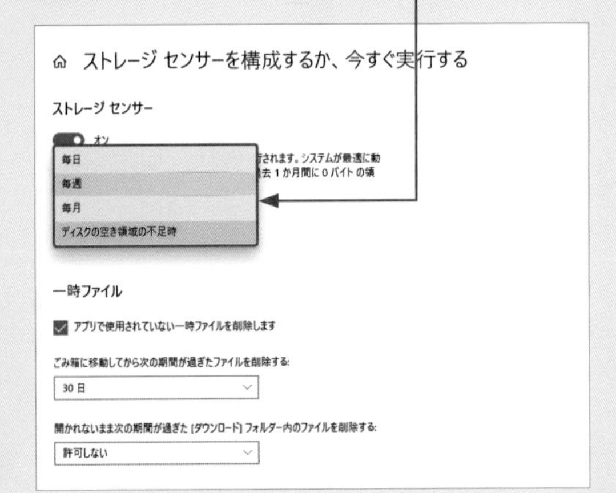

Windows 10の設定　重要度★★★

Q530 ファイルを開くアプリをまとめて変更したい！

A <既定のアプリ>の項目で利用するアプリを変更します。

Windowsでは、ファイルをダブルクリックすると、そのファイルに関連付けられたアプリが起動してファイルが表示されます。ファイルが関連付けされていない場合は、アプリを指定してから開きます。
同じ種類のファイルの関連付けをまとめて変更するには、「設定」アプリを起動して<アプリ>をクリックし、以下の操作を行いましょう。 参照▶Q 113

1 <スタート> →<設定> をクリックして、<アプリ>をクリックし、

ホーム
設定の検索
アプリ
アプリと機能
既定のアプリ
オフライン マップ
アプリと機能
アプリを入手する場所の選択
Microsoft Store からのみアプリをインストールすると、お使い…ることに役立ちます。
場所を選ばない
アプリと機能
オプション機能

2 <既定のアプリ>をクリックして、

3 既定にしたい項目（ここでは「フォトビューアー」の<フォト>）をクリックして、

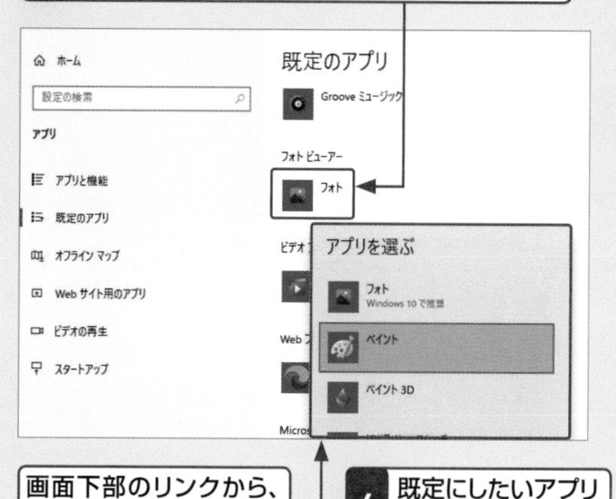

画面下部のリンクから、より詳細に既定のアプリを設定できます。

4 既定にしたいアプリをクリックします。

Windows 10の設定　重要度★★★

Q531 Sモードって何？

A Windows 10の機能限定モードです。

「Windows 10 Sモード」は、一部の機能を制限し、より安全、快適にパソコンを使えるようにすることを目的としたWindows 10のモードで、主に教育機関などを対象にした一部のパソコンに、プリインストール（最初から組み込まれた状態）で搭載されています。代表的なWindows 10 Sモード搭載パソコンには、マイクロソフトのSurface Goシリーズなどがあります。
Windows 10 Sモードには、以下のような制限がかけられています。

- Microsoft Store以外からアプリをインストールできない
- 既定のブラウザーをMicrosoft Edge以外に変更できない
- 既定の検索サービスをBing以外に変更できない
- 企業などで運用されている高度なネットワークサービスを利用できない

一方で、Windows 10 Sモードは、パソコンの起動がほかのエディションに比べて高速というメリットがあります。上記の制限があっても問題ないような用途であれば、Windows 10 Sモード搭載パソコンは快適に利用できるでしょう。

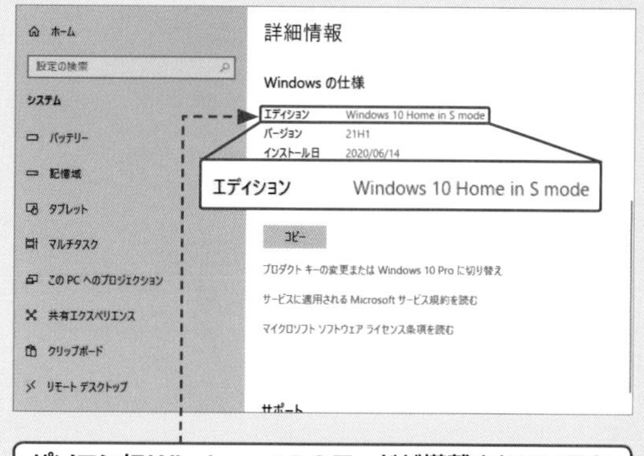

パソコンにWindows 10 Sモードが搭載されているかどうかは、<スタート> →<設定> →<システム>→<詳細情報>とクリックすると表示される<Windowsの仕様>で確認できます。

Q 532 Sモードを解除したい!

A Microsoft Storeで解除できます。

Windows 10 Sモードは、Windows 10 Pro、あるいはWindows 10 Homeに変更できます。解除するには、以下のように操作してMicrosoft Storeにアクセスして変更の手続きを行います。なお、Sモードの解除は無料で行えますが、一度ほかのエディションに切り替えると元に戻すことはできません。

1 <スタート> →<設定>をクリックして、<更新とセキュリティ>→<ライセンス認証>をクリックし、

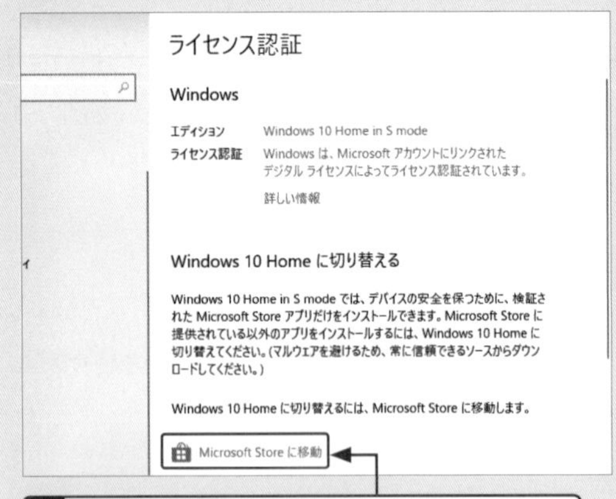

2 <Microsoft Storeに移動>をクリックすると、

3 Microsoft Storeが起動します。

4 <入手>をクリックすると、Sモードが解除され、HomeあるいはProにエディションが切り替わります。

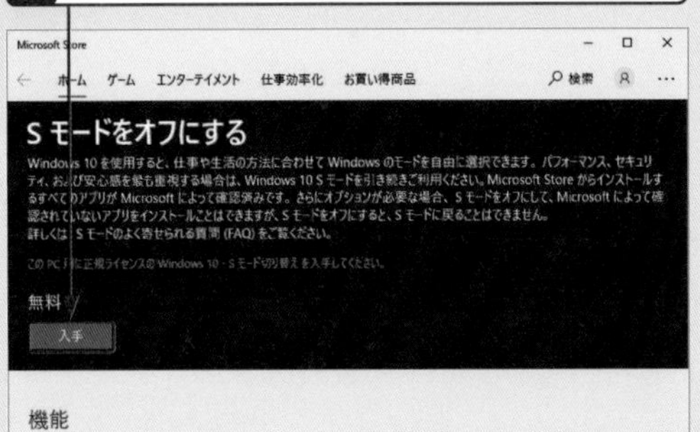

Q 533 電源ボタンを押したときの動作を変更したい!

A <電源ボタンの動作の選択>から設定します。

電源ボタンを押したときの動作は、デスクトップパソコンではシャットダウンが、ノートパソコンではスリープが初期状態で設定されています。この設定を変更するには、下記の操作を行います。

なお、手順**4**で表示される項目は、一般的なノートパソコンのものです。デスクトップの場合は設定項目が少し異なりますが、操作手順は変わりません。

1 <スタート> →<設定>をクリックして、<システム>→<電源とスリープ>をクリックし、

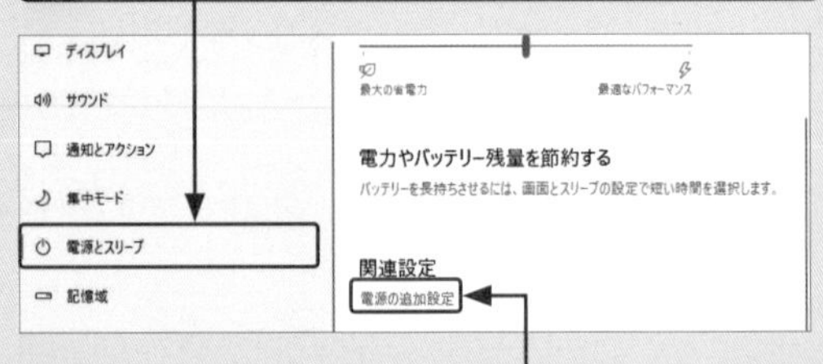

2 <電源の追加設定>をクリックして、

3 <電源ボタンの動作の選択>をクリックします。

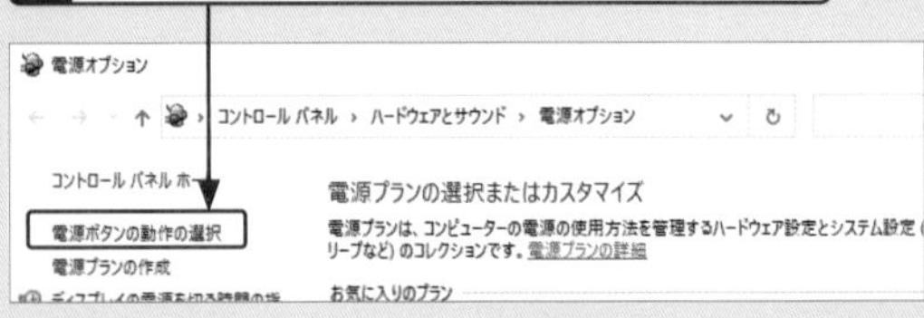

4 ここをクリックし、

5 設定したい動作をクリックします。

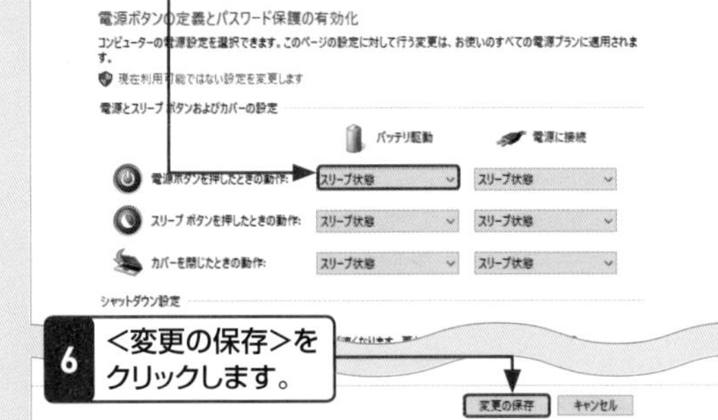

6 <変更の保存>をクリックします。

その他の設定　重要度 ★

Q 534 アプリの背景色を暗くしたい！

A <個人用設定>の<色>で設定します。

Windows 10に標準でインストールされたアプリは、背景色を暗くすることができます。夜間など暗い場所でパソコンやタブレットPCを操作するときに利用するとよいでしょう。

1 <スタート>  →<設定>をクリックして、

2 <個人用設定>をクリックし、

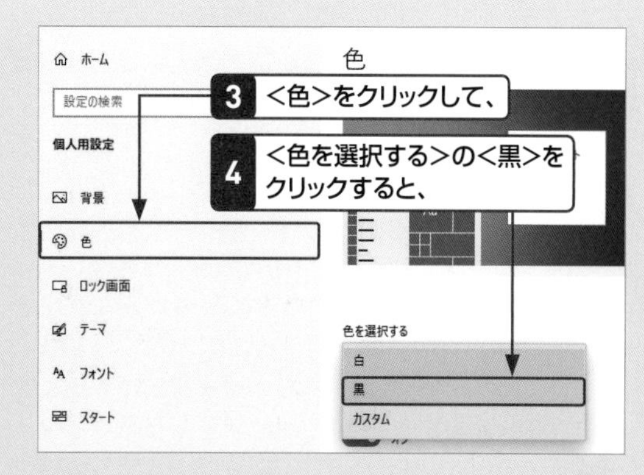

3 <色>をクリックして、

4 <色を選択する>の<黒>をクリックすると、

5 アプリの背景が暗くなります。

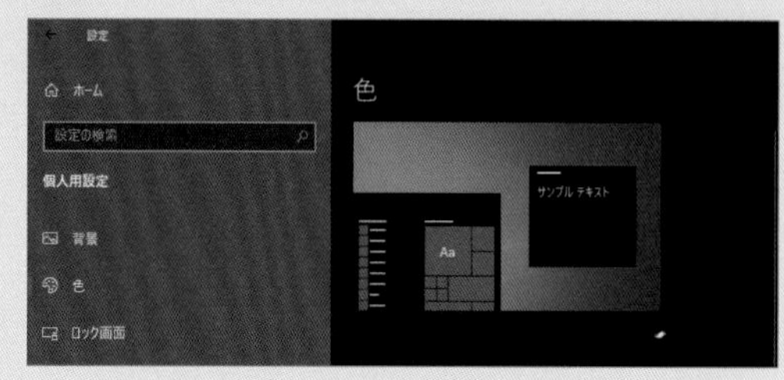

その他の設定　重要度 ★

Q 535 マウスポインターを見やすくしたい！

A <簡単操作>の<マウスポインター>で変更します。

「設定」アプリで<簡単操作>→<マウスポインター>をクリックして表示される画面を表示すると、マウスポインターを大きいサイズに変更して見やすくできます。

参照▶Q 536,Q 537

1 「設定」アプリの<簡単操作>→<マウスポインター>をクリックして、

2 マウスポインターのサイズを指定します。

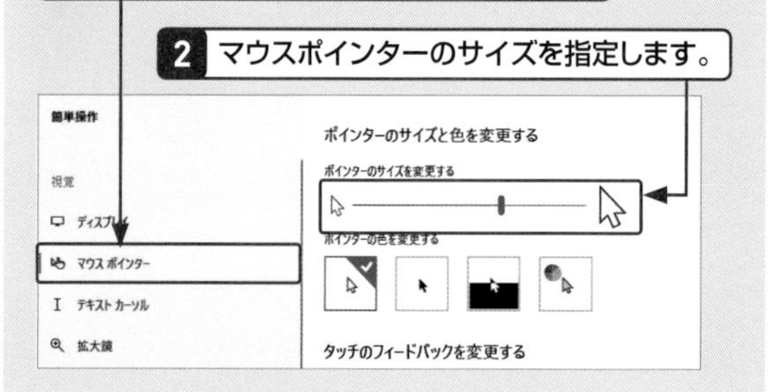

その他の設定　重要度 ★

Q 536 マウスポインターの色を変えたい！

A <簡単操作>の<マウスポインター>で色を変更します。

「設定」アプリで<簡単操作>→<マウスポインター>をクリックして表示される画面で、マウスポインターの色を変更できます。

参照▶Q 535,Q 537

1 「設定」アプリの<簡単操作>→<マウスポインター>をクリックして、

2 マウスポインターの色を指定します。

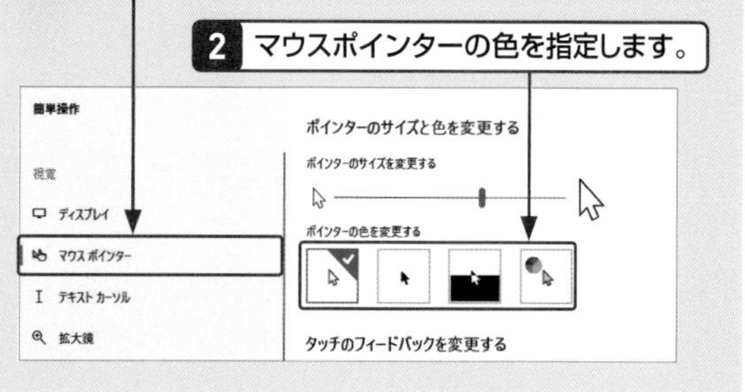

その他の設定　重要度 ★★★

Q 537 マウスポインターの移動スピードを変えたい!

A <デバイス>の<マウス>でスピードを調整します。

マウスポインターの移動速度を変えたいときは、「設定」アプリで<デバイス>をクリックし、<マウス>をクリックします。表示されるスライダーを左にドラッグすれば移動速度が遅くなり、右にドラッグすれば速くなります。

参照▶Q 538

1 「設定」アプリの<デバイス>→<マウス>をクリックし、<カーソル速度>のスライダーをドラッグして、移動速度を調整します。

ホーム　設定の検索　デバイス　Bluetooth とその他のデバイス　プリンターとスキャナー　マウス　主に使用するボタン　左　カーソル速度　マウス ホイールでスクロールする量

その他の設定　重要度 ★★★

Q 538 マウスの設定を左利き用に変えたい!

A <デバイス>の<マウス>で変更します。

マウスを左利き用に変更するには、「設定」アプリで<デバイス>をクリックし、<マウス>をクリックします。そのあと「主に使用するボタン」で<右>をクリックすれば、マウスの右ボタンと左ボタンの機能が入れ替わります。

参照▶Q 537

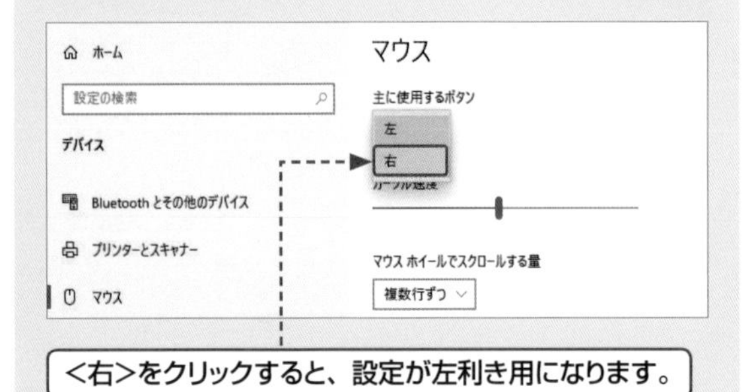

<右>をクリックすると、設定が左利き用になります。

その他の設定　重要度 ★★★

Q 539 ダブルクリックがうまくできない!

A ダブルクリックの速度を調整しましょう。

ダブルクリックがうまくできない場合は、クリックの速度を調整してみましょう。スタートメニューから<コントロールパネル>を開いて<ハードウェアとサウンド>をクリックします。<マウス>をクリックして表示された画面で<ボタン>タブをクリックし、<ダブルクリックの速度>のスライダーを左右にドラッグして調整します。

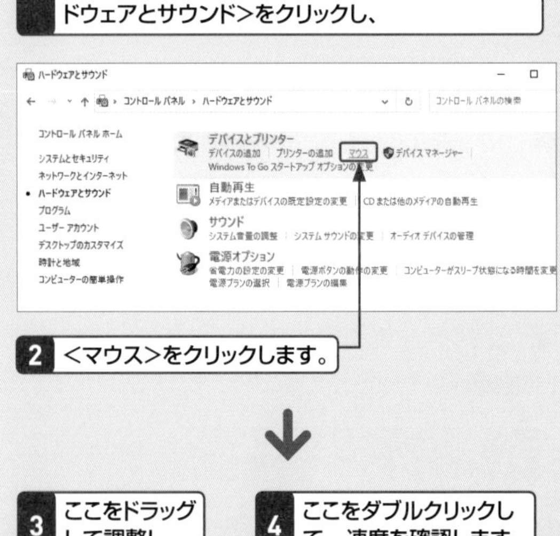

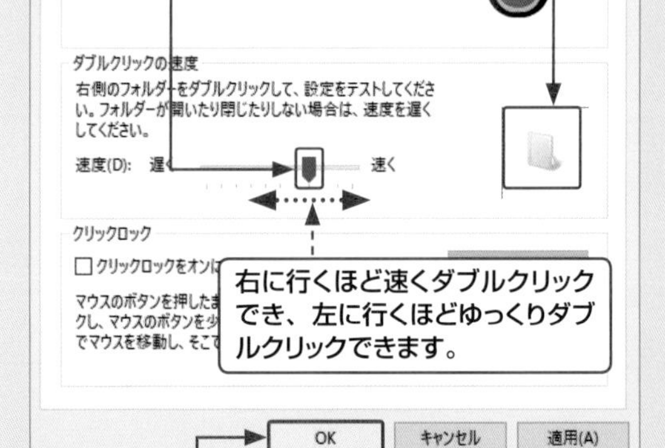

5 確認が済んだら<OK>をクリックします。

その他の設定　重要度 ★★★

Q540 ハードディスクの空き容量を確認したい！

A エクスプローラーで<PC>やドライブのプロパティから確認できます。

ハードディスクの空き容量を確認するには、エクスプローラーを使用します。< PC >を表示すると、<デバイスとドライブ>に各ドライブの容量と空き領域が表示されます。さらに詳細な数値を確認したい場合は、ドライブを右クリックし、表示されたメニューの<プロパティ>をクリックすると、使用領域と空き領域の両方が表示されます。

1 エクスプローラーを表示して、

2 <PC>をクリックします。

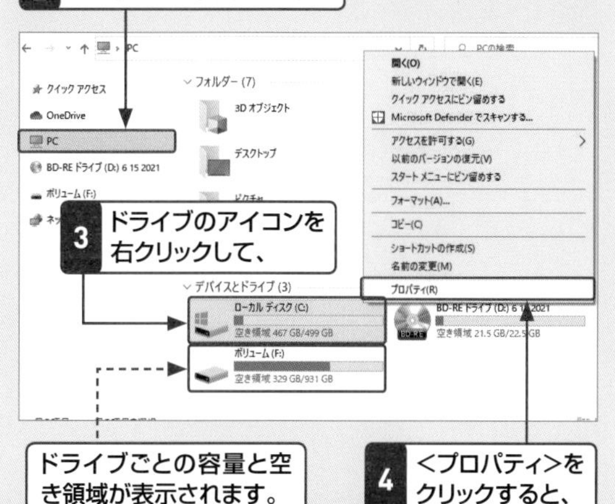

5 ドライブの容量、使用領域、空き領域が表示されます。

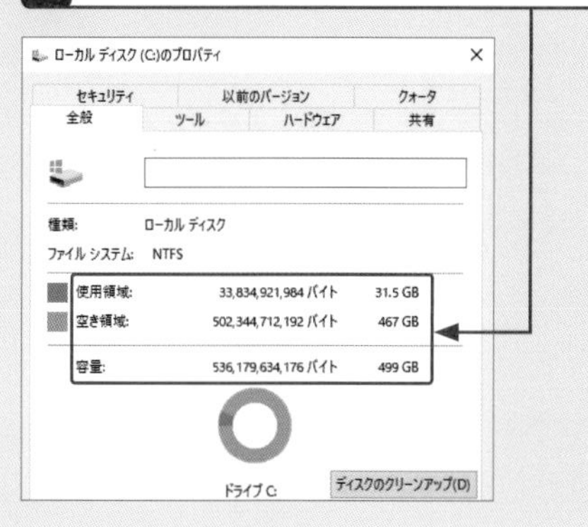

その他の設定　重要度 ★★★

Q541 特にファイルを保存していないのに空き容量がなくなってしまった！

A バックアップの容量が増えたためかもしれません。

自分ではファイルを保存していないのにドライブの空き容量がなくなった場合、バックアップに使用する容量が増えたことが考えられます。Windows 10のバックアップ機能は、標準では<1時間ごとに>バックアップを行い、バックアップデータは<無期限>に保存する設定となっているからです。

ドライブの容量が不足するようなら、<古いバージョンのクリーンアップ>を実行して昔のバックアップデータを削除します。また、<保存されたバージョンを保持する期間>を短くしてもよいでしょう。

1 <スタート> →<Windowsシステムツール>→<コントロールパネル>をクリックして、<システムとセキュリティ>をクリックし、

3 <詳細設定>をクリックします。

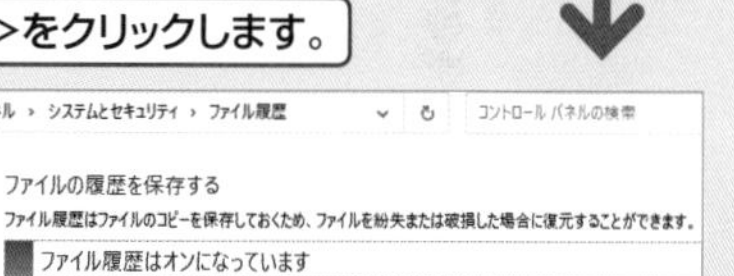

4 <古いバージョンのクリーンアップ>をクリックして、

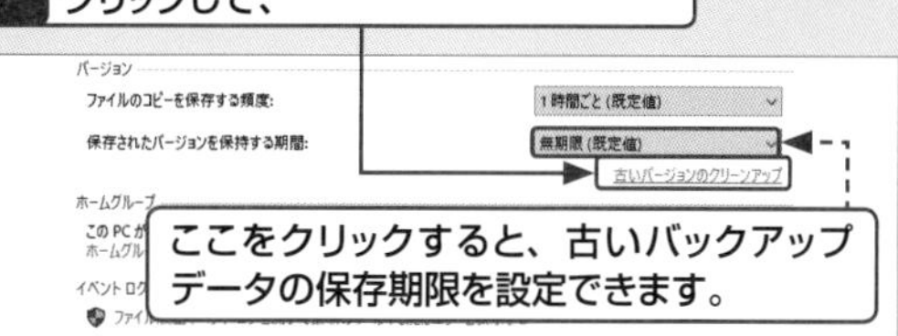

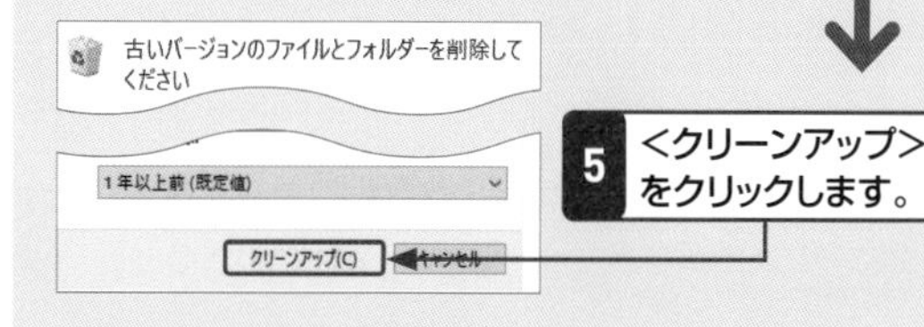

Q 542 ハードディスクの空き容量を増やしたい!

A 不要なアプリのアンインストールやドライブの圧縮で増やします。

ハードディスクの空き容量を確保するには、大きな容量のアプリをアンインストールするのが効果的です。自分で作成したファイルを削除しても数MBから数百MB程度の空き容量しか確保できませんが、不要なアプリをアンインストールすれば1GB程度、大きいアプリなら数十GBの容量を確保できます。

アプリのアンインストールは、「設定」アプリの<アプリ>→<アプリと機能>から行います。アプリのリストは名前順に並んでいますが、容量の大きいアプリを見つけたいときは<サイズ>で、古いアプリから削除していきたいときは<インストール日付>で並べ替えるとよいでしょう。

また、ドライブを圧縮して空き容量を確保する方法もあります。ドライブの圧縮とは、ファイルを圧縮して保存しておき、開くときは展開してくれるOSの機能です。ファイルの圧縮や展開はOSが自動で行うので、使い勝手はドライブの圧縮を使用しないときと変わりません。

空き容量を確保する方法にはほかにも、ストレージセンサーによるファイルの削除や、OneDriveのファイルオンデマンドなどがあります。

参照▶Q 450, Q 529, Q 541

● サイズの大きいアプリを見つける

1 <スタート> →<設定> をクリックして、<アプリ>→<アプリと機能>をクリックすると、

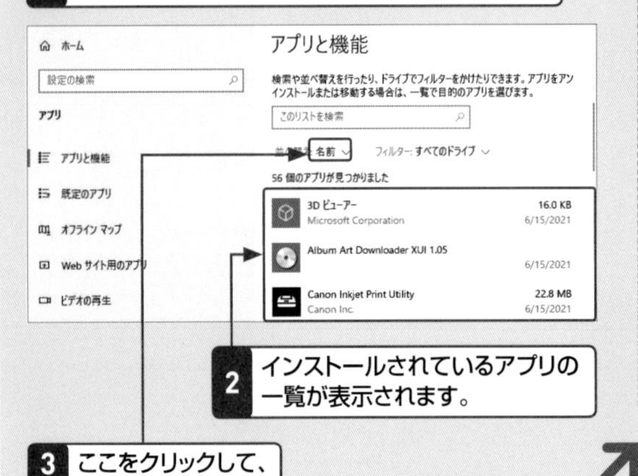

2 インストールされているアプリの一覧が表示されます。

3 ここをクリックして、

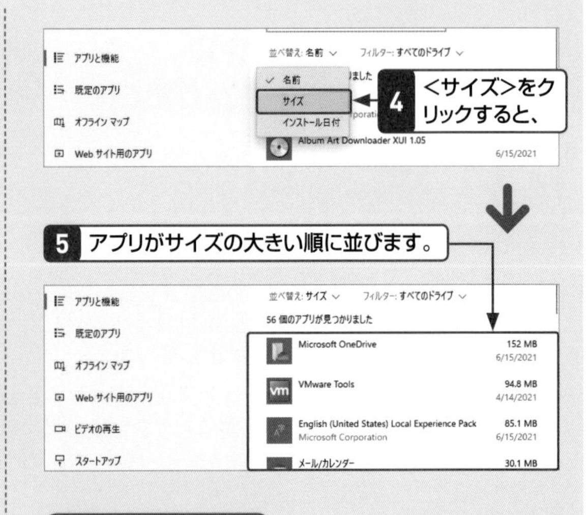

4 <サイズ>をクリックすると、

5 アプリがサイズの大きい順に並びます。

● ドライブを圧縮する

1 エクスプローラーで<PC>を表示して、

2 圧縮したいドライブを右クリックし、

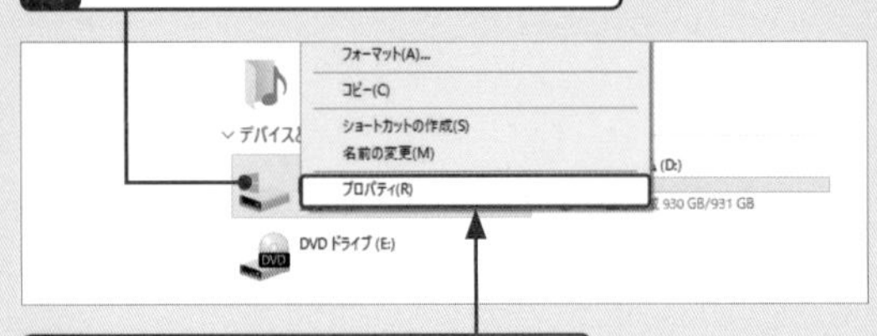

3 <プロパティ>をクリックします。

4 <このドライブを圧縮してディスク領域を空ける>をクリックしてオンにし、

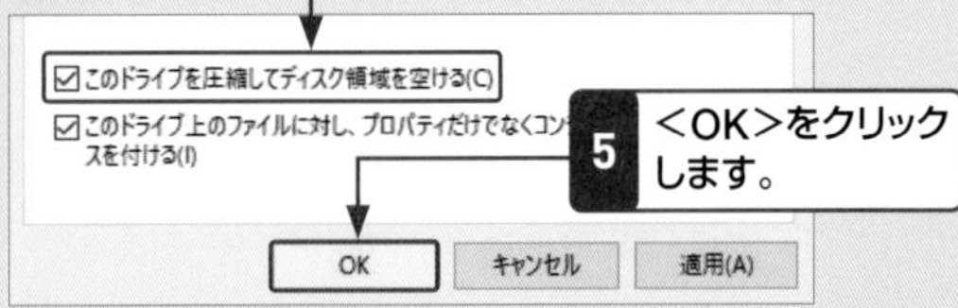

5 <OK>をクリックします。

6 <変更をドライブ○:¥、サブフォルダーおよびファイルに適用する>をクリックして、

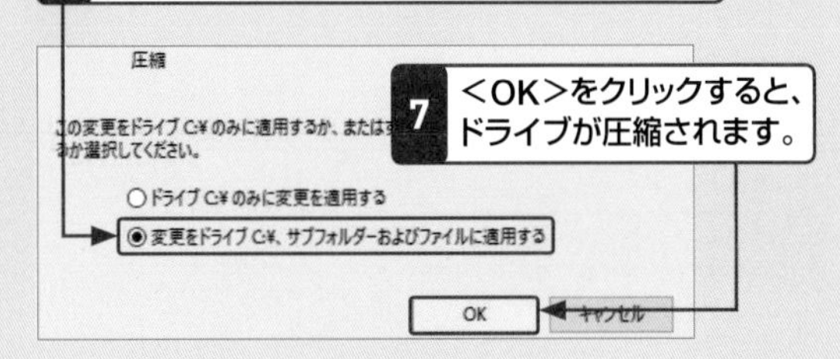

7 <OK>をクリックすると、ドライブが圧縮されます。

基本 デスクトップ キーボード・文字入力 インターネット メール・連絡先 セキュリティ 写真・動画・音楽 OneDrive・スマホ 印刷・周辺機器 アプリ インストール・設定 テレワーク

その他の設定　重要度 ★★★

Q543 ハードディスクの最適化って何？

A データを素早く読み書きできるように並べ替えます。

ハードディスクは、ファイルを一定のサイズごとのブロックに分割して保存しています。最初は1つのファイルのすべてのブロックが連続した領域に保存されますが、ファイルの削除や保存を繰り返し行っていると、連続した空き領域がなくなり、1つのファイルがあちこちの領域にバラバラに保存されます。この状態を断片化といいます。
ハードディスクは記録媒体として円盤を使用しているので、断片化したデータは読み出すのに時間がかかってしまいます。データを素早く読み書きできるよう、断片化を解消する作業がハードディスクの最適化です。ハードディスクを搭載したパソコンは、最適化を定期的に実行するように設定されています。また、パソコンにハードディスクではなくSSDが搭載されているパソコンでは、最適化を実行する必要はありません。
手動で最適化を行う手順は、下のとおりです。

1 エクスプローラーを表示して、

2 <管理>タブをクリックし、

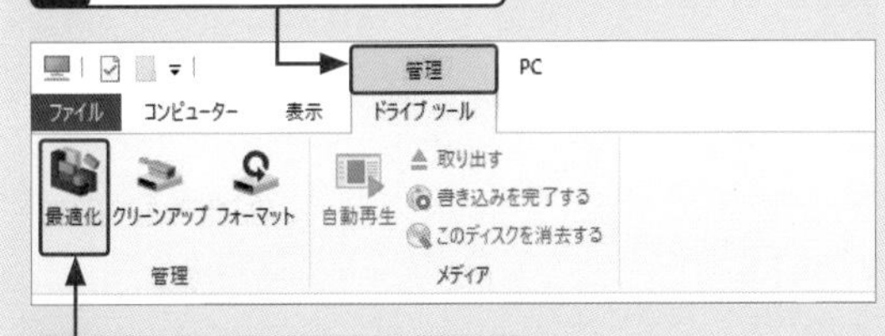

3 <最適化>をクリックします。

4 最適化したいドライブをクリックし、

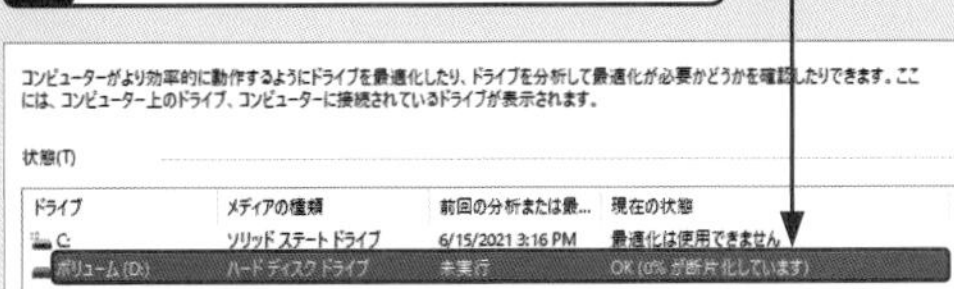

5 <最適化>をクリックすると、最適化が実行されます。

その他の設定　重要度 ★★★

Q544 スクリーンセーバーを設定したい！

A <スクリーンセーバーの設定>で設定します。

スクリーンセーバーはもともとCRTディスプレイの焼き付きを防止するために作られたものですが、現在では画面を他人に見られないようにするためなどに利用されています。

1 <スタート>→<設定>をクリックして、<個人用設定>→<ロック画面>をクリックし、

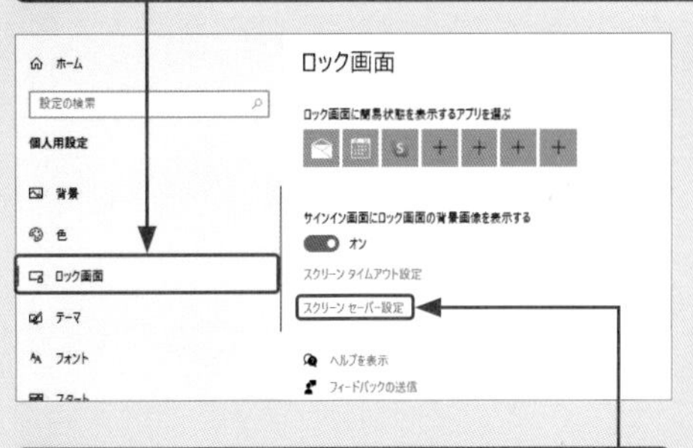

2 <スクリーンセーバー設定>をクリックして、

3 ここをクリックし、

ここをクリックすると、スクリーンセーバーの動作を確認できます。

4 使用するスクリーンセーバーをクリックします。

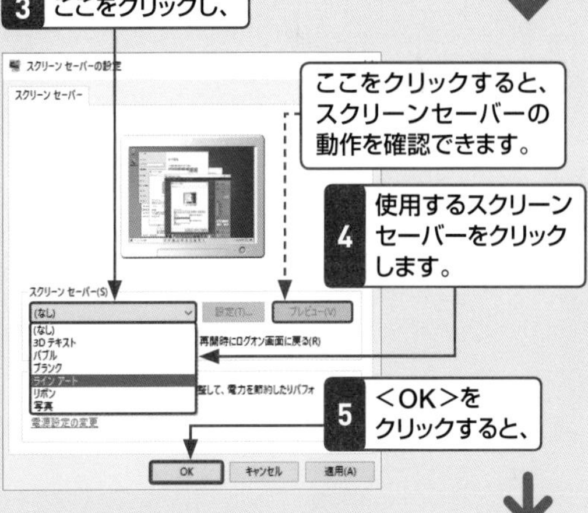

5 <OK>をクリックすると、

6 スクリーンセーバーが設定されます。

その他の設定　重要度 ★★★

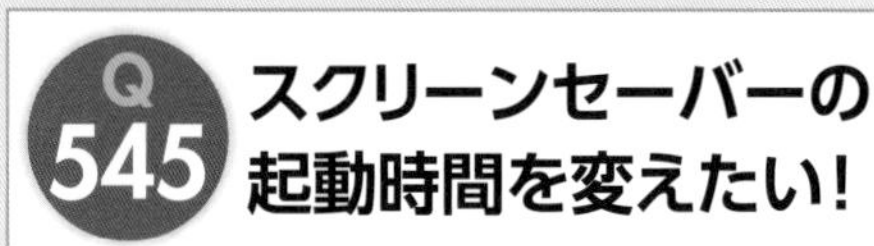

Q545 スクリーンセーバーの起動時間を変えたい！

A <スクリーンセーバーの設定>の<待ち時間>で設定します。

パソコンの操作を止めてから、スクリーンセーバーが開始されるまでの時間は、<スクリーンセーバーの設定>ダイアログボックスの<待ち時間>で設定できます。

1 Q544を参考に、<スクリーンセーバーの設定>ダイアログボックスを表示して、

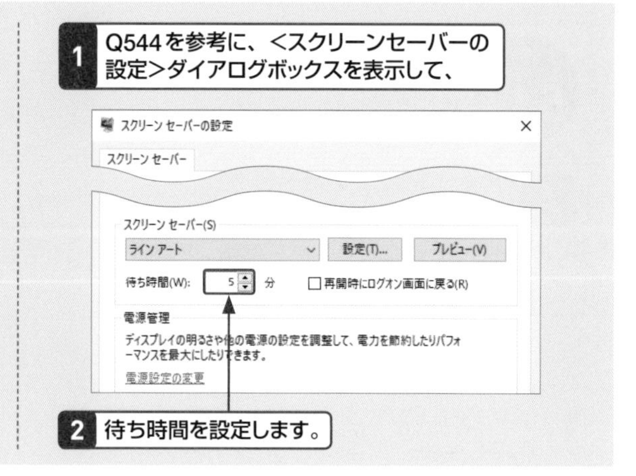

2 待ち時間を設定します。

その他の設定　重要度 ★★★

Q546 デスクトップの色を変えたい！

A <個人用設定>の<色>から変更できます。

「設定」アプリの<個人用設定>にある<色>をクリックすると、ウィンドウの枠やタスクバー、スタートメニューの色を変更できます。以下の手順は、変更の一例です。

1 <スタート> →<設定>をクリックして、<個人用設定>→<色>をクリックし、

2 <色を選択する>を<カスタム>に変更して、

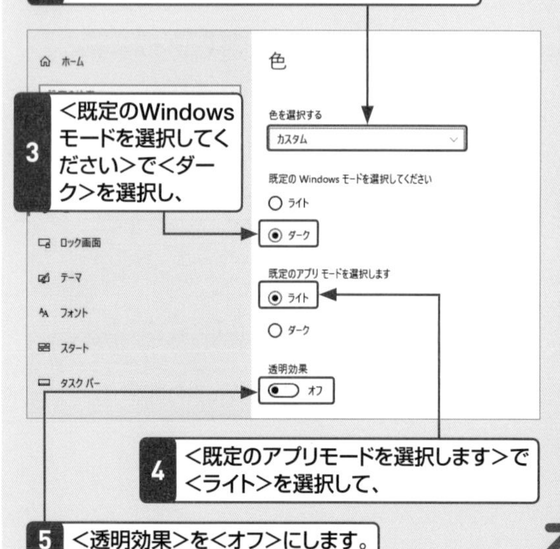

3 <既定のWindowsモードを選択してください>で<ダーク>を選択し、

4 <既定のアプリモードを選択します>で<ライト>を選択して、

5 <透明効果>を<オフ>にします。

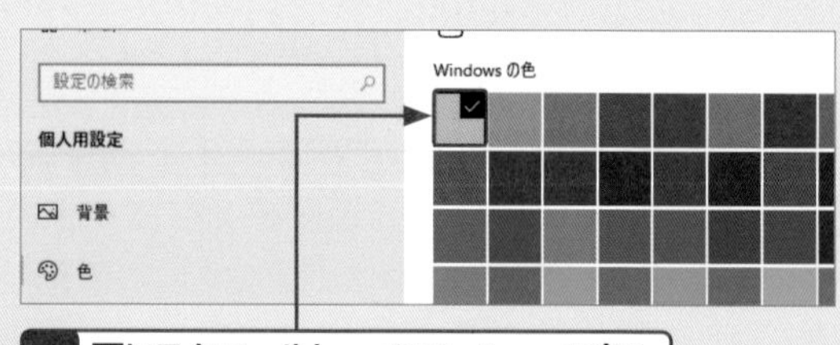

6 下にスクロールし、<Windowsの色>で好みの色をクリックします。

7 アクセントカラーの表示場所で<スタートメニュー、タスクバー、アクションセンター>をクリックしてチェックを付けると、

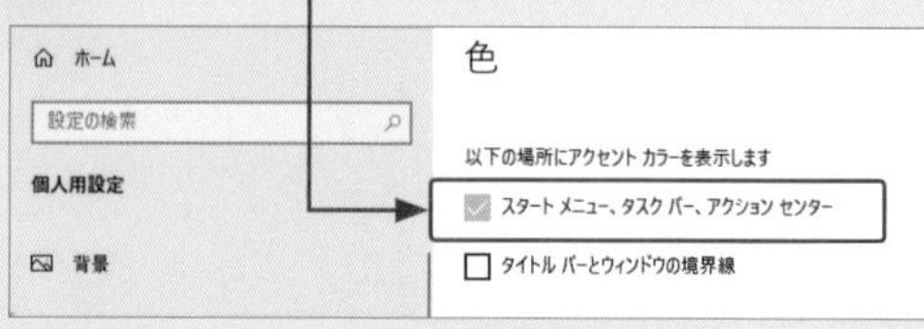

8 デスクトップの色が変更されます。

重要度 ★★★

Q 547 デスクトップの背景を変更したい!

A <個人用設定>の<背景>から変更できます。

デスクトップの背景を変更するには、「設定」アプリを起動して、<個人用設定>→<背景>をクリックします。そのあとWindowsに標準で用意されている別の画像を選択するか、<参照>をクリックし、自分で過去に撮影した画像を選択しましょう。このほか、背景にスライドショーを設定することも可能です。お気に入りの画像が何枚もある場合に利用するとよいでしょう。

● あらかじめ用意されている画像を背景に設定する

1 <スタート> ⊞ →<設定> ⚙ をクリックして、<個人用設定>をクリックし、

2 <背景>をクリックして、

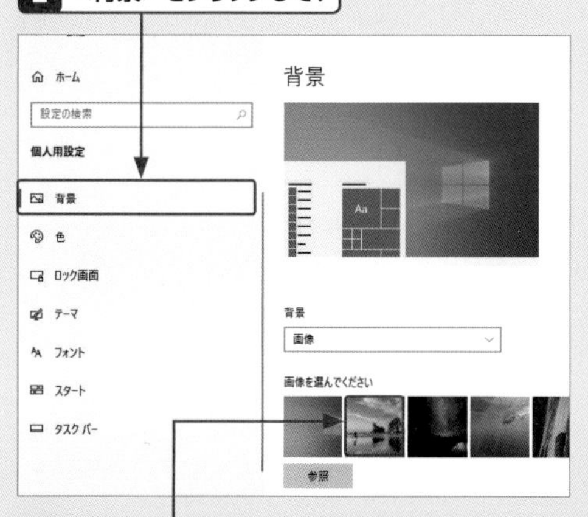

3 背景にしたい画像をクリックすると、

4 デスクトップの背景が変更されます。

● 独自の画像を背景に設定する

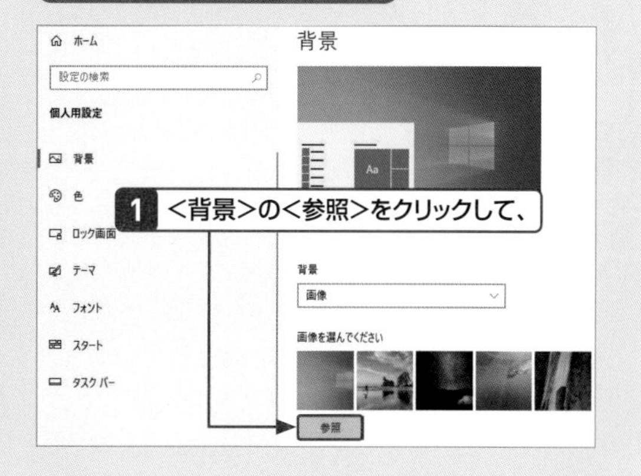

1 <背景>の<参照>をクリックして、

2 画像が保存されているフォルダーを指定します。

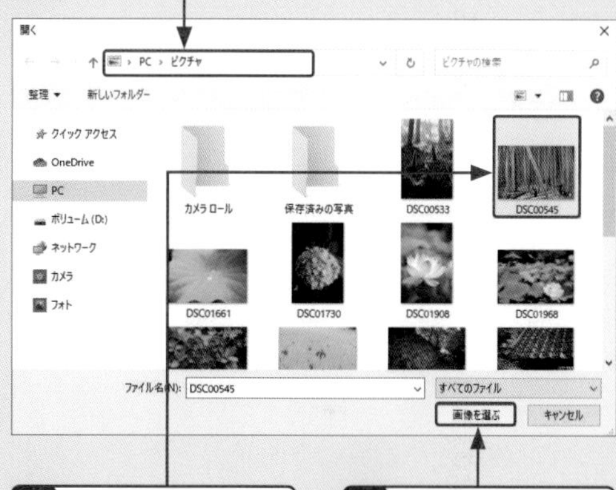

3 背景にしたい画像をクリックして、

4 <画像を選ぶ>をクリックすると、

5 デスクトップの背景が独自の画像に変更されます。

● 背景にスライドショーを設定する

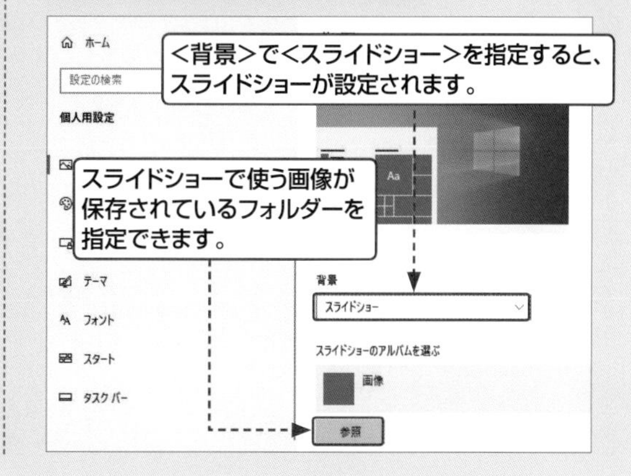

<背景>で<スライドショー>を指定すると、スライドショーが設定されます。

スライドショーで使う画像が保存されているフォルダーを指定できます。

Q 548 デスクトップの色や背景をガラリと変えたい!

A 「設定」アプリでテーマを設定しましょう。

デスクトップの背景やタスクバー、スタートメニューの色などをまとめて変えたいなら、テーマを新しく設定しましょう。
テーマはWindowsにあらかじめ用意されているもののほか、「Microsoft Store」アプリからインストールして設定することもできます。ここではそれぞれの方法を紹介するので、自分の気に入ったテーマを選択するとよいでしょう。

● 最初から用意されているテーマを設定する

1 <スタート> →<設定> をクリックして、<個人用設定>→<テーマ>をクリックし、

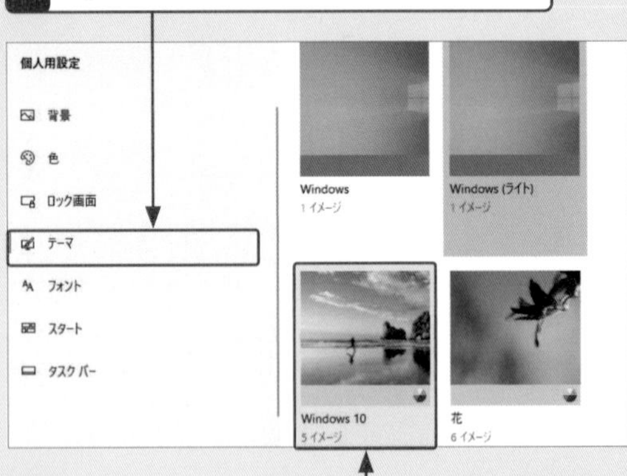

2 適用したいテーマをクリックすると、

3 背景やスタートメニューの色などが変更されているのを確認できます。

● 新しいテーマをインストールする

1 左の手順1の画面で<Microsoft Storeで追加のテーマを入手する>をクリックして、

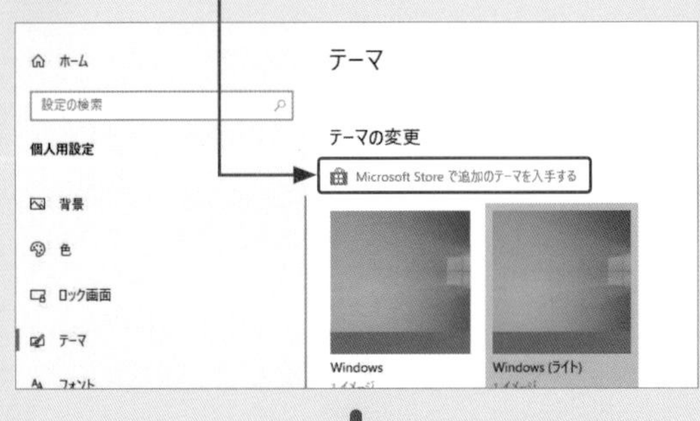

「Microsoft Store」アプリが起動します。

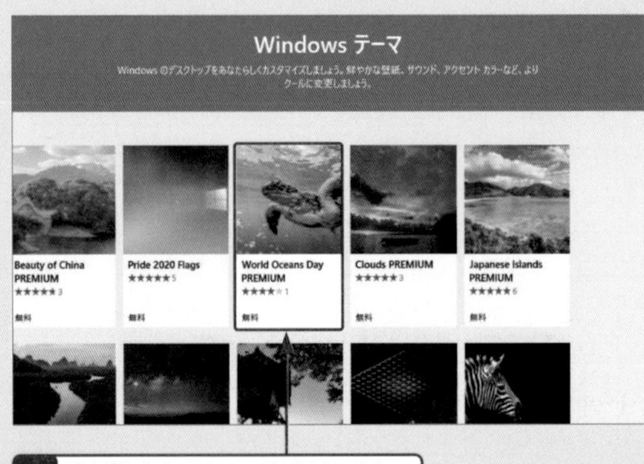

2 入手したいテーマをクリックし、

3 <入手>をクリックしてテーマをインストールします。

4 左の手順を参考に、インストールしたテーマをWindowsに適用します。

12

Web 会議&テレワークの基礎知識と実践便利技!

テレワークの基本　重要度★★★

Q 549 テレワークって何？

A 情報通信技術を活用した新しい働き方を指します。

テレワークとは、パソコンや携帯電話を駆使して、決まった就業時間にとらわれず、自宅やコワーキングスペースなど会社以外の場所で働くことを指します。
テレワークを行うことで、通勤時間が削減されて時間に余裕を持つことができ、勤務時間と場所の制約がなくなるため、それぞれの生活スタイルに合わせた働き方を実現できるとされています。また、何らかの理由で出社が難しい場合でも業務を行うことができます。
テレワークには、主に次のような形態があります。

テレワークの種類	特徴
在宅勤務	自宅を就業場所とし、電話やメール、インターネットなどを用いて会社との連絡や業務を行う。
モバイルワーク	顧客先や訪問先からの移動中に、電話やメール、インターネットなどを用いて業務を行う。電車や新幹線など交通機関での移動中に行うものや、空き時間に喫茶店などで行うものも同様に指す。
サテライトオフィス勤務	サテライトオフィスやコワーキングスペースで業務を行う。サテライトオフィスは企業の小規模な事業所、コワーキングスペースは会議室などほかの人と共同で使うスペースを指す。パソコンなどのツールがあらかじめ用意されていることが多く、在宅勤務の手段や場所がない場合でも仕事ができる。

テレワークの基本　重要度★★★

Q 550 テレワークをするうえで気を付けることは？

A 覗き見対策やウイルス対策を確認しましょう。

テレワークでの就業場所は、自宅など会社以外の場所になります。自宅はプライベートな場所のため、他人にパソコンを見られることはありませんが、コワーキングスペースなど他人と共同で使うスペースで仕事を行う場合は、席を外した際や席の後ろからパソコンの画面を覗かれてしまう可能性があります。パソコンの画面に覗き見防止用のフィルムを貼って他人から画面が見えにくくなるようにしたり、「動的ロック」機能をオンにして離席時にパソコンがロックされるようにしましょう。
また、会社から新たにパソコンを支給された場合は、ウイルス対策が有効になっているか必ず確認しておきましょう。Windows 10ではデフォルトでMicrosoft Defenderがオンになっていますが、もしオフになっていた場合はオンにしておきます。なお、ほかのセキュリティ対策ソフトを使用している場合は、Microsoft Defenderは自動的に無効になるため、オンにする必要はありません。

参照▶Q 329,Q 330,Q 522

テレワークの基本　重要度★★★

Q 551 テレワークに向いているパソコンは？

A カメラやマイクが搭載されていると便利です。

テレワークを機に自宅のパソコンを買い換える場合は、テレワークで必要な機能を搭載したパソコンがおすすめです。
ノートパソコンでは、カメラとマイクが標準で備わっているものが多く発売されています。外付けのカメラやマイクを持っていないときは、別々に買うよりも費用が抑えられます。
なお、アプリを一度にたくさん起動したりWeb会議を頻繁に行う場合は、メモリの容量が多いものやSSDが搭載されているものなど、できるだけ性能が良いパソコンを使用すると作業が快適になります。パソコンの使用用途と予算を考慮したうえで購入しましょう。

参照▶Q 562

Q552 テレワークで求められる機能は何があるの？

A チャット、Web会議、ファイル共有やスケジュールの共有機能が必要です。

テレワークでは会社での勤務と異なり、直接人と会って話すことがないため、連絡手段や情報の共有手段の確保が最も重要になります。そのため、パソコンではチャットやWeb会議、ファイル共有やスケジュール共有の機能が使えるように準備しておきましょう。
これらの機能を使うためには、サービスへの利用登録が必要です。また、ブラウザー上で使用することも、アプリをダウンロードして使用することもできます。ブラウザーであれば、端末を問わずに利用可能です。 参照▶Q562

機能	内容
チャット	入力欄に文字を入力し、リアルタイムに会話する機能。メールよりも短文でやり取りができ、1対1だけでなく、複数人と同時に会話することができる。SkypeやTeams、MeetやZoomなどのサービスで利用可能。
Web会議	カメラとマイク、イヤホンなどをパソコンに接続し、インターネットを通してビデオ通話を行う機能。「ビデオ会議」や「テレビ会議」とも呼ばれる。チャットと同様に、複数人との同時通話ができる。SkypeやTeams、MeetやZoomなどのサービスで利用可能。
ファイル共有	インターネット上の保存領域にファイルを保存し、ファイルのダウンロードや編集など、社内外でのファイルのやり取りを行う機能。アクセス権限は個別に設定したり、グループ単位で設定したりできる。OneDriveやGoogleDriveなどのアプリで利用可能。
スケジュール共有	インターネット上のカレンダーにスケジュールを保存し、社内や関係者にも同じスケジュールを表示する機能。スケジュールが追加されたことをメールで知らせる機能も付いているとより共有しやすくなる。TeamsやGoogle カレンダーなどのサービスで利用可能。

●チャットの例

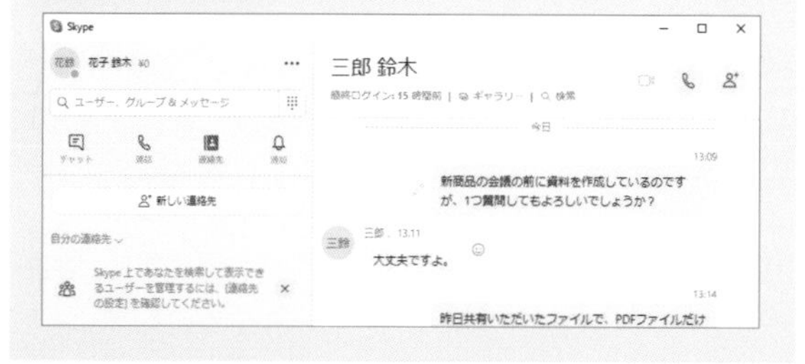

Q553 自宅にインターネット環境がない！

A テザリングやモバイルルーターを利用しましょう。

テザリングやモバイルルーター（モバイルWi-Fiルーター）を使用すると、場所を問わずにインターネットを利用できるため、テレワークを行う際にも便利です（121ページ参照）。ただし、これらをテレワークで使用する場合は以下の3つの点で注意が必要です。

●バッテリー

テレワークでは、長時間にわたってインターネットを使用します。テザリングを利用する場合はスマートフォン、モバイルルーターを利用する場合はモバイルルーターのバッテリーの残量を定期的に確認しましょう。バッテリーがなくなってインターネットの接続が切れ、Web会議の途中で退出してしまった…という事態もあり得ます。一日の業務が終了したら必ずスマートフォンやモバイルルーターの充電を行うようにしておけば、バッテリー不足を防げます。

●料金プラン

音声通話やWeb会議では、電話のように通話料はかかりませんが、通信料がかかります。音声通話やWeb会議はメールやチャットよりもデータの伝送量が多いため、データの使用量に応じて料金が変わる従量課金制の料金プランを契約している場合、料金が高額になります。テレワークを開始する前に、契約している料金プランをあらかじめ確認しておきましょう。テレワークで使用する場合は、データの使用量にかかわらず決まった金額に設定されている料金プランをおすすめします。

●通信速度

料金プランでデータの基本容量が決められている場合は、使用した通信量が基本容量を超えると、通信速度が制限されます。通信速度が制限されても、メールやチャットを行う分には問題ありません。しかしWeb会議では接続に時間がかかったり、映像や音声が途切れ途切れになり会話がスムーズに進まなくなることがあります。料金プランによっては、追加でデータ容量を購入することで通信速度の制限を解除できるので、状況に応じて検討しましょう。

テレワークの基本　重要度 ★★★

Q 554 業務にフリーWi-Fiを利用してもいいの？

A リスクが高いのでやめましょう。

公共施設や飲食店では、無料でインターネットが利用できるWi-Fiスポット「フリーWi-Fi」が提供されています。外出時にインターネットを使いたい場合は便利ですが、業務で使用するのは望ましくありません。
Wi-Fiは通常は暗号化した状態で使用します。しかし一部のフリーWi-Fiは、利便性を重視し暗号化されていない場合があります。暗号化されていないWi-Fiを使用すると、悪意を持つ第三者に通信を傍受されてメールの内容やパスワードを解読されたり、共有ファイルのデータを盗まれたりする危険性があります。業務では会社のデータも扱うため、情報の管理には気を配りましょう。 参照 ▶ Q 181,Q 182

テレワーク用のツール　重要度 ★★★

Q 555 ノートパソコンの画面では小さくて作業しにくい!

A 外部ディスプレイと接続しましょう。

テレワークのために会社からノートパソコンを支給されたが、会社で使っていたパソコンと比べると画面が小さくて見づらい、ということもあるかもしれません。そのような場合は、ノートパソコンとディスプレイをつないで、ノートパソコンの画面を外部のディスプレイに表示させましょう。サイズが23型(インチ)以上のディスプレイだと、表示される領域が広いため作業がしやすくなります。
ノートパソコンの画面をディスプレイに表示させるには、画面を表示するディスプレイと、パソコンとディスプレイをつなぐケーブルが必要です。ケーブルはディスプレイケーブルやHDMIケーブルを使用します。
なお、ケーブルにはさまざまな種類があります。例えばHDMIケーブルでは、ビデオカメラやノートパソコンなどで使用する「ミニHDMI」、スマートフォンやタブレットなどで使用する「マイクロHDMI」があります。パソコンやディスプレイのコネクターの形を確認し、それぞれ正しいポートに差し込みましょう。 参照 ▶ Q436

テレワーク用のツール　重要度 ★★★

Q 556 外部ディスプレイの設定を変更したい!

A <ディスプレイ>から変更します。

ノートパソコンと外部ディスプレイをつないだときの設定は、「設定」アプリから行います。
ノートパソコンと外部ディスプレイをケーブルで接続したあと、<スタート>をクリックし、<設定>→<システム>をクリックします。<ディスプレイ>をクリックすると現在のディスプレイの状態が表示されます。<マルチディスプレイ>で<複数のディスプレイ>の下をクリックすると、外部ディスプレイへの表示方法を変更できます。

● 外部ディスプレイへの表示方法を変更する

1 <スタート>→<設定>→<システム>をクリックします。

2 <ディスプレイ>をクリックし、

3 画面をスクロールして<表示画面を拡張する>をクリックします。

4 <変更の維持>をクリックします。

ディスプレイの設定を維持しますか?
9 秒で前のディスプレイ設定に戻ります。

5 ディスプレイ表示を拡張し、2つのディスプレイを1つのディスプレイとして使用できます。

● パソコンの表示

● 外部ディスプレイの表示

Q 557 自宅のパソコンにOfficeが入っていない！

A 「Microsoft Office Online」を利用しましょう。

自宅のパソコンでテレワークをすることになったけれど、Officeが入っていないのでOfficeのファイルが開けないという場合でも、Microsoft Office Onlineを利用すればブラウザー上でExcelやWord、PowerPointのファイルの作成や編集が可能です。通常のOfficeとはツールバーの表示や一部の機能が異なりますが、基本的な機能は概ね同じように使用できます。
ブラウザーで下記のURLにアクセスし、Microsoftアカウントでログインしてホーム画面で＜アプリ起動ツール＞をクリックすると、Officeのアプリが表示されます。使用したいアプリのアイコンをクリックすることで、ブラウザー上でOfficeを無料で利用できます。ブラウザー上で作成したOfficeのファイルは、OneDriveに保存され、ファイルを編集すると自動的に更新されます。 参照▶Q384

● Microsoft Office Online を使用する

1 ブラウザーを起動して「https://account.microsoft.com/account」にアクセスし、

2 画面右上の＜アカウントにサインインする＞をクリックします。

3 Microsoftアカウントでサインインします。

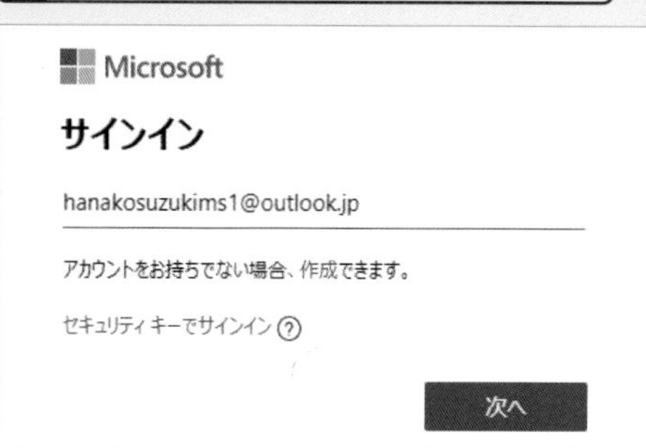

4 画面左上の＜アプリ起動ツール＞をクリックし、

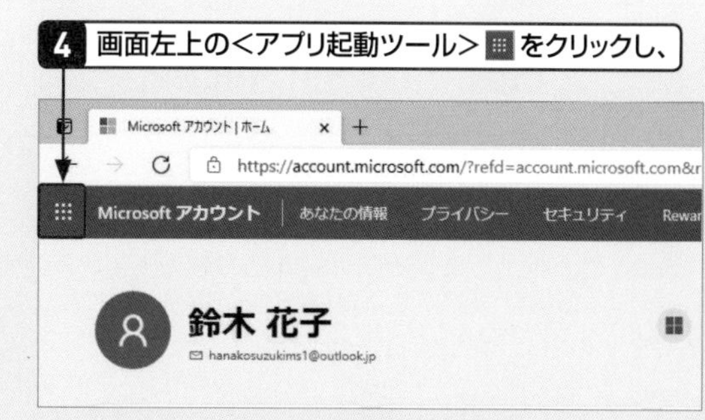

5 使用したいOfficeの機能をクリックすると、

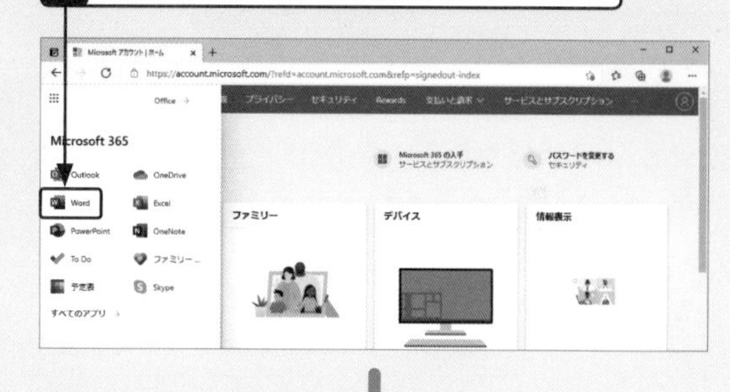

6 ブラウザー上でOfficeのファイルの作成や編集ができます。

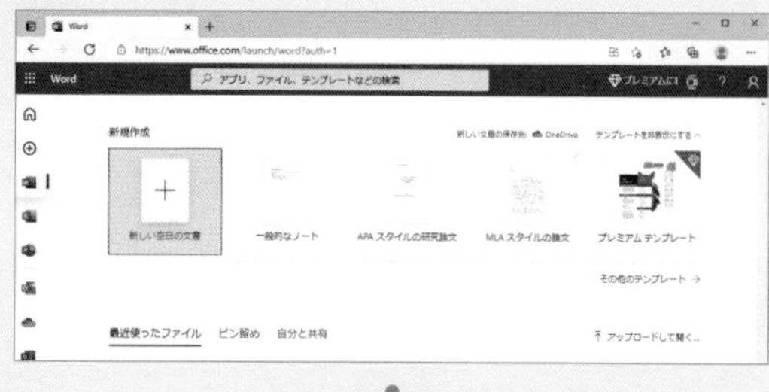

7 ファイルを変更すると自動的に保存されます。

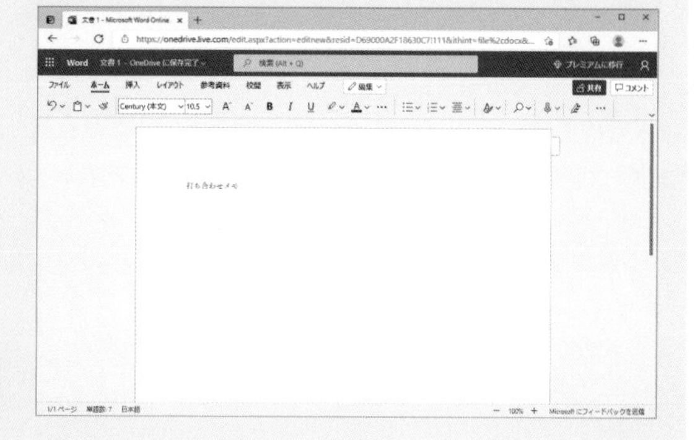

テレワーク用のツール　重要度 ★★★

Q558 GoogleでもOfficeと似た機能があるの？

A 文書や表計算ファイルなどが作成できるサービスがあります。

GoogleでもOfficeのように、インターネット上でファイルの編集や共有ができるサービスを提供しています。Wordのように文書を作成するには「Google ドキュメント」、Excelのように表計算を行いたい場合は「Google スプレッドシート」、PowerPointのようにプレゼンテーションを作成したい場合は「Google スライド」を使用します。また、OneDriveのようにファイルを保存して共有できる「Google ドライブ」もあります。これらのサービスはGoogleアカウントを取得すると利用できるようになります。アカウントの取得やサービスの使用は無料で行えます。

なお、完全に互換性があるわけではないですが、Officeのファイルを開いて編集したり、Officeのファイル形式に保存したりすることも可能です。 参照▶Q259

Web会議の基本　重要度 ★★★

Q559 Web会議をするうえで気を付けることは？

A カメラに映る範囲や周囲の環境、話し方に気を付けましょう。

Web会議をする際は、対面での会議とまた異なった注意点があります。

Web会議では、カメラで自分とその背景が映ります。事前にカメラの位置や角度を調整して背景に余計なものが映り込まないようにし、自分の姿がはっきり映る状態にしておきましょう。Web会議のツールによっては好きな背景を設定できる機能もあります。背景が気になる場合は利用してみましょう。

また、相手の顔を見ながら話しているつもりでも、カメラの位置によってはそう見えず、違う方向に視線が向いているように見える場合があります。カメラのほうを向き、カメラを見て話すようにしましょう。

なお、マイクとスピーカーの位置や設定によっては、ハウリングが起きる可能性があります。323ページや324ページを参考にして、マイクやスピーカーの位置や設定も事前に調整しておきましょう。

Web会議の基本　重要度 ★★★

Q560 Web会議を行うには何が必要なの？

A カメラやマイク、イヤホンやヘッドホンなどが必要です。

Web会議には、自分の姿を映すカメラ、音声を伝えるマイク、会話を聞き取るためのイヤホンやヘッドホンまたはスピーカーが必要です。

カメラやマイク、スピーカーは大抵のノートパソコンでは標準で搭載されています。一方、多くのデスクトップパソコンでは標準では搭載されていないため、別に揃える必要があります。なお、スピーカーフォンやヘッドセットなど、複数の機能を備えているものを使用すると、揃える機器が最小限で済みます。

●Web会議に使えるカメラ

●Web会議に使えるヘッドセット

Web会議の基本　重要度 ★★★

Q561 Web会議の画質や音質を向上させたい！

A 外付けのカメラやマイクを使用しましょう。

パソコンに搭載されているカメラやマイクの性能が物足りないと感じたら、外付けのカメラやマイクを接続して使用しましょう。
カメラやマイクの音質が上がると、相手の表情がよくわかるようになり、自分の声を相手に伝えやすくなるため、Web会議がより円滑に進みます。なお、Web会議のアプリの初期設定では内蔵のカメラやマイクを使用する設定になっていることが多いため、あらかじめ設定を確認してからWeb会議を行いましょう。

参照▶Q 563,Q 564

Web会議の基本　重要度 ★★★

Q562 大部屋の音声を1つのマイクで拾いたい！

A スピーカーフォンがおすすめです。

同じ部屋で、複数人で同時にWeb会議に参加する場合はスピーカーフォンが向いています。スピーカーフォンはマイクとスピーカーが一体化されており、デスクに置いて使用できます。通常のマイクよりも集音範囲が広いため、マイクから少し離れた複数人の声も拾うことができます。

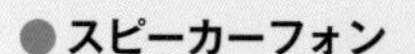

Web会議の基本　重要度 ★★★

Q563 マイクの設定を確認したい！

A <サウンド>で確認します。

マイクが正しく接続されているか確認するには、＜スタート＞ →＜設定＞ →＜システム＞→＜サウンド＞の順にクリックします。入力デバイスが使用するマイクであることを確認し、マイクのテストも行っておきましょう。

1 <スタート> →<設定> をクリックします。

2 <システム>をクリックします。

3 <サウンド>をクリックします。

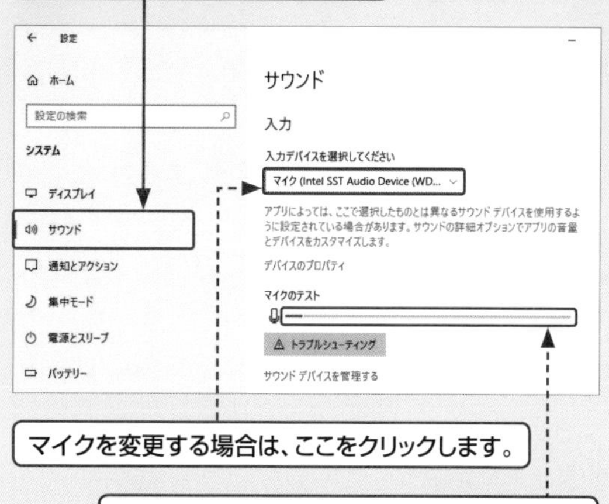

マイクを変更する場合は、ここをクリックします。

音声の大きさに応じてバーが左右に動きます。

Web会議の基本 重要度 ★★★

Q 564 カメラの設定を確認したい!

A 「カメラ」アプリで確認します。

カメラが正しく接続されているか確認するには、「カメラ」アプリで確認します。「カメラ」アプリでカメラの映像が表示されていれば、カメラは接続された状態になっています。

1 <スタート> をクリックします。

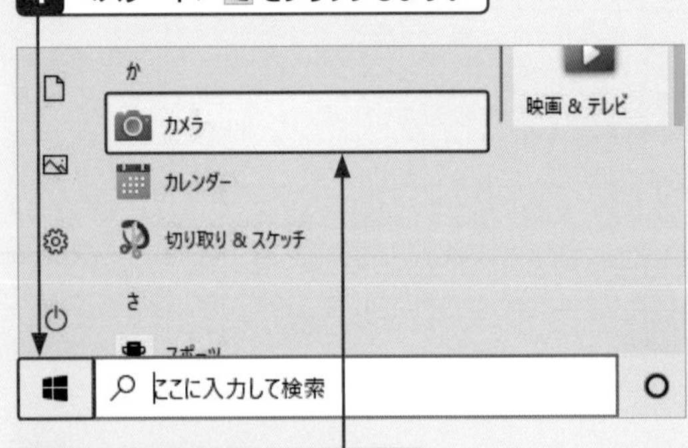

2 <カメラ>をクリックします。

3 「カメラ」アプリが起動しました。

ノートパソコンなど、ディスプレイの表側と裏側の両方にカメラが内蔵されている場合は、ここをクリックすると、イン（表側）／アウト（裏側）のカメラを切り替えて表示できます。

Web会議の基本 重要度 ★★★

Q 565 Web会議中に耳障りな音が入ってしまう!

A ハウリングが発生しています。

Web会議中、「キーン」といった大きな音（ノイズ）が入ってしまうことがあります。このような耳障りな音が出ることを「ハウリング」といいます。
ハウリングは、マイクがスピーカーから出力される音を拾い、さらにその音をスピーカーが出力してしまうことが繰り返されて発生します。
ハウリングの原因には、次のことが考えられます。

- マイクやスピーカーが正しく接続されていない
- マイクとスピーカーの位置が近すぎる
- マイクやスピーカーの音量が大きすぎる
- 複数のマイクを使っている
- ハウリングが起きやすい位置にマイクが設置されている

マイクとスピーカーの位置や音量も確認しましょう。位置が近すぎたり音量が大きすぎたりすると、マイクがスピーカーの音を拾いやすくなり、ハウリングを起こしやすくなります。

Web会議の基本 重要度 ★★★

Q 566 Web会議でノイズが消えない!

A さまざまな原因が考えられます。

マイクやスピーカーの設定を正しく行い、自分の声や相手の声が聞こえている状態でも、ノイズが入ってしまうことがあります。原因の1つとして、マイクやスピーカーと電化製品・電子機器が干渉していることが考えられます。エアコンなど音が出るものだけでなく、音が出ないものでもノイズ発生源になる可能性があるため、電化製品付近でのWeb会議は避け、使用しない機器は電源を切るか、マイクやスピーカーから離しておきましょう。
そのほかの可能性としては、パソコンの操作音をマイクが拾ってしまい、意図せずノイズが発生している場合もあります。自分が発言しないときはマイクをオフにしておくことで、Web会議中に余計な音が入るのを防げます。

Web会議の基本　重要度 ★★★

Q 567 しゃべるとボソボソした音が混ざる！

A 呼気を拾っている可能性があります。

マイクに向けて話すと、ボソボソとした音が声に混ざってしまうことがあります。この場合は、発言時の呼気の音をマイクが拾っている可能性があります。対策として、自分とマイクの距離を離したり、マイクの位置や音量を調整したりして、呼気の音をマイクが拾いにくくなるようにしましょう。
また、同じ音が反響し、自分の声が遅れて聞こえてくることを「エコー」といいます。エコーもハウリングと同じく、マイクがスピーカーから出力される音を拾い、さらにその音をスピーカーが出力してしまうことで発生します。
ノイズキャンセリング機能やエコーキャンセリング機能を搭載したマイクを使用すると、呼気をはじめとしたノイズやエコーを防げるため、頻繁に発生する場合は検討してみましょう。

● ノイズキャンセリング機能付きのヘッドセット

● エコーキャンセリング機能付きのマイク

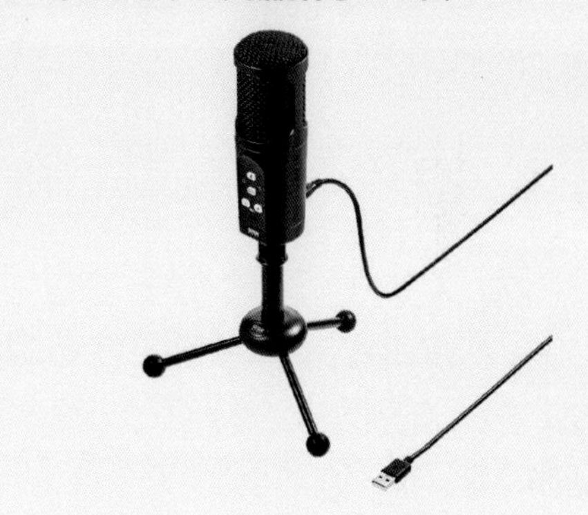

Web会議の基本　重要度 ★★★

Q 568 音声が途切れる、聞こえないと言われる！

A 回線環境が悪いようです。

Web会議の設定や機器の接続を正しく行っていても、インターネットの通信環境が悪いと、音声が途切れたり聞こえなかったりします。Web会議中に画面が止まってしまうときも、通信環境が原因になっている可能性があります。Wi-Fiを使用している場合は、近くに遮蔽物がない場所でWeb会議を行うか、可能であれば有線で接続しましょう。なお、一時的に通信環境が悪くなっている場合は、ルーターやパソコン、Web会議のアプリを再起動することで接続状況が良くなり解決することもあります。

参照 ▶ Q 180

Web会議の基本　重要度 ★★★

Q 569 Web会議の接続を安定させる方法はある？

A 重い処理を行うアプリはできる限り終了させておきましょう。

Web会議の接続をできる限り安定させるには、画像や動画の編集ソフトなど、重い処理を行うアプリをあらかじめ終了しておきましょう。
また、ファイルのアップロードやダウンロードといった操作もパソコンに負荷がかかります。必要なファイルは事前にダウンロードしておき、Web会議中はファイルのアップロードやダウンロードは控えましょう。

Web会議の基本 重要度 ★★★

Q 570 Web会議用のアプリにはどのようなものがあるの?

A SkypeやTeamsなどがあります。

Web会議用のツールには、SkypeやTeams、Google MeetやZoomといったアプリがあります。本書ではその中のSkypeとTeamsについて説明しています。
どのアプリも無料で利用できますが、アプリによっては使用できる機能が増える有料版もあります。また、パソコンやスマートフォンのアプリだけでなく、ブラウザー上からも利用可能です。

● **Web会議用のアプリの一例**

アイコン	アプリ名	特徴
	Skype	Windows 10に標準で搭載されているため、アプリのインストールは不要。Web会議は最大50人まで参加可能。
	Teams	マイクロソフトが提供しており、Office 365との親和性が高い。Web会議は最大300人まで参加可能。
	Meet	Googleが提供しており、Googleのサービスと連携しやすい。Web会議は最大100人(有料版は最大250人)まで参加可能。
	Zoom	ビジネスに特化した機能を取り揃えている。Web会議は最大100人(有料版は最大1000人)まで参加可能。

Web会議の基本 重要度 ★★★

Q 571 スマートフォンからでもWeb会議に参加できるの?

A スマートフォンからも参加できます。

Q570で紹介したツールはスマートフォン用のアプリとしても提供されており、スマートフォンにインストールしてパソコンと同様に利用できます。スマートフォンでWeb会議を行う際、スマートフォンのデータ回線を使用する場合は通信料がかかるため注意しましょう。可能であれば、自宅などのWi-Fiを使用してWeb会議に接続すると、料金を抑えられます。

Skype 重要度 ★★★

Q 572 Skypeとは?

A Windows 10に標準で搭載されているコミュニケーションツールです。

「Skype(スカイプ)」は、ほかのユーザーとインターネットを利用してメッセージのやり取りや音声通話、ビデオ通話ができるアプリです。Windows 10に最初から用意されており、Microsoftアカウントを持っていれば誰でも無料で利用できます。
Windows 10のパソコン以外でSkypeを使いたい場合は、SkypeのWebサイト(https://www.skype.com/ja/get-skype/)から対応するデバイスのアプリをダウンロードするか、ブラウザー上でオンライン版を利用します。

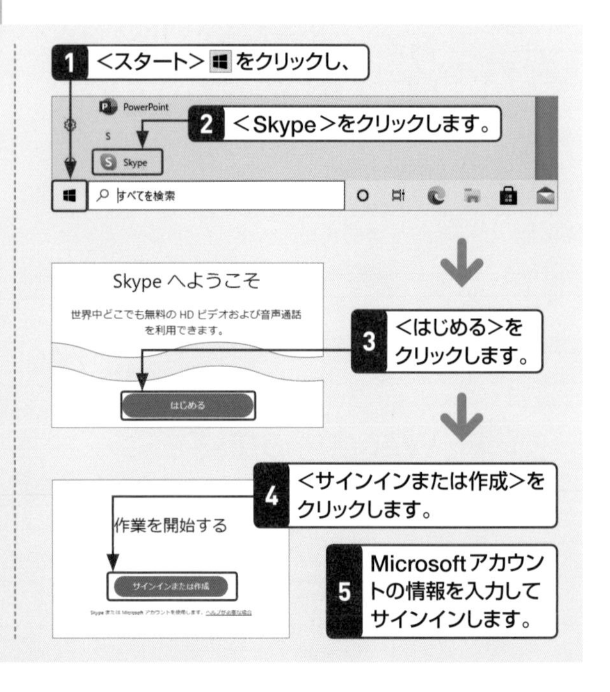

Skype 重要度 ★★★

Q 573 SkypeでWeb会議を開催したい！

A <会議>からWeb会議を始めることができます。

Web会議の主催者として会議をはじめる場合は、まず<会議>→<会議をホスト>をクリックし、<続行>をクリックします。次に会議名を入力し、<Skypeの連絡先>をクリックして会議に追加するユーザーを選択し、<完了>をクリックします。<会議を開始>をクリックするとWeb会議が開始され、会議に追加されたユーザー宛てにWeb会議の通知が届きます。

1 <チャット>をクリックし、

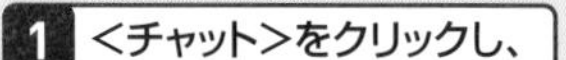

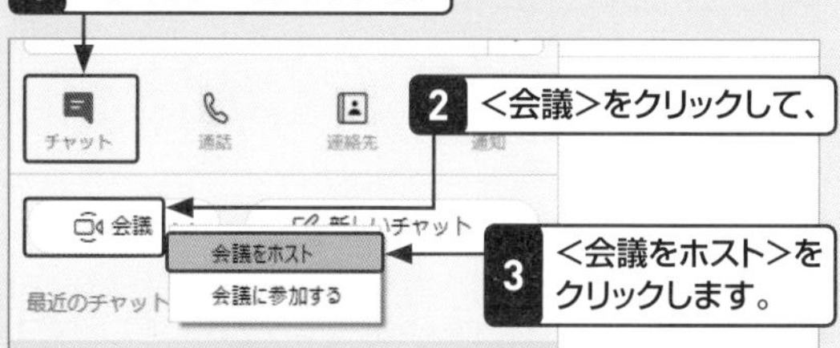

2 <会議>をクリックして、

3 <会議をホスト>をクリックします。

4 <続行>をクリックします。

5 会議名を入力し、

6 <Skypeの連絡先>をクリックします。

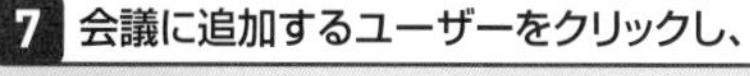

7 会議に追加するユーザーをクリックし、

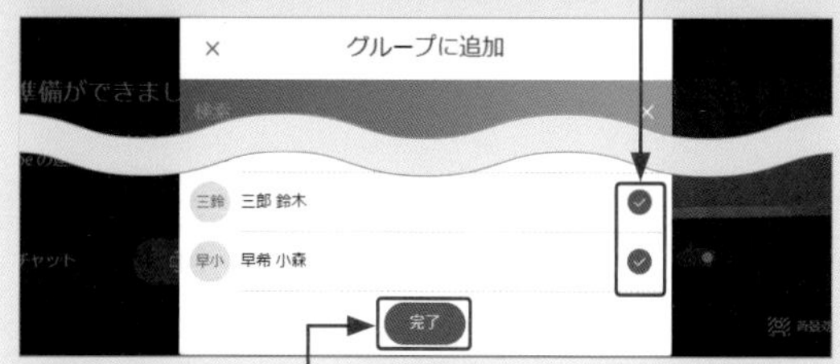

8 <完了>をクリックします。

Web会議が開始されます。

Skype 重要度 ★★★

Q 574 SkypeのWeb会議に参加するには？

A <会議>からWeb会議に参加できます。

会議の主催者から招待されたWeb会議に参加するには、<会議>→<会議に参加する>をクリックし、Web会議の主催者からメールやチャットで連絡してもらったURLを貼り付け、<参加>をクリックします。<会議に参加>をクリックすると、Web会議に参加できます。

参照▶Q 573

1 <チャット>をクリックし、

2 <会議>をクリックして、

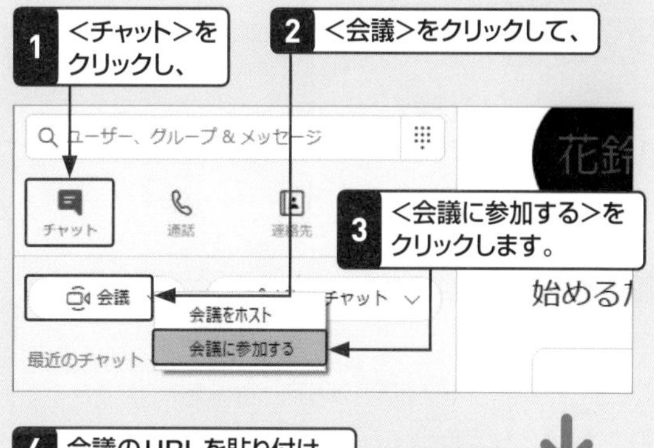

3 <会議に参加する>をクリックします。

4 会議のURLを貼り付け、

5 <参加>をクリックします。

6 <会議に参加>をクリックすると、Web会議が開始されます。

7 <通話を終了>をクリックすると、会議から退出します。

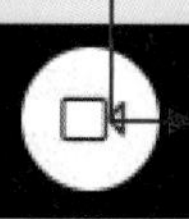

Skype 重要度★★★

Q575 SkypeのWeb会議の背景を変更したい!

A <設定>から変更できます。

SkypeのWeb会議の背景は、<その他>…→<設定>→<音声 / ビデオ>をクリックし、右の画面から背景効果をクリックして選択します。この背景のことを「バーチャル背景(仮想背景)」と呼びます。自分の背後を映したくない場合に使用しましょう。

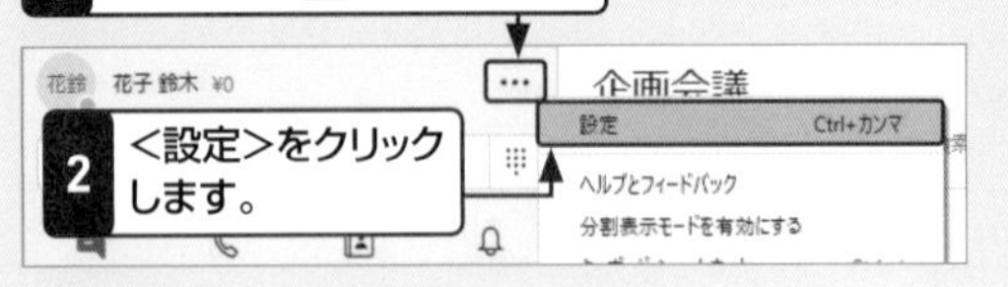

Skype 重要度★★★

Q576 Skypeに連絡先を登録したい!

A 相手に登録を申請します。

Skypeで知り合いを探すにはまず検索ボックスをクリックし、登録したい相手のユーザー名かメールアドレスを入力します。知り合いが見つかったらユーザー名をクリックし、メッセージの送信画面でメッセージを入力して友達に連絡しましょう。相手がメッセージを承認すると、相手の名前が連絡先に登録されます。

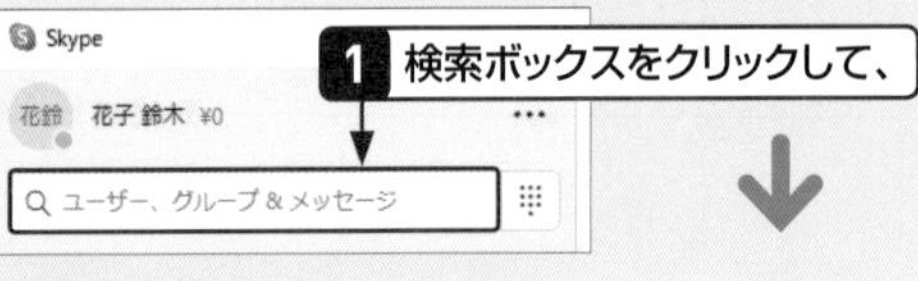

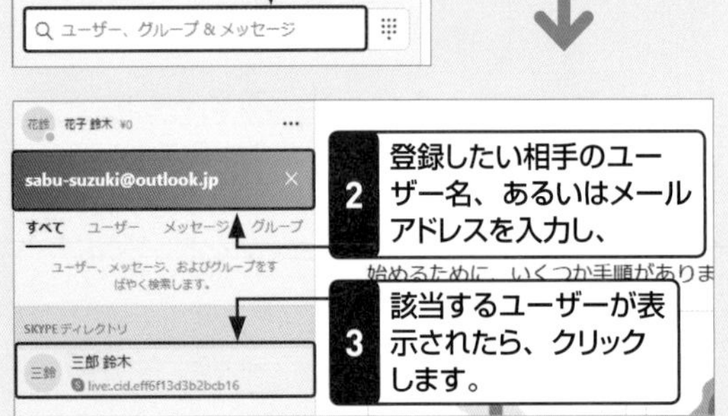

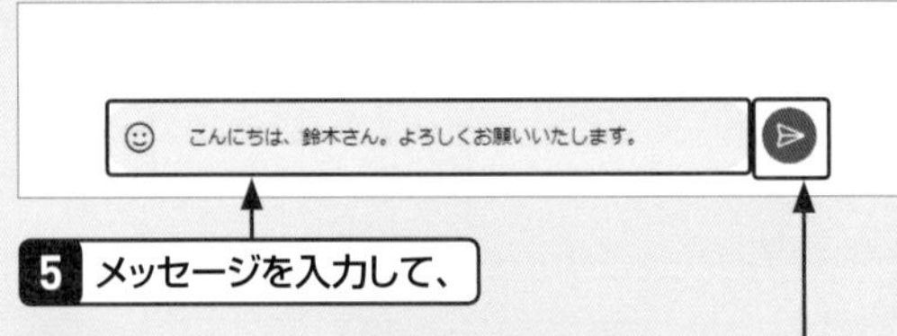

6 <メッセージを送信>をクリックすると、連絡先への追加希望が送信されます。

基本 / デスクトップ / キーボード・文字入力 / インターネット / メール・連絡先 / セキュリティ / 写真・動画・音楽 / OneDrive・スマホ / 印刷・周辺機器 / アプリ / インストール・設定 / テレワーク

Skype 重要度 ★★★

Q 577 Skypeでメッセージをやり取りしたい!

A 相手を選んでメッセージを送信します。

連絡先からユーザーを選ぶと、チャット画面が表示されます。ここでメッセージを送受信できます。

1 <連絡先>をクリックして、

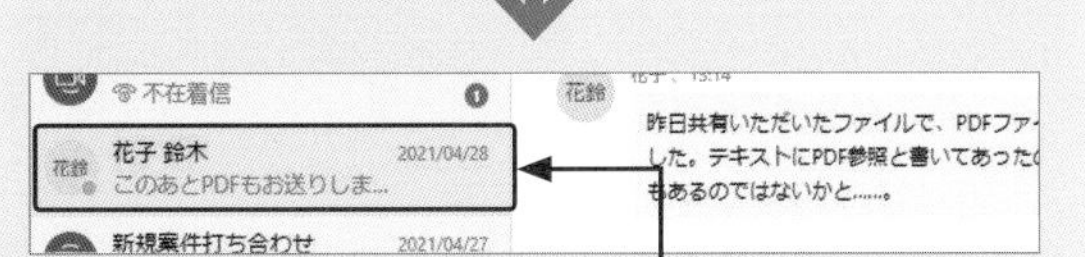

2 メッセージを送信する相手をクリックします。

3 相手とやり取りする画面が表示されるので、テキストボックスにメッセージを入力し、

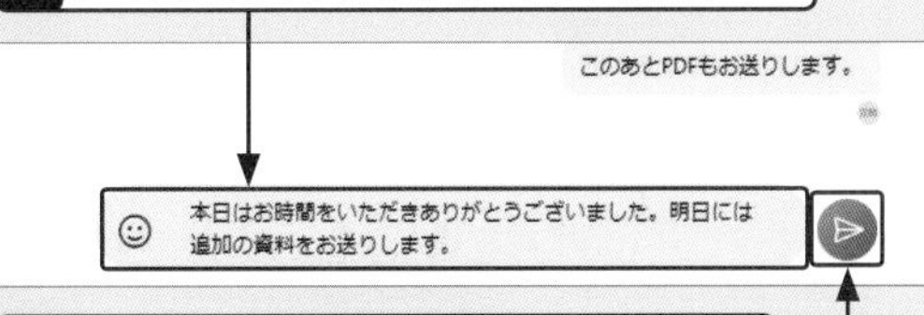

4 <メッセージを送信>をクリックすると、メッセージが送信されます。

5 相手から返事があると表示されます。

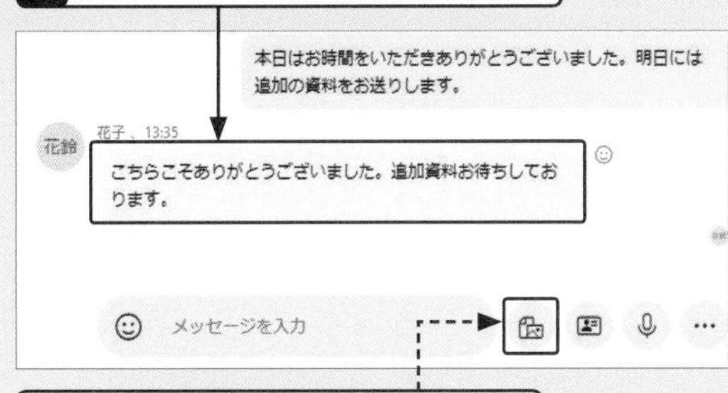

<ファイルを追加>をクリックして、ファイルを送信することもできます。

Skype 重要度 ★★★

Q 578 Skypeで通話したい!

A <音声通話>をクリックします。

パソコンやタブレットにマイクとスピーカーが搭載されていれば、Skypeで音声通話を行えます。Skypeユーザー同士なら料金は無料です。テキストメッセージよりももっと密にコミュニケーションしたいときに利用するとよいでしょう。

1 通話を行う相手をクリックして、

2 <音声通話>をクリックすると、

3 相手を呼び出し中の画面が表示されます。

4 相手が応答すると、通話できます。

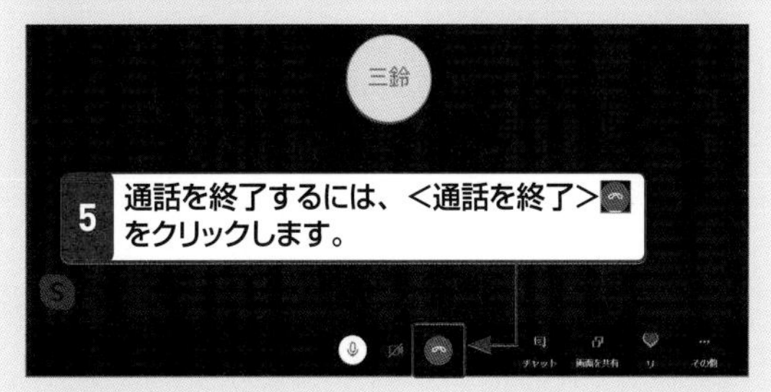

5 通話を終了するには、<通話を終了>をクリックします。

Microsoft Teams　重要度 ★★★

Q 579 Teamsとは？

A マイクロソフトが提供するコラボレーションツールです。

コラボレーションツールとは、グループでの作業をより効率よく行うためのサービスやアプリケーションのことです。1対1やグループ、チャネルといった集まりの単位で連絡を取ることができます。また、Microsoft 365との連携に優れており、ExcelやWordなどのOfficeのファイルを複数人で同時に編集することが可能です。用途に合わせて複数のツールを使わなくても、Teams1つでチャットやWeb会議、ファイルの共有などを一通り行えます。Teamsは社内だけでなく、社外の人をゲストとして加えることもできるため、外部との連携にも向いています。

TeamsをWindowsパソコンで使用する場合、WindowsアプリとWebアプリ版がありますが、本書ではWebアプリ版について触れていきます。

Microsoft Teams　重要度 ★★★

Q 580 Teamsを使い始めるにはどうすればいいの？

A Microsoftアカウントにサインインしましょう。

Teamsを使うには、まずMicrosoftアカウントでサインインする必要があります。ブラウザーでTeamsのWebページ（https://www.microsoft.com/ja-jp/microsoft-teams/group-chat-software）を開いて、Microsoftアカウントでサインインしましょう。ここではWebアプリを使用するため、ログイン後のページで＜代わりにWebアプリを使用＞をクリックし、Teamsの初期設定に進みます（331ページ参照）。

なお、Webアプリ版もWindowsアプリ版も無料で使用できます。Webアプリ版はインストール不要で、初期設定後はMicrosoftアカウントでログインするだけで使用できるため、すぐに使えるのが利点です。

どちらのアプリも使える機能は概ね同じですが、Webアプリ版では背景の変更とぼかし、画面分割など一部の機能が実装されていません（2021年6月現在）。

1 ブラウザーを開き、Microsoft TeamsのWebページにアクセスします。

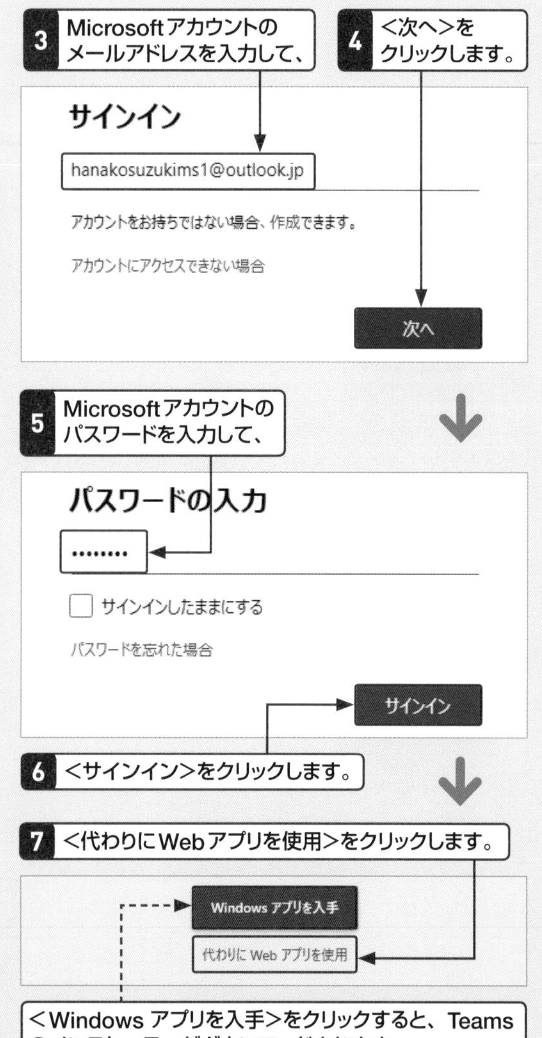

Microsoft Teams　重要度 ★★★

Q 581 Teamsにサインインするには？

A Teamsに登録します。

Microsoftアカウントでログインし、<代わりにWebアプリを使用>をクリックしたあとは、初回のみTeamsの登録が必要になります。Teamsの登録後に再びアプリの選択画面が表示された場合は、<代わりにWebアプリを使用>をクリックします。 参照▶Q 580

1 <Teamsに新規登録>をクリックします。

2 <無料でサインアップ>をクリックします。

3 Microsoftアカウントのメールアドレスを入力して、<次へ>をクリックします。

4 Microsoftアカウントのパスワードを入力し、

5 <サインイン>をクリックします。

6 <仕事と組織向け>をクリックし、

7 <次へ>をクリックします。

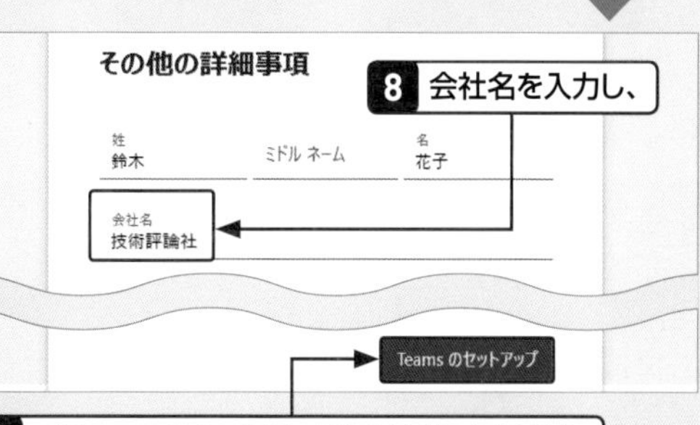

8 会社名を入力し、

9 <Teamsのセットアップ>をクリックします。

Microsoft Teams　重要度 ★★★

Q 582 チームに参加したい！

A チームの管理者に招待してもらいましょう。

チームとは、同じ仕事や共同作業を行うユーザーのグループを指します。チームでは投稿やファイルのアップロード機能を使用して、業務連絡や情報共有を簡単に行えます。チームには、組織内のユーザーなら誰でも参加できる「パブリック」と、特定のユーザーだけが参加できる「プライベート」の2種類があります。

プライベートのチームに参加するには、チームの管理者かそのメンバーに自分を招待してもらう必要があります。招待されると、チームのメンバーになったことを知らせるメールが届き、Teamsの<チーム>画面の一覧に、招待されたチームが表示されます。 参照▶Q584

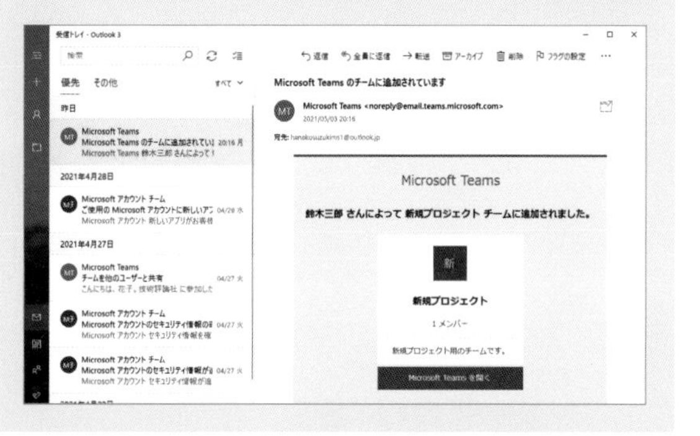

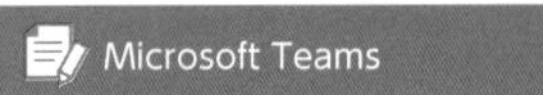

重要度 ★★★

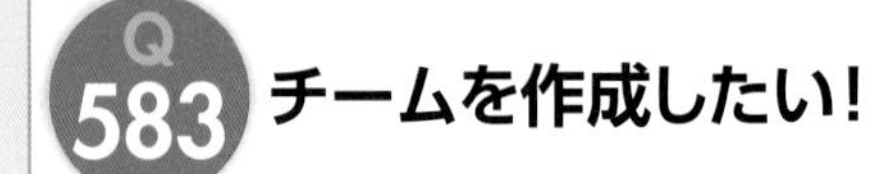

Q 583 チームを作成したい!

A <チーム>から作成します。

チームを作成するには、画面左側の<チーム>をクリックし、<チームを作成>をクリックします。ここではチームの参加に所有者の許可が必要になる「プライベート」のチームを作成します。 参照▶Q582

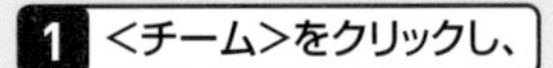

1 <チーム>をクリックし、

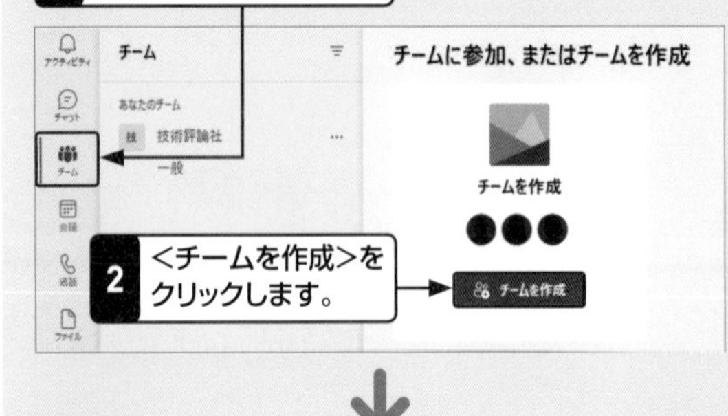

2 <チームを作成>をクリックします。

3 <最初から>をクリックします。

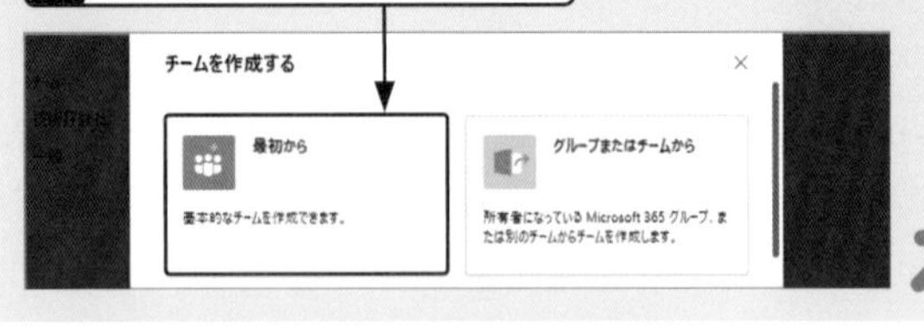

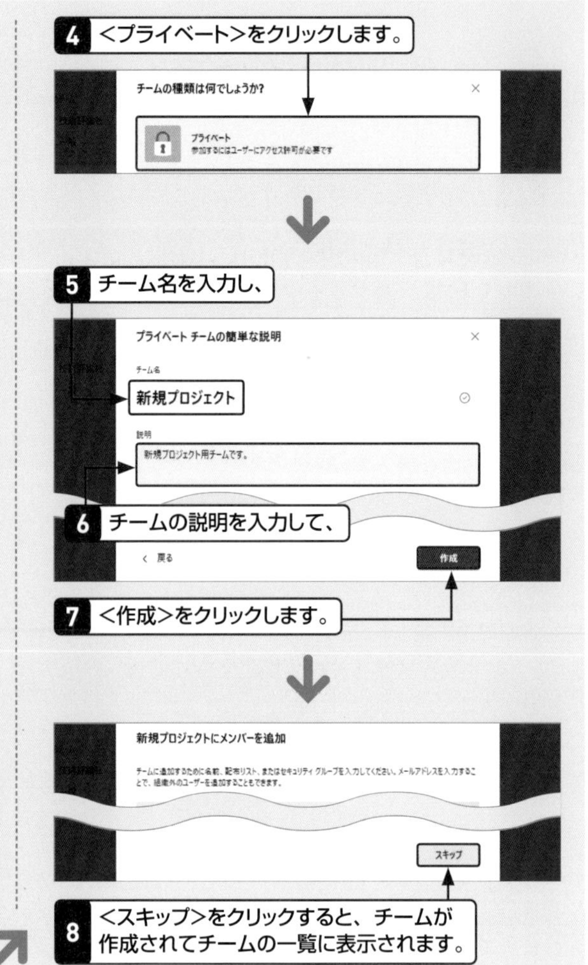

4 <プライベート>をクリックします。

5 チーム名を入力し、

6 チームの説明を入力して、

7 <作成>をクリックします。

8 <スキップ>をクリックすると、チームが作成されてチームの一覧に表示されます。

Microsoft Teams

重要度 ★★★

Q 584 チームにユーザーを追加したい!

A <メンバーを追加>から追加します。

チームに所属するユーザーの権限には「メンバー」と「ゲスト」の2種類があり、管理者と同じ組織のユーザーはメンバー、組織外のユーザーはゲストの権限で追加できます。ここではゲストを追加します。

1 メンバーを追加したいチーム名の<その他のオプション> … をクリックし、

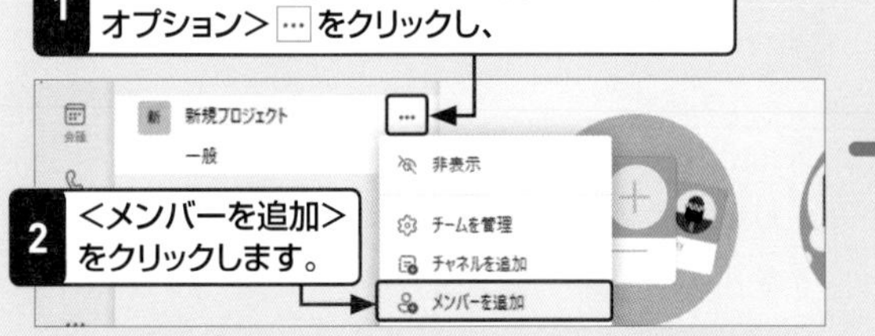

2 <メンバーを追加>をクリックします。

3 ここをクリックして招待したいユーザーのメールアドレスを入力し、<○○をゲストとして追加>をクリックします。

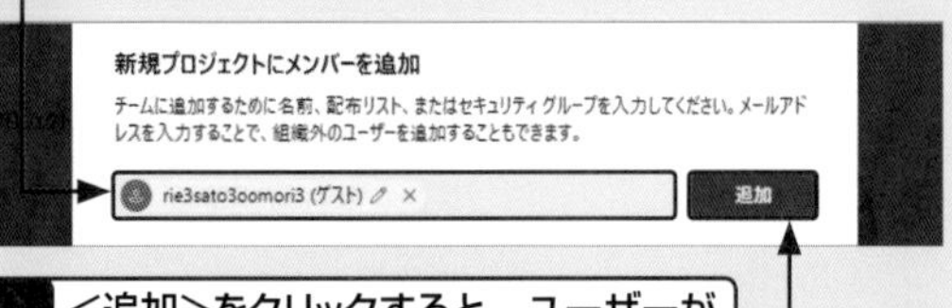

4 <追加>をクリックすると、ユーザーがメンバーに追加されます。

Microsoft Teams　重要度 ★★★

Q 585 チャネルに参加したい！

A プライベートのチャネルに参加するには管理者の許可が必要です。

チャネルとは、チームの中で個別に話題をまとめたい場合に使用する機能です。チャネルには「標準」と「プライベート」の2種類があり、標準のチャネルにはチーム内のユーザー全員が参加できます。プライベートのチャネルには、管理者が許可したチーム内のユーザーのみが参加可能です。
プライベートのチャネルは、チャネル名の横に錠前のアイコンが表示されます。チームに所属していても、プライベートのチャネルは管理者と参加者以外は表示されません。そのため、プライベートのチャネルに参加するには、管理者にメンバーに追加してもらう必要があります。 参照▶Q 587

プライベートのチャネルには、🔒が表示されます。

Microsoft Teams　重要度 ★★★

Q 586 チャネルを作成したい！

A <チャネルを追加>から作成します。

チャネルを作成するには、チーム名の ⋯ をクリックし、<チャネルを追加>をクリックします。チャネル名と、必要に応じて説明を入力し、プライバシーを選択して<追加>をクリックすると作成できます。ここでは、プライバシーが「標準」のチャネルを作成します。

1 チャネルを追加したいチーム名の<その他のオプション> ⋯ をクリックして、

2 <チャネルを追加>をクリックします。

3 チャネル名を入力して、

"新規プロジェクト" チームのチャネルを作成
チャネル名
企画
説明 (省略可能)
企画用のチャネルです。
プライバシー
標準 - チームの全員がアクセスできます
すべてのユーザーのチャネルのリストでこのチャネルを自動的に表示します
キャンセル　追加

4 チャネルの説明を入力し、

5 ここをクリックして、プライバシーを選択します。

6 <追加>をクリックします。

7 チーム内に作成したチャネルが表示されます。

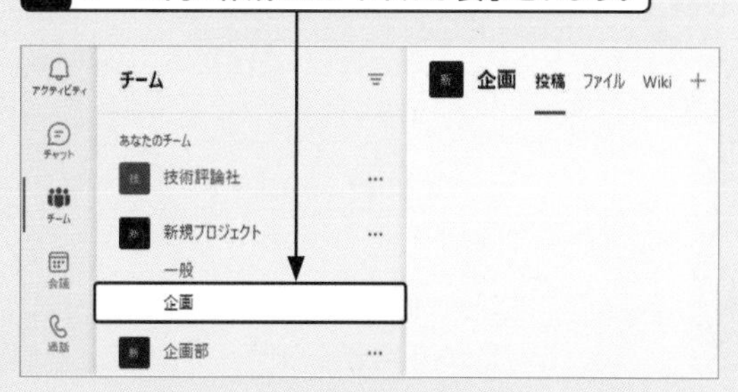

Microsoft Teams　重要度 ★★★

Q 587 チャネルにユーザーを追加したい！

A <メンバーを追加>から追加します。

プライバシーが「標準」のチャネルはチーム内のメンバーなら誰でも参加可能ですが、「プライベート」のチャネルの場合は、チャネルの管理者がユーザーを追加する必要があります。チャネルにユーザーを追加するには、チャネル名の横の<その他のオプション> ⋯ をクリックし、<メンバーを追加>をクリックしてユーザーを追加します。チャネルのユーザーの権限には、チームと同様に「メンバー」と「ゲスト」の2種類があります（332ページ参照）。ここでは同じ組織のユーザーをメンバーとしてチャネルに追加します。

1 ユーザーを追加したいチャネル名の<その他のオプション> ⋯ をクリックし、

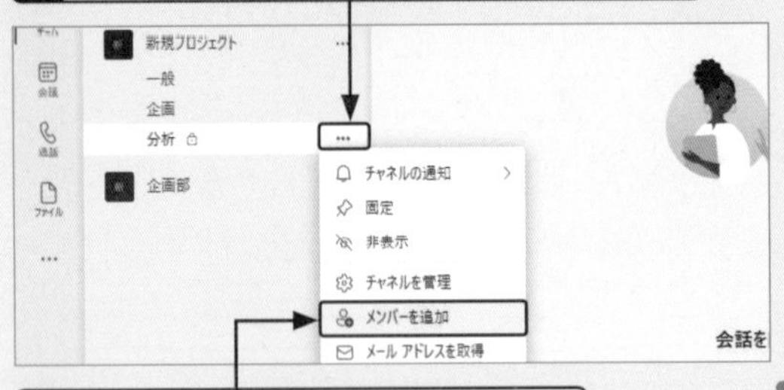

2 <メンバーを追加>をクリックします。

3 ここをクリックしてユーザー名を入力し、

分析チャネルにメンバーを追加する
これはプライベート チャネルなので、ここに追加するユーザーだけがこのチャネルを表示できます。
鈴木三郎　追加
鈴木三郎 sabu-suzuki@outlook.jp

4 ユーザー名をクリックして、

5 <追加>をクリックします。

分析チャネルにメンバーを追加する
これはプライベート チャネルなので、ここに追加するユーザーだけがこのチャネルを表示できます。
鈴木三郎 ×　追加

6 ユーザーがチャネルのメンバーに追加されます。

分析チャネルにメンバーを追加する
これはプライベート チャネルなので、ここに追加するユーザーだけがこのチャネルを表示できます。
名前を入力します　追加
鈴木三郎 sabu-suzuki@outlook.jp　メンバー ×

TeamsでのWeb会議　重要度 ★★★

Q 588 TeamsのWeb会議に参加するには？

A 招待の通知に記載されているURLをクリックします。

TeamsのWeb会議に参加するには、主催者に招待してもらう必要があります。Web会議に招待されると、メールやTeamsのチャットで招待が届きます。開催者から送信されたことを確認し、記載されているURLをクリックすると、ブラウザーが起動して会議画面が表示されます。ここではメールでの手順を解説します。

1 招待メッセージに記載されているURLをクリックします。

2 <このブラウザーで続ける>をクリックすると、会議画面に切り替わります。

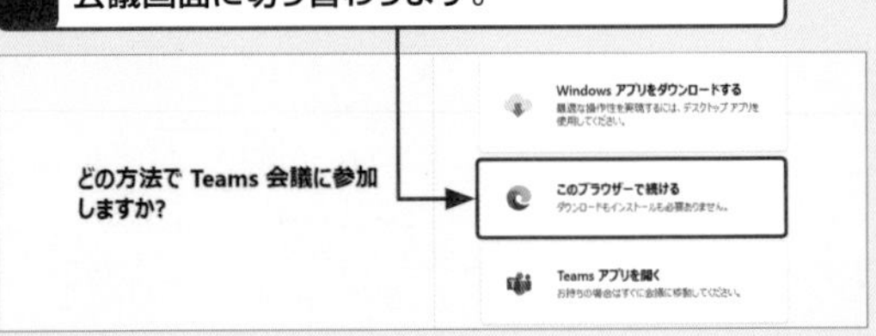

TeamsでのWeb会議　重要度 ★★★

Q589 TeamsでWeb会議を開催したい！

A <会議>から行えます。

Web会議をすぐに開催するには、<会議>をクリックして<今すぐ会議>をクリックします。初回のみマイクとカメラのアクセス許可を求められるので、<許可>をクリックしましょう。<今すぐ参加>をクリックすると、Web会議がはじまります。ユーザーを招待するには、<参加するようユーザーを招待する>の画面を利用します。<会議のリンクをコピー>をクリックすると、Web会議のリンクがコピーされるので、投稿やチャットに貼り付けます。このリンクをユーザーがクリックすれば参加できます。また<規定のメールによる共有>をクリックすると、使用しているメールのアプリが開き、招待メールが作成された状態で表示されます。招待したいユーザーを宛先に指定してメールを送信しましょう。なお、Web会議には組織外のユーザーも招待できます。

1 <会議>をクリックして、

2 <今すぐ会議>をクリックします。

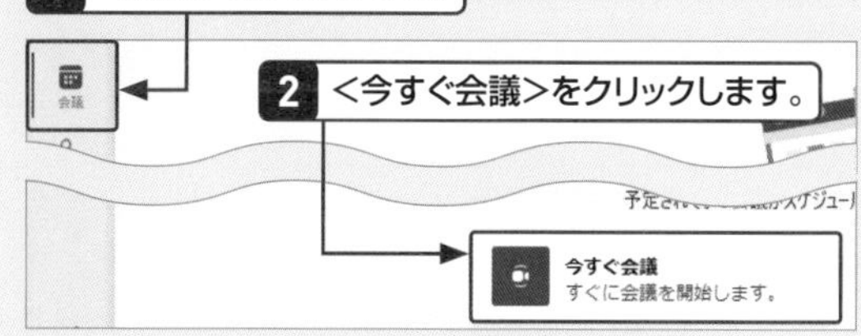

3 初回のみ、マイクとカメラのアクセスの許可を求める画面が表示されるので、<許可>をクリックします。

4 会議名を入力し、

5 <今すぐ参加>をクリックします。

6 Web会議が開始されます。

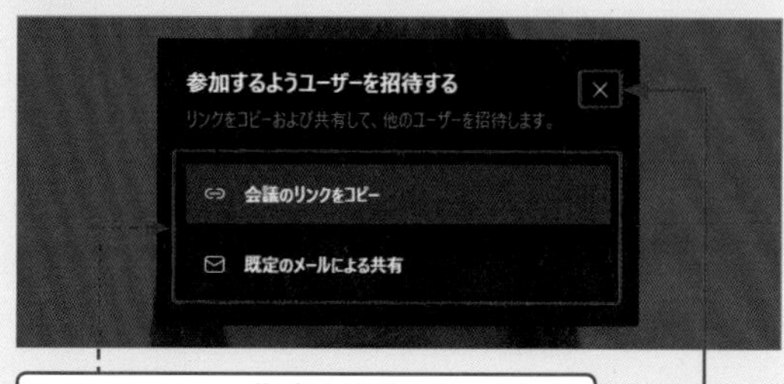

クリックすると、指定の方法でユーザーを招待できます。

7 ここをクリックして、ユーザーの招待ウィンドウを閉じます。

TeamsでのWeb会議　重要度 ★★★

Q590 Web会議を終了するには？

A <会議を終了>をクリックします。

会議画面でツールバーの<その他の操作> ··· →<会議を終了>をクリックすると、会議は終了され、参加者全員が退出します。この操作を行えるのは主催者のみのため、主催者が退出済みのときは、各々で退出する必要があります。主催者が退出している場合や、主催者が会議を終了する前に途中で退出したい場合は、<切断>をクリックして退出します。

1 <その他の操作> ··· をクリックし、

2 <会議を終了>をクリックします。

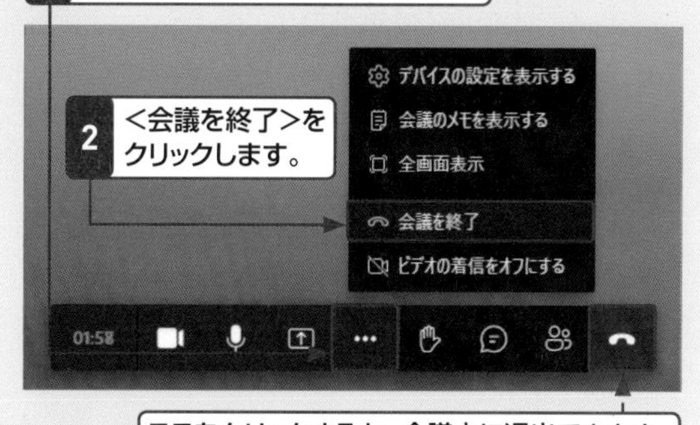

ここをクリックすると、会議中に退出できます。

3 <会議を終了しますか？>のウィンドウが表示されるので、<終了>をクリックします。

Q 591 事前にWeb会議を予約したい！

A <会議をスケジュールする>で会議を予約します。

Teamsでは、あらかじめ決まった日時に会議を予約しておき、その情報を共有することもできます。
会議を予約するには、<会議>→<会議をスケジュールする>をクリックし、会議のタイトルと日時を設定して<スケジュール>をクリックします。スケジュール設定後は、会議出席依頼をコピーしてTeamsのチャットや投稿に貼り付けたり、Googleカレンダーで共有して会議内容を知らせることができます。

1 <会議>をクリックし、

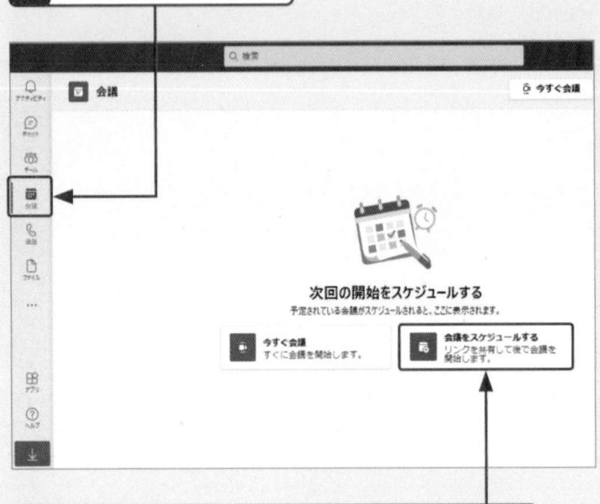

2 <会議をスケジュールする>をクリックします。

3 ここをクリックして会議のタイトルを入力し、

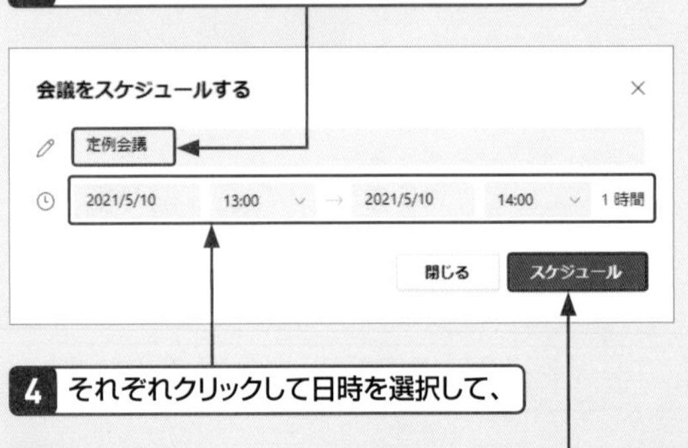

4 それぞれクリックして日時を選択して、

5 <スケジュール>をクリックします。

6 指定した日時に会議が予約されました。

ここをクリックすると、会議出席依頼をコピーして、チャットに貼り付けることができます。

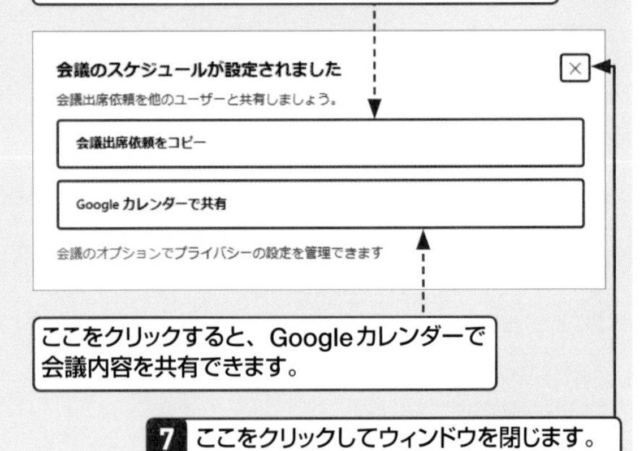

ここをクリックすると、Googleカレンダーで会議内容を共有できます。

7 ここをクリックしてウィンドウを閉じます。

8 <会議>画面に予約した会議が表示されます。

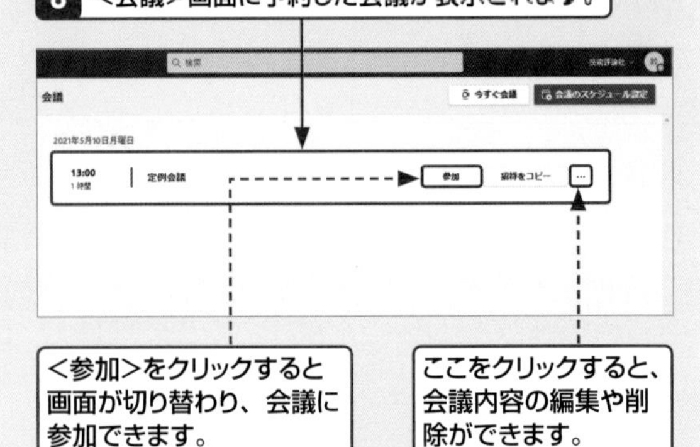

<参加>をクリックすると画面が切り替わり、会議に参加できます。

ここをクリックすると、会議内容の編集や削除ができます。

● チャットで会議情報を共有する

コピーした会議出席依頼をチャットのメッセージ欄に貼り付けて投稿すると、会議をチャット上で共有できます。

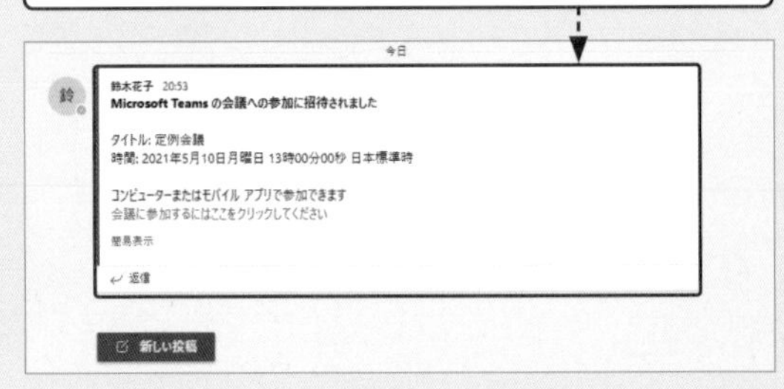

Q592 外部のユーザーの参加を許可するには？

A <参加許可>をクリックします。

「ゲスト」のユーザーがメールなどで招待されたWeb会議へのリンクをクリックすると、「ロビー」という画面に移動します。<今すぐ参加>をクリックすると、待機状態になり、ゲストが参加したことが会議の主催者に通知されます。会議の参加者が参加の許可を出すまでは、ロビーにいるゲストのユーザーは会議に参加できません。
ロビーに待機者がいると、主催者のツールバーの<参加者を表示> にバッジ（数字のマーク）が表示されます。クリックするとロビーに待機しているユーザーが表示されるので、招待したユーザーかどうか確認したら<参加許可>をクリックして、会議の参加を許可しましょう。

1 <参加者を表示> をクリックし、

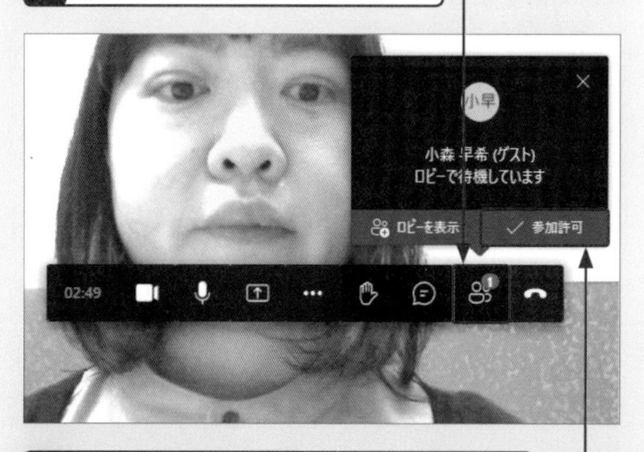

2 ロビーに待機しているユーザーを確認して、<参加許可>をクリックします。

3 会議に参加したユーザーが表示されます。

Q593 会議の参加前にカメラやマイクの設定を確認したい！

A 会議の参加画面で確認できます。

会議画面で自分の姿が映らない、自分の声が聞こえないといった原因の1つに、カメラやマイクがオフだった、使用する機器が違っていたということがあります。会議中に慌てないように、カメラやマイクが正しく設定されているか、参加前に確認しておきましょう。
なお、はじめてWeb会議を行うときはマイクとカメラのアクセスの許可を求められます。アクセスを許可しないとマイクやカメラを使用できないため、マイクとカメラのアクセスを許可しておきましょう。

参照▶Q 588,Q 589

1 会議の参加画面を表示します。

2 カメラがオフになっている場合は、ここをクリックしてオンにします。

3 マイクがオフになっている場合は、ここをクリックしてオンにします。

4 ここをクリックすると<デバイスの設定>が開きます。

5 カメラやマイク、スピーカーの設定が確認できます。

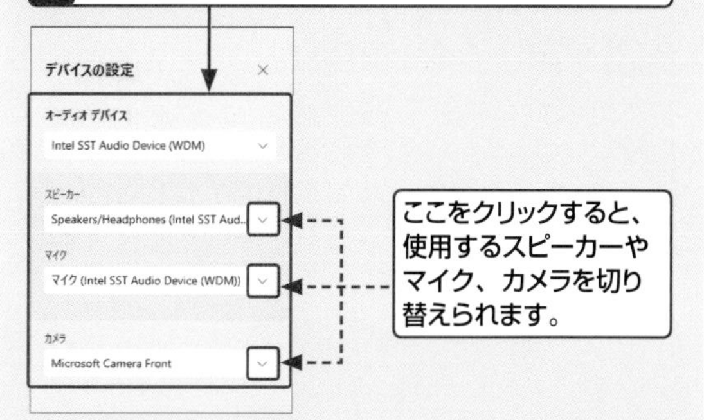

ここをクリックすると、使用するスピーカーやマイク、カメラを切り替えられます。

TeamsでのWeb会議　重要度 ★★★

Q 594 Web会議中にカメラやマイクの設定を確認したい！

A <その他の操作>から確認できます。

Web会議中にカメラやマイクの設定を変更したい場合は、ツールバーの<その他の操作> ··· をクリックし、<デバイスの設定を表示する>をクリックすると、<デバイスの設定>が表示され、現在使用しているスピーカーやカメラ、マイクが表示されます。機器の調子が悪いなどの理由で、会議中に別のカメラやマイクに切り替える場合は、この画面で使用している機器を確認し、機器名をクリックして切り替えましょう。

1 ツールバーの<その他の操作> ··· をクリックし、

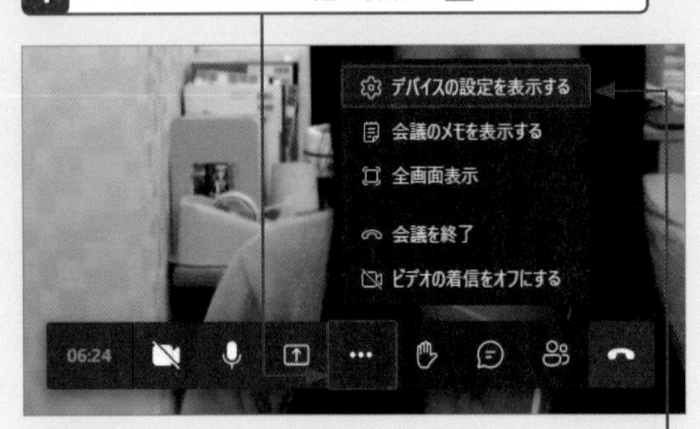

2 <デバイスの設定を表示する>をクリックします。

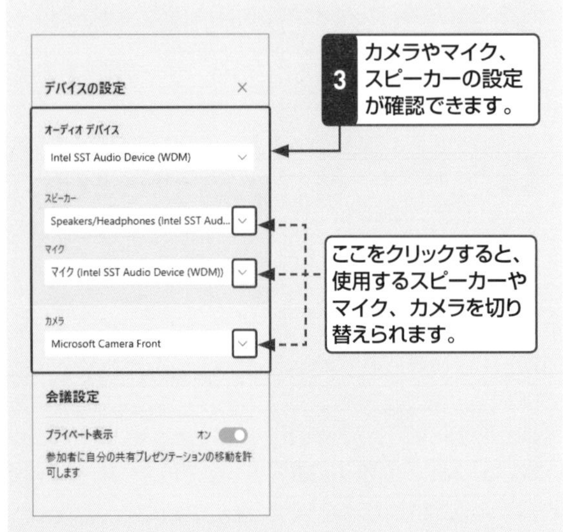

TeamsでのWeb会議　重要度 ★★★

Q 595 カメラやマイクを一時的にオフにしたい！

A ツールバーから操作します。

自分の姿が画面に映らないようにするには、ツールバーの<カメラをオフにする>をクリックして、カメラをオフにします。カメラをオフにすると、会議の参加者には自分の姿が表示されず、代わりに黒い画面と名前の略称が表示されます。
自分の音声を消すには<ミュート>をクリックして、マイクをオフにします。マイクをオフにすると、会議の参加者には自分の音声が全く聞こえなくなります。
それぞれもう一度クリックするとオンになります。離席するため映像を映さないようにしたいときや、ほかの参加者の発言時に音が入らないようにするときなどに有効です。なお、再びクリックするまでオフの状態のままなので、一時的に変更した場合は、忘れずにクリックしてオンの状態に戻しておきましょう。

ここをクリックすると、カメラのオンとオフが切り替えられます。

ここをクリックすると、マイクのオンとオフが切り替えられます。

● カメラとマイクがオフになっている状態

自分と参加者の画面には、自分の姿は黒い画面と名前の略称が表示されます。

Q 596 画面に映っている自分の顔が暗い！

A 逆光にならないよう注意しましょう。

Web会議中、画面に映っている自分の顔が暗くなってしまっていることがあります。これは背後に照明や窓などがあることによって起こる「逆光」が原因です。
逆光の状態では、部屋や背景が明るくても顔に光が当たっていないため、画面上では顔が暗く映ります。顔をできるだけ明るく映すには、Web会議を行う場所やカメラの位置を移動し、自分の顔に光が当たる「順光」の状態にしましょう。
Web会議の場所やカメラの位置を変えられないときは、デスクライトなどの小さな照明を自分の顔に当たるように設置すると、顔を明るく映すことができます。窓が近くにあるときはカーテンを閉めて背後を暗くしたり、外が明るい日は窓のほうを向いて顔に光が当たるようにすることで、画面に映る顔の明るさが改善できます。

● 顔が暗く映っている状態

● 顔が明るく映っている状態

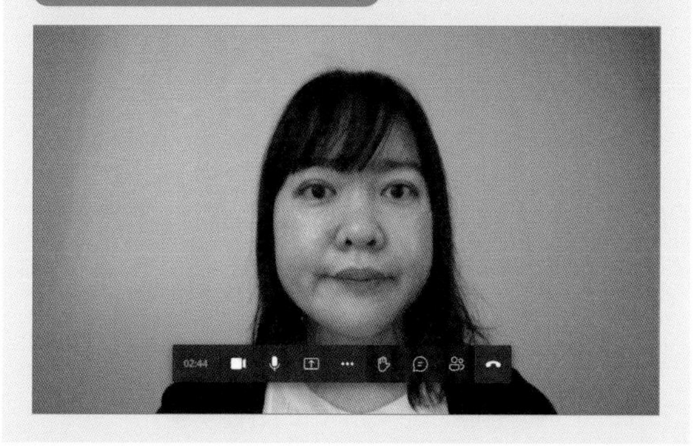

Q 597 会議の参加者を確認したい！

A ＜参加者を表示＞から確認できます。

会議の参加者を確認したいときは、ツールバーの＜参加者を表示＞をクリックします。＜ユーザー＞画面に現在参加しているユーザーやロビーに待機中のユーザーが一覧で表示されます。
ロビーで待機中のユーザー名の横に表示されているをクリックすると、会議への参加を許可できます。
また、＜他のユーザーを招待＞をクリックしてユーザー名やメールアドレスを入力すると、新たにユーザーを招待することが可能です。

1 ＜参加者を表示＞をクリックすると、

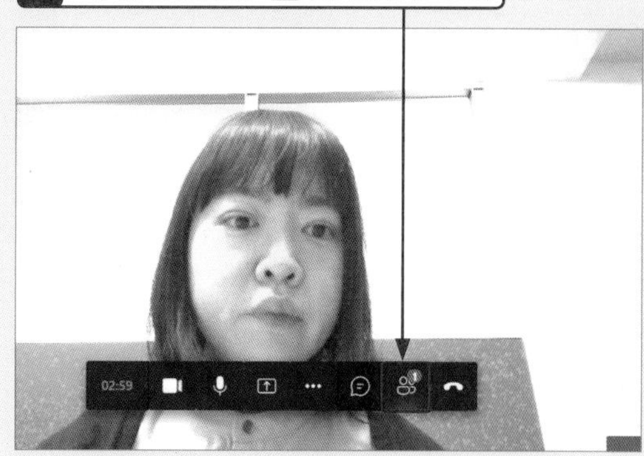

2 ロビーで待機中のユーザーや参加中のユーザーが表示されます。

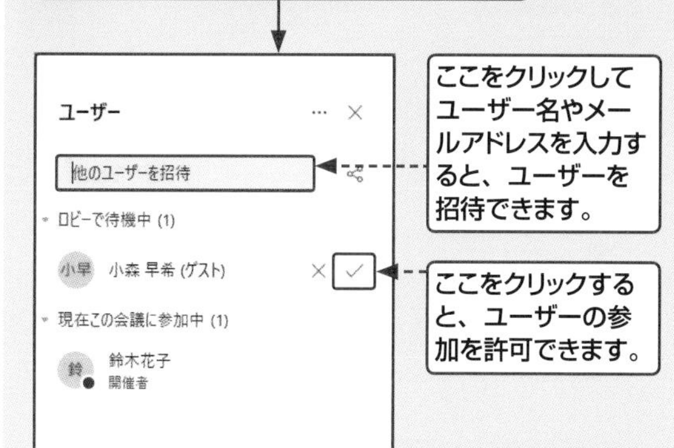

基本　デスクトップ　キーボード・文字入力　インターネット　メール・連絡先　セキュリティ　写真・動画・音楽　OneDrive・スマホ　印刷・周辺機器　アプリ　インストール・設定　テレワーク

TeamsでのWeb会議　重要度 ★★★

Q 598 会議の参加者と画面を共有したい!

A <共有トレイを開く>で共有できます。

自分がパソコン上で開いている画面を会議の参加者に見せたい場合は、<共有トレイを開く>をクリックし、<画面共有>の<デスクトップ/ウィンドウ>をクリックします。<ウィンドウ>をクリックし、共有する画面をクリックして<共有>をクリックすると、会議の参加者全員に指定した画面が表示されます。共有をやめるときは、<共有の停止>をクリックしましょう。

なお、画面全体を共有したり、誤った画面を選択してしまうと、見せたくない画面まで見えてしまう可能性があります。会議に使用しないブラウザーのページやウィンドウ、アプリはあらかじめ閉じておくと安心です。

1 <共有トレイを開く>をクリックし、

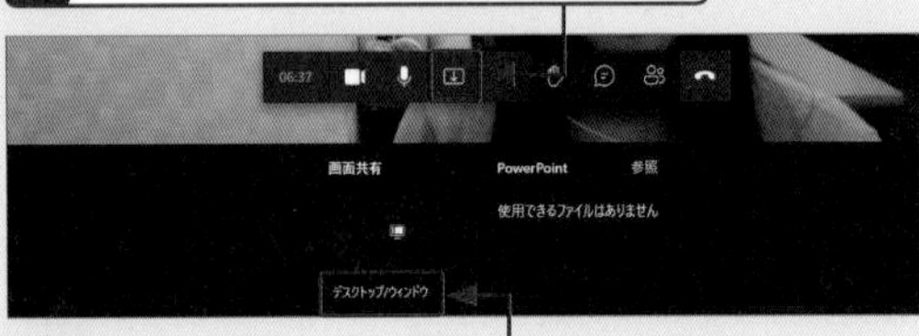

2 <デスクトップ/ウィンドウ>をクリックします。

3 <ウィンドウ>をクリックし、

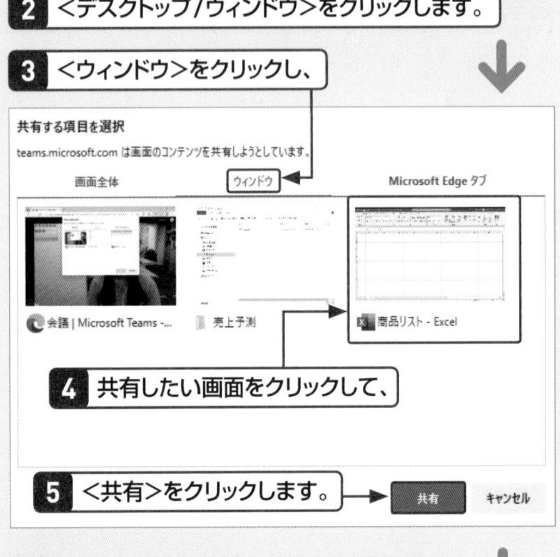

4 共有したい画面をクリックして、

5 <共有>をクリックします。

6 会議の参加者に画面が共有されます。

<共有の停止>をクリックすると、画面の共有が終了します。

TeamsでのWeb会議　重要度 ★★★

Q 599 会議中に参加者とチャットしたい!

A <会話の表示>からチャットができます。

Web会議中に会議の参加者と文字でチャットを行いたいときは、ツールバーの<会話の表示>をクリックします。<新しいメッセージの入力>をクリックしてをクリックするかEnterキーを押すと、メッセージを送信できます。急にマイクが使えなくなってしまった場合や、文章をコピーして内容を会議の参加者と共有したい場合などに活用しましょう。

1 <会話の表示>をクリックします。

2 ここをクリックしてメッセージを入力し、

3 ここをクリックするかEnterを押すと、

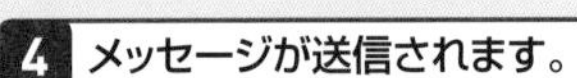

4 メッセージが送信されます。

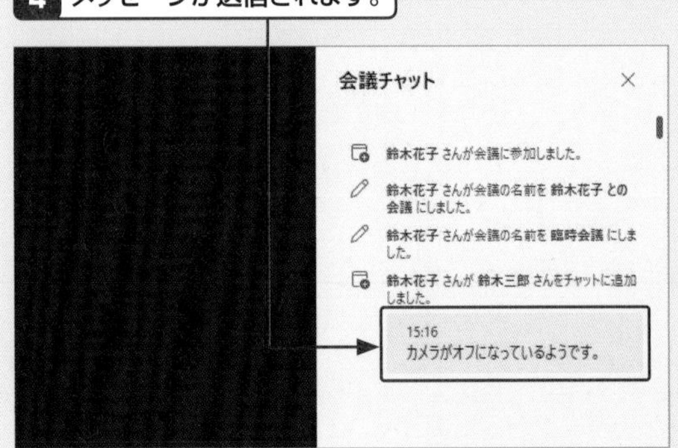

Teams でのWeb会議　重要度 ★★★

Q 600 発言前に挙手したい!

A ＜手を挙げる＞をクリックします。

人が大勢いる会議では、誰が話しているのかがわかりにくく、対面よりも話すタイミングがつかみにくいため、複数の人が同時に発言してしまうこともあります。そのようなときは、＜手を挙げる＞をクリックして、挙手してから発言するようあらかじめ決めておくと、進行しやすくなります。

＜手を挙げる＞をクリックすると、再びクリックするまで手を挙げた状態のままになります。手を挙げる必要がなくなったら、＜手を下ろす＞をクリックして手を下ろしましょう。

1 ＜手を挙げる＞をクリックします。

2 挙手状態になりました。

3 ＜手を下ろす＞をクリックすると、挙手状態が解除されます。

● **挙手したときのほかの参加者の画面**

挙手したユーザーの名前が表示されます。

＜参加者を表示＞をクリックしても、挙手したユーザーを確認できます。

Teams でのWeb会議　重要度 ★★★

Q 601 TeamsのWeb会議の背景を変更したい!

A ＜背景フィルター＞から変更できます。

TeamsのWeb会議の背景は、現在はWindowsアプリ版でのみ変更できます。会議の参加画面で＜背景フィルター＞をクリックし、＜背景の設定＞画面から設定したい背景をクリックして選択します。 参照▶Q580

1 ＜背景フィルター＞をクリックします。

2 背景を選択します。

3 選択した背景が反映されます。

リモートデスクトップ　重要度 ★★★

Q 602 会社のパソコンを自宅から操作したい!

A リモートデスクトップを使用しましょう。

リモートデスクトップ機能を利用すると、ネットワークを介して、別のパソコンを遠隔操作できます。手持ちのパソコンの性能が低くてアプリの起動に時間がかかる場合でも、リモートデスクトップで接続したパソコンの性能が高ければ、アプリの起動に時間がかかりません。手持ちのパソコンをまるで接続先のパソコンのように使えるのが、リモートデスクトップ機能の利点です。

ただし、会社のネットワーク設定でリモートデスクトップが許可されていない場合や、あらかじめネットワークの設定が必要な場合があります。リモートデスクトップ接続が可能かどうか、会社の担当部署に確認しておきましょう。

リモートデスクトップ　重要度 ★★★

Q 603 リモートデスクトップには何が必要なの？

A Windows 10のエディションがProかどうか確認しましょう。

リモートデスクトップを行うには、接続先となるパソコンのWindowsのエディション（30ページ参照）がWindows 10 Proであり、リモートデスクトップの接続が許可されている必要があります。エディションは＜スタート＞ →＜設定＞ →＜システム＞→＜詳細情報＞をクリックして＜エディション＞から確認します（31ページ参照）。

また、＜システム＞画面で＜リモートデスクトップ＞をクリックし、＜リモートデスクトップを有効にする＞のスイッチをクリックしてオンにすると、接続を許可できます。なお、＜このPC名を使用してリモートデバイスから接続する:＞の下にはコンピューター名が表示されています。接続時に必要なので、あらかじめ確認しておきましょう。

● リモートデスクトップを有効にする

1 ＜スタート＞ →＜設定＞ をクリックします。

2 ＜システム＞をクリックします。

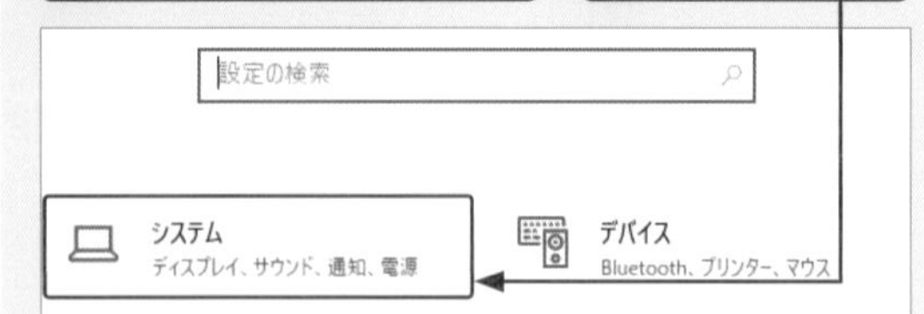

3 ＜リモートデスクトップ＞をクリックして、

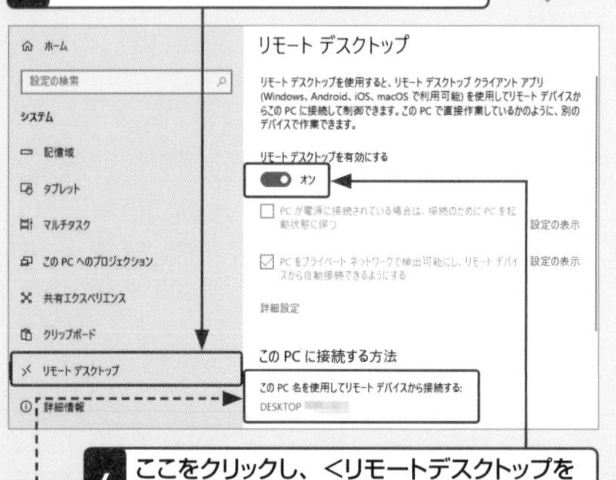

4 ここをクリックし、＜リモートデスクトップを有効にする＞をオンにします。

コンピューター名はここに表示されます。

リモートデスクトップ　重要度 ★★★

Q 604 リモートデスクトップの画面の見方を知りたい！

A 全画面表示では画面上部に接続バーが表示されます。

リモートデスクトップのウィンドウの □ をクリックすると全画面表示に切り替わります。全画面表示では上部に接続バーが表示され、接続バーのピン止めなどが行えます。＜切断＞ をクリックすると、接続先のパソコンでファイルのダウンロードなどを続けたままアプリを終了し、完全にリモートデスクトップ接続を終了させる場合は、＜サインアウト＞を行いましょう。

参照▶Q 605,Q 606

リモートデスクトップ接続を行っています。

1 □ をクリックすると、

2 リモートデスクトップ画面が全画面表示になります。

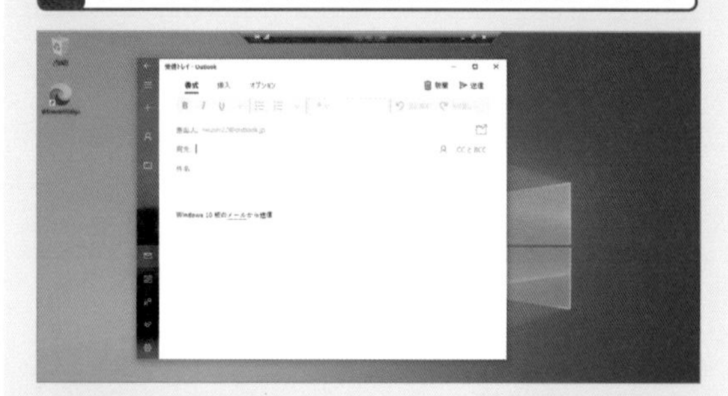

● 接続バー

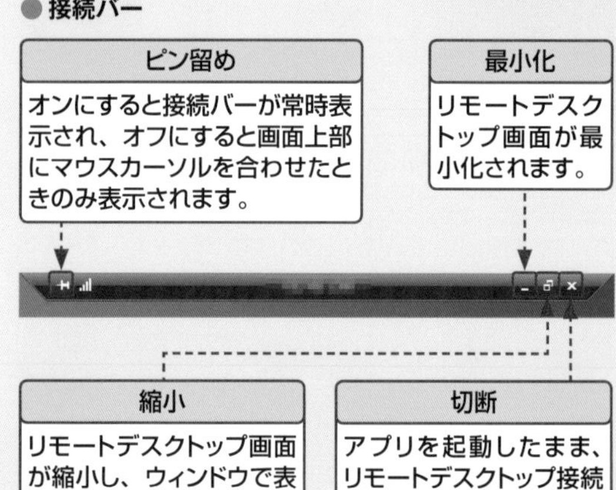

Q 605 リモートデスクトップの設定方法を知りたい!

A <リモートデスクトップ接続>から設定します。

リモートデスクトップに接続するには、<スタート> → <Windowsアクセサリ> → <リモートデスクトップ接続>をクリックして、「リモートデスクトップ接続」の画面を表示します。まずは<コンピューター>に接続先のパソコンのコンピューター名かIPアドレス(299ページ参照)を入力して<接続>をクリックし、次に<資格情報を入力してください>で接続先のパソコンのパスワードを入力して<OK>をクリックします。セキュリティ証明書が表示され、<はい>をクリックすると、リモートデスクトップ接続が開始されます。

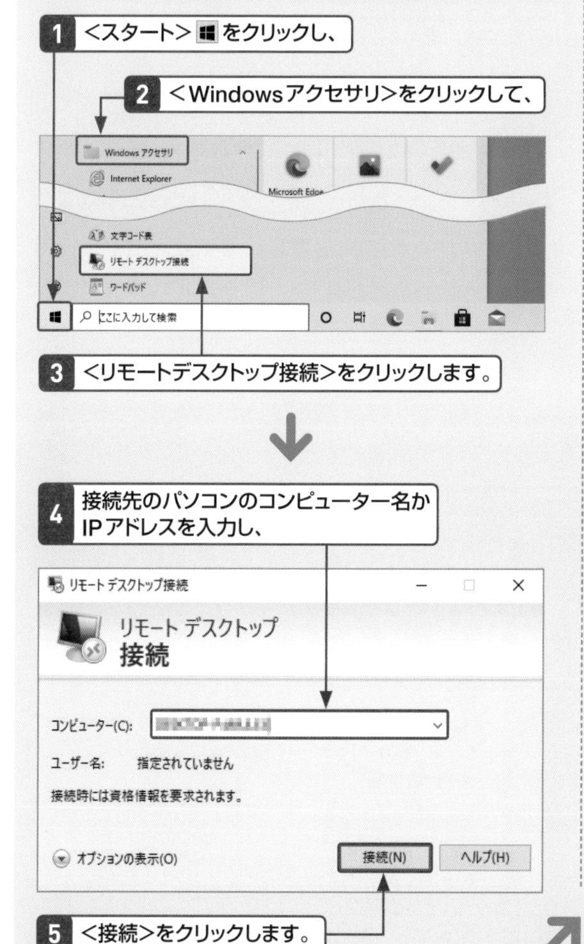

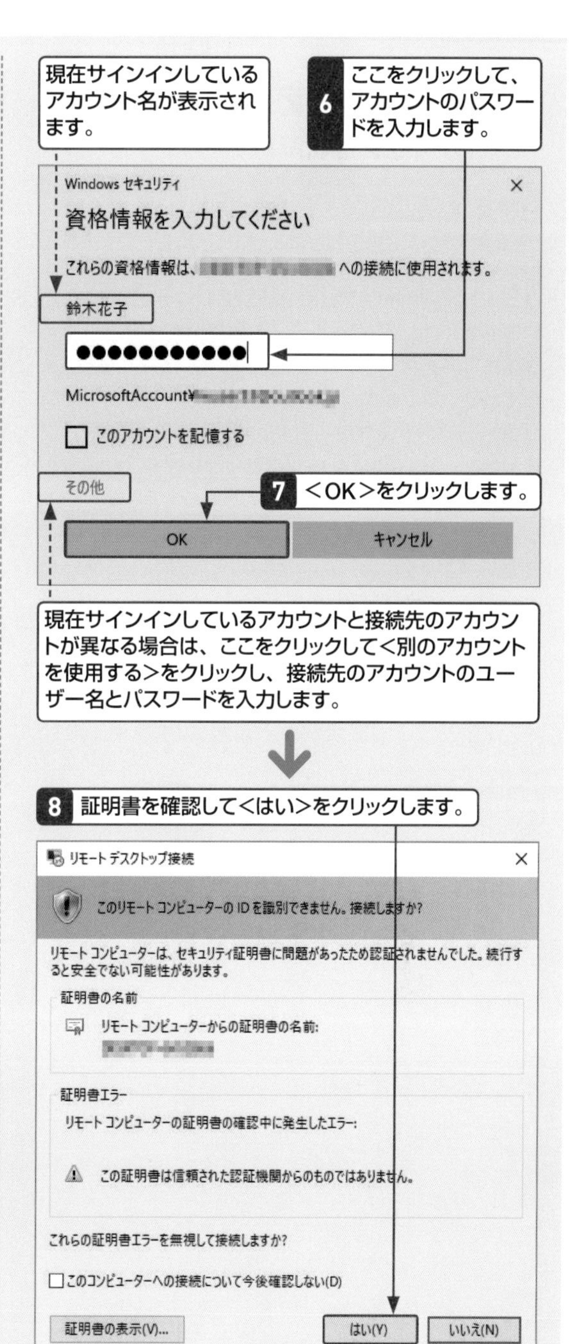

リモートデスクトップ　重要度 ★★★

Q 606 リモートデスクトップを終了したい！

A 接続先のパソコンでスタートメニューから<切断>をクリックします。

リモートデスクトップ接続を終了するには、接続先のパソコンで<スタート>→<アカウント>→<サインアウト>をクリックします。サインアウトすると起動していたアプリが閉じるため、接続先のパソコンでアプリを起動したままリモートデスクトップを終了したい場合は、接続バーで<切断>をクリックし、<OK>をクリックして終了しましょう。 参照▶Q 604

1 接続先のパソコンで<スタート>をクリックし、

リモートデスクトップ　重要度 ★★★

Q 607 リモート先に接続できなくなってしまった！

A 接続先のパソコンがスリープ状態になっている可能性があります。

リモートデスクトップの接続ができなくなってしまった場合は、接続先のパソコンがスリープ状態になっている可能性があります。リモートデスクトップを使用する場合は、接続先のパソコンで<システム>の<電源とスリープ>でスリープ時間を<なし>に変更し、接続先のパソコンがスリープ状態にならないようにしましょう。

1 <スタート>→<設定>→<システム>をクリックし、

2 <電源とスリープ>をクリックして、

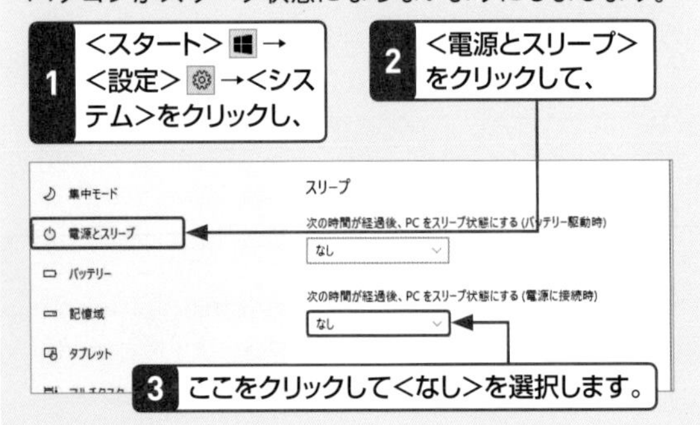

リモートデスクトップ　重要度 ★★★

Q 608 Windowsの自動更新・再起動を停止させたい！

A アクティブ時間の変更を行いましょう。

テレワーク中はパソコンの電源が入ったままであり、インターネットに接続しています。この状態ではWindowsの更新プログラムのダウンロードとインストールが自動で行われ、更新プログラムによってはパソコンが再起動されてしまうことがあります。テレワーク中に更新されないよう、アクティブ時間を変更しておきましょう。アクティブ時間中は、自動で再起動は行われません。

1 <スタート>→<設定>→<更新とセキュリティ>をクリックします。

2 <Windows Update>をクリックし、

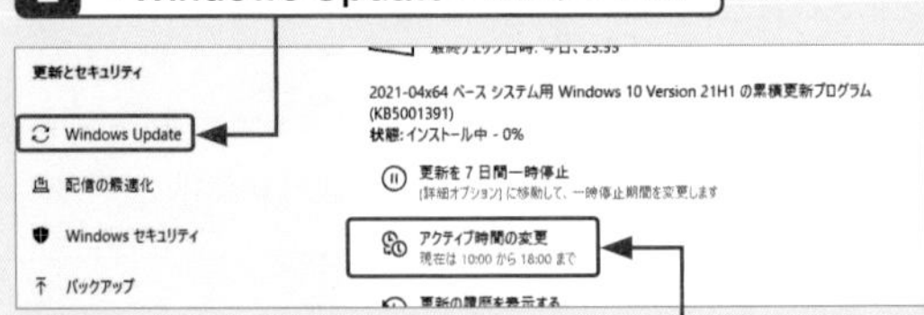

3 <アクティブ時間の変更>をクリックします。

4 <変更>をクリックします。

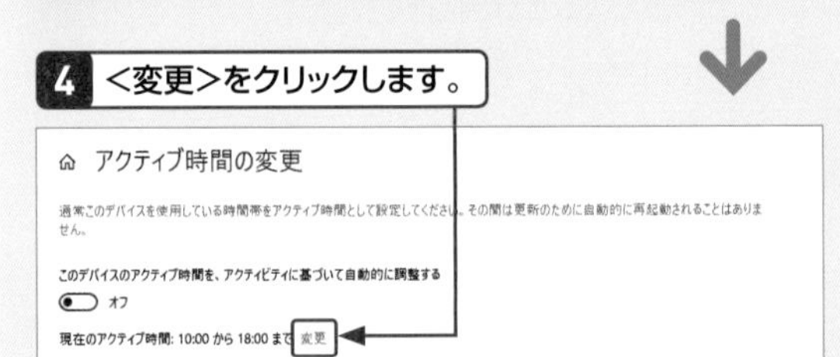

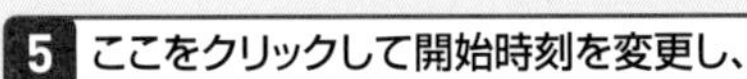

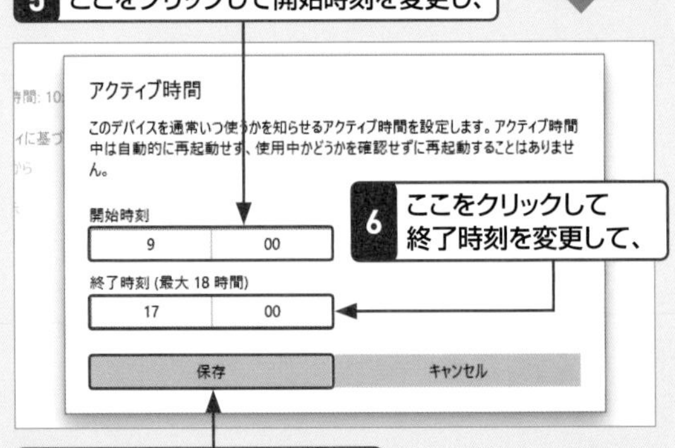

7 <保存>をクリックします。

BCC(ビーシーシー)

Blind Carbon Copyの略で、宛先以外の人に同じ内容のメールを送信するときに利用します。誰に対してメールを送信したのか知られたくない場合に利用します。

Bing(ビング)

マイクロソフトが提供している検索エンジンの名称です。Webページのほか、画像や動画、地図など、さまざまな情報を検索することができます。

Blu-ray(ブルーレイ)ディスク

青紫色レーザーを用いてデータの読み書きを行う光ディスクメディアのひとつです。片面1層で25GB、片面2層で50GBの大容量が記録できるので、高画質の映像を保存するのに適しています。

Bluetooth(ブルートゥース)

数十メートル程度の機器間の接続に使われる近距離無線通信規格のひとつです。スマートフォンや携帯電話、ノートパソコン、周辺機器などを無線で接続してデータや音声をやりとりできます。

bps(ビーピーエス)

bits per secondの略で、1秒間に送受信できるデータを表す単位のことです。たとえば、1bpsは、1秒間に1ビットのデータを転送できることを表します。

CC(シーシー)

Carbon Copyの略で、本来の宛先の人とは別に、ほかの人にも同じメールを送信するときに利用する機能です。CCに指定された宛先は、全受信者に通知されます。

CD(シーディー)

Compact Discの略で、樹脂製の円盤に細かい凹凸を刻んでデータを記録する光ディスク規格のひとつです。ディスクの表面にレーザー光を照射し、その反射光によってデータの読み取りや書き込みを行います。

Cookie(クッキー)

Webブラウザーとサーバー間でやり取りした履歴や入力した内容などを一時的に保存するしくみのことです。ユーザーに関する情報やそのWebサイトの訪問回数、訪問最終日などが記録されます。

CPU(シーピーユー)

Central Processing Unitの略で、「中央処理装置」や「中央演算処理装置」などと訳されます。コンピューターを構成する部品のひとつで、さまざまな数値計算や情報処理、機器の制御などを行います。

DVD(ディーブイディー)

Digital Versatile Discの略で、CDと同じ光ディスク規格のひとつです。CDに比べてデータの記録密度が高く、より大容量のデータを記録できます。

Edge(エッジ)

Windows 10で搭載されたWebブラウザーのことです。HTML5などの新しいインターネット規格に対応しています。

Facebook(フェイスブック)

利用者同士がインターネットを通じてコミュニケーションを楽しめるSNS(ソーシャルネットワーキングサービス)のひとつです。

Gmail(ジーメール)

Googleの提供する無料のWebメールサービスで、Googleアカウントを取得すると利用できます。

Google(グーグル)

世界中で最も多くのユーザーに利用されている検索エンジンです。Webページや画像、地図、ニュースなどの検索のほか、株価検索、路線検索、通貨換算機能、電卓機能などの特殊な検索機能も有しています。

Google Chrome(グーグルクローム)

世界中で最も多くのユーザーに利用されているWebブラウザーです。動作が軽く、OSの異なる端末間での連携や拡張機能の追加なども可能です。

Google Meet(グーグルミート)

Googleが提供するWeb会議のサービスならびにアプリのことです。利用するにはGoogleアカウントでログインする必要があります。無料版のほか、有料版もあります。

GPS(ジーピーエス)

Global Positioning Systemの略で、人工衛星を使った現在地測定システムのことです。

Groove(グルーヴ)ミュージック

Windows 10に標準で付属している音楽再生アプリです。フォルダーに保存されている音楽ファイルを再生することができます。CDから音楽を取り込むことはできないため、CDから音楽を取り込む場合は、Windows Media Playerを使用します。

HTML(エイチティーエムエル)

HyperText Markup Languageの略で、Webページを記述するための言語です。「タグ」と呼ばれる文字列を利用して、文字を修飾したり、画像や音声、動画などを文書に埋め込んだり、リンクを設定したりできます。

HTML(エイチティーエムエル)形式メール

HTML言語を使ったメールの形式です。文字サイズやフォントを変更したり、文字に色を付けたり、メールにさまざまな修飾を施したりできます。

HTTP(エイチティーティーピー)

HyperText Transfer Protocolの略で、Webサーバーと Webブラウザーとの間で情報をやりとりするために使われるプロトコル(通信規格)です。

HTTPS(エイチティーティーピーエス)

HyperText Transfer Protocol Securityの略で、HTTPにデータ暗号化機能を追加したものです。

IEEE(アイトリプルイー)802.11

IEEE(米国電気電子学会)によって策定された無線LANの国際規格の総称です。利用する電波の周波数や通信速度によって、IEEE 802.11a/b/g/n/ac/axなどの規格に分かれています。

IMAP(アイマップ)

Internet Message Access Protocolの略で、メールサーバーからメールを受信する規格のひとつです。メールサーバー上にメールを保管し、操作や管理を行います。

IME(アイエムイー)

Input Method Editorの略で、パソコンなどの情報機器で文字入力を行うためのソフトウェアです。日本語用としては、Microsoft IME、ジャストシステムのATOK、Google日本語入力などがあります。

InPrivate(インプライベート)

EdgeでWebページの閲覧履歴や検索履歴、一時ファイル、ユーザー名やパスワードの入力履歴などを保存せずにWebページを閲覧できる機能です。

Internet Explorer(インターネットエクスプローラー)

マイクロソフトが開発したWebブラウザーで、インターネット上のWebページを閲覧するために利用します。現在は開発が終了しています。

JPEG(ジェイペグ)

Joint Photographic Experts Groupの略で、パソコンなどで扱われる静止画像のデジタルデータを圧縮する方式のひとつです。

LAN(ラン)

Local Area Networkの略で、オフィスや家庭、学校など、同じ建物の中にあるパソコン同士を接続するネットワークのことです。「構内通信網」とも呼ばれます。

LAN(ラン)ケーブル

LAN(構内通信網)を構成する機器間をつなぐ通信ケーブルのことです。光回線終端装置とWi-Fiルーターをつなぐ場合などに使用します。

Microsoft(マイクロソフト)

1975年にビル・ゲイツ(Bill Gates)とポール・アレン(Paul Allen)によって設立された世界最大のコンピューターソフトウェア会社です。

Microsoft Defender(ウィンドウズディフェンダー)

Windows 10に標準で搭載されているセキュリティ対策ソフトです。コンピューターウイルス、スパイウェア、マルウェアなどからコンピューターを保護します。

Microsoft Office(マイクロソフトオフィス)

マイクロソフトが販売しているビジネス用のアプリをまとめたパッケージの総称です。アプリには、表計算のExcel、ワープロソフトのWord、プレゼンテーションソフトのPowerPoint、電子メールとスケジュール管理ソフトのOutlookのほか、データベースソフトのAccessなどがあります。

Microsoft Office Online(マイクロソフトオフィスオンライン)

ブラウザー上でOfficeのアプリを使用し、ExcelやWord、PowerPointなどのファイルを編集できるサービスです。利用するにはMicrosoft アカウントでサインインする必要があります。

Microsoft Teams(マイクロソフトチームズ)

マイクロソフトが提供しているアプリで、組織やグループ内の作業をより進めやすくするコラボレーションツールのことを指します。チームやチャネル単位でチャットやWeb会議を行ってコミュニケーションをとるほか、ファイルやスケジュールなどを共有することもできます。

Microsoft(マイクロソフト)アカウント

マイクロソフトが提供するWebサービスや各種アプリを利用するために必要なアカウントです。

OneDrive(ワンドライブ)

マイクロソフトが提供しているオンラインストレージサービス(データの保管場所)です。

ONU(オーエヌユー)

Optical Network Unitの略で、家庭などから光ファイバーを利用したネットワークに接続するための機器です。「光回線終端装置」とも呼ばれます。光通信回線で用いられる信号とLAN内で用いられる信号を相互に交換する役目を持っています。

OS(オーエス)

Operating System(オペレーティングシステム)の略で、パソコンを利用するうえで最も基本的な機能を提供し、パソコンのシステム全体を管理するソフトウェアのことです。「基本ソフト」とも呼ばれます。

Outlook.com(アウトルックドットコム)

マイクロソフトがHotmailの後継サービスとして提供しているWebメールサービスです。Webブラウザーから利用できます。

PC(ピーシー)

Personal Computerの略で、個人使用を想定したサイズ、性能、価格の小型のコンピューターのことです。一般的には「パソコン」と呼ばれています。

PIN(ピン)

Windows 10にサインインする際、パスワードの代わりに利用できる認証方法のひとつです。任意の4桁の数字を入力することでサインインを行います。

POP(ポップ)

Post Office Protocolの略で、メールサーバーからメールを受信するための規格のひとつです。電子メールの送信に使われるSMTPとセットで利用されます。

SD(エスディー)カード

デジタルカメラや携帯電話などで利用されているフラッシュメモリーカードの規格のひとつです。読み書きの速度によっていくつかの種類に分けられます。

Skype(スカイプ)

マイクロソフトが提供するインターネット電話サービスのことです。1対1の通話だけでなく、Web会議も無料で行えます。

SMTP(エスエムティーピー)

Simple Mail Transfer Protocolの略で、メールサーバーへメールを送信するための規格のひとつです。メールの受信に使われるPOPとセットで利用されます。

Snipping Tool(スニッピングツール)

Windows 10に標準で付属している、パソコンの画面を画像として保存できるアプリです。画面全体だけでなく、指定した範囲を切り取って保存することも可能です。

SNS(エスエヌエス)

Social Networking Serviceの略で、ネットワークをインターネット上に構築し、人と人とのつながりをサポートするサービスです。

SSD(エスエスディー)

Solid State Driveの略で、記憶媒体にフラッシュメモリーを用いる記憶装置のことです。HDD(ハードディスクドライブ)と同じように利用することができます。

SSID(エスエスアイディー)

Service Set IDentifierの略で、無線LANのアクセスポイントを識別するためのネットワーク名のことです。

Twitter(ツイッター)

140文字以内の短い文章(ツイート)を投稿し、不特定多数のユーザーと共有できるサービスです。ツイートは、鳥のさえずりという意味の英語で、国内では「つぶやき」とも呼ばれています。

URL(ユーアールエル)

Uniform Resource Locatorの略で、インターネット上の情報がある場所を表す文字列のことです。URLを用いて、目的のWebページを表示します。

USB(ユーエスビー)

Universal Serial Busの略で、パソコンに周辺機器を接続するための規格のひとつです。機器をつなぐだけで認識したり、機器の電源が入ったままで接続や切断ができるのが特長です。

USB(ユーエスビー)メモリー

パソコンのUSBポートに接続して利用するフラッシュメモリーを内蔵した記憶媒体のことです。大容量のデータの保存や持ち運びに便利です。

Web(ウェブ)会議

パソコンにマイクとカメラ、イヤホンなどを接続し、インターネットを通してビデオ通話を行う機能のことです。複数人と同時に通話でき、資料などを見ながら進めることができるため、会議や打ち合わせに適しています。パソコンとスマートフォンのどちらからも参加できます。

Web(ウェブ)サイト／Webページ

インターネット上に公開されている文書のことをWebページ、個人や企業が作成した複数のWebページを構成するまとまりをWebサイトといいます。

Web(ウェブ)メール

メールの閲覧やメッセージの作成、送信などをWebブラウザー上で行うメールシステムのことをいいます。Webブラウザーが利用できる環境であれば、どこからでもメールを送受信することができます。

Wi-Fi(ワイファイ)

Wireless Fidelityの略で、無線LAN製品の互換性を検証するWi-Fi Allianceという業界団体によって付けられたブランド名です。

Windows（ウィンドウズ）
マイクロソフトが開発した、世界で最も普及しているパソコン用のOSの名称です。

Windows（ウィンドウズ）10
Windowsの最新バージョンです。

Windows Hello（ウィンドウズハロー）
指紋、顔、眼球の光彩などを使ってWindows 10にサインインする機能のことです。指紋リーダーなどを搭載した対応機器で利用できます。

Windows Media Player（ウィンドウズメディアプレイヤー）
Windows 10に標準で付属している音楽再生アプリです。フォルダーやCDから音楽を取り込み、再生することができます。同じく標準で付属している音楽再生アプリには、Groove ミュージックがあります。

Windows Update（ウィンドウズアップデート）
不具合を修正するプログラムや新しい機能の追加などの更新プログラムを自動的にダウンロードし、Windowsにインストールする機能です。

WWW（ダブリュスリー）
World Wide Webの略で、インターネット上でWebページを利用するしくみの名称です。世界中のWebページがリンクによってつながっている様子が、クモの巣に似ていることから命名されました。

ZIP（ジップ）
ファイルを圧縮するときに利用する形式の1つで、拡張子も「zip」です。Windowsには、ファイルやフォルダーをZIP形式で圧縮する機能が標準で用意されています。

Zoom（ズーム）
Zoomビデオコミュニケーションズ社が提供するWeb会議のサービスならびにアプリのことです。Web会議を開催する場合はZoomのアカウントが必要ですが、参加する場合はアカウントがなくても利用可能です。無料版のほか、有料版もあります。

アイコン
プログラムやデータの内容を、図や絵にしてわかりやすく表現したものです。

アカウント
Windowsへのサインインやインターネット上の各種サービスを利用する権利、またはそれを特定するためのIDのことです。

アクションセンター
システムからの通知の管理や、各種設定などを行う画面です。Windows 10では、通知領域の＜通知＞をクリックすると表示できます。

アクティブ時間
パソコンを使用している時間を指します。Windowsに設定しておくと、アクティブ時間中はWindows Updateによる自動での再起動が行われません。

圧縮
圧縮プログラムを使ってファイルやフォルダーのサイズを小さくし、1つのファイルにまとめることです。サイズを小さくしたファイルのことを「圧縮ファイル」といいます。

アップグレード
アップグレードは、ソフトウェアの新しいバージョンや機能の拡張をインストールすることです。また、パソコンにパーツを追加して、パソコンの機能をアップさせることを指す場合もあります。

アップデート
アップデートは、ソフトウェアを最新版に更新することです。不具合の修正や追加機能、セキュリティ対策ソフトで最新のウイルスなどに対抗するための新しいデータを取得するときなどに行われます。

アップロード
インターネット上のサーバーにファイルを保存することです。

アドレス
インターネット上のWebページにアクセスするときに指定するURLのことです。

アプリ／アプリケーション
ユーザーにさまざまな機能を提供するプログラムのことをいいます。「ソフト」「ソフトウェア」ともいいます。

アンインストール
パソコンにインストールしたアプリやプログラムをパソコンから削除することです。

インクジェットプリンター
用紙に細かいインクを吹き付けて印刷する方式のプリンターです。比較的低価格なわりに印刷品質が高いのが特長です。

インストール
WindowsなどのOSやアプリをパソコンのハードディスクにコピーして使えるようにすることです。「セットアップ」ともいいます。

インターネット
世界中のコンピューターを相互に接続したコンピューターネットワークのことです。

インポート
データをアプリやパソコンに取り込んで使えるようにすることです。なお、ほかのアプリでも利用できるファイル形式でデータを保存することを「エクスポート」といいます。

ウィンドウ
デスクトップ画面に表示される枠によって区切られた表示領域のことです。

エクスプローラー
パソコン内のファイルやフォルダーを操作・管理するために用意されたアプリの名称で、Windowsに標準で搭載されています。

エコーキャンセリング機能
エコー（同じ音が反響し、自分の声が遅れて聞こえてくる現象）を防ぐことができる機能です。Web会議向けのマイクなどに搭載されています。「エコーキャンセル機能」「エコーキャンセラ機能」とも呼ばれます。

エディション
用途によって機能や価格などに違いがあるWindowsの種類のことをいいます。Windows 10には、家庭向けのWindows 10 Home／Pro、IoTデバイス向けのWindows 10 IoT Core、企業向けのWindows 10 Enterpriseなどがあります。

エンコード
一定の規則に基づいて、ある形式のデータを別の形式のデータに変換することです。

お気に入り
頻繁に閲覧するWebページを登録しておき、簡単にアクセスできるようにするWebブラウザーの機能です。

カーソル
文字の入力位置や操作の対象となる場所を示すマークのことで、「文字カーソル」ともいいます。なお、マウスポインターのことを「マウスカーソル」と呼ぶこともあります。

解像度
画面をどれくらいの細かさで描画するかを決める設定のことです。Windowsでは、「1366×768」など、画面を構成する点の数で表現されます。

隠しファイル
存在はしているけれども、見えない状態になっているファイルのことです。システムで使用する重要なファイルの一部は、誤って削除しないように隠しファイルとして保存されています。他人に見せたくないファイルを通常のファイルから隠しファイルに変更することもできます。

拡大鏡
画面の一部を拡大して表示できる機能です。表示倍率は100%～1600%の間で、100%刻みで変更できます。

拡張子
ファイル名の後半部分に、「.」に続けて付加される「txt」や「jpg」などの文字列のことです。ファイルを作成したアプリやファイルのデータ形式ごとに個別の拡張子が付きます。ただし、Windowsの初期設定では、拡張子が表示されないように設定されています。

仮想デスクトップ
仮想のデスクトップ環境を複数作成して切り替えることで、1つのディスプレイでもマルチディスプレイのように作業できる機能のことです。

画素数
1枚の画像を構成する画素（小さな点）の総数のことをいいます。画素数が多いほど滑らかで高画質になります。

管理者
Windows 10において、設定できるアカウントの種類のひとつです。使用するパソコンのすべての設定を変更でき、保存されているすべてのファイルとプログラムにアクセスできます。ユーザーが1人だけの場合は、自動的にそのユーザーが管理者になります。

キーボード
パソコンで利用されている入力機器のひとつです。「キー」を押すことで文字や数字などをパソコンに送信し、画面に表示できます。

共有
1つの物を複数人で使用することです。主に、ファイルやフォルダーをインターネットを通じて共同で所有することを指します。

クイックアクセス
最近使用したファイルやよく使うフォルダーなどを表示する仮想のフォルダーのことです。初期設定では、エクスプローラーを開くと最初に表示されます。

クラウド
ネットワーク上に存在するサーバーが提供するサービ

スを、その所在や時間、場所を意識することなく利用できる形態を表す言葉です。「クラウドコンピューティング」ともいいます。

クリック（左クリック）
操作対象にマウスポインターを合わせ、左ボタンを1回押して離す操作です。画面上の対象物を選択するときに使います。

クリップボード
コピーしたり切り取ったりしたデータを一時的に保管しておく場所のことです。

ゲスト
Teamsにおいて、チームに一時的に所属するユーザーならびに権限を指します。組織外のユーザーなど、一時的にチームに参加するユーザーが対象になります。

検索エンジン
インターネット上で公開されているWebサイトの中から、見つけたい内容を含むページを探すためのWebサイトのことです。「検索サイト」ともいいます。

検索ボックス
ファイルやアプリなどを検索して表示することができます。デフォルトではタスクバー内の<スタート>ボタンの隣に表示されています。

更新プログラム
プログラムに含まれる不具合や機能の追加、問題を改善するための新しいプログラムのことです。

コピー＆ペースト
選択したデータをコピーして別の場所に貼り付ける（ペーストする）ことです。異なるアプリ間でもコピー＆ペーストは可能です。

ごみ箱
不要なファイルやフォルダーなどを一定期間保存する場所です。

コントロールパネル
Windowsの設定を行うための機能です。コンピューターのシステムやセキュリティの設定、周辺機器やプログラムの設定、デスクトップのデザインや画面の解像度の設定などを行えます。

コンピューターウイルス
外部からパソコンに入り込んでファイルを破壊したり、正常な動作を妨害したりする悪質なプログラムの総称です。

サーバー
ネットワーク上でファイルやデータを提供するコンピューター、またはそのプログラムのことです。

再起動
パソコンを終了し、再度起動しなおすことです。更新プログラムのインストール後やアプリのインストール時などに、再起動が必要な場合があります。

最小化
デスクトップや別のウィンドウを見るために、作業中のウィンドウをタスクバーに格納することです。タスクバーに格納されたアイコンをクリックすると、元のサイズに戻ります。

最大化
作業中のウィンドウを画面いっぱいのサイズに拡大することです。<元に戻す（縮小）>をクリックすると、元のサイズに戻ります。

サインアウト
開いているウィンドウや起動中のアプリを終了させ、Windowsの利用を終了する操作のことをいいます。パソコンやWindows自体を終了させるのではなく、ユーザーの操作環境だけを終了します。

サインイン
ユーザー名とパスワードで本人の確認を行い、いろいろな機能やサービスを利用できるようにすることです。「ログイン」「ログオン」などとも呼ばれます。

サムネイル
ファイルの内容を縮小表示した画像のことをいいます。起動中のウィンドウの内容をタスクバー上から表示したり、フォルダーウィンドウに並べて表示したりすることができます。

システムの復元
あらかじめ作成しておいた復元ポイントの状態にパソコンのシステムを戻すことです。主に、パソコンの動作が不安定になったときに使用します。

シャットダウン
起動していたアプリをすべて終了させ、パソコンの電源を完全に切ることです。

ショートカット
Windowsで別のドライブやフォルダーにあるファイルを呼び出すために参照として機能するアイコンのことです。ショートカットの左下には矢印が付きます。「ショートカットアイコン」ともいいます。

ショートカットキー

Windowsや各アプリの機能を、画面上のメニューから操作する代わりにキーボードの特定のキーを押すだけで実行する機能のことです。

署名

メール本文の最後に記載されている差出人情報のことです。通常は、自分の名前や住所、電話番号、メールアドレスなどを記載します。

スキャナー

印刷物や現像済みの写真などを読み取って、画像データとしてパソコンに取り込む機器です。

スクリーンショット

パソコンの画面を画像として保存したファイルを指します。Windows 10でスクリーンショットを作成して保存するには、キーボードでWindowsキーを押しながらPrintScreenキーを押すか、「Snipping Tool」アプリを利用します。

スクリーンセーバー

作業をしないまま一定時間経過するとパソコン画面に表示される、画像や映像を指します。パソコン画面を他人に見られたくないときなどに使用します。

スタートメニュー

デスクトップ画面の<スタート>ボタンか、キーボードのWindowsキーと押すと表示されるメニューのことです。Windows 10の機能やアプリケーションを使用するときは、主にこのメニューから行います。

スナップ機能

画面を分割して複数のアプリを同時に表示する機能で、ウィンドウのサイズや位置を自由に調整できます。画面のサイズに応じて最大4つのアプリを同時に表示することができます。

スパイウェア

ユーザーの知らないうちにパソコン内に侵入して、情報を持ち出したり、設定の変更などを行う悪質なプログラムのことです。

スピーカーフォン

マイクとスピーカーが一体化した機器で、通常のマイクよりも集音範囲が広いのが特徴です。同じ部屋で複数人でWeb会議に参加するときに向いています。

スマートフォン

パソコンのような機能を持ち、タッチ操作で操作できる携帯電話です。「スマホ」とも呼ばれます。

スリープ

Windowsが動作している状態を保持したまま、パソコンを一時的に停止し、節電状態で待機させる機能のことです。

セキュリティ

コンピューターウイルスを防いだり、パソコン内のファイルや通信内容が第三者にのぞかれないようにしたり、ファイルが破損されないようにしたりと、パソコンを安全に守ることです。

セキュリティキー

無線LANの接続に利用されるパスワードのようなものです。「ネットワークキー」「暗号化キー」などとも呼ばれます。

全角

1文字の高さと幅の比率が1：1（縦と横のサイズが同じ）になる文字のことです。

ソフトウェア

パソコンを動作させるためのプログラムをまとめたもののことです。単に「ソフト」ともいいます。

タイムライン

開いたアプリやフォルダーなどWindows上で行った作業を記憶し、最大30日分を時系列で表示・再現できる機能です。

タイル

スタートメニューに並んでいるアプリのアイコンのことです。クリックするとアプリが起動します。アプリの中には、最新情報がタイルに表示される（ライブタイル）ものがあります。

ダウンロード

インターネット上で提供されているファイルやプログラムをパソコンのHDDなどに保存することです。

タスクバー

デスクトップやスタートメニューの最下段に表示される横長のバーのことです。アプリの起動や切り替え、ウィンドウの切り替えなどに利用します。

タスクマネージャー

Windows上で動作しているアプリやシステムなどのタスクを管理するアプリです。動かないタスクを強制終了したり、CPUやメモリ、HDDなどの使用状態を確認したりできます。

タッチディスプレイ

ディスプレイの上を直接指でなぞったり、触る（タッチする)ことでマウスと同様の操作を行える機器です。

タッチパッド

ノートパソコンなどで利用されている、マウスと同様の操作を行うための機器です。パッドの上を指でなぞって操作を行います。

タブ

「タブ」は見出しのようなもので、Webブラウザーやダイアログボックスなどで使われています。いずれもタブをクリックすると、そのページの内容を表示できます。

ダブルクリック

操作対象にマウスポインターを合わせて、左ボタンを2回素早く押す操作です。フォルダーを開いたり、デスクトップ画面でアプリを起動するときなどに使います。

タブレット

画面を直接触って操作する携帯端末のことをいいます。スマートフォンより画面が大きいので操作性がよく、持ち運びに便利なのが特長です。

タブレットモード

タブレットPC向けに最適化された表示に変更する機能です。アプリやスタートメニューが全画面で表示されるほか、アイコンの位置など一部の表示が異なります。

チーム

Teamsにおいて、同じ作業を進めるユーザーが所属する大きなグループのことです。主に、所属している部門や取り組んでいるプロジェクトによって分けて作成します。

チャット

ネットワークを介して、他人とリアルタイムで文字による会話をしたり、メッセージを残したりする機能のことです。

チャネル

Teamsにおいて、チーム内に追加できる小さなグループのことです。主に、目的や話題ごとに分けて作成します。

通知領域

現在の日時やシステムの状態などを示すアイコンが表示されている場所です。入力モードの切り替えやWi-Fiの接続なども確認できます。デフォルトではタスクバー内の右端に表示されています。

テキスト形式メール

文字だけでメールを作成する形式のメールです。文字の書体や大きさ、色を変えたりすることはできません。

テザリング

スマートフォンなどをモバイルルーターの代わりに利用して、パソコンやタブレット端末といった機器をインターネットに接続する機能のことです。

デスクトップ

デスクトップアプリを表示したり、ファイルを操作するためのウィンドウを表示するための作業領域です。

デスクトップパソコン

多くの場合、パソコン本体とディスプレイ、キーボードやマウスなどの入力機器がそれぞれ独立したパソコンのことをいいます。機種によっては、ディスプレイと本体が一体化されているものもあります。

デバイス

CPUやメモリ、ディスプレイ、プリンターなど、パソコンに内蔵あるいは接続されている装置のことです。

テレワーク

tele(離れたところ)とwork(働く)を合わせた造語で、パソコンや携帯電話を使用し、決まった時間にとらわれずに、自宅やコワーキングスペースなどで働くことです。

電子メール

インターネットを通じてメッセージやファイルなどをやりとりするしくみのことです。「Eメール」や単に「メール」とも呼ばれます。

添付ファイル

メールといっしょに送信する文書や画像などのファイルのことです。

ドライバー

周辺機器をパソコンに接続するときに必要なプログラムのことで、「デバイスドライバー」とも呼ばれます。

ドライブ

記憶媒体(記録メディア)を読み書きできる装置のことです。たとえば、DVDに記録を読み書きする装置をDVDドライブ、パソコン本体に内蔵されているハードディスクをハードディスクドライブといいます。

ナビゲーションウィンドウ

エクスプローラーの右側に表示される、パソコン内のお気に入りやフォルダー、ドライブなどを一覧で表示する画面です。表示されている項目をクリックすると、そのお気に入りやフォルダー、ドライブなどの内容を表示できます。

ネットワーク

複数のパソコンや周辺機器を接続し、相互にデータのやりとりができるようにした状態、もしくはそのしくみのことです。

ノートパソコン
本体が小型で、バッテリーを搭載しているので、外出先などに手軽に持ち運びができるパソコンのことです。

ノイズキャンセリング機能
ノイズ（耳障りな大きい音）を防いだり小さくしたりできる機能です。イヤホンやヘッドホン、マイクなどに搭載されています。

バージョン
アプリの仕様が変わった際に、それを示す数字のことです。数字が大きいほど、新しいものであることを示します。新しいバージョンに交代することを「バージョンアップ」や「アップグレード」といいます。

パーティション
ハードディスク内の分割された領域のことです。1台のハードディスクをパーティションで分割することで、複数台のハードディスクとして利用できます。

バーチャル背景
Web会議のアプリで設定できる背景のことです。SkypeやTeamsなど、多くのWeb会議用のアプリで設定できます。「仮想背景」とも呼ばれます。

ハードウェア
パソコン本体や周辺機器、パソコンの中の部品など、物理的な機械やパーツのことです。

ハードディスク（HDD）
パソコンに搭載されているデータ記憶装置です。高速に回転する円盤に磁気を利用して情報を記録したり、記録された情報を読み出したりします。

バイト（byte）
パソコンで扱うデータの量を表す単位です。通常は8ビットが1バイト（byte）になります。1024バイトが1KB（キロバイト）、1024KBが1MB（メガバイト）、1024MBが1GB（ギガバイト）というように単位が変わっていきます。

ハウリング
Web会議やビデオ通話中に、耳障りな大きい音（ノイズ）が出ることです。マイクがスピーカーから出力される音を拾い、その音をスピーカーが出力するという現象が繰り返されることで発生します。

パスワード
メールやオンラインサービスなどを利用する際に、正規の利用者であることを証明するために入力する文字列のことです。

バックアップ
パソコン上のデータを、パソコンの故障やウイルス感染などに備えて、別の記憶媒体に保存することです。

ハブ
同じ規格のケーブルを1か所に集めて、互いに通信できるようにする中継器のことです。LANやUSBで複数の機器を接続するのに利用されます。

半角
1文字の高さと幅の比率が2：1（文字の幅が全角文字の半分）になる文字のことです。

ピクチャパスワード
Windows 10にサインインする方法のひとつで、円と直線と点を組み合わせて画像をなぞってサインインします。なお、ピクチャパスワードには好きな画像を設定できます。

標準ユーザー
Windows 10において、設定できるアカウントの種類のひとつです。標準ユーザーは管理者とは異なり、一部の設定は行えず、ほかのユーザーのフォルダーなどにアクセスすることはできません。

ピン留め
スタートメニューやタスクバーにアプリのアイコンを登録する機能です。

ファイアウォール
悪意のあるユーザーやソフトウェアがインターネットを経由してコンピューターに不正にアクセスするのを防ぐために、自分のパソコンと外部との情報の通過を制限するためのシステムです。

ファイル
ハードディスクなどに保存された、ひとかたまりのデータやプログラムのことです。パソコンでは、ファイル単位でデータが管理されます。

ファミリーセーフティ
子どもがパソコンを使用する時間やWebページ、ゲームやアプリなどを制限する機能です。設定するにはあらかじめ子ども用のアカウントを作成しておき、管理者の権限を持つユーザーが設定を行います。「ファミリー機能」と呼ばれることもあります。

フィッシングサイト
銀行や決済サイトなどのWebページに似せた偽りの

Webサイトのことです。個人情報やクレジットカード番号、銀行の口座番号などといった情報を盗みとることを目的に作られています。

フォーマット

記憶媒体にデータを書き込む際に、どのようにデータを書き込んだり、書き込んだデータを管理するかなどを決めた形式のことです。

フォルダー

ファイルを分類して整理するための場所のことです。フォルダーの中にフォルダーを作ってファイルを管理することもできます。

フォント

文字をパソコンの画面に表示したり、印刷したりする際の文字の形のことです。

プライバシー

個人の私生活に関する事柄がほかから隠されており、干渉されない状態、または、そのような状態を要求する権利のことです。

プライバシーポリシー

Webページなどで収集した個人情報の取り扱いについて企業が設定した取り決めです。「個人情報保護方針」とも呼ばれます。

ブラウザー（Webブラウザー）

Webページを閲覧するためのソフトウェアのことをいいます。

プリインストール

パソコンなどの販売時に、OSやアプリがあらかじめインストールされていることです。

プレイリスト

Windows Media Playerで、自分の好きな曲だけを集めて作成するオリジナルのリストのことです。「Grooveミュージック」アプリでは「再生リスト」といいます。

プレビュー

実際に紙に印刷する前に印刷結果を画面上で確認したり、エクスプローラーで文書や画像などの内容を確認したりする機能のことです。

プログラム

パソコンを動作させるための命令が組み込まれたファイルのことをいいます。ソフトウェアは、多くのプログラムから成り立っています。

プロダクトキー

パソコンにインストールされたソフトウェアが正規に購入したものであることを確認するための文字列です。

プロバイダー

インターネットサービスプロバイダーの略で、インターネットへの接続サービスを提供する事業者のことです。

プロバイダーメール

プロバイダーと契約すると提供されるメールシステムのことをいいます。パソコンやスマートフォンのメールソフトを利用してメールの送受信を行います。

プロパティ

ファイルやプリンター、画面などに関する詳細な情報のことです。たとえば、ファイルのプロパティでは、そのファイルの保存場所、サイズ、作成日時、作成者などを知ることができます。

ペイント3D（スリーディー）

Windows 10に標準で付属しているペイントアプリです。画像を作成したり編集したりできます。平面的な画像（2D）だけでなく、3Dの図形なども作成できるのが特徴です。

ヘルプ

ソフトウェアおよびハードウェアの使用法や、トラブルを解決するための解説をパソコンの画面上で説明している文書のことです。

ポインター

マウスの動きと連動して、画面上を移動するマークのことです。基本的には矢印の形をしていますが、状況によってさまざまな形に変化します。「マウスポインター」「マウスカーソル」ともいいます。

マウス

パソコンで利用されている入力装置のひとつです。左右のボタンやホイールを利用して、アプリの起動や、ウィンドウやコマンドの操作などを行います。

右クリック

操作対象にマウスポインターを合わせて、右ボタンを1回押して離す操作です。メニューを表示するときなどに使います。

無線LAN

電波を利用してパソコンからインターネットに接続したり、パソコン同士をネットワークに接続したりする通信技術のことです。

メールアドレス

電子メールにおける送信者や受信者の住所と名前に相当するものです。単に「アドレス」ということもあります。

メールサーバー

メールを送受信するインターネット上のサーバーのことです。プロバイダーによっては、受信や送信といった機能ごとに用意されている場合があります。

迷惑メール

広告や勧誘など、一方的に送られてくるメールのことです。「スパムメール」ともいいます。

メモ帳

Windows 10に標準で付属しているテキストアプリです。文章の編集や保存ができます。

メモリ

パソコンに内蔵された、データを一時的に記憶する装置のことを指します。「メインメモリ」ともいいます。

メンバー

Teamsにおいて、チームに所属するユーザーならびに権限を指します。同じ組織内のユーザーはデフォルトでメンバーになります。

文字コード

パソコンなどで文字を扱うためのルールを定めた規格のことです。文字を一覧表にして、文字ごとに決まった数値を割り当てることで、文字を表現します。

モデム

デジタル信号をアナログ信号に、アナログ信号をデジタル信号に変換する機器のことです。

ユーザー

ソフトウェアやハードウェアを使用する使用者自身のことを指します。

ユーザーアカウント制御

危険なプログラムがパソコン内にインストールされたり、パソコンを不正に変更されたりするのを監視する機能です。

ユーザー名

Windowsやプロバイダー、サービス提供者などが、利用者を識別するために割り当てる名前や愛称のことです。多くの場合、利用者側が自由に決められます。

ライセンス

ソフトウェアなどの使用権をユーザーに与える使用権の許諾のことです。

ライブタイル

スタートメニューに表示されるタイルの中で、最新ニュースや天気予報、着信メールなどの最新情報を表示するタイルのことです。

リボン

マイクロソフトのユーザーインターフェースのひとつで、プログラムの機能が用途別のタブに分類されて整理されているコマンドバーのことです。WordやExcelなどのOfficeソフトやWindows 10に搭載されているエクスプローラーなどに用意されています。

リムーバブルディスク

CD／DVDやSDカードのように、データの書き込み装置から取り出すことが可能な記憶媒体のことです。

リモートデスクトップ

ネットワークを使用して、手持ちのパソコンで別のパソコンを遠隔操作することができる機能です。リモートデスクトップ接続を行うには、接続先となるパソコンのWindowsのエディションがWindows 10 Proであり、あらかじめリモートデスクトップの接続を許可しておく必要があります。

リンク

Webページの文字列や画像にほかのWebページを結び付けるしくみのことです。「ハイパーリンク」を略したものです。

ルーター

ネットワーク上のデータが正しい経路を流れるように制御するための機器です。

レーザープリンター

用紙にトナーを吸着させて印刷する方式のプリンターです。印刷スピードの速さと印刷品質の高さが特長です。

ローカルアカウント

特定のパソコンだけで利用できるアカウントです。登録された情報は、そのパソコンでのみ利用されます。

ロック

一般に、特定のファイルやデータに対するアクセスや更新などを制御することです。また、一定時間パソコンを使わないときや席を外すときなど、ほかの人にパソコンを使用されないようにしておく機能のこともロックといいます。

ロック画面

不正利用を防ぐために、サインインするまでパソコンを使えないようにする画面のことです。Windows 10の起動後やスリープの解除後に表示されます。

ショートカットキー一覧

Windows 10を活用するうえで覚えておくと便利なのがショートカットキーです。ショートカットキーとは、キーボードの特定のキーを押すことで、操作を実行する機能です。ショートカットキーを利用すれば、素早く操作を実行することができます。ここでは、Windows 10で利用できる主なショートカットキーや、多くのアプリで一般的に利用されているショートカットキーを紹介します。なお、キーの数が少ないキーボードでは、PrintScreenキーなどのキーがFnキーとほかのキーの組み合わせに割り当てられています（113ページ参照）。

●デスクトップのショートカットキー

ショートカットキー	操作内容
⊞（ウィンドウズ）	スタートメニューを表示します。
⊞（ウィンドウズ）＋D	デスクトップを表示します。
⊞（ウィンドウズ）＋,	ウィンドウを透明にして一時的にデスクトップを表示します。
⊞（ウィンドウズ）＋E	エクスプローラーを起動します。
⊞（ウィンドウズ）＋S	検索ボックスを表示します。
⊞（ウィンドウズ）＋A	アクションセンターを表示します。
⊞（ウィンドウズ）＋I	「設定」アプリを起動します。
⊞（ウィンドウズ）＋K	＜接続＞画面を表示します。
⊞（ウィンドウズ）＋L	画面をロックします。
⊞（ウィンドウズ）＋M	すべてのウィンドウを最小化します。
⊞（ウィンドウズ）＋Shift＋M	最小化したウィンドウを元に戻します。
⊞（ウィンドウズ）＋R	＜ファイル名を指定して実行＞画面を表示します。
⊞（ウィンドウズ）＋T	タスクバーに格納されているアプリをサムネイルで表示します。
⊞（ウィンドウズ）＋B	通知領域を選択します。
⊞（ウィンドウズ）＋Alt＋D	日付と時刻の表示／非表示を切り替えます。
⊞（ウィンドウズ）＋G	ゲーム実行中にゲームバーを表示します。
⊞（ウィンドウズ）＋P	複数ディスプレイの表示モード選択画面を表示します。
⊞（ウィンドウズ）＋U	「設定」アプリの＜簡単操作＞を表示します。
⊞（ウィンドウズ）＋X	クイックリンクメニューを表示します。
⊞（ウィンドウズ）＋Pause/Break	＜システム＞画面を表示します。
⊞（ウィンドウズ）＋W	Windows Ink ワークスペースを表示します。
PrintScreen	画面全体を画像としてコピーします。
Alt＋PrintScreen	選択しているウィンドウのみを画像としてコピーします。
⊞（ウィンドウズ）＋PrintScreen	画面を撮影して、＜ピクチャ＞フォルダーの＜スクリーンショット＞フォルダーに画像として保存します。
⊞（ウィンドウズ）＋Shift＋S	デスクトップの指定範囲を画像としてコピーします。
⊞（ウィンドウズ）＋Tab	タスクビューを表示します。
⊞（ウィンドウズ）＋Ctrl＋D	新しい仮想デスクトップを作成します。
⊞（ウィンドウズ）＋Ctrl＋F4	仮想デスクトップを閉じます。
⊞（ウィンドウズ）＋Ctrl＋→／←	仮想デスクトップを切り替えます。

ショートカットキー	操作内容
⊞（ウィンドウズ）＋＋	拡大鏡を表示して、画面表示を拡大します。
⊞（ウィンドウズ）＋－	拡大鏡で拡大された表示を縮小します。
⊞（ウィンドウズ）＋Esc	拡大鏡を終了します。
Alt＋Tab	起動中のアプリの一覧を表示し、アプリを切り替えます。
Alt＋Shift＋Tab	起動中のアプリの一覧を表示し、アプリを逆順に切り替えます。
Ctrl＋Alt＋Tab	起動中のアプリの一覧を、カーソルキーで選択可能な状態で表示します。
Alt＋F4	起動中のアプリのうち、アクティブなアプリを終了します。
Ctrl＋Shift＋Esc	デスクトップで＜タスクマネージャー＞画面を表示します。
Ctrl＋Alt＋Delete	パソコンの再起動やタスクマネージャーの起動が行える画面を表示します。
⊞（ウィンドウズ）＋1～0	タスクバーに登録されたアプリを起動します。
⊞（ウィンドウズ）＋Shift＋1～0	タスクバーに登録されたアプリを新しく起動します。
⊞（ウィンドウズ）＋Alt＋1～0	タスクバーに登録されたアプリのジャンプリストを表示します。
⊞（ウィンドウズ）＋Ctrl＋Shift＋B	ディスプレイドライバーを再起動します。
Ctrl＋Shift	キーボードレイアウトを切り替えます。
⊞（ウィンドウズ）＋.	絵文字パネルを表示します。
Alt＋F8	サインイン画面でパスワードを表示します。
Ctrl＋↑／↓	スタートメニューの高さを変更します。
Ctrl＋←／→	スタートメニューのタイルの部分の幅を変更します。

●エクスプローラーのショートカットキー

ショートカットキー	操作内容
Ctrl＋F1	リボンの表示／非表示を切り替えます。
Shift＋F10	選択したファイルやフォルダーのショートカットメニューを表示します。
Alt＋Enter	選択したファイルやフォルダーの＜プロパティ＞画面を表示します。
Alt＋P	プレビューウィンドウの表示／非表示を切り替えます。
Ctrl＋E	検索ボックスを選択します。
Delete	選択したファイルやフォルダーを削除します。
Shift＋Delete	選択したファイルやフォルダーを完全に削除します。
F2	選択したファイルやフォルダーの名前を変更します。
Ctrl＋Shift＋N	新しいフォルダーを作成します。
Shift＋↑↓←→	ファイルやフォルダーを複数選択します。
Ctrl＋A	フォルダー内のすべてのファイルを選択します。
Ctrl＋C	選択したファイルやフォルダーをコピーします。
Ctrl＋X	選択したファイルやフォルダーを切り取ります。
Ctrl＋V	コピーや切り取りを行ったファイルやフォルダーを貼り付けます。

ショートカットキー	操作内容
Ctrl＋Shift＋1～8	アイコンの表示形式を変更します。
Alt＋←	直前に見ていたフォルダーを表示します。
Alt＋→	戻る前のフォルダーを表示します。
Alt＋↑	1つ上のフォルダーを表示します。
F4	アドレスバーの入力履歴を表示します。
Alt＋F4	選択中のウィンドウを閉じます。
Home	ウィンドウ内の一番上を表示します。
End	ウィンドウ内の一番下を表示します。
NumLock＋*	選択しているフォルダーの下の階層にあるフォルダーをすべて展開します。
NumLock＋+	選択しているフォルダーを展開します。
NumLock＋-	選択しているフォルダーを折りたたみます。

●ダイアログボックスのショートカットキー

ショートカットキー	操作内容
Ctrl＋Tab	右のタブを表示します。
Ctrl＋Shift＋Tab	左のタブを表示します。
Tab	次の項目へ移動します。
Shift＋Tab	前の項目へ移動します。
Space	選択中のチェックボックスのオン／オフを切り替えます。

●アプリ／ウィンドウのショートカットキー

ショートカットキー	操作内容
⊞（ウィンドウズ）＋Home	アクティブウィンドウ以外をすべて最小化します。
⊞（ウィンドウズ）＋↓	アクティブウィンドウを最小化します。
⊞（ウィンドウズ）＋↑	アクティブウィンドウを最大化します。
⊞（ウィンドウズ）＋→	画面の右側にウィンドウを固定します。
⊞（ウィンドウズ）＋←	画面の左側にウィンドウを固定します。
⊞（ウィンドウズ）＋Shift＋↑	アクティブウィンドウを上下に拡大します。
F11	アクティブウィンドウを全画面表示に切り替えます。
Alt＋Space	ウィンドウ自体のメニューを表示します。
F10	アクティブウィンドウのメニューを選択状態にします。

●多くのアプリで共通して使えるショートカットキー

ショートカットキー	操作内容
Ctrl＋F1	リボンの表示／非表示を切り替えます。

ショートカットキー	操作内容
Ctrl＋+	画面表示を拡大します。
Ctrl＋-	画面表示を縮小します。
Shift＋↑↓←→	選択範囲を拡大／縮小します。
Ctrl＋A	文書内のすべての文字列などを選択します。
Ctrl＋C	選択した文字列などをコピーします。
Ctrl＋X	選択した文字列などを切り取ります。
Ctrl＋V	コピーや切り取りを行った文字列などを貼り付けます。
Ctrl＋Y	直前の操作をやりなおします。
Ctrl＋Z	直前の操作を取り消し、1つ前の状態に戻します。
Ctrl＋N	ウィンドウや文書を新規に作成します。
Ctrl＋O	ファイルを開く画面を表示します。
Ctrl＋P	文書やWebページなどの印刷を行う画面を表示します。
Ctrl＋S	編集中のデータを上書き保存します。
Ctrl＋W	編集中のファイルや表示しているウィンドウを閉じます。
Ctrl＋F4	作業中の文書を閉じます。
Esc	現在の操作を取り消します。
F1	ヘルプ画面を表示します。
Ctrl＋F	検索を開始します。
PageUp／PageDown	1画面分、上下にスクロールします。
Shift＋F10	選択中の項目のショートカットメニューを表示します。

●Webブラウザーのショートカットキー

ショートカットキー	操作内容
Alt＋D	アドレスバーを選択します。
Ctrl＋R／F5	Webページを最新の状態に更新します。
Ctrl＋T	新しいタブを開きます。
Ctrl＋W	表示しているタブを閉じます。
Ctrl＋Shift＋T	直前に閉じたタブを開きます。
Alt＋←	直前に見ていたWebページに戻ります。
Alt＋→	戻る前のWebページを表示します。
Ctrl＋D	表示しているWebページをお気に入りに登録します。
Ctrl＋H	履歴画面を表示します。
Ctrl＋J	ダウンロード画面を表示します。
Esc	Webページの読み込みを中止します。
Ctrl＋Tab	右のタブを表示します。
Ctrl＋Shift＋Tab	左のタブを表示します。

目的別索引

記号

A～S

T～Z

あ行

か行

さ行

た行

な行

は行

ま行

や行

ら行

用語索引

A～Z

あ行

か行

さ行

た行

な行

は行

ま行

や行

ら行

お問い合わせについて

本書に関するご質問については、本書に記載されている内容に関するもののみとさせていただきます。本書の内容と関係のないご質問につきましては、一切お答えできませんので、あらかじめご了承ください。また、電話でのご質問は受け付けておりませんので、必ず FAX か書面にて下記までお送りください。
なお、ご質問の際には、必ず以下の項目を明記していただきますよう、お願いいたします。

1 お名前
2 返信先の住所または FAX 番号
3 書名（今すぐ使えるかんたん Windows 10 完全ガイドブック 困った解決＆便利技［2021-2022 年最新版］）
4 本書の該当ページ
5 ご使用の OS とソフトウェアのバージョン
6 ご質問内容

なお、お送りいただいたご質問には、できる限り迅速にお答えできるよう努力いたしておりますが、場合によってはお答えするまでに時間がかかることがあります。また、回答の期日をご指定なさっても、ご希望にお応えできるとは限りません。あらかじめご了承くださいますよう、お願いいたします。

問い合わせ先

〒 162-0846
東京都新宿区市谷左内町 21-13
株式会社技術評論社　書籍編集部
「今すぐ使えるかんたん Windows 10
完全ガイドブック 困った解決＆便利技［2021-2022 年最新版］」質問係
FAX 番号　03-3513-6167

URL：https://book.gihyo.jp/116

■お問い合わせの例

FAX

1 お名前
技術　太郎
2 返信先の住所または FAX 番号
03-XXXX-XXXX
3 書名
今すぐ使えるかんたん
Windows 10 完全ガイドブック
困った解決＆便利技
［2021-2022 年最新版］
4 本書の該当ページ
63 ページ　Q 068
5 ご使用の OS とソフトウェアのバージョン
Windows 10
6 ご質問内容
タスクバーが表示されない

※ご質問の際に記載いただきました個人情報は、回答後速やかに破棄させていただきます。

今すぐ使えるかんたん Windows 10 完全ガイドブック 困った解決&便利技［2021-2022 年最新版］

2021 年 8 月 5 日　初版　第 1 刷発行

著　者●リブロワークス
発行者●片岡　巌
発行所●株式会社技術評論社
東京都新宿区市谷左内町 21-13
電話　03-3513-6150　販売促進部
03-3513-6160　書籍編集部
装丁●岡崎　善保（志岐デザイン事務所）
本文デザイン●リブロワークス・デザイン室
DTP●リブロワークス・デザイン室
編集●リブロワークス
担当●落合　祥太朗（技術評論社）
製本／印刷●大日本印刷株式会社

定価はカバーに表示してあります。

ISBN978-4-297-12189-1 C3055
Printed in Japan

ローマ字入力表

ローマ字入力で文字を入力するときに使うキーと、読みがなの対応表を示します。ローマ字入力で文字を入力しているときに、キーの組み合わせがわからなくなった場合は、下表を参考にしてください。

行					
あ行	あ	い	う	え	お
	a	i	u	e	o
	ぁ	ぃ	ぅ	ぇ	ぉ
	la	li	lu	le	lo
	うぁ	うぃ		うぇ	うぉ
	wha	whi		whe	who

行					
か行	か	き	く	け	こ
	ka	ki	ku	ke	ko
	が	ぎ	ぐ	げ	ご
	ga	gi	gu	ge	go
	きゃ	きぃ	きゅ	きぇ	きょ
	kya	kyi	kyu	kye	kyo
	ぎゃ	ぎぃ	ぎゅ	ぎぇ	ぎょ
	gya	gyi	gyu	gye	gyo

行					
さ行	さ	し	す	せ	そ
	sa	si	su	se	so
	ざ	じ	ず	ぜ	ぞ
	za	zi	zu	ze	zo
	しゃ	しぃ	しゅ	しぇ	しょ
	sya	syi	syu	sye	syo
	じゃ	じぃ	じゅ	じぇ	じょ
	jya	jyi	jyu	jye	jyo

行					
た行	た	ち	つ	て	と
	ta	ti	tu	te	to
			っ		
			ltu		
	ちゃ	ちぃ	ちゅ	ちぇ	ちょ
	tya	tyi	tyu	tye	tyo
	てゃ	てぃ	てゅ	てぇ	てょ
	tha	thi	thu	the	tho
	だ	ぢ	づ	で	ど
	da	di	du	de	do
	ぢゃ	ぢぃ	ぢゅ	ぢぇ	ぢょ
	dya	dyi	dyu	dye	dyo
	でゃ	でぃ	でゅ	でぇ	でょ
	dha	dhi	dhu	dhe	dho

行					
な行	な	に	ぬ	ね	の
	na	ni	nu	ne	no
	にゃ	にぃ	にゅ	にぇ	にょ
	nya	nyi	nyu	nye	nyo

行					
は行	は	ひ	ふ	へ	ほ
	ha	hi	hu	he	ho
	ば	び	ぶ	べ	ぼ
	ba	bi	bu	be	bo
	ぱ	ぴ	ぷ	ぺ	ぽ
	pa	pi	pu	pe	po
	ひゃ	ひぃ	ひゅ	ひぇ	ひょ
	hya	hyi	hyu	hye	hyo
	ふぁ	ふぃ		ふぇ	ふぉ
	fa	fi		fe	fo
	びゃ	びぃ	びゅ	びぇ	びょ
	bya	byi	byu	bye	byo
	ヴぁ	ヴぃ	ヴ	ヴぇ	ヴぉ
	va	vi	vu	ve	vo
	ぴゃ	ぴぃ	ぴゅ	ぴぇ	ぴょ
	pya	pyi	pyu	pye	pyo

行					
ま行	ま	み	む	め	も
	ma	mi	mu	me	mo
	みゃ	みぃ	みゅ	みぇ	みょ
	mya	myi	myu	mye	myo

行					
や行	や		ゆ		よ
	ya		yu		yo
	ゃ		ゅ		ょ
	lya		lyu		lyo

行					
ら行	ら	り	る	れ	ろ
	ra	ri	ru	re	ro
	りゃ	りぃ	りゅ	りぇ	りょ
	rya	ryi	ryu	rye	ryo

行					
わ行	わ		を		ん
	wa		wo		nn

設定アプリの見方

パソコンに関する設定の多くは「設定」アプリから行います。どこを選択すればよいか確認しましょう。

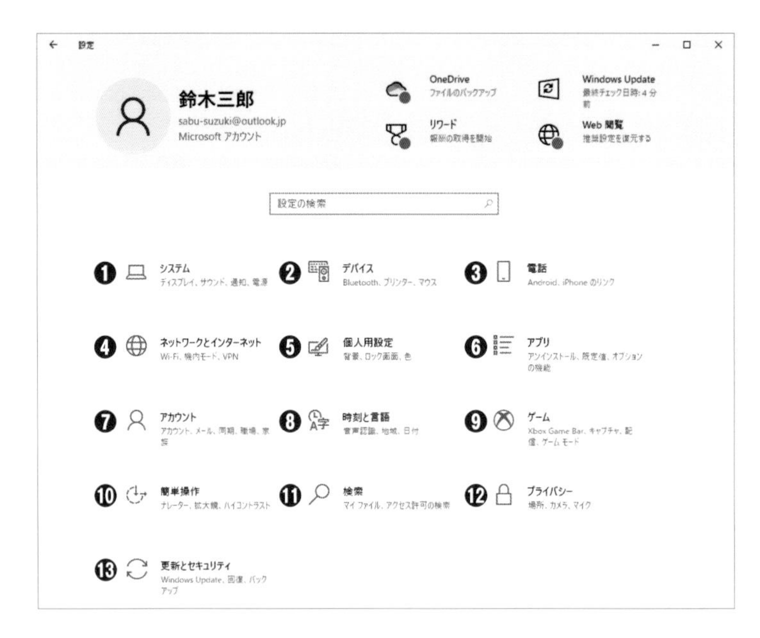

❶システム
＜ディスプレイ＞や＜サウンド＞、＜通知とアクション＞、＜電源とスリープ＞、＜タブレット＞といったWindowsのシステムに関する設定を行います。＜詳細情報＞でWindowsのエディションやバージョンを確認することもできます。

❷デバイス
＜Bluetoothとその他のデバイス＞や＜プリンターとスキャナー＞、＜マウス＞といった周辺機器の設定を行います。光学メディアの挿入時や、USBメモリーの接続時の動作も、ここから設定します。

❸電話
パソコンとスマートフォンの連携設定を行います。

❹ネットワークとインターネット
ネットワークの接続状況を確認したり、設定を変更したりします。Wi-Fiに対応しているパソコンでは、Wi-Fi機能のオン／オフの切り替えや、接続先の選択、インターネット接続の共有設定も行えます。

❺個人用設定
＜背景＞や＜色＞、＜ロック画面＞、＜テーマ＞、＜フォント＞、スタートメニュー、＜タスクバー＞といった個人のデスクトップに反映される設定を行います。

❻アプリ
アプリのアンインストールや＜既定のアプリ＞の変更といった、アプリに関する設定を行います。「マップ」アプリで使用する地図のダウンロードや、＜ビデオの再生＞の設定、ログイン時に起動するアプリの選択も行えます。

❼アカウント
アカウントの画像の変更、ローカルアカウントからMicrosoftアカウントへの切り替え、メールのアカウントの追加、＜サインインオプション＞の変更、＜家族とその他のユーザー＞の追加、Microsoftアカウントの同期設定などが行えます。

❽時刻と言語
＜日付と時刻＞や＜地域＞、使用する＜言語＞、＜音声認識＞の設定を行います。

❾ゲーム
画面を画像として保存する機能やゲームの配信機能を持つ＜Xbox Game Bar＞や、ゲームの録画などの設定を行います。

❿簡単操作
＜ディスプレイ＞や＜マウスポインター＞、＜テキストカーソル＞などを見やすく設定できます。画面読み上げや画面の一部を拡大する＜拡大鏡＞、＜キーボード＞や＜マウス＞を簡単に操作する機能もここから設定します。

⓫検索
検索結果にOneDriveやOutlookなどのサービスを含めるか、検索履歴をパソコンに保存するか、といった設定や、ファイルを検索する範囲の指定を行えます。

⓬プライバシー
ユーザーに合わせた広告を表示するか、音声データをインターネットに送信して音声認識を行うか、閲覧したWebサイトや使用したアプリなどの情報を保存するか、アプリが位置情報やカメラ、マイク、連絡先などにアクセスできるようにするか、といった設定を変更できます。

⓭更新とセキュリティ
＜Windows Update＞や＜Windowsセキュリティ＞、＜バックアップ＞、パソコンを初期状態に戻す＜回復＞、＜ライセンス認証＞などの設定を行います。

厳選ショートカットキー

●デスクトップのショートカットキー

ショートカットキー	操作内容
⊞(ウィンドウズ)	スタートメニューを表示します。
⊞(ウィンドウズ)+D	デスクトップを表示します。
⊞(ウィンドウズ)+E	エクスプローラーを起動します。
⊞(ウィンドウズ)+S	検索ボックスを表示します。
⊞(ウィンドウズ)+I	「設定」アプリを起動します。
⊞(ウィンドウズ)+L	画面をロックします。
⊞(ウィンドウズ)+M	すべてのウィンドウを最小化します。
⊞(ウィンドウズ)+Shift+M	最小化したウィンドウを元に戻します。
⊞(ウィンドウズ)+R	＜ファイル名を指定して実行＞画面を表示します。
⊞(ウィンドウズ)+X	クイックリンクメニューを表示します。
PrintScreen	画面全体を画像としてコピーします。
Alt+PrintScreen	選択しているウィンドウのみを画像としてコピーします。
⊞(ウィンドウズ)+PrintScreen	画面を撮影して、＜ピクチャ＞フォルダーの＜スクリーンショット＞フォルダーに画像として保存します。
Alt+Tab	起動中のアプリの一覧を表示し、アプリを切り替えます。
Alt+Shift+Tab	起動中のアプリの一覧を表示し、アプリを逆順に切り替えます。
Alt+F4	起動中のアプリのうち、アクティブなアプリを終了します。
Ctrl+Alt+Delete	パソコンの再起動やタスクマネージャーの起動が行える画面を表示します。

●エクスプローラーのショートカットキー

ショートカットキー	操作内容
Shift+F10	選択したファイルやフォルダーのショートカットメニューを表示します。
Alt+P	プレビューウィンドウの表示／非表示を切り替えます。
Delete	選択したファイルやフォルダーを削除します。
Shift+Delete	選択したファイルやフォルダーを完全に削除します。
F2	選択したファイルやフォルダーの名前を変更します。
Ctrl+Shift+N	新しいフォルダーを作成します。
Ctrl+ドラッグ	ファイルをドラッグ先にコピーします。
Ctrl+Shift+ドラッグ	ドラッグ先にファイルのショートカットを作成します。

●アプリ／ウィンドウ／入力のショートカットキー

ショートカットキー	操作内容
F11	アクティブウィンドウを全画面表示に切り替えます。
Alt+Space	ウィンドウ自体のメニューを表示します。
F7	入力中のひらがなを全角カタカナに変更します。
F8	入力中のひらがなを半角カタカナに変更します。
F10	入力中のひらがなを英字の小文字に変更します。

●多くのアプリで共通して使えるショートカットキー

ショートカットキー	操作内容
Ctrl + F1	リボンの表示／非表示を切り替えます。
Ctrl + +	画面表示を拡大します。
Ctrl + -	画面表示を縮小します。
Shift + ↑↓←→	選択範囲を拡大／縮小します。
Ctrl + A	文書内のすべての文字列などを選択します。
Ctrl + C	選択した文字列などをコピーします。
Ctrl + X	選択した文字列などを切り取ります。
Ctrl + V	コピーや切り取りを行った文字列などを貼り付けます。
Ctrl + Y	直前の操作をやりなおします。
Ctrl + Z	直前の操作を取り消し、1つ前の状態に戻します。
Ctrl + N	ウィンドウや文書を新規に作成します。
Ctrl + O	ファイルを開く画面を表示します。
Ctrl + P	文書やWebページなどの印刷を行う画面を表示します。
Ctrl + S	編集中のデータを上書き保存します。
F12	編集中のデータを名前を付けて保存します。
Ctrl + W	編集中のファイルや表示しているウィンドウを閉じます。
Ctrl + F4	作業中のファイルを閉じます。
Esc	現在の操作を取り消します。
F1	ヘルプ画面を表示します。
Ctrl + F	検索を開始します。
PageUp ／ PageDown	1画面分、上下にスクロールします。
Home	カーソルが行頭に移動します。
End	カーソルが行末に移動します。
Shift + F10	選択中の項目のショートカットメニューを表示します。

●Webブラウザーのショートカットキー

ショートカットキー	操作内容
Alt + D	アドレスバーを選択します。
Ctrl + R ／ F5	Webページを最新の状態に更新します。
Ctrl + T	新しいタブを開きます。
Ctrl + W	表示しているタブを閉じます。
Ctrl + Shift + T	直前に閉じたタブを開きます。
Alt + ←	直前に見ていたWebページに戻ります。
Alt + →	戻る前のWebページを表示します。
Ctrl + D	表示しているWebページをお気に入りに登録します。
Ctrl + H	履歴画面を表示します。
Esc	Webページの読み込みを中止します。
Ctrl + Tab	右のタブを表示します。
Ctrl + Shift + Tab	左のタブを表示します。